图 1 自然资源调查监测体系数字化建设业务需求框架

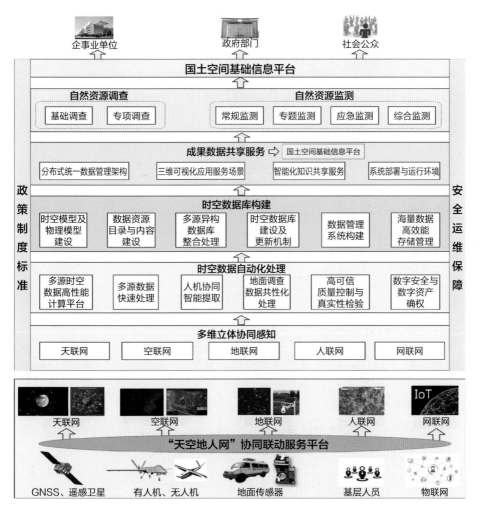

图 2 自然资源调查监测体系数字化建设总体技术架构

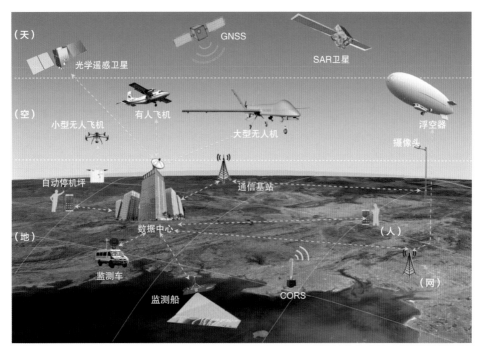

图 3 "天空地人网"协同感知网示意图

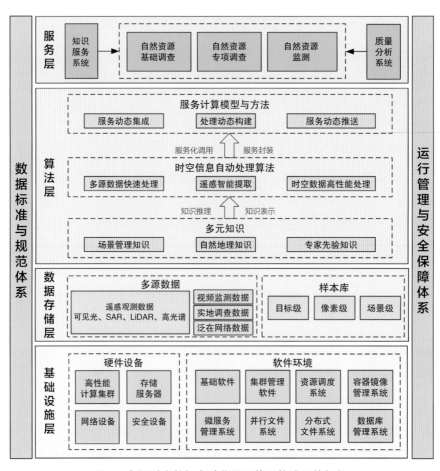

图 4 多源时空数据自动化处理体系构建总体框架

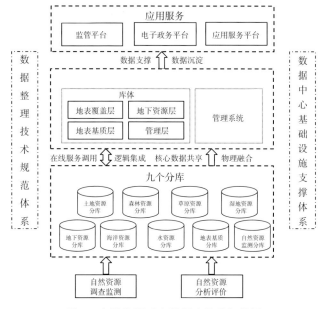

图 5　自然资源时空数据库总体架构图

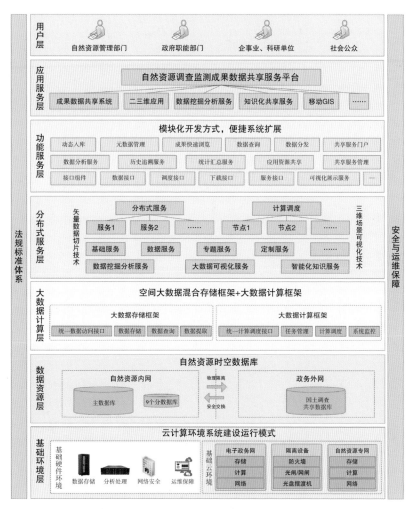

图 6　自然资源调查监测成果数据共享服务平台总体架构图

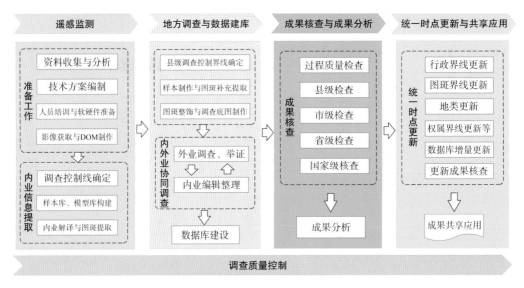

图 7 自然资源基础调查工作流程图

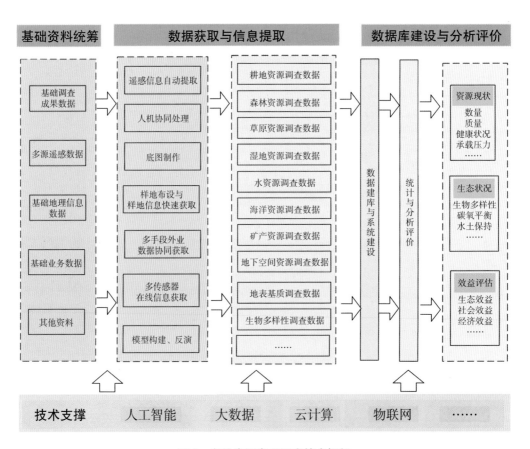

图 8 自然资源专项调查技术框架

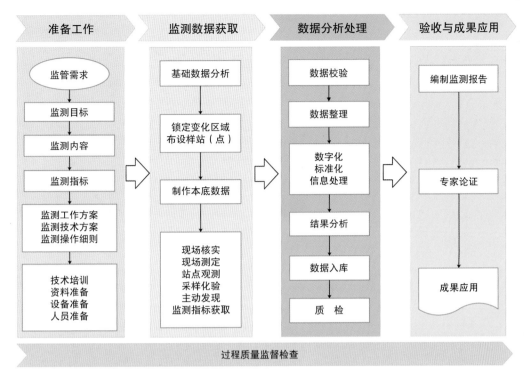

图 9　自然资源监测工作流程图

图 10　广西首架彩虹 -4 无人机系统

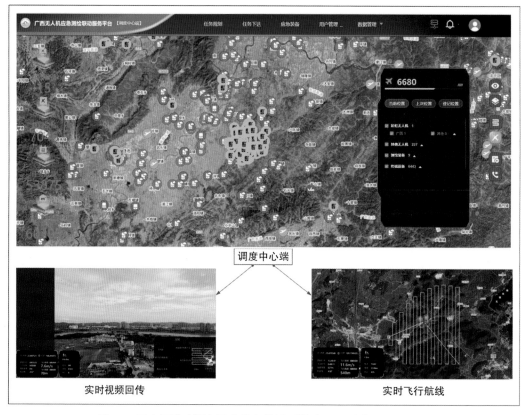

调度中心端

实时视频回传   实时飞行航线

图 11   无人机联动服务平台业务协同系统（Web 端）工作界面图

(a) 主界面   (b) 任务规划   (c) 任务管理   (d) 任务实时监控

图 12   无人机联动服务平台业务协同系统（移动端）工作界面图

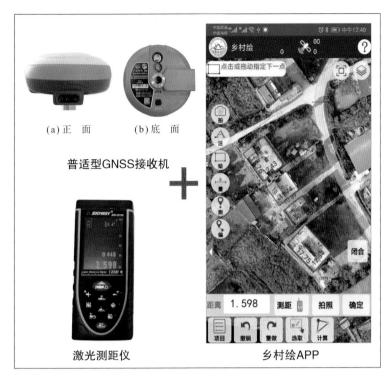

(a) 正面　　(b) 底面

普适型GNSS接收机

＋

激光测距仪　　　　　乡村绘APP

图 13　普适型调查监测工具

(a) 广西实施现场

(b) 广东实施现场

(c) 湖南实施现场

(d) 海南实施现场

图 14　桂粤湘琼跨省（区）应急测绘保障演练实施现场

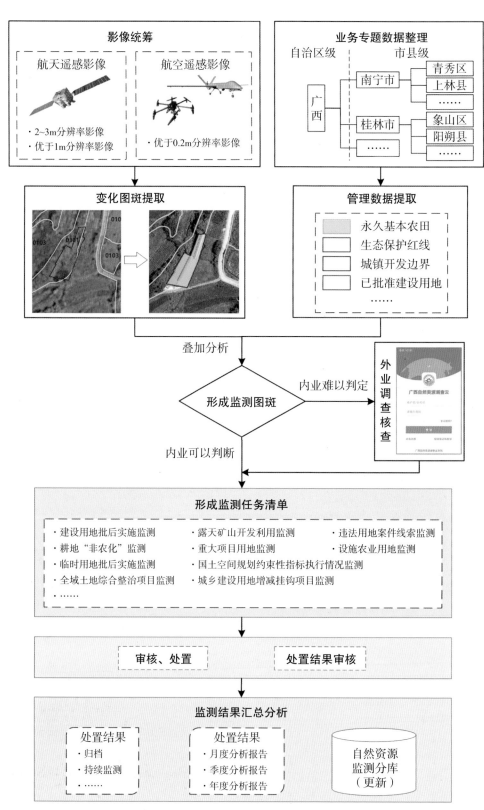

图 15 广西自然资源综合监测监管技术路线示意图

本书由广西壮族自治区自然资源调查监测院组织编写

自然资源调查监测体系数字化建设

周　涛　唐长增　主编

潘正强　黄景金　陈秀贵

张春宗　郭伟立　任建福　副主编

科学出版社

北　京

内 容 简 介

本书从自然资源调查监测体系数字化建设入手，涵盖自然资源调查监测体系数字化规划、建设与支撑业务等全方位的内容。全面阐述自然资源调查监测体系数字化建设与发展的新动态、新思维、新经验。

全书共12章，内容包括自然资源调查监测进入新时代，自然资源调查监测体系数字化建设总体规划，自然资源多维立体协同感知网构建，自然资源多源时空数据自动化处理体系构建，自然资源时空数据库建设，自然资源调查监测成果数据共享服务平台建设，标准、安全与运维三大保障体系建设，自然资源基础调查工程，自然资源专项调查工程，自然资源监测工程，自然资源调查监测体系数字化建设案例，广西自然资源调查监测院的探索。

本书可供自然资源管理技术人员、自然资源调查监测体系数字化建设管理机构、各级信息系统建设与管理人员及技术人员、各类自然资源调查监测体系数字化建设企业等参考，也可作为高等院校相关专业师生的参考用书。

图书在版编目（CIP）数据

自然资源调查监测体系数字化建设/周涛，唐长增主编.—北京：科学出版社，2022.4
  ISBN 978-7-03-071721-4

Ⅰ.①自… Ⅱ.①周… ②唐… Ⅲ.①自然资源—资源调查—监测系统—信息化建设—研究 Ⅳ.①P962

中国版本图书馆CIP数据核字（2022）第033660号

责任编辑：杨 凯／责任制作：魏 谨
责任印制：师艳茹／封面设计：张 凌

北京东方科龙图文有限公司 制作
http：//www.okbook.com.cn

科 学 出 版 社 出版
北京东黄城根北街16号
邮政编码：100717
http：//www.sciencep.com

天津文林印务有限公司 印刷
科学出版社发行各地新华书店经销
*

2022年4月第 一 版   开本：787×1092 1/16
2022年4月第一次印刷   印张：38 插页：4
              字数：1052 000

定价：128.00元
（如有印装质量问题，我社负责调换）

《自然资源调查监测体系数字化建设》
编委会名单

主　　编	周　涛	唐长增			
副 主 编	潘正强	黄景金	陈秀贵	张春宗	郭伟立	任建福
主任编委	全昌文	王　成	曾巧玲	梁雄乾	徐得贵	李新东
	熊毅飞	杨郑贝	张亚娴	王建武	谭庆红	
编　　委	韦忠扬	金　健	林自乐	廖维昌	钟昌海	李正洪
	陈湘楠	盘贻峰	冯一军	邓立争	黄　宁	陈伟健
	李　翔	左天惠	王立娜	黄　佩	徐丹丹	梁　绕
	李　洋	黄　昕	李正劼	黄泽军	邓志敏	何　晶
	兰必勋	叶科峰	曾付春	周洋羽	周映彤	何启付
	雷博杰	刘因哲	罗伟坚	李　成	黄丽霞	黄　鹰
	陶晓东	吴秋靖	杨桂菊	程少强	李开富	覃福军
	谢　鸣	王晓晴	谭飞帆	朱文军	刘　佳	黄晓军
	覃育庆	韦武廷				
总 顾 问	谭伟贤					

序

自然资源是人类生存之基、生产之源、生态之本，兼具资源、资产和资本三大属性。开展自然资源统一调查监测，全面摸清自然资源家底和及时掌握其变化情况，是做好国土空间规划、国土空间用途管制、自然资源资产监管和生态保护修复的前提与基础，直接影响着自然资源管理和国土空间治理的成效。如何科学有效地组织开展自然资源统一调查监测，已成为国家和各地自然资源部门面临的一大挑战。

以往自然资源调查监测工作分散在不同部门，由于缺乏整体性谋划和系统性安排，在概念语义、标准规范、内容指标等方面往往存在较大差异，加上技术手段的自动化程度不高，形成的调查监测成果难以全面覆盖自然资源"资源－资产－资本"的三大属性，成果分析也多停留在单要素统计与对比评价阶段，缺乏对自然资源要素匹配、人地关系、演变规律和调控机理等的综合性研究，难以有效支撑自然资源与国土空间的格局解析、结构诊断、趋势预测、态势预警等高层次应用。

新一轮机构改革后，国家高度重视自然资源调查监测工作，加大了顶层设计力度，推动开展了统一调查监测的有关工作。2020年初，自然资源部发布了《自然资源调查监测体系构建总体方案》（以下简称《总体方案》），要求按照统一的分类标准，依法组织开展自然资源调查监测评价，查清我国各类自然资源家底和变化情况，建设自然资源三维时空数据库，开展数据分析评价，形成自然资源管理所需的"一张底版、一套数据和一个平台"。

为做好这项重要基础性工作的科技创新与技术支撑，自然资源部自然资源调查监测司成立了自然资源调查监测技术体系构建总体技术组，组织二十多位来自不同领域的院士专家，开展了技术体系的顶层设计研究。经过一年多的努力，形成了《自然资源调查监测技术体系总体设计方案（试行）》（以下简称《设计方案》），并正式发布。该《设计方案》以《总体方案》为纲领，紧密围绕生态文明建设和自然资源管理的国家重大需求，切实把握自然资源调查监测工作的系统性、整体性和重构性，坚持目标导向、问题导向和成效导向相统一，全面研究与重点突破相统筹，先进性和实用性相结合等基本原则，在充分继承已有调查监测工作基础和技术积累的基础上，提出了自然资源调查监测技术体系的总体架构、构建技术与实现途径。《设计方案》是通过跨学科的优势互补、协同创新，综合利用空间信息技术和人工智能、大数据、云计算、5G等新一代数字技术手段，构建以协同式数据感知、自动化信息处理、精细化场景管理、智能化知识服务为核心的调查监测技术体系，形成工程化的技术模式，从而全面有效支撑自然资源的统一调查监测工作。

应该指出的是，自然资源调查监测技术体系构建的内容涉及面广，技术难度大，是一项复杂的科技工程。再加上我国幅员辽阔，地域差异较大，各地应用需求不尽相同，因此，应充分发挥地方自然资源部门的积极性和创造性，鼓励和支持他们积极参与、主动探索，对《设计方案》的各项内容进行细化和优化，推动调查监测技术体系的落地落实和广泛应用。

近年来，广西壮族自治区自然资源厅积极响应自然资源部的号召，努力推进自然资源调查监测的各项工作，成为自然资源调查监测技术体系的首批试点单位。他们根据《总体方案》和《设计方案》的核心思想和主要内容，在实践的基础上，总结和编写了这本国内首部聚焦自然资源调查监测体系数字化建设的科技图书。该书的出版不仅能够为自然资源调查监测相关管理人员、专业技术人员，以及自然资源调查监测数字化建设相关企业提供参考借鉴，而且将会带动我国自然资源系统和相关领域对这一问题的深入研究与创新实践，从而全面提升我国自然资源统一调查监测的技术水平与能力。

国家基础地理信息中心一级教授、中国工程院院士　陈军

2022 年 2 月 28 日

前　言

今天，中国已经进入新时代。党中央高度重视生态文明建设，开启了我国自然资源建设与发展的新征程。建立健全自然资源治理体系，推动自然资源治理现代化的号角已经吹响。

调查华夏山水每一寸土地，监测神州大地每一刻变化，还自然以和谐，给大地以生机，是自然资源调查监测工作者的历史使命。加快建立自然资源统一调查、评价、监测制度，健全自然资源监管体制，对自然资源实施统一调查监测，为经济社会发展提供全要素、全时空、多尺度、多维度数据支撑。我们必须从基础理论、法规制度、政策标准、技术创新等方面发力，遵循法理逻辑、行政逻辑、技术逻辑相统一，进一步提升调查监测数据的科学性、精准性、权威性，力求回答和解决自然资源管理存在的问题和矛盾，推动自然资源工作的数字化转型，提升自然资源治理现代化。

我们作为自然资源调查监测体系的建设者和参与者，主要借鉴和参考了自然资源部的《自然资源部信息化建设总体方案》《自然资源调查监测体系构建总体方案》《自然资源调查监测技术体系总体设计方案（试行）》《自然资源三维立体时空数据库主数据库设计方案（2021版）》《自然资源三维立体时空数据库建设总体方案》等资料，学习了一些省（区、市）与相关部门开展自然资源调查监测体系数字化建设的经验，收集了相关资料，选择了一些案例，加上我们的探索，编写一本反映自然资源调查监测体系数字化建设的科技专著。本书将全面阐述自然资源调查监测体系数字化建设的内容、支撑业务和行业案例，旨在回答什么是自然资源调查监测体系的数字化建设、为什么要进行自然资源调查监测体系的数字化建设、建设一个什么样的自然资源调查监测体系数字化系统、怎样建设自然资源调查监测体系数字化系统这几个问题。希望本书的出版能对自然资源调查监测体系数字化建设相关人员有所启迪和助益。我们把本书作为一份习作，献给国家、献给社会、献给同行；同时，对我们自己也是一种鼓励和鞭策。

本书在编写的过程中得到了广西壮族自治区自然资源厅、广西专家咨询服务协会信息专业委员会、深圳飞马机器人科技有限公司、广东南方数码科技股份有限公司、广西国清科技有限公司、北京山维科技股份有限公司、湖北金拓维信息技术有限公司、航天彩虹无人机股份有限公司、北京吉威数源信息技术有限公司的帮助和指导；得到了谭庆彪、崔宏刚、黄好、李尚安、韦仁均、李敏、叶阳、黄莎莎、王小辉和周兆峰等同志在选题、编目、插画、绘图、录入、修改、制版、审校等方面的具体帮助，对上述单位和同志一并表示衷心感谢。

自然资源调查监测体系数字化建设的题材新颖、范围广泛，涉及自然资源调查监测体系和现代信息技术的各个门类和多个学科，具有技术管理、组织管理、工作协调等多项业务职能；而且，我国自然资源调查监测体系数字化建设起步的时间不长，还需要随着事业发展和技术进步不断完善。在这些方面，我们虽然有所感悟，但限于水平，书中难免会有缺点和错误。恳请各级领导和同行及读者批评指正，对我们提出宝贵意见，不胜感激。

《自然资源调查监测体系数字化建设》编委会

2022 年 2 月

目　录

第1章 自然资源调查监测进入新时代

调查华夏山水每一寸土地 监测神州大地每一刻变化

"江作青罗带，山如碧玉篸"，漓江山水，美不胜收：青山叠嶂，竹影婆娑，碧水盘绕于峰峦之间，竹筏摇曳在漓江之上（图1.1）……这就是"美丽中国"的一景。2021年4月25日，习近平总书记在广西考察时面对漓江山水，深情地说："漓江是属于广西人民的，也属于全国人民，也属于全世界人民，是人类共同拥有的自然遗产。我们要很好地去呵护它。"这也是对我们每一个自然资源调查监测人的谆谆教诲。

图1.1 桂林山水

今天，自然资源调查监测已经紧跟国家战略，进入了新时代。调查华夏山水每一寸土地，监测神州大地每一刻变化，还自然以和谐、给大地以生机，是自然资源调查监测工作者的历史使命。生态文明建设已由理性认识走向量化实践、由分类管理走向体系治理，凸显出对自然资源实施统一调查监测，提供全要素、全时空、多尺度、多维度数据支撑的重要性和必要性。时不我待，我们必须从基础理论、法规制度、政策标准、技术创新等方面发力，进一步提升调查监测数据科学性、权威性、精准性，回答和解决当前自然资源管理存在的问题和矛盾，推动自然资源工作的数字化转型，提升自然资源治理现代化。

迈入"十四五"，坚持"绿水青山就是金山银山"理念，让守护碧水蓝天成为全民共识。跋山涉水查家底，经天纬地绘蓝图。踏上新征程，自然资源调查监测将在服务自然资源管理、建设美丽中国征程中走向更加广阔的舞台！

1.1　美丽中国建设的新征程

美丽中国是生态文明建设的宏伟目标，生态文明建设是"五位一体"总体布局、"四个全面"战略布局的重要内容。

1.1.1　美丽中国建设概述

1. 美丽中国的内涵

美丽中国建设是落实中国生态文明建设的长效目标，也是推动国家实现高质量发展的核心目标，更是实现中华民族永续发展的根本措施。

美丽中国首先指"天蓝、地绿、水净"的人化自然环境，体现了自然之美、生态之美以及人与自然的和谐之美，又代表完美的自然环境和社会环境的结合，是一个以生态文明建设为依托，实现经济繁荣、制度完善、文化先进、社会和谐等全面发展的社会。

建设美丽中国的完整内涵就是要以生态文明为导向，通过建设资源节约型、环境友好型社会，达到生产发展、生态良好、社会和谐及人民幸福的社会状态。

2. 美丽中国建设的内在要求

（1）美丽中国建设是历史发展的必然趋势。从人与自然的关系来看，人类社会先后经历了四个阶段的文明形态。

① 原始文明阶段。以石器为代表的原始文明阶段（历时上百万年），社会生产力水平低下，人类在与自然的关系中处于依附状态，物质生产活动主要依靠简单的采集渔猎。

② 农业文明阶段。以铁器为代表的农业文明阶段（历时约一万年），人类改变自然的能力有了质的提高，在与自然的关系中处于低水平的平衡状态，种植业较为发达。

③ 工业文明阶段。以工业机器为代表的工业文明阶段（历时约300年），蒸汽机和工业革命开启了人类现代生活，人类创造了比过去一切时代总和还要多的物质财富，在与自然的关系中处于支配地位，人类为此也付出了沉重的代价。

④ 生态文明阶段。20世纪80年代以来，人类社会开始转向生态文明阶段，即在新的生产力条件下实现人与自然新的平衡状态。特别是"十八大"以来，"山水林田湖草是生命共同体""绿水青山就是金山银山""人与自然和谐共生"等生态文明理念已融入经济建设、政治建设、文化建设、社会建设各方面和全过程。

（2）人与自然和谐共生的生态文明思想是美丽中国建设的理论基础。生态文明思想认为人地关系是一种自人类起源以来就存在的客观本源关系、相互共生关系和互为报应关系，人类开发利用自然资源和环境时，要保持与自然环境之间的协调和共生。具体包括3种和谐共生关系：

① 地与地的关系。强调人类利用自然资源时，切不可只关注单一自然资源要素（自然环境）的单一价值效益，而忽略自然资源的系统性和共生性，要以系统思维和可持续发展理念看待自然资源和自然环境。

② 地与人的关系。强调人类在开发利用自然的过程中，不能超过自然资源利用的上限和自然环境承载能力与阈值，要保持自然资源与人类之间的协调共生。

③ 人与人的关系。强调在开发利用自然资源中，人与人之间保持和睦、妥协与协调，不可把自然资源作为人与人之间获取利益的主要物质。

地与地、地与人、人与人的3种关系正是美丽中国建设中实现"五位一体"总体布局重点协调的3种关系，是美丽中国建设的理论基础之一。

（3）美丽中国建设是实现中华民族伟大复兴中国梦的必然要求。美丽中国建设既传承了中国传统文化关于人与自然关系的哲学思考，又在现代化社会生产水平上努力实现人与自然的新的平衡；既体现了中华民族几千年来对美好生活的追求和向往，又努力实现中华民族子孙万代的永续发展，是在继承中华文明基础上的创新。

中国哲学的基本问题是"究天人之际"，基本精神是"天人合一"。中国传统文化强调遵循自然规律，不能凌驾于自然之上，也就是人法地、地法天、天法道、道法自然，万物齐一。中华民族自古以来就对美好生活抱有无限向往并为之不懈追求。美丽中国与中国传统文化精髓相契合，与中华民族对美好生活的向往相适应。

我国作为世界上最大的发展中国家。美丽中国建设摒弃了"先污染后治理"的发展老路，遵循尊重自然、顺应自然、保护自然的理念，贯彻节约资源和保护环境的基本国策，更加自觉地推动绿色发展、循环发展、低碳发展，把生态文明建设融入经济建设、政治建设、文化建设、社会建设各方面和全过程，形成节约资源、保护环境的空间格局、产业结构、生产方式、生活方式，为子孙后代留下天蓝、地绿、水清的生产生活环境。

3. 美丽中国与富强民主文明和谐美丽的关系

富强民主文明和谐美丽反映了人民群众对经济权益、政治权益、文化权益、社会权益、生态权益等整体权益保障的价值诉求。生态权益体现了人民对于优美生态环境的需要，优美的生态环境既保障着人民群众生态权益的实现，又有利于人民群众政治权益、经济权益、文化权益和社会权益的获得与充分实现，对于人的自由而全面的发展起着极大的促进作用。

优美宜居的生态环境是建设美丽中国的根本前提，持续稳定的经济增长是建设美丽中国的物质基础，不断完善的民主政治是建设美丽中国的制度保障，先进的社会主义文化是建设美丽中国的精神依托，和谐美好的社会环境是建构美丽中国的最可靠条件。总之，美丽中国体现了自然环境与社会环境有机统一的整体美，是"时代之美、社会之美、生活之美、百姓之美、环境之美"的总和。

4. 国家目标及要求

建设美丽中国既是实现中国"两个一百年"奋斗目标的新路径，也是实现中华民族伟大复兴中国梦的必然要求，意义重大，任务艰巨，时间紧迫。2018年，我国明确了建设美丽中国的"时间表"和"路线图"："确保到2035年，生态环境质量实现根本好转，美丽中国目标基本实现"，"到本世纪中叶，物质文明、政治文明、精神文明、社会文明、生态文明全面提升，绿色发展方式和生活方式全面形成，人与自然和谐共生，生态环境领域国家治理体系和治理能力现代化全面实现，建成美丽中国"。

《中华人民共和国国民经济和社会发展第十四个五年规划和2035年远景目标纲要》指出，必须坚持绿水青山就是金山银山理念，坚持尊重自然、顺应自然、保护自然，坚持节约优先、保护优先、自然恢复为主，实施可持续发展战略，完善生态文明领域统筹协调机制，构建生态文明体系，推动经济社会发展全面绿色转型，建设美丽中国。

1.1.2　自然资源治理现代化是美丽中国建设的基础支撑

中国已经进入生态文明新时代、高质量发展新阶段、国家治理新时期。新时代的中国，迫切需要建立健全中国特色自然资源治理体系，提升自然资源治理能力。建设美丽中国更离不开自然资源治理体系和治理能力的现代化。从源头、过程、后果的全过程考虑，将"源头严防、过程严管、后果严惩"作为提升自然资源治理现代化具体措施。

1. 源头严防是建设美丽中国的治本之策

新形势下加快生态文明制度体系建设，需要从源头抓起，从基础性工作抓起。自然资源产权制度是生态文明制度体系中最典型的基础性制度。健全自然资源产权制度，以调查监测和确权登记为基础，着力促进自然资源集约开发利用和生态保护修复，加强监督管理，注重改革创新。

2. 过程严管是建设美丽中国的关键环节

新形势下加快生态文明制度体系建设，要注重过程严管，对生态文明建设的主干性工作进行针对性的制度引导。根据当前的生态环境保护需要，重点从完善绿色生产和消费的法律制度和政策导向、全面建立资源高效利用制度、构建以国家公园为主体的自然保护地体系三个方面入手。

3. 后果严惩是建设美丽中国的重要措施

新形势下加快生态文明制度体系建设，要注重后果严惩，坚持问题导向和结果导向，从责任明确和责任追究入手，严明生态环境保护责任制度，如：生态环境监测和评价制度、中央生态环境保护督察制度、生态文明建设目标评价考核制度。

1.1.3　自然资源统一调查监测是自然资源治理现代化的重要保障

自然资源统一调查监测体系建设既是一项制度构建，又是一项技术体系重塑，对推进自然资源精细化管理具有重要的基础性作用，对提升我国治理现代化具有不可替代的作用，在落实碳达峰、碳中和目标中具有战略支撑作用，是全面推动我国国家治理现代化和实现美丽中国建设的有力保障。

1. 自然资源调查是自然资源治理现代化的基础工作

不做调查没有发言权，不做正确的调查同样没有发言权。自然资源的准确科学调查是提升自然资源治理现代化的基础，但长期以来，我国自然资源调查工作存在调查部门分散、调查标准交叉重叠、调查工作重复疏漏、成果数据共享难等问题，既不能有效服务于自然资源开发、保护、利用的整体性工作统筹推进，也难以满足推进自然资源治理现代化的迫切要求。自然资源统一调查是对自然资源的禀赋特征和特定需要开展的基础性和专业性调查工作，多个维度来全面摸清自然资源家底和共同描述自然资源总体情况，为自然资源管理提供统一、科学、准确、权威的自然资源一张"底版"和一套"底数"。

2. 自然资源监测是自然资源治理现代化的技术手段

自然资源监测是在自然资源一张"底版"和一套"底数"基础上，围绕自然资源管理中的热点、痛点、难点和堵点，利用各种监测设备和技术手段，对重点区域、重点要素、重要时点的自然资源开展动态监测，及时掌握自然资源数量、质量、结构、生态等方面的变化情况，支撑基础调查成果年度更新，服务于规划实施监督、国土空间用途管制、耕地保护、生态保护与修复、执法监督、自然资源资产审计、基础测绘产品更新等各项工作，提升自然资源治理能力，服务建设美丽中国。

1.2　自然资源调查监测体系概述

《自然资源调查监测体系构建总体方案》是对我国自然资源资产管理系列改革要求的深化落实，是对生态文明建设的有力支撑，在管理体制上体现了从条块分割到系统集成的转变，在技术体系上体现了自然资源调查监测从分散治理到系统治理的转变，有效提升自然资源治理效能。

1.2.1　自然资源基本概述

1. 基本定义

人类认识和利用自然资源的历史久远，自然资源范畴也随着人类社会和科学技术的发展而不断拓展。不同领域对自然资源概念的定义与描述也有所区别。表1.1列举了不同时期的文献资料中对自然资源的科学定义。

表 1.1 自然资源的科学定义

来　源	定　义	年　份
金梅曼《世界资源与产业》	只有自然环境或其某些部分能够满足人类需要才叫自然资源，不能被人类获取利用的只是叫自然禀赋（环境禀赋）	1951
联合国环境规划署	人在自然环境中发现的各种成分，只要它能以任何方式为人类提供福利，都属于自然资源；在一定时间条件下，能够产生经济价值以提高人类当前和未来福利的自然环境因素的总称	1972
《辞海》（第六版彩图本）	泛指天然存在的并有利用价值的自然物，如土地、矿藏、气候、水利、生物、森林、海洋、太阳能等资源	2009
自然资源调查监测体系总体方案	指天然存在、有使用价值、可提高人类当前和未来福利的自然环境因素的总和	2020

《中华人民共和国宪法》第九条规定，矿藏、水流、森林、山岭、草原、荒地、滩涂等自然资源，都属于国家所有，即全民所有；由法律规定属于集体所有的森林和山岭、草原、荒地、滩涂除外。

2. 基本属性

自然资源以有限空间或物质实体形式存在，具有自然、经济、社会、生态等多重基本属性特征。

1）自然属性

自然资源的自然属性包括时间、空间、质量和关联等信息：

（1）时间属性，即自然资源实体会在不同时间尺度上表现出或快或慢、这样或那样的变化。

（2）空间属性，即自然资源实体会占据一定的空间位置和范围，具有一定的外观和形状，如位置坐标、长宽高、面积、体积等。

（3）质量属性，作为物质形式存在的自然资源，必然有其质和量的描述，而不同类型的自然资源描述其质和量的指标也会明显不同。

（4）关联属性，指不同类型自然资源之间是相互联系和相互制约的，当其中一种发生变化时，会诱发或引起其他关联性变化或连锁反应，这是"山水林田湖草是生命共同体"理念的直接表现。

2）经济属性

经济属性包括有效（用）性、有限性、稀缺性和区域性等。自然资源的价值按其对人类需要的可满足程度有大小之分。通常情况下，越难以满足人类需要的资源其价值越大，且随着时间、状态、形势变化而变化。

3）社会属性

自然资源的社会属性有三个方面：

（1）对自然资源的认识、评价、利用有社会性。随着社会生产力的发展和科学技术的进步，人类认识和利用自然资源的广度和深度不断拓展。

（2）人类在开发、使用自然资源过程中会融入社会劳动，而这种社会劳动又会对自然资源的本底特征和自然属性施加影响，从而改变其时空结构和质量状态，这是社会属性的具体反映。

（3）自然资源是生产力的组成部分，自然资源和劳动一起构成国民财富的源泉。

4）生态属性

自然资源是构成自然环境的组成部分，在环境整体中具有独特的生态环境功能。人类无论以何种方式开发利用自然资源，都会直接或间接地影响自然环境。此前，人们只注重自然资源的经济属性，而忽视了自然资源的生态属性，导致自然资源被掠夺性开采，生态环境逐渐恶化。

3. 基础理论

1) 生态学基础

（1）生态系统的相互关联性和整体性。自然资源具有多样的自然和社会属性，相互之间构成完整的生态系统或者环境系统。生态系统是生物及其生存繁衍的自然因素和条件的总和，自然资源中的各类要素（水、土、气等）都是相互联系的，组成生态系统的各项要素及其形成的结构与功能关系不能打破。经过长期演化，生态系统表现出空间上的完整性，即各种生物与其生存环境形成相互作用的有机整体，具有系统性、区域性等特点。

（2）生态系统服务功能的多样性。从功能属性来讲，自然资源兼具经济属性和生态属性。经济属性方面，自然资源被广泛开发利用，作为生产要素进入经济系统；生态属性方面，自然资源又能够为人类提供生态服务，包括环境调节、生物多样性等。自然资源的两种属性相互关联、互相影响，需要实现开发与保护的协调。

2) 经济学基础

在当前多尺度、多维度的自然资源管理中，自然资源的资产化管理是最为重要的战略取向。它要求按经济属性对资源与资产的界限进行划分，在原来的数量管理基础上结合价值管理，从而体现自然资源的资产和财产属性，使其成为经济发展的生产性要素、社会和个人财富的来源和构成之一，以价值管理为核心和资产增值为目标，最终提高自然资源管理水平。

（1）价值理论。"土地为财富之母，劳动为财富之父"诠释了劳动价值论，并由此延伸出定价及核算问题。马克思主义的"劳动价值论"与西方经济学中的"效用价值论"是最为主要的理论流派。

（2）公共物品理论和产权理论。从市场形成的角度看，产权制度是源头和基础。只有明确的产权制度，才能形成权责分明的市场主体和市场交易对象，进而形成经济主体之间的市场交易需求，并在市场交易过程中形成价格，最终形成比较稳定正常的资源利用经济过程。离开产权制度去讨论相关的市场和价格以及相关的税费制度毫无意义。

3) 管理学基础

经济学理论为自然资源管理提供了市场化、货币化解决方案，但许多自然资源和生态系统服务功能涉及价值判断，难以用货币化的方式去衡量价值，对这些自然资源的管理，则需要借助管理学理念，特别是要从传统的管理走向治理，通过改善信息质量和治理结构，鼓励利益相关方和公众参与，采取基于长远目标、利益均衡和达成共识的集体行动。

（1）治理理论。公共治理是指政府、社会组织、私人部门、国际组织等治理主体，通过协商、谈判、洽谈等互动的、民主的方式共同治理公共事务的管理模式。它强调的是主体多元化、方式民主化、管理协作化的上下互动的新型治理模式。随着治理主体的多元化，治理模式也从传统的"命令－服从"走向"沟通－协商"，治理手段从传统单一事务行政命令手段走向经济激励性政策等市场机制及市场调节工具，引导企业和社会公众行为，对公共事务发展起到积极推动作用。

对自然资源管理，特别是公益性较强、难以货币化的自然资源，应当采用公共治理的理念，通过划清政府、企业和社会之间的公共责任和权责关系，综合利用法律、行政、经济、自愿等手段以及合同、协商和信息交流等方式，强化监测统计并改善信息质量，实现对公共事务的共管共治。

（2）分权制衡理论。根据管理学中的分工制衡原理，对于公共权力的行使，尤其是对于敏感性的重要权力的行使，应当进行适当分权或分工，从权力、责任、程序等方面构建一种分工制衡关系，使各种权力之间保持一种既相互配合，又相互制衡的关系。在我国，各级人民政府自然资源主管部门具体行使自然资源管理职责，同时，中央授权国家自然资源督察局对地方人民政府自然资源利用和管理情况进行督察，相互制衡，避免管理权力过于集中。

1.2.2 自然资源调查监测的方法论

方法论是关于方法的方法，方法论是调查研究取得实效的"挖掘机"。只有从认识论、方法论的视角重新认识自然资源调查监测及其数字化建设的本质和意义，才能更好地服务建设美丽中国。

1. 手段与目的

手段是实现目的的工具，目的具有主观性，手段具有客观性，目的决定手段，手段服务于目的。马克思将人视为目的与手段的统一，只有成为手段才能实现目的，只有成为目的才会运用手段。

现有各类调查监测存在过多炫耀技术手段的高明，忽略成果共享的人民性的情况。调查监测的目的是全面摸清自然资源家底和及时掌握其变化情况，促进自然资源治理现代化，不能为了调查监测而调查监测。因此，不能为了凸显技术的高超，把手段搞得大而全，让人变成手段的奴隶，忽略调查监测的人民性，调查监测的手段要简单、普适，追求无为而治。

2. 专业与普适

只重普适性，没有一定专业性，形成不了技术革新，从而不能从根本不上促进社会发展。只重专业性，没有一定普适性，形成不了社会化力量，从而不能最大限度发挥专业技术价值。在研发层面，注重专业性，把简单事情复杂化，以确保好用；在应用层面，强调普适性，把复杂事情简单化，以确保用好。

在以人民为中心的发展思想、"放管服"改革优化营商环境、深化治理改革为基层放权赋能的大环境、大背景下，自然资源作为专业性强的行业，迎来了重大变革机遇期。随着新一代数字技术在自然资源行业的交叉融合和快速发展，调查监测的技术含量和专业水平不断提高，为提升自然资源治理能力奠定了技术基础。

要全面提升自然资源治理能力和水平，仅有技术和专业是不够的，还需践行"调查监测为人民，调查监测靠人民"的发展思想，调查监测成果要让广大群众看得懂、用得着、方便用，调查监测的软硬件设备同样是广大群众用得起、用得好。只有调查监测技术含量的专业性和成果数据的普适性相结合，才能真正实现群众既是调查监测成果的使用者，又是调查监测数据的采集者。

3. 保密与共享

数据保密与共享是数据价值体系的两个方面，保密是实现数据价值的基础，共享是实现数据增值的途径。如何正确处理自然资源数据的保密与共享的关系一直是自然资源管理工作的难点和焦点，尤其是涉及国土安全、粮食安全、生态安全和经济社会等领域，常常出现过度保密造成数据烟囱（孤岛），另一方面，不健全的共享途径导致泄密现象时有发生。从表面上看，保密与共享是一对矛盾，但实质上是相辅相成、相互促进的。以法律和技术为支撑，积极利用行政手段充分发挥部门数据共享，完全可以实现数据保密与共享的双赢局面。

调查监测数据是自然资源管理工作的基础，以调查支撑空间规划和资产权益保护，以监测促进规划实施、用途管制、生态修复和执法监督。要打破数据烟囱和信息孤岛，让数据多跑路；更要保障数据安全，加强关键信息基础设施安全保护，强化关键数据资源保护能力，增强数据安全预警和溯源能力，才能保障美丽中国和数字中国建设。

4. 变与不变

"世上没有两片完全相同的树叶""人不能两次踏进同一条河流"说明客观世界的多样性和多变性。自然资源同样具有多样性和多变性，也时时刻刻在发生着各种变化。

1）从对自然资源的认识来看

对同一自然资源的认识，也处于不断变化和加深之中，一般可分为以下三个阶段：

（1）看山是山，看水是水。

（2）看山不是山，看水不是水。

（3）看山还是山，看水还是水。

2）从变化的类型来看

自然资源无时无刻不在变化，从变化的类型来看，可以分为：

（1）从真伪视角看，有伪变化、真变化。

（2）从自然视角看，有自然规律下周期性变化、自然状况下突发性变化。

（3）从管理视角看，有合法变化、非法变化、合理不合法变化和合法不合理变化。

（4）从时间视角看，有短期变化、中期变化和长期变化。

（5）从趋势视角看，有已经发生的变化、正在发生的变化和即将发生的变化。

（6）从频次视角看，有剧烈变化、一般性变化、缓慢变化、周期性和非周期性变化。

（7）从要素视角看，有重点要素变化、次重点要素变化和一般要素变化。

（8）从地域视角看，有重点区域变化、次重点区域变化和一般区域变化。

（9）从种植/行为视角看，有不破坏地表基质的变化、影响地表基质的变化、破坏地表基质的变化。

3）从自然资源管理角度来看

自然资源管理有立场、有重点，自然资源调查监测更关注以下7类变化：

（1）重点区域重点要素已经发生、正在发生和即将发生的非法变化。用于打击自然资源违法行为和现象，实现"早发现、早制止"。

（2）重点区域重点要素的破坏地表基质的非法变化、合理不合法变化和合法不合理的变化。开展耕地"非粮化""非农化"、乱占耕地建房调查等工作。

（3）重点区域重点要素该变化而没变化。建设用地的"批而未供、供而未用、用而未尽"等。

（4）各类政策与自然资源耦合下的变化。评估与预测政策落地成效及后果。

（5）全域全要素的中长期变化。用来揭示自然资源变化规律、人与自然关系、要素与要素的关系。

（6）全域全要素的突发性变化。开展应急监测服务。

（7）对由于底图、技术标准、比例尺、误判导致的伪变化，通过技术手段来解决。

5. 宏观与微观

哲学和社会科学都认为微观和宏观是相对的，自然科学认为微观和宏观是绝对存在的，界限明显。但共同点是，微观始终是宏观的一部分，微观的变化可以导致宏观的变化，宏观的现象是所有微观世界一起呈现的结果。

针对自然资源调查，从微观来说，要调查清楚每处自然资源的分布、范围、面积、权属性质、质量、结构和生态功能等属性信息，为确权登记、国土空间规划、耕地保护、生态保护与修复等提供底图数据。从宏观来说，要全面摸清自然资源家底，为政府宏观决策、行业管理和社会服务等提供基础数据。

针对自然资源监测，从微观来说，依靠监测技术手段，打击自然资源违法行为和对节约集约高效用地进行监管等，提高自然资源精细化管理能力；从宏观来说，及时掌握自然资源在时间、空间、生态上的变化情况，提升自然资源治理能力和检验生态文明建设成效。

6. 尺度与维度

"横看成岭侧成峰，远近高低各不同"和"一千个读者就有一千个哈姆雷特"形象表达了看待事物的立场不同、角度不同、尺度不同，结果也各不相同。从自然科学视角看，自然资源本身有无限的维度，每个维度有无限的尺度。从满足各行政管理需求的立场来看，需要掌握自然资源的维度和尺度是有限的，从当前技术水平看，能够掌握自然资源的维度和尺度更少。

调查监测的维度和尺度要满足自然资源部门统一行使全民所有自然资源资产所有者职责和统一行使所有国土空间用途管制和生态保护修复职责（以下简称"两统一"）履行的要求，满足业务部门需求的最大公约数。从维度上需要开展自然资源的分布、范围、面积、权属、质量、利用保护、景观价值、生态和变化等调查监测。从尺度上需要开展对象级、图斑级、专题级、区域级等的调查监测。

7. 定性与定量

定性与定量方法在哲学和技术层面表现有不同：

1）哲学层面

（1）世界观的差异。社会科学和自然科学都认为科学的本义是求"真"。所谓"真"即是事物的因果关系，定量方法论认为，掌握了这个因果关系，对同类的经验事实进行预测和控制就成为可能。定性世界观则认为世界上不存在一个可供研究者发现的具有可重复性、可公共确认的纯粹客观性的真相。

（2）价值观的差异。在世界观的作用下，定性方法论和定量方法论有不同的研究价值观。量化研究强调的是价值中立，即研究者要尽量保持一种客观的立场，避免自己的主观价值影响研究的结论。而定性方法论则认为，在研究过程中不可能存在价值中立。研究问题的选择、分析问题的角度、研究资料的筛选以及研究方法的运用，无一不受研究者价值观的影响。

2）在技术层面

定性研究更多采用的是当事人的视角，在自然环境下，进行归纳分析、体验式观察访谈的研究方法。定量研究则更多采用的是以客观的视角，人工控制环境，以假设演绎为主，进行非体验式调查实验的研究方法。

调查监测的量化结果回答了是什么、有多少、在哪里、质量怎么样、生态状况如何、开发利用程度、变化趋势等，也支撑自然资源行政管理的定性判断，即回答是否破坏耕地了、违法建房了、越界超量开采了、低效用地了等。

8. 格局与过程

格局是认识世界的表观，过程是理解事物变化的机理，它们分别指不同的地理或景观单元的空间关系和响应的演变过程。格局的表征可用大小、形状、数量、类型和空间组合等来描述，例如，图斑数量可以判定自然资源的破碎化程度。过程可分为自然过程和社会文化过程，例如，水的径流和侵蚀，石漠化过程等。因此，格局和过程的相互关系可以表达为"格局影响过程，过程改变格局"，在具体的研究问题上往往需要把二者耦合起来进行研究。

调查与监测的关系可表达为"调查支撑监测，监测促进调查"。调查是为掌握自然资源格局表征基本情况，为自然资源精细化管理提供基础数据，自然资源监测是为掌握自然资源变化过程的状态信息，以监测落实监管，以监管促进执法，同时，更新自然资源格局表征本底数据。

9. 近期与远期

自然资源调查监测必须兼顾近期各部门管理需要和远期生态可持续发展需要。既要着眼于法律制度、分类标准、技术和质量体系的构建，又要从生态文明建设目标出发把握当前调查监测工作要求。自然资源监测要满足近期自然资源管理工作需要，为"源头严防、过程严管、后果严惩"的制度建立提供数据和技术支撑。自然资源调查要立足远期发展需要，揭示自然资源趋势性规律，服务建设美丽中国。

10. 服务与福祉

生态系统提供了几乎所有的人类福祉要素。生态系统通过人工或自然的生态生产过程产生生态服务，进而通过分配和消费形成的传导机制将服务转化为人类福祉。习近平总书记指出，良好生态环境是最公平的公共产品，更是最普惠的民生福祉。

通过自然资源治理，将自然资源统一调查监测的数据和技术转化为服务建设美丽中国，为老百姓提供最公平、最普惠的生态环境。

1.2.3 自然资源调查监测的发展阶段

自从有人类活动起，就存在自然资源的调查和监测，并贯穿于人类文明的发展全过程。下面从上古至元代、明代至民国、新中国成立至今3个阶段介绍我国自然资源（土地资源）调查监测发展历程。

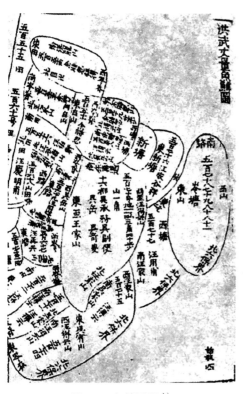

图1.2 鱼鳞图册[1]

1. 上古至元代

甲骨文中的田是由三横三竖组成方方正正的田地，当时采用绳作为最初的测量工具。《礼记》中说，"以绳德厚。"就是用绳来度量。《诗经》："秉国之钧，四方是维。"其中的维就是大绳。另外，在伦敦博物馆中有一份公元前1800年左右的纸草，上面记录了公元前2200年左右人类用绳来进行土地丈量，并记录测量结果。至元代，首创了以海平面为高程标准的"海拔"概念，采用计里画方法绘制的《舆地图》精确度远胜前人，是我国制图史上又一杰出的成就。元代虽然没有进行全国性的地籍测量，但为分配土地和征收租税，经常进行局部性的土地测量，其间也有局部性的面积测量，绘制、编造过征收田赋用的土地图册和摊牌杂役的鼠尾册。

2. 明代至民国

在封建社会，土地税收维系着统治阶级的政权稳定和经济命脉。这就必须掌握土地的权属、面积和质量，作为计税的依据。古代"鱼鳞图册"（图1.2）始于唐，兴于明，迄今已有约1200年的历史，是政府用来管理土地的先进工具。明代，中国田亩清丈达到标准规范化、修测制度化、管理法律化的程度，是中国封建时代测绘工作直接作为经济服务而稳定政治统治的一个突出范例。明洪武年间，"鱼鳞图册"记录了每块土地的权属、面积、四至，将田地山塘依次排列，丘段连缀地绘制在一起，合各乡之图，而成一县之图，再成一国之图。明朝户部使用鱼鳞图管理全国土地和资源，鱼鳞图记录了土地资源的变更、宗族分布、环境变迁，"鱼鳞图册"制度在相当程度上摸清了地权，清理了隐匿土地，是地政管理史上的一个巨大进步。

民国和土地革命时期，该阶段的调查主要是土地调查，在当地政府的领导下，成立各县、区、乡的土地委员会，以乡为单位，乡土地委员会丈量土地，造好表册。多采用地形图或地亩图控制，地形图或地亩图的测量少部分开始使用航测法，大部分采用小平板配合皮尺或竹尺的测量方式，全

1）明朝的"鱼鳞图册".http://pep.com.cn/gzls/rjbgzls/rjgzlstp/201008/t20100830_1518729.html.

野外调查、手工描图、人工填表等调查方法，技术手段采用人工操作。由于没有统一的测绘基准，调查底图及成果采用地方坐标系或独立坐标系，比例尺根据不同的调查内容各不相同，调查成果以纸图或表格的形式表现。该阶段的调查没有统一的坐标系和比例尺，也没有统一的技术规程，没有全国性的统一调查，仅有地方政府根据需要开展的专项调查。

3. 新中国成立至今

新中国成立后，自然资源调查监测进入到社会主义社会时期。随着科学技术的进步，每阶段的调查都在优化体系、改进方法、严格标准等方面有新的提升，不断推动调查体系向前发展。

1）第一阶段（1949—1980年）

该阶段的调查主要是国家部委或地方政府根据管理的需要组织的专项调查，由相关的组织方部署并组织实施。全国性的调查比较少，由相关的国家部委部署并组织专业队伍完成。多采用地形图控制、全野外调查、手工描图、人工填表等调查方法，技术手段采用人工操作，调查的范围、精度、内容不尽相同。调查底图及成果采用1954年北京坐标系，比例尺根据不同的调查目的各不相同，以1:50 000为主，调查成果以图纸或图册、图表的形式表现，该阶段的调查具有调查方法和技术手段较落后、调查的覆盖面较小、调查的内容较少、成果单一等特点。该阶段全国性的自然资源调查主要有全国森林资源统计和第一次全国森林资源清查、全国海洋综合调查（全国海洋普查）等。图1.3展示了当时常用的航测设备，如多倍仪、立体测图仪等。

 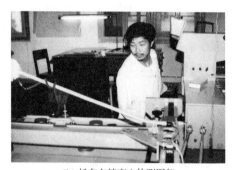

(a) 多倍仪　　　　　　　　　　　　(b) 托布卡精密立体测图仪

图 1.3 20 世纪 70 年代航测设备 [1]

2）第二阶段（1980—1990年）

该阶段的调查由国务院相关部委统一部署，地方人民政府统一领导，各省、市、自治区组织技术力量完成。采用不同比例尺航摄影像和大比例尺地形图，全野外调查、现场调绘、手工描图的调查方法，技术手段以人工操作为主，如航片转绘、编图绘图、图件缩编等，仅面积量算采用了当时较先进的计算机扫描计算技术，但仍有少数单位采用求积仪人工计算。调查底图及成果采用1954年北京坐标系，比例尺以1:10 000、1:25 000和1:50 000为主，1:50 000调查成果以纸图或薄膜图的形式表现。这阶段的调查具有作业方法陈旧、劳动强度大、工期时间长、成果形式相对单一等特点。图1.4所示是平板测图和激光照排植字机。该阶段全国性自然资源调查主要有第一次全国土地详查、第一次全国统一草地资源调查、第一次全国水资源调查评价等。

1）图 1.3 ~ 图 1.7 均来源于广西壮族自治区测绘地理信息局编制的《"深耕测绘写春秋"改革开放 40 周年广西测绘地理信息发展成就图册》（2018）。

(a) 平板测图　　　　　　　　　　　　　　　(b) 激光照排植字机

图 1.4　20 世纪 80 年代的绘图设备

3）第三阶段（1990 — 2000 年）

该阶段的调查由国务院统一部署，成立全国性的调查领导小组，领导小组办公室挂靠在相关的部委。综合应用遥感、地理信息系统、卫星导航定位、数据库和模型等技术，采用常规调查和遥感调查相结合的调查方法。技术手段以计算机内业人工判读为主，全球导航卫星系统（Global Navigation Satellite System，GNSS）、遥感技术（Remote Sensing，RS）、地理信息系统（Geographical Information System，GIS）（以下简称 "3S"）技术进一步融合。调查底图及成果采用 1980 西安坐标系，比例尺仍以 1:10 000、1:25 000 和 1:50 000 为主，调成果以图纸、数据库等形式表现。该阶段的调查首次综合应用遥感、地理信息系统、数据库和模型等先进技术，调查手段向技术密集型转变，成果逐步多元化。该阶段全国性自然资源调查主要有第一次全国海岛资源综合调查、第一次全国湿地资源调查等。数字摄影测量系统和大型喷绘机（图 1.5）在当时已经广泛应用于土地调查项目。

(a) JX-4 数字摄影测量系统　　　　　　　　　　(b) 大型喷绘机

图 1.5　20 世纪 90 年代的测图系统和喷绘机

4）第四阶段（2000 — 2010 年）

该阶段的国土调查工作按照 "国家整体控制、地方细化调查、各级优势互补、分级负责实施" 的形式组织实施。调查项目广泛应用 3S、数据库和模型等技术，采用基于内外业相结合的综合调查方法，逐地块实地调查。采用统一标准的数据库建设方法和网络信息共享及社会化服务等技术方法。调查底图及成果采用 1980 西安坐标系，比例尺以 1:10 000 和 1:5000 为主，调查成果以数据库等形式表现，数据在数据库中以点、线、面的形式表现。计算机技术与 3S 技术进一步融合，例如，移动道路测量系统（图 1.6），数据库和模型技术得到广泛运用，信息化技术体系初步形成，成果更加多元化。全国性自然资源调查主要有第二次全国土地调查、第二次全国水资源调查评价、第二次全国湿地资源调查、近海海洋综合调查与评价专项、第一次全国矿产资源国情调查等。

图 1.6 车载移动道路测量系统

5）第五阶段（2010 — 2020 年）

该阶段的调查仍由国务院成立调查领导小组，领导小组办公室设在相关部委，地方各级人民政府成立相应的调查领导小组及其办公室。按照"全国统一领导、部门分工协作、地方分级负责、各方共同参与"的形式组织实施。采用卫星、有人机、无人机、地面监测车（图 1.7）等平台获取遥感影像，充分利用现有基础资料及调查成果，通过影像内业比对提取不一致图斑，利用 3S 一体化外业调查等技术。采用"互联网 +"技术核实调查数据真实性，充分运用大数据、云计算和互联网等新技术，建立调查数据库，基于大数据技术开展调查成果多元服务与专项分析。调查底图及成果采用 2000 国家大地坐标系，比例尺以 1∶5000 和 1∶2000 为主，形成一系列不同尺度的调查成果，主要包括数据成果、图件成果、数据库成果等，数据在数据库中以面的形式表现，满足精细化管理的要求。该阶段的调查充分运用大数据、云计算和互联网等新技术，形成互联互通的调查机制，首次对山、水、林、田、湖、草、海等自然资源全要素统一进行调查，并建立共享数据平台。该阶段全国性自然资源调查主要有第三次全国国土调查、第二次全国海岛资源综合调查、第一次全国地理国情普查等。

图 1.7 自然资源应急监测车

6）第六阶段（2020 年至今）

该阶段为建设美丽中国，构建自然资源调查监测体系，统一自然资源分类标准，国家依法组织开展自然资源调查监测评价，查清我国各类自然资源家底和变化情况。

在组织实施上，基础调查由国务院部署，年度变更由自然资源部负责统一组织，地方自然资源主管部门分工参与，专项调查根据管理目标和专业需求，按照设计、实施、监督相分离的组织方式，分级分工、部门协作开展。在监测方面，根据监测的尺度范围和服务对象，分为常规监测、专题监测、应急监测。常规监测由自然资源主管部门统一组织，监测结果及时推送各需求部门和单位使用；专题监测由自然资源主管部门牵头，统筹业务需求，统一组织开展；应急监测，根据工作任务和监测要求，由自然资源主管部门统一组织在技术体系方面，充分利用现代测量、信息网络以及空间探测等技术手段，构建起"天空地网"为一体的自然资源调查监测技术体系，实现对自然资源全要素、全流程、全覆盖的监测监管。

4. 存在的主要问题

（1）"九龙治水"下的管理漏洞。长期以来，我国自然资源管理采用按要素分部门垂直管理，呈现横向适度分离、纵向相对统一的特点，即土地、矿产、森林、水、草、湿地、海洋等自然资源分散在不同的管理部门，人们戏称"九龙治水"。每个部门对职责范围内的自然资源实行资产管理和用途管制，管理空间上存在交叉重叠，经常出现一块地由多个部门同时管理或没有一个部门管理的窘境，加上管制依据、管制手段和法律法规均不同，始终存在制度藩篱和"九龙治水"的尴尬。

（2）分类标准转换衔接困难。在开展各类调查监测时，各部门为各自管理需要，依据不同的法律法规制定了相应的分类标准体系，各分类标准间存在概念不统一、内容相互交叉、指标之间相互矛盾、衔接转换困难等问题，导致成果数据存在指标矛盾、转换共享难等。

（3）技术体系不协调。各部门组织开展的各类调查采用的技术体系各不相同，例如，不同的比例尺、坐标系统、工作底图、数据源、时间节点、时空分辨率、数据库、成果形式。

（4）数据成果共享难。各类调查数据成果分别由各部门独立管理，管理平台间互不连通，数据成果专业性强，普适性差，加上数据间存在矛盾冲突，削弱了数据权威性，难以满足推进自然资源治理体系和治理能力现代化的迫切要求。

1.2.4   自然资源调查监测主要任务

自然资源调查监测的任务包括自然资源调查和自然资源监测。调查即查清某一地区自然资源的数量、质量、分布和开发条件，为自然资源的开发、利用、保护提供清单、图件和评价报告等资料的过程；监测即在调查形成的自然资源本底数据基础上，掌握自然资源自身变化及人类活动引起的变化情况的一项工作。

1. 自然资源调查

自然资源调查分为基础调查和专项调查，形成自然资源"1+N"调查体系。其中，"1"是基础调查，是对自然资源共性特征开展的调查；"N"是专项调查，是指为自然资源的特性或特定需要开展的专业性调查。基础调查和专项调查相结合，共同描述自然资源总体情况。

1）基础调查

基础调查主要任务是查清各类自然资源体投射在地表的分布和范围，以及开发利用与保护等基本情况，掌握最基本的全国自然资源本底状况和共性特征。基础调查以各类自然资源的分布、范围、面积、权属性质等为核心内容，以地表覆盖为基础，按照自然资源管理基本需求，组织开展我国陆海全域的自然资源基础性调查工作。

基础调查属重大的国情国力调查，由党中央、国务院部署安排。为保证基础调查成果的现势性，组织开展自然资源成果年度更新，及时掌握全国每一块自然资源的类型、面积、范围等方面的变化情况。

　　第三次全国国土调查是近年来开展的一次重大国情国力调查，也是党和国家机构改革后统一开展的自然资源基础调查，为自然资源统一调查奠定了良好的基础。在基础调查成果上，集成森林资源清查、湿地资源调查、水资源调查、草原资源清查等数据成果，形成自然资源调查监测时空数据库或"一张图"。

　　2）专项调查

　　"山水林田湖草是生命共同体"，基础调查可以获得耕地、林地、草地、水等各类自然资源的范围和面积，但仅限于空间信息和公共属性信息，无法获得自然资源的特性指标。各类自然资源均有各自的独特属性，数量和质量调查专业性强，需要建立自然资源专项调查工作机制。在调查基础上，针对土地、矿产、森林、草原、水、湿地、海域海岛等自然资源（图1.8）的特性、专业管理和宏观决策需求，由专业技术人员利用专业设备，定期开展自然资源的专业性调查，查清各类自然资源的数量、质量、结构、生态功能以及相关人文地理等多维度信息，发布调查结果。

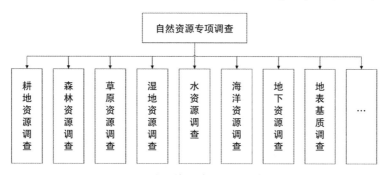

图1.8　自然资源专项调查结构图

　　基础调查与专项调查应统筹谋划、同步部署、协同开展。通过统一调查分类标准，衔接调查指标与技术规程，统筹安排工作任务。原则上采取基础调查内容在先、专项调查内容递进的方式，统筹部署调查任务，科学组织，有序实施，全方位、多维度获取信息，按照不同的调查目的和需求，整合数据成果并入库，做到图件资料相统一、基础控制能衔接、调查成果可集成，确保两项调查全面综合地反映自然资源的相关状况。

2. 自然资源监测

　　自然资源监测是生态文明建设、空间规划编制、供给侧结构性改革、宏观调控、自然资源管理体制改革、国土空间用途管制、国土空间生态修复、空间治理能力现代化和国土空间规划体系建设等工作的重要基础，为我国社会发展更加和谐文明、经济发展更可持续和国家治理更加科学提供重要依据。自然资源监测的内容、质量指标和方法等应与调查基本一致，其重点是研判自然资源变化情况及发展趋势。根据监测的尺度范围和服务对象要求，分为常规监测、专题监测和应急监测。

　　1）常规监测

　　常规监测是围绕自然资源管理目标，对我国范围内的自然资源定期开展的全覆盖动态遥感监测，及时掌握自然资源年度变化等信息，支撑基础调查成果年度更新，服务年度自然资源督察执法以及各类考核工作等。每年实施的土地变更调查属常规监测的核心工作，以每年12月31日为时点，通过变化地类图斑提取、县级实地调查，省级、国家级核查等程序实施完成。重点监测包括土地利用在内的各类自然资源的年度变化情况。

　　经过多年长期实施，常规监测已建立了成熟的技术体系，但仍需不断优化现有技术体系和工作机制，统筹分析影像获取能力、图斑智能解译水平、野外核实采集效率等情况，建立动态监测机制，提高自然资源事前、事中、事后监管能力。

2）专题监测

专题监测是对地表覆盖和某一区域、某一类型自然资源的特征指标进行动态跟踪，掌握地表覆盖及自然资源数量、质量等变化情况，主要包括地理国情监测、重点区域监测、地下水监测、海洋资源监测、生态状况监测等。

3）应急监测

应急监测主要面向快速落实党中央、国务院以及地方政府重要指示，对社会关注的焦点和难点问题，组织开展应急监测工作，突出"快"字，响应快、监测快、成果快、支撑服务快，第一时间为决策和管理提供第一手的资料和数据支撑。

3. 数据库建设

自然资源调查监测数据库是自然资源管理"一张底版、一套数据、一个平台"的重要内容，是国土空间基础信息平台的数据支撑。充分利用大数据、云计算、分布式存储等技术，按照"物理分散、逻辑集成"原则，建立自然资源调查监测数据库，实现对各类自然资源调查监测数据成果的集成管理和网络调用。

按照《自然资源三维立体时空数据库建设总体方案》要求，自然资源三维立体时空数据库建设要围绕土地、矿产、森林、草原、湿地、水、海域海岛等七类自然资源，构建由一个主库、九个分库组成的自然资源三维立体时空数据库，实现对各类自然资源调查监测数据成果的逻辑集成、立体管理和在线服务应用。

4. 分析评价

自然资源的分析评价是根据调查监测数据等资料，对自然资源现状、开发利用程度及潜力进行分析，建立科学的自然资源评价指标，制度化开展综合分析评价，综合分析自然资源、生态环境与区域高质量发展整体情况，对各类自然资源赋存利用消长等状况、不同自然资源要素之间相互匹配关系以及生态承载力等进行综合评估，动态研究经济发展对自然资源的需求情况，以及开展不同层级区域自然资源综合分析和系统评价，为科学决策和严格管理提供依据。

1）统　计

按照自然资源调查监测统计指标，以自然资源调查监测数据为基础，基于自然资源调查监测要素的点、线、面、体几何特征类型和地理实体要素，开展自然资源基础统计，分类、分项统计自然资源调查监测数据，完成对耕地、森林等自然资源要素的基本数量、位置、范围、密度等指标的统计汇总，形成基本的自然资源现状和变化成果。

2）分　析

基于统计结果，结合社会经济等专题数据，以全国、区域或专题为目标，从数量、质量、结构、生态功能等角度，开展自然资源现状、开发利用程度及潜力分析，研判自然资源变化情况及发展趋势，综合分析自然资源、生态环境与区域高质量发展整体情况。

3）评　价

针对我国各地自然资源禀赋的差异，建立自然资源调查监测评价指标体系、预测指标体系，评价各类自然资源基本状况与保护开发利用程度，评价自然资源要素之间、人类生存发展与自然资源之间、区域之间、经济社会与区域发展之间的协调关系，预测重要自然资源格局、质量与生态发展趋势，形成定期、定量化和空间化评价与预测能力，为自然资源保护与合理开发利用提供决策参考。

5. 成果及应用

调查监测成果的社会共享与广泛应用是自然资源统一调查监测的根本目标。自然资源调查监测成果包括数据及数据库、统计数据集、报告、图件等（图1.9），是自然资源管理和生态文明建设的本底数据，支撑空间规划编制、开发利用活动管控、生态环境保护实现程度的评价。生态文明建设需要政府、企业、社会公众共同参与，自然资源调查监测成果的全社会共享以及在国民经济建设各个领域的充分应用，有利于凝聚生态文明建设的社会共识，形成生态文明建设的社会合力。

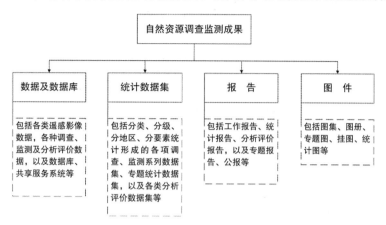

图1.9　自然资源调查监测成果内容

自然资源主管部门应该积极推进自然资源调查监测成果在政府各部门之间的共享机制建设，支撑各部门的日常应用需求，同时建立成果发布机制，在调查监测工作完成后，涉及社会公众关注的成果数据或数据目录，履行相关的审核程序后，统一对外发布，满足社会公众的广泛需求，这一系列措施是调查监测成果社会共享和广泛应用的基本前提，十分必要。通过数字化手段支撑调查监测成果管理和共享应用将是基本形式和主要途径。

总之，自然资源调查监测成果必然在生态文明建设中发挥不可替代的基础性作用，数字化技术也将在自然资源调查监测成果共享与应用中发挥不可替代的支撑作用。

1.2.5　自然资源调查监测业务体系

调查监测业务体系涵盖法律制度体系、标准体系、技术体系、质量管理体系4个方面。法律制度是基石，标准体系是框架，技术体系是手段，质量管理是保障。

1. 法律制度体系

法律制度是组织开展自然资源调查监测的前提条件和保障。必须加强基础理论和法理研究，制定自然资源调查监测法规制度建设规划，为调查监测长远发展提供法律支撑。建立自然资源统一调查评价监测制度，重点研究制定自然资源调查条例，出台相关配套政策、制度和规范性文件。与时俱进调整和完善自然资源法律体系，体现自然资源调查监测方面的法定性要求。

对涉及土地、矿产、森林、草原、水、湿地、海洋等多部自然资源单行法进行必要的修订和完善，夯实适应新时代自然资源管理体制下的"四梁八柱"。特别是应根据"坚持一类事项原则上由一个部门统筹、一件事情原则上由一个部门负责"的机构改革思路，对相关法律法规中涉及自然资源调查评价监测的职责进行必要调整，明确责任主体，将机构改革最新成果以法律形式固化下来，避免政出多门、责任不明。在相关法律法规出台前，继续依据现有法律法规开展工作，主要包括《中华人民共和国土地管理法》、《中华人民共和国测绘法》、《中华人民共和国海域使用管理法》、《中华人民共和国森林法》、《中华人民共和国草原法》、《中华人民共和国水法》以及《中华人民共和国土地调查条例》、《中华人民共和国森林法实施条例》、《中华人民共和国测绘成果管理条例》等。

2. 标准体系

标准体系是统一开展自然资源调查监测的基础。基于结构化思想，按照"山水林田湖草是生命共同体"的理念，构建自然资源调查监测标准体系，主要包括自然资源分类标准、地表覆盖分类标准，以及自然资源调查监测分析评价的系列技术标准、规程规范。根据《自然资源调查监测标准体系（试行）》，包括通用、调查、监测、分析评价、成果及应用5大类、22小类。图1.10展示了自然资源调查监测标准体系框架。

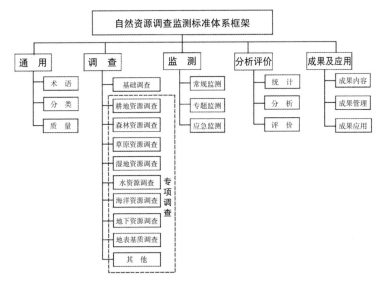

图1.10 自然资源调查监测标准体系框架

3. 技术体系

技术体系是自然资源调查监测体系构建的一项重要内容，先进高效的技术手段是调查监测工作顺畅进行的重要保证，也是调查成果真实准确的重要保障。近年来，大数据、人工智能、5G、区块链、知识图谱、空间信息等新一代数字技术的迅猛发展和交叉融合，为构建自然资源调查监测体系提供了必要的技术支撑和保障条件。

充分利用现代测量、信息网络以及空间探测等技术手段，构建自然资源调查监测技术体系，实现对自然资源全要素、全流程、全覆盖的现代化监管。加强人工智能、区块链技术、大数据分析、海量数据管理和三维展示等数字技术在调查监测评价中的应用，支撑自然资源调查监测、分析评价和成果应用全过程技术体系高效运行。

进一步优化和创新技术路线、方法和手段，不断提高调查评价监测能力和水平。充分利用大数据技术和数据分析模型，加快汇集整合水利、农业农村、林业、海洋等部门的历史调查评价监测数据，打破"信息孤岛"和"数据壁垒"，推进各类自然资源数据集成和深度开发利用。加强自然资源模型建设和研究，建成系统完整的各类自然资源模型库。采用数字化手段，对自然资源调查监测数据成果集成、处理、表达和统一管理。

4. 质量管理体系

建立自然资源调查监测质量管理制度，依法严格履行质量监管职责，保障调查监测成果真实准确可靠。创新质量管理方法，突破传统质量检查验收方式，融合已有生产过程质量监管、日常质量监督、成果质量验收等经验要求，逐步形成定期检查、监督抽查相结合的全过程质量管控机制。研究知识驱动的动态质量控制、多类型多尺度质量指标与评价模型构建等核心技术，设计面向自然资源一体化调查监测的全过程质量检查、质量控制、质量评价、真实性检验的成套方案及软件系统，以满足调查监测全过程、网络化、动态质量控制需求。构建自然资源调查监测质量信用体系，完善成果质量奖惩机制、质量事故响应和追溯机制、质量责任追究机制等，充分利用好现有专业质检机构，切实发挥其成果质量检查作用。

1.3　数字化浪潮推动自然资源治理现代化

当今世界，信息技术创新日新月异，谁在数字化上占据制高点，谁就能够掌握先机、赢得优势、赢得安全、赢得未来。没有数字化就没有现代化。党的十八大以来，以习近平同志为核心的党中央高度重视信息化发展，加强顶层设计、总体布局，做出了建设数字中国的战略决策，开启了我国信息化发展新征程。新一代数字技术为推进治理体系和治理能力现代化提供了不可或缺的科技驱动力。以数字经济建设、数字社会建设、数字政府建设为重点领域的数字中国建设正持续推进，自然资源调查监测的数字化转型正为国家自然资源调查监测体系构建赋能科技力量。

1.3.1　信息化与数字化

信息化和数字化有联系也有区别，信息化是一种管理手段，而数字化则是推进信息化的最好方法。

1. 信息化的内涵

信息化是充分利用信息技术，开发利用信息资源，促进信息交流和知识共享，提高经济增长质量，推动经济社会发展转型的历史进程。信息化的基本内容包括信息产业化与产业信息化、产品信息化与各业信息化、国民经济信息化、社会信息化等。

2. 数字化的内涵

数字化就是要把物理世界在计算机系统中仿真虚拟出来，在计算机系统里体现物理世界，利用新一代数字技术驱动组织各业模式创新、行业生态系统重构以及服务方式变革。

数字化在国民经济和社会发展中具有重要战略意义。新一代数字技术代表新的生产力、新的发展方向，人类认识世界、改造世界的能力空前提升，正在深刻改变着人们的生产生活方式，带来生产力质的飞跃，引发生产关系重大变革，成为重塑国家经济、政治、文化、社会、生态、军事发展新格局的主导力量。全球数字化进入全面渗透、跨界融合、加速创新、引领发展的新阶段。当今世界，信息技术创新日新月异，以数字化、网络化、智能化为特征的数字化浪潮蓬勃兴起。没有数字化就没有现代化。适应和引领经济发展新常态，增强发展新动力，需要将数字化贯穿中国现代化进程始终，加快释放数字化的巨大潜能。以数字化驱动现代化，建设网络强国，是落实"四个全面"战略布局的重要举措，是实现"两个一百年"奋斗目标和中华民族伟大复兴中国梦的必然选择。

3. 信息化与数字化的区别

数字化并不是对各行业以往的信息化推倒重来，而是需要整合优化各行业以往的信息化系统，在整合优化的基础上，提升管理和运营水平，用新的技术手段提升各行业的技术能力，以支撑各行业适应数字化转型变化带来的新要求，信息化与数字化的区别见表1.2。

数字化植根于信息化。数字化就是解决信息化建设中信息系统之间信息孤岛的问题，实现系统间数据的互联互通。对这些数据进行多维度分析，对行业或部门的运作逻辑进行数字建模，指导并服务于行业或部门的高效运营管理，创造更大的社会价值和经济价值。

表 1.2 信息化与数字化的区别

对比角度	信息化	数字化
应用范围	部分系统或业务，局部优化	全域系统或流程，整体优化
联　接	联接和打通面窄，效率低、响应慢	全联接和全打通，效率高、响应快
数　据	比较分散，没有充分发挥真正价值	整合集中，深入挖掘数据资产价值
思　维	管理思维	用户导向思维
战　略	竞争战略	共赢战略
总　体	初级阶段	高级阶段

1.3.2　数字化转型概述

"数字化转型"是指国家运作系统中的政治、经济、文化、社会、生态文明建设的全域数字化，数字化转型引领国家治理现代化。

1. 中国数字化转型的"一体三翼"

数字中国是一个包括数字经济、数字政府、数字社会的综合体系。在经济、社会和政府三大数字化转型中，经济数字化转型是基础，社会数字化转型具有全局意义，而政府数字化转型则发挥着先导性作用。数字政府是数字中国的大脑，它点燃新一轮改革创新的核心引擎。以政府数字化转型为引领，撬动经济和社会数字化转型，是全球各个国家和组织大力推动数字化转型的基本规律。数字经济、数字政府、数字社会各有独立范畴，构成了中国数字化转型的"一体三翼"。数据是数字化转型的动力源，精准定位数据赋能场域，及时洞察并消解长期桎梏数据要素活力的沉疴，方可为国家治理现代化提供活水源泉。我国数字化转型任重道远，还需从宏观层面及早谋划数字化转型的制度体系框架和建构微观层面的数字生态系统。

2. 数字化转型的内涵

数字化转型旨在寻求组织在基础设施、产品和服务、业务流程、商业模式和策略或者组织间关系甚至组织网络上的根本转变。数字化转型是信息技术与业务不断融合的过程，通过新一代信息技术驱动业务、管理和商业模式的深度变革重构，其中技术是支点，业务是内核。数字化转型不同于数字化，后者仅仅涉及将模拟信息转化为数字信息，而数字化转型涉及的是业务流程的变化及组织结构与战略模式的变革。数字化转型就是在信息技术应用不断创新和数据资源持续增长的双重叠加作用下，经济、社会和政府的变革及重塑过程。无论是哪个领域的数字化转型，构建数据体系、打造赋能组织、推动流程再造、实现数据共享与应用几乎成为基本共识。

3. 数字化转型的要素

数字化转型的关键驱动要素是数据、协同、人才和安全。

（1）数据是继土地、劳动力、资本、技术之后的第五大生产要素，通过数字化转型推动基于数据的信息透明和对称，提升组织的综合集成水平，提高社会资源的综合配置效率。

（2）部门的协同是数字化转型的一个重要影响因素。组织之间的相互独立和不协同是数字化转型必须跨越的鸿沟。通过保持相对的灵活性，在保持现有资源的同时实现创新。从某种程度上说，打破组织边界、实现部门协同是数字化转型在组织层面的必然结果。

（3）人才要素是数字化转型的关键瓶颈，人才的数字素养和操作技能是承接技术创新、加快数字化转型的关键。

（4）清晰的数据权利和注重数据安全亦成为数字化转型的前提和保障。

1.3.3　数字化转型引领治理现代化

1. 数字化转型重构价值创造

新一代数字技术与新材料技术、新能源技术、生物技术等交叉重叠，深刻变革制造范式、组织模式和产业结构，成为各行业价值链重塑的关键力量。

（1）数字化具有强大的价值联结和价值渗透功能，推动数字经济规模化发展。

（2）数字化将通过降低成本、创新产品服务等释放出新价值。

（3）数据作为生产要素，丰富了要素资源体系，为释放数字化价值开辟了新空间。

2. 数字化转型带来行业功效的提升

新一代数字技术作为一种先进的生产力，与各行各业深度融合，通过数字平台可以汇聚大批用户需求，组织不同行业开展个性化定制，使技术和数据的生产要素与战略资源作用得以有效发挥，使社会资源可以在更广阔的时空范围内优化配置，缩短生产时间，减少中间消耗，提高资本周转率，使单位用户成本大幅压缩，进而提高社会运行效率。

3. 数字化转型推动整体变革

相对以往信息系统建设大多聚焦在某一层面或者某一项业务，数字化更要具战略性、系统性和长期性。

数字化转型将各行业进行系统性的变革创新，进而推动各行业由工业经济向数字经济迈进。以工业互联网为例，通过平台链接各行业全要素、全产业链、全价值链，改变以往各行业仅仅在内部数字世界运转的局面，实现制造资源的泛在链接、弹性互补和高效配置，为各行业在更大范围发展奠定技术基础。

数字化转型与政府治理理念、治理结构、治理能力等多元素深度融合，统筹考虑各领域、各层级、各部门的需求，协同推进为政府带来整体性转变、全方位赋能、革命性重塑，是新发展阶段公共部门变革创新的战略选择。

4. 数字化转型推动数字生态良性发展

纵观数字发展环境，不同组织因为错综复杂的业务关系，构成了纵横交错的网络关系，面向碎片化分布的网络节点，整合多方资源的平台型组织应运而生，促进了链条式、网络化组织生态的发展，推动组织竞合方式日趋生态化。新一代数字技术应用让各组织机构不仅了解外部用户需求，还让组织内部愈加柔性高效，促使各单位向业务边界模糊化、组织结构平台化、创新方式开放化的方向发展。

1.4　自然资源调查监测体系数字化建设的基本条件

为了进一步提升调查监测数据的科学性、精准性、权威性，解决好自然资源精细化管理存在的矛盾和问题，国家对自然资源管理机构进行重组、自然资源业务进行重塑、自然资源调查监测体系进行重构，为自然资源调查监测体系的改革、发展与数字化建设奠定了坚实的基础。

1.4.1　自然资源管理机构重组

重组后的自然资源部门是自然资源资产管理机构，主要行使各种自然资源摸清底数、确权登记、用途管制等职能。

1. 重组背景

1）背　景

十八届三中全会通过了《中共中央关于全面深化改革若干重大问题的决定》，习近平总书记在《关于〈中共中央关于全面深化改革若干重大问题的决定〉的说明》（2013年11月9日）中指出，"健全国家自然资源资产管理体制是健全自然资源资产产权制度的一项重大改革，也是建立系统完备的生态文明制度体系的内在要求。"我国已经把自然资源作为一个整体考虑。

我国生态环境保护中存在的一些突出问题，一定程度上与体制不健全有关，原因之一是全民所有自然资源资产的所有权人不到位，所有权人权益不落实。要坚决破除体制机制中的弊端，使市场在资源配置中起决定性作用，更好发挥政府作用。围绕推动高质量发展，建设现代化经济体系，加强和完善政府经济调节、市场监管、社会管理、公共服务、生态环境保护职能。结合新的时代条件和实践要求，着力推进重点领域和关键环节的机构职能优化与调整，构建起职责明确、依法行政的政府治理体系，提高政府执行力，建设人民满意的服务型政府。

2）总体思路

机构重组的总体思路是按照所有者和管理者分开、一件事由一个部门管理的原则，落实全民所有自然资源资产所有权，建立统一行使全民所有自然资源资产所有权人职责的体制。国家对全民所有自然资源资产行使所有权并进行管理和国家对国土范围内自然资源行使监管权是不同的。前者是所有权人意义上的权利，后者是管理者意义上的权力。这就需要完善自然资源监管体制，统一行使所有国土空间用途管制职责，使国有自然资源资产所有权人和国家自然资源管理者相互独立、相互配合、相互监督。由一个部门履行领土范围内所有国土空间用途管制职责，对山水林田湖草进行统一保护、统一修复是十分必要的。

党的十九大报告提出"加强对生态文明建设的总体设计和组织领导，设立国有自然资源资产管理和自然生态监管机构，完善生态环境管理制度，统一行使所有国土空间用途管制和生态保护修复职责，统一行使监管城乡各类污染排放和行政执法职责。构建国土空间开发保护制度，完善主体功能区配套政策，建立以国家公园为主体的自然保护地体系，坚决制止和惩处破坏生态环境行为。"

3）主要程序

组建自然资源部的程序符合有关法律法规规定。《中华人民共和国国务院组织法》第八条规定："国务院各部、各委员会的设立、撤销或者合并，经总理提出，由全国人民代表大会决定；在全国人民代表大会闭会期间，由全国人民代表大会常务委员会决定。"《国务院行政机构设置和编制管理条例》第二条规定："国务院行政机构设置和编制应当适应国家政治、经济、社会发展的需要，遵循精简、统一、高效的原则。"第四条规定"国务院行政机构的设置以职能的科学配置为基础，做到职能明确、分工合理、机构精简，有利于提高行政效能。国务院根据国民经济和社会发展的需要，适应社会主义市场经济体制的要求，适时调整国务院行政机构，但是，在一届政府任期内，国务院组成部门应当保持相对稳定。"

2. 重组目的

重组目的是着力破解"九龙治水"之困、"公地悲剧"之困和"规划引领"之难，解决自然资源所有者不到位、空间规划重叠等问题，实现"山水林田湖草"整体保护、系统修复、综合治理。

1）"九龙治水"之困

《中华人民共和国宪法》、《中华人民共和国民法典》都将自然资源作为一个整体。《中华人民共和国宪法》第九条规定"国家保障自然资源的合理利用，保护珍贵的动物和植物。禁止任何组织或者个人用任何手段侵占或者破坏自然资源。"《中华人民共和国民法典》强化了各种自然资源的财产属性，并明确了其所有者身份。一直以来，我国自然资源管理职能分散在多部委，自然资源开发利用与保护的监管存在缺位现象。

新中国成立以来，不同时期的重要任务不同，决定了属于自然资源的土地、矿藏、水流、森林、山岭、草原、荒地、滩涂等自然资源分别由不同的行政机构管理。基于各自利益的考虑，自然资源的开发利用和保护并未形成一个统一的整体。一些人和组织采取迂回或绕道的办法获得自然资源使用权，全民所有自然资源资产所有者职责并不明确，各自只管自己管辖的范围，加之多种多样规划之间的互相扯皮，造成监管乱、监管难、监管者缺位现象，从而为非法使用自然资源开了"一扇窗"或者说是"一扇门"，国家保障自然资源的合理利用并未完全兑现。

2）"公地悲剧"之困

自然资源的资产属性尚未真正得以充分体现，自然资源资产所有者职责没有明确。自然资源是人类生存和发展的重要物质基础。回顾新中国成立以来我国自然资源管理的历史，最初，我们主要是将自然资源视作农业、林业、牧业、副业、渔业、工业资源，相应的管理机构也分设于不同的管理部门，直到1998年国土资源部组建时将土地、矿产管理进行组合。

从市场角度来看，经过新中国成立70多年，特别是改革开放40多年来的不断探索，自然资源管理秩序逐渐趋于稳定，相应的体制机制也日趋完善，自然资源市场更加规范。其中一点不足是：自然资源管理仍未在管理机构中重视其资产属性，而更多是以资源来进行管理，如原国土资源部的机构设置中有耕地保护司、地籍管理司、土地利用管理司、地质勘查司、矿产开发管理司、矿产资源储量司，也仅仅在土地利用管理司的职责中重点明确是资产管理，并设有地价处、资产处、市场处等。另外，有的自然资源由于监管缺位等原因市场还有待进一步完善。由于新中国成立以来的自然资源管理更多表现为资源管理，而非资产管理，也没有明确自然资源管理部门履行全民所有各类自然资源资产所有者职责的权力，自然资源管理部门自然不能"越俎代庖"，这就致使所有者权益难以得到真正体现。

3）"规划引领"之难

此前，国土空间用途管制处于多、散、乱状态，各种规划难以真正落地。有关国土空间用途管制的规划多达几十种，其中，原国土资源部有组织编制土地利用规划、国土资源规划、矿产资源规划、地质勘查规划等规划的职责，国家发展和改革委员会有组织编制主体功能区规划的职责，住房和城乡建设部有组织编制城乡规划的职责，水利部有组织编制水资源规划的职责，农业部有组织编制草原规划的职责，国家林业局有组织编制森林、湿地等资源规划的职责，国家海洋局有组织编制海洋规划的职责等。

各种规划编制受资料所限，更多是基于部门利益，也只能基于部门范围内考虑，法律依据不统一、标准不统一、实施时间段不统一、基础不统一，致使规划在落实中大打折扣，甚至根本不能执行，只能作为图片在墙上挂挂，管理部门也只能是"望图兴叹"。随着近几年"多规合一"试点的逐步推广，国土空间用途管制的规划日趋完善，已经成为政府进行投资和宏观调控的重要抓手，但部门之间"分崩离析"的状态依然成为影响规划落地的"篱笆"。

3. 具体落地

1）职责整合

着力解决自然资源所有者不到位、空间规划重叠等问题，将国土资源部的职责，国家发展和改革委员会的组织编制主体功能区规划职责，住房和城乡建设部的城乡规划管理职责，水利部的水资源调查和确权登记管理职责，农业部的草原资源调查和确权登记管理职责，国家林业局的森林、湿

图 1.11 组建的自然资源部[1]

地等资源调查和确权登记管理职责，国家海洋局的职责，国家测绘地理信息局的职责整合，组建自然资源部，作为国务院组成部门。自然资源部对外保留国家海洋局牌子。

2）职责内容

对自然资源开发利用和保护进行监管，建立空间规划体系并监督实施，履行全民所有各类自然资源资产所有者职责，统一调查和确权登记，建立自然资源有偿使用制度，负责测绘和地质勘查行业管理等。不再保留国土资源部、国家海洋局、国家测绘地理信息局（图1.11）。

自然资源部和生态环境部都是建设美丽中国的重要部门。自然资源部是为履行"两统一"职责，着力解决自然资源所有者不到位、空间规划重叠等问题，实现"山水林田湖草"整体保护、系统修复、综合治理。生态环境部是"为整合分散的生态环境保护职责，统一行使生态和城乡各类污染排放监管与行政执法职责，加强环境污染治理，保障国家生态安全，建设美丽中国。"自然资源部在生态环境保护中具有"生态保护修复"职责，生态环境部在生态环境保护中具有"加强环境污染治理"职责，前者重点在自然资源开发利用中的生态保护系统修复和综合治理，体现"谁破坏、谁治理"的责任，后者重点在环境污染监督、执法、治理，体现政府在环境污染治理中的更多责任和义务。

1.4.2 自然资源业务重塑

着力从管理和技术两个方面重塑自然资源业务，厘清自然资源"两统一"职责，推进调查监测业务的数字化建设。

1. 从多元分治到"两统一"

长期以来，我国自然资源管理形成了集中统一管理与分区管理、分类管理、中央政府与地方政府分级管理相结合的多元分治架构，如土地、矿产、海洋等三类资源中的大部分职能集中统一由国土资源部门管理；而水、森林、草原等资源，则相对独立地分别由水利、林业等部门管理。各级政府基于本级政府事权行使本行政辖区内的相应管理职能。多元分治带来诸多问题：

（1）自然资源分类边界模糊，资产底数不清。

（2）所有者不到位、权责不明晰、权益不落实、监管保护制度不健全。

（3）空间规划重叠、功能错配、无序发展。

（4）用途管控矛盾、审批流程多、周期长。

（5）生态环境问题，公地悲剧等。

在这样的背景下，基于"山水林田湖草是生命共同体"的理念，国家组建自然资源部并自上而下推动组织机构改革，并从保障自然资源生态价值和经济价值的角度，赋予其"两统一"职责。并将其分解到调查监测、确权登记、所有者权益、空间规划、用途管制、开发利用及生态修复等七个关键环节。

2. 业务的数字化建设

由于自然资源管理对象多、业务链条多、业务关系复杂，为了全面履行党中央和国务院赋予的

1）重磅！九张图读懂国务院组成部门调整. 人民日报，2018.

"两统一"职责，坚持"节约优先、保护优先、自然恢复为主"的基本方针，推进自然资源治理体系和治理能力现代化，需要数字化对自然资源业务的全面支撑。

（1）全面推进自然资源数字化。自然资源管理、国土空间规划与用途管制担负着科学合理配置资源、促进高质量发展和生态文明建设的重任。自然资源数字化是国家数字化的重要组成部分，是"数字中国"建设的基础支撑；自然资源数据是国家基础性、战略性信息资源；通过将自然资源信息系统接入国家政务服务和监管平台，形成国家统一的数字化应用机制，推进国家治理体系和治理能力现代化。

（2）建立全业务全流程数字化、网络化、智能化机制。加强自然资源开发与保护监管，对自然资源进行统一调查和确权登记，建立自然资源有偿使用制度，履行"两统一"职责，落实海洋强国战略，需要构建覆盖全国陆海、信息共享、智能感知的技术平台，形成多级联动、业务协同、精准治理的自然资源管理新模式，不断提升自然资源治理的能力和现代化水平。

（3）建立统一、全面、准确的自然资源数据底版。坚持"山水林田湖草是生命共同体"的理念，树立自然资源系统观，建立统一的空间规划体系并监督实施，统一行使国土空间用途管制和生态修复职责，需要以基础地理、各类自然资源以及生态保护红线、永久基本农田、城镇开发边界等管控性数据为底版，建立统一的国土空间基础信息平台，形成"用数据审查、用数据监管、用数据决策"的国土空间管控新机制。

（4）建立高效、智能、便捷的一体化"互联网+政务服务"应用机制。贯彻以人民为中心的发展思想，落实深化"放管服"改革要求，更好地履行土地审批、矿业权审批、海域使用权审批和相关测绘、地质行业管理职责，需要依托互联网及电子政务外网建立自然资源政务服务体系，实现一网申报、智能核验、协同审批，并推动自然资源信息向社会开放。

（5）建立完善强有力的网络安全体系保障。加强信息基础设施和网络安全防护是国家网络安全的重要要求。搭建互联互通的自然资源网络和运行环境，建立自然资源信息安全保障体系，加强自然资源数据安全，提升网络安全防护能力，是实行网上审批、网上监管、网上服务的重要保障。

1.4.3　自然资源调查监测体系重构

长期以来，我国自然资源调查监测存在概念不统一、内容有交叉、指标相矛盾等问题，成果难以满足推进自然资源治理体系和治理能力现代化、美丽中国建设的迫切要求。党的十九届四中全会明确提出"加快建立自然资源统一调查、评价、监测制度""自然资源统一调查监测不是对现有各类调查监测的简单延续和物理拼接，而是要适应生态文明建设和自然资源管理的需要，按照科学、简明、可操作要求，对原有各项调查进行改革创新和系统重构。"。调查监测体系重构的核心和目的是实现数据的采集协同化、处理自动化、数据要素产权化、成果数据知识化和共享服务社会化。

1. 数据采集协同化

随着空间信息技术、移动互联网技术等新一代数字技术的迅猛发展和各类传感器的出现，为自然资源协同感知提供了技术支撑。在自然资源调查监测中，为克服单一平台带来的数据不完备性并提供全面真实时效性强的感知数据，需要构建一张立体多维协同感知网。

（1）依托各类高中低轨道的国产公益卫星、商业卫星，搭载可见光、红外、高光谱、微波、雷达等探测器，实现大范围影像覆盖，支持大尺度、周期性、宏观性的自然资源调查监测。

（2）利用无人机等航空飞行平台机动灵活、低成本、受天气影响小的优势，搭载各类专业探测器，实现中等尺度区域的精细调查与动态监测。

（3）借助移动监测车、测量工具、检验检测仪器、照相机/摄像机、多波束测深仪等设备，利用实地调查、样点监测、定点观测等监测模式，进行小尺度区域的实地调查和现场监测。

（4）随着众包测绘、志愿者测绘等模式和技术发展与应用，未来群众即是自然资源调查监测数据的采集者，又是自然资源调查监测成果的应用者。

（5）依托移动互联网或物联网丰富调查监测数据来源，为自然资源变化早发现提供数据和技术保障。

综合利用新一代数字技术和各类传感器，构建多维立体协同感知网和研发联动服务平台，为自然资源陆海全域、全要素、全业务环节、全生命周期、全数字化技术手段的调查监测提供数据和技术保障。

2. 数据处理自动化

多维立体协同感知网为自然资源调查监测提供多源异构、时效性强的时空数据，同时海量数据处理分析也面临巨大挑战。人工智能、大数据、云计算等新一代数字技术是破解运动式人海战术的作业模式的重要法宝。通过新一代数字技术，提升大数据处理自动化水平，解决多源异构时空数据的自动清洗、批量预处理和智能处理，提高调查监测数据处理的自动化和时效性。

1）在时空数据存储管理方面

与传统海量数据最大的区别在于，时空数据具有多源性、异构性、时效性、空间性等特征。按照集中式和分布式混合存储架构的地理空间大数据存储框架，根据应用需求和数据特征，选择不同的存储方式和组织管理形式，进而满足自然资源调查监测数据存储要求。

2）在时空数据自动清洗方面

利用机器学习和众包技术，解决不完整、不一致、相似重复数据的自动清洗，生成格式统一、表达一致的标准数据。机器学习技术可以从用户记录中学习制定清洗决策的规律，从而减轻用户标注数据的负担。同时，从清洗规则到机器学习模型的转换使得用户不再需要制定大量的数据清洗规则。众包技术把数据清洗任务发布到互联网，从而集中众多用户的知识和决策，众包的形式可以充分利用外部资源优势，在降低清洗代价的同时，提高数据清洗的准确度和效率。

3）在时空数据智能处理方面

构建陆海全域的高精度像控库，开展调查监测底图和三维场景的快速制作，构建像素级、图斑级、对象级（实体级）样本库、规则库和模型库，开展基于人工智能的目标识别、分类和变化检测；构建数据自动处理和质量检查知识图谱，开展基于众包技术的遥感反演验证和质量检查工作。

4）在数据表达与可视化方面

虽然自然资源调查监测获得的现状信息，可通过传统数据表达和可视化技术，从数据库或数据集的数据中进行抽取、归纳和组合，通过不同展示方式提供给用户，但是在时间序列变化、动态趋势性分析、多维信息展示、数据关系可视化方面，需要利用地理空间大数据中数据信息的符号表达、数据渲染、数据交互和数据表达模型、VR/AR、二三维一体等可视化技术，实现自然资源调查监测成果转化为用户所需要的信息。

通过加强自然资源模型建设和研究，建成系统完整的各类自然资源模型库。采用数字化手段，对自然资源调查监测数据成果集成、处理、表达和统一管理。继续加强智能化识别、大数据挖掘、互联网提取、区块链等技术研究，支撑自然资源调查监测、分析评价和成果应用全过程技术体系高效运行。

3. 数据要素产权化

2020年4月9日发布的《中共中央国务院关于构建更加完善的要素市场化配置体制机制的意见》中，数据作为五大生产要素之一被正式写入文中。数据从单纯的传递信息的载体逐步变成了一种重要的生产要素。明晰数据的所有权是大数据交易的前提和基础，因此，发挥数据价值的核心作用，需要确定数据的权属。利用数字水印技术和区块链技术，可解决大数据确权中面临的公平性、完整性和欺骗性等问题，可得到身份、安全、行政监管的认可和背书，以及司法的认可和背书。在自然资源管理中，可解决资源变资产、资产变资本中的权属、保密、篡改等问题。

4. 成果数据知识化

地理空间分析、区块链、知识图谱等技术的交叉融合，构建面向知识服务的自然资源行业知识图谱和服务平台，支撑评价各类自然资源基本状况与保护开发利用程度，评价自然资源要素之间、人类生存发展与自然资源之间、区域之间、经济社会与区域发展之间的协调关系，用于支撑自然资源生命共同体的分析评价，揭示自然资源"格局－过程－服务"的地域分异、形成机理及演化规律，实现调查监测从数据服务到知识服务的跨越。

5. 共享服务社会化

以大数据、云计算、分布式存储、三维仿真、知识图谱等新一代数字为技术驱动，以自然资源时空数据库为支撑，建设统一成果数据共享服务平台，横向连通、纵向贯通、主动连接、主动共享，服务自然资源精细化管理。

1.4.4　自然资源调查监测体系数字化建设的驱动力

在数字化的浪潮下，自然资源管理机构重组、自然资源业务重塑、自然资源调查监测体系重塑为自然资源调查监测体系数字化建设奠定了坚实的基础。国家政策的引导和新一代数字技术的发展是调查监测数字化建设的驱动力。

1. 国家政策的引导

2021年3月12日发布的《中华人民共和国国民经济和社会发展第十四个五年规划和2035年远景目标纲要》中指出，迎接数字时代，激活数据要素潜能，推进网络强国建设，加快建设数字经济、数字社会、数字政府，以数字化转型整体驱动生产方式、生活方式和治理方式变革。

2015年9月5日发布的《国务院关于印发促进大数据发展行动纲要的通知》提出，建设数据强国，加快政府数据开放共享，推动资源整合，提升治理能力，推动产业创新发展，培育新兴业态，助力经济转型。

国家自2017年6月1日起实施《中华人民共和国网络安全法》后，又于2020年1月1日起实施《中华人民共和国密码法》，要从源头上维护网络空间国家主权、安全、发展利益，保护人民群众隐私权利。

2. 数字化转型对自然资源的影响

在现实世界中，自然资源是天然存在、有使用价值、可提高人类当前和未来福利，且占据一定连续的空间位置、单独具有同一属性或完整功能的自然环境因素的总和。在赛博空间中，调查监测对象和成果的数字化可以将天然存在的自然资源抽象为点、线、面、体等特征几何要素，以图层、实体方式组织表达。同一自然资源在不同尺度下可呈现为一维的点、二维的图斑、三维的实体或场景，可分要素、分尺度进行抽象表达，也可以基于无尺度实体表达。

空间信息技术为调查监测提供三维定位数字化、数据采集协同化和成果服务社会化等支撑，加上人工智能、大数据、云计算等新一代数字技术在自然资源领域的融合与发展，为调查监测提供了全数字化的技术手段。

随着GNSS、智能对地观测系统（Earth Observing System，EOS）、连续运行卫星跟踪站（Continuously Operating Reference Stations，CORS）等空间信息基础设施的建设和升级，以及5G、数据中心等新型基础设施的建设，为调查监测数字化建设奠定了坚实基础。

1.5   自然资源调查监测体系数字化建设的支撑技术

空间信息技术为调查监测提供实时的时空位置信息和反映自然资源现状特征的感知数据,这是全面摸清和及时掌握自然资源家底及其变化最核心的技术。随着5G、物联网、大数据、人工智能、云计算、区块链等新一代数字技术与空间信息技术的交叉融合发展,为调查监测技术手段升级优化提供有力支撑。

1.5.1   空间信息技术

1. 空间信息技术概述

空间信息技术在广义上被称为"地球空间信息科学",大致可以分为信息数据的采集、整合、分析及表达四个主要内容,其中最为基础的则是3S技术。自20世纪60年代兴起以来,3S技术为人们社会活动、生产活动提供了多尺度、多层面的时空信息,在推动社会信息化、社会进步中起到了关键性作用。

随着智能计算、高速通信、边缘计算等技术与空间信息技术的融合与发展,在3S基础上衍生智能定位、导航、授时(Positioning Navigation Timing,PNT)、EOS和智能无人机(Unmanned Aerial Vehicle,UAV)等技术,为自然资源统一调查监测提供数据采集协同化、处理自动化、服务网络化等技术保障。

2. 空间信息技术最新研究进展

在大数据时代,"互联网+"的飞速发展,为各行各业提供了无所不在的大众化、普及化、实时化和智能化服务,空间信息技术有了新的时代特征:无所不在、多维动态、互联网+网络化、全自动与实时化、从感知到认知、面向服务。

1)智能PNT服务

GNSS泛指所有的卫星导航系统,包括全球的、区域的和增强等系统,如美国的GPS(Global Positioning System)、俄罗斯的GLONASS(Global Navigation Satellite System)、欧盟的GALILEO(Galileo Satellite Navigation System)和我国的北斗卫星导航系统(BeiDou Navigation Satellite System,BDS)。早在1970年,我国就开始卫星导航系统技术和方案的研究;1994年,北斗一号系统工程建设正式启动;2000年,完成了2颗地球静止轨道卫星发射,BDS系统建成并投入使用,我国的导航、定位和授时等服务由GPS变成BDS;2012年年底,BDS完成14颗卫星发射组网;2020年6月23日我国成功发射北斗系统第五十五颗导航卫星,这标志着北斗三号全球卫星导航系统星座部署全面完成;2020年7月31日,北斗三号全球卫星导航系统正式开通,标志着北斗系统全面建成,向全球用户提供更加优质、更加完善的时空信息服务。

智能PNT是在以BDS为主的GNSS基础上发展起来,是将PNT体系及其算法与"人工智能"相结合,实现PNT应用场景的智能感知、智能识别、PNT信息的智能集成、智能建模和智能融合。智能PNT服务可定义为:将PNT专家的思想、知识和用户的需求相结合,并实现算法优化,建立适应用户需求的专家系统,再将PNT专家系统转化到机器可以识别的知识图谱,最后实现PNT智能保障和智能服务的全过程。

PNT智能服务的核心是用最适合的PNT服务模式服务于最适合的用户。要实现PNT智能服务,要解决两个关键环节的问题:第一个是建立多学科专家的"共识"生成专家库,将PNT专家的"知"、"识"转化为"智";第二个是将PNT专家的知识转化为规则,即将PNT专家系统转化为"PNT脑",使其具备感知、分析、识别、推理和决策的能力,使"智"转化成"能"。最终形成精准时空位置感知能力,从而实现用户定位、导航、授时、影像及地理信息的实时智能服务。

2）智能 EOS

近 20 年来，随着航天和航空遥感技术的飞速发展，对地观测卫星的空间分辨率、时间分辨率等不断提高，使其成为对地观测最主要的方法之一。伴随卫星性能不断优化，对地观测已经逐渐由传统的单星模式发展为轻小型卫星组建星座，以满足更短的重访周期、更大的观测覆盖范围以及基于特定目标需求的快速响应、持续动态监测等数据获取需求。

传统的遥感影像数据获取和处理模式需要经地面站接收后，由地面处理中心进行处理和产品分发。由多颗卫星组成的观测星座同时在轨运行观测后，每天将获取数百 TB 的影像数据，传统的遥感影像数据获取和处理模式已经难以满足新时期要求，因此，智能 EOS 的概念应运而生。

智能 EOS 是以用户的任务需求为核心，在任务驱动方式和遥感数据星地协同处理机制下，优化配置星地数据获取资源、计算资源、存储资源、传输资源、接收处理资源，充分利用星地协同的各类算法资源，如多源传感器高质量实时成像、高精度实时几何定位、数据智能压缩等，依据不同地面任务信息（地理位置、观测区域大小、目标类型）智能规划星地协同的数据处理模式与流程，实现自动化、智能化的星地协同处理，从而快速提供任务决断所需的高精度、高质量、高可靠空间决策信息。

目前，国内外学者对智能 EOS 开展了系列研究，如周国清教授在 2001 年提出的未来智能对地观测卫星（图 1.12）和李德仁院士在 2017 年提出的对地观测脑等。表 1.3、表 1.4 列出了国内外主流的卫星系列和商业卫星星座。

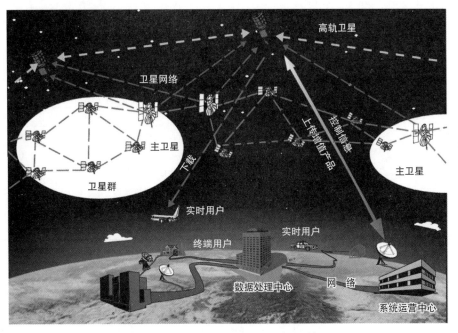

图 1.12　未来智能对地观测卫星 [1]

表 1.3　国内外主流卫星系列

国家或地区	系列名称（卫星）	时　间
美国、日本、加拿大、法国、德国等	EOS 系列（Quick SCAT、ACRIM SAT、E0-1、Aqua、ICESat、SORCE、AURA、CloudSat、TRMM、Terra、Jason-1、CRACE、CALIPSO、ALOS）	1999—2006 年
美　国	LANDSAT 系列（Landsat-5、Landsat-6、Landsat-8）	1984—2013 年

1）Concept design of future intelligent Earth observing satellites. International Journal of Remote Sensing.

续表 1.3

国家或地区	系列名称（卫星）	时 间
日 本	海洋卫星（MOS-1）	1987 年
	日本资源卫星（JERS）	1990 年
	先进地球观测卫星（ADEOS-1、ADEOS-2）	1996—1999 年
	温室效应气体观测卫星（GoSat）	2007 年
	全球降雨量任务卫星（GMP）	1997 年
印 度	IRS 系列（IRS-1C、IRS-1D、IRS-2A、IRS-2B、IRS-2C、IRS-P2、IRS-P3、IRS-P4、IRS-P5、IRS-P6）	1988—2003 年
	INSAT-2E	1999 年
	资源卫星 1 号（Resourcesat-1）	2004 年
欧洲航天局	遥感卫星（ERS-1、ERS-2）	1991—1995 年
	环境卫星（ENVISAT-1）	2002 年
	气象卫星系列（Meteosat）	1977—1997 年
	Metop-1	2006 年
加拿大	RADARSAT 系列（RADARSAT-1、RADARSAT-2）	1995—2007 年
	科学卫星 1 号（Scisat-1）	2003 年
俄罗斯	气象和资源勘探卫星（Meteor-3M-1）	2001 年
	Arkon-1	2002 年
	资源 -P3（ResurS-P3）、资源 -DK1（Resurs-DK1）	2016 年
	猎豹 -M2（Bar-M2）	2016 年
	Monitor 系列（Monitor-E）	2005 年
法 国	POT 卫星（SPOT-1、SPOT-2、SPOT-4、SPOT-5 SPOT-6、SPOT-7）	1986—2014 年
泰 国	THEOS	2008 年
中 国	高分系列（高分一号、高分二号、……、高分十二号）	2013 年至今
	遥感系列（遥感卫星一号、遥感卫星二号、……、遥感卫星二十六号	2006—2014 年
	海洋系列（海洋一号、海洋二号）	2002—2016 年
	环境系列（环境一号：HJ-1A 星、HJ-1B 星、HJ-1C 星）	2008—2012 年
	资源系列（资源一号、资源二号、资源三号、委内瑞拉遥感卫星一号）	1999—2014 年
	风云系列（风云一号、风云二号、……、风云四号）	1988—2018 年
	北斗卫星导航系统（51 颗北斗导航卫星）	2000—2020 年

表 1.4 国内外主流商业卫星星座

区 域	星座名称	星座数目	进 展
国 内	高景卫星星座	16+4+4+X	共发射 4 颗 0.5m 遥感卫星，目前在轨运行
	微景星座	80	2019 年发射第一颗卫星京师一号
	吉林一号星座	140	已成功发射 15 颗遥感卫星
	珠海一号	34	已成功发射 12 颗遥感卫星
	AI 星座	192	已成功研制并发射 8 颗 AI 卫星
国 外	初创公司卫星星座	–	已成功发射 7 颗卫星
	全球卫星星座	60	成功发射首颗技术试验星
	多光谱光学合成孔径雷达星座	16	—
	SpaceX 星链卫星星座	1.2 万	目前星链卫星总数已达 1385 颗，但已经有大约 125 颗已经报废，还有大约 1260 颗仍在轨运行

3）智能 UAV

无人机遥感系统是在无人机等相关技术发展成熟基础上形成的一种新型的航空遥感系统。它利用无人机作为遥感平台，集成小型高性能的遥感传感器和其他辅助设备，是一种灵活机动、续航时间长、全天候作业的遥感数据获取和处理系统。

基于定时定点智能化管理模式，单个无人机可通过组网释放出更加巨大的潜力。在单无人机作业的情况下，大范围的对地观测往往需要消耗很长时间，而引入无人机集群技术，使少量的人员能够控制大量无人机进行并行作业，有效解决时间与效率等难题。除了通过多架无人机来增大无人机遥感的观测范围、提高观测效率外，无人机群还可通过携带不同遥感载荷来相互配合，以提高无人机遥感的观测精度。"十三五"期间，我国开展了智能无人机群相关技术的研究，该研究主要围绕应用领域，在中心自组织移动网覆盖范围内，解决多类别无人航空器高速高带宽蜂群自组网遥感任务协同关键技术。借助 GIS 技术和人工智能（Artificial Intelligent，AI）技术，无人机航空器具备地理位置超精准定位、周边环境快速识别和智能组网任务协同的遥感能力。

3. 空间信息技术在调查监测中应用

时空信息是一切信息的基准。完整地描述一个三维、动态的世界必须有精准的时空信息作为基础框架，所有对真实世界的探测、运行规律的描述以及未来的预测，均需要建立在这个时空框架之上。经过几十年的发展，3S 技术已经构建了一个时空框架。

3S 技术结合云计算、大数据、人工智能、物联网等新一代数字技术，发展起来的智能 EOS、智能 PNT、智能 UAV 等系统，为自然资源调查监测奠定了数据和技术保障。智能 PNT 的发展增强了导航定位终端的功能，为用户提供智能化位置服务；智能 EOS 的发展突破了遥感影像获取的瓶颈，为用户提供高效、智能的遥感影像服务；智能 UAV 拓展了自然资源获取对象的范围和频次，为用户提供实时响应、范围宽广的变化监测服务。通过空间信息技术，建立起自然资源智能监测协同感知网，可解决传统自然资源监测系统在数据采集、数据存储、数据分析、数据展示等方面存在的问题。例如，通过调用智能 EOS，在监测对象发生变化时，就自动触发采集行为，做到数据采集省时省力省资源，快采快传快识别，从而解决自然资源区域性、多维性和动态性的特征给调查监测带来的困难与挑战。另外，通过智能 UAV、EOS，实现基于群智感知的自然资源信息收集系统，手机或其他智能终端用户通过在平台上接受任务即可开始自然资源数据的收集，进而实现低成本、大规模的实时监管，解决自然资源监管存在的监管对象复杂、任务重及范围广阔等特点。

1.5.2 人工智能

1. 人工智能的概述

1）人工智能发展进入新阶段

人工智能是计算机应用学科的一个分支，经过 60 多年的演进，特别是在移动互联网、大数据、超级计算、传感网、脑科学等新理论、新技术以及经济社会发展强烈需求的共同驱动下，人工智能加速发展，呈现出深度学习、跨界融合、人机协同、群智开放、自主操控等新特征。大数据驱动知识学习、跨媒体协同处理、人机协同增强智能、群体集成智能、自主智能系统成为人工智能的发展重点，受脑科学研究成果启发的类脑智能蓄势待发，芯片化硬件化平台化趋势更加明显，人工智能发展进入新阶段。当前，新一代人工智能相关学科发展、理论建模、技术创新、软硬件升级等整体推进，正在引发链式突破，推动经济社会各领域从数字化、网络化向智能化加速跃升。

2）我国发展人工智能具有良好基础

国家部署了智能制造等国家重点研发计划重点专项，实施了"互联网 +"人工智能三年行动，从科技研发、应用推广和产业发展等方面提出了一系列措施。经过多年的持续积累，我国在人工智能领域取得重要进展，国际科技论文发表量和发明专利授权量已居世界第二，部分领域核心关键技术实现重要突破。语音识别、视觉识别技术世界领先，自适应自主学习、直觉感知、综合推理、混合智能和群体智能等初步具备跨越发展的能力，中文信息处理、智能监控、生物特征识别、工业机器人、服务机器人、无人驾驶逐步进入实际应用，人工智能创新创业日益活跃，一批龙头骨干企业加速成长，在国际上获得广泛关注和认可。加速积累的技术能力与海量的数据资源、巨大的应用需求、开放的市场环境有机结合，形成了我国人工智能发展的独特优势。

《2020全球人工智能创新指数报告》显示，中国的人工智能整体发展水平已跻身世界前列，人工智能创新指数综合得分从2019年的第3名上升至2020年的第2名，仅次于美国。中国的"人工智能基础支撑"排名第4位，计算基础表现尤为突出。截至2020年7月，中国共有226个超算中心进入全球500强行列，是美国（113个）的两倍，居全球首位。2020中国人工智能产业年会发布的《中国人工智能发展报告2020》显示，过去十年中国人工智能专利申请量位居世界第一，人工智能下一个十年将在强化学习、知识图谱、智能机器人等方向重点发展。报告显示，过去十年全球人工智能专利申请量超52万件。中国专利申请量为389 571件，位居世界第一，占全球总量的74.7%。同时，中国在自然语言处理、芯片技术、机器学习等10多个AI子领域的科研产出水平居于世界前列。

同时，也要清醒地看到，我国人工智能整体发展水平与发达国家相比仍存在差距，缺少重大原创成果，在基础理论、核心算法以及关键设备、高端芯片、重大产品与系统、基础材料、元器件、软件与接口等方面差距较大；科研机构和企业尚未形成具有国际影响力的生态圈和产业链，缺乏系统的超前研发布局；人工智能尖端人才远远不能满足需求；适应人工智能发展的基础设施、政策法规、标准体系亟待完善。

2. 人工智能的应用场景

在大力发展智能软硬件、智能机器人、智能运载工具、虚拟现实与增强现实、智能终端、物联网基础器件等人工智能新兴产业，大规模推动企业智能化升级、推广应用智能工厂、加快培育人工智能产业领军企业等智能企业的基础上，推动人工智能与各行业融合创新，在自然资源、制造、农业、物流、金融、商务、家居等重点行业和领域开展人工智能应用试点示范，推动人工智能规模化应用，全面提升产业发展智能化水平。

（1）在智能农业方面，研制农业智能传感与控制系统、智能化农业装备、农机田间作业自主系统等。建立完善天空地一体化的智能农业信息遥感监测网络。建立典型农业大数据智能决策分析系统，开展智能农场、智能化植物工厂、智能牧场、智能渔场、智能果园、农产品加工智能车间、农产品绿色智能供应链等集成应用示范。

（2）在智能安全方面，促进人工智能在公共安全领域的深度应用，推动构建公共安全智能化监测预警与控制体系。围绕社会综合治理、新型犯罪侦查、反恐等迫切需求，研发集成多种探测传感技术、视频图像信息分析识别技术、生物特征识别技术的智能安防与警用产品，建立智能化监测平台。加强对重点公共区域安防设备的智能化改造升级，支持有条件的社区或城市开展基于人工智能的公共安防区域示范。加强人工智能对自然灾害的有效监测，围绕地震灾害、地质灾害、气象灾害、水旱灾害和海洋灾害等重大自然灾害，构建智能化监测预警与综合应对平台。

3. 人工智能关键共性技术

（1）知识计算引擎与知识服务技术。重点突破知识加工、深度搜索和可视交互核心技术，实现对知识持续增量的自动获取，具备概念识别、实体发现、属性预测、知识演化建模和关系挖掘能力，形成涵盖数十亿实体规模的多源、多学科和多数据类型的跨媒体知识图谱。

（2）跨媒体分析推理技术。重点突破跨媒体统一表征、关联理解与知识挖掘、知识图谱构建与学习、知识演化与推理、智能描述与生成等技术，实现跨媒体知识表征、分析、挖掘、推理、演化和利用，构建分析推理引擎。

（3）群体智能关键技术。重点突破基于互联网的大众化协同、大规模协作的知识资源管理与开放式共享等技术，建立群智知识表示框架，实现基于群智感知的知识获取和开放动态环境下的群智融合与增强，支撑覆盖全国的千万级规模群体感知、协同与演化。

（4）混合增强智能新架构与新技术。重点突破人机协同的感知与执行一体化模型、智能计算前移的新型传感器件、通用混合计算架构等核心技术，构建自主适应环境的混合增强智能系统、人机群组混合增强智能系统及支撑环境。

（5）自主无人系统的智能技术。重点突破自主无人系统计算架构、复杂动态场景感知与理解、实时精准定位、面向复杂环境的适应性智能导航等共性技术，无人机自主控制以及汽车、船舶和轨道交通自动驾驶等智能技术，服务机器人、特种机器人等核心技术，支持无人系统应用和产业发展。

（6）虚拟现实智能建模技术。重点突破虚拟对象智能行为建模技术，提升虚拟现实中智能对象行为的社会性、多样性和交互逼真性，实现虚拟现实（Virtual Reality，VR）、增强现实（Augmented Reality，AR）、扩展现实（Expander Reality，ER）（以下简称 3R）等技术与人工智能的有机结合和高效互动。

（7）智能计算芯片与系统。重点突破高能效、可重构类脑计算芯片和具有计算成像功能的类脑视觉传感器技术，研发具有自主学习能力的高效能类脑神经网络架构和硬件系统，实现具有多媒体感知信息理解和智能增长、常识推理能力的类脑智能系统。

（8）自然语言处理技术。重点突破自然语言的语法逻辑、字符概念表征和深度语义分析的核心技术，推进人类与机器的有效沟通和自由交互，实现多风格多语言多领域的自然语言智能理解和自动生成。

4. 人工智能在调查监测中的应用

人工智能的迅速发展深刻改变人类社会生活。如何融合新一代人工智能技术，提高地理信息服务的精确化、智能化水平，是新时代自然资源调查监测的重大命题。

在图像处理领域，人工智能应用最为广泛的是对遥感影像的解译、提取和分析。遥感图像数据具有海量性、多样性和复杂性等特点，对遥感图像检索的速度和精度具有较高的要求。目前，基于卷积神经网络（Convolutional Neural Networks，CNN）的思想，通过对神经网络进行训练，建立图像底层特征和高层语义之间的映射关系，已开发了多种人工智能遥感图像检索方法，可以自动实现自然资源要素变化发现和提取等任务，很大程度上解放人力和物力，改变了传统调查工作的运动式"人海战术"模式。

构建自然资源要素的实景三维模型，运用 3R 技术创造的沉浸式环境，借助交互设备对自然环境进行全方位感知，在不用到现场的情况下，以沉浸式的场景体验，开展自然资源的精细化管理。

1.5.3 大数据

1. 大数据概述

大数据（Big Data）就是大量有价值的数据，并且数据资料规模巨大到无法通过人脑甚至主流工具软件在合理时间内进行处理和分析，加工成对部门或企业有更大价值的信息数据，它具有以下四个特性：更大的容量（Volume），从 TB 级跃升至 PB 级，甚至 EB 级；更高的多样性（Variety），包括结构化、半结构化和非结构化数据；更快的生成速度（Velocity）；前面三个的组合推动了第四个因素——价值（Value）。

随着信息技术的高速发展，人们积累的数据量急剧增长，数据处理能力也越来越强，从数据处理时代到微机时代，再到互联网络时代，现如今已演变为大数据挖掘与分析的时代。大数据带来了机遇与挑战，尤其在收集了巨量数据后，已无法用人脑来推算、估测，或者用单台计算机进行处理。如何挖掘大数据中价值是当前数据资源开发与利用的主要发展方向之一。

作为世界上最大的互联网市场，我国的大数据发展日新月异。2015年，十八届五中全会首次提出"国家大数据战略"，这是大数据第一次写入党的全会决议，标志着大数据战略正式上升为国家战略。2021年6月，国务院发布了《中华人民共和国国民经济和社会发展第十四个五年规划和2035年远景目标纲要》，指出加快构建全国一体化大数据中心体系，强化算力统筹智能调度，建设若干国家枢纽节点和大数据中心集群，建设E级和10E级超级计算中心。

2. 大数据的处理流程

1）大数据采集与预处理

数据采集与预处理处于大数据生命周期中第一个环节，它通过射频识别（Radio Frequency Identification，RFID）数据、传感器数据、社交网络数据、移动互联网数据等方式获得各种类型的结构化、半结构化及非结构化的海量数据。主要包括以下三种：

（1）系统数据采集。业务平台每天都会产生大量的数据，数据收集系统要做的事情就是收集业务日志数据供离线和在线的分析系统使用。

（2）网络数据采集。网络数据采集是指通过互联网提取或网站公开应用程序接口（ApplicationProgramming Interface，API）等方式从网站上获取数据信息的过程。这样可将非结构化数据、半结构化数据从网页中提取出来，并以结构化的方式将其存储为统一的本地数据文件。它支持图片、音频、视频等文件的采集，且附件与正文可自动关联。对于网络流量的采集则可使用带宽管理技术进行处理。

（3）数据库采集。一些企业会使用传统的关系型数据库MySQL和Oracle等来存储数据。除此之外，Redis和MongoDB这样的NoSQL数据库也常用于数据的采集。这种方法通常在采集端部署大量数据库，并对如何在这些数据库之间进行负载均衡和分片进行深入的思考和设计。

2）大数据存储与管理

根据数据类型，大数据的存储和管理可分为三类：

（1）针对大规模结构化数据存储，通常采用新型数据库集群。它们通过列存储或行列混合存储以及粗粒度索引等技术，结合大规模并行处理（Massive Parallel Processing，MPP）架构高效的分布式计算模式，实现对PB量级数据的存储和管理。这类集群具有高性能和高扩展性等特点。

（2）针对半结构化和非结构化数据存储。采用基于Hadoop开源体系的系统平台实现对半结构化和非结构化数据的存储和管理。

（3）针对结构化和非结构化混合的大数据存储。采用MPP并行数据库集群与Hadoop集群的混合来实现对百PB量级、EB量级数据的存储和管理。利用MPP来管理计算高质量的结构化数据，提供强大的SQL和OLTP型服务，同时用Hadoop实现对半结构化和非结构化数据的处理。这种混合模式将是大数据存储和管理发展的方向。

3）大数据挖掘与分析

随着信息技术的高速发展，人们积累的数据量急剧增长，动辄以TB计，如何从海量的数据中提取有用的知识成为当务之急。数据挖掘就是为顺应这种需要而发展起来的数据处理技术，是知识发现（Knowledge Discovering Database）的关键步骤。

（1）数据挖掘步骤：定义问题→建立数据挖掘库→分析数据→准备数据→建立模型→评价模型和实施。

（2）数据挖掘类型：预测型和描述型。

（3）数据挖掘算法：数据挖掘算法是创建数据挖掘模型的机制。为了创建模型，算法将首先分析一组数据并查找特定模式和趋势。算法使用此分析的结果来定义挖掘模型的参数，然后将这些参数应用于整个数据集，提取可行模式和详细统计信息。

3. 大数据在调查监测中的应用

随着卫星网、航空网、地面传感网的建立和完善，加上互联网、物联网在自然资源领域的广泛应用，人类对自然资源的综合观测能力达到了空前水平。在调查监测业务中，数据量显著增加，呈指数级增长，数据获取的速度加快，更新周期缩短，时效性越来越强，呈现出明显的空间性、时间性、多维性、海量性、复杂性等"大数据"特征。调查监测大数据为全面、真实、准确地摸清自然资源家底和成果数据的广泛应用提供数据保障。

1.5.4 云计算

1. 云计算的定义

根据美国国家标准与技术研究院的定义，云计算（Cloud Computing）是一种利用互联网实现随时随地、按需、便捷地访问共享资源池（如计算设施、存储设备、应用程序等）的计算模式。计算机资源服务化是云计算重要的表现形式，它为用户屏蔽了数据中心管理、大规模数据处理、应用程序部署等问题。通过云计算，用户可以根据其业务负载快速申请或释放资源，并以按需支付的方式对所使用的资源付费，在提高服务质量的同时降低运维成本。

2. 云计算的特点

云计算是构建数字化基础的基石。它是把存储于计算机、服务器、磁盘阵列等基于网络互联的设备上的海量信息和计算能力集中在一起，协同工作。用户只需在云计算平台上部署其应用软件即可，由云计算平台向其提供所需的计算和存储资源，而无需关注物理设备配置，实现"互联网即计算机"。根据云计算平台所提供服务的类型，可以将云计算服务分为三类。

（1）基础设施即服务（Infrastructure as a Service，IaaS）：以服务的形式提供虚拟硬件资源，如虚拟主机/存储/网络/安全等资源。用户无需购买服务器、网络设备、存储设备，只需负责应用系统的搭建即可。

（2）平台即服务（Platform as a Service，PaaS）：提供应用服务引擎，如互联网应用编程接口/运行平台等。用户基于该应用服务引擎，可以构建该类应用。

（3）软件即服务（Software as a Service，SaaS）：用户通过标准的 Web 浏览器来使用云计算平台上的软件。用户不必购买软件，只需按需租用软件。IaaS 是实现云计算的基础，它搭建了统一的硬件平台，通过虚拟化技术实现了计算和存储资源的动态调配，PaaS 对外提供了操作系统和应用服务引擎，SaaS 则对外提供完整的软件应用服务。

从上述三类服务类型的特点可以看出，只要实现了 IaaS，就可以很好地解决目前在 IT 系统建设中存在的种种问题。而实现 IaaS，其核心就是实现 IT 设备的虚拟化，尤其是服务器的虚拟化。IT 虚拟化技术带来的优势可以从两个角度去理解：纵向上，IT 虚拟化技术消除了操作系统及应用软件与底层硬件设备之间的对应关系，系统应用软件部署在虚拟主机上，不再依赖于特定的物理设备，部署方式更加灵活，部署速度更加快捷，且虚拟主机可在服务器故障时自动迁移到虚拟化平台其他服务器上，极大地提高了系统的可靠性；横向上，IT 虚拟化技术打破了应用系统的烟囱式架构，实现了物理层面的资源共享，提高了设备的利用率，减少设备数量，节省投资，降低维护难度，有利于节能减排。

3. 云计算的主流技术平台

云计算技术的发展离不开虚拟化的成功，因为虚拟化是硬件资源池化的基础。以 VMware、XEN 和 Hyper-V 为代表的虚拟化软件可以在一台物理服务器上通过运行多个虚拟机实例来提升硬件资源利用率，而且可以通过虚拟机配置的动态调整实现资源的灵活应用。在虚拟化的基础之上，通过增加三个重要的典型功能，凸显了云计算的不同之处：

（1）自服务门户。所有对虚拟机的操作都不再需要通过系统管理员才能完成，使用者在自服务门户上基于菜单操作就能完成资源的申请及交付，这背后是一套自动化引擎在支撑。

（2）计费/账户。通过统计资源使用情况，云平台可以为每一个账户实现计费功能。该功能使得资源的使用和成本的支出有据可查。虽然是看似简单的功能，但在各业现实环境中却可以反向影响需求端的行为模式。在没有计费功能前，IT 部门面临的挑战是业务部门不断涌现的需求，这些需求中的大部分其实都要考虑到 IT 的成本和投入。计费功能可以让业务部门尽快决定哪些入不敷出的系统应该淘汰，哪些投资回报率不合理的需求不应提出。

（3）多用户。多用户技术是指以单一系统架构与服务为多个客户提供相同甚至可定制化的服务，并且仍然可以保障客户的数据隔离的软件架构技术。一个支持多用户技术的系统需要在设计上对它的数据和配置进行虚拟分区，从而使系统的每个租户或组织都能够使用一个单独的系统实例，并且每个用户都可以根据自己的需求对租用的系统实例进行个性化配置。

4. 云计算在调查监测中的作用

云计算是解决海量调查监测数据分布化、协同化和智能化处理的关键技术之一。利用空间信息技术和物联网、5G、虚拟现实等新一代数字技术，将山水林田湖草等自然资源的调查监测数据送入计算机。通过网络"云"将处理海量调查监测数据的程序分解为成千上万的小程序，然后分发给由多部服务器组成的系统进行数据整合分析，并能够快速将之转化为有价值的知识，从中探索和挖掘自然资源的空间分布和变化趋势情况，最后对计算结果进行合并后反馈给用户。

1.5.5　区块链

1. 什么是区块链

区块链（Blockchain）技术起源于 2008 年由化名为中本聪（Satoshi nakamoto）的学者在密码学邮件组发表的奠基性论文《比特币：一种点对点电子现金系统》。区块链的定义尚未形成行业公认的定义，从狭义来讲，区块链是一种按照时间顺序将数据区块以链条的方式组合成特定数据结构，并以密码学方式保证的不可篡改和不可伪造的去中心化共享总账，能够安全存储简单的、有先后关系的、能在系统内验证的数据。从广义来讲，区块链则是利用加密链式区块结构来验证与存储数据、利用分布式节点共识算法来生成和更新数据、利用自动化脚本代码（智能合约）来编程和操作数据的一种全新的去中心化基础架构与分布式计算范式。

区块链分为公有链、私有链、联盟链。

（1）公有链：公有链是对所有节点都开放的区块链。在公有链中任何数据都是默认公开的，节点之间可以相互发送有效数据，参与共识过程且不受开发者的影响。已存在的应用有比特币、以太币等。

（2）私有链：私有链是权限仅在一个组织管理下的区块链。读取权限可以完全对外公开或者从任意程度上被限制，组织有权控制此区块链的参与者。相比于传统的分享数据库，私有链利用区块链的加密技术使错误检查更加严密，也使数据流通更加安全。

（3）联盟链：联盟链是只对特定的组织团体开放的区块链，本质上可归入私有链分类下。已存在的应用有 R3 区块链联盟、Chinaledger 联盟、超级账本项目联盟等。

2. 区块链的技术优势

区块链特性有不可篡改、去中心化、去信任化、实时性、安全等技术优势。

（1）不可篡改。区块链加密技术采用了密码学中的哈希函数，该函数具有单向性，因此存在于链中的非本节点产生的数据是不可被修改的。同时由于区块链系统共识算法的限制，几乎无法单方面修改本节点产生的数据并使其被确认。

（2）去中心化。区块链就是一种去中心化的分布式账本数据库。去中心化即与传统中心化的方式不同，这里没有中心，或者说人人都是中心；分布式账本数据库，意味着记载方式不只是将账本数据存储在每个节点，而且每个节点会同步共享复制整个账本的数据。

（3）去信任化。任意节点之间的连接或数据交换都不需要以信任为前提并受到全网监督，即每个节点都是区块链系统的监督者。

（4）实时性。从信息披露角度来看，数据交换一旦完成便会立即上传到区块链网络中。从数据传输角度来看，如跨境支付这类目前数据处理缓慢的领域，已经可以通过区块链技术大大提升效率。在日常支付领域，随着区块链技术的进步，区块链应用最终会超过中心化应用的效率。

（5）安全。安全是区块链技术的一大特点，主要体现在两方面：分布式的存储架构，节点越多，数据存储的安全性越高；防篡改和去中心化的巧妙设计，任何人都很难不按规则修改数据。

3. 区块链技术在调查监测中的作用

（1）解决调查监测成果数据防篡改问题。在调查监测成果数据应用中，通过专业平台获取所有成果数据的哈希值，生成一个成果数据与哈希值对应的清单文件，通过上链完成成果数据的区块链存证后，对成果数据的任何改动都会导致哈希值改变，无法通过后续的区块链存证验证，从而保证了成果数据的准确、可靠、权威。

（2）解决调查监测数据资产确权问题。调查监测数据资产同样包括图斑级、对象级、数据库级资产，图斑级的资产确权涉及作业人员、质检人员等，对象级的资产确权涉及所有权、使用权、租赁期等相关权利人，数据库级的资产确权涉及甲方、乙方等相关权利人。利用区块链技术的去中心化、开放性和信息不可篡改的特性，把数据资产确权信息以分布式存储到链上。通过多种加密算法能够确保数据在链上不被篡改。通过区块链分布式存储保证数据的完备性，相关权利人可凭权限共享链上数据，提升数据汇交的效率。使用"零知识证明"策略分隔数据资产信息链和权利人信息链，保障数字资产和相关权利人的信息安全。这些技术手段能有效避免数据资产分享中的隐私泄漏、偷盗篡改、冒用滥用和缓存沉淀等问题。

1.5.6　5G

1. 5G 的定义

5G（5th Generation Mobile Communication Technology）是第五代移动通信技术的简称，具有大带宽、高可靠低时延、广连接三大特点。大带宽表现为超高的数据传输速率，5G 传输速率高达 1 ~ 10Gbps；高可靠低时延指连接时延可达到 1ms 级别，并且支持高速移动（500km/h）情况下的高可靠性（数据传输成功率达 99.999%）连接；大连接即为"海量物联"，连接密度达 100 万个 / km^2。5G 时代被称为"物联网时代"，如果说 1G 实现了人与人之间的联系，那么 5G 就是实现万物之间的连接。

2. 5G 的应用场景

围绕 5G 网络的三大特点，5G 主要应用在三大场景：

（1）增强移动宽带，增强移动带宽业务场景要求大带宽，对应的是人与人的通信应用，如 3D、VR/AR、超高清视频等大流量移动带宽业务，而海量机器类通信和超高可靠与低时延通信则是物与物连接的应用场景，要求广连接，满足物与物之间的通信需求，面向智慧城市、智慧农业、环境监测等以传感器和数据采集为目标的应用场景。

（2）海量机器类统计即大规模物联网，5G实现海量数据传输和多元的物联网终端链接，使传统人与人通信得以升级为人与物、物与物的大规模通信。在降低终端功耗方面，5G在协议设计上简化链接模型，以便降低物联网终端功耗。

（3）超高可靠与低时延通信，它要求网络可靠、低时延，对网络数据传输提出更高要求，主要应用在无人驾驶、工业机器人等场景。

3. 5G在调查监测中的应用

5G的低时延、广连接、大带宽特点，保障了实时通信，可将监测范围从人力可及场所延伸至人力不可及场所，实现了原本很难做到的视频和影像大容量数据传输、处理和应用，为自然资源调查监测带来新的可能。依靠5G网络信息的"高速公路"，将可以布设更高密度的感知设备，可以对自然资源要素变化情况进行精度更高、信息更丰富的全天候自动感知和保真性更好的信息传输，能够支撑更多、更细化的重点目标监控。

5G将解决自然资源调查中海量多源异构数据的高并发传输，解决自然资源监测中现状数据、成果数据、专题数据的实时传输，解决调查监测成果在精细化三维场景中的实时交互通信等问题。

1.5.7　物联网

1. 什么是物联网

物联网（Internet of Things，IoT）是通过射频识别、红外感应器、全球定位系统、激光扫描器等信息传感设备，按约定的协议，把任何物品与互联网相连接，进行信息交换和通信，以实现对物品的智能化识别、定位、跟踪、监控和管理的网络。

物联网有狭义和广义之分，狭义的物联网指物与物之间的连接和信息交换，广义的物联网不仅包含物与物的信息交换，还包括人与物、人与人之间的广泛连接和信息交换。物联网将无处不在的末端设备和设施，通过各种无线、有线的长距离、短距离通信网络实现互联互通，应用大集成及基于云计算的运营模式，提供安全可控乃至个性化的实时在线监测、定位追溯、协同作业、随机检查、联合执法、安全防范等管理和服务功能。

物联网不是一门技术或者一项发明，而是过去、现在和未来许多技术的高度集成和融合。物联网是现代信息技术、新一代数字技术发展到一定阶段后才出现的聚合和提升，它将各种感知技术、现代网络技术、人工智能、通信技术和自动控制技术集合在一起，促成了人与物的智慧对话，创造了一个智慧的世界。

2. 物联网与互联网的异同

物联网是物物相连的互联网，是可以实现人与人、物与物、人与物之间信息沟通的庞大网络。互联网是由多个计算机网络相互连接而成的网络。物联网与互联网既有区别又有联系。物联网不同于互联网，它是互联网的高级发展。从本质上来讲，物联网是互联网存在形式上的一种延伸，但绝不是互联网的翻版。互联网是通过人机交互实现人与人之间的交流，构建了一个特别的电子社会。而物联网则是多学科高度融合的前沿研究领域，综合了传感器、嵌入式计算机、网络及通信和分布式信息处理等技术，其目的是实现包括人在内的广泛的物与物之间的信息交流。

物联网被视为互联网的应用扩展，应用创新是物联网发展的核心，以用户体验为核心的创新是物联网发展的灵魂。这里物联网的"物"，不是普通意义的万事万物，而是需要满足一定条件的物，这些条件包括：要有数据传输通路（包括数据转发器和信息接收器）；要有一定的存储功能；要有运算处理单元（Central Processing Unit，CPU）；要有操作系统或者监控运行软件；要有专门的应用程序；遵循物联网的通信协议，在指定的范围内有可被识别的唯一编号。

互联网是人与人之间的联系，而物联网是人与物、物与物之间的联系。物联网与互联网的主要区别有以下三点：

（1）范围和开放性不同。互联网是全球性的开放网络，人们可以从任何地点上网到达任何网站，而物联网是区域性的网络。物联网有两类，一类是用来传输信号的互联网平台，另一类是应用部门的专业网，即封闭的区域性网络，如智能电网等。

（2）信息采集的方式不同。互联网借助于网关、路由器、服务器、交换机连接，由人来采集和处理各种信息。而物联网是把各种传感、标签、嵌入设备等联系起来，把世界万物的信息连接到互联网上，融合为一个整体网络。

（3）网络功能不同。互联网是传输信息的网络，物联网是实物信息收集和转化的网络。人们形象地认为：物联网＝互联网＋传感网＋云计算。

3. 物联网的主要特点

物联网是通过各种感知设备和互联网，将物体与物体相互连接，实现物体间全自动、智能化地信息采集、传输与处理，并可随时随地进行智能管理的一种网络。作为崭新的综合性信息系统，物联网并不是单一的，它包括信息的感知、传输、处理决策、服务等多个方面，呈现出显著的自身特点。它有三个主要特征：

（1）全面感知。全面感知即利用 RFID、无线传感器网络（Wireless Sensor Networks，WSN）等随时随地获取物体的信息。物联网所获取的信息不仅包括人类社会的信息，也包括更为丰富的物理世界信息，包括压力、温度、湿度等。其感知信息能力强大，数据采集多点化、多维化、网络化，使得人类与周围世界的相处更为智慧。

（2）可靠传递。物联网不仅基础设施较为完善，网络随时随地的可获得性也大大增强，其通过电信网络与互联网的融合，将物体的信息实时准确地传递出去，并且人与物、物与物的信息系统也实现了广泛的互联互通，信息共享和互操作性达到了很高的水平，可以实时准确地传递信息。

（3）智能处理。物联网的产生是微处理器技术、传感器技术、计算机网络技术、无线通信技术不断发展融合的结果，从其自动化、感知化要求来看，它能代表人、代替人对客观事物进行合理分析、判断及有目的地行动和有效地处理周围环境事宜，智能化是其综合能力的表现。物联网不但可以通过数字传感设备自动采集数据，也可以利用云计算、模式识别等各种智能计算技术，对采集到的海量数据和信息进行自动分析和处理（一般不需人为干预），还能按照设定的逻辑条件，如时间、地点、压力、温度、湿度、光照等，在系统的各个设备之间，自动地进行数据交换或通信，对物体实行智能监控和管理，使人们可以随时随地、透明地获得信息服务。

4. 物联网在自然资源调查监测中的应用

物联网在自然资源领域有广泛的应用前景和价值，将全面提升自然资源治理现代化。在调查监测业务中，物联网可将天上、空中、地面、海上的平台传感器联网，构建一张多维立体、协同高效的感知网，为调查监测提供数据保障。物联网将解决调查监测业务中行政部门、事业单位、社会公众等相关群体的连接问题，可重构作业模式、优化业务流程、创新成果应用，为开展自然资源统一调查监测奠定技术基础，提升自然资源精细化管理能力。

第 **2** 章　自然资源调查监测体系数字化建设总体规划

不谋全局者，不足谋一域

在数字化转型整体驱动生产方式、生活方式和治理方式变革背景下，数字化转型是实现自然资源统一调查监测的必经之路。调查监测体系数字化建设是一项复杂的系统工程，涉及自然资源全要素、陆海全域、全业务流程、全生命周期、全数字化技术手段，必须按照自然资源部的统筹规划统一部署，依据《自然资源调查监测体系构建总体方案》，坚持立足现有基础、创新引领、统分结合、协同高效、自主安全的原则，按照区域发展的实际与需求，精心规划，谋定而后动，做好顶层设计。

调查监测体系数字化建设要以"继承创新、统筹规划、互联互通、便政利民"为出发点，统筹整合土地、森林、矿产、海洋、测绘等的信息资源，运用新一代数字技术，通过完善、优化，整合好调查监测的算料、算法和算力。

调查监测体系数字化建设要以协同感知、自动化处理、时空数据库建设、共享服务平台建设、自主安全保障为主线，逐步构建"天空地人网"多维立体协同感知网，构建多源时空数据自动处理体系，建设自然资源时空数据库，建设成果数据共享服务平台，建立标准、安全与运维三大保障体系，为自然资源统一调查监测保驾护航。

调查监测体系数字化建设要针对自然资源统一调查监测的具体业务，围绕调查监测的时空数据采集、处理、质检和成果数据的建库、分析、评价等工作环节，逐步形成一套涵盖调查监测全部工作内容、流程清晰、指标明确、方法先进、能有效指导各项调查监测任务实施的系列工程性技术与方法。

2.1　规划背景

当前，新一代数字技术正以新理念、新业态、新模式全面融入经济、政治、文化、社会、生态文明建设各领域和全过程，给人类生产生活带来广泛而深远的影响。自然资源涉及千家万户，事关国计民生和美丽中国建设，在经济社会、生态发展中发挥重要基础作用。自然资源调查监测是自然资源管理的工作基础，更是检验美丽中国建设成效的技术手段。没有自然资源调查监测体系数字化，就没有自然资源治理现代化，更没有美丽中国。

2.1.1　建设需求

数字化建设要以自然资源统一调查监测为需求导向，深入总结和分析自然资源精细化管理和美丽中国建设对调查监测的需求、已有的数字化建设基础，以及与数字化建设目标相比，还存在哪些差距。

1. 总体需求

全面摸清自然资源家底和及时掌握自然资源变化情况，提升自然资源精细化管理水平和丰富检验美丽中国建设成效的技术手段，需要新一代数字技术对自然资源调查监测体系的全面支撑。

（1）落实自然资源"两统一"职责需要全面推进调查监测体系数字化建设。自然资源管理的"两统一"职责内容涉及自然资源调查、监测、确权、国土空间规划和用途管制、生态保护修复等关键业务环节，调查监测体系是自然资源管理中一项极其重要的基础性工作，其成果数据更是国家基础性、战略性数据资源。调查监测数字化是自然资源管理业务的全流程数字化、网络化、智能化重要基础。通过对协同感知、自动处理、时空数据库、共享服务、安全保障等进行数字化建设，形成覆盖全域、全要素、全业务环节、全生命周期、全数字化技术手段（以下简称"五全"）的调查监测体系，推动自然资源管理形成纵横互联互通、业务协同高效、治理精准有效的新模式。

（2）自然资源监管决策需要准确、全面、权威的调查监测数据。坚持"山水林田湖草是生命共同体"的理念，树立自然资源系统观，开展自然资源执法监督、监管决策、审计等，需要以调查监测评价数据、自然资源业务数据、测绘地理信息数据等为主，构建准确、全面、权威的数据底版，依托国土空间基础信息平台，形成"用数据审查、用数据监管、用数据决策"的自然资源监管决策新机制。

（3）提升自然资源治理现代化需要建立协同普惠的调查监测模式。贯彻以人民为中心的发展思想，深化落实"放管服"改革要求，更好地履行自然资源确权、规划实施监督、审批执法、行业管理等职责，需要落实"调查监测为人民，调查监测靠人民"理念，依托自然资源"一张网"建设成果数据共享服务平台，实现成果数据社会化应用。

2. 业务需求

做好自然资源管理工作，调查是基础，保护是关键，规划是引领，利用是目的，用好是根本。按照自然资源部门"两统一"职责，梳理各项管理业务之间的逻辑关系、分工合作，形成调查监测体系数字化建设的需求框架，如图 2.1 所示。

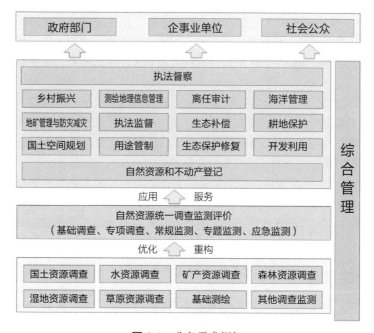

图 2.1　业务需求框架

（1）自然资源统一调查监测评价。调查监测作为自然资源管理的重要基础性工作，通过全面掌握各类自然资源在范围、数量、权属、质量、结构等方面的现状和变化，建立自然资源统一调查监测评价体系，形成自然资源要素的多维立体协同感知、多源时空数据的自动化处理、时空数据库的协同更新、服务平台的"连通用化"、标准安全的有力保障，有针对性地开展土地、矿产、森林、草原、水、湿地、海域海岛等自然资源调查监测评价工作，保障各项管理业务组织协同高效、数据流通顺畅、服务普惠共享，推动自然资源治理现代化。

（2）自然资源和不动产登记。在各类调查成果数据和动态监测技术手段基础上，全面推进基于"互联网+"的自然资源确权登记工作，研发普适型调查确权工具、软件，连通不动产、公安、税务、银行等业务平台，支撑确权登记工作普惠、精准、高效，建成自然资源资产"一张图"，为自然资源资产有偿使用奠定数据基础和技术保障。

（3）国土空间规划与用途管制。国土空间规划与用途管制担负着科学合理配置资源、促进高质量发展和生态文明建设的重任。全面准确的自然资源家底是开展国土空间规划的基础和前提条件。国土空间规划的实施监督和用途管制又需要监测的技术手段作为支撑。

（4）生态保护修复。国土空间的生态保护与修复需要树立"绿水青山就是金山银山""山水林田湖草是生命共同体"等生态文明理念，坚持兼顾数量和质量、质量优先、自然恢复为主的原则，建立修复成效评估系统、生态保护补偿管理系统、恢复治理和生态修复监管系统等均需调查监测的数据基础和技术支持作为保障，统筹"山水林田湖草"整体保护、系统修复、综合治理，增强生态服务功能，提升国土空间生态保护修复治理能力。

（5）耕地保护。耕地保护事关国家粮食安全，落实最严格的耕地保护制度，采取"源头严防、过程严管、后果严惩"的措施，坚决遏制耕地"非农化"，防止耕地"非粮化"。通过基础调查和专项调查摸清耕地资源家底状况（分布范围、数量质量、权属性质、种植结构、健康产能、土壤质量、变化趋势等），这是耕地保护的前提。通过动态监测技术手段强化日常监管，主动及时发现、制止和严肃查处违法违规占用耕地行为，确保耕地保护的措施可行、技术可靠、目标可达。

（6）地矿管理与防灾减灾。矿产资源合理开发、矿业秩序依法维护、矿山储量动态管理、矿产资源安全监测预警、防灾减灾信息化等都离不开自然资源动态监测技术手段。

（7）海洋管理。实施海洋综合监管，深入拓展海洋信息智能应用，维护国家海洋权益，监督管理海域海岛开发利用活动，监测预警海洋生态、灾害，深化海洋生态文明评估，促进海洋经济发展等，需要依托调查监测技术体系，开展海洋空间资源和海洋生态资源的调查监测、海洋可再生能源调查。

（8）测绘地理信息管理。基础测绘负责的测绘基准和测绘系统、基础航空摄影、基础地理信息遥感资料、国家基本比例尺产品、基础地理信息系统等是调查监测工作的基础。现代测绘基准为调查监测提供陆海统一的空间基准，4D等测绘地理信息产品更是各类调查监测软件平台系统的底图，调查监测成果数据同步更新测绘地理信息数据库。

（9）执法监督。自然资源领域的执法监督需要以调查监测的成果数据和技术手段为保障，建立违法行为立体化的发现渠道和处置模式，建立快捷有效的核查指挥和快速反应机制，应用"互联网+"及众源信息采集技术开展在线巡查和实地核查，有效提升自然资源执法和督察的反应、处置能力。

2.1.2 数字化建设基础

"十一五"以来，通过第二次全国土地调查、第三次全国国土调查、森林资源清查、矿产资源"三查"、第一次全国地理国情普查、数字城市地理空间框架、数字国土工程、金土工程等工作，积累了大量的数据和应用服务系统，基本建成全国国土资源"一张图"核心数据库和行政审批、综合监管、公共服务平台，为履行自然资源管理"两统一"职责、提升自然资源管理服务水平提供了有力的支撑和保障。

1. 在自然资源时空数据采集方面

我国的北斗卫星导航系统和高分系列、海洋系列、环境系列、资源系列、风云系列等遥感卫星为自然资源的位置服务和卫星遥感影像保障奠定了数据基础，卫星遥感数据获取、处理与应用能力显著提升，与国际先进水平的差距不断缩小。作为无人机产业大国、应用大国、设计制造强国，我国已经具备构建面向自然资源时空数据采集的智能无人机群。地面传感网、海洋一体化监测网、众源信息采集、物联网等进一步丰富了自然资源时空数据。

2. 在自然资源"一张网"方面

在平台运行网络方面，自然资源管理部门先后建立了涉密国土资源内网、与互联网物理隔离的国土资源业务网和海洋信息通信网、测绘地理信息涉密内网、与互联网物理隔离的测绘专网和基准数据采集网等业务专网，以及各单位建立的数据中心运行环境，形成了自然资源云、国土调查云、海洋云和地质云基础设施。

3. 在自然资源"一张图"方面

自然资源"一张图"是自然资源数据库的体现，其形成了覆盖全国年度更新的各种比例尺的基础测绘数据、遥感影像、土地利用现状、地理国情普查、永久基本农田、基础地质、矿产资源潜力评价、矿产地、地质灾害、自然保护区等基础现状数据；形成了覆盖全国、贯穿各级的土地利用总体规划、土地整治规划、矿产资源规划、地质勘查规划、地质灾害防治规划等规划类数据库；建立了包括建设项目用地预审、建设项目用地审批、土地征收、土地供应项目及其开发利用、土地整治项目、城乡建设用地增减挂钩、工矿废弃地复垦、低丘缓坡等未利用地开发、地价、不动产登记、固体矿产探矿权、固体矿产采矿权、油气勘查开采登记数据、矿产资源储量等23大类、涵盖国家、省、市、县四级的自然资源管理类数据。

4. 在自然资源"一平台"方面

在自然资源"一张图"基础上，建立了数据管理平台、政务审批平台、综合监管平台、公众信息服务平台；建立了国土空间基础信息平台，为数据资源管理、行政审批、资源监管和公众服务提供应用支撑，对自然资源"一张图"核心数据库进行统一存储、管理与服务。

2.1.3 主要差距

目前，已有的数字化建设基础与自然资源统一调查监测的需求和目标相比，在数据获取和处理、成果管理、共享、安全保障等方面，还有一定的差距。

1. 现有感知网缺乏高效协同连通

单一平台的功能、性能得到了长足的提升，但在多平台作业过程中，往往是各飞各的、各采各的，存在重复采集、采集有漏洞、设备资源闲置、数据采集成本高、历史数据闲置、成果数据汇交不彻底等情况，尚未形成组织有序、机动灵活、智能高效的协同作业模式。

2. 数据自动化处理难以满足业务化应用需要

密集型数据的自动化处理水平难以支撑日益增长的海量、多源异构遥感数据处理要求，定量化处理精度、自动化处理速度与应用要求不匹配，智能化信息提取水平难以满足业务化运行要求，利用大数据、人工智能技术开展自然资源时空演变和发展趋势预测分析处于初级阶段。

3. 数据资源的准确性、时效性、系统性、多样性还存在较大的差距

虽然在土地、地质、矿产、测绘、海洋、森林、农业等方面建立了一批基础数据库与业务数据库，但受各业务需求、分类标准和技术体系差异影响，不同数据库的准确性存在较大的差异。由于缺乏高效的数据更新机制，数据的时效性有待加强。一些数据由于管理应用分割，标准不一致，造成数据之间矛盾、冲突，数据的系统性、完整性也存在较大的问题。此前各类调查监测成果数据更多是单一尺度、符号化表达的标准图件，难以满足各行各业多样化的应用需求。

4. 数据共享和社会化服务能力不足

现有各类调查监测数据库互联互通和信息共享还存在较大差距。业务应用系统关联度低，与其他政府部门的共享协同不够，一些系统尚未形成贯穿国家、省、市、县的业务联动机制。平台系统应用深度不够，潜力有待进一步挖掘。数据深度挖掘应用不够，面向社会公众和企事业单位的信息化服务还不够充分，基于互联网的社会化服务能力需要大幅提升。

现有成果数据缺乏对三维场景可视化分析和基于空间能力认知分析。当前空间认知的研究多集中在对平面地图或真实地理场景上，缺乏对数字环境下三维场景的认知研究，也缺乏对自然资源时空演变的规律与发展趋势的研究。自然资源信息、数据和平台缺乏统一时空基准、语义内涵各异、分类编码多样，难以实现交互式可视化与动态制图、智能制图。

5. 数字化建设标准安全运维保障需要全面加强升级

自然资源调查监测相关管理部门、技术单位在数字化的基础设施、数据资源、应用系统等建设方面仍有不同程度的交叉重叠、多头布置、分散建设等问题，亟需以统一的数字化建设标准制度要求作为保障。已有的网络和空间信息基础设施、云计算和云存储等建设维护分散化，存在网络信息安全隐患。自然资源行业受攻击事件时有发生，面临的安全风险不断加大，全社会对自然资源信息的迫切需求与信息安全之间的矛盾日益突出，网络安全防护和监管能力需要全面加强。统一调查监测运维涉及业务多、链条长、难度大，需要构建一套完整的标准安全运维保障制度。

2.2　总体构想

根据《中华人民共和国国民经济和社会发展第十四个五年规划和 2035 年远景目标纲要》，到 2035 年基本实现美丽中国建设的目标。我国自然资源调查监测体系数字化建设，应按照生态文明建设思想总体要求，坚持统一领导、统筹规划、先易后难、远近结合、突出重点、以点带面、分步实施、注重实效的方针，实施"三步走"策略。到 2023 年，初步完成调查监测体系数字化建设；到 2025 年，基本建成时空数据保障有力、自动处理成效明显、社会化服务规模显现、软硬件安全保障可控的调查监测体系；到 2030 年，全面完成调查监测体系数字化建设，调查监测全面支撑自然资源治理现代化和美丽中国建设。

1. 第一步

到 2023 年，初步完成调查监测体系数字化建设，数字化基本融入自然资源统一调查监测体系，并开始全面服务自然资源精细化管理和建设美丽中国，有力支撑乡村振兴等国家战略实施，具体体现在：

（1）在调查监测体系建设方面，完成自然资源统一调查、评价、监测制度建设，形成一整套完整的调查监测的法规制度体系、标准体系、技术体系和质量管理体系。各类调查监测基本完成实质性融合，自然资源统一调查监测体系初步形成。

（2）在时空数据保障方面，面向自然资源"五全"的调查监测，基本建成多维、立体、协同、高效的感知网络和时空数据采集平台，保障调查监测所需底图数据和"早发现、早制止"技术手段。

（3）在时空数据处理方面，面对海量多源异构的时空数据，基于人工智能的时空数据自动化逐步替代现有人海战术的内业数据处理。内业数据处理基本实现由以人工为主向人机协同转变，内外业数据处理基本实现多人同时在线、协同高效处理。

（4）在成果数据共享服务方面，基本建成时空数据库及管理系统，适时开展调查监测成果数据的社会化应用，调查监测对各行业的支撑性和引领性作用逐步凸显。

（5）在基础设施和安全保障方面，优化升级空间信息基础设施建设（如地基增强系统全面接入北斗三号、5G 基站加密、超算中心建设等），基础性 GIS 平台和硬件设备的国产化率稳步提升，区块链、水印加密技术逐步应用于数据资产的确权和保护，自主可控的安全保障体系基本形成。

2. 第二步

到 2025 年，基本完成调查监测体系数字化建设，数字化全面融入调查监测体系，数字化建设成果全面支撑自然资源管理业务，自然资源治理现代化明显提升和生态文明建设成效突出，具体体现在：

（1）全面建成自然资源统一调查监测体系，完成多维、立体、协同、高效的感知网络和时空数据采集平台建设。

（2）初步实现基于人工智能的时空数据自动化处理和内外业协同在线处理，建成自然资源时空数据库及管理系统。

（3）基本实现调查监测成果数据的社会化应用，适时开展智能化的知识服务。

（4）基本完成优化升级空间信息基础设施建设、数据资产的确权和保护。

（5）软硬件平台国产化率进一步提高，自主可控的安全保障体系基本建成。

3. 第三步

到 2030 年，全面完成调查监测体系数字化建设，调查监测的服务支撑能力全面形成，强有力支撑自然资源精细化管理和美丽中国建设，具体体现在：

（1）全面完成多维立体协同感知网构建和联动服务平台建设，全面建成基于人工智能的时空数据自动化处理体系。

（2）全面开展调查监测成果数据的社会化应用和智能化的知识服务，完成空间信息基础设施升级优化。

（3）数据资产确权和保护贯穿全流程、全环节、全生命周期，全面建成自主可控的安全保障体系。

2.3 建设原则与总体目标

调查监测体系数字化建设需要坚持问题导向、目标导向和成效导向为原则，实现自然资源"五全"的调查监测总体目标。

2.3.1 建设原则

以《自然资源部信息化建设总体方案》、《自然资源调查监测体系构建总体方案》和《自然资源调查监测技术体系总体设计方案（试行）》等文件为纲领，紧密围绕自然资源精细化管理和建设美丽中国的迫切需求，切实把握调查监测工作的基础性、系统性、整体性和重构性等特点，全面研究与重点突破相统筹，可行性、先进性和实用性相结合等基本原则，在充分继承已有数字化建设成果和调查监测工作技术、成果、经验、队伍的基础上，通过跨学科优势互补、协同创新，实现对调查监测体系的数字化重构。

1. 坚持问题导向

面向全面支撑自然资源统一调查监测需求，全面分析调查监测体系数字化建设的现状和基础、找出短板和"卡脖子"问题，按照"问题驱动、统筹规划、重点突破、点面结合"的思路，通过整合重构现有技术、集成利用新技术、创新发展新方法新手段，切实有效解决调查监测体系数字化建设中的短板、痛点和堵点问题。

2. 坚持目标导向

坚持"山水林田湖草是生命共同体"的理念，贯彻以人民为中心的发展思想，紧跟数字科技前沿，以自然资源统一调查监测业务融合为驱动，构建自然资源"五全"调查监测体系，提升自然资源治理现代化。

3. 坚持成效导向

以理念创新为先导，以技术创新为核心，以满足各级自然资源主管部门调查监测工作急需为重点，设定"近、中、远"期工作目标与任务，分阶段分步骤解决调查监测中数字化建设的"卡脖子"问题，形成支撑自然资源统一调查监测的工程性技术和方法。

2.3.2   总体目标

以习近平生态文明思想和习近平关于自然资源管理、网络安全与信息化工作的重要论述为指导，坚持创新、协调、绿色、开放、共享发展理念，在《自然资源调查监测体系构建总体方案》等文件指导下，以问题、目标、成效为导向，坚持"山水林田湖草是生命共同体"的理念，以自然资源科学和地球系统科学为理论基础，以空间信息技术和人工智能、大数据、云计算、区块链等新一代数字技术为手段，依托基础测绘成果和各类调查监测数据，对调查监测体系进行数字化、网络化和智能化的重构，全面提升调查监测数据和技术的共享服务能力，最终实现自然资源"五全"的调查监测。

2.4   总体规划技术架构

以多维立体协同感知、时空数据自动化处理、时空数据库构建、成果数据共享服务、标准安全运维保障为基础的数字化建设，支撑自然资源统一调查监测的业务重构，并通过国土空间基础信息平台提供数据和技术服务。详细内容如图 2.2 所示。

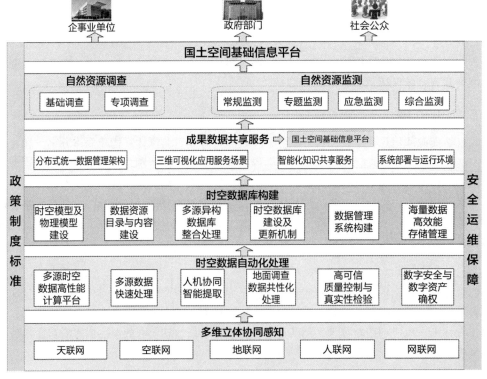

图 2.2   总体技术架构

2.4.1 结构层次

数字化建设的总体技术架构包括多维立体协同感知、时空数据自动化处理、时空数据库构建、成果数据共享服务、标准安全运维保障等建设内容和支撑的自然资源调查监测业务。

1. 多维立体协同感知

目前，国内关于多维立体感知网的提法有"天空地网""天空地海网"等，本书在此基础上突出调查监测的"人民性"，提出构建"天空地人网"协同感知网，该感知网中的"地"包括了陆地和海洋。针对自然资源要素广泛分布于陆域海域、地上地下，加上自然资源禀赋的区域差异性和气候多变性，将卫星、浮空器、有（无）人机、地面摄像头、海上观测站等各种平台传感器联网，为全面摸清自然资源全要素在空间分布、数量、质量和及时掌握自然资源要素的时空变化提供多维立体鲜活的数据基础和技术手段。

2. 时空数据自动化处理

协同感知网为调查监测提供了"算料"保障，但基于单一计算平台、单一算法难以支撑业务管理和社会大众的迫切需求。随着新一代数字技术对自然资源领域的渗透和广泛应用，高性能计算平台、人工智能、云计算等为多源异构调查监测数据的自动处理奠定坚实"算力"和"算法"基础。

3. 时空数据库建设

数据库是成果数据载体空间。时空数据库是按照统一的数据物理模型、标准规范，整合土地、森林、测绘等历史成果数据，与农业、住建、统计等部门数据互联互通，加上互联网、物联网数据，形成地上地下、陆海相连、集成融合的成果数据。同时建立时空数据库管理系统和联动更新机制，实现对时空数据库的统一管理、联动更新、按需服务。

4. 成果数据共享服务

以自然资源时空数据库为支撑，建成部门联动、开放共享、安全高效的分布式成果数据共享服务平台，作为国土空间基础信息平台的子平台，为自然资源确权登记、国土空间规划、国土空间用途管制、耕地保护、生态保护修复、执法监督等业务提供"数据 – 信息 – 知识"服务。

5. 标准安全运维保障

法规制度和标准体系、安全保障体系、运行维护体系是调查监测体系数字化建设的"金盾"，构建法规制度和标准体系，使调查监测有规可依；建立安全保障体系，确保调查监测万无一失；建立运行维护体系，保障调查监测良性、可持续开展。

2.4.2 支撑业务

调查监测体系数字化建设支撑的业务有自然资源调查和监测，自然资源调查包括基础调查、专项调查，自然资源监测包括常规监测、专题监测、应急监测和综合监测。

1. 自然资源调查

自然资源调查分为基础调查和专项调查。基础调查以各类自然资源的分布、范围、面积、权属性质等为核心内容，以地表覆盖为基础，按照自然资源管理基本需求，由党中央、国务院部署安排，组织开展我国陆海全域的自然资源基础性调查工作。在基础调查基础上，集成各类调查成果数据，形成自然资源管理的调查监测"一张底图"。第三次全国国土调查是2018年机构改革后开展的全国性第一次自然资源基础调查。

专项调查是针对土地、矿产、森林、草原、水、湿地、海域海岛等自然资源的特性、专业管理和宏观决策需求，组织开展自然资源的专业性调查，目的是查清各类自然资源的数量、质量、结构、生态功能以及相关人文地理等多维度信息,建立自然资源专项调查工作机制,根据专业管理的需要,定期组织全国性的专项调查,发布调查结果。

以多维立体协同感知网、时空数据自动化处理、时空数据库建设、成果数据服务、标准安全运维保障等数字化建设成果为支撑,开展自然资源基础调查和专项调查工作,全面摸清自然资源家底。

2. 自然资源监测

自然资源监测是在自然资源调查成果基础上,通过对数字化建设成果的综合运用,掌握自然资源自身季节性、周期性、突发性变化以及人类各种活动引起的变化情况的一项工作,监测成果更强调时效性和针对性,直接服务于自然资源日程管理,实现"源头严防、过程严管、后果严惩"的技术保障。根据监测的尺度范围、服务对象、地方需求,分为常规监测、专题监测、应急监测和综合监测。

不同于常规监测、专题监测和应急监测,本书所提综合监测指将本行政区内自然资源在当年度内的各种合法、非法变化全部纳入综合监测范畴,重点监测各类政策落地后的自然资源各种变化,评价各类自然资源政策实施成效和业务推进情况,监测成果直接服务各级自然资源管理部门,同时服务于完成地理国情监测、年度变更、卫片执法、基础测绘更新等各类监测任务,进一步推动自然资源治理现代化。

2.5   数字化建设内容

自然资源调查监测体系数字化建设内容主要包括多维立体协同感知网构建,多源时空数据自动化处理体系构建,自然资源时空数据库建设,成果数据共享服务平台建设,标准、安全、运维保障体系建设等。

2.5.1   多维立体协同感知网构建

多维立体协同感知网构建是调查监测数字化建设的基础性工作,本书综合各种调查监测数据采集手段和方法,如对地观测、航空遥感、地面监测、众源数据采集等,提出"天空地人网"协同感知网及其联动服务平台。

1. "天空地人网"协同感知网构建

"天空地人网"协同感知网可分为 5 层网,如图 2.3 所示,总体框架包括天联网、空联网、地联网、人联网、网联网,各层网在横向上可独立成网,在纵向上可协同联网,织成一张多维立体、协同联动的感知网,使调查监测数据的获取途径多种多样。

(1)天联网。以提供陆海全域定位、导航、授时等服务的 GNSS 为基础,构建包含光学、多光谱、合成孔径雷达(Synthetic Aperture Radar,SAR)、激光测高和重力等遥感卫星虚拟卫星星座,形成全方位、高精度、高时空分辨率的影像和技术保障能力,实现广域的定期影像覆盖和数据获取,为周期性自然资源调查监测提供实时精准的位置服务和宏观区域的遥感数据服务。

(2)空联网。利用搭载各类专业探测器的有人机、无人机、浮空器等航空飞行平台,组网构建航空传感网。空联网与天联网有效互补,为自然资源调查监测和管理提供更精准、更强时效和更高维度信息的影像和技术保障,实现快捷机动的区域调查监测。

(3)地联网。主要包括地面观测网和海洋信息观测网,覆盖地表、地下、水面、水下、海面、海底等陆海全域。其中,地面观测网主要利用车载测量、移动终端、观测台站、专项装备以及定点观测传感网构建陆域信息采集;海洋信息观测网主要利用海洋站、海上固定平台、岸基雷达以及海底观测系统构建海洋信息采集网。通过地联网,借助测量工具、检验检测仪器、照相机/摄像机等设备,利用实地调查、样点监测、定点观测等监测模式,进行实地调查和现场监测。

图 2.3 协同感知网总体架构图

（4）人联网。贯彻以人民为中心的发展思想，提出调查监测为人民、调查监测靠人民理念，将人民作为调查监测的出发点和落脚点，把每个与调查监测相关的人员都当成传感器，连接起来构成网。不管是管理人员、专业队伍、村干部，还是普通群众，都可以在调查监测中发挥各自的优势，例如，村干部、村民身处自然资源之中，最清楚当地自然资源的数量、分布、质量和变化等情况。通过群众，利用普适型设备软件等获取外业调查监测数据，实现自然资源变化第一时间发现和数据第一时间采集。

（5）网联网。以通信网为基础，通过互联网将人与人连接，通过物联网将人与物连接，利用"互联网 +"等手段，有效集成各类监测探测设备和资料，提升调查监测工作效率。另外，网联网又可理解为天联网、空联网、地联网、人联网在纵向上组成更大、更密的感知网。

2. 联动服务平台建设

联动服务平台类似于"天空地人网"的大脑，它将天联网、空联网、地联网、人联网、网联网等组织起来，按照有序、主动、连通的组织模式，形成一个各种传感器互联互通、任务执行公开透明、社会与公众共同参与、数据主动共享的服务平台，有利于提高各平台和传感器的使用效率，提升数据采集的精准性和时效性，提升应急响应能力，避免数据重复采集，降低数据采集成本。

2.5.2 多源时空数据自动化处理体系构建

针对"天空地人网"提供的多源异构数据，综合利用云存储、云计算、人工智能等新技术，构建自动化信息处理体系，实现多源遥感数据快速处理、信息智能提取、时空数据高性能计算、调查数据快速共性化处理、高可信质量控制和真实性验证等目标，提升调查监测数据处理的效率与精度。多源时空数据自动化处理体系构建主要内容包括高性能计算平台建设、多源遥感数据快速处理方法体系建立、内外业协同处理方法建立、质量控制方法建立等。

（1）高性能计算平台建设。构建满足多样化业务存储、计算和服务需求的高性能计算平台（包括物理层、系统层、数据层、算法层、服务层等），实现数据资源的按需利用、算法模型的动态封装与组合、业务流程的动态编排与实时监控、多元时空数据的并行处理、处理结果的动态推送，满足多源时空数据快速处理需求。

（2）多源遥感数据快速处理方法体系建立。建立包括多源遥感数据快速处理方法、要素自动分类和变化智能提取方法、三维快速建模方法等多源遥感数据快速处理方法体系，提高遥感信息提取的精准性和自动化程度。

（3）内外业数据协同处理方法建立。形成内外业协同能力以及多人多系统多设备的在线协同能力，内外业数据协同快速处理方法是关键。建立包括图像信息快速提取、视频数据智能处理、文本表格数据快速处理等在内的内外业数据协同处理方法，在内业处理和外业调查的同时，快速形成可应用的自然资源调查监测成果数据。

（4）质量控制方法建立。围绕数据多样性、流程复杂性以及人为因素等质量问题产生的根源，建立质量控制方法，为各项调查监测提供实时、动态、可靠的质量信息与质量预警服务，确保调查监测的数据质量。

2.5.3 自然资源时空数据库建设

围绕土地、矿产、森林、草原、湿地、水、海域海岛七类自然资源，构建由一个主库、九个分库组成的国家级自然资源时空数据库，实现对各类自然资源调查监测成果数据的逻辑集成、立体管理和在线服务应用。主要建设内容有时空数据库模型设计、多源异构数据整合建库、时空数据库管理系统建设、数据更新交换机制建立等。

1. 时空数据库模型设计

时空数据库模型设计包括概念模型设计、逻辑模型设计和物理模型设计。

1）概念模型设计

遵循"山水林田湖草是生命共同体"的理念，充分借鉴和吸纳国内外自然资源分类成果，按照"连续、稳定、转换、创新"的要求，重构现有分类体系，对自然资源进行分层分类。根据自然资源产生、发育、演化和利用的全过程，分为地表基质层、地表覆盖层、管理层三个层，形成一个完整的支撑生产、生活、生态的自然资源立体时空模型。

2）逻辑模型设计

如图 2.4 所示，以立体空间位置作为组织和联系所有自然资源体的基本纽带，以基础测绘成果为框架，以数字高程模型为基底，以高分辨率遥感影像为背景，按照三维空间位置，对各类自然资源信息进行分层分类。将地质调查、海洋调查、土壤调查等综合获取的地表基质数据作为地表基质层；在地表基质层上，将基础调查获得的共性信息层与专项调查的特性信息层进行空间叠加，形成地表覆盖层；在地表覆盖层上，叠加各类审批规划等管理界线，以及相关的经济社会、人文地理等信息，形成管理层；同时，在地表基质层下，设置地下资源层完整表达自然资源的主体空间。

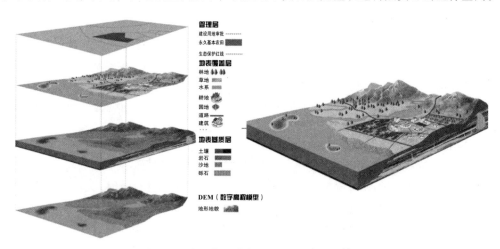

图 2.4 自然资源数据空间组织结构图 [1]

3）物理模型设计

设计各类自然资源数据统一的结构和存储格式等，将空间数据库的逻辑结构在物理存储器上实现。

1）自然资源调查监测体系构建总体方案.自然资源部.

2. 多源异构数据整合建库

采用"专业化处理、专题化汇集、集成式共享"的模式，将土地、矿产、森林、草原、湿地、水、海域海岛等各类自然资源调查监测历史成果数据，荒漠化、沙化、石漠化、野生动物等专题调查成果，规划管理、行政审批、三区三线、测绘地理信息等数据，以及社会、经济、人口、农业等行业数据，采用要素一致性检核、分类重组、实体构建、统一编码、三维金字塔构建、单体模型与地形模型融合处理等技术，以人机协同等方式对矢量、栅格、三维、表格等进行整合处理，构建由1个主数据库、9个分数据库组成的自然资源调查监测时空数据库。

3. 时空数据库管理系统建设

数据库管理系统用于时空数据库的建立、操作和管理维护，提供统一规范的数据和操作服务接口，实现自然资源调查监测数据的一体化存储管理、浏览查询、统计分析与成果应用。同时，时空数据库通过数据库管理系统接入自然资源三维立体"一张图"和国土空间基础信息平台，实现自然资源调查监测成果与国土空间规划等业务系统实时互联、无缝调用，支撑自然资源部门各项日常管理工作顺畅运行。

4. 数据更新交换机制建立

建立自然资源时空数据更新机制，按照不同类型自然资源调查监测数据的更新频度和更新方式，制定数据更新有关规定，及时更新自然资源时空数据库，确保数据的现势性。

2.5.4 成果数据共享服务平台建设

依据《自然资源调查监测体系构建总体方案》，在自然资源"一张网"基础上，依托国土空间基础信息平台，建设分布式调查监测成果数据共享服务平台，形成对自然资源时空数据库的分布式管理、应用和共享，加强与其他政府部门实现业务协同，推动成果数据共享应用，提升服务效能。

成果数据共享服务平台建设的核心是"连通用化"，即把成果数据共享服务平台与其他系统平台（包括内网、政务网和互联网的系统平台）"连"起来，能"连"则"连"，应"连"尽"连"；在"连"的基础上，系统平台间要"通"数据、"通"业务、"通"价值；共享服务的核心是各级用户基于系统平台"用"数据、"用"服务；共享服务的目的是"化"成数据资产的增值、"化"成用户的治理能力。通过调查监测成果数据在部门应用和社会服务中的共享应用，推动自然资源治理现代化，满足社会公众的广泛需求。

成果数据共享服务平台建设内容主要包括平台架构构建、平台服务功能建设、系统部署与运行环境建设等。

1. 平台架构构建

以国土空间基础信息平台为基础，遵循"自然资源云"建设总体框架，按照"安全可靠、共享开放、可扩展"的原则，充分利用云计算、大数据和人工智能等数字技术进行平台架构构建。按照分布式应用与服务架构，横向上连通各相关单位，纵向上连通国家、省、市、县四级，并接入其他行业数据中心，通过注册、发布、调度和监控，形成物理分散、逻辑集中的分布式一体化数据、应用管理与服务机制。

2. 平台服务功能建设

根据政府部门、企事业单位和社会公众等各类用户对调查监测成果数据的多元功能需求，设计具备成果数据服务共享、数据挖掘分析、智能化知识共享、移动应用服务、二三维资源展示和定制服务等平台服务功能，提供主动、智能、综合和个性化的自然资源调查监测数据、信息和知识服务。

3. 系统部署与运行环境建设

按照节约、开放、共享的原则，可采用"物理分散、逻辑集中"分布式部署方式进行平台基础设施、数据库和系统部署，基于"自然资源云"的总体框架，开展各级节点网络、计算、存储、安全保障能力建设，为共享服务平台的应用运行和数据存储提供基础环境（包括网络环境、运维环境和安全环境等），满足数据共享服务平台的系统部署运行、信息共享协同、数据安全可靠等需求。

2.5.5   标准、安全、运维保障体系建设

统一法规制度和标准体系，构建自主可控的安全运维保障体系是自然资源调查监测体系数字化建设的重要支撑。

1. 政策法规和标准体系

自然资源统一调查监测体系构建是全国一盘棋，其数字化建设也必须依据和遵循全国统一的政策、规范和标准。

政策法规方面，不断完善政策法规体系，按照《自然资源调查监测体系构建总体方案》要求，在相关法律法规出台前，继续依据现有法律法规开展工作。同时加强基础理论和法理研究，建立自然资源统一调查、评价、监测制度，在现有法律法规修订过程中，体现自然资源调查监测方面的法定性要求。

标准体系方面，充分考虑土地、矿产、森林、草原、湿地、水、海洋等领域现有标准，坚持以统一自然资源调查监测标准为核心。按照《自然资源调查监测标准体系（试行）》要求，基于结构化思想，坚持"山水林田湖草是生命共同体"的理念，构建包含通用、调查、监测、分析评价、成果及应用相关标准规范的统一标准体系。

2. 安全保障体系

数字化建设安全保障体系涉及数据的采集、传输、存储、处理、交换、销毁等安全，是一个复杂、艰巨的系统工程，需要政府、企事业单位、个人等社会各种力量统一认识、上下一心、协同努力，探究数据安全的本质，站在战略和全局的高度考虑现实问题，做好数据安全的顶层设计，加强关键信息基础设施安全保护，强化关键数据资源保护能力，增强数据安全预警和溯源能力等，建成包括基础设施安全、网络安全、软硬件平台安全、数据安全、人员管理等在内的自然资源调查监测数字化安全保障体系，切实保障数据安全。

（1）基础设施安全保障。基础设施实现自主可控是实现安全的根本保障，要建立以安全可信为核心，涵盖网络基础设施、空间信息基础设施、密码基础服务设施、传统基础设施等在内的基础设施主动防御体系。

（2）网络安全保障。网络安全建设要贯彻落实国家网络安全等级保护制度和分级保护制度。加强网络安全防护是国家网络安全的重要要求。搭建互联互通的自然资源调查监测网络和运行环境，提升网络安全防护能力，是实行网上审批、网上监管、网上服务的重要保障。完善网络安全管理与数据交换机制。进一步加强电子政务内网远程接入终端的密码管理和安全保密管理，满足国家相关管理要求；进一步完善互联网（电子政务外网）、电子政务内网和业务网之间的非涉密数据安全交换模式，建立起跨网、跨安全域的数据交换机制，满足跨层级自然资源调查监测业务系统安全部署的环境需求和信息互通共享的业务需求。

（3）软硬件平台安全保障。在确保安全、稳定的前提下，加快国产化软硬件在各级自然资源主管部门的应用，实现技术自主、安全高效。攻克高端调查监测装备研制的若干核心关键技术，加快研制系列高端装备、普适型传感器，解决高端装备研制的深度化、尖端化、集成化，装备产品的标准化、成套化和系列化，实现高端装备由进口依赖到自给自足，再到国际出口的跨越式发展。

（4）数据安全保障。依托自然资源"一张网"，加强原始数据、中间过程数据和结果数据的分类管控、数据防护、数据加密、数据溯源、监测预警与应急处置、修补漏洞，妥善处理共享开放与数据安全的关系，从数据采集安全、数据传输安全、数据存储安全、数据处理安全、数据交换安全和数据销毁安全六个环节，健全自然资源数据安全保障体系。

（5）人员管理。严格规范自然资源调查监测成果数据的涉密人员管理，建立责任制，在"技防"的基础上，强化"人防"的重要性。

3. 运维保障体系

构建完整的运维保障体系，形成一体化的运维协同式管理，保证数字化建设各项业务长期、稳定、高效地运行。创新运维管理模式，完善组织机构保障，攻克运维技术难题，提供专业人才队伍等方式，形成资源配备合理、稳定高效的运维服务体系；充分发挥专业运维团队的技术优势，加强运维队伍建设，创新运维体系服务模式，完善相应的运维管理、组织保障、技术保障建设，形成配备合理、稳定可持续的运维服务力量。

2.6 业务工程实现内容

自然资源管理主要涉及土地、矿产、森林、草原、水、湿地、海域海岛等自然资源，涵盖陆地和海洋、地上和地下。在建设美丽中国背景下，在多维立体协同感知、时空数据自动化、时空数据库构建、成果数据共享服务和标准、安全、运维保障等数字化建设成果的支撑下，已到构建自然资源统一调查监测体系的阶段。

2.6.1 实现思路

针对调查和监测的具体工作任务，围绕信息源获取、要素采集、多源信息集成建库、数据统计分析与应用服务等工作环节，在已有技术基础上，聚焦存在的问题与弱项，对总体技术路线所确定的共性技术进行具体化应用，对特定的专题性技术和设备进行创新性研发，对具体的方案和指标进行优化完善，对成果统计分析与应用服务进行细化确定，从而形成一套涵盖调查监测主要工作内容、流程清晰、指标明确、方法先进、能有效指导日常工作的系列工程性技术方法。

1. 统一调查监测的技术路线

统筹考虑工程实施和技术创新，开展统一调查监测的工程任务技术设计。

（1）统筹考虑"基础与专项"工作之间的数据衔接关系，按照基础调查监测突出"基础性、通用性"、专题调查监测突出"专题性、深入性"的数据建设思路，推进调查监测间工程技术体系的整体性、协同性建设。

（2）统筹考虑总体技术创新与各调查监测技术创新的关系，按照总体技术负责共性技术创新、各调查监测负责专题技术创新的思路，推进调查监测工程技术的系统性、创新性建设。

2. 统一调查监测的技术要点

为保障自然资源调查监测的整体性与系统性，快速、准确、低投入获得完整、详实、一致的调查监测成果，应在工程技术设计时强化以下内容：

（1）影像统筹获取。统筹分析基础调查、专项调查监测的影像获取需求，全面分析影像资源的获取渠道、可靠性、投入等因素，合理制定获取目标、方案及应急措施，保障调查监测任务的基础影像源供给。

（2）集中影像处理。制定多源航空航天影像的正射纠正处理指标要求，利用统一的 DEM、控制、纠正模型和自动化处理系统开展正射纠正集中处理，确保不同期调查监测影像底图处理一致。

（3）统一标准指标体系。根据相关调查监测指标冲突情况，科学分析、统一制定各类调查和监测的指标要求，消除精度、语义、尺度等的差异。加强指标包容性分析和自然资源实体与部门分类标准的映射关系研究，预留接口避免产生新歧义和新矛盾。

（4）统一调查监测底图。各专项调查和监测应以最新的基础调查成果数据为底图开展。获取的专项调查和监测变化图斑及信息，应及时汇集更新基础调查成果库，保障基础调查成果的时效性和权威性。

（5）统一成果内容。制定统一调查监测的相关影像、样本、站点成果以及调查监测阶段和最终成果的内容及格式要求，确保各项成果能在统一调查监测模式下快速共享利用。

有条件的地区或单位可按照"大平台、大系统"和"网络化、在线化"的设计思路，推进调查监测业务数字化平台建设和基础设施建设。如加强生产系统"云化"，按照建设"调查监测生产云"的技术思路，推进和重构已有调查监测技术和基础设施，提高调查监测任务的生产柔性和技术弹性，降低新技术和新方法的应用门槛；加强业务体系"流水线化"，按照承担的相关调查监测任务，重构业务生产流程、重组业务生产队伍，避免作坊式生产，提高各工序的处理效率和成果质量；加强地面信息采集"协同化"，推进各项调查监测任务的野外工作衔接与融合，避免重复、低效采集；加强外业装备"标准化"，推进外业装备的集成化、通用化，形成标准化外业装备，实现野外信息灵活便捷采集。

2.6.2   自然资源调查

自然资源调查分为基础调查和专项调查，分别对应自然资源的共性特征和特定需要，两者共同描述自然资源总体情况。

1. 基础调查

基础调查是按照自然资源管理基本需求，组织开展我国陆海全域的自然资源基础性调查工作。基础调查以掌握各类自然资源的分布、范围、面积、权属性质等为核心内容，以地表覆盖为基础，突出"基础性、通用性"，为开展各类专项调查和监测提供基础底数。

（1）主要技术方法与流程：基础调查的任务是采用高分辨率航天航空遥感影像，基于现有基础调查、专项调查以及日常管理等资料和成果，准确查清自然资源的利用类型、面积、权属和分布等现状情况，掌握最基本的全国自然资源本底状况和共性特征。在统一遥感影像数据基础上，运用人工智能和人机交互方法获取地表要素信息，采用"互联网 +"等技术手段核实调查数据的真实性，建立基础调查数据库，按县、市、省、国家逐级完成质量检查与数据更新入库，基于数据库成果开展数据共享应用与知识服务等工作。主要技术流程包括遥感监测、地方调查与建库、成果核查与数据库更新、成果分析与共享应用等。

（2）重点工程：

① 提高影像保障能力。利用多源卫星数据协同获取、多维多层次航空数据协同观测等技术和装备，进一步提高遥感影像的空间、时间和光谱分辨率，实现优于 2m 光学影像按月全国覆盖，重点区域优于 1m 分辨率影像年度全覆盖。

② 提升信息智能化提取水平。利用人机协同技术，发挥光学、多光谱、SAR、实景三维等遥感数据联合解译、立体解译优势，实现多资源全要素的人工综合信息快速提取与检核检验，突破从单地类到全地类、从局部到全域、从辅助识别到全自动识别的技术瓶颈，实现基础调查地类自动化精准识别、智能解译与变化检测。

③ 拓展地面调查与成果核查技术。以"互联网 +"调查技术为基础，集成整合视频流、无人机等多种外业实时动态感知技术，创新应用图片人工智能识别、在线实时对比、区块链等技术，构

建"获取、识别、传输、检核"于一体、"天空地人网"技术于一身的快捷智能"互联网+"外业调查和成果核查新模式。

④ 完善数据库建设技术。发展实时自动更新建库技术，集成整合专项调查和监测成果，实现与基础调查数据库的有机衔接。探索应用区块链数字签名和密匙机制，保障调查成果的真实性、数据分发的可靠性和版本管理的一致性及可追溯性。

⑤ 提升多元服务与共享应用能力。利用高性能计算平台，研究集群环境下并发任务均衡分发、并行计算和全流程检查循环机制等技术方法，实现超大体量自然资源时空数据快速统计分析。完善基础调查成果多元服务应用产品、服务系统和共享机制，研究涉密成果脱密技术，实现灵活提供各类离线、在线服务及决策分析支持。

2. 专项调查

自然资源专项调查对象包括耕地资源、森林资源、草原资源、湿地资源、水资源、海洋资源、地下资源、地表基质等，各类专项调查要突出"专题性、深入性"。

各类资源的分布、范围和面积等内容在基础调查中完成，专项调查原则上不再重新调查。本书主要以耕地资源、森林资源、海洋空间资源专项调查为例，介绍相关的技术方法和重点工程技术。

1）耕地资源专项调查

耕地资源专项调查是在基础调查所确定的耕地范围内开展，查清耕地的等级、健康状况、产能等，掌握全国耕地资源的状况。每年对重点区域的耕地质量情况进行调查，包括对耕地的质量、土壤酸化盐渍化及其他生物化学成分组成等进行跟踪，分析耕地质量变化趋势。

（1）主要技术方法与流程：根据不同区域、不同类型的耕地资源，从自然地理格局、土壤条件、生物多样性等角度制定耕地资源评价标准，开展等级、质量分类、健康水平、产能状况等调查评价，摸清耕地资源家底，形成面向耕地资源调查、监测、数据库建设、分析评价及服务等业务的工程化技术方法和生产技术。主要技术流程包括基础资料收集整理、耕地资源细化分类、调查样点布设、样点数据快速获取、数据集成和管理平台建设、多目标综合分析评价、调查评价成果应用等。

（2）重点工程：

① 构建耕地调查指标。围绕耕地数量、质量、生态"三位一体"保护，细化耕地三级分类，制定耕地资源调查指标，构建多维度评估耕地资源安全的调查评价指标。

② 建立耕地资源协同感知网。顾及典型性、代表性和经济可行性，设计针对不同分区的样区指标差异化布设技术方法，发展站点（样点）数据到区域数据的尺度推演技术方法，构建耕地资源数量、质量、生态知识图谱，建立耕地资源调查真实性验证数据库，实现多维度、全链条、实时化的耕地质量动态评价。

③ 创新耕地指标数据快速获取技术。针对耕地类型、种植情况和耕作条件，基于遥感和发动群众实现快速验证与识别。针对土壤条件、健康状况、生态系统等关键特征指标，研制土壤多参数原位或现场原位快速检测装备。

④ 推进多目标分析评价和预测预警研究。研究耕地资源大数据自适应可视化表达技术，建立耕地资源共享服务平台。研究基于多源大数据的智慧耕地模拟仿真技术，发展空间格局变化与预测预警模型，探索耕地资源质量关键性指标时空变化规律，多维度揭示耕地资源演化的规律和驱动支持，提前发现潜在风险。

2）森林资源专项调查

森林资源专项调查是查清森林资源的种类、数量、质量、结构、功能和生态状况以及变化等情况，并进行年度变更；每年发布森林蓄积量、森林覆盖率等重要数据。

（1）主要技术方法与流程：森林资源专项调查采取"图斑＋抽样"的方法，以基础调查及最新变更调查成果为基础制作森林资源分布图，以数理统计和抽样理论为依据，依托国家森林资源连续清查的抽样框架，利用高分定量遥感、卫星精准定位、无人机快捷核实以及大数据建模技术，采取固定样地调查与模型更新相结合的方式开展森林数量、质量、结构等的调查，综合采用统计、建模和评估等方法对森林资源状况及其质量与功能进行分析评价，构建国家森林资源年度监测评价体系。主要技术流程包括基础资料收集处理、要素自动解译和变化信息提取、森林资源调查底图制作、抽样设计、样地布设、固定样地调查和模型更新、图斑调查、成果统计汇总、成果入库及共享平台建立等。

（2）重点工程：

① 丰富调查内容，缩短调查时效。把森林数量、质量和森林生态系统、碳储碳汇纳入调查对象，深入调查植被种类和群落结构，科学揭示生物个体及其环境之间的内在联系。将调查周期缩短为1年，实现森林资源年度出数，提高调查信息的时效性。在第三次全国国土调查及其年度变更成果基础上，实现森林资源调查底图年度更新。

② 加强信息自动化提取，实施一体化调查。应用高时空分辨率遥感影像进行森林类型提取分类，提高调查底图信息的可靠性。建立变化解译样本库和变化解译规则，发展自动化精准识别、智能解译与变化监测等技术，实现核心要素和变化信息的自动化提取与处理。发展森林资源一体化调查技术，推进抽样调查和图斑调查指标融合、技术结合，保障各类森林调查成果与具体地块对应、信息对应，实现局部抽样调查成果与森林资源宏观整体有效对接、成果一致。

③ 建立林分生长模型，发展固定样地调查技术。按树种（组）建立单木水平生长模型，按森林类别等建立林分水平生长模型。采用生长量／率模型、现地调查、直接扣除等技术方法更新各类固定样地信息。采用"现地调查＋遥感判读"方法，调查样地因子和样木因子。采用无人机调查技术方法调查困难和无法到达等区域。

④ 建设数据共享平台，畅通信息共享渠道。运用大数据、云计算、分布式存储技术，构建森林资源调查数据库，构建全国森林资源数据共享平台和"互联网＋"监测信息共享应用模式，研发各类数据服务和业务应用接口，形成全域覆盖、统筹利用、统一接入的便捷高效数据共享体系。

3）海洋空间资源专项调查

海洋空间资源调查属于海洋资源专项调查的重要内容，其调查对象主要包括海岸线、海域海岛、滨海湿地、沿海滩涂、近海海底地形地貌、底层结构和海洋水文环境等。

（1）主要技术方法与流程：海洋空间资源专项调查是查清海岸线类型、位置、长度，查清滨海湿地、沿海滩涂和海域的类型、分布、面积和保护利用状况等，查清海岛的数量、位置、面积、开发利用与保护等现状及变化情况，掌握全国海岸带保护利用情况、围填海情况，以及海岛资源现状及保护利用状况。同时，开展海洋水体、地形地貌等调查。其主要技术流程一般包括建立统一调查体系、一体化数据获取与集成应用、多源数据汇聚与融合处理、调查要素信息智能解译与提取、多元成果产品优化与决策服务等。

（2）重点工程：

① 统一调查指标体系。建立统一资源分类框架下的海洋空间资源细分分类标准，分别确定不同种类海洋空间资源的调查指标，形成涵盖类型、权属、边界、地表覆盖、开发利用等多重属性的指标体系，合理界定不同类型海洋空间资源边界范围。

② 构建一体化的海洋立体调查布局。建设涵盖卫星、无人机、雷达、调查船、浮标、水下机器人、自主水下潜器、水下滑翔机、无人船、海洋站、原位传感器等多技术、多类型的调查技术及装备体系，研发适合砂质、粉砂淤泥质岸滩和浅水区调查的滩涂爬行器，构建一体化调查技术平台，形成

一体化的调查技术系统，突破海岸带、海岛近岸浅水区和"盲区"的调查技术瓶颈，实现海洋自然资源全覆盖调查。

③ 加强自主海洋遥感数据应用。发展我国自主海洋卫星数据处理技术，发展自动化精准识别、智能解译与变化检测等技术，实现海洋空间资源从单一到多元，从局部到全域，从辅助识别到全自动识别。构建海洋资源一体化处理技术，实现各类海洋资源数据的整理清洗、标准处理、提炼转换、融合处理、叠加分析等功能，提升数据智能化处理效率和处理结果准确性。

④ 强化成果应用服务。发展海洋资源调查数据的三维立体实景可视化、多源异构数据集成管理和共享服务技术，建成我国海洋资源"一张图"。拓展海洋资源管理决策支持产品，通过大数据分析、数据挖掘等技术加强知识服务。

2.6.3　自然资源监测

根据监测的尺度范围和服务对象，自然资源监测分为常规监测、专题监测、应急监测和综合监测。

1. 常规监测

常规监测是围绕自然资源管理目标，对我国范围内的自然资源定期开展的全覆盖动态遥感监测，及时掌握自然资源年度变化等信息。主要任务是按照国家统一标准，在全国范围内利用卫星遥感、互联网、云计算等技术，统筹利用现有资料，利用最新卫星遥感影像，制作正射影像图，提取地类变化信息，结合有关专项监测及自然资源管理成果，开展实地调查举证，全面掌握自然资源的地类、面积、属性及相关单独图层等信息的年度变化情况，更新基础调查数据库。主要技术流程包括遥感监测、管理数据整理、内业监测、外业调查和建库、质量检查、国家级数据库更新等。

常规监测以每年12月31日为时点，重点监测包括土地利用在内的各类自然资源的年度变化情况。

2. 专题监测

专题监测是对自然资源的重点要素和重点区域的自然资源特征指标进行动态跟踪，及时掌握监测对象的分布、数量、质量等变化情况。本书主要以耕地资源监测和建设用地全生命周期动态监测为例，介绍相关的技术方法与流程。

1）耕地资源监测

耕地资源的常规监测每半年开展一次，遏制耕地"非农化"，防止耕地"非粮化"。耕地资源监测的重点是对耕地质量、产量和新增耕地状况等内容进行专项监测。重点区域监测主要围绕黑土地区、粮食主产区、高标准农田建设区、永久基本农田保护区等区域，监测耕地资源变化，及时发现耕地"非农化""非粮化""细碎化""边际化""逆生态化"等问题。

（1）主要技术方法：耕地资源监测在基础调查成果、新增耕地项目、永久基本农田保护红线的基础上开展，主要技术流程包括耕地现状数据协同采集、变化图斑自动快速提取、变化类型智能定性、综合评价、执法监督等。

（2）重点工程：

① 发展耕地资源监测协同感知网。考虑耕地资源的区域差异性、季节变化性、经济可行性，在"天空地人网"协同感知网基础上，深化面向耕地监测的感知网，确保耕地范围内"已经变化、正在变化、即将变化"的区域第一时间发现。

② 创新耕地变化信息快速获取技术。针对不同耕地类型、种植情况、耕作条件和破碎程度，协同构建耕地变化样本库，研究提出基于AI的变化快速识别方法。

③ 打通"变化发现 – 智能提取 – 执法监督"耕地保护全业务流程。基于"平台 +"和"互联网 +"，建立从变化发现、到智能提取、再到执法监督的耕地保护全业务流程，基于知识图谱开展耕地变化的智能定界、定量和定性。

2）建设用地全生命周期监测

建设用地全生命周期监测的重点是监测批而未用、供而未用、用而未尽、批东建西、低效用地、建设进展等情况，为盘活建设用地存量、提升节约集约高效用地水平，提高建设用地利用效率提供数据和技术支撑。

（1）主要技术方法：建设用地全生命周期监测基于基础调查、专项调查和各级政府批准建设用地范围等成果开展，主要技术流程一般包括建设用地范围确定、多源现状数据协同采集、各类政策审批文件分析、数据库建设、综合分析评价等。

（2）重点工程：

① 完善服务建设用地监测的协同感知网。考虑建设用地的位置基本固定不变、建设周期长，针对不同建设用地规模、分布和建设周期等情况，在"天空地人网"基础上优化协同感知网，实现建设用地全生命周期动态监测。

② 基于 AI 和知识图谱开展建设用地变化提取和评估。创新基于 AR 视频的变化智能识别技术，解决地理坐标与视频极坐标双向转换，建立建设用地全生命周期变化样本库、规则库、模型库，构建建设用地全业务环节知识图谱。

3. 应急监测

自然资源应急监测主要根据上级部署、自然资源管理急需、社会关注的焦点和难点，针对重点区域、重点要素进行第一时间数据采集、数据处理、成果服务，为决策和管理提供第一手的数据和技术支撑，突出"快"字，即响应快、监测快、成果快、支撑服务快。

（1）主要技术方法：应急监测通过"天空地人网"协同感知网，第一时间在线调动监测区域附近传感器，实现数据实时回传、处理和显示，并结合历史调查监测数据库和专题资料，生成应急监测专题成果图。主要技术流程包括应急监测等级响应、应急数据采集传输、变化信息自动提取与数据快速处理、专题成果生成、质量检查和成果提交等。

（2）重点工程：

① 自然资源应急监测硬件装备研发。装备决定监测能力。应急监测具有不可预见性、监测对象复杂、监测环境苛刻等特点，且需要满足数据服务快速提供、结果准确可靠等一系列要求，这对应急监测的硬件装备提出了更高要求，需不断研发机载应急通信设备、miniSAR、弱 GNSS 信号下高精度定位仪、实时传输激光雷达等设备。

② 应急监测联动服务平台研发。顾及不同应急监测需求和响应等级，在"天空地人网"协同感知网基础上，建设面向应急监测的联动服务平台，打通应急等级响应、应急需求发布、硬件资源调度、历史数据资料收集、现状数据采集和传输、决策指挥等全链条业务流程。

4. 综合监测

根据《自然资源调查监测体系构建总体方案》，常规监测、专题监测和应急监测侧重于国家层面下达的阶段性、指令性、法定性的任务，综合监测指为服务各级行政主管部门业务工作，针对各类合法、非法变化开展的灵活性、综合性监测，重点监测各类政策落地成效。目的是服务自然资源业务精细化管理，服务和支撑自然资源管理的事前预测、事中监管、事后评估，为科学决策和精准管理提供强有力的技术手段，成果同时可以服务于地理国情监测、年度变更、卫片执法、基础测绘更新等工作。

综合监测的目标是及时掌握自然资源变化情况，实现"早发现、早制止"的监测监管目标；开展"数量、质量、生态"评价；揭示"要素之间、人与自然之间、区域之间、发展与生态之间"的变化趋势和发展规律，提升自然资源治理能力和水平，为政府决策提供服务支撑和科学依据。

（1）主要技术方法：自然资源综合监测的任务是基于本行政区的自然资源禀赋，按照综合监测"五统筹、五精准"（统筹需求、数据、技术、标准、队伍，精准对象、频次、精度、范围、分工）的工作思路，落实"源头严防、过程严管、后果严惩"具体要求，基于最新基础调查、专项调查、专题监测等成果数据，结合各类政策、法规、审批文件和实时业务数据，用好数字化建设成果，第一时间掌握自然资源的合法变化、非法变化（包括已经违法、正在违法、即将违法的变化），形成问题清单，启动执法监管，并同步更新自然资源时空数据库，同时根据变化情况评估自然资源管理工作和政策实施成效。主要技术流程有多源数据采集和影像统筹、政策审批文件收集和业务数据整合与连通、影像处理与变化图斑分类、变化图斑综合分析与分类、外业调查核实、形成任务清单及处置、综合分析评价。

（2）重点工程：

① 提高现状数据采集的时效性。构建适合监测区域的"天空地人网"协同感知网，特别是发挥无人机机动灵活、摄像头实时在线和基层人员主动及时发现变化的优势，多维度保障数据时效性。打通数据链路，实现现状数据、业务数据、专题数据在平台上的实时互联互通。

② 自然资源违法行为"早发现"智能识别。建立自然资源行业管理知识库，对政策、审批文件、管理数据进行语义解析，通过实体发现、实体链接和关系分类建立起行业管理知识图谱。建立自然资源违法判定规则知识库，实现自然资源事件信息与违法判定结果信息的逻辑映射。建立自然资源违法行为判定规则，实现自然资源违法事件的智能快速发现和准确预判。

③ 自然资源综合监测评价分析。依据综合监测结果，评价政策落地和行政管理成效，服务自然资源资产离任责任审计，评价分析人与自然可持续发展，定期发布自然资源综合监测评价报告。

2.7 保障措施

自然资源调查监测数字化建设总体规划涉及面广、任务艰巨，为保障自然资源调查监测数字化建设顺利进行，需要加强关键技术攻关、开展试点示范研究、推进业务协同开展、加强人才培养和科技创新。

1. 加强关键技术攻关

坚持集成创新、优化重构、急用先行等原则，梳理关键技术清单，分析目前的适用技术和面临的技术瓶颈，设定近期可行性、中期可靠性、远期前瞻性的目标任务，采用"前端聚焦、中间协同、后端转化"模式，重点围绕多维立体协同感知网构建、多源遥感时空数据快速处理、自然资源时空数据库构建、成果数据共享服务平台建设和自主可控的标准安全运维保障体系建设等数字化建设的关键技术开展研究攻关。

2. 开展试点示范研究

在新一代数字技术支撑下，开展自然资源调查监测试点示范，验证业务工程实现的科学性和可行性，同时进一步优化和细化技术方法与流程，形成技术先进、成熟实用、可推广应用的试点成果，包括分类标准、技术方法、作业流程、软硬件平台、时空数据库、行业知识图谱等。

3. 推进业务协同开展

充分考虑土地、矿产、森林、草原、水、湿地、海域海岛等自然资源的系统性和区域差异性，将上级部门的指令性常态化任务和地方部门因行政管理需要而开展的多样性任务结合起来，分析各项任务间的行政逻辑和技术逻辑，理清各项任务的集成与分工、成果样式，整合优化作业流程，统筹技术标准，实现"一次经费投入、一次数据采集、一个平台汇聚、成果组合使用"。

4. 加强人才培养和科技创新

自然资源调查监测体系数字化建设，人才是第一资源，创新是第一动力。发挥数字化人才和业务型人才各自专业优势，同步推进数字化建设和调查监测任务实施，形成严密有序的组织体系，整合和优化系统内现有的调查监测队伍，形成"国家、省、市、县、乡、村"六级统一、分工明确的自然资源调查监测支撑队伍。加快实施调查监测业务及其数字化建设的高层次人才培育计划、实用型专业人才能力提升计划和新型紧缺人才培训计划。同时引导社会大众、基层人员参与其中，培育市场化调查监测队伍，更好支撑调查监测工作开展。根据调查监测业务和数字化建设需求，联合高校、科研院所，开展实训基地建设和线上线下继续教育培训班。

组织开展自然资源调查监测的重大理论研究和技术创新，优化技术流程和技术方法，及时解决重大理论和技术问题，不断提高调查监测能力和水平，提升成果质量和工作效率。重点加强人工智能、物联网、区块链、大数据、云计算、5G 等新一代数字技术在调查监测中的应用研究，优化和创新技术路线、方法和手段，提升自然资源调查监测数据和技术的服务能力。

第 3 章　自然资源多维立体协同感知网构建

协同采数称巨擘　通天达海堪神网

　　网络是自然资源调查监测的神经系统、是自然资源调查监测信息运行的高速公路、是自然资源调查监测数字化建设的重器。整合优化提高自然资源调查监测"一张网"，在此基础上逐步建立自然资源多维立体协同感知网。

　　自然资源统一调查监测的目的是全面摸清自然资源家底和及时掌握自然资源变化，这需要构建一张多维立体协同感知网提供时空数据保障。通过重新定位、优化整合已有各类感知网，形成纵向协同、横向联动、点面结合、组织有序的自然资源时空数据保障体系。

　　本章以自然资源多维立体协同感知网为主题，结合自身实践全面阐述自然资源调查监测"天空地人网"的初步建设思路和做法。基于已有基础，结合新时期自然资源精细化管理需求，分析制约调查监测时空数据保障的技术瓶颈，利用空间信息技术和人工智能、大数据、云计算、物联网等新一代数字技术，优化整合对地观测系统、航空传感网、地面监测网、海洋观测网、物联网、众源地理信息采集网等，构建"天空地人网"协同感知网，实现对国土空间的全时、全域、立体实时感知，为自然资源统一调查监测提供多源数据保障，支撑自然资源全要素、全流程、全覆盖的现代化监管。

3.1　构建背景

　　自然资源时空数据反映着山水林田湖草等要素的地理空间分布及变化，贯穿"现状调查 – 变化监测 – 综合分析 – 整体决策"全过程。构建面向自然资源统一调查监测的多维立体协同感知网，对建立自然资源统一调查监测体系具有重要意义。

3.1.1　现状需求

　　从摸清自然资源空间分布、质量状况需求上分析多源、多类型的数据需求，从自然资源变化"早发现、早制止"角度提出构建多维立体协同感知网，提升自然资源动态监测监管感知能力。

1. 海量多源时空数据是全面摸清自然资源家底的保障

　　全面摸清山水林田湖草等自然资源家底，掌握自然资源数量、质量、结构和空间分布情况，就需要以调查监测基础数据为支撑，对土地、矿产、森林、草原、水、湿地和海域海岛等自然资源开展调查监测工作。而单一来源的数据无法同时满足自然资源统一调查监测的数据需求，需要多视角成像、多平台协同、多时相融合、多尺度联动的多源时空数据，确保全面查清自然资源家底并及时掌握变化。

2. 丰富数据类型是调查监测多样化成果的保障

　　自然资源调查分为基础调查和专项调查，专项调查包括耕地、森林、草原、湿地、水、海洋、地下资源、地表基质等调查，还可以针对生物多样性、水土流失、荒漠化等开展专项调查监测。调查监测类型众多，要充分利用光学、高光谱、多光谱、红外、激光雷达（Light Detection and Ranging，LiDAR）、SAR、倾斜摄影等多种成像技术手段开展调查监测，获取多类型数据，由表及里开展现状属性、生物信息、理化参数等调查监测，才能得到多样化的调查监测成果，从不同的角度反映自然资源变化情况，为自然资源管理和利用提供更科学的依据。

3. 自然资源高效治理需要多维立体协同感知能力

"源头严防、过程严管、后果严惩"是提升自然资源治理现代化具体措施。依靠传统的监测监管手段难以适应自然资源治理的新形势、新要求，通过卫星遥感、无人机、视频监控、智能移动终端、基层人员、物联网平台和传感器，构建一张多维立体协同感知网，形成自然资源动态监测和态势感知能力，实现对国土空间全时全域立体监控监管，提升自然资源治理能力和现代化管理水平。

3.1.2 基础技术

在调查监测感知网中，航天遥感、航空遥感、地面遥感是已有的重要基础技术。

1. 航天遥感

航天遥感是利用装载在航天器上的遥感器收集地物目标辐射或反射的电磁波，获取陆地或海洋环境信息的技术。以美国为首的航天大国在遥感卫星发展和应用中起步最早、能力最强，在遥感卫星的数量、类型、性能指标以及应用能力方面都代表着现今世界最高水平。我国遥感卫星研究起步虽晚，但发展迅猛，我国在轨运行的遥感卫星目前超过 200 多颗，光学和雷达卫星的最高地面分辨率均优于 0.5m，逐步形成高、中、低空间分辨率合理配置、多种观测技术优化组合的综合高效全球观测和数据获取能力。同时，我国建成了覆盖全球的卫星导航系统。为我国自然资源调查监测提供充足、可靠的数据保障，主要用到了包括光学、高光谱、SAR、激光测高和重力等遥感卫星。

1）光学卫星

一般指可提供全色影像或多光谱影像（即光学影像）的遥感卫星，光学影像是进行自然资源地物分类等工作的基础影像。目前，自然资源调查监测应用的国产光学卫星主要包括资源一号 02C 卫星、资源一号 02D 卫星、北京二号卫星、高分多模卫星、高分系列光学卫星、珠海一号系列光学卫星、天绘一号卫星、资源三号卫星、吉林一号（光学 A 星）等。其中，高分多模卫星是我国分辨率最高的光学遥感卫星，也是我国第一颗 0.5m 分辨率敏捷智能遥感卫星。国外光学卫星有 WorldView 系列、GeoEye、QuickBird 等。

2）高光谱卫星

高光谱卫星成像的原理是用很窄而连续的光谱通道对地物持续遥感成像，光谱通道数多达数十甚至数百个以上，其影像为利用遥感的技术手段进行对地观测、监测地表的变化提供了更丰富的信息。目前，自然资源调查监测应用的国产高光谱卫星主要包括珠海一号、高分五号、HJ-1A 等卫星。其中，高分五号卫星是世界上首颗实现对大气和陆地综合观测的全谱段高光谱卫星，可实现多种观测数据的融合应用，为我国环境监测、资源勘查、防灾减灾等行业提供高质量、高可靠的高光谱数据。国外高光谱卫星数据，主要来源卫星有 MODIS、ASTER 等。

3）SAR 卫星

SAR 卫星是一种主动式的对地观测系统，可实现高分辨的微波成像，可全天时、全天候对地实施观测，具有一定的地表穿透能力。目前，自然资源调查监测应用的国产 SAR 卫星主要包括高分三号卫星、珠海一号系列卫星、HJ-1C 卫星等。其中，2016 年我国发射的高分三号卫星，实现了我国卫星 SAR 影像干涉测量零的突破。国外 SAR 数据，主要来源卫星有 Radarsat-2、TerraSAR 等。

4）激光测高卫星

卫星激光测高通过精确测量激光脉冲在卫星与地球表面的飞行时间，获得地面高程信息。目前，自然资源调查应用的国产激光测高卫星有高分七号卫星，该卫星装载的激光测高分系统是中国首个自主研发的对地激光业务化测绘载荷，除了能够精确获得星下点距离外，还可对发射的激光光束进行精确定位。国外对地观测的激光测高卫星有 ICESat–2 等。

5）重力卫星

卫星重力测量是获取全球重力场最重要的手段，对于确定全球大地水准面高、全球环境变化、海洋动力学等研究具有重要的意义。通过利用重力卫星监测重力变化，再参考相关数据，可以精确估计地下水变化情况。2020 年 8 月，我国发射首颗专门用于重力与大气科学测量的卫星，将在轨验证我国重力卫星技术数十年来的理论研究成果。国外重力卫星有 CHAMP、GRACE、GOCE、GRACE Follow–On 等。其中，GRACE 重力卫星通过监测重力变化可以精确估计总的水质量变化，结合其他实测与模型资料可以定量监测地下水的变化情况。目前，GRACE 重力卫星成为监测地下水储量变化的唯一卫星遥感监测手段，并被广泛应用于全球和区域地下水监测。

根据自然资源部 2020 年卫星遥感应用报告，我国面向自然资源调查的遥感卫星观测能力进一步提升，基本实现自然资源系统国土、测绘、海洋、地矿、林草数据影像贯通，并在全国 31 个省区市和新疆生产建设兵团建立了自然资源省级卫星应用技术中心，为自然资源调查、监测、评价、监管、执法提供卫星遥感数据、信息及产品、技术和业务支撑。图 3.1 和图 3.2 分别表示国内外对地观测卫星的成像能力。

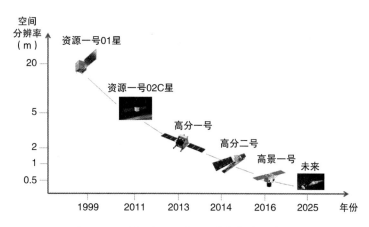

图 3.1 国内对地观测卫星成像能力示意图

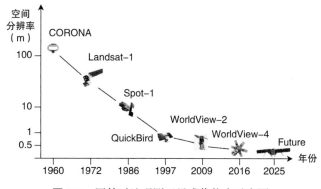

图 3.2 国外对地观测卫星成像能力示意图

2. 航空遥感

航空遥感是指利用各种飞机、飞艇、气球等作为传感器运载工具在空中进行的遥感技术，按飞行

器的工作高度和应用目的，分为低空（600 ~ 3000m）、中空（3000 ~ 10 000m）、高空（10 000m
以上）三级，此外还有超高空和超低空的航空遥感。

1）飞　艇

对流层飞艇遥感测绘系统，是一种新型的低空高分辨率遥感影像数据快速获取系统。利用飞
艇搭载组合宽角相机进行低空低速航空摄影，获取高分辨率、高清晰度、宽像幅、大航摄基高比影
像，实现平面和高程测量精度的提高；采用地面标志布设像控标志点，提高坐标量测精度和空三加
密精度，解决了长期以来大比例尺航测成图内业高程测量精度达不到要求的难题，提高了航测生产
效率。

平流层飞艇是多个国家研制的热点，国外已有"攀登者"高空飞艇、平流层平台、
HiSentinel20、HiSentinel50、HiSentinel80 和"天腾"飞艇等多艘平流层飞艇验证艇进入到平流层
临近空间开展相关技术验证飞行；国内多家单位研发的浮空器已到达平流层高度，如"旅行者"1
号到达设计高度 21km，"旅行者"2 号完成了携带舱体升空、天地对话和飞行中采集数据的实验，
"旅行者"3 号可以完成空间环境参数、天地通信和视频、图像数据的采集，"圆梦号"飞艇完成
了指定高度的飞行、通信、空域态势感知等多种科学实验并顺利着陆回收。

由于平流层飞艇飞行高度及驻留遥感能力，其载荷具备全天时、全天候、高空间分辨率、高时
间分辨率和高光谱分辨率的对地观测技术要求，兼具可见光、红外、多光谱、SAR 等多种成像方式。
载荷工作模式包括广域采集、区域监视和目标持续跟踪等模式。广域采集是通过控制飞艇按照特定
航迹飞行，采集大视场影像，实现大范围区域的高效率影像获取；区域监视是针对重点关注区域，
结合飞艇驻留控制功能，进行区域筛查获取变化信息；目标持续跟踪是通过控制飞艇行进和载荷视
角，针对特定目标实现高分辨率成像、目标跟踪和高精度定位，实现对特定目标的实时持续监视。

2）多载荷固定翼无人机

多载荷固定翼无人机航摄系统通常由飞行器、传感器、指挥控制平台、综合保障平台和运输设
备组成。其中，传感器包括高清航摄相机、轻小型 SAR、激光雷达（LiDAR）、视频光电吊舱（可
见光 / 红外）、定姿定位系统（POS）和集成座架，这些传感器一体化集成在飞行器中，全天时作
业并协同快速获取监测区域现场光学影像、雷达数据、视频信息等多源多维地理信息数据，实现对
获取数据的实时传输、快速处理和精细化产品生产。多载荷固定翼无人机能够大幅提高航空影像数
据快速获取能力，为智慧自然资源、智慧交通、智慧农业、智慧城市等提供数据保障。

3）轻小型无人机

近年来，科技的迅猛发展降低了无人机的准入门槛，大众的参与也为无人机遥感注入了巨大的
创造力，尤其是低空轻小型无人机已成为普适型和平民化的影像获取手段。轻小型无人机遥感技术
也改变了传统的工作模式，基于低空轻小型无人机以及普通数码相机的低空摄影测量技术成为研究
的热点方向。

轻小型无人机具有机动灵活、操作简便、性价比高等优点，已经在城市三维建模、区域规划、大
比例尺地形图测绘、应急测绘、自然资源调查监测等方面发挥了重要作用，弥补了传统航测应用于小
范围大比例尺成图时成本高、机动性差、影像分辨率低、受外界环境影响大等不足。同时，低空轻小
型无人机遥感也能提高制图速度和精度，在执行高精度影像获取任务时发挥着越来越大的作用。

低空固定翼无人机测绘遥感系统通常具有有效载荷大、续航时间长、升限高等优势，是执行
100km^2 以上监测面积或者海岛礁测绘等需要长距离飞行的测绘遥感任务的首选机型，但在山区等
地形复杂区域使用受限。随着飞行控制以及材料技术的进步，催生出了垂直起降固定翼无人机，该
机在起降阶段启动旋翼装置，具备垂直起降能力，兼顾定点起降及大范围数据获取能力。图 3.3 为
我国航空遥感的主要监测平台。

图 3.3 航空遥感主要监测平台

3. 地面遥感

地面遥感主要是指以车、船、手持终端等为平台的遥感技术系统。本节主要介绍常用的车载激光扫描系统、船载遥感系统和智能移动终端等遥感技术手段。

1）车载激光扫描系统

车载激光扫描系统是结合激光扫描技术和定位定姿技术，集成激光扫描仪、惯性测量单（IMU）、GNSS 以及数码相机等传感器，获取精确定位的高分辨率激光点云数据，实现地理信息数据的快速采集和处理。搭载的全球卫星导航系统用于定位车辆的实时位置，惯性导航系统用于记录车辆行进时的状态，激光雷达是基于激光测距原理，通过快速扫描被测物体，接收反射回波，获取高精度空间三维信息。全景相机通过全景镜头，实时拍摄 360° 范围内的街景数据。系统的测量精度可达到厘米级，扫描效率能够达到 60km/h，是人工作业的数十倍甚至上百倍。

车载式移动监测设备使得许多费时费力的工作变得简单易行。车辆驶过，道路、交通标志、广告牌、行道树、路灯、房屋以及地形地貌等各种要素信息尽收囊中。这些数据通过处理，可以形成智慧城市建设以及自然资源调查监测所需的各种信息，包括生成街景数据、立体的三维空间数据、覆盖范围内的地物地貌数据，可广泛应用于自然资源监测、三维建模、道路测量、部件测量、水上测量、地籍测量、室内测量、高清街景、违建调查等领域，可大幅提高自然资源数据采集的精度和效率。

2）船载遥感系统

现代化船载遥感系统主要由侧扫声呐、重力传感器、磁力计、全球定位导航系统等多种测量设备组成，已经用于探测海底地形地貌、浅层剖面等各种要素。目前，国内的船载遥感也取得了长足的发展，拥有几百艘在役调查船。中国海军调查测量舰船建造经历了从小吨位、功能单一到大吨位、测量一体化、智能化、组网测绘等过程。国内无人水面船/艇已进入自主式智能化发展阶段，"精海系列""方洲号""海翼号"和"领航者号"等多型无人测量船，在智能巡航、躲避风浪和稳定性等方面都取得了重大技术突破，具备快速执行水下地形测量、水下地貌勘测等诸多任务的能力。

各种传感器和测量设备的出现，为无人船遥感系统的发展奠定了基础。在水深测量方面主要的传感器有单频和多频测深仪；在水下地形勘测领域主要采用的传感器有多波束声呐、三维激光雷达扫描仪、地层剖面仪、水下滑翔机；在水质监测方面，主要有温度传感器、pH 酸碱度传感器、溶解氧传感器等。多波束声呐系统利用回声测深原理探测海底地貌和水下物体，它能够显示和记录水下地形地貌的情况。随着自动控制、物联网、大数据等技术的快速发展，无人船遥感系统将朝向更加数字化、网络化、智能化的方向发展。

3）"互联网+"智能移动终端

随着计算机的普及以及互联网的飞速发展，信息化的调查方式产生并发展起来，智能移动终端在自然资源外业调查中得到了实际应用，有效地精简了调查监测流程，尤其是带有 GNSS 定位及量测功能的智能移动终端大幅度缩短了调查人员的野外工作时间，已变成一种主流的时空数据采集方式，具有非常大的应用价值，可以让非专业人员测制专业地物、地形以及地貌，可用于调查监测、不动产确权、村庄规划测量等业务。

在外业调查中可以利用集成有 3S 功能的移动平板进行作业，无需携带纸质地图或卫星遥感图，实现全程无纸化；外业调查人员可提前将需要的影像图或专题数据加载到移动平板中，通过卫星导航来调整或优化调查路线，提高作业效率；移动平板具有通信功能，能方便地接入无线网络或 5G 通信网络，方便数据传输。将移动平板在自然资源外业调查中推广应用，能达到简化外业调查的工作流程，降低调查人员野外工作强度，确保调查成果数据的真实性和准确性，提高调查的精度和效率，实现调查全过程无纸化、数据更新自动化的目标。

3.1.3 主要差距

当前自然资源调查监测感知数据获取缺乏协同机制，尚未形成组织有序、机动灵活、协同高效的获取模式，需要突破多平台协同、连通等关键技术，同时充分发挥"人"的优势，实现自然资源时空数据的全面感知。

1. 多源遥感数据获取协同性不足

遥感平台的数据采集能力越来越强，所采集数据已出现"高空间、高时间、高光谱"分辨率特征，但各平台作业时是相互独立的，会存在数据重复采集、平台设备闲置等情况。加上天气等因素的影响，部分地区受常年多云多雨等情况影响，单一平台的数据无法满足自然资源调查监测的应用需求，依靠单一传感器或增加数量无法实现全域动态监测。通过多个协同观测的遥感影像数据，充分利用不同数据所包含的不同特征，使其相互补充，更好地支撑自然资源调查监测工作。面对不同空间分辨率、时间分辨率及成像模式等方面优势和适应性各有不同，面对各类调查监测业务的不同需求，需要相互之间协同组网观测，以充分发挥各自的优势，实现优势互补。

2. 高分辨率光学影像保障能力不足

当前由自然资源部牵头在轨运行的国产公益性遥感卫星有 19 颗，形成一定规模、频次、业务化的卫星影像获取能力和数据保障体系，能支持一定周期性的调查监测工作。但卫星影像数据还不能满足全天候、全要素应用需求；高分辨率光学影像保障能力不足，2～3m 空间分辨率影像数据虽可基本实现我国陆域季度全覆盖，但南方多云雨地区有效覆盖至少需要半年以上；分辨率优于1m 或 0.5m 的影像数据获取能力仍然滞后，获取周期还达不到季度覆盖，需要补充商业遥感卫星、高分辨率航空遥感影像数据。自然资源高分辨率光学影像保障能力有待进一步提升。

3. 地面采集与核实调查数据获取时效性不高

在自然资源调查监测工作当中，需要到实地开展数据采集与核实调查等相关工作，当前数据采集与核实调查工作大多由省市自然资源部门直属单位组织专业队伍实施，采集与核实调查的图斑数量多、分布零散，需要投入大量的人力、物力、财力确保数据获取工作按时完成，现场采集与核实调查的时效性较低。应通过"互联网+"外业采集设备、通导遥一体化移动终端等观测装备，利用一体化采集与数据实时传输技术，进一步提升数据获取的时效性。

4. 群众优势没有得到有效发挥

当前自然资源调查监测工作主要依托专业技术队伍等开展实施，没有发挥基层人员在第一现场最先发现变化的优势，导致分布零散、频次要求高的外业数据存在采集时效性差和成本高等问题。随着移动互联网的迅猛发展，智能终端的快速普及，使其成为信息获取的新手段，基层干部、社会公众能够借助智能终端，快速获取身边丰富的自然资源变化数据，成为最贴近当地自然资源的"调查监测员"。但目前尚未建成面向基层人员的普适性、普惠性数据采集模式。

3.2 构建目标和任务

在传统自然资源调查监测手段基础上，通过充分利用新一代数字技术，整合优化已有基础设施，构建自然资源多维立体协同感知网，提升自然资源调查监测感知能力。

3.2.1 构建目标

新时期自然资源统一调查监测对时空数据保障提出了更高要求。利用空间信息技术和人工智能、移动互联网、信息安全等新一代数字技术，优化整合已有各类传感网，构建"天空地人网"协同感知网，全面支撑自然资源调查监测体系数字化建设。

3.2.2 构建任务

在已有航天航空地面观测技术基础上，优化整合遥感卫星、有人机、无人机、车载测量、船载终端等平台和传感器，采用"互联网＋"的思路，构建面向自然资源的"天空地人网"协同感知网（图 3.4），协同获取自然资源的位置、数量、质量、生态等时空数据，实现对自然资源"五全"调查监测。

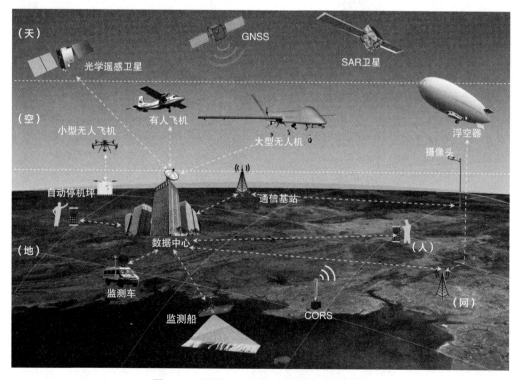

图 3.4 "天空地人网"协同感知网示意图

3.3 总体设计

"天空地人网"协同感知网由天联网、空联网、地联网、人联网、网联网组成，其总体架构和基本组成如下。

3.3.1 总体架构

以满足自然资源统一调查监测为目标，加强遥感机理研究，提高遥感数据适用性、匹配性。利用卫星遥感、航空摄影、地面监测、海洋测绘、泛在测绘、网络数据挖掘、互联网＋调查监测等技术手段，构建内外业一体、地面协同、点面结合、综合集成的多层次、多尺度动态协同数据感知系统网络。

通过协同任务规划、多星联合拍摄、航空组网观测、地面一体化采集、海洋信息综合获取以及众源数据智能发现等技术方法，将卫星观测平台、航空观测平台、地面观测平台、公众调查队伍和计算机网络平台有效协同起来，为自然资源统一调查监测提供时空数据保障。

多维立体协同感知网的主要内容包括多源卫星数据协同获取、航空数据协同观测、地面实时采集与智能测量、公众协同数据采集以及基于互联网的协同数据获取等。自然资源调查监测"天空地人网"总体架构如图 3.5 所示。

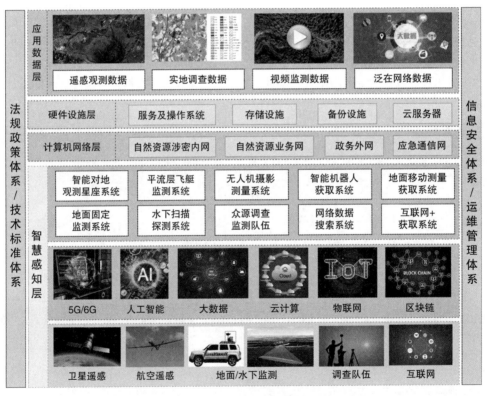

图 3.5 "天空地人网"协同感知网总体架构

3.3.2 基本组成

构建自然资源调查监测"天空地人网"多维立体协同感知网，主要包括五个方面：天联网、空联网、地联网、人联网、网联网，分别对应多种类型的遥感卫星观测网、航空传感网、地面观测网、调查队伍组网、"互联网＋"信息感知网。

1. 天联网

针对自然资源统一调查监测等多样化业务需求，按照"全域覆盖、时相适宜、计划统筹、以需定取"原则，构建光学、高光谱、SAR、激光测高和重力等遥感卫星观测网。

2. 空联网

针对航天数据覆盖困难、分辨率不足、精度不够、时效性保证弱等调查监测区域，采用空天数据联合覆盖，利用多载荷航空协同、高空系留气球／平流层飞机（艇）以及无人机组网观测构建航空传感网。

3. 地联网

针对基础调查和耕地调查等对地类及属性调查核实、图斑边界调绘、地物补测、图斑实地举证和海岸线、海岛、水下资源调查监测等需求，利用车载测量、船载测量、移动终端以及定点观测传感网构建地面观测网。

4. 人联网

人联网是为了凸显调查监测的"人民性"，即调查监测为人民，调查监测靠人民，将"人"作为调查监测的出发点和落脚点。通过普适型的智能化终端设备赋能基层人员，将专业队伍、村干部、村民等基层人员联网，发挥村干部和群众身处第一现场发现变化的优势，可大幅提高数据时效性并降低时间、人力、资金成本。

5. 网联网

以通信网为基础，通过互联网将人与人连接，通过物联网将人与物连接，利用"互联网＋"等手段，有效集成各类监测探测设备和资料，提升调查监测工作效率。网联网又可理解为天联网、空联网、地联网、人联网在纵向上组成网络。

3.3.3　技术路线

针对自然资源基础调查、专项调查、常规监测、专题监测、应急监测和综合监测等多样化业务需求，利用多源卫星数据协同获取技术、多维立体航空数据协同观测技术、灵巧化地面观测调查技术、精细化物联网数据获取技术，构建"天空地人网"协同的数据保障体系，其技术路线如图3.6所示。

1. 多源卫星数据协同获取

采用虚拟组网、多源卫星协同智能规划等星座立体观测技术，通过"光学多分辨率组网""多星统一规划与时相互补""平面＋立体协同""光学＋SAR协同"以及"多星组网"等方式，动态构建虚拟卫星星座，建立多维立体观测、民商卫星联合调度以及敏捷机动应急数据保障等多种观测模式，实现不同尺度、不同时相、不同类型卫星高效编排和统筹获取，形成全方位、高精度、高时空分辨率的影像和技术保障能力，支撑按年度、季度、月度和即时观测的影像获取，保障不同用户群体、不同业务场景的按需服务能力。

2. 多维立体航空数据协同观测

对航天数据覆盖困难、分辨率不足、精度不够、时效性保证弱等调查监测区域，采用航天数据联合覆盖、航空多视立体观测、无人机倾斜摄影、平流层飞机（艇）驻留观测、多尺度同步观测以及协同信息获取等模式，解决影像获取的难题。通过安全管控与实时调度、数据在线远程快速传输、影像快速摄影测量处理等技术，形成光学、高光谱、红外、LiDAR、SAR、倾斜摄影等各种遥感数据快速获取能力，与航天遥感数据有效互补，为自然资源调查监测和管理提供更精准、更强时效和更高维度信息的影像和技术保障。

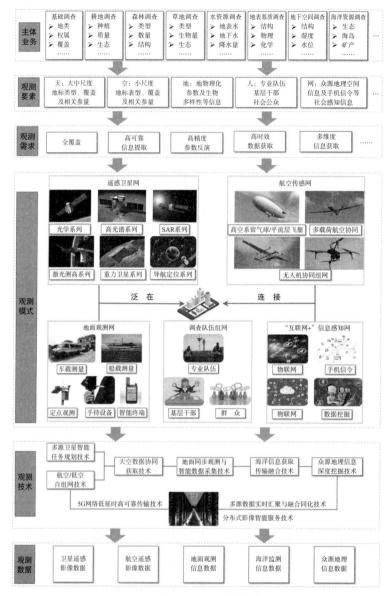

图3.6 "天空地人网"构建路线图

3. 灵巧化地面观测调查

采用车载测量、船载平台、手持设备调查和样地、样点、样方定点观测以及观测台站实时采集等方式，通过"互联网+"外业采集设备、通导遥一体化移动终端、多参数一体化集成观测等装备，利用 AR 增强现实、多参数一体化采集以及 5G NR（New Radio）数据实时传输等技术，实现对自然资源地表覆盖类型、属性、利用状况等信息的现场采集与核实调查，开展理化参数、生物信息、地面信息等数据的高精度采集、实时获取和持续观测。

4. 精细化数据协同获取

通过普适型、智能化终端设备，将专业队伍、村干部、群众等联网，调动全员参与积极性，对乡镇、村庄周边进行动态巡查，全面掌握每一寸土地的使用状况，第一时间发现自然资源变化情况，并采集上报，实现"发现在初始，制止在萌芽"的目标。

5．"互联网 +"信息感知

采用互联网、移动互联网、物联网等技术，连接天空地感知设备和调查人员；采用大数据挖掘等技术手段，对网络空间上海量的非专业地理信息相关数据，构建基于"互联网 +"的调查监测信息采集网络。

3.4 天联网

天联网是指将各类高轨道、中轨道、低轨道卫星联成网络，依托新一代数字技术，构建一个具备通信、导航、遥感等功能的天基智能感知网，为自然资源调查监测提供实时精准的定位服务和宏观周期性的现状数据。

3.4.1 主要组成

天联网主要由以智慧北斗为代表的高精度导航定位系统和具备自主任务规划、智能处理、自主控制的智能对地观测系统组成。

1．智慧北斗

北斗卫星导航系统已经实现全球组网，与 5G、物联网、大数据、人工智能等技术深入融合，为各行各业提供高精度的时空智能服务，是导航定位和授时体系的核心基础设施。

1）北斗卫星导航系统

BDS 是我国自行研制的全球卫星导航系统，着眼于国家安全和经济社会发展需要，自主建设、独立运行，是为全球用户提供全天候、全天时、高精度的定位、导航和授时服务的国家重要空间基础设施。

BDS 从开始建设到全面组网，一共发射了 59 颗卫星，目前在轨工作卫星 46 颗，包含 16 颗北斗二号卫星和 30 颗北斗三号卫星，具体为 9 颗地球静止轨道卫星（Geostationary Earth Orbits，GEO），10 颗倾斜地球同步轨道卫星（Inclined GeoSynchronous Orbits，IGSO）和 27 颗中圆地球轨道卫星（Medium Earth Orbit，MEO），北斗系列在轨卫星组网见图 3.7。

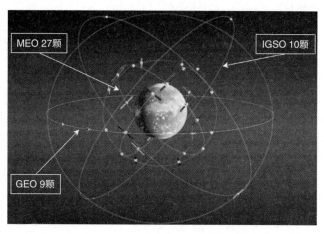

图 3.7　BDS 在轨卫星组网示意图

2）北斗时空智能服务

时空智能服务主要包括动态厘米级定位、静态毫米级感知、纳秒级授时等服务。北斗系统以位置信息、速度信息和时间信息为基础，融合云计算、人工智能、机器学习等技术，以及各类智能传感器,实现北斗时空智能服务能力。北斗时空智能服务在交通运输、农林渔业、水文监测、气象测报、通信授时、电力调度、救灾减灾、公共安全等领域得到广泛应用。位置信息应用较为广泛,位置及速度信息融合应用是未来的重要发展空间,时间信息在电力、通信、金融等行业具有特殊需求,详见表3.1

表 3.1 北斗时空智能服务典型应用

基本输出	基本应用领域	典型应用场景	载 体	精 度
位置信息	测量测绘	大地、工程测量	高精度 GNSS 接收机	高精度
		地籍、不动产测绘	高精度 GNSS 接收机	高精度
		海洋测绘	实时差分海洋测量设备	高精度
	地理信息系统	电力巡检	手持设备、工业平板电脑等	高精度
		数字城市	手持设备、工业平板电脑等	高精度
	调查监测	永久基本农田保护	遥感卫星	高精度
		矿产资源开发利用	遥感卫星	高精度
		国土空间规划实施	遥感卫星	高精度
		地面沉降监测与预警	高精度 GNSS 接收机	高精度
		滑坡和地质灾害监测	高精度 GNSS 接收机	高精度
位置信息+速度信息	移动测量	测绘航空摄影	无人机	高精度
		摄影测量与遥感	无人机、三维扫描仪	高精度
		飞机监控	飞 机	普通精度
		车辆传播监控	车辆、船舶	普通精度
		智能驾考	驾考 / 驾培车辆	普通精度
	导 航	精确制导	导弹 / 炮弹	高精度
		进场着陆、航路导航	飞 机	普通精度
		车船人导航	导航仪、手机	普通精度
	控 制	自动作业与驾驶	农业机械、工程机械	高精度
		无人机飞行控制	无人机	高精度
	移动定位服务	信息查询、服务	手机、平板电脑、汽车	普通精度
时间信息	授时、时间同步	通信网络授时与时间同步	通信网络	高精度
		电力网络授时与时间同步	通信设备、电力设备	高精度

3)以北斗为核心的智能 PNT

随着卫星导航与新兴技术不断融合发展,高精度时空信息服务已逐步渗透并赋能各行各业和大众民生,成为万物互联、联通共享的时空基础。中国科学院院士杨元喜教授在《北斗 + 与综合PNT 体系》报告中指出,PNT 是国家信息建设的基石和基础要素,大家生活当中 80% 的信息和PNT 有关联;智慧城市、智慧海洋、数据挖掘、云平台的建设都离不开 PNT 的支撑。

PNT 本身没有智能,需要与人工智能相结合,才能实现 PNT 应用场景的智能感知、智能识别、PNT 信息的智能集成、智能建模和智能融合,实现智能的 PNT 应用。北斗卫星导航系统的关键作用是提供时间、空间参考以及各种与位置相关的实时动态 PNT 信息。以北斗系统为核心的智能PNT 体系,可以提升 PNT 系统的服务范围和服务性能,保证 PNT 智能服务的可用性、连续性和可靠性。图 3.8 表示北斗 +5G 为车载测量提供 PNT 服务。

2. 智能对地观测系统

随着高精度、高时效性遥感卫星数据资源需求的增加,传统的对地观测卫星已经不能满足遥

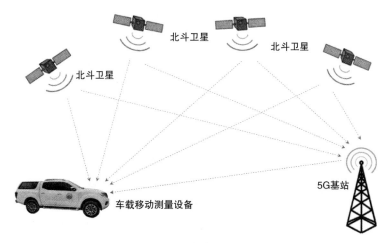

图 3.8 北斗 +5G 为车载测量提供 PNT 服务示意图

感应用中日益增长的高时效性、精确获取以及多样化需求，智能化是未来对地观测系统发展的必然趋势。

1）主要智能对地观测系统的研究

桂林理工大学周国清教授提出了一种具备网络互联、在轨处理、在轨数据管理的未来智能地球观测卫星系统的构想，该系统可实现遥感数据获取、分析和通信系统的在轨集成，可为全球各类用户实时提供对地观测数据和满足各个领域应用需求的信息。

中国科学院张兵研究员提出一种由前视预判遥感器、主遥感器以及星上数据实时处理和分析三部分组成的智能高光谱卫星有效载荷系统，通过预判遥感器对云、气溶胶进行识别和估算，对成像区域地表覆盖与背景辐射信息进行初步估算，辅助主遥感器的成像模式优化选择；主遥感器用于以最优模式对地表进行光谱成像观测。

中国科学院、中国工程院院士李德仁提出未来空间信息网络环境下对地观测脑（Earth Observation Brain，EOB）的概念，设想在对地观测脑中，遥感、导航卫星星座作为对地观测脑的视觉功能，通信卫星星座作为对地观测脑的听觉功能，同时这些卫星还充当对地观测脑中大脑的分析节点，对获取的观测数据处理分析获取用户需求的数据信息。李德仁院士提出的对地观测脑是基于事件感知的智能化对地观测系统，为不同领域用户提供实时增强导航、精密授时、快速遥感（视频）增值、天地一体移动宽带通信、智能感知认知等服务。

2）智能对地观测系统的自主能力

智能对地观测系统的自主能力主要体现在自主任务规划、精确目标获取、星上智能处理、产品智能分发、轨道自主维持、姿态智能控制等几个方面，如表 3.2 所示。

表 3.2 智能对地观测系统的自主能力定义 [1]

自主能力	详细说明
自主任务规划	卫星根据待观测目标信息、轨道、电源、存储、数据传输以及特定观测需求等约束，在星上实现任务规划
精确目标获取	在任务规划的基础上，结合目标特性、载荷特性，对遥感器的开关机时间、侧视角度、成像参数等进行精确控制，提高目标获取精度
星上智能处理	针对观测任务的需求，在星上实现遥感信息处理，将遥感数据转化为具有高附加值的产品，减少数据传输压力，提高数据的时效性

1）智能对地观测卫星初步设计与关键技术分析 . 无线电工程 .

续表 3.2

自主能力	详细说明
产品智能分发	根据不同的用户位置和紧急程度，将生产的数据通过不同波束的定点分发，传送给各用户
轨道自主维持	在卫星控制系统中引入智能控制技术，使航天器控制系统能长期在无地面测控站干预条件下正常运行
姿态智能控制	通过航天敏感器的信息融合技术和智能控制技术，实现卫星姿态的高精度测量、精细控制，保障航天器长期稳定工作

3）已具备星上处理能力的智能遥感卫星

（1）人工智能地球观测卫星"PhiSat"。欧洲航天局（European Space Agency，ESA）在 2020 年 9 月 3 日成功发射欧洲首颗人工智能地球观测卫星"Pi-sat-1"，作为联合卫星系统（FSSCat）的增强任务，用于验证人工智能在对地观测领域的应用。"Pi-sat-1"携带的高光谱相机可在可见光、近红外和热红外波段对地球进行成像，监测植被和水质变化，探测城市热岛，并研究蒸发蒸腾作用对气候的影响。"Pi-sat-1"的人工智能自动过滤存在云层遮挡等不适合使用的图像，只将可用数据返回地球，更高效地处理观测数据，帮助用户更及时地获得信息。

（2）珞珈三号智能遥感卫星。珞珈三号 01 星是武汉大学联合航天东方红卫星有限公司等单位联合研制的一颗光学智能遥感卫星，具有动静态成像、在轨智能处理以及星地、星间传输通信功能，如图 3.9 所示。该智能遥感卫星具有自主任务规划获取用户需求图像，星上智能处理单元实时对数据进行定位、集合校正、云检测、目标检测、变化检测、动态目标提取与跟踪处理等功能，通过智能高效压缩，经星地传输链路实时下传至地面接收站，最后通过地面网络进行实时分发，通过 5G 手机基站或者 WiFi 热点方式将在轨处理结果反馈给用户移动端，从而实现分钟级的遥感智能信息服务。它打破了传统的卫星遥感数据服务模式，缩短了卫星数据获取、处理、传输和分发的时间，能够有效提高突发事件的动态应急响应速度和效率。

图 3.9　智能遥感卫星快速服务流程示意图

（3）天智一号智能遥感卫星。天智一号遥感卫星是由中国科学院软件研究所牵头，中科院微小卫星创新研究院、航天九院 771 所、中科院光电院、中科院西光所等单位参与研制的国内首颗软件定义卫星，是以天基先进计算平台和星载通用操作环境为核心，采用开放系统架构，支持有效载荷即插即用、应用软件按需加载、系统功能按需重构的新一代智能遥感卫星系统。它的主要载荷包括云计算平台、一台超分相机和 4 部大视场相机，其云计算平台是天智一号能够"智能"的关键。

天智一号卫星配备了能够识别太空漂浮物的软件、三维重构软件等，软件的应用有效降低了卫星的物理载荷，也使卫星能够在太空中执行一些智能任务，例如目标检测识别、云判读、基于强化学习的姿态控制等。

3.4.2 主要特点

天联网具有多载荷协同观测、多星协同智能感知、直接面向终端用户提供服务以及海量数据服务转变为快速信息服务等特点。

1. 多载荷协同观测

天联网中卫星数量庞大，类型多样化，能够对移动目标和周期目标持续观测，利用规划算法调度多颗、多类位于不同轨道不同载荷的节点卫星，实现光学、多光谱、SAR 等为主的卫星联网协同观测，以满足自然资源调查监测数据需求。天联网能够实现光学多分辨率卫星组网，大幅提升遥感影像的覆盖能力、重访能力，能够联合 SAR 与光学卫星协同观测，实现多类型传感器数据融合。

2. 多星协同智能感知

在天联网中，任意一个节点都具备智能感知信息的能力，联网后的智能水平从单星智能转向多星协同群体智能，通过星地、星间链路实时传输功能，将通信、导航和遥感卫星连为一体，实现多星协同的智能感知。地面用户只需要将任务需求上传，通过星上智能规划系统及时结合卫星状态、过境信息和云量信息求解出最优的规划方案并进行数据获取。通过多星协同智能感知，缩短了数据获取周期，能够结合实景情况获取最优的观测方案，提高了应急响应的时效性。

3. 直接面向终端用户提供服务

当前对地观测系统中，通信、导航、遥感等卫星各成体系，每种卫星一般只具备一种功能，这造成卫星数量众多而效率不高，用户接受卫星服务的过程很复杂且周期长。基于智慧北斗和智能对地观测系统构建的天联网，能够针对用户发出的需求获取数据并进行智能分析，在星上快速完成数据运算，将运算分析结果直接下传给终端用户，实现卫星数据在手机等智能终端上接收和操作，直接服务终端用户，提高数据获取时效性。

4. 海量数据服务转变为快速信息服务

不同应用领域的用户对遥感信息有不同需求，但目前处理模式提供给用户的数据产品基本上是单纯的遥感影像数据，而不是用户所需的产品。天联网具备星上智能处理能力，能够有效、自动地对获取的大量对地观测数据进行快速处理和信息提取；同时使地面站和接收设备小型化、简单化，从而实现从现有系统的数据服务向快速信息服务的转型。在自然资源调查监测工作中，获取地表变化信息无需经过海量的数据处理分析，能够通过天联网直接快速获取关注区域的变化情况。

3.4.3 功能用途

天联网主要用于精准时空位置信息服务和宏观周期性遥感数据获取，获取的数据可以用于基础调查和常规监测、耕地调查监测以及森林、湿地、草原和水资源等各类资源调查监测。

1. 精准时空位置信息服务

时空位置信息服务是天空地感知设备和调查人员入网的必要条件，基于智慧北斗、北斗 +5G、北斗时空智能等多种服务方式，通过为调查监测感知设备提供精确位置信息，使其能够为自然资源调查监测工作提供精准定位图斑边界和位置，辅助外业调查和地类判定，为自然资源现状调查、动态监测提供精准的位置信息，确保调查监测成果的准确性。

2. 宏观周期性遥感数据快速获取

天联网能够实现全国甚至全球性的大范围遥感影像数据快速获取，为自然资源调查监测提供全天候、全天时、全要素的数据服务。遥感数据是自然资源部门和其他部门日常工作的核心数据来源，是支撑自然资源管理和利用的重要技术手段。天联网通过周期性、重复地对同一地区进行对地观测，获取不同时段、覆盖大范围地区的遥感数据，宏观地反映地球上各种自然资源的形态与分布，有助于发现并动态地跟踪自然资源利用状况的变化，为研究其变化规律提供数据支撑。

3. 服务统一调查监测

实现 2m 级影像全国月度覆盖和重点区域 1m 级影像月度或季度覆盖，支撑自然资源基础调查、常规监测、耕地调查监测等业务需求；实现空间分辨率优于 2m 的光学、SAR 和高光谱等多源数据快速获取，满足森林、湿地、草原和水资源等专项调查需求。

针对海岸线、海岛、滨海湿地、沿海滩涂和海域等资源调查监测，发挥海洋监视监测卫星、SAR 数据和海洋水色卫星各自遥感优势，通过海洋卫星多星组网、光学和微波遥感观测模式互补，对卫星覆盖困难区域补充获取无人机数据，满足海岛海岸带重复覆盖周期小于 15 天的时效需求。

3.5 空联网

空联网是指将高空、中空、低空的有人机、无人机、浮空器等飞行平台及载荷传感器联网，构建航空传感网，形成光学影像、LiDAR、视频等各种遥感数据快速获取能力，与天联网优势互补。各种飞行平台及传感器均为空联网的监测节点，智能无人值守无人机、智能集群网联无人机等是空联网的典型监测节点。

3.5.1 主要组成

空联网主要由各种飞行平台及传感器组成。本节主要介绍具备智能无人值守功能、智能集群功能的无人机和以激光雷达、高光谱遥感传感器为代表的机载新型传感器。

1. 智能无人值守无人机

1）系统组成

智能无人值守飞行系统由停机舱、无人机、数据链路、任务载荷、指挥中心软件组成，如图 3.10 所示。系统具有远程操控、自主充电、自主起降、集群化自主作业能力，其工作流程充分做到自主化和智能化。

（1）智能停机舱：采用上下舱分离设计方式，方便运输且减少重量；具备高精度复位模块，能够将无人机复位至指定位置；具备一体化环境传感器，实时感知停机舱周围气象环境；能与无人机协同控制，实现自动打开、关闭及充电；采用市电供电，为无人机提供了存储起降场所，保证无人机全天候作业能力。

（2）智能无人机：智能无人机可以基于无人机轨迹记录和自主学习功能，实现飞行线路智能规划；基于北斗高精度差分技术实现无人机精准降落；标准化飞行和拍照，保障获取照片同规格、同角度，提高了获取效率。

（3）数据链路：指挥中心与停机舱、无人机之间的通信方式主要是通过 4G/5G/ 专网模块，采用公网 / 专网进行数据传输。

（4）任务载荷：智能无人值守无人机载荷系统可挂载单可见光载荷、可见光 + 热像仪双光载荷、激光雷达、4G 远程喊话器等。智能无人值守无人机载荷采用小型轻量化技术方案，结合高精度陀螺稳定控制技术、多闭环复合控制技术、陀螺空间解算算法和陀螺漂移抑制算法，实现飞行作业过程中光学传感器视轴的高稳定性，保证拍摄到高清晰度图像。

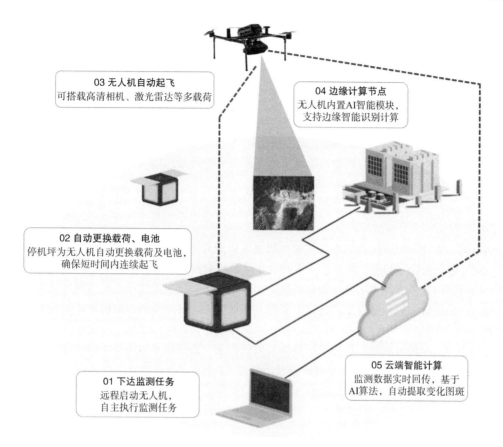

图 3.10 智能无人值守无人机工作流程图

（5）指挥中心软件：指挥中心软件采用指令按键式设计，操作方便简单。可以规划无人机航迹，控制无人机飞行，实时查看无人机及停机舱状态。图 3.11 表示了一种智能无人值守飞行系统的主要组成。

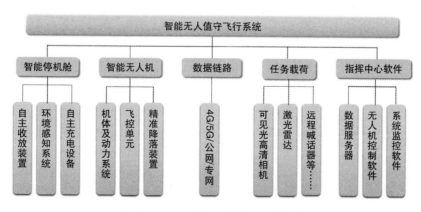

图 3.11 智能无人值守飞行系统组成图

2）系统功能指标

（1）任务规划功能：通过无人机智能控制分系统可进行无人机飞行区域、航线路径等规划设计，并上传到无人机飞控系统，使无人机根据规划航线自动飞行。

（2）远程监控与操控功能：无人机飞行的姿态、速度、位置等信息实时回传显示，可远程操控无人机、下达临时命令、控制相机视角和方位等，更加灵活机动。

（3）数据采集功能：无人机配置可见光摄像机或可见光＋热红外等载荷，能够实时查看监测区域图像及物体温度。

（4）实时传输功能：系统采用4G/5G/公网/专网通信，可实时回传无人机飞行信息，同步回传无人机采集的视频、图像等数据。

（5）数据存储功能：无人机采集的数据传到指挥中心后，可进行显示和存储，操作人员根据回传的视频及影像数据进行分析、判断，挖掘出所需要的核心信息。

（6）辅助指挥决策功能：无人机数据信息可实时显示于指挥中心大屏，并能够推送到各个部门和执法人员，为其指挥和决策提供支持。

3）工作模式

在监测区域布设该系统，指挥中心可控制单架或多架无人机（集群模式），可指定在航程允许范围内的不同停机坪起降（异地起降）。无人机自主生成巡航线路，智能停机坪顶部开启，无人机自主起飞并执行监测任务，并将视频及影像数据回传至指挥中心供决策使用。在巡视过程中，指挥中心可控制相应的无人机原地悬停并进行定点监测，任务完成后自动降落，停机坪关闭后无人机自主充电，等待下一次任务。

飞行过程中对实时传输的数据进行投影转换、匀色纠正、影像快速拼接等实时处理；实现对无人机采集的历史多期影像成果数据进行浏览查看，通过AI识别，自动提取出变化图斑。智能无人值守飞行系统可减少人员投入，提高作业效率，为用户提供高效、便捷的应用方式，可广泛应用于自然资源调查监测、环境监测、电力巡检、管道巡检、森林防火、应急救援等行业。

2. 智能集群网联无人机

1）智能集群网联无人机概念

无人机集群是将大量无人机在开放体系架构下综合集成，以平台间协同控制为基础，以提升协同任务能力为目标的分布式系统。集群中的无人机不具有全局信息，通过相邻无人机间的交互，实现机群的群体行为，达到全局性协同目标。集群并不是单纯的数量叠加，"一群"并不等于"集群"，集群强调的是"有机"整体，本质区别在于个体之间是否存在沟通和协作。智能集群网联无人机如图3.12所示。

无人机集群技术的核心就是集群智能，就是无人机群要在人工智能的控制下，可以自主完成很

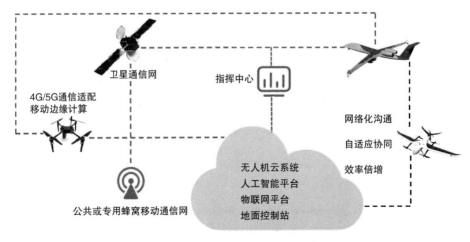

图3.12   智能集群网联无人机示意图

多任务。"集群智能"技术的灵感源于蚁群、蜂群等自然界中的集群生物,这类生物都有同样的特点,那就是单体都是很弱小的,而且也没什么智能,但是这些生物却是有着非常强大的群体协作能力,能够完成像蜂巢、蚁穴这些非常精巧复杂的"工程"。所以,现在的无人机集群智能技术就是模拟了蜜蜂和蚂蚁之间的沟通协作方式,来增强无人机群的整体协作能力。

网联无人机指利用通信网络替代传统的点对点测控链路,为无人机飞行提供测控通道,为业务应用提供实时的数据回传通道,是一种不受距离限制的广域无人机应用模式,可以实现设备的监管、航线的规范、效率的提升,促进空域的合理利用,从而极大延展无人机的应用领域,产生巨大经济价值。

2)系统组成

(1)集群通信及组网。无人机通信网络包括卫星通信网、根据无人机载荷需求专属设计的通信网、蜂窝移动通信网等。其中,低空网联无人机以公共或专用蜂窝移动通信网作为承载网络,基于5G新一代蜂窝移动通信技术为网联无人机赋予的实时超高清图传、远程低时延控制、永远在线等重要能力,可以实现无人机分级、分类、分区域连续管理的目标,助力建设高效低成本的新通航安全飞行体系。

集群成员之间的通信是集群协同的基础之一。集群通信一般考虑空中无人机和地面控制站之间,以及集群无人机之间的通信。无人机集群的地面控制站,通常配备有通信设备,采用单点对多点或广播方式,向无人机发送控制命令和接收遥测数据。通常,遥测数据包括定位信息、无人机状态信息以及机载载荷的感知信息等。集群无人机之间的通信主要用于无人机之间的状态和载荷信息交互。

(2)集群无人机终端。集群无人机终端包括飞控系统、通信系统、导航系统、机载计算机系统、任务载荷系统以及安全飞行管理系统等,无人机通过移动蜂窝网络实现和地面基站间的数据双向交互。集群无人机云平台与无人机进行交互,接收无人机的遥测和视频数据,对采集到的数据进行存储、分发、处理,接收各类无人机地面站对无人机的遥控指令。无人机地面控制站与无人机云平台进行交互,完成无人机遥测指令的接收和地面遥控信息的发送。业务终端接收和处理云平台转发和处理后的视频信息、遥测信息等业务信息。

(3)集群无人机。集群无人机可由同一类型无人机或不同类型无人机组成,实现信息互联、沟通协作。不同类型无人机集群包括小型固定翼、多旋翼无人机等,通过高中低、大中小搭配形成合力。

3)智能集群无人机特征

(1)网络化沟通。集群无人机之间要通过数据链来共享信息,达到实时传递数据的效果。通过建立一个庞大的数据链,实时共享各种信息,包括地形、风速、目标位置等。

(2)自适应协同。集群成员能够遵循系统内逻辑严谨、计算精确的AI算法,共享信息、感知彼此方位,实现自动协调,共享任务执行。通过收集和处理信息来适应环境的改变,进行个体"知识"的更新,不断进化,从而获得更强适应性和协同性。

(3)效率倍增。利用无人机集群庞大的数据分析与处理能力,打造一个共同的"大脑",使整个系统高效运转。也就是要达到"1+1 > 2"的效果,简单来说,假如有100架无人机形成集群,那么其战斗力可能超过1000架无人机单体作战。

4)智能集群网联无人机优势

由于环境复杂性和任务多样性,单无人机通常难以满足很多实际任务需求,比如大面积的调查监测环境、遮蔽物众多的城市环境等,单无人机由于机载设备数量、感知视点及范围受限等限制,通常难以执行持续、全方位目标监测等任务。拥有分布式特征的无人机集群在协同执行任务方面具有诸多优势,集群协同执行任务逐渐成为趋势。

（1）具有较高的容错性。集群中的多架无人机可以通过不同任务传感器的互补搭配，实现传感的并行响应；可以通过执行器分别执行子任务，实现总任务的分布执行。当部分无人机出现故障时，其他无人机可以替代它完成预定任务，使集群系统具有较高的容错性。

（2）任务执行能力提升。协作的无人集群系统能够实现超过单个智能无人系统叠加的功能和效率，具备良好的包容性和扩展性。无人机集群携带分布载荷可完成单机无法完成的多点测量任务；也可组成移动传感器网络有效监测大范围的自然资源要素变化情况。

（3）具有更高的经济可承受性。通过合理的布局和协同控制，能够使用分散式的低成本无人机集群系统代替成本高昂的单个复杂系统，实现更多的经济效益。基于小型化、集成化、模块化的设计理念和信息化、自动化、网络化的管理使用方式，可极大降低无人平台的生产、运输、维护、保障和使用成本。

3. 机载新型传感器

1）机载激光雷达

激光雷达有星载、机载、车载等多种形式，能够在黑夜、云、雾等条件下获取数据，尤其对于一些困难区域的高精度数据获取，如植被覆盖区、海岸带、岛礁地区、沙漠地区等，具有效率高、精度高等特点。机载激光雷达是一种安装在飞机上集激光测距技术、计算机技术、惯性测量单元、差分定位技术于一体的激光探测和测距系统，主要包括激光扫描仪、航测相机、组合导航系统、控制器、电源安全盒及减震座架。其中，激光扫描仪主要用于获取飞行区域的激光点云数据；航测相机主要用于获取飞行区域的影像数据。

机载激光雷达因其多重反射的特性，可同时获取地面及其覆盖物的精确三维坐标。在森林资源调查监测中，激光脉冲能部分穿透植被冠层，通过回波波形数据分析整个植被冠层的三维结构和冠层下的地形，可以获取树木高度、冠层结构等信息，估算森林生物量。在局部湿地资源调查监测中，机载激光雷达获取的点云数据不仅可以直接获取湿地地形，还可以与多光谱数据结合，提高湿地植被物种分类精度，实现湿地植被冠层覆盖动态变化监测。在海洋资源调查监测方面，通过激光雷达的蓝绿光波段，能够穿透水体，用于浅海地形调查、珊瑚礁的监测、水下鱼群监测等相关工作。在矿产资源探测方面，可以利用激光雷达回波信息对矿区地表的漫反射率进行建模，从而对地下特定矿物含量进行估算，在绘制矿区边界、估算矿储量方面具有很大的应用空间。图3.13为激光雷达在森林、湿地、海洋调查监测以及矿产资源探测方面的应用。

2）高光谱遥感传感器

高光谱遥感是利用高光谱成像仪在可见光到短波红外范围内很窄而连续的光谱通道对地物持续遥感成像的技术，其光谱分辨率高达纳米（nm）数量级，通常具有波段多的特点，光谱通道数多达数十甚至数百个以上，而且各光谱通道间往往是连续的，图像上的每个像元都包含被测对象光谱特征的连续光谱曲线。高光谱遥感的光谱探测范围超过了肉眼的感知，比普通数码相机拥有更宽的光谱范围和更高的光谱分辨率，能够获取地表物体上百个连续谱段的信息，提供丰富的光谱信息来增强对地物的区分能力。高光谱成像仪具有成像覆盖区域广、光谱分辨率高、图谱合一等特性，有机融合了图像维与光谱维信息，在现代农业、生态环境监测中应用广泛。

在自然资源地表覆盖类型监测方面，光谱成像探测能够提供连续的地物波谱信息，获得丰富的精细化光谱特征，提高地物识别能力。在森林资源调查方面，高光谱成像仪能够获取林木准确的精细光谱曲线，便于提取出叶面积指数、生物量、叶绿素含量等林木的生理生化属性。在海洋湖泊监测方面，不仅可以监测水质，还可以开展长期动态监测，通过光谱遥感数据可以反演叶绿素、悬浮物、黄色物质、透明度、浑浊度等水色参数，可以对远洋、近岸和内陆水体的藻类组成进行分析，实现蓝藻水华、海冰及海岸带等监测。在土壤资源监测方面，高光谱遥感可用于获取土壤有机质的反射光谱特征、土壤水分与土壤反射光谱关系、土壤氧化铁的光谱反射特性等土壤质量信息，进而对土壤的特性参数进行评价。

(a) 激光雷达在森林资源调查监测中的应用

(b) 激光雷达在湿地资料调查监测中的应用

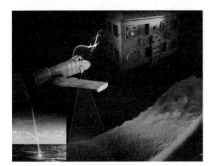
(c) 激光雷达在海洋资源调查监测中的应用

(d) 激光雷达在矿产资源探测中的应用

图 3.13   激光雷达在自然资源调查监测中的应用

3.5.2   主要特点

空联网具有数据采集机动灵活、时效性强、受天气影响小等特点，弥补了天联网重访周期长以及易受云层遮挡等问题。与传统地面调查监测相比，空联网响应速度快，无需耗费大量的人力、物力和财力。

1. 获取影像分辨率高

空联网在弥补天联网经常因云层遮挡获取不到影像缺点的同时，解决了对地观测系统重放周期过长和应急监测响应不及时的问题。空联网获取的影像分辨率高，通常为 0.2m、0.1m，在建成区等一些清晰度要求高的区域，甚至可以达到厘米级的分辨率。高分辨的影像数据为自然资源调查监测提供了高清晰底图，可以在图上开展大部分的调查监测工作，大大减少了实地调查核查的工作量。

2. 获取数据机动灵活、时效性强

空联网具备可见光、热红外、合成孔径雷达以及激光雷达等多种数据获取能力，具有极强的环境适应性，受天气的云、雾影响较小。根据不同天气情况切换不同载荷，机动灵活获取不同类型数据，在机动速度、机动范围、机动条件等方面，是其他数据获取手段无法比拟的。空联网能提高制图速度和精度，通过搭载多镜头相机传感器，同时从垂直、倾斜等不同角度采集影像，获取地面物体在正射影像中无法获得的细节信息，大幅提升监测精度。空联网具备应急监测的能力，能够快速到达监测目标区域上空，开展持续性的数据获取，以满足对监测区域和监测效率的要求。

3. 无人值守集群作业

智能集群网联无人机融合 5G 网联技术，配合无人值守飞行系统，在国内任意一点的远端指挥中心可通过运营商无处不在的网络实现超远程控制与监控，突破空间距离的限制。采集的影像数据可通过机载边缘计算进行预处理，同时融合至图像内并实时向地面发送回传，通过存储、算法处理，再分发到授权客户终端，为自然资源调查监测快速提供高清数据。空联网实现了无人机群的集中调度监管，可开展规模化作业，同时可解放劳动力，实现作业人员岗位的合理匹配以及无人机的集群化作业。

3.5.3   功能用途

空联网是天联网的有效补充，能够为自然资源调查监测和管理提供更清晰、更准确、更强时效的影像和技术保障。

1. 服务区域多维度协同数据获取

自然资源调查监测航空观测层面需要多维度航空数据协同观测，对数据覆盖困难、分辨率不足、精度不够、时效性差等区域，采用空天数据联合覆盖、航空多视立体观测、无人机倾斜摄影、平流层飞机（艇）驻留观测、多尺度同步观测以及协同信息获取等模式，解决影像获取的难题。

2. 服务高精度数据快速获取

针对基础调查和耕地调查等对更高精度的影像和数据需求，采用无人机、热气球、系留气球等航空平台，获取高分航空遥感影像和高精度地形坡度等信息。通过安全管控与实时调度、数据在线远程快速传输、影像快速摄影测量处理等技术，形成光学、高光谱、红外、LiDAR、SAR、倾斜摄影等各种遥感数据快速获取能力，为自然资源调查监测提供更精准、更强时效和更高维度信息的影像和技术保障。

3. 服务动态监测需求

针对森林、湿地、草原和水资源等专项调查需求，通过智能无人值守无人机，可以实现重要流域、重点对象的连续动态监测。

4. 服务特定调查监测需求

针对地表基质等特定调查需求，通过智能集群网联无人机协同观测，辅以野外补充验证调查，采集地球浅表数据，获取地表基质的调查监测信息。

3.6   地联网

地联网是将地基、车载、船载、手持等平台传感器联网，构建一个地表（包括陆地和海洋）自然资源调查监测采集网，实现对自然资源地表覆盖类型、属性、利用状况等信息的实地采集与核实调查。图 3.14 所示为地联网主要监测节点类型。

3.6.1   主要组成

地联网主要由具备图像智能识别和处理的智能网络视频监控系统、具备即时定位与地图重建的智能手持扫描终端以及以智能海洋浮标、智能无人船为代表的智能海洋观测系统组成。

1. 智能网络视频监控系统

智能网络视频监控系统是综合运用计算机、图像处理、模式识别、网络监控、网络流媒体技术，对所接收到的视频信号自主进行处理和分析，对异常的信息进行自动识别和提取，无需人工干预，

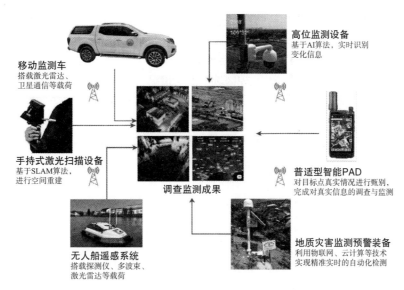

图 3.14 地联网的主要监测节点示意图

能够自动帮助人员处理相关信息，避免数据的误报和漏报。其核心内容之一就是对特定目标的自动监测和跟踪。在自然资源调查监测当中，智能网络视频监控系统主要侧重于对实时视频影像的监控和分析，通过对返回的视频数据进行分析来得出该监控区域的自然资源利用情况。

1）系统架构

建设自然资源调查监测的智能网络视频监控系统，如图 3.15 所示，需要融合视频监控采集、动态数据分析、实时实景监控，实时反映监测区域内建设用地审批、规划管控、执法监察等业务的动态信息，对永久基本农田保护区、违法用地易发区等重点区域土地利用情况展开不间断精准监控。依托已有通信塔等设施资源，安装高清高倍视频监控系统，通过互联网回传视频图像信息，结合监控中心历史影像对比发现变化情况，做出预警预报，实现自然资源的实时在线监测监管。

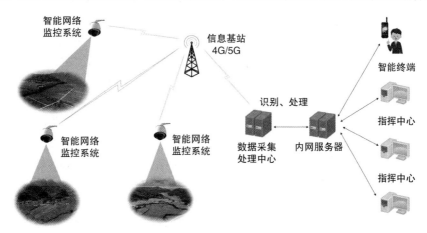

图 3.15 智能网络视频监控系统架构示意图

2）主要能力

智能网络视频监控系统具有监测区域数千米范围内的广角度能力，同时利用配套的网络实现监测区域内视频数据及照片的实时回传，实现看得远、看得清、看得全。利用人工智能、大数据等技术，对重点区域内的人工活动进行实时监测和预警，做到"早发现、早制止"，实时掌握自然资源变化情况。

（1）图像识别能力。针对监测区域内发生的地表变化，如挖土、建房等情况，智能网络视频监控系统具备视频分析及预警功能，自动截取变化情况，并推送预警图片至监控中心。

（2）图像处理能力。智能网络视频监控系统应该具备一定的图像处理能力，针对一些轻微的雾霾、雾气，能够实现去雾处理，恢复监控区域的真实情况。

（3）夜视能力。为确保系统24小时无间断对监测区域实行360°全方位实时监管，需要在照明条件极差的地区，利用夜视照明，确保夜视成像效果。

（4）视频图像效果连续稳定。智能网络视频监控系统具有云台预置位精度，能够对重点目标实现精确变焦和定位，图像效果连续稳定，搭载平台具备一定的抗风能力，确保视频图像不抖动。

3）主要应用

智能网络视频监控系统可以通过互联网实现对自然资源重点区域组网监控，可以在已有的通信基础设施上集约复用，建设一定密度的监控系统，能够实现全方位监管。

（1）自然资源动态巡查监管。自然资源动态巡查通常分为例行巡查和不定期巡查，但都难以做到不间断巡查和精准巡查，效果不理想。而将智能网络视频监控系统引入巡查工作可以及时调度疑似违法行为就近的巡查人员，通过任务下派的方式实现精准巡查。

（2）土地违法行为监测监管。新形势下土地违法行为及案件类型繁多，且多带有隐蔽性、随机性，难以通过人工现场举证、定期巡查、卫片执法等方式及时发现、制止。通过在合适区域布设智能网络视频监控系统，以定时拍照、高清视频实时回传、智能发现等技术手段能够及时发现疑似违法行为，并进行预警预报。

（3）建设用地全过程跟踪监管。建设用地"批前、批中、批后"全过程管理中，需要及时了解、查看现场实际情况。通过与智能网络视频监控系统的调度统一，提高了审批效率，且有效避免了审批手续造假、违法违规用地和项目违规施工等现象。

2. 智能手持扫描终端

智能手持扫描终端多基于即时定位与地图构建（Simultaneous Locallization and Mapping，SLAM）算法，集成激光扫描仪与定位定姿设备，在扫描中依靠自身定位建造增量式地图，实现扫描仪的自主定位和导航。SLAM技术的应用降低了地面近距离数据采集的复杂性，无需大量地物标记点，提高了近距离数据采集的效率，适用于室内外、地上地下多种复杂场景，对于解决传统定位及场景重建问题具有广阔的前景，常用于获取空间信息。手持扫描终端一般用于近距离作业，适合于居民区、城市街道，野外林地等环境的扫描，并且每秒数十万的扫描速度可以采集到更多的场景信息，配合高精度的SLAM匹配算法及少量控制点可以保证精度控制在厘米级。

智能手持扫描终端在林业资源调查中大有用处，能够快速获取树木点云信息，结合机载激光扫描方式，可用于计算获取林分覆盖度、树木胸高直径、树高、冠幅、立木位置等多项林木数据；在矿山调查方面，可快速进行全覆盖、连续的矿山空间数据采集，解决地下空间难以利用GNSS信号进行高精度定位的问题；在自然资源确权登记方面，基于SLAM的智能手持终端能够快速采集房屋及其附属要素，突破了建筑密集区因空间遮挡、卫星及数据链信号较差等引起的定位精度问题，可解决密集房屋地区的数据快速获取。

3. 智能海洋观测系统

1）智能海洋浮标

智能海洋浮标是利用物联网技术、无线传感技术实现对海洋水质、海流、波浪等参数的在线监测，为海洋资源监测、海洋生态保护和研究提供基础数据保障。系统集成太阳能供电系统和无线采集与传输系统，通过北斗短报文/GPRS等网络将观测数据上报监控中心。智能海洋浮标包括前端监测设备、通信网络、监测中心和感知设备。前端监测设备能够智能识别水质参数、水文参数、气象参数，能够判断水质和污染源等情况；通信网络主要以4G/5G/无线电等通信方式为主，具备北斗卫星短信备份能力；监测中心由服务器、网络设施（公网专线/移动专线）、海洋资源监测系统软件组成；感知设备有水位计、摄像头、波浪传感器或其他传感设备。

智能海洋浮标系统能够实时在线监测水位、水质、污染状态、漂浮物，通过AI智能识别水位、流速，获取视频画面，通过物联网技术实现实时远程现场数据回传，随时掌握发生的变化，并做出相应的预警判断。同时，智能海洋浮标系统具备数据实时监测、远程集中管理、原始数据处理、数据断点续存、智能短信报警、主动故障提醒以及系统远程控制等功能。智能海洋浮标主要用于海洋环境监测预报、海洋资源开发、海洋工程监测等领域，能够长期、定点、连续、实时、全天候自动观测海洋水文与气象等各种要素。

2）智能无人船

智能无人船主要包括水面无人艇（unmanned surface vessel，USV）和水下无人潜航器（autonomous underwater vehicle，AUV）两种系统设备，是一种用于海洋表面观测的无人平台，以遥控、预编程、自主的工作方式，通过搭载多种海洋观测传感器，在航行过程中，完成相关海洋观测。智能无人船主要通过地面基站或控制中心完成远程控制，通过无线通信系统控制中心接收无人机船回传的各种数据，经过分析能够掌握无人船的状态参数，动态收集各种监测数据，并进行智能分析，自主提取监测对象数据。智能无人船具有自主规划、自主航线能力，并可自主完成环境感知、目标探测等任务。

智能无人船在海洋自然资源调查、海岸监管、生态监测与预警、生态损害与修复等方面大有作为。在海洋生态环境监测方面，通过搭载侧扫声呐、数码相机、摄像机等感知设备，对采集到的图像和视频进行分析，实现赤潮、风暴潮的监测。在海洋地形调查方面，通过搭载GNSS、单/多波束测深仪、浅地层剖面仪等设备，获取水深数据、地形声呐图像、地形三维雷达图形，可直观地了解水下地形情况，用于完成海底目标物检测和沉积环境调查、地形调查等任务，具有成本低、无生理限制、无人员危险等优势。智能无人机船依靠波浪、风能和太阳能等可再生资源作为动力来源，趋向于长期性和持久性，能够实现长时间序列海洋环境监测数据获取。搭载水下合成孔径探测设备，能够开展海洋环境复杂条件下的岛屿和浅滩探测作业。

3.6.2 主要特点

地联网主要依靠基于车载、船载等载体上的智能传感器，获取地面观测数据。具有实时持续监测、便携灵活采集的特点。

1. 全天时全天候持续监测

地联网固定式观测设备采用物联网技术，组网协同自主观测，能够将传感器采集的数据实时回传指挥中心，依托太阳能、固定电力等设施，实现24小时不间断全方位实时监测，不受天气、雨雪及黑夜等条件限制，实现了全天时全天候实时监测，能够实时掌握监测区域自然资源变化情况，实现"早发现、早制止"，将自然资源违法行为制止在萌芽状态，减少了政府管理上人力、物力、财力投入，有效降低行政成本。

2. 便携灵活协同采集

手持式、背包式以及可穿戴式监测设备由于其携带的便捷性，作业过程方便灵活，可随时随地进行自然资源调查监测数据采集，在物联网、移动互联网技术的支撑下，采集的数据通过设备实时上传到服务器，包括人员当前位置、调查监测路线和调查区域等数据，同时也可以获取其他人员的调查监测信息，实现在线协同开展调查作业。

3.6.3 功能用途

地联网主要用于地类属性调查、抽样调查、图斑核查等外业调查核实工作，提升地面观测调查效率；用于海洋生态环境要素监测，持续在线监测海洋环境信息；用于地下空间探测，高效协同获取各类地下空间信息。

1. 服务地类属性核查需求

针对基础调查、专项调查中的地类属性核查、图斑边界调绘、地物补测和图斑实地举证等需求，通过车载 + 手持移动终端的一体化调查模式，利用"互联网 +"核查、5G NR 数据实时传输技术，对内业预判地类和权属等属性信息进行实地调查，逐图斑核实和调绘。

2. 服务抽样调查和图斑核查需求

针对林草水湿等专项调查中的抽样调查与图斑核查技术需求，利用 RTK 和精准测高仪等专项装备集成、3S 技术集成、地面一体化智能观测等技术，实现自然资源内外业一体、点面结合、互为补充的多层次立体自然资源动态调查监测。

3. 服务海洋生态环境要素监测

综合应用智能海洋浮标、水面无人艇、水下潜航器，结合卫星遥感开展在线监测、水下探测和实验室分析等技术手段，开展海洋生态环境和生态系统结构、功能的调查监测。

4. 服务地下空间探测需求

针对地下空间探测，采用分布式光纤声波传感器、绿色气枪和其他热敏电阻温度传感器等专项装备，通过钻探、物探等方式，获取岩土体类型、地质结构特征、关键参数及场属性，利用钻探、地球物理探测、分析测试实验以及"空地井"地球物理立体探测等装备与技术，开展波速、温度、水位等指标的监测，实现矿山遗留地下空间、城市人防工程、已利用地下空间等各类地下空间信息协同获取。

3.7 人联网

人联网的核心是以人民为中心的发展思想，凸显调查监测的"人民性"，即"调查监测为人民，调查监测靠人民"，将"人"作为调查监测的出发点和落脚点。下面重点介绍人联网的主要组成、特点及其功能用途。

3.7.1 主要组成

人联网是指通过普适型、智能化终端设备，利用移动互联网（互联网）等网络技术，将参与自然资源调查监测的专业队伍、基层干部、社会公众通过网络连通在一起，充分发挥各自的优势，实现各类外业调查监测数据的第一时间采集。人联网的主要组成包括专业队伍、基层干部和社会公众。

1. 专业队伍

开展自然资源调查监测，用好现代空间信息技术需要有一支专业技术队伍作为基础保障，才能确保调查监测工作的准确性、时效性和常态化。自然资源机构改革之后，直属单位包括地矿、海洋、测绘等多个领域众多公益一类、公益二类等事业单位，为调查监测工作提供了充足的人才保障。他们拥有专业的技术、装备，并且训练有素，其掌握的各种数据成果是自然资源调查和变化监测工作的基础，可以很方便地向自然资源调查监测工作过渡。

保证原始数据的可靠性是调查监测的生命线，特别是重大专项调查监测，成果数据的可靠性、准确性要求非常高，要求专业队伍拥有精通调查监测业务又擅长管理的复合型人才和具有专业技能与"工匠精神"的高素质专业人才。开展自然资源调查监测，需要健全充实调查监测技术支撑力量，构建一支国家、省级、市级、县级、乡、村六级协同的专业技术队伍，确保领导体系顺畅、攻坚能力强、应急反应快、综合素质过硬，着力打造高素质专业化自然资源调查监测主力军。

2. 基层干部

基层干部是连接群众的"最后一公里"，贴近群众、贴近实际，充分发挥乡镇村干部距离自然资源最近的基层组织作用，可以实现快速开展辖区范围内的周期性调查监测工作。采用普适型、智能化的调查监测终端或手机APP，让乡镇村干部能够一看就会、一用就懂，利用互联网的思维，通过调查监测终端将乡镇村干部连接起来，作为自然资源调查监测的实地"调查员"，还可以进一步建立乡（镇）、村自然资源调查员、信息员、协管员制度，聘请监察专员、协管员、信息员、青年志愿者等，充分发挥社会和舆论监督作用，构建分布广泛、协同有力的乡镇村基层调查队伍。

基层干部开展自然资源调查监测，可以采用自然资源全面巡查和重点巡查两种方式，即对巡查区域实行全覆盖的全面巡查方式和对自然资源重点监测区域进行有针对性的重点巡查方式，如对开发区、园区、产业聚集区、城乡接合部和省道、国道两侧等地表易发生变化的区域进行巡查，主要是针对违法建房、违法用地等情况。建立乡镇村基层干部调查监测工作机制，需要明确自然资源基层管理人员的监管责任，创新监管模式，强化、细化、量化基层干部的监管责任，建立巡查、报告、通报制度，对巡查发现的违法行为要及时进行制止，同时通报违法行为发生地政府和有关部门。充分发挥广大乡镇村干部的分布优势，利用智能终端连接人和信息，快速掌握自然资源变化情况。

3. 社会公众

随着人们的物质生活需求能够得到较好的满足，社会大众对于自然资源的保护也变得更加重视，更加想要守护好自己生活的环境。智能手机终端已经普及，社会公众可以更加便捷地参与到自然资源调查监测工作当中来，利用智能移动终端即可提供身边的自然资源变化情况。"调查监测为人民，调查监测靠人民"，建立社会公众参与机制，定期公布自然资源监测结果，公布各类资源的变化情况，提供便于公众参与监督的工具和公共数据，发挥公众监督的积极性，实现第一现场、第一时间发现自然资源变化情况。只有形成全社会共同参与的自然资源调查监测，才能实现自然资源统一调查监测。

3.7.2　主要特点

在自然资源调查监测工作中，人联网更贴近自然，身处自然资源变化的第一现场，具有数据获取时效性高和采集成本低等特点。

1. 自然资源变化早发现

乡镇村基层干部和社会公众身处自然资源第一现场，能够第一时间发现变化。能够借助基于智能手机终端的应用软件快速开展变化情况的调查、核实、取证，通过移动互联网能够将变化情况快速回传，数据获取时效性高。

2. 数据采集成本低

与专业队伍不同的是，乡镇村基层干部和社会公众这一支非专业化队伍数量庞大，分布广泛，能够便捷地获取当地自然资源变化情况，具有采集成本低、速度快的特点，特别是村干部直接面向村一级管理，熟悉当地风土人情，还可以发动群众，协助开展自然资源调查监测工作。基层干部和社会公众参与调查监测具有明显的优势，建设好这样一支庞大的自然资源调查监测公众队伍，有利于实现从源头上保护自然资源的目标。

3.7.3　功能用途

人联网依托专业队伍来开展自然资源统一调查监测，充分发挥基层干部、社会公众的优势，对乡镇村周边自然资源变化情况进行调查核实和实施公众监督。

1. 自然资源实地调查核实

针对乡镇村周边的耕地、林地、草地、水资源等自然资源变化情况，需要调查或者核实的，在专业调查队伍难以及时到达或者成本过高的情况下，要充分发挥当地基层干部或群众的优势。采用智能手机终端、普适型监测设备开展拍照、测量、核实，能够快速获取自然资源变化情况的高清照片、变化位置等信息。

2. 公众参与监督

保护自然资源不能仅仅依靠政府主管部门和专业队伍的努力，公众参与是保证政策顺利实施的重要前提，需要发挥公众的监督作用。通过定期公布当地自然资源监测结果，接受公众和社会监督，提供公众参与的网络化监督工具和手段，让社会公众切实参与到自然资源调查监测工作当中。

3.8　网联网

"网"有两层含义：第一层是指移动互联网、物联网等信息承载体，它通过各种装置与技术，实时采集任何需要监控或连接物体的信息，随时随地提供反映自然资源现状和变化的原始数据，弥补上述技术手段的不完备性。另外，网联网又可理解为天联网、空联网、地联网、人联网在纵向上组成网络。第二层是代表调查监测格网化开展，将调查监测的各项任务以格网形式划分，责任落实到具体组织和个人，保障调查监测工作主动、有序、高效。

3.8.1　主要组成

网联网的主要组成包括主要联网技术、众源地理数据采集和格网化调查监测。

1. 主要联网技术

1）移动互联网技术

移动互联网是指移动通信终端与互联网相结合成为一体，是用户使用手机、平板或其他无线终端设备，通过移动通信网络实现移动状态下随时随地访问互联网以获取信息。在自然资源调查监测工作中，各种数据的传输、交换、使用都离不开网络，移动终端广泛普及，移动互联网以其泛在、连接、智能、普惠等突出优势，已经成为自然资源管理创新发展的新领域、公共服务的新平台、信息共享的新渠道，自然资源管理模式的网络化特征更加突出。

移动互联网是自然资源调查监测的基础设施和基本保障，卫星观测网、航空传感网、地面观测网、调查人员队伍等需要依托移动互联网进行通信、数据交换，可以将无人飞机、测量车辆、移动终端、观测台站等众多感知设备以及调查人员连接起来，实现感知数据快速回传、处理分析，调查监测任务快速下发，实际上就是通过网络连接了自然资源现状和变化情况。

2）物联网技术的应用

物联网是利用信息传感设备，通过互联通信网络进行信息传输交换，实现对目标要素的智能化识别、定位、监控以及管理等，是新一代信息技术的高度集成和综合运用，其核心和基础仍然是互联网，是在互联网的基础上延伸和扩展的网络。物联网技术有利于提升信息获取精准度和交流效率，促进生产生活和社会管理方式向智能化、精细化、网络化方向转变，对于提高综合信息化水平、促进产业结构调整和发展方式转变、推进国家治理能力现代化等具有重要意义。

物联网的发展在自然资源监测中有很高的潜在价值。在海洋监测方面，使用物联网技术的智能漂浮传感器，能够监测位置、温度、洋流、气压、海洋生物等海洋信息，并通过卫星网络进行云端储存和实施分析，提升海洋环境的感知能力；在森林监测方面，通过建立生态定位监测站，将观测到的生物、土壤、水文、气象等信息，利用物联网技术实现监测数据无线传输，为森林资源研究提供基础数据；在生态保护监测方面，通过在重点保护区域部署智能监测设备，将气象传感器、水文传感器、水质传感器、植被传感器以及视频监控系统采集的数据通过物联网技术传输到控制中心，实现对生态保护区的长期智能监测；将感知设备连接起来，获取设备的精确位置和路线，为协同数据获取、组网观测提供精确的规划依据。

2. 众源地理数据采集

网络技术的发展导致了大数据资源的产生，信息传输速度也在不断加快，地理信息技术逐步成熟，为高效智能化的网络众源地理信息获取提供了数据和技术支撑。众源地理数据是指由大量非专业人员获取并通过互联网向大众提供的一种开放地理数据。有别于传统测绘与遥感的数据获取方式，具有数据量大、成本低廉、信息丰富、现势性强等特点及优势，为自然资源调查监测数据获取提供了一种新的渠道。

1）众源地理数据的来源

在大数据时代，出现了不需要开展实地调查即可获取相关信息的数据源，常见的众源地理数据来源有手机信令、车载 GPS 轨迹、道路卡口、公交车 IC 卡、POI 数据、电子导航地图定位数据等，其中手机信令、车载 GPS 轨迹和道路卡口数据应用较为广泛、数据来源较为可靠，是当前研究应用较多的众源数据类型。

手机信令是手机用户与发射基站或者微站之间的通信数据，手机终端设备会定期或不定期、主动或被动地链接信号基站，而每一个基站都会记录出现在其信号范围内的手机用户信息，并在这些基站之间传递或储存。手机信令是一种新型的大数据源，与其他类型的数据相比，具有全覆盖性、高精度性、实时动态性、信息关联性等特点，通过手机信令所提供的动态实时信息、经纬度位置信息等可以用于辅助众源地理信息数据分析。

随着无线传感器与定位技术的发展与普及，产生了海量的车辆轨迹数据、网页签到轨迹、个人出行轨迹等众源地理轨迹大数据。其中，车辆轨迹数据记录了完整的车辆行驶路径，包含了非常丰富的道路相关信息（如行车道、转弯、路宽、道路交叉口等），直接反映了道路网络的几何特征，能够用于道路数据获取和更新工作。

2）众源地理数据的获取

众源地理数据的获取，一般是通过众源地理数据网站提供的开放 API 接口，直接获取选定区域或者选定时间的数据，也可以利用互联网信息提取技术设计专用的网页分析算法，从互联网上搜索并下载相应数据。因众源地理数据具有多源异构性，存储格式多样、坐标体系不一，需要利用文本解析、空间数据引擎等技术进行数据转换，统一储存格式、统一坐标系统，将收集到的众源数据进行规范化的表达，统一入库管理使用。

众源地理数据可以用于自然资源调查监测数据的提取与更新。依托众源用户数据，可快速开展地物属性信息的补充和修改；众源地理数据提供的纹理和三维信息，可以结合数字高程模型制作三维可视化数据模型；基于众源的出行轨迹数据，建立几何精度较高的道路数据，可以辅助道路数据更新。众源地理数据作为传统地理信息更新方法的重要补充,在特定情况下可以发挥不可替代的作用,具有低成本和高时效的优势。

3. 格网化调查监测

格网化调查监测主要指将调查监测的各项任务以格网形式划分,落实到具体组织和个人,保障调查监测工作主动、有序、高效。

1)格网化调查监测的优势

格网化调查监测是借助现代信息技术,按照一定的格网划分任务,以实现自然资源调查监测的精细化、动态化,保证自然资源管理和利用有效实施确保自然资源变化情况能够及时发现、及时处理。格网化调查监测是一种沟通快捷、分工明确、责任到位、反馈迅速、处理及时、运转高效的自然资源管理和监督的长效机制。

随着信息技术的发展,格网化管理日益成为一种新型治理模式,以格网化方式开展自然资源调查监测,通过5G、人工智能等数字化手段,可以为格网调查员配备无人机开展巡查、使用手机APP填表上报信息、使用普适型智能终端开展实地核查等,不需要专业技术人员到场即可开展格网内的日程巡查和监管。

2)格网化调查监测的划分方法

格网化调查监测任务可以按照规则格网和不规则格网两种方式划分。规则格网可以参考地学领域中地理格网、空间格网的划分方法,将自然资源划分为一定大小的格网单元,形成不同层次的多级格网。不规则格网主要是指按照行政区划范围来划分任务,通常可以设置为省、市、县、乡、村等各级任务单元,各级任务单元分别设置相应的格网调查员,按照分级责任开展调查监测工作。

自然资源网格化管理已经进入政策落实阶段,其中"田长制"就是一种耕地保护网格化监管措施。2021年4月12日,自然资源部办公厅发布了《关于完善早发现早制止严查处工作机制的意见》,其中要求多措并举,压实耕地保护属地监管责任,推进"田长制",实行耕地保护网格化监管。目前,多地已经出台了全面推行"田长制"的实施意见:北京市按照市、区、乡镇、村四级建立"田长制"责任体系及配套制度,坚决遏制耕地"非农化"、防止"非粮化";天津的"田长制"由区、乡镇、行政村三级构成,建立了每块耕地有田长的模式;广西的"田长制"实行"自治区负总责、市县负主责、乡镇具体负责、行政村负责落地"的责任机制,以行政村为耕地保护格网单元,实现村级全覆盖的耕地保护格网化监管,重点巡查耕地"非农化""非粮化"和破坏耕地的情况。这些"田长制"的划分,就是按照行政管辖范围来划分的一种不规则格网。

3.8.2 主要特点

在移动互联网、物联网等网络技术支撑下,网联网具有感知节点互动性强、信息更新及时高效以及管理资源优化、自然资源变化发现效率高等特点。

1. 感知网节点互动性强、信息更新及时高效

在互联网和通信技术的广泛应用下,基于互联网的地理信息越来越多,具有现势性高、信息丰富、覆盖面广、数据量大等特点,通过互联网能够实现整个感知网、专业人员和大众用户之间的实时互动,利用多种传感器来感知目标位置、环境及变化。众源地理信息采集网改变了以往被动式的数据获取模式,在众源地理信息的生产与利用过程中,数据提供者和终端用户都可以对地理信息进行更新,并借助于互联网,实现信息实时互动。在众源地理信息的生产环节,可以直接通过部署传感器网络,直接获取目标位置及环境变化,保持信息处理、利用与信息采集的同步性。

2. 管理资源优化、自然资源变化发现效率高

借助现代信息技术整合自然资源利用现状数据，采用格网化方式开展自然资源管理，实现自然资源管理的精细化、动态化，保证自然资源管理和动态变更中出现的问题能够及时发现、及时处理，逐步建立沟通快捷、分工明确、责任到位、反馈快速、处理及时、运转高效的自然资源管理和监督的长效机制。按照格网化的模式开展自然资源调查监测工作，监测对象被划分为多个网格单元，通过对各个单元进行动态管理并划分为不同的责任区域，优化人员管理、事件管理等流程，工作模式从被动应对向主动监管转变，能够有效地整合利用管理资源，基于格网化的调查监测提升了自然资源变化情况发现效率。

3.8.3　功能用途

通过网联网能够将自然资源调查监测感知设备接入网络，协同开展数据获取；采用网络挖掘技术，获取网络空间中有用信息；通过网格化调查监测方式，实现自然资源调查监测任务的精细化实施。

1. 连接自然资源调查监测感知设备

网联网是连接卫星观测网、航空传感网、地面观测网、调查人员队伍的技术手段，通过互联网 /移动互联网技术，可以将无人机、测量车辆、移动终端、观测台站等众多感知设备以及调查人员连接起来，实现感知数据协同获取，数据快速回传、处理分析，调查监测任务快速下发，实际上就是通过网络连接了自然资源现状和变化情况。

2. 挖掘网络数据资源，补充数据采集能力

网络空间存在大量的开放地理数据，蕴含着丰富的空间信息和规律性知识，通过构建众源地理信息采集网，利用空间数据分析与挖掘方法可以从中提取信息、挖掘知识，为自然资源调查监测具体应用提供服务。它是区别于传统测绘方式的一种数据获取新途径，在特定情况下可以发挥不可替代的作用，是对其他方式获取观测数据的重要补充。

3. 有助于自然资源调查监测任务的精细化、动态化实施

格网化调查监测意在将自然资源调查监测的"触角"下探到田间地头，发挥基层主导作用，推动自然资源监管工作关口前移，建立起"横向到边、纵向到底"的网格化监管体系。通过机制建立和实施，网格责任人员随时掌握网格内动态巡查情况，变化情况实时可见、即时可判、全域可控、全程可溯，能够做到对违法占地、违法建设、违法开采、违法占用林地和毁林挖坡等自然资源违法行为的监管不留死角、不留盲区，实现对自然资源"全方位、全覆盖、无缝隙"管理，有助于自然资源调查监测任务精细化、动态化实施。

3.9　"互联网 +" 协同联动平台

在数字化转型背景下，本着能联尽联、任务驱动、数据共享的原则，建设一个"互联网 +"协同联动平台，将各层平台和传感器连通起来，将此前各类平台和传感器无序、被动、独立的组织模式变成有序、主动、连通的组织模式，提升平台和传感器的使用效率，提高数据采集的精准性和时效性，减少时间、人力和资金成本。

3.9.1　主要目标

"互联网 +"协同联动平台的总体建设目标为：充分利用现有基础设施条件，秉承设施复用节约、局部升级原则，建成一个万物互联、内外打通、综合协同，以调查监测用户管理、调查监测任务调度指挥、任务协同分发、任务可视上报、实时音视通信、设备综合监控、服务响应评价、空域与气

象服务等为主要功能,以 GIS 引擎与可视化技术、安全网络通信技术、Web 服务技术、数据库技术、高速数据传输技术、大数据存储技术为主要支撑,并配套建设相应规章制度与作业标准规范的自然资源调查监测数据获取平台,旨在大幅提升自然资源调查监测能力。

3.9.2 主要功能

为了满足调查监测任务综合调度、任务智能协同、综合信息监控、数据成果传输与处理等需要,兼顾业务系统上下级平台接口要求,在互联网环境下,将所有能获取自然资源现状和变化数据的平台,以直接或间接的方式接入协同联动平台,同时接入卫星实时轨道数据和天气预报数据,构成一张连通协同、机动灵活、服务高效的感知网。

协同联动平台主要包括用户管理、设备综合管理、任务协同管理、综合信息查看、实时音视频通信、可视化底图、数据回传、数据自动化处理、数据管理功能、综合统计分析等功能。

1. 用户管理

满足用户添加、修改、删除、检索等功能。针对用户而言,平台的责任单位为超级管理员用户,加入本平台的企事业单位为调查监测成员用户,加入本平台的基层干部和社会公众为个人用户。

2. 设备综合管理

设备管理的对象为协同感知平台所涉及的各种传感器设备,包括无人机、配套载荷、手持设备以及加装软件的手机平板等。支持添加、修改、删除、检索设备等功能。

3. 任务协同管理

协同联动平台所执行的一次任务对应一次自然资源调查监测事件。一次任务“可大可小”。从能力要求上,任务应力求拆分到“最小单元”,从实践中考虑,任务亦可以按照集合或组合打包分发,即多个子任务构成一个集合,按测区这个“最大单元”作为任务单位分发。任务协同管理包括任务协同、任务推送、任务查看和任务检索等功能。

4. 综合信息查看

综合信息查看主要面向设备(无人机、车辆等)、传感器(航摄像机、固定式设备等),查看所有连接到平台的设备终端的地理信息坐标位置、状态信息以及用户的轨迹信息。管理设备及传感器的状态信息,如设备身份、健康状态、电量、速度、姿态、温度等;参数信息,如地面采样间隔、航向重叠、旁向重叠、飞行高度、航线间距、速度、预计时间、预计面积、预计里程等;查看配备移动终端的人员位置信息及任务性质,合理调配人员;查看数据的回传状态,确保数据的及时回传。

5. 可视化底图

协同联动平台两大特点是服务与位置有关、调查监测数据的发布管理与位置有关,因此可视化底图及其所发挥的地理支撑作用至关重要。可视化底图需要支持 OGC 标准地图数据、支持影像瓦片、设备状态标记,以及调查监测数据可视化显示。

6. 实时音视频通信

实时音视频通信是平台为快速获取调查监测现场信息、实施实时决策、快速向分布式终端传达作业指令的即时手段,具备即时云视频会议的特点。

7. 数据回传

数据回传包括音视频数据实时回传、原始数据回传和成果数据回传。音视频数据回传是指接收责任单位下达的现场视频回传指令,将队伍终端采集的调查现场视频回传;原始数据和成果数据回传是指接收责任单位下达的数据回传指令,或主动向责任单位发送数据回传指令。

8. 数据自动化处理

服务器端数据自动处理主要是针对一些运算量比较大，计算比较复杂，甚至需要人工干预的数据计算和处理。中心端自动数据处理技术需要利用任务载荷远程实时传输，将数据先上传到中心服务器，然后通过中心服务器上处理软件进行数据自动处理。

数据自动处理需要针对不同的数据、应用进行不同的算法研究及软件工具开发。主要数据自动处理技术包括正射影像自动生产技术、倾斜摄影自动生成及自动单体化技术、影像自动光谱分析及自动矢量化技术、专项地物识别与自动提取技术等。

9. 数据管理功能

数据管理的目的是将采集观测的数据进行整合展示、历史回溯、归档。具有二、三维调查监测数据管理能力，满足本地程序或者插件快捷管理，操作简便，兼容性强，能承载海量调查监测成果的展示，秒级加载城市级海量实景三维大数据。满足从不同角度观察地形地貌、空间要素等分布情况和相对位置关系及连通性，通过针对各数据支持数据组织、空间坐标动态转换精度、多尺度过渡处理，实现从宏观尺度虚拟地形环境到微观尺度三维模型的无缝实时漫游。

10. 综合统计分析

综合统计分析是指对支撑"互联网＋"协同联动平台运行、调查监测服务情况的统计，检查检测服务评价与提升能力，如用户统计、任务统计、天气情况统计等。

11. 服务评分评价

服务评分评价是针对调查监测用户的评价体系，实现对用户提供服务的动态考评，不断促进用户提高自然资源调查监测服务的水平。满足预先定义评分维度，支持责任单位对任务执行单位打分评价，支持单位服务评分动态排行。

12. 空域气象查询

满足加载或在线绘制多边形查询相关空域任务批件，查询空域批件，查询相关区域是否包含限制区域，满足用户查询目标区域实时气象数据。

3.9.3 总体架构

"互联网＋"协同联动平台（图3.16）包括基础设施层、数据管理层、平台服务层、业务应用层、终端设备层、用户层。并配套相关规范管理制度，确保平台有效运行。

1. 基础设施层

基础设施层提供互联网、业务网等网络资源，提供服务器资源、存储资源、机房与电力等其他支撑资源（如网络安全设备资源），协同感知设备，提供协同调度环境，为平台运行计算、数据存储、数据备份、数据传输提供基础保障。

2. 数据管理层

该层实现对多源异构数据的协同组织、运用、管理和分布式存储。将已有业务专题数据与自然资源调查监测数据交互连通，形成专题数据库。平台服务层基于开放API、云计算和中间件技术，构建一个高开放性、高可用性和高灵活性的平台，充分面向后续业务关联系统的融合共享。

3. 平台服务层

在硬件基础设施上，基于分布式系统基础架构（Hadoop）、GIS分布式计算服务等大数据、云计算服务，构建一个稳定、开放、高可用性和灵活性的共享平台，满足提供高性能空间大数据处理及数据服务的共享平台。

图 3.16   "互联网 +"协同联动平台总体架构图

4. 业务应用层

建设"互联网 +"协同联动平台，实现用户管理、设备综合管理、任务协同管理、综合信息查看、音视频实时通信、数据回传、综合统计分析、服务评分评价、二三维集成可视化支撑等，同时兼顾业务系统内上层或平层其他平台的兼容要求。

5. 终端设备层

终端设备层针对平台在数据交互方面的功能需求，对队伍终端、无人机终端、传感器终端及其配套的终端支撑设备（用于移动数据传输，如无线热点等）进行开发接入，实现调查监测队伍终端、无人机终端、传感器终端与调度中心的信息交互与实时通信。

6. 用户层

用户层包括管理用户、专业队伍、基层干部和社会公众，满足建立管理用户、专业队伍、基层干部和社会公众的协同使用场景，服务不同的业务目的或应用目的。

3.9.4 平台软件架构

"互联网 +"协同联动平台软件架构，采用基于云环境 TCV（Terminal–Cloud–Virtual）软件系统架构。从下到上依次分为三层：虚拟层（包括物理设施和虚拟资源）、云计算层（包括大数据管理中心与云服务平台）、云应用层（包含调度中心和队伍终端）。基于云计算的三层架构模式分别构建云计算基础设施层、大数据管理中心、云服务平台、应用服务系统以及用户层，面向用户提供业务管理服务。

1. 支撑环境

虚拟层是基于虚拟化技术，将计算机、存储器、数据库、网络设施等软硬件设备组织起来，虚拟化成一个个逻辑资源池，提供虚拟化服务。虚拟资源池一方面可以变小为大，增加硬件资源利用率的同时而又不对平台软件和应用服务产生直接影响，进而节约硬件等基础成本；另一方面虚拟化资源的统一提供与管理可以提高管理效率，提供更快捷的资源交付就绪能力，降低人工管理出错风险。基于以上特点，基础设施服务层可以支撑业务管理应用与服务，同时也提供虚拟计算资源、虚拟存储资源以及应用托管等服务。

2. 大数据管理中心

在数据资源层中，大数据管理中心（以下简称数据中心）建设内容主要包括：数据建设内容、数据处理汇聚、分布式存储框架、数据管理分析引擎和权限管理控制五块内容，为应用服务系统提供统一的、权威的数据支撑。中心可实现大数据分布式管理，提高系统并行运算效率，降低设备部署成本，辅助基础平台调度中心用户以及运维人员了解整体的数据库情况，也便于进行数据全过程的监控和管理。

中心采用 DaaS 设计理念，以物理设备、物联网、移动互联网等组成的物理资源池、虚拟资源池为依托，以信息化数据规范体系和安全保障体系为体系结构，进行数据资源体系的统一规划。按照总体框架，通过分布式文件系统 HDFS 对基础平台所需的所有数据进行统一管理，形成资源数据的完整目录和核心基础数据库，通过虚拟化技术将各类数据注入大数据中心进行虚拟化和云化处理，最终以标准服务形式提供给各级用户使用。

3. 支撑平台

在平台支撑层中，支撑平台提供设施智能化管理云服务，其建设包括可视化服务、数据查询服务、空间分析、感知信息分析、数据发布服务和运维监控，并通过统一的服务门户提供在线自定义服务资源功能。平台运维管理全面保障云平台综合数据资源的持续、稳定、安全服务，为各相关应用系统提供可靠的数据支撑，保障各业务工作规范、科学执行。平台同时提供云服务管理、服务发布等功能，为上层的应用服务提供数据服务及各种功能服务支撑。

4. 应用系统

应用层是为应用提供统一的信息资源共享和框架支撑，将基于云服务平台提供的数据服务统筹到调度中心、队伍终端，实现平台的应用关联与协同。

3.9.5 运行流程

平台的运行流程覆盖任务规划、任务分发、任务协同、任务数据获取、任务数据回传、任务数据处理、任务成果发布等，需要协同互联网与专网生产环境，见表 3.3。

表 3.3 协同联动平台主要运行流程

序 号	流程内容
1	责任单位规划任务，推送本平台
2	责任单位通过本平台分发任务至调查监测用户
3	调查监测用户（外业）确认接受任务
4	调查监测用户（外业）启动任务执行
5	调查监测用户（外业）通过本平台回传原始数据/成果数据
6	调查监测用户（内业）通过本平台下载外业数据
7	调查监测用户（内业）针对原始数据进行数据处理，生成标准成果数据
8	调查监测用户对成果数据进行云端发布
9	责任单位对成果数据进行入库管理

3.9.6 平台特点

1. 传感器互联互通

平台实现各类传感器互联互通,实现卫星影像详查、无人机巡查、人力核查、固定设备实时监控、网络众源数据筛查的"天空地人网"协同感知服务。

2. 任务执行公开透明

通过平台在线规划、发布、接受、执行任务并回传数据等,全程可视化、透明化,实现资源快速调动、任务高效协同。同时,管理部门实时掌握调查监测队伍作业情况,传感器的参数、作业的区域一目了然,有效确保调查监测工作中发现变化的数据真实可靠。

3. 资源共享

通过平台的保障机制,可以调动社会资质单位就近就快完成自然资源调查监测任务,确保了调查监测数据的时效性。

4. 数据成果快速回传

通过 5G 技术将传感器的访问网络划分为多个虚拟网络,每个虚拟网络均根据速度、持续时间、安全性和可靠性服务的需求进行划分,以便在不同时间灵活响应传感器的不同应用场景。同时通过 5G+ 云边缘计算技术实现数据的实时处理和快速回传。

5. 数据实时处理

传感器设备可通过边缘计算机将各种数据进行预处理,同时融合至图像内并实时向平台发送回传,包括测控指令反馈、图像数据及其他数据与指令的接收和发送,进入云平台后通过存储、算法处理,再分发到授权客户端,形成统一数据展示与管理云平台。

6. 众源群智全体参与

"互联网+"协同联动平台是基于群智感知的自然资源数据采集系统,智能终端用户在平台上接受任务后即可开始自然资源数据的收集,通过提供数据上传接口,全员参与,实现低成本、大规模的实时调查与监测。

3.9.7 软硬件要求

"互联网+"协同联动平台以 Web 平台为主,智能手机终端 APP 为辅,可以最新的 HTML5 并基于 CSS3.0 及以上版本的相关特性进行前端显示构建,实现 Web 浏览器云端访问和云端管理。在服务器端,硬件配置应满足多核心、高频率、大内存的要求,操作系统采用 Linux 和 Windows Server 系统,运行软件有 Mysql 数据库、Redis 服务、PHP 应用、NodeJS 应用等软件环境支撑。智能终端配置满足 PC 和主流手机设备。设备物理部署见图 3.17。

3.10 应用场景

基于人工智能、机器学习、大数据等新一代数字技术,以及对地观测、现代测量、信息网络等技术手段,构建面向自然资源调查监测的"天空地人网"多维立体协同感知网,能够面向自然资源进行全天候、多场景的协同感知,如图 3.18 所示。形成自然资源动态监测和态势感知能力,从而实现对国土空间全时、全域立体监控监管,不断提升自然资源治理能力现代化。

协同感知网通过卫星遥感详查、无人机巡查、地面核查以及互联网、物联网的全面感知形成点、片、面的自然资源立体监测服务体系架构,实现服务监测空间分辨率、时间分辨率、坐标精度和数据实时传输需求,在以下典型场景中得到充分应用。

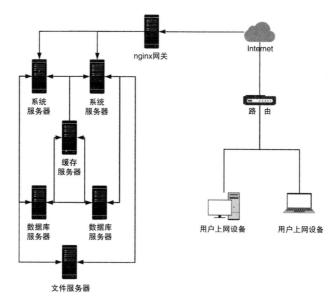

图 3.17 "互联网 +"协同联动平台物理部署示意图

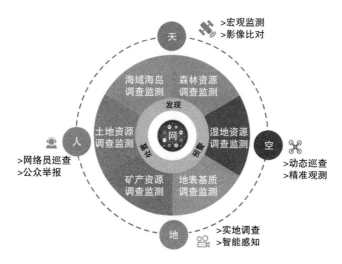

图 3.18 多维立体协同感知网主要应用场景

3.10.1 高分多模卫星用于建设用地遥感监测

建设用地类型精细识别和高度分类是城市发展建设、国土空间规划和自然资源科学化管理必不可少的部分。高分多模卫星具备 0.5m 分辨率对地观测能力，同时具备多谱段、多种成像模式等特征，为资源环境精细化调查管理提供了支持，可以实现对建设用地多尺度、多维度、多层次的监测监管。

高分多模卫星可用于建设用地类型识别，其纹理清晰、光谱真实、信息丰富的特性，识别建设用地类型具有明显优势，通过 AI 自动提取和人工解译相结合的方式，能够提取出建筑物、道路等建设用地的位置、数量和面积等信息，为城市规划提供信息依据。高分多模卫星相比于中、低分辨率的卫星遥感影像，能够进行更深层次的数据分析，可以精细识别居住建筑、公共建筑、工业建筑等不同用途类别的建筑物。

利用高分多模卫星的 DEM、DSM 等立体数据产品，还可以获取建筑物高度栅格图，进一步开展建筑物高度划分。高分多模卫星包括"1+8"谱段，除了传统遥感卫星的4个多光谱波段外，还新增了紫、黄、红和近红外这4个波段，光谱信息丰富，通过多波段组合，能够有效辅助建设用地要素提取和高度识别等业务应用。

3.10.2   实时遥感服务用于自然资源调查监测

自然资源管理模式已从传统的人力调查统计模式快速发展为数字化管理模式，海量基础数据与调查统计数据的积累，为即将到来的全面数字化、智慧化自然资源管理打下基础。新时期自然资源监测将从一次性监测转变为连续动态监测，利用遥感、导航与通信卫星集成的天基信息服务网络，通过星上资源实现信息的获取、传输、处理及分发等功能，达到"一星多用、多星组网、多网融合、智能服务"的目标，实现"天联网"与"地联网"的深度耦合，从而可以根据广大用户的需求，将相应的数据和信息实时推送到用户的手机和移动终端上，实现智能化服务。

国家正在大力推动智慧城市建设，通导遥一体化天基信息实时服务系统（PNTRC，其含义包括：定位 Positioning、导航 Navigation、授时 Timing、遥感 Remote sensing，以及通信服务 Communication）可以应用在智能交通、露天矿山和铁路、生态环境监测和管理等各个领域。在自然资源调查监测工作中，PNTRC系统可以实现调查底图数据实时获取，变化信息实时推送，还可以广泛应用在大地测量、资源勘查、地籍测量、工程测量、海洋测量、海洋工程等领域。与传统的测量手段相比较，利用低轨卫星增强高轨 GNSS 卫星导航定位系统，在无地面增强系统情况下，PNTRC系统有巨大的优势，测量精度高，全天候操作，观测点之间无需通视。

3.10.3   视频感知设备在自然资源违法监测中的应用

视频监控技术发展迅速，目标视频精确定位、视频图像地图定位、视频电子围栏、视频智能分析预警等技术为国土智能化感知提供了可能。全国拥有近1.5亿个视频监控摄像头，覆盖了全国主要的城市和村镇，全国200万座郊外铁塔也可安装视频摄像机。广泛分布的视频设备为自然资源监测提供了重要的影像来源。

通过摄像探头进行信息自动采集，自动识别疑似违法用地并及时预警，同时具备对全天候监控的图像进行实时预览、抓图放大、录像回放、视频下载等功能。管理人员通过电脑、大屏幕或手机微信小程序等工具实现对基站周围数千米的监测对象的"近距离"监控。同时利用智能手段与人工核查相结合的工作方法，通过前时影像与实时影像比对，将疑似违法用地问题通过手机短信和微信小程序发送到巡查人员手中再进行实地核实，精准高效做好事前防范和违法用地行为查处工作。

物联网技术的应用破解了自然资源监测领域"发现难""制止难""查处难"问题。视频监控网的实时、直观、不间断等特点，解决了卫星遥感不能实现的即时性，破解了人工巡查的局限性，消除了监管巡查的死角盲区，实现上下联动、多层次同步监控。在第一时间、第一地点发现和制止违法行为，减轻违法行为造成的损失，通过前移工作关口、下移工作重心来进一步实现"早发现、早制止"。另外，视频监控系统具有视频存储功能，可随时调取一定时间内的视频影视资料作为证据，能够解决调查取证难等问题。

3.10.4   基于群智感知技术的自然资源监测数据获取

群智感知是指通过人们已有的移动设备形成交互式的、参与式的感知网络，并将感知任务发布给网络中的个体或群体来完成，从而帮助专业人员收集数据、分析信息和共享知识。随着各种各样的移动便携设备的普及和广泛使用，如智能手机、平板电脑、可穿戴设备等，群智感知提供了一种新的感知环境和收集数据、提供信息服务的模式。

自然资源调查监测存在着监测对象复杂、任务重以及范围广阔等特点，在众多数据获取方式中，卫星影像所能获得数据的粒度过粗、专业技术人员统一采集数据成本过高，难以完全覆盖所有需要监测的对象，更不用说对所监测对象的全程实时数据采集和监控。通过群智感知技术，建立群智感知自然资源监测平台，实现自然资源信息快速多源采集，实现自然资源的低成本、大规模的实时监管与感知获取能力的高效配置。

社会公众采用手机等智能终端，通过在平台上接受任务后，即可开始自然资源监测数据的收集，系统则筛选出高质量的数据用于后续的分析处理。群智感知为调查监测样本采集、实地核查、公众参与、决策支持等提供了新思路。

3.10.5 基于互联网的地理空间变化监测

传统的地理信息更新方法，存在更新频次较低、时效性不够强、投入过大、费用过高、被动更新的问题，不适合频繁、及时、按需的获取更新，已经不能满足当前社会经济发展和公众对地理信息数据日益增长的需求。而伴随互联网的迅猛发展，与传统媒体相比，互联网信息在时效性、内容丰富性、公众接纳性以及易用性上具有突出的优势。根据调查研究，大部分自然地表变化（如土地用途变更、工程建设）和各类经济活动（如土地出让、房产）等，都会在互联网上进行发布，留下信息，越来越多地名、地址信息在互联网上展现，因此，通过检索互联网信息提取地理空间信息的变化是一种可行的手段。

通过具有空间感知功能的网络信息提取技术，研究设计适用于地名、地址、空间要素等地理空间信息检索的互联网信息检索技术。首先要结合地理空间信息特征，构建包含地理空间信息名词、动词、谓词的词典库及组合语义库，以此为基础，通过具有空间语义感知能力的网络信息提取技术对目标网站进行检索，对检索结果建立全文索引，然后与现有的地名地址库信息进行空间比对和语义比对，从而提取到具有空间特征的信息或者有地理空间变化情况的信息，对于变化的地理信息，经过核实可以补充到地名地址库，形成地理空间信息更新的良性循环。

3.11 技术发展方向

针对自然资源管理的多元化业务需求，在自然资源多维立体协同感知网基础上，发展数据实时获取技术，提升自主可控高端技术装备研制与整合能力，形成种类齐全、功能互补、尺度完整的自然资源协同观测体系和装备能力，提升自然资源感知和数据保障能力。

1. 数据实时获取技术

新时期自然资源统一调查监测工作对数据获取提出了更高要求。要研究以多维立体协同作业为特征的自然资源"五全"调查监测，满足多类型数据按需即时获取。研究航天、航空、低空、地面、地下、海洋等多层次高精度遥感观测体系构建技术，提升自然资源多尺度智能监测能力。研究多层次高分辨率"天空地人网"立体观测网络与数据实时获取保障技术，满足自然资源即时精准监测。研究众源地理数据的信息提取与更新技术，完善公众参与自然资源监测机制。研究无人机飞行安全管控与实时调度技术，研制无人机集群智能航线规划与实时调度平台，建立多网融合的无人机遥感数据实时在线远程快速传输网络，实现自然资源开发利用与管理的无人机自组网在线监测。

2. 自主可靠高端技术装备研制与整合技术

针对自然资源调查与监测中存在的"看不准"问题，面向自然资源全天候、动态化、定量化、服务空间范围区域化的监测需求，集成研发自主可靠的数字化、智能化自然资源调查监测遥感技术装备（可见光、激光、高光谱、合成孔径雷达等）。突破新型国产高端探测监测装备，加快遥感监测传感器及平台的研制升级与整装集成，逐步提升高端技术装备国产化率。重点研究智能化无人机系统平台及轻小化新型传感器，满足厘米级数据动态获取、突发自然灾害实时监测、林下及复杂地区监测等应用需求。研究自然资源全要素与近、短、中、长波红外的波谱响应特性，研制机载多波段红外成像系统。研究自然资源全要素的多波段极化响应特性，突破极化 SAR 图像分类技术，研制机载高分辨率多极化 SAR 成像系统。研究单光子激光雷达数据处理系统，提升密集植被区域地形信息获取能力。研制机载高光谱成像仪，满足自然资源耕地重金属含量、水资源污染等定量化监测需求。

3. 通导遥一体化空天信息实时服务技术

当前，国家正在大力推进空间基础设施建设，要实现从航天大国向航天强国的质量飞跃，主要面临的问题是现有遥感、导航、通信卫星系统各成体系、军民孤立、信息分离、服务滞后。遥感卫星需要过境或通过中继卫星向地面站下传数据，无星间链路和组网、数据下传瓶颈严重制约信息获取效率；北斗导航卫星具有短报文通信能力，但不具备宽带数据传输能力；通信卫星尚无自主的业务化卫星移动通信系统，对遥感、导航等天基信息的传输保障能力受限，且在服务模式方面主要面向专业用户，尚未服务大众。

未来将重点研究通导遥一体化空天信息实时服务，引进人工智能、云计算等新兴技术；研究如何一星多用、多星组网、天地互连、多网融合，让各个系统联通起来；研究统一基准、关联表征、数据挖掘、知识发现，实现时空融合；研究星地协同、组网传输、智能处理、按需服务，让服务畅通。推动空间信息从现在的专业应用走向军民应用和大众服务，构建面向自然资源感知数据"及时获取"+"及时处理"+"及时分发"+"及时服务"的自然资源管理业务云上智能一体化应用，为提升自然资源管理决策支持服务能力提供有效支撑。

4. 人人都是传感器

人作为传感器相对来说是比较新的概念。在新的社会生活方式下，每个漫游于互联网和移动网络的用户，都是一个潜在的具备高度智能的传感器终端。他们在社会和自然环境中自主移动、参与各项活动，并通过感觉器官对周围环境中发生的一切进行全面的感知与信息收集，利用自主智能进行分析与解读，最后通过网络信息平台的文本、图像、视频等形式，分发所知、所想、所感，同时与其他传感器进行实时互动。由此，亿万网络用户群体则可以构成一个极其庞大的社会传感网络，其探测事物对象特征、活动及运行规律的能力、广度和深度都是传统监测手段所无法企及的。

新修订实施的《中华人民共和国土地管理法》第二十八条："县级以上人民政府统计机构和自然资源主管部门依法进行土地统计调查，定期发布土地统计资料。土地所有者或者使用者应当提供有关资料，不得拒报、迟报，不得提供不真实、不完整的资料。"土地的所有者或使用者涵盖范围广，人人都有义务提供相关资料支撑土地统计调查工作。

可以想象现在某一个农户新建成了一座房子，可能有些人会发朋友圈；或者一个地方的耕地遭到破坏之后，也可能有人拍照发送到微博。当人们在产生这些数据的时候，其实就是在帮助公众感知他们周边发生的事情。把很多人的数据集合在一起，就可能会发现这个区域自然资源变化情况，人人都能成为自然资源调查监测的传感器，通过智能终端为自然资源调查提供数据资料，为自然资源变化提供感知数据支撑。

第4章 自然资源多源时空数据自动化处理体系构建

自动处"数"显算力，多源理"数"靠匠心

自然资源多源时空数据（以下简称"时空数据"）是国民经济应用与发展的重要战略性资源，是自然资源部门管理的对象与结果，是调查监测体系的精灵。它肩挑着使调查监测体系与现有产业深度融合的职责，它托起了调查监测体系推动科技创新加快向高效协同的组织模式发展的责任。

在自然资源统一调查监测体系中，面对多维立体协同感知网提供的算料，需要构建多源时空数据自动化处理体系，解决自动化处理的算法、算力、协同和质量等问题。实现数据处理的高并发、高吞吐、高效率、高协同、高质量目标，为自然资源时空数据库建设提供高质量数据保障。本章主要从高性能计算平台、调查监测底图生产、要素自动分类和变化智能提取、"互联网+"内外协同处理、数据质量检查和真实性验证等方面提出构建时空数据自动化处理体系的初步思路，以期与同行共同探讨切磋，共同进步。

按照以"算法为基础、知识为引导、服务计算为支撑"的技术思路，逐步实现多源异构数据的集成管理、算法模型的模块化调用、计算资源的应需调度。研发面向地面调查监测数据的共性处理方法，实现样地、样点、样方数据的逐级外推，专项调查数据与基础调查数据的空间一致性处理，多模态时空数据的融合与统计分析。构建云端结合的调查监测数据处理模式，满足统一调查监测所需的高性能共享处理需求，支撑基础调查与各种专项调查的有序衔接。

4.1 构建背景

随着新型传感器、信息网络、空间信息获取等技术的快速发展，时空数据呈现多源异构、海量、时效性强等特点。当前时空数据处理过程中，需人工参与的工作量较大，自动化处理程度和处理效率均有待提高。面向新时代自然资源的统一调查监测和常态化、知识化、社会化的成果应用，迫切需要构建一种高效、智能、经济的时空数据自动化处理体系，提升数据处理和利用的效率与水平。满足自然资源统一调查监测要求，服务自然资源精细化管理。

4.1.1 构建需求

目前，时空数据处理主要依赖人海战术，即通过人工目视解译和外业逐图斑核查等方法开展数据生产，存在劳动强度大、生产效率低、主观因素多等缺陷，已不能适应新时代自然资源调查监测的需求。随着"天空地人网"协同感知网的构建，海量的时空数据为自然资源统一调查监测提供了算料保障，同时也对时空数据的处理能力、时效性、真实性、投入成本等方面提出了更高的要求。

1. 海量时空数据对处理平台的算力提出了新要求

自然资源多源时空数据既有结构化的矢量数据、属性表格数据、空间对地观测的卫星和遥感数据等类型，涵盖土地、矿产、森林、水等自然资源分类数据；也有随机产生的各类混杂的文档、图片、报表等非结构化数据；还有定向采集、结构化与非结构化混合的半结构化数据，包括自然资源清查数据，森林、草原、矿产等特性和状态数据，地面传感监测数据、台站网络数据，地质、水资源、气候等形成的监测数据等。海量多源异构时空数据类型，导致其数据处理的难度加大，需要在高性能计算平台上不断优化模型算法，提升数据并行处理能力。

2. 自然资源监测监管对数据处理的时效性提出更高的要求

调查监测是自然资源各项管理工作的重要基础，以较强的基础性和时效性发挥引领性、保障性作用。多维立体协同感知网为自然资源监测监管提供强有力的数据支撑。此前，海量时空数据处理主要依靠运动式人海战术开展内业信息提取和外业实地核查，存在工作效率低、耗时长、投入成本高等弊端，数据处理的时效性已不能满足监测监管的要求。为及时掌握自然资源分布和变化情况，实现"早发现、早制止"的自然资源监管目标，需要建立自动海量时空数据处理体系，保障监测数据的时效性，及时解决自然资源管理工作中存在的问题。

3. 调查监测产品对时空数据的准确性、真实性提出更高的要求

当前，自然资源要素提取和变化发现基本还是靠人工目视解译，自动化程度不高，数据的准确性较易受作业人员水平、能力、认知等方面的主观影响。为提高调查监测产品准确性、真实性，确保调查监测成果的数据质量，围绕时空数据多样性、流程复杂性以及人为因素等质量问题产生的根源，需要构建时空数据自动化处理体系、质量知识图谱和真实性验证支撑库，尽量减少人为主观因素对调查监测成果的影响，提升处理结果的准确性和可靠性，为各项调查监测工作提供准确的数据和可靠的质量验证。

4. 调查监测成果社会化应用对数据资产的产权提出了新需求

调查监测成果的社会共享与广泛应用是自然资源统一调查监测的根本目标。调查监测成果的全社会共享，有利于提升自然资源治理体系和治理能力的现代化，服务建设美丽中国，在调查监测数据流通和共享中，数据资产确权是基础，产权清晰的数据资源更有利于数据安全、责任区分和对数据本身的隐私保护。为推进调查监测成果共享和社会化应用，需要在数据处理过程中，利用区块链等技术，按照一定的规则为数据赋予版权认证证书，用于数据产权的溯源与原始标记。

4.1.2   已有基础

当前，自然资源时空数据处理在并行计算模型、调查监测底图快速生产、自然资源地表覆盖分类和变化智能提取、AI 软件能力等方面已取得了一些研究成果。

1. 并行计算模型

计算机硬件与网络的发展为自然资源信息化提供了高效的计算和访问能力。存储器和服务器运算能力的提高，轻、小、薄和低功耗的集成度，为调查监测海量时空数据存储、处理和传输带来了极大的便利。目前，时空数据的高性能处理方法主要是采用高性能集群技术，使用图形处理器（Graphic Processing Unit，GPU）进行通用运算的计算，均有几倍甚至几十倍的效率提升。

由谷歌（Google）提出的运行在大规模集群上的并行模型 MapReduce，已经成功运行在上千台规模的分布式系统或集群上，在 MapReduce 框架下开发的基于支持向量机（Support Vector Machine，SVM）的高分辨率遥感影像监督分类训练系统，部署在大型分布式计算机集群环境中，处理从网络地图上抓取的大量影像数据，在 11.6 小时内完成了 102 900 幅图像的监督分类。

在刀片机集群上利用 MapReduce 开发的包括图像锐化、边缘提取、图像自动对比等算法，在对 200 幅 Landsat 卫星影像的处理中都获得了满意的加速比。也有一些通过 MPI、CUDA 与 Spark 等框架对分类算法实现并行化计算的研究，比如在对深度学习进行分布式处理上，可使深度学习的计算速率有极大的提升。

2. 调查监测底图快速生产

当前陆续出现一些针对大规模多源遥感数据协同处理及遥感产品生产的系统处理平台，在调查底图快速制作中可以解决多源时空数据大规模集成处理程度低等一系列问题。

目前，国内已有的空天大数据智能处理平台具备七十余种影像处理基础算法集，实现了对卫星、无人机等不同平台获取的可见光、微波、高光谱及激光点云等数据自动化处理需求。

在三维模型快速重建方面，国内研发了相应的快速处理平台，集成了空三模块、高效重建、AI智能处理等核心算法，单节点具有一次性处理20万张影像的空三处理能力，同时也具备分布式并行集群处理能力，支持倾斜摄影、补拍照片、激光点云等多种数据导入融合，进行三维模型快速重建。

3. 自然资源地表覆盖分类和信息智能提取

在地表覆盖分类和信息提取的智能算法方面，当前已有很多的研究成果。下面主要介绍当前一些面向自然资源要素的地表覆盖分类和信息提取的智能算法研究情况。

1）地表覆盖分类

在地表覆盖要素分类方面，目前主要基于像素分类、目标分类和混合像元分类这三个方面，开展了智能算法在遥感影像分类中的应用研究。

基于像素分类的深度学习语义分割，能快速解析图像深层次语义信息，已成为当前图像分割领域最先进的应用技术。卷积神经网络（Convoluitonal Neural-Networks，CNN）可以自动从大规模数据中学习和提取特征，并把结果泛化到同类型未知数据中，从时间、精度和流程三个方面都提升了传统影像分类工作的速度和质量，在当前图像自动分类识别中占据重要位置。近年来也诞生了大量基于 CNN 思想的经典图像识别和图像分割网络模型，如实现端对端的全卷积神经网络（Full Convoluitonal Neural-Networks，FCN），基于编码 – 解码（Encode-Decode）架构的 UNet、UNet++、SegNet、残差网络 ResNet，以及谷歌的 DeepLab 系列模型等。

研究表明，在五种不同空间分辨率（4 ~ 30m）遥感影像地表覆盖分类中，采用 CNN 的分类精度总体高于 89%，且分辨率越高，分类精度越高；用卷积层替换传统 CNN 的全连接层构建 FCN，在 15 000 个像素大小为 512 像素 ×512 像素的 2m 分辨率影像数据中开展植被、道路、水体和建筑物分类，精度达到 85% 以上；基于 UNet 模型在 0.5m 的谷歌影像中提取甘蔗种植空间信息，总体精度高于 92%；利用 UNet 网络模型基于高分 2 号卫星影像开展典型地物的分割提取，总体精度高于 85%。这些研究结果表明深度学习模型在高分辨率卫星影像地表覆盖分类应用中比传统支持向量机和面向对象方法能更好地提取地物本质特征。

2）信息智能提取

利用遥感影像提取信息大致可分为基于传统特征和基于深度学习两种方法。深度学习能够从数据中学习到特定对象的特征，从而准确捕捉到目标对象的特点，近年来在遥感信息提取领域也是比较热门的研究方向。在信息智能提取方面主要的一些研究成果有：

（1）在作物信息提取方面。常用方法包括 CNN、反向传播神经网络（Back-Propagation Neural Network，BPNN）、模糊神经网络（Fuzzy Neural Network，FNN）、径向基神经网络（Radial Basis Function Network，RBF）等。在利用 QuickBird、高分 2 号影像开展滨海湿地信息提取中，运用 FCN 结合面向对象分类法等进行分类，其总体精度可达到 97.53%。

（2）在农村建筑物提取方面。有研究结果表明，利用 SegNet 语义分割模型和 WorldView-2 高分影像对农村建筑物进行提取，取得了高达 96% 的总体精度，高于支持向量机、随机森林等学习算法。

（3）在水资源提取方面。水资源提取方法大致有基于规则和基于深度学习模型两方面。基于深度学习模型的方法主要是通过全卷积神经网络针对水体的浅层、深层特征，自动提取影像中的水体，效率高，也可达到较高的精度。针对高分 6 号的遥感影像，采用基于组合损失函数 Focal-Dice-Water loss（FD-Water loss）的 VGG-Unet 网络模型，提取的水体 Jaccard 指数为 0.973 223，精确率可达到 98.06%，大大减少了阴影的误分以及水体的漏分，获得了较好的提取效果。

（4）在道路提取方面。利用全卷积神经网络提取初始道路区域，依据道路长宽比、形态学运算和道格拉斯 – 普克（Douglsa-Peucker，DP）过滤干扰图斑以及连接道路断裂区域，使用 Zhang-Suen 算法提取中心线，并利用网络首层卷积结果进行中心线校正，在不同的实验区域中道路提取平均准确度在 90% 以上。

（5）在自然资源要素提取的自动化与智能化方面。从自然资源要素的特点出发，在分析现有方法的优缺点基础上，已有研究提出一种构建"智能计算后台＋智能引擎＋人机交互前台"的人机协同智能提取方法技术框架，如图 4.1 所示。通过人与智能机器共同协作，利用自动化技术让大部分业务流程实现自动化，利用人类视觉感知及认知决策技术进行综合判断与验证，反馈给机器，提升机器智能水平，从而实现人的解译知识的实时利用与机器智能提升，提升自然资源要素提取的自动化与智能化水平。

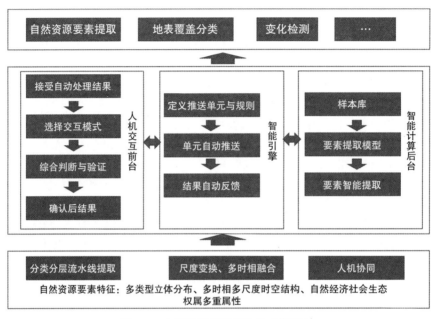

图 4.1　人机协同智能提取技术框架[1]

4. AI 软件能力

AI+ 遥感技术已经在自然资源典型地物类型识别、耕地保护和执法监察中得到初步应用，并展现出广阔的发展前景。

目前，基于 AI+ 遥感信息提取的产品主要面向遥感影像目标检测和遥感影像分割，产品形态多以云服务或按照项目定制训练模型为主，多数 AI+ 遥感产品暂未提供通用的模型训练产品。

AI+ 遥感的信息提取技术在"全国大棚房问题专项整治行动"项目中快速实现大棚房的识别监测，准确率达到 90% 以上。同时，相比传统人工判读花费数月时间，AI+ 遥感技术大幅提升识别效率。自然资源部门利用 AI+ 遥感技术在疑似违章建筑提取和耕地保护中逐步开始应用探索，相比人工影像比对方式大幅提高监测频率。多种探索和应用使基于 AI+ 遥感技术进行自然资源全要素、高效、精准、常态化、低成本监管成为可能。

伴随着人工智能技术近年来的蓬勃发展和广泛应用，国内外涌现出一批新兴科技公司，相继出现了系列智能提取软件。这些软件呈现如下特征：

1）人机协同的自然资源要素智能提取方法 . 测绘学报 .

（1）集成"样本采集、样本管理、模型训练、模型管理、交互精编、深度学习、智能解译"全流程，如吉威数源的 SmartRS、中国测绘科学研究院的 FeatureStation-AI 等。

（2）提供基于深度学习的目标检测、要素提取、影像分类、变化检测等云服务，能够实现大批量遥感影像的快速解译，如阿里巴巴达摩院的 AI Earth、商汤的 SenseEarth、百度飞桨等。

（3）提供多种深度学习模型及开源计算平台，如微软的 AI for Earth、Google 的 GEE 等。

4.1.3 主要差距

1. 多源时空数据协同和大规模集成处理需进一步加强

在多源时空数据大规模集成处理方面，面对多源时空数据量大、来源多、文件格式不一致，数据处理算法扩展后也会涉及资源、环境、生态等诸多领域，各算法的层次结构、处理框架、开发语言、运行环境等都有不同，要进一步建设一体化大数据处理中心，实现数据的高效组织、算法的快速集成和兼容协作，形成统一的、全覆盖的多源时空数据协同处理技术体系，更好地服务于调查监测中多源时空数据产品的协同生产。

在调查监测数据并行处理方面，继续进一步设计和实现与数据存储、计算资源相结合的调度策略，以及更精细化的任务拆解调度策略，进一步提高产品的生产效率；进一步分析各算法的时间复杂度及关键点，设计出更精准的并行优化策略和框架，提升监测数据成果的时效性。

2. 自然资源要素自动分类和变化智能检测方法有待进一步提升

经过多年的发展，尽管当前的时空数据智能解译技术有了很大的提高，在面向专业目标的实际应用中已经得到了很好的应用，但面对自然资源要素的复杂性，受限于当前人工智能的水平、样本库的数量和分布，时空数据智能解译方法离实际应用还需要更深入、更有针对性的研究。比如在选择最优解译尺度和最佳特征组合上仍需进一步研究；在样本库构建上，需要持续扩大样本库，增加多样性和区域性样本，建立大规模"像素－目标－场景"多层级、多任务的开放解译数据样本库，包括目标检索、目标检测、地物分类、变化检测、三维重建等，突破已有样本库的不完善造成标准模型的局限性，使得样本库能够智能扩展与精化，实现样本库的可持续更新等。

目前，通用深度学习算法还难以适用于自然资源要素自动分类中，需要开展面向自然资源要素分类专用的深度学习算法研究，将光谱信息和地学知识融入网络框架中，使之能够有效解决自然资源要素地物分类等难题。

在变化检测方面，由于变化检测算法的差异性，所有变化检测算法的能力受光谱、空间、时域和专业内容的限制，所采用的方法在一定程度上会影响变化检测的精度，因此，在目前的变化智能检测中，提取的伪变化信息还比较多。下一步还需在变化检测方法和算法上加强研究，进一步优化算法网络结构，提升深度学习解译的精度，减少伪变化提取。

3. 人机协同智能提取有待深入研究

随着人工智能技术的实践应用，面对复杂的自然资源要素，如何发挥深层次的知识和经验的重要作用，进一步探索人机协同的自然资源要素智能提取方法，将多源遥感数据与地面调查信息相结合、专家知识与机器智能相结合，构建人机协同智能解译、变化信息自动提取、地类自动精准识别、内外一体化协同处理等自然资源要素智能提取平台，实现人与智能机器共同协作的新型工作方式，提升自然资源要素提取的效率与精度，是自然资源要素人机协同智能提取研究的新方向。

4. 实景三维建设自动化水平有待提升

实景三维是通过在三维地理场景上承载结构化、语义化、支持人机兼容理解和物联实时感知的地理实体进行构建。目前，三维模型生产的自动化水平都比较高，比如三维地形模型、倾斜摄影三维模型、激光点云模型等，都有相应的自动化处理软件支撑。但缺少对 OSGB 等三维数据直接进行批量化生产编辑的软件，在三维模型的后处理上，还主要依靠人工修模，自动化处理水平还有待提高。在实景三维的建设上，需要将三维模型等空间数据实体化，并给每个实体单元一个统一的空间身份，三维模型实体化的过程还需要提升自动化水平。

4.2　构建目标和主要任务

4.2.1　构建目标

构建自然资源多源时空自动化处理体系，旨在解决调查监测中海量多源时空数据的快速处理问题。其目标是充分利用云存储、高性能计算、人工智能等新技术，构建以算法为基础、知识为引导、服务计算为支撑的多源时空数据自动化处理系统，实现调查监测底图快速生产、要素自动分类和变化智能提取、"互联网＋"内外协同处理、自然资源统一数据质量检查和真实性验证等。提升调查监测多源时空数据处理的能力、效率和精度，以适应调查监测新要求和满足自然资源管理自动化、智能化、精细化、实时化的需要。

4.2.2　主要任务

围绕实现上述目标，自然资源多源数据自动化处理体系构建主要从以下五个方面开展：

1. 多源时空数据高性能计算平台

多源时空数据高性能计算平台主要包括物理层、系统层、通信层、业务处理层、应用层。平台的建设任务主要包括高性能计算集群、存储服务器、网络安全设备等硬件支撑，以及并行系统、并行计算模型等软件支持。平台建成后，可实现数据资源的按需利用、算法模型的动态封装与组合、多源海量时空数据的并行处理，支撑云端结合的调查监测数据处理模式，提升多源时空数据处理能力。

2. 调查监测底图快速生产

调查监测底图快速生产的主要任务是基于高性能计算平台，开展包括影像自动纠正、自动配准和镶嵌、匀光匀色等功能的影像自动化处理系统构建。面向自然资源统一调查监测对高精度影像底图、三维模型等的需求，建立统一的控制点库和统一精度的正射影像库，提高正射影像位置精度、匀光匀色质量和自动化生产程度。集成区域网平差、特征匹配、DEM/DSM 生成、DOM 生成等功能，实现立体卫星光学影像、航空多视立体数据的底图快速生产，以及高精度三维地形数据、倾斜摄影三维模型等的快速生成。

3. 自动分类和变化智能提取

自然资源要素自动分类和变化智能提取的主要任务是将多源时空数据与地面调查信息相结合、专家知识与机器智能相结合，构建"像素、目标、场景"三级样本库，逐步提升自动提取和变化识别效率与准确度。面向工程化应用，满足自然资源统一调查监测业务需要。逐步将地理知识、人文知识等与深度学习算法相融合，实现变化信息的精准快速提取，逐步实现山水林田湖草等自然资源全要素变化智能解译。

面向基础调查的业务需要，利用高分遥感影像、地面调查数据、基础底图等多源数据，构建顾及地形、时相差异的地表覆盖样本库及模型库。

面向专项调查业务需求，综合应用基础底图与多源时空数据成果，构建地类变化样本库、变化信息提取模型库。利用人机协同、深度学习等技术，通过发现变化、提取变化、类型确认、信息表达等处理，实现变化信息的准确快速提取。

4. "互联网+"内外协同处理

"互联网+"内外协同处理的主要任务是构建"互联网+"内外协同处理体系,面向林、草、湿地、地表基质、水资源、海洋等专项调查监测的实际需要,研发协同处理技术,对所获取的样地调查、外业调绘、图斑举证、属性调查、斑块调查等数据进行内外协同快速处理,解决各类调查数据格式不一、数据交叉、指标相矛盾等问题。

5. 数据质量检查和真实性验证

调查监测数据质量检查和真实性验证的主要任务是面向调查监测数据生产、存储、交换等全流程,针对可能产生的数据质量问题,构建调查监测数据质量检查体系。综合运用多源时空信息探测技术、大数据管理与云存储技术,构建集自然资源时空信息、生态环境知识、人文地理知识等为一体的自然资源质量知识图谱,以及集卫星遥感、无人机遥感、众源、互联网大数据、监测站点、样地样本、外业巡查等数据为一体的调查监测真实性验证支撑库,确保调查监测数据处理的质量。

4.3 总体框架

自然资源多源时空数据自动化处理体系构建应按照以算法为基础、知识为引导、服务计算为支撑的技术思路,构建基于云基础设施的开发、可扩展的高性能计算框架。总体框架具体由四个结构层次和两大保障体系构成,主要包括基础设施层、数据存储层、算法层和服务层,以及数据标准与规范体系、运行管理与安全保障体系。其总体框架图如图4.2所示。

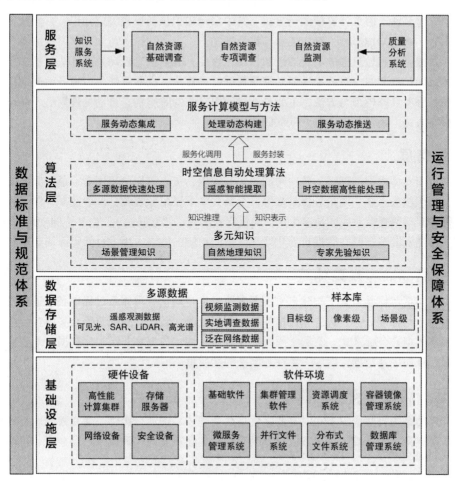

图4.2 多源时空数据自动化处理体系构建总体框架

4.3.1　基础设施层

基础设施层主要由硬件设备和软件环境两部分组成。高性能计算集群、存储服务器、网络设备、安全设备是直接支撑自然资源多源时空数据自动化处理体系的硬件资源。硬件设备层在设备运行环境的基础上，通过虚拟化技术将物理服务器、存储以及网络资源虚拟化，并形成相应的虚拟化资源池供上层调用，实现资源动态按需调度。软件环境架构于硬件设备之上，其包含操作系统、集群管理软件、数据库、资源调度系统、容器镜像管理系统、微服务管理系统等众多软件和支撑软件平台，是各类服务与底层硬件设备之间的桥梁。

4.3.2　数据存储层

数据存储层即核心数据区，为各类应用和服务提供数据支撑，主要分为多源数据、样本库，其中多源数据有遥感观测数据、视频监测数据、实地调查数据、泛在网络数据，样本库包括像素级、目标级、场景级等。同时，为各类数据的深入分析与数据抽取挖掘提供数据保障。

通过对时空数据资源进行科学的分类组织，采用统一的建设规范和数据交换标准，确保信息资源在采集、处理、传输以及分析、管理和共享的整个流程中能在各系统间顺利地交换，以实现知识管理和决策支持的目标。

4.3.3　算法层

算法层主要是封装用于自然资源多源时空数据自动化处理的各种算法，主要包括多元知识、时空信息自动处理算法、服务计算模型与方法。其中多元知识包括场景管理知识、自然地理知识、专家先验知识等，通过知识推理、知识表示等将地理知识、人文知识等与深度学习算法融合，辅助影像数据解译，提高遥感信息提取的精准性和自动化程度；时空信息自动处理算法包括多源数据快速处理、遥感智能提取和时空数据高性能处理等数据处理算法，这些算法可以被灵活的调用，用于时空数据处理；服务计算模型与方法，主要是通过调用封装的时空信息自动处理算法，动态集成、构建计算模型与方法，满足基础调查、专项调查、专题监测等业务需要。

4.3.4　服务层

服务层位于总体框架的顶层，各项功能模块和实现系统直接面向使用者。通过服务层生成的应用服务，如知识服务系统、质量分析系统等，交换共享下层服务资源，调取数据资源、算法资源、计算资源等，实现调查监测底图快速生产、人机交互解译、"互联网+"内外协同处理、知识服务、质量检查等自然资源多源时空数据自动化处理体系的功能，最终应用于自然资源调查监测业务。

4.3.5　数据标准与规范体系

数据标准与规范体系包含了构建自然资源多源时空自动化处理体系过程中必须遵守或逐步形成的各类技术要求与标准规范，包含元数据标准、数据规范、数据交换规范等众多内容。在数据资源建设过程中将数据充分标准化，有利于同时处理海量结构化数据和非结构化数据，形成良好的结构化数据资源，从而保证数据资源的一致性与服务的高质量。

4.3.6　运行管理与安全保障体系

运行管理体系为自然资源多源时空数字化自动处理体系的运行提供一套完善的运行管理机制，满足系统数据更新、运行维护、服务以及升级完善的实际需要，保障体系建设全面、协调和可持续发展。

安全保障体系由安全管理、物理安全、网络安全、系统安全和应用安全等安全措施，以及测评检查及风险评估方法组成，主要是为自动化处理体系提供安全支撑，为基础设施层、数据存储层、算法层、服务层提供安全保障。以保障数据资源的机密性、完整性和可用性为目标，建立健全安全管理机制和机构人员设置，提供网络安全设备、应用监测与审计系统、网页防篡改等安全软硬件系统。如提供 VPN、防火墙、网络入侵检测等安全屏障；提供数据库访问控制、数据加 / 解密、操作审计等安全手段；提供消息传递加 / 解密、身份验证、软件服务的访问控制、审计等安全措施；提供系统日常安全运行的相关管理规范等，保障自然资源多源时空自动化处理体系中的数据资源的安全可靠性。

4.4 多源数据高性能计算平台

高性能计算主要是研究并行算法和进行相关并行软件的开发，它的基本思想是用多个处理器来协同求解同一问题，也可理解为将被求解的问题分解成若干部分，各部分均由一个独立的处理机来并行计算。多源数据高性能计算平台既可以是专门设计的、含有多个处理器的超级计算机，也可以是以某种方式互连的若干台独立计算机构成的集群。通过并行计算，集群完成数据的处理，再将处理的结果返回给用户。面对当前自然资源时空数据体系中海量时空数据处理，常规的计算已完全无法满足需要，高性能计算成为了解决自然资源多源时空数据处理的重要手段。高性能计算平台主要包括高性能计算集群、并行计算框架和并行处理算法等。

4.4.1 高性能计算平台架构和组成

高性能计算平台的组成可以分成 5 层，即物理层（硬件设备）、系统层（并行计算）、通信层（中间层）、数据处理层（并行处理模块）和服务层，其平台架构图如图 4.3 所示。

1. 物理层

物理层包括搭建高性能集群的所有硬件设备。主要包括存储阵列、计算节点和多个交换机以及各种网络设备，它们与用户端相连，构成高速计算网络。

2. 系统层

系统层主要包括并行操作系统、并行文件系统、并行计算框架，提供多种深度学习神经网络模型、大数据处理分析能力和深度学习训练框架，其功能组件支持 Parrots 深度学习框架、MMSegmentation 标准语义分割框架、TensorRT 推理优化器、MMDetection、CUDA 通用并行计算架构、MapReduce 批处理技术框架、Spark 内存计算混合处理技术框架、ONNX 开放神经网络交换格式等。

1）并行操作系统

并行操作系统是针对计算机系统的多处理器要求设计，是一种挖掘现代高性能计算机和现代操作系统潜力的计算机操作系统，能够最大限度地提高并行计算系统的计算能力，它除了完成单一处理器系统同样的作业进程控制任务外，还必须能够协调系统中多个处理器同时执行不同作业和进程，或者在一个作业中由不同处理器进行处理的系统协调。一般来说，Linux 操作系统由于其良好的稳定性和可扩展性，相比 Windows 操作系统而言更适合作为系统层的并行操作系统。

2）并行文件系统

并行文件系统是应用于多机环境的网络文件系统，多台主机上并行读写一套文件系统，每个主机有单独的中央处理器（Central Processing Unit，CPU）和内存，单个数据采用分条等形式存放于不同的输入输出（Input/Output，I/O）节点之上，支持多机多个进程的并发存取，并提供单一的目录空间。在此模式下，所有主机均可通过本机 I/O 对所有的文件进行读写操作。并行文件系统具有分布式、高性能、高扩展等特点。

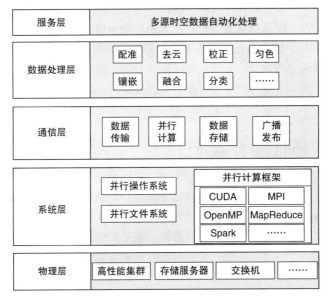

图 4.3   高性能平台架构图

3）并行计算框架

并行计算框架通常指从并行算法的设计和分析出发，将各种并行计算机（至少某一类并行计算机）的基本特征抽象出来，形成一个抽象的计算框架。从更广义的意义上说，并行计算框架为并行计算提供了硬件和软件界面，在该界面的约定下，可以开发并行性的支持机制，从而提高系统的性能。

自然资源多源时空数据，数据量大、数据种类多，基于各节点用户对平台数据的应用需求，充分利用资源，降低数据在网络中传输时间及占用的网络资源，同时提高各计算服务器的使用率，其计算框架应包含两部分：针对传统时空数据处理的性能瓶颈，通过扩展 Spark 的 RDD（分布式弹性数据集）或 Hadoop 的 MapReduce 提供基于高性能计算集群的并行计算框架，提升传统业务处理效率；面向时空大数据分析挖掘提供基于 Spark/Hadoop 的分布式计算框架。

3. 通信层

通信层主要指通过网络通信协议，如传输控制协议/因特网互联协议（Transmission Control Protocol/Internet Protocol，TCP/IP）、用户数据报协议（User Datagram Protocol，UDP 协议，支持各硬件设备之间的通信。各计算机节点之间的数据通信采用消息传递接口（Message Passing Interface，MPI）中间件，计算节点与登录管理服务器之间采用 Socket 的通信方式，客户端与登录管理服务器之间的用户应用管理采用网络通信引擎（Internet Communications Engine，ICE）中间件。

4. 数据处理层

数据处理层主要是利用 MPI 将遥感影像处理的各个功能（如影像配准、影像融合、大气校正、云雾去除等）实现并行化，并通过 TCP/IP 通信技术对集群系统状态进行监控。

5. 服务层

服务层可根据用户对遥感数据处理的不同需求选择相应计算功能，如影像配准、自动拼接、影像分类等，也可以对集群系统进行状态查看。

4.4.2 高性能计算集群

高性能计算集群（High Performance Computing，HPC）实际上是通过并行计算来实现计算性能的提高，它包括支持并行计算的相应软硬件环境，主要用于处理复杂的计算问题。高性能计算集群在计算过程中，各节点是协同工作的，它们分别处理大问题的一部分，并在处理中根据需要进行数据交换，各节点的处理结果都是最终结果的一部分。

1. 常见的高性能计算硬件平台

常见的高性能计算硬件平台有 Linux 集群平台、GPU 平台和集成众核 MIC 平台等。Linux 集群分为科学集群、负载均衡集群和高可用性集群三类。GPU 平台极大地促进了计算机图形处理速度和质量的提高，因此，在遥感影像的集群处理中也有广泛应用。基于 Intel 集成众核 MIC 平台是 Intel至强处理器的下一代平台，相比其他通用的多核至强处理器，它的优势在于处理复杂的并行应用。

2. 高性能计算集群架构

高性能计算集群架构是由一系列的分布式集群处理立方体为单元组成的，分布式集群处理立方体主要由通讯服务器、中控与备份服务器及若干个计算与存储服务节点组成。其中，通信服务器负责分布式集群处理立方体的网络传输；中控与备份服务器负责分布式集群处理立方体中消息总线控制与基础数据备份；计算与存储服务节点是分布式集群处理立方体中数据处理、存储与对外服务的工作单元。计算与存储服务节点是一个具备大容量存储能力的计算服务器，由高性能 CPU、GPU、SSD 以及存储磁盘阵列组成。用于处理集群系统所需的基本参数、程序、模型、算法等要素存储于独立的高性能固态硬盘中，有利于系统维护升级，而时空数据、信息产品等内容则存储在大量的磁盘阵列内，以确保数据的安全和高效率处理。

在物理部署上，采用虚拟节点，构造云平台集群、GIS 计算集群、负载均衡集群，通过分布式并行计算，实现存储、分析、计算效率的大幅度提升，如图 4.4 所示。

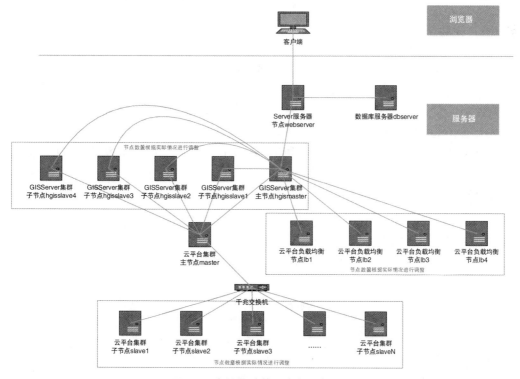

图 4.4　高性能计算平台物理部署图

目前，时空数据高性能处理方法研究主要在高性能集群技术，它采用并行计算技术，结合适当的集群管理软件，对单一的数据处理任务进行划分，从而达到高效处理的目的。集群计算技术能够很好地解决大部分的数据处理效率问题。

4.4.3　并行计算框架

高性能计算是计算机科学的一个分支，是指从并行算法、体系结构和软件开发等方面来研究开发高性能计算机的技术，核心技术是并行计算，它也是相对串行计算而言的。并行计算是指同时使用多种计算资源解决计算问题的过程，是提高计算机系统计算速度和处理能力的一种有效手段。

在时空数据处理领域中，并行计算设备是通过服务器或安装了 GPU 的服务器或工作站等计算设备，通过传输网络和集群技术彼此连接，组成并行计算的计算单元。通过并行计算环境构建一套适用于批处理计算、实时计算、迭代计算等不同计算场景的混合计算环境和计算模型。并行计算框架有很多，在遥感图像处理领域常用的并行计算框架对比情况见表 4.1。

表 4.1　并行计算框架对比表

并行计算框架	优　点	缺　点	遥感领域应用
MPI	有良好的可移植性、可扩展性和适用性	容错性差，调试难度大，动态负载平衡困难	遥感影像金字塔创建、影像压缩等
OpenMP	编程容易	只能用于单机多 CPU/ 多核并行	遥感影像分类、影像增强等
CUDA	联合 CPU+GPU 协同处理	对不能大量平行化问题处理效果不佳	遥感图像配准、校正、拼接等
MapReduce	处理海量数据集，扩展性好，容错性强，极高的缩放能力	处理速度相对慢	高光谱影像分类、影像切片、参数反演等
Spark	处理速度快、具有多样性、易于编写	需要高内存支持，相比磁盘空间成本高	遥感图像镶嵌、分类等

1. MPI 并行框架

MPI 是一种广泛的并行编程模型，它通过标准库函数接口实现分布式平台上的消息传递，本质上是基于消息传递编写的并行程序函数库，具有通信性能高、程序可移植性好的特点，是目前最重要的并行编程工具之一。

MPI 主要由标准消息传递函数及相关辅助函数构成，进程通过调用这些函数通信。具体来说，MPI 消息传递过程可以分为消息启动、消息发送、消息接收三个阶段。

MPI 既可以运行在多处理器系统上，也可以运行在分布式系统中，具有较强的适用性，是目前遥感并行计算中使用的最广泛的并行编程模型。基于 MPI 的影像金字塔并行构建，解决了影像金字塔创建的效率问题，也有研究人员针对遥感图像压缩和解压缩环节，对小波变换和 EBCOT 编码进行了 MPI 并行化处理，大大提高了压缩和解压缩的效率。

2. OpenMP 并行框架

共享存储并行编程（Open Multi Processing，OpenMP）API 是由世界主要的计算机硬件厂商和软件厂商共同提出的标准，它是一套具有可伸缩的支持跨平台的共享内存方式的多线程并发的编程 API，其主要由编译器指令、函数库和能够影响运行行为的环境变量组成。

OpenMP 是基于许多编译指导命令的共享内存下的并行程序设计模式，它的抽象程度比较高，且具有良好的可移植性。这种程序设计模式可以使编程人员从复杂的细节中解脱出来，令并行化的过程变得简单和高效。

一般情况下，OpenMP 建立在共享存储的计算机上，是一种典型的共享存储模型，它利用线程来达到程序并行执行的目的。随着多核 CPU 的普及和广泛应用，利用 OpenMP 计算模型在遥感影像分类、遥感影像增强等处理方面取得了成功应用，提升了处理的并行化程度，提高了遥感影像处理效率。有研究人员非常成功地利用 MPI+OpenMP 混合架构完成高效的遥感图像分割、遥感图像道路信息提取、SAR 图像处理与目标识别、高光谱图像处理等方面的应用处理。

3. CUDA 并行框架

CUDA 通用并行计算架构是由 NVIDIA 公司提出的，主要优点是在开发中能充分利用 CPU 和 GPU 的各自优点，可以联合 CPU 和 GPU 协同处理问题。结合 CUDA 实现的遥感并行计算比较常见，基于 GPU 的遥感并行计算也都是使用 CUDA 并行编程模型实现的。近年来 GPU 在遥感应用得到了广泛的应用，有研究人员通过 CPU+GPU 集群架构实现了遥感图像配准、遥感图像校正、遥感图形拼接等计算密集型应用的并行化处理，大大提高了处理效率。

4. MapReduce 框架

MapReduce 是 Google 提出的一个软件框架，是用于大规模数据集并行计算的一种编程模型，基于它写出来的应用程序能够运行在由上千个普通商业机器组成的集群上，并以一种可靠容错的方式并行处理大规模数据集。MapReduce 并行计算模式对任务的处理分为映射（Map）和化简（Reduce）两个阶段，这种设计极大地方便了用户将程序运行在分布式系统上。MapReduce 数据处理采用"分而治之"的策略，先通过 Map 程序将数据切割成不相关的区块，分配给大量计算机处理，达到分布式运算的效果，再通过 Reduce 程序将结果汇总输出。

相对传统的并行模型，MapReduce 具有可扩展性良好、容错性强以及编程较简单等优势，可部署在几千台的超大规模集群上，它可以处理具有超大规模数据的业务场景，为传统大规模遥感影像并行处理提供了一种新颖的、强有力的工具。目前，有研究人员在生态遥感参数反演、高光谱遥感影像分类、空间敏感性分析、气象遥感数据挖掘、遥感影像切片化服务等方面利用 MapReduce 计算模型取得了一定的成功，提高了各遥感数据处理环节的效率。

5. Spark 框架

Spark 是用于规模数据处理的统一分析引擎，通常运行在集群之上，提供强大的并行计算能力，Spark 属于广为人知的 Hadoop 生态圈，可以对 Hadoop 下的数据源进行读取，Spark 将中间结果保存在内存中，不需要进行磁盘 I/O，因此在进行多次数据计算迭代时，Spark 具有更好的性能，Spark 也被称为继 MapReduce 后的下一代计算分析引擎。

Spark 以弹性分布式数据集 RDD（Resilient Distributed Dataset）数据结构为中心，是对分布式内存的抽象使用，为用户提供了一个用于隐式数据并行和容错性的完整集群编程接口，保证了高容错性和高可伸缩性。目前，遥感领域的研究人员已经尝试利用 Spark 框架处理遥感大数据问题，并取得了一定的成效。

4.4.4 多源时空数据并行处理策略

时空数据处理的量都非常大，常以 GB、TB 计，其计算量和机器耗费的时间随原始数据的大小呈线性增长，尽管计算机技术不断发展，但目前的计算机处理能力似乎难以赶上时空数据的增加速度。由于时空数据处理算法中常常涉及同一计算的多次重复，因此，采用并行处理是解决时空数据处理工作量大的一种较好途径。

并行算法是适合在并行计算机上实现的算法。Kung 于 1980 年在《并行算法结构》一文中将并行算法定义为"多个并发进程的集合，这些进程同时并相互协作地进行处理，从而达到对给定问题的求解"。一个好的并行算法应该能够充分发挥多处理机的计算能力。在时空数据处理中，针对不同的处理阶段，有不同的并行计算方法，下面介绍几种常用的时空数据并行处理算法。

1. 基于 MPI 的遥感数据并行处理通用策略

遥感数据并行处理通用模型是一种细粒度、中粒度和大粒度相结合的遥感图像处理并行实现方法。它具有通用型和快速性两个特点，主要表现在：第一，在如影像滤波增强、影像融合、多源遥感影像配准、多景影像镶嵌、专题图制作等方面，对用户要求的任何一种遥感影像处理，均可以根据遥感数据并行处理通用策略实现，具有通用性的特点；第二，在并行处理通用策略的支持下，遥感数据处理任务是由多个处理单元同时执行的，大幅提高了处理速度，具有快速性的特点。

按照遥感影像处理时各进程承担的任务粒度不同，遥感数据并行处理通用模型主要有四种并行处理方法，具体可分为细粒度算法分解、中粒度数据分解、中粒度功能分解和大粒度任务分解。通常，在实现并行算法时，这四种方法结合使用，可以最大化提高数据处理的速度。

1）任务分解

遥感应用产品的生产通常需要相关子产品的支持。遥感数据处理具有"多级任务生产模式"的特点，遥感应用的产品也各有不同，不同的影像产品需要不同的子产品类型。建立影像产品生产模型库，逐级检索生产某种影像产品时所需的相关子产品类型，直至找到所需的子产品或原始数据。子产品生产时，对于不相关的子任务，采用分治处理的原则生产各级子产品，然后利用各个子产品生产得到最终产品。

2）数据分解

根据遥感数据处理的"大数据量"的特点，将参与运算的遥感影像根据一定的区域分解策略分解为若干个能够相对独立操作的影像块，并分配给多个子节点执行，各子节点不断循环读取影像块，分别进行处理并写入，直到所有的影像块处理结束并保存。

分块机制是降低单次数据处理量的常用策略。在海量遥感影像处理中，数据分块是常用的处理模式。主进程按影像块的编号从小到大依次处理，并将处理结果返还给主进程，直至所有影像块全部处理完毕为止。

3）功能分解

根据遥感数据处理的"功能可分解、支持处理流程定制"的特点，可以将遥感影像处理的内部过程看作是一个影像处理链，作为遥感影像并行处理的基本单位。它是由相关空间模型组件构成一组指令集，用来生产某一特定影像产品或影像相关产品。各空间模型组件分别代表输入数据、操作函数、运算规则和输出数据。自动化处理技术和可视化流程定制技术可以实现自动处理和数据处理功能的灵活定制。

4）算法分解

根据遥感数据处理的"图像运算区域大小不同、支持算法分解"的特点，将图像运算分为点运算、局部运算和全局运算。完成影像产品生产的过程通常是由若干简单的函数对单个像素或多个像素值经过各种组合来完成的，如算术运算（+、−、*、/、%）、关系运算（>、<、==、<=、>=、!=）、逻辑运算（!、&&、|）、位运算（<<、>>、~、|、^、&）等。由于每个像素通常存储在不同的处理器中，因此需要一定量的并行数据交换运算。对于遥感影像处理中多个像素的局部运算或全局运算，如中值滤波、图像锐化、图像平滑、边缘检测等，都可以设计不同的并行算法进行计算。图 4.5 描述了 3×3 图像局部求和算法分解策略。

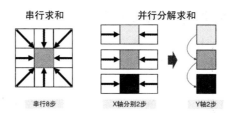

图 4.5 3×3 图像局部求和算法分解策略[1]

2. 基于像素点的并行计算策略

遥感影像数据量大，本身具有规整的几何结构，大部分处理过程中，彼此空间上的交互不多，对于这类算法，通常采用区域分解策略进行遥感影像处理。

对于点处理算法来说，像素点的计算结果与该点的位置信息无关。因此，对该类算法进行并行化设计的时候，不需要考虑数据块的大小和形状，只需要满足所有划分后数据块的并集等于待处理影像的大小这一基本条件。遥感影像融合运算是一个典型的遥感影像点处理算法。

3. 基于局部的并行计算策略

线处理算法和基于区域的遥感影像处理算法统称为局部遥感影像处理算法。该算法将区域范围内的像素通过加权计算得到像素点值，其中，区域范围内的像素包括线处理中的同行或同列元素、滤波运算中的滤波算子等。基于局部的遥感影像并行处理算法很多，如图像增强、平滑等影像滤波方法，影像滤波是一种经典的基于局部的并行处理算法。

4. 基于全局的并行计算策略

基于全局并行计算策略的全局性，每一块在计算过程中都需要用到其他块的信息。因此，在计算过程中块与块之间需要进行通信。其具体步骤如下：

（1）输入原始影像。

（2）配置并行计算环境。

（3）主进程依据数据分解策略对输入影像进行数据划分处理，对于基于全局的遥感影像并行处理算法，采用条形数据分解策略，包括按行分块和按列分块两种。

（4）主进程将影像块分别分发给各个进程，并记录进程号与影像块之间的对应关系。

（5）从进程接收主进程发送过来的数据，并判断是否是影像块，若不是，则结束进程；若是，则执行下一步。

（6）从进程处理接收到的影像块，统计局部信息，通过规约将块局部信息发送给主进程。

（7）主进程对通过规约运算得到的各从进程的局部信息进行汇总，并通过一定的运算将得到的全局信息通过广播的方式发送给各个进程。

（8）从进程接收广播消息，运用该全局信息对影像块进行后处理。

（9）从进程将处理完的影像块发送给主进程。

（10）主进程接收从进程返回的影像块，并根据影像块与进程号之间的映射关系将影像块写入输出影像的相应位置。

（11）主进程发送结束标志给从进程。

（12）所有从进程结束以后，结束主进程。

1）史园莉，李海涛.遥感数据集群处理系统架构设计与实现.中国测绘科学研究院.

4.4.5 MapReduce 遥感并行算法设计模式

MapReduce 遥感并行算法设计模式包括独立式 MapReduce 遥感并行算法设计模式和组合式 MapReduce 遥感并行算法设计模式两种。独立式 MapReduce 遥感并行算法设计模式主要针对的是单个具有独立遥感运算功能，且独立输入和独立输出的遥感处理算法。例如单个 NDVI 计算算法，输入为遥感红外波段和近红外波段反射率的栅格影像，经过算法处理，输出 NDVI 指数栅格影像。而这两个输入波段反射率的计算则不包含在单个 NDVI 算法中。

复杂的遥感算法或遥感处理流程通常都由多个这样的独立遥感算法组合而成，组合式 MapReduce 遥感并行算法设计模式则主要针对这些复杂的遥感算法及流程。基于自然资源时空数据复杂性特点，在实际的遥感影像处理流程中，许多任务是很难用一个 MapReduce 作业就可以完成的，需要灵活组合这些 MapReduce 作业来实现更复杂的遥感影像处理过程。下面主要介绍组合式 MapReduce 遥感并行算法设计模式。

组合式 MapReduce 遥感并行算法设计模式是指由多个 MapReduce 作业组合实现的遥感算法或流程的设计方法，主要包括顺序组合式结构和依赖关系组合式结构两类。

在组合式 MapReduce 遥感并行算法设计模式中，一个由独立式 MapReduce 遥感并行算法设计模式实现的遥感并行算法为一个遥感 MapReduce 单元，顾名思义，组合式 MapReduce 并行算法是由多个遥感 MapReduce 单元组合而成的。

1. 顺序组合式结构

顺序组合式结构是遥感影像处理中最常见的组合模式。在顺序组合式结构中，每个遥感 MapReduce 单元按照前后任务间的执行顺序连接为一个队列，排在前面的处理单元输出作为后续单元的输入，自动完成顺序化的执行流程。

顺序组合式结构示例如图 4.6 所示。在顺序组合结构中，每个块作为一个遥感 MapReduce 单元，分别在单个 MapReduce 作业中实现图像的几何纠正、反射率计算以及植被指数计算的并行化处理。在这个处理过程中，将原始影像输入几何纠正并行处理单元，并行处理完成后，几何纠正并行处理单元将纠正后的图像产品输出到分布式文件系统路径中，接下来开始执行反射率计算。对于反射率计算单元，其分布式文件输入路径就是上一步几何纠正单元的产品输出路径，它是基于上一单元的处理结果进行接下来的并行处理。同理，反射率并行计算单元处理结束后，NDVI 并行计算单元开始执行，在反射率计算产品基础上进一步处理，最终生成植被指数产品。

图 4.6　顺序组合式结构

从以上处理流程可以看出，顺序组合式结构将三个 MapReduce 作业任务连接了起来，实现了将原始影像转化为植被指数产品的并行处理。前一个遥感 MapReduce 单元输出的结果，作为后一个并行处理单元的输入。这种组合模式符合遥感影像的流程式处理特点，在实际遥感处理应用中具有最好的适用性。在处理过程中，生产得到的中间产品，如几何纠正产品、影像反射率产品等，也可以根据需要选择保留或者删除。

迭代组合式结构是顺序组合式结构中的一种特殊形式。与顺序组合式结构不同的是，迭代组合式结构中，遥感 MapReduce 单元的输出结果不是传递给其后续处理单元，而是作为该单元下一轮执行的输入数据，形成一个迭代循环处理过程，直到满足循环停止条件才结束。其结构流程图如图 4.7 所示。

迭代组合式结构适用于一些需要使用迭代方式不断逼近最终结果的遥感算法，即递推型算法。

通常在这种类型算法中，单次 MapReduce 作业只能完成一轮求解过程的并行化。因此，需要将上一轮的结果重新作为输入，进行下一轮的 MapReduce 作业，直到达到满意结果或者达到预设迭代轮数为止。这种迭代式算法在机器学习领域较为常见，而在遥感影像处理中，此类算法常用于影像非监督分类。比如遥感非监督分类中广泛使用的 K-Means 聚类算法。

2. 依赖关系组合式结构

依赖关系组合式结构中，遥感 MapReduce 单元间并不是按线性方式顺序组合，而是按照单元间的依赖关系进行组合。其结构如图 4.8 所示。

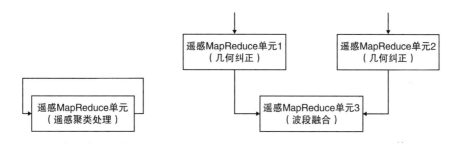

图 4.7　迭代组合式结构示意图　　　　图 4.8　依赖关系式组合结构示意图 [1]

它由三个并行处理单元构成，其中遥感 MapReduce 单元 1 和遥感 MapReduce 单元 2 是互相独立的，分别对遥感影像不同波段图像进行几何纠正处理；遥感 MapReduce 单元 3 依赖于遥感 MapReduce 单元 1 和遥感 MapReduce 单元 2，对它们几何纠正处理后的输出结果进行波段融合，所以遥感 MapReduce 单元 3 仅当遥感 MapReduce 单元 1 和遥感 MapReduce 单元 2 都完成后才会执行。

MapReduce 通过 Job 和 JobControl 类为这种依赖关系组合提供具体实现方法。Job 维护了各并行处理单元的配置信息和依赖关系，而所有处理单元都会加入 JobControl 中，由它来控制整个流程执行。

对于遥感 MapReduce 单元 1 和遥感 MapReduce 单元 2 来说，由于两者之间不存在依赖关系，因此这两个作业是可以同步执行的。而当遥感影像处理流程很复杂时，这种依赖关系组合式框架也会相应变得复杂，因此很容易出现多个 MapReduce 作业可同时执行的情况。MapReduce 对于多个作业的执行有其自己的调度机制，可以选择默认的 FIFO 调度，即顺序队列执行，或者 FairScheduler 实现作业的公平调度。

4.5　调查监测底图快速生产

底图是开展各项调查监测工作的基础，底图的处理速度和计算精度直接影响调查监测内外业工作效率和成果质量及应用。调查监测底图分为光学 DOM、多光谱（高光谱）DOM、光学＋光谱 DOM、三维模型等，其中，光学 DOM 和三维模型底图的应用最广泛。下面重点介绍光学 DOM 和三维模型底图快速生产流程，包括时空数据清洗、DOM 生产流程、三维模型生产流程、软硬件加速和成果底图输出等。

4.5.1　技术路线

调查监测底图快速制作的技术路线见图 4.9。"天空地人网"协同感知网提供海量时空数据，经过抽取－转换－加载（Extract Transform Load，ETL）等流程清洗后，存储于数据仓库。从数据仓库中提取用于制作遥感影像、激光点云、轨道数据、有理多项式系数参数（Rational Polynomial

1）夏辉宇 . 基于 MapReduce 的遥感影像并行处理关键问题研究 . 武汉大学 .

Coefficient，RPC）、高精度位置与姿态测量系统数据（position and orientation system，POS）、控制资料和数字高程模型（Digital Elevation Model，DEM）。在 DOM 处理中，经正射纠正、融合、增强、镶嵌、裁切、分幅、拼接后，输出 DOM 底图。在三维建模中，经空三加密、三维重建、场景修饰、模型单体化后，输出三维模型底图。上述处理过程均在高性能异构集群和分布式并行计算框架下进行软硬件加速。

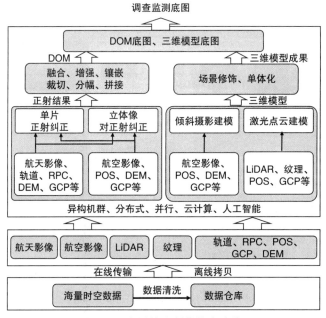

图 4.9 底图快速制作技术路线

4.5.2 时空数据快速清洗

海量时空数据清洗是利用人工智能、大数据、知识图谱等技术，按照设计好的清洗规则或算法将原始的多源异构数据，转化为满足调查监测所需的标准数据。数据清洗的一般过程是：对协同感知网提供的多源异构数据进行分析确定需要清洗的数据，定义数据清洗规则，制定清洗算法，对数据进行半自动或自动清洗，实现调查监测数据成果在初始状态下的统一管理。由于调查监测的时空数据量巨大，通常采用自动清洗的方式来完成。

1. 清洗技术路线

多源异构时空数据清洗的技术路线见图 4.10。技术路线共分为四个部分，第一部分是收集"天空地人网"协同感知网获取的时空数据，其具有海量、结构化、半结构化、非结构化、时空属性等特征；第二部分是通过在线、离线方式实现数据存储；第三部分是采用 ETL 等工具实现数据清洗；第四部分是将清洗过后的标准数据组织编目并放到数据仓库中，供后续数据处理调用。

2. 清洗流程

1）数据质量检查规范规则建立

建立数据质量检查规范规则旨在通过建立数据分析与检查、数据映射与抽取、数据预处理、对象编码与关联关系、质检审核等操作的规范处理流程，形成不同类型数据清洗的统一的技术规范、统一的对象编码、统一的元数据组织，以数据清洗模型设计为基础，对调查监测数据进行清洗，包括对各类数据进行转换和规范化处理，使之符合自然资源一体化数据库模型的设计要求。

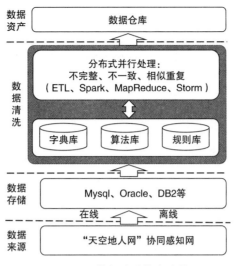

图 4.10　数据清洗技术路线

2）数据清洗内容与流程

时空数据清洗内容包括不完整性检查、不一致性检查、相似重复检查、数据拓扑清洗等。它们的清洗流程如图 4.11 所示。

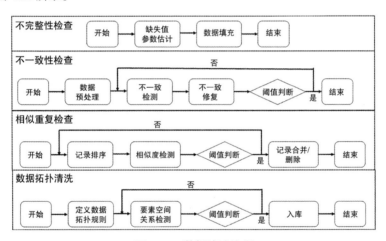

图 4.11　数据清洗流程

（1）不完整性检查：

① 对获得的数据源进行缺失值的参数估计，为后续的数据填充提供依据。

② 根据数据填充算法对不完整数据进行缺失值的数据填充。

③ 输出填充后的完整数据。

（2）不一致性检查：

① 将数据源按照规定的数据格式进行检测，并执行预处理，方便后续处理。

② 对预处理后的数据进行数据不一致性检测，如果与原始的数据完整性约束不一致，则进行数据修复。

③ 将修复后的数据还原为原格式，方便其他工序使用。

（3）相似重复检查：

① 通过对源数据库属性字段的分析，找到属性的关键值，并根据关键值对源数据库中的数据记录进行排序，可以选择自上而下或者自下而上的顺序。

② 按顺序扫描数据库中的每一条记录，并将它与相邻的记录进行比较，进行相似度匹配计算。

③ 如果计算出的相似度数值大于系统设定的阈值，说明该记录或连续的几条记录为相似重复记录，则进行数据记录的合并或删除操作；否则，扫描下一条数据记录，重复以上步骤。

④ 当所有数据记录检测完毕，输出最后结果。

（4）数据拓扑清洗：

① 在数据入库之前，对数据进行拓扑检查清洗，保证数据不存在拓扑错误的前提下，进行数据管理与分析。

② 对矢量数据要素间的空间关系与定义的拓扑规则进行检查，检测出存在拓扑错误的数据。

3. ETL 清洗工具

考虑到海量时空数据格式多样、要素复杂、时效性强等特点，数据清洗需具备自动化、实时化和智能化的数据处理能力，能够快速、灵活、精准地响应多样化数据处理需求，支持基于规则引擎、流程搭建方式快速、开放、支持多源异构数据的清洗工具。

ETL 用来描述将数据从来源端经过抽取（extract）、转换（transform）、加载（load）至目的端的过程，常用的 ETL 工具有：informatica、datastage、kettle、ETL Automation、sqoop、SSIS。ETL 提供丰富的基础算子，支持基于流程化动态建模技术，在可视化界面下通过拖拽基础算子形成规则方案，零代码开发或少量编码即可快速构建各类处理工具，可满足复杂多样、频繁变化的自然资源数据处理需求。依托 ETL 工具，构建如异常数据清洗、数据格式清洗、非空间化数据清洗等工具集，为调查监测数据成果整合建库提供基础。

1）异常数据清洗

允许通过条件抽取、过滤、筛选等手段将有问题的数据剔除或转换；同时为了满足特殊转换清洗需求，支持以接口扩展方式创建自定义转换节点，以实现自定义数据清洗功能。

2）数据格式清洗

提供数据格式转换工具，对接入的数据按照标准格式进行转换，便于数据读取识别，如 Excel 转 CSV、txt 转 Excel、SDB 转 SHP、CAD 转 SHP 等。支持 MapGIS 与 ArcGIS、CAD 与 ArcGIS 数据的高效、无损转换。转换后数学精度、图形和属性信息等均无任何损失，如图元个数、坐标、属性、拓扑结构等保证转换前后一致，符号、线型、填充、注释等保证转换前后一致。

3）不同坐标系数据清洗

支持对矢量（*.shp、*.mdb 以及 *.gdb 文件）数据和栅格数据进行单个、批量的坐标转换，转换过程中可以通过勾选的方式切换需要转换的数据库或者数据图层，通过设置地理转换方法进行坐标转换。支持 2000 国家大地坐标系等空间参考坐标系。

4）非空间化数据清洗

将重要非空间业务数据进行空间化处理形成空间图层。空间化工具支持坐标批量空间化、地名地址匹配空间化等多种方式。

（1）坐标批量空间化。对于具有明确空间坐标且格式一致的多条数据信息，如界址点数据、监测站点数据等，利用坐标批量空间化工具可快速实现大数据量的空间化。

（2）地名地址匹配空间化。业务数据借助地理位置描述的信息，如依据人口数据中的地址信息，采用分词技术，通过和地名地址库中的位置信息进行匹配，即可实现含有地名地址信息的非空间数据的空间化。

5）数据关联性清洗

各部门专题数据大部分具有内在关联关系，数据汇聚时，提供数据的关联性清洗工具。关联性清洗处理过程通过规则流程实现，规则的灵活调用和自定义搭建能力，为复杂多变的数据融合关联需求提供支撑。数据关联性清洗方式有以下几种：

（1）业务数据与空间数据具有相应的关联字段。例如用地审批流程与用地数据都有地块信息，可实现业务审批流程与空间数据的快速关联性清洗；耕地占补平衡业务数据与可利用耕地、占用耕地都有耕地信息，可进行三类数据的关联性清洗；矿业权数据与矿产分布、矿产储量数据都有矿产的基本信息，可实现矿产资源数据的关联性清洗。

（2）业务数据与业务审批数据具有关联信息。例如土地招拍挂数据与业务审批流程数据可基于相同地块信息进行关联性清洗。

（3）空间专题数据之间具有相应的关联。多个专题都具有地块编号信息，可以实现跨专题数据的快速关联；根据相同地名地址信息完成空间数据关联，例如在排查非法占用耕地时，通过将建设用地和耕地的位置信息进行叠加分析，实现专题数据的关联。

6）制图标准清洗

支持 ArcGIS、MapGIS、SuperMap 等多个 GIS 平台的制图标准文件转换为符合 OGC 标准的 SLD 文件，满足分布式环境配图需求，支持复杂样式的转换。

4.5.3　DOM 底图生产流程

正射校正是调查监测底图制作中最核心步骤，航天航空影像正射校正具有数据量大、吞吐率高、算法复杂度高、计算密集等特点，在正射校正流程不变的情况下，需要通过软硬件加速才能实现海量遥感影像的快速正射校正。

1．航天影像正射校正

航天影像的成像模型大多是线阵推扫式，线阵推扫式成像方式与传统框幅式摄影测量不同，线阵电荷耦合器件（Charge Coupled Device，CCD）的每一扫描行都具有独立的外参数，其计算复杂度更高。

航天光学影像单片和立体像对的正射校正流程如图 4.12 所示，两种流程需要多源卫星影像、轨道/RPC 参数、控制资料和 DEM 数据等。正射校正可通过 RPC 模型、严格物理模型等，根据 RPC 或精确轨道参数，结合地面控制点，解算外参数，经区域网光束法平差和重采样后得到。光谱影像的正射校正流程与光学影像的一样。

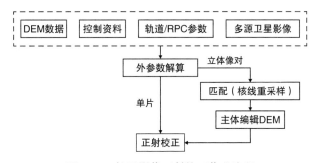

图 4.12　航天影像正射校正作业流程

1）外参数解算

卫星遥感影像进行正射校正的外参数利用以下几种方式解算：

（1）RPC 模型方式。根据卫星影像提供的精确 RPC 参数，结合地面控制点，解算外参数。

（2）严格物理模型方式。利用卫星影像提供的精确轨道参数，结合地面控制点，解算外参数。

（3）其他模型方式。如果卫星影像无法提供精确轨道参数或 RPC 参数，则可用其他模型进行校正，但应确保校正精度。

（4）区域网平差算法作业区域含多景有重叠影像时，可采用区域网平差的方法计算影像的外参数，同轨同时相的遥感影像可以采用先拼接，然后按单景影像进行校正，采用区域网平差和同轨同时相影像拼接后校正，在校正精度满足要求的前提下，可适当放宽控制点布设要求。

2）匹配（核线重采样）

定向完成后，就可以做核线重采样，然后再进行影像匹配。影像匹配是指通过一定的匹配算法，在两幅或多幅影像之间识别同名点的过程。自动匹配寻找同名点的时候，由于同名点必定位于同名核线上，因此需要在核线上搜索，一般数字影像的扫描行与核线并不重合，核线需要重采样才能满足匹配需求。

3）立体编辑 DEM

由系统自动影像匹配生产的 DEM，对于无植被和建筑物覆盖的地表，匹配效果比较好，生产的 DEM 精度比较高，不需要人工干预编辑。而植被和建筑物覆盖的区域均自动匹配在植被和建筑物顶部，阴影区域和大面积水域自动匹配效果较差，这些区域采用自动或人工滤波、局部重构等干预编辑方法进行 DEM 编辑。可以采用数字地表模型（Digtal Surface Model，DSM）自动滤波的方法，提取数字地面模型（Digital Terrain Model，DTM），从而移除地面上的建筑物及植被等信息，提高 DEM 精度。

4）正射校正

影像在成像时，由于成像投影方式、传感器外方位元素变化、传感介质的不均匀、地球曲率、地形起伏、地球旋转等因素的影响，使得获取的遥感影像存在一定的几何变形，影像上的几何图形与该物体在所选定的地图投影中的几何图形存在差异，产生了几何形状或位置的失真。主要表现为位移、选择、缩放、放射、弯曲和更高阶的歪曲。因此，需要借助于地面控制资料以及 DEM，将影像投影到平面上，消除遥感影像的几何畸变，进行几何校正，使其符合正射投影的要求。

2. 航空影像正射校正

航空影像大多是框幅式成像模型，具有分辨率高、航向旁向重叠度大、影像数量多、拍摄角度多样等特点。虽然每张影像只有一个外参数，但其计算工作量仍然巨大。

单片微分和立体像对的航空影像正射校正流程和结果如图 4.13 所示，主要数据源是多视角影像、定位定姿系统（POS）数据、控制点成果。单片微分在上述数据和控制数据进行空三加密后，进行正射校正；立体像对在空三加密基础上，依次开展相对定向、核线重采样及匹配、立体编辑、DEM 生成，再进行正射校正。

3. DOM 底图输出

1）精度检查

航天航空影像完成正射校正，校正精度符合要求后，再检查影像是否存在失真、变形、拉长、重影、扭曲等情况。若存在上述情况，则要编辑 DEM，重新进行正射校正，确保校正结果无上述情况。

2）镶　嵌

检查镶嵌情况，保证地物完整性，镶嵌线两边的影像密度、反差、色彩要一致，不应存在整体明显的视觉差异。镶嵌线检查后，充分利用自动调节色调和对比度功能开展影像镶嵌工作，减少人工修改工作量。

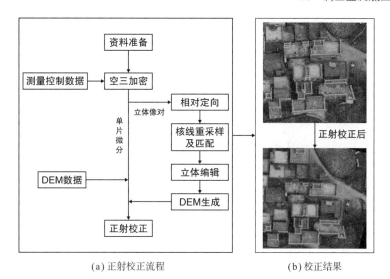

(a) 正射校正流程　　　　　　(b) 校正结果

图 4.13　航空影像正射校正

3）影像匀光匀色处理

选取代表性的影像进行色彩的调节，使调节后的样板影像色调一致，反差适中，色调均匀，纹理清楚，层次丰富，无明显失真，灰度直方图呈正态分布。再使用样板影像对区域或类型的影像分别进行匀光匀色处理。匀色前后对比图如图 4.14 所示。在匀光匀色时，应注意不同处理算法的匀光效果，视情况灵活、及时、合理地调整方案，保证最终的影像质量符合要求。

(a) 匀色前影像　　　　　　　　(b) 匀色后影像

图 4.14　匀色前后对比图

4）底图融合

为提高底图分辨率，丰富底图信息量，可以将同源底图的多波段信息或者不同源底图进行融合，消除冗余信息，融合原底图的各自优点。图 4.15 分别是光学高分辨率与低分辨率底图融合结果。

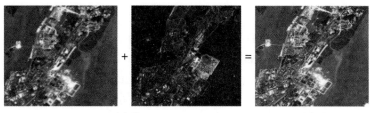

融合前　　　　　　　　　　　融合后

图 4.15　彩色与灰度融合结果

4.5.4　三维模型底图生产流程

在自然资源精细化场景管理中,调查监测的成果数据分析评价和社会化应用对三维模型底图的快速处理提出了更高的要求。一般来说,三维模型底图生产有三种方法。

1. DEM+DSM 法

DEM+DSM 法顾名思义就是利用 DEM、DSM 或遥感影像等构建三维模型底图。若 DEM 和 DSM 属于相同坐标系,相互叠加就可得到三维模型底图。若 DEM 和 DSM 属于不同坐标系,经过坐标转换后,再相互叠加得到三维模型底图。该方法精度较低,主要用于大面积、精度要求较低的地形地貌展示方面。

2. 倾斜摄影建模法

倾斜摄影建模的技术流程见图 4.16(a),数据源有多视角影像(有航向、旁向重叠率)、POS 和控制点成果等数据,经过空三加密、三维重建、倾斜辅助建模、场景修饰和单体化后,得到三维模型成果。该方法精度高,制作工艺流程复杂,数据生产成本高,主要用于局部、精度要求高的区域。

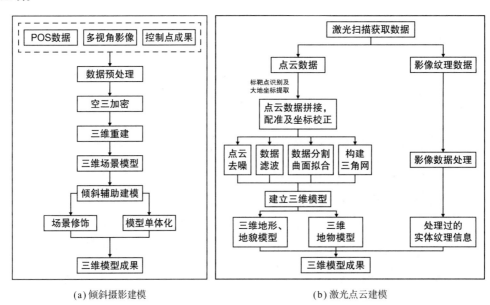

(a) 倾斜摄影建模　　　　　　　　　(b) 激光点云建模

图 4.16　三维模型底图生产技术流程

1) 数据预处理

通过影像数据检查、作业范围确认、相机参数确认、像片位置和姿态数据整理、空三加密成果导入等数据资料预处理,确保用于建模的数据和资料完整,格式正确。

2) 空三加密

对于数据量较大的区域先分成子区域网进行空三,再将分区成果合并。子区域网按照航线和像控点的分布进行划分,相邻子区域之间应重叠两条航线。对子区域网进行连接点的自动匹配、人工补点、平差计算、粗差剔除、控制点转刺、点位调整等操作,直到每个子区域网的平差结果满足要求。子区域网平差达到要求后,将所有子网空三成果进行区域网合并,处理得到测区的整体空三成果。空三加密前应认真核对相机的焦距、像幅大小、像元大小、倾斜角度等相机参数。对像控点和检查点应根据刺点片与点之记,进行综合判点后,精准确定其点位。

3）三维场景模型

模型构建是依次按照密集点云生成、TIN模型构建、模型三角网优化、纹理映射等步骤来完成的。

（1）多视影像密集匹配。基于畸变改正后的多视影像和空三优化后的高精度外方位元素，采用多基元、多视影像密集匹配技术，利用规则格网划分的空间平面作为基础，集成像方特征点和物方平面元两种匹配基元，充分利用多视影像上的特征信息和成像信息，对多视影像进行密集匹配。

（2）构建模型三角网。有效利用多视匹配的冗余信息，避免遮挡对匹配产生影响，并引入并行算法以提高计算效率，快速准确地获取多视影像上的同名点坐标，进而获取地物的高密度三维点云数据，基于点云构建不同细节度的模型三角网。

（3）模型三角网优化。将内部三角网的尺寸调整至与原始影像分辨率相匹配的比例，通过对连续曲面变化的分析，对相对平坦地区的三角网络进行简化，降低数据冗余，获得测区模型矢量架构。

4）纹理映射

纹理映射是指将物体纹理信息映射到模型上，形成模型的真实纹理。实现三维模型纹理映射包括三维模型与纹理图像的配准和纹理贴附。因获取的是多视角影像，同一地物会出现在多张影像上，选择最适合的目标影像非常重要。采用模型表面每个三角形面的法线方程与二维图像的角度关系评价纹理质量，夹角越小，说明该三角形面与图像平面越接近平行，纹理质量越高，使三维模型上的三角形面唯一对应一幅目标图像。再计算三维模型的每个三角形与影像中对应区域的几何关系，找到每个三角形面在纹理影像中对应的实际纹理区域，实现三维模型与纹理图像的配准。把配准的纹理图像反投影到对应的三角面上，对模型进行真实感的绘制，实现纹理贴附。

3. 激光点云建模法

激光点云建模的技术流程见图4.16（b），激光点云数据经过标靶点识别和大地坐标点提取，进行点云数据拼接、配准和坐标校正后，开展点云去噪和构建三角网等操作，通过建立三维地形、地貌、地物模型，再贴上三维实体的纹理信息，即可获得三维模型成果。该方法生产模型精度高，同时生产效率高，适用于大面积城市三维场景构建。

1）数据采集

通过三维激光扫描系统对目标实体的点云数据、纹理信息进行实地获取。

2）数据处理

数据处理包括多站点数据配准、拼接、去噪、重采样等处理。数据拼接与坐标校正是指在相邻区域设置至少三个以上的标靶点，数据采集时将不同站点不同角度扫描得到的点云数据统一到同一坐标系下，再将拼接好的数据转换到大地坐标系下。数据去噪是利用软件中去除噪声、去除特征等功能，结合人工判别的方法删除树木、行人等遮挡被测实体的障碍数据。重采样是对数据进行优化，通过重采样获得大于2mm间距的点云数据，减少数据量，提高分析效率。

3）三维建模

根据不同的点云特征，建立三维空间数据模型。点云建模需要满足两个条件：一是数据必须配准后融合为一个整体；二是重建的模型表面与融合的数据拓扑关系一致。因此在进行建模前，要在软件中对点云数据进行处理，使数据满足建模条件。

激光点云建模的方法有两种：一是点云数据表面模型制作，通过构造三角网格逼近扫描物体表面来构建实体的三维模型；二是几何模型制作，通过分割点云数据来提取实体的几何轮廓从而进行模型重建。

由于激光扫描仪采集的数据是离散的，所以采用数据滤波分类和点云数据与影像数据融合相结合的方法。对于不同的实体类型，应参考点云数据的特点及建模需求选择不同的建模方法。

4.5.5　分布式底图快速生产

传统单机串行处理的模式已不适用于自然资源统一调查监测的需求，不能满足调查监测对底图大范围、高精度、高时效性的需求。如何提高效率、快速生产底图是多源时空数据自动化处理的难点和重点。

1. 技术路线

在底图制作算法固定不变的情况下，采用可扩展高性能异构机群和分布式并行计算框架，构建GPU/CPU 的混合算力池，搭建高性能计算平台，以提高生产效率。

将并行处理、云计算和高性能计算等技术与摄影测量算法相结合，构建从数据导入、密集匹配、联合空三、点云滤波、DEM/DOM 生成、三维重建、影像融合到质量检查的全流程自动处理模式，采用任务分割、影像分块并行计算、多线程和多进程并行加速等方法，实现调查监测底图的快速生产。底图快速生产的技术路线如图 4.17 所示。

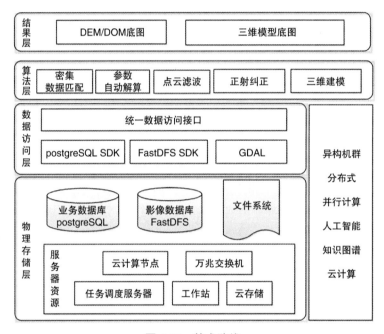

图 4.17　技术路线

1）物理存储层

提供服务器资源、时空数据库系统、分布式文件系统，包括云计算节点、云存储、任务调度服务器、数据库的部署、管理、配置和数据的备份等。

2）数据访问层

提供访问层的统一定义，解决不同库和文件系统的统一访问和图形属性的统一检索。主要提供时空数据的统一访问、分布式计算环境配置接口、算法接口等服务。

3）算法层

提供时空数据访问以及调查监测底图快速生产的应用算法，包括密集数据匹配、参数自动解算、点云滤波、DEM/DOM 生成及校正、三维建模等服务。

4）结果层

面向终端用户生成 DEM/DOM、三维模型等底图。

2. 主要功能

1）自动化密集匹配

影像匹配是提取特征点及自然地物信息的关键技术之一。通过金字塔分层动态窗口匹配等方法，高效、均匀地获取正确的特征点对，为多源遥感影像的批量、自动匹配奠定基础。如图 4.18 所示，通过大区域联合平差方法，极大减少在控制点、连接点编辑的人工干预，显著提高自动化处理程度。

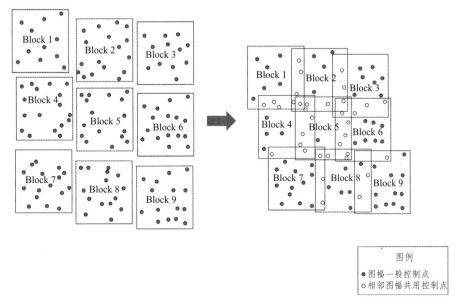

图 4.18　大区域联合平差

2）流程化自动生产

底图生产的一体化、智能化是实现时空数据自动化处理的重要步骤。可通过流程化与交互式相结合的模式提高自动化程度，即在流程配置中选择相应的生产步骤，构建一键式快速生产流程，降低数据处理技术门槛。同时，基于人机交互的作业方式，既保证底图生产的时效性，也提高底图生产的质量。

3）海量数据智能匀光匀色

多源时空数据在采集中，由于传感器及拍摄环境的影响，会在亮度、色彩等方面出现差异，既影响产品的美观，也影响后期应用。可在大区域采用匀色模板基础上，综合多种滤波方法，实现多景影像间平和过度，消除色彩不一致性，达到智能匀光匀色的目的。

4）批量无缝生成接边线

采用人机交互方式解决镶嵌线的编辑，综合中心线法和图切法，结合多尺度自动羽化，消除接边颜色不统一。通过一键式输出、标准分幅输出、矢量输出等方式，实现海量接边线无缝生成。

5）分布式集群解决方案

通过分布式集群生产模式，将并行处理、云计算、大数据、高性能计算等技术与数字摄影测量技术深度融合，搭建从数据导入、匹配、平差、融合到影像质量检查的底图全流程自动生产线，提高底图生产效率。

6）软硬件安全自主可控

为实现数据成果的自主安全可控，优先采用国产化的高性能计算平台和 AI 处理软件，提升时空数据自动化处理中"算力"和"算法"的国产化率。

4.6　自然资源影像智能处理

　　基于遥感影像的自然资源要素提取是调查监测工作中最基础、应用最普遍、投入工作量最大的工作。目前主要采用人海战术，通过人机交互进行目视解译并结合外业图斑核查，劳动强度大、生产效率低、主观因素多，已不能适应新时代调查监测"五全"的新要求，迫切需要引入一种高效、智能、自动化的自然资源要素提取方式。

4.6.1　自然资源要素自动分类

　　当前自然资源监测中存在自动化程度较低、影像分割边界精度低、多特征亟待筛选、时间特征利用不充分等问题。卷积神经网络通过模拟人脑神经元相互传递信息的多层感知机制，自动从大规模数据中学习和提取特征，并把结果泛化到同类型未知数据中，有效避免了因人工参与导致的主观判断错误，实现统一标准的自动生产，从时间、精度和流程三个方面提升传统影像分类工作的速度和质量，被广泛应用于水资源、林地、耕地、道路、农房和建设用地等自然资源要素的自动化分类提取。

1. 自动分类流程

　　基于卷积神经网络模型的自然资源要素自动分类流程如图 4.19 所示，主要分为样本库制作、模型训练和自动分类三个阶段，包括影像预处理、样本库制作、网络训练与试验、提取结果与精度验证、最优化模型确定等关键步骤。

　　1）影像预处理

　　主要对自然资源多源遥感数据进行辐射定标、正射校正、大气校正和图像融合等处理，提高遥感影像质量，为样本库制作和后期智能分类提供高质量数据支撑。

　　2）样本库制作

　　样本库数据量及精度决定了深度学习模型的自动分类精度，主要工作为根据调查监测业务需求，制定自然资源要素分类体系，构建标准统一、尺寸统一、编码统一的深度学习遥感影像样本库。包括样本底图预处理、样本标注、样本库制作、样本库扩充与增强和样本更新等工作。

　　3）网络训练与试验

　　将样本分为训练样本、验证样本和测试样本三类，利用训练样本和验证样本对深度学习神经网络进行训练，不断优化网络模型结构，剔除错误样本，确定最优化的神经网络模型和样本库。

　　4）提取结果与精度验证

　　对各类神经网络模型自动分类结果精度、模型训练效率和自动分类效率等进行综合性评价，确定不同场景、不同任务下的最优化网络模型。

　　5）最优化模型确定

　　通过整合多策略融合的神经网络模型，实现不同网络模型在不同场景下自然资源要素分类提取结果精度和效率横向比较，筛选出该场景下最优化的神经网络模型。

2. 样本库制作与更新

　　深度学习算法中参与的数据越多，算法越有效，因此构建海量、多类型且自迭代更新的遥感影像样本库是实现大范围异构遥感影像高精度智能解译的基础，是解决自然资源全要素自动分类和变化智能提取落地的关键。

　　构建多源时空数据自动化处理系统需要，针对自然资源自动分类和变化智能提取需求，利用可见光、LiDAR、SAR、高光谱、多光谱等多源调查监测数据，按照全面性、代表性、均衡性、正确

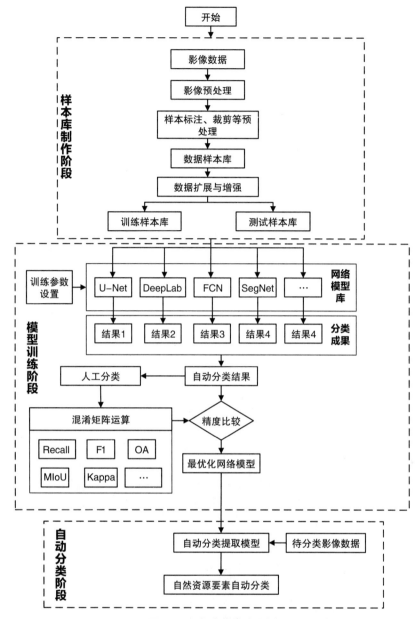

图 4.19 自动分类流程图

性、负样本等原则，构建地物分类、变化检测、目标检测、场景分类、三维重建等多类型样本库。样本数据制作主要有 4 个步骤：样本底图预处理、样本标注、分块裁剪、样本扩充与增强，图 4.20 为样本库制作流程图。

1）样本底图预处理

制作数据集前需要分别对影像底图进行预处理，对于 SAR 数据预处理，除了辐射定标、正射校正、大气校正和图像融合等通用的遥感影像预处理步骤，还包括相干斑噪声处理、极化目标分解等工作。

（1）相干斑噪声处理。由于 SAR 影像存在相干斑噪声，不仅影响影像的目视效果，更会降低数据质量，因此雷达影像使用前必须对相干斑噪声进行处理，以提高图像的信噪比。常用滤波的处理方式对雷达影像进行相干斑噪声抑制，极化滤波的方法较多，Frost 滤波、Kun 滤波、Gamma 滤

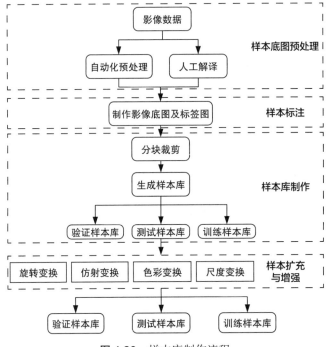

图 4.20　样本库制作流程

波、Local Sigma 滤波和 Lee 滤波等都是常用的处理方法。滤波窗口大小是重要的参数设置，滤波窗口设置较大，容易平滑掉图像细节；滤波窗口设置过小，则噪声去除效果不明显，需要多次对比试验，确定最优的滤波窗口大小，滤波前后对比如图 4.21 所示。

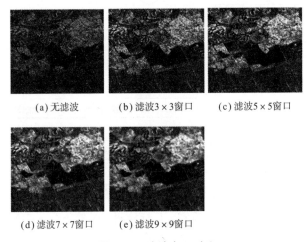

(a) 无滤波　　　　　(b) 滤波 3×3 窗口　　　　(c) 滤波 5×5 窗口

(d) 滤波 7×7 窗口　　　(e) 滤波 9×9 窗口

图 4.21　滤波窗口对比

　　（2）极化目标分解。利用目标分解方法，能够对目标的散射机制和特性进行合理的物理解释，得到反映地物本质特性的极化信息。不同的极化分解方法侧重反映的地物信息不同，为了尽可能全面地获取地物散射特性，选择能够表达不同地物类型特征差异的极化参量，常采用多种极化分解方法，包括 Pauli 分解、Huynen 分解、Barnes 分解、Cloude 分解、Holm 分解、H/A/Alpha 分解、Freeman 分解、Van Zyl 分解、Yamaguchi 分解、Neumann 分解和 Krogager 分解。

　　2）样本标注
样本标注是模型训练前的关键步骤，利用标注软件对数据中目标信息进行标注，并生成标注样本数据，主要分为文本标注（Text、Json）和栅格图像（Tiff）等格式，影像数据与标注如图 4.22 所示。自然资源要素自动分类和变化智能样本库构建常常需要对可见光、LiDAR、SAR、高光谱、多光谱等数据进行标注。遥感影像解译涉及场景识别、目标检测、地物分类、变化检测、三维重建等不同层次的任务，不同任务由于算法不同而要求的标注方式和格式各有不同，不同场景样本标注样式如图 4.23 所示。

 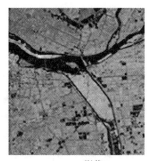 

(a) 正射影像　　　　　　　(b) SAR影像　　　　　　(c) 标签数据

图 4.22 多源影像数据与标注

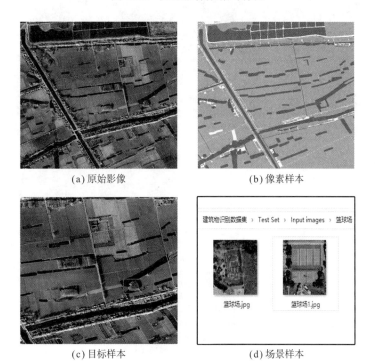

(a) 原始影像　　　　　　　　　　(b) 像素样本

(c) 目标样本　　　　　　　　　(d) 场景样本

图 4.23 不同场景样本标注示例

标注方法主要分为 3 类：

（1）纯人工标注，利用 GIS 软件或者标注工具，对预标注影像进行人工图斑勾绘。

（2）利用已有调查监测成果，通过一系列预处理，直接转化为样本数据。

（3）人机协同作业提取，利用专业遥感软件，对影像数据进行分割解译，输出一份矢量结果，在此基础上进行图斑轮廓的人工调整及查缺补漏，提高标注效率和准确度。

常用的人工标注具体步骤是：根据色调、颜色、形态、影纹结构、分布位置等特征确定各地物类型的遥感影像特征，再利用预处理后的正射影像，借助 ArcGIS 等空间数据处理软件，进行室内人机交互目视解译，建立矢量图层，采用较为圆滑的曲线分类进行图斑勾绘，圈定不同类型要素图斑的空间范围，并添加属性。

3）样本库制作

由于样本底图为高分辨率影像，其样本集是通过野外调查与目视解译形成的，若直接将其输入到深度学习网络模型中会造成内存溢出，需要用户根据模型训练需求设计尺寸大小并进行标准化样本裁剪。

样本选取包括规则格网选取、滑动窗口选取和随机选取三种方法，如图 4.24 所示。规则格网选取是在影像上按用户设计的尺寸大小进行规则格网的裁剪，该方法在样本数量获取和地物间关系识别上的局限性，易造成模型分类结果的不准确。滑动窗口以用户设计的尺寸对影像进行从左到右、从上到下以固定间隔进行裁剪获取样本数据，该方法展现了特征学习的全面性，但滑动间隔的大小难以确定，易造成数据的冗余或缺失。而随机选取同样采用用户设计大小的窗口，对影像进行随机裁剪，简便高效地利用了影像信息，同时增强了样本的多样性。故建议将遥感影像底图及样本标签图采用分块裁剪软件，按随机选取方法同步分块裁切为 256×256 大小。通过这样的操作，既可标准化样本，又可增大样本量，完成初步样本库的构建。

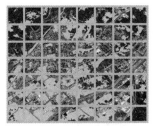  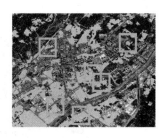

(a) 规则格网选取　　　　　　　　(b) 滑动窗口选取　　　　　　　　(c) 随机选取

图 4.24　样本分割切片样本效果图

4）样本库扩充与增强

深度学习算法中参与的数据越多，算法越有效。如图 4.25 所示，在样本库扩充与增强的过程中，一般利用旋转变换、仿射变换、色彩变换、尺度变换等方法对分割切片影像样本和标签样本进行样本扩充与数据增强。

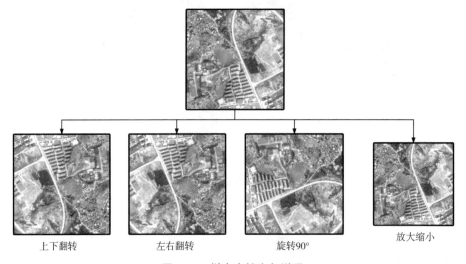

上下翻转　　　　　　左右翻转　　　　　　旋转90°　　　　　　放大缩小

图 4.25　样本库扩充与增强

5）样本采集原则

根据国内外众多遥感影像样本库在各类深度模型训练与验证的应用效果，普遍认为样本库的数量和质量作为深度学习模型成功应用的重要决定因素，严重影响模型训练精度和预测精度，为了使样本标注能客观真实地反映实际地物情况，在标注过程应遵循以下原则：

（1）最大最小范围原则。标注的目标区域要尽量大到包含目标区域的边界，但也要小到除了目标区域边界外，不包含其他物体特征。

（2）宁缺勿错原则。错误的标签对于模型训练过程是很大的扰动，会导致模型训练难以收敛，最终导致模型的泛化性极差、难以拟合等问题，所以标签一定要准确可靠。

（3）所标即所见原则。标注过程中只标注从视觉上确定的目标物体，对于有遮挡或者无法分辨的地物不进行标注，即不添加主观想象力和先验知识。

依据上述原则，对卫星遥感影像的土地利用类型标注，其标注效果如图4.26所示。

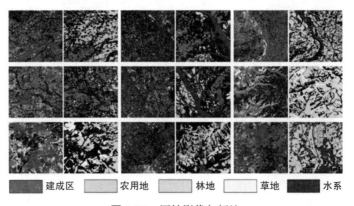

图4.26 原始影像与标注

6）样本更新

样本的好坏对于模型训练结果至关重要。质量较好的样本库能够让模型快速收敛，获取较小的loss值和较高的整体精度。样本更新具体流程为：首先，基于初步构建的样本库，进行网络初步训练，获得训练模型；然后，用获得的初步模型，反过来对样本库进行分类，得到每个样本的提取精度，选取精度阈值，对低于阈值的样本，从样本库中剔除，逐样本遍历，更新样本库，总体循环若干次，得到更为纯净的样本库，作为最终的网络模型训练样本输入，促进模型参数及算法的自优化与改进，并最终实现算法自迭代；同时通过模型精度评价和作业员目测评价的成果自动制作成为新的样本数据，补充进入原有样本库，实现样本自更新，不断扩展样本数量，提高模型提取精度。

3. 模型设计

自然资源要素具有多类型立体分层分布特征、多时相多尺度时空结构特征、自然经济社会和生态权属多重属性，单纯依靠一种神经网络模型很难满足自然资源要素自动分类要求。为适应自然资源要素自动提取复杂场景、多源异构数据等特点，兼顾自然资源要素自动分类模型精度和效率，采用融合国内外主流深度卷积语义分割网络（如FCN、Seg-Net、ResNet、DenseNet、VGGNet、U-Net、DeepLab等）构建自然资源要素自动分类神经网络库，通过分类精度评价和分类效率等进行综合评价，并根据调查监测业务不同的应用场景反复训练挑选适合该场景的预训练模型。

4. 模型训练

卷积神经网络的训练包括前向传播和后向传播两个过程，前向传播预测结果，后向传播误差值。图4.27为网络模型训练流程图。具体流程如下：

（1）将遥感影像与标签数据按照一定的样本选取方式分为训练数据、验证数据和测试数据，其中验证数据集是通过多次使用不断调整超参数的数据集。

（2）训练数据作为输入层，经过编码过程和解码过程的计算、转换后，得到预测结果，此过程即为前向传播。

（3）根据预测结果与标签数据定义损失函数，通过 SGD 优化算法不断地更新权值，使误差不断减小，提高分类精度，此过程为后向传播。

（4）若随着训练过程的进行，训练集上的误差减小，而验证集上的误差增大，说明网络训练过程中出现过拟合的现象，需要在网络中加入正则项，例如 Dropout、提前终止等。

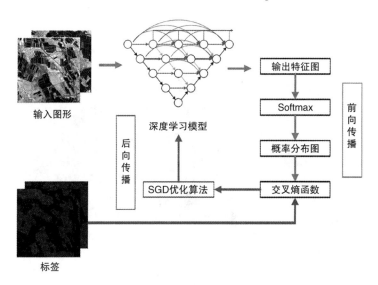

图 4.27　神经网络模型训练流程图

由于模型集合了 FCN、U-Net 和 DeepLab 等多个卷积神经网络，因此，在模型训练阶段需同时将一个训练样本库输入到多个模型中，并触发各个神经网络进行充分训练，训练后得到优化的网络模型，然后将测试图像输入训练好的模型中，得到预测结果，最后系统综合分析模型训练记录中精度评价情况及网络模型计算效率等信息，确定该场景下最优化卷积神经网络。在模型训练过程中，为了控制残差反向传播以及网络的稳定性，统一将各模型学习率的初始值设置为 1×10^{-4}，高斯随机初始化参数，采用 SGD 随机梯度下降法对模型进行训练，利用 Adam 加速神经网络，并使用 ReLU 函数激活。

5. 结果分析

1）模型精度评价

科学、准确的精度评价可以客观、全面地评价分类方法的有效性及稳定性，可为改进分类方法、提高分类精度提供重要的依据和指导。深度学习模型在各类任务中的表现都需要定量的指标进行评估，才能够进行横向的对比比较。利用样本更新后训练所得的模型对测试集数据进行预测，以目视解译结果作为参考标准数据，利用基于对象的评价方法对分类结果进行精度评价。采用检测评价函数 IoU（Intersection over Union）、检测准确率（Precision）、召回率（Recall）和 Kappa 系数等对自然资源要素自动分类结果进行客观评估，作为后期模型参数调整、算法和样本更新的重要参考依据，如图 4.28 所示。

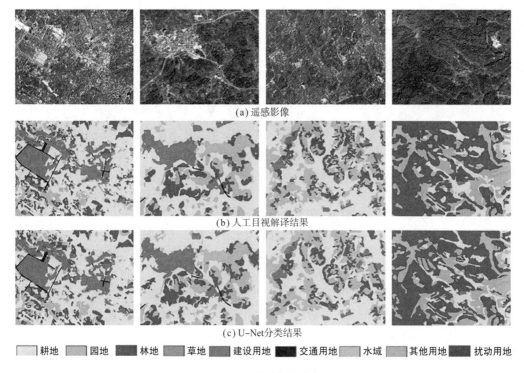

(a) 遥感影像

(b) 人工目视解译结果

(c) U-Net分类结果

☐ 耕地 ☐ 园地 ■ 林地 ☐ 草地 ☐ 建设用地 ■ 交通用地 ☐ 水域 ☐ 其他用地 ■ 扰动用地

图 4.28 土地利用分类精度对比

2）模型效率分析

在自然资源要素自动分类时，不仅需要考虑模型预测的精准度，还需要考虑模型的运行效率，主要涉及模型训练时间及预测时间。

6. 成效评估

通过样本库建立、神经网络模型设计及建立、模型训练及评估优化等工作，初步构建起自然资源要素自动提取的整套技术体系，并成功应用于实际业务中，实现各类自然资源要素图斑边界自动精准划分，准确识别并自动提取地物类型、土地利用分类等属性数据，大幅提升调查监测数据处理自动化程度和要素图斑识别提取工作效率，同时也为后期变化自动提取打下了坚实的基础。

7. 需要解决的问题

基于遥感数据语义分割神经网络模型在自然资源要素自动分类方面虽然取得了良好效果，但仍存在分类精度较低、自动化程度不高、样本库缺少等问题，严重影响了调查监测数据处理效率。

（1）目前基于遥感数据语义分割神经网络模型在自然资源要素自动分类方面取得不错的效果，在实际应用中基本能达到75%左右的识别率，仍需要人机交互识别处理部分未识别图斑，构建大量样本数据集提高模型分类精度。

（2）高分辨率遥感影像的波段数有限，光谱信息不够丰富，一定程度上限制了模型特征学习的丰富度，有必要加入多源数据的信息。

（3）基于卷积神经网络的语义分割模型会出现一些错分类的情况，在影像中同一个对象由于光照、颜色、形状等会呈现出不同的外观特性，深度学习网络却会将同一对象误分类成多种类别，分类后的影像通常存在细小的错分区域，且地物的边界略平滑，因此，有必要加入影像后处理方法来优化分类结果，得到更接近真实地物情况的分类结果。

（4）目前自然资源要素调查监测主要数据源为光学影像，高光谱影像使用较少，但高光谱影像能够精细化反应多种自然资源类别的细微特征，通过基于智能的高光谱遥感影像分类处理，可精细化获取自然资源分类成果，辅助自然资源精细化管理。

4.6.2　自然资源变化智能提取

遥感影像变化智能提取可以确定自然资源要素是否发生变化、判断变化区域的位置、确定变化的类型和特性，是解决自然资源管理"早发现、早制止"难题的关键和有效途径。该技术为大范围高时效动态变化监测提供关键的技术支撑作用：基于不同时相的卫星遥感影像，对土地利用情况进行常态化跟踪监测，建立多项业务化应用专题，如建设用地变化监测、耕地变化监测、土地利用现状变更调查等，从而发现特定时间特定区域面积内自然资源类别变化的情况，辅助国土空间规划监测评估、耕地保护和执法督察等。

自然资源要素变化智能提取的难点在于目标特征复杂多变、尺度多样化、变化目标小、数据稀疏、云雪季节等导致变化干扰多等方面。自然资源要素变化智能提取的核心在于构建面向复杂特征要素变化自动检测方法。然而，变化检测方法种类繁多，在实现自然资源变化检测普适性、自动化和效率等方面各具优缺点，具体变化检测方法对比情况如表 4.2 所示。深度学习能够自动、多层次地提取复杂地物的抽象特征已被证明是一种有效的特征学习手段。深度学习提取出的抽象特征对噪声有很强的鲁棒性，能够处理同源或者异源的多时相遥感影像数据，为真正实现自然资源变化全自动智能提取提供了解题思路和技术方法。

表 4.2　不同变化检测方法优缺点分析

变化检测方法	优　点	缺　点	关键技术
直接比较法	简单易行，方便直观	易受干扰因素影响造成伪变化，难以确定变化类型	变化强度和阈值计算方法的选取
分类后比较法	提供变化类别信息，受大气和传感器等因素的影响较小	需要训练样本，容易累积分类误差	高质量的训练样本和分类算法选取
时间序列分析法	实时变化检测和跟踪变化，并可预测变化	过程复杂，长序列历史数据和样本获取较难	选择鲁棒性好的模型及适应同时相影像的变化检测

1. 智能变化提取流程

基于卷积神经网络模型进行变化检测可分为三个阶段：样本库制作、模型训练和变化检测阶段，样本库和模型训练阶段工作基本与自动分类流程一致，后期则主要实现变化检测，增加了前后检测影像配准、前后时相影像分类、分类结果变化分析和后处理等步骤，最终获得变化检测成果。详细流程如图 4.29 所示。

2. 前后时相地表覆盖分类

1）数据预处理

由于传感器采集的前后时相影像存在地理位置偏差，前后期影像自动分类后地表覆盖极易因为坐标偏移产生误提取，所以影像分类前必须对前后两期影像分别配准，其余底图预处理工作与要素分类模型一致。配准基本流程如下：

（1）建立参考坐标系统。以两张影像中的一张作为参考图像，建立参考坐标系；另一张作为待配准影像，建立待配准图像坐标系。

（2）选择匹配点。使用互相关技术实现同名点自动匹配，在少量或无需人工干预的情况下自动定位和匹配同名点，并使用 Forstner 角点算子生成匹配点，最后选择均匀分布、RMS 误差小于 0.5 个像元的同名点作为影像配准控制点。

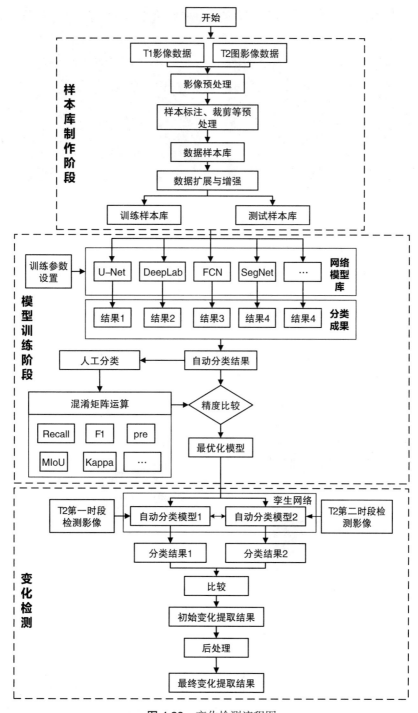

图 4.29　变化检测流程图

（3）坐标变换和重采样。使用多项式模型进行坐标校正，采用三次卷积插值法进行重采样，生成最终的配准影像，如图 4.30 所示。

2）地表覆盖自动分类

将配准好的前后期影像分别输入训练优化后的神经网络模型中，运行并获得前后时相遥感地表覆盖分类结果。

(a) 配准前　　　　　　　　　　　　　(b) 配准后

图 4.30　图像配准结果

3. 变化检测结果比较

通过比较两时相遥感影像分类结果图，可获得前后时相对应的差异图，即初始变化检测结果，如图 4.31 所示。变化检测结果比较方法多样：

（1）使用图像差值法，利用编程提取，利用 Python 语言调用 Pillow 库中的 Image Chops 模块实现。

（2）栅格计算，利用空间分析 GIS 软件对前后两期变化检测结果进行栅格减法计算，得到比较结果，其中未变化值为 0，变化则为其他整数值。

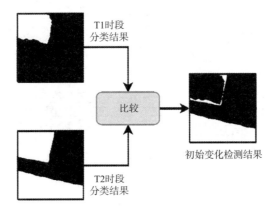

图 4.31　变化检测结果比较

4. 后处理

为消除噪声和剔除意义不大的细节变化，使变化检测结果更加平滑，需要对变化检测结果进行后处理操作。主要使用形态学方法中的闭运算和开运算对检测结果图进行后处理，处理效果如图 4.32 所示。其中，开运算是先腐蚀再膨胀，闭运算是先膨胀再腐蚀。腐蚀操作的作用是消除结果图中小且无意义的像素点；膨胀操作的作用是填补结果图中的某些小孔以及消除小颗粒噪声。可利用 OpenCV 库中的 Morphology Ex 模块编程完成。

5. 结果分析

1）精度评价

精度评价是对整个变化检测过程的总结与分析，通过精度评价能直观地看到变化检测模型的性

(a) 处理前　　　　　　　　　　　(b) 处理后

图 4.32　后处理效果图

能。变化检测问题实际上是一个像素级别二分类的问题，利用各种网络模型进行变化检测之后，采用多个评价指标对变化检测的效果进行评估比较，其精度评价效果如图 4.33 所示。

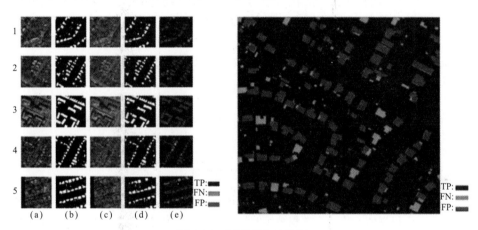

图 4.33　精度评价效果图

在进行变化检测时，常用二值图像表示结果，将变化的像素记为 1，未变化的记为 0。本研究采用准确率（P）、召回率（R）和 F1 指标作为评估指标，相关内容如下：

（1）TP：检测为 1，实际也为 1（检测正确）。

（2）TN：检测为 0，实际也为 0（检测正确）。

（3）FP：检测为 1，实际为 0（检测错误）。

（4）FN：检测为 0，实际为 1（检测错误）。

准确率（P）：表示检测出正确变化像素数与检测结果中检测为变化类像素的百分比。

召回率（R）：表示正确检测出变化的像素数占实际中总共发生变化像素数的百分比。

F1 指标：表示查准率和召回率的综合性评价指标，即准确率和召回率的调和平均数。

2）模型效率评价

在自然资源地表覆盖变化智能提取时，不仅需要考虑变化提取的精准度，还需要考虑模型的运行效率，主要涉及模型训练时间及预测时间。

6. 成效评估

（1）利用深度学习方法实现自然资源变化智能提取，解决了传统变化提取方法自动化程度低、对处理影像数据质量要求高、变化图斑破碎等问题，使得变化提取精度基本满足生产作业需要，为自然资源管理"早发现、早制止"机制建设提供了强有力的技术支撑。

（2）通过样本库的不断积累和模型算法的优化，变化检测精度和自动化程度将越来越高，让作业员从重复枯燥的工作流程中解放出来，人与机器各司其职、各尽其能。通过智能化技术补充和增强人的能力边界，协助作业人员做出更精准、更清晰和更理性的判断；通过作业员视觉感知及认知决策技术进行综合判断与验证，反馈给机器进行自主学习，提升调查监测数据处理全流程智能化、自动化水平。

（3）基于 AI 的影像变化检测技术，能够快速发现特定时间、特定区域内的自然资源类别变化，可以广泛应用于调查监测、国土空间规划监测评估、耕地保护和执法督察等自然资源管理工作中。

7. 需要解决的问题

基于深度学习神经网络模型对自然资源变化进行遥感识别和检测，取得了不错的检测精度，但仍有很大的改进空间，需要解决的问题如下：

（1）尤其对于影像阴影部分，在不同光照条件下阴影方向与范围不一致时，变化检测结果精度往往也不高，目前还没有较好的解决方法，是未来自然资源变化自动提取研究的重点和难点。

（2）由于变化检测对检测数据质量要求较高，大数据背景下，想要整合多源异构监测数据用于变化自动提取，需要大量人力进行数据预处理，严重制约了变化提取全流程自动化程度，因此，需要解决影像全自动配准、特征自动提取、目标自动解译、影像自动融合和数据自动清理等关键性难题。

（3）大多变化检测方法都是利用同一传感器的相同分辨率影像。尽管存在一些多源高分影像变化检测方法，但目前仍没有一个通用、有效的方法。

4.6.3 海量遥感数据的分布式深度学习实现

通过开展多类型监测工作，掌握自然资源的变化信息，解决"变"与"快"的问题。然而深度学习过程通常是一个很慢的过程，当卷积神经网络模型比较复杂或者训练数据集很大的时候，使用单机来进行训练可能要耗费几个星期甚至几个月的时间。因此，有必要使用多个设备同时进行训练，通过并行化来加速这个训练收敛的过程，这也就是分布式深度学习。

从基本的并行化原理上来讲，自然资源要素自动分类和变化智能提取的分布式深度学习分为数据并行（Data Parallelism）以及模型并行（Model Parallelism）。前者指每个设备有神经网络模型的完整拷贝并独立处理其输入数据流，每次迭代后将更新归并到参数服务器上；后者指每个设备有模型的一部分参数，多个设备共同来处理一条输入数据流，并更新各自部分的模型参数。

1. 数据并行实现

数据并行就是把训练样本分成多份分发到各计算节点上，在卷积神经网络的数据并行读取时，需要在每个计算节点上构建相同的卷积神经网络模型，在相同时间节点上，各计算节点只计算完成分发给自己的计算任务。各计算节点完成计算任务后，重新获取新数据块进行计算，直到所有的样本数据都已被训练。数据并行计算的流程如图 4.34 所示。

2. 模型并行计算实现

将卷积神经网络按流程结构分割成若干子网络，然后将这些子网络分配给不同的计算节点，各计算节点负责一部分的网络训练，通过所有节点的并行计算共同高效完成网络的训练。卷积神经网络的训练过程需要很多的迭代运算，所以计算机节点与节点之间的消息传递将会产生大量的通信流量，尤其是在网络中的某一节点出现单点故障时，整个网络的训练都会瘫痪。图 4.35 展示的是将卷积神经网络进行模型并行的流程图。

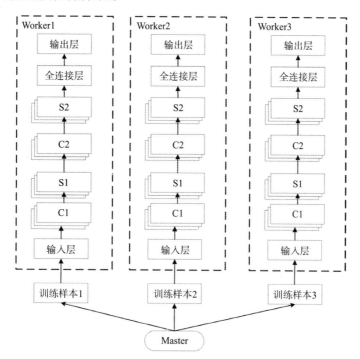

图 4.34 数据并行计算流程图

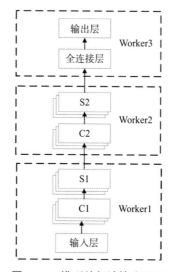

图 4.35 模型并行计算流程图

卷积神经网络在进行数据并行时，计算节点中的卷积神经网络模型相互独立，网络中的 Master 节点主要负责卷积神经网络的初始化工作，向各计算节点分发计算任务，计算神经网络参数以及对最后的训练结果进行汇总。各计算子节点根据主节点的指示，将分布式存储中的训练数据一次性读入内存，通过构建相应的弹性分布式数据集实现卷积神经网络的迭代运算，最后完成卷积神经网络的计算。

4.7   "互联网 +"内外协同处理

面对全社会数字化、智能化转型的时代浪潮,调查监测应积极发挥掌握海量基础数据的优势,充分运用"互联网 +"思维模式,跨界融合高新技术,强化内外协同能力以及多人、多系统、多设备的在线协同能力,创新调查监测数据的获取及处理方式,快速形成可以公开共享的调查监测成果,提升自然资源公共服务水平。下面重点介绍基于"互联网 +"内外协同处理流程,如图 4.36 所示,包括外业调查数据协同处理生产流程、内业数据协同处理流程、图像及视频智能处理流程等。

手机/平板+APP取证拍照   在线看   外业实地核查
互联网 +
全面管   实时查
地方任务管理   加密综合举证数据包
成果在线监管审查

图 4.36   "互联网 +"内外协同处理示意图

4.7.1   内外协同数据处理基本流程

调查监测内外业协同数据处理主要是依托云计算、大数据、互联网等最新技术,通过互联网连通内外业,实现内外业任务协同调度、管理与分发,内外业数据协同处理,数据产品质量实时监督等。其协同处理的总体流程是,管理人员通过系统分发任务,外业人员通过系统平台获取外业调查所需数据,经外业采集数据并通过互联网上传至系统平台,内业人员通过系统平台获取内业生产任务并完成数据成果制作,同时内业人员与外业人员通过平台互相连通,实时反馈工作问题,最后成果数据经质检合格后进行入云处理与成果服务发布,其基本流程如图 4.37 所示。

1. 内外业数据交互流程

内外业数据交互主要实现内外业数据流交互,将内业提取的任务图斑快速下发至外业人员调查 APP 中,并实时将外业举证数据回传至内网平台,供内业人员在线核实,形成内外业协同作业闭环。

目前,GIS 数据内外业交互主要有两种模式:一是动态创建并发布地图要素服务,主要利用 GIS 服务发布系统将图层数据发布为地图要素服务,前后端系统或 APP 同时读取并在线编辑该图层,实现数据交互使用;二是将图层数据转化为 Geo JSON、GPX、KML 等文本格式数据存储在空间数据库内,前后端系统或 APP 通过实时读取、修改数据实现前后方数据交互使用。两种模式流程基本一致,如图 4.38 所示。

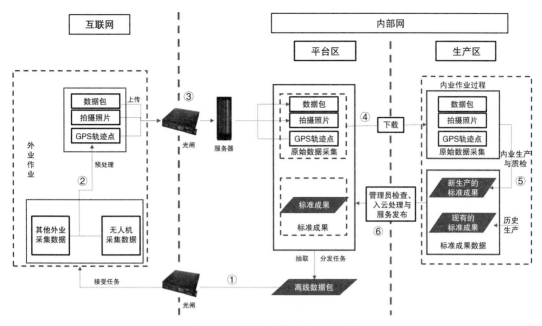

图 4.37 内外协同数据处理流程图

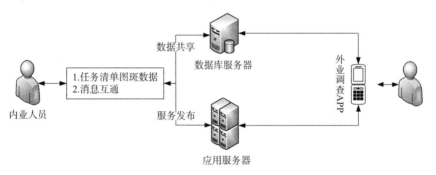

图 4.38 内外业数据交互流程

内外业数据交互具体流程为：

（1）任务数据发布。主要实现图层服务发布或图层数据共享。

（2）任务数据更新。外业 APP 通过互联网直接读取指定网址或者服务器数据库，自动更新任务图层，并根据任务图斑逐一进行调查举证，实时将举证数据上传至服务器。

（3）内业质检。由于外业举证照片、文本等均与图层进行空间位置绑定，可以快速将外业举证数据通过照片展示或属性等形式展示在内业电脑上，方便内业人员判断。如发现错误或有疑问信息，可以通过消息推送，将修改意见发送至外业 APP。

2. 外业数据处理及传输

外业实地调查主要是根据调查监测管理或内业数据判读需要，通过实地野外勘查或无人机航空摄影等方式精准调查图斑或区域信息。其获取的数据格式以图片、属性记录为主。外业数据处理主要指实地调查后，作业人员对数据进行初步预处理，并根据业务要求对数据进行分类编目，最后对数据进行加密和压缩处理，利用互联网快速回传至单位云服务器。具体流程如图 4.39 所示。

其中处理流程主要如下：

（1）数据预处理。数据预处理主要针对无人机、GNSS 等数据采集设备获取的调查数据进行数据清洗，及时删除无用或错误数据。

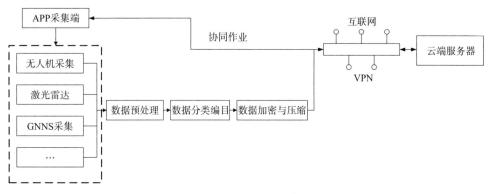

图 4.39 外业数据处理及传输流程

（2）数据分类编目。由于外业调查获取的数据类型多，需要作业人员完成任务后，及时根据任务时间、地点等信息对数据类型、任务情况进行分类，以便内业人员快速准确处理数据信息。

（3）数据加密与压缩。为了保障数据成果安全及传输速度，数据上传前需对数据进行无损压缩及数据加密。

（4）数据传输。利用 VPN 技术，通过互联网快速将数据回传至系统服务器。

（5）协同作业。根据下派任务要求，实地对图斑或区域进行外业调查，或实时与内业人员网络连线，由内业人员直接通过照片、视频等获取数据。内外协同作业模式如图 4.40 所示。

图 4.40 协同作业流程图

3. 内业数据处理

内业数据处理作为内外业协同处理的核心部分，主要实现任务分派、内业数据处理等工作。

（1）任务分派。内业任务分派主要是统筹好调查监测内外业任务及数据根据实际情况调整和管理任务分配，通过网络及时下发，并可通过系统平台实时监督任务完成情况，掌握工作进度。任务分派如图 4.41 所示。

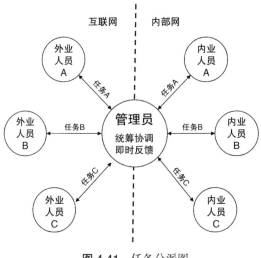

图 4.41 任务分派图

（2）内业数据处理。内业数据处理是对数据进一步加工使其符合业务需求，主要是针对外业调查数据、新生产的标准数据和原有的历史数据进行数据处理。管理人员通过平台将数据处理任务下发至内业人员，内业人员接收任务后，经系统下载待处理数据，并按标准生产数据，经质量检查合格后，再进行入云处理和成果数据服务发布；若质量检查不通过，核查人员通过网络实时反馈检查意见，由外业人员补充调查，直至成果数据符合标准，内业数据处理流程如图4.42所示。

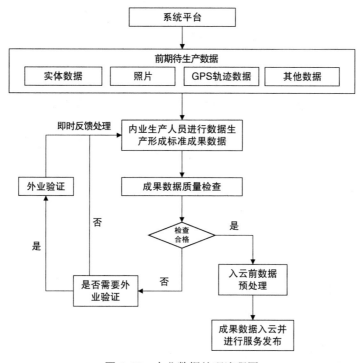

图4.42　内业数据处理流程图

① 管理人员向内业人员分派任务，内业人员通过系统平台接收数据处理任务，并下载待生产数据。

② 内业人员按照数据处理要求、相关规范标准进行数据生产，形成标准成果数据，在数据处理过程中，为保证数据质量，会通过网络实时核查生产数据是否符合要求。

③ 对成果数据进行质量检查，合格的进行入云前数据预处理；不合格的及时反馈内业人员，需要外业人员协同核查的，同步下发任务给外业人员进行核查，经修改处理符合质量要求的数据进行入云前预处理。

④ 所有数据成果符合要求后，通过网络入云并进行服务发布。

4.7.2　图像数据快速处理

图像识别是图像信息和图像识别技术的有机融合。图像识别涵盖图像匹配、图像分类、图像检索、人脸检测、行人检测等技术，在互联网搜索引擎、自动驾驶、遥感图片分析等领域具有广泛的应用。

1. 图像智能识别

图像智能识别通常采用先进的模式识别算法和深度学习方法对图像进行分析，其流程是先对图像进行预处理，增强感兴趣图像的信息，消除不重要的图像信息，然后再获取图像特征并进行进一步处理，最后经过判别分类获取所需图像信息。处理流程如图4.43所示。

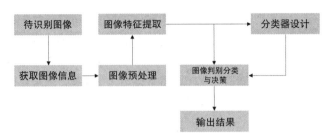

图 4.43　图像数据处理流程图

（1）图像信息获取。图像信息获取主要是将模拟形式的图像通过数字化设备转换为计算机可用的图像数据，是图像智能识别必不可少的处理步骤。

（2）图像预处理。图像预处理主要是包括图像平滑、变换、增强、恢复、滤波功能，目的是为特征量的获取提供充足、完整和紧凑的图像信息，达到增强图像特征的目的。

（3）图像特征提取。图像特征提取主要是通过变换获得空间特征信息，通过特征提取后，辅助分类决策。

（4）分类决策。分类决策是在特征空间中对被识别图像进行分类的过程。通过设计判别函数实现自动分类。

2. 图像智能识别系统在调查监测中的应用

图像智能识别系统主要是利用拍摄到的图像进行智能分析，实现对画面信息实时分析，并根据需求实时推送消息。图像智能识别主要包括前端设备、智能识别系统。前端设备通过拍摄设备获取图像信息，智能识别系统通过智能分析识别获取所需信息，并根据需要进行预警和推送，如图 4.44 所示。

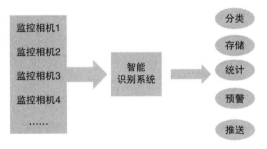

图 4.44　图像智能识别系统

在调查监测领域中，主要是通过图像智能识别来辅助判别地类，服务监测监管。外业人员通过调查 APP 拍摄照片，再通过 APP 集成的自动识别功能，自动识别图像，获取准确地类信息，推送至内业人员电脑上，辅助内业人员判读，其流程如图 4.45 所示。

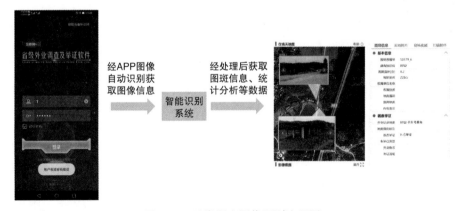

图 4.45　地类调查图像识别流程图

4.7.3　视频数据快速处理

视频数据不仅用于治安侦查、违章监测，还可用于违法用地、耕地破坏、违法建设、储备土地等行为的实时监测。视频数据处理的过程是逐步将非结构化数据转为结构化数据，然后做统计和关联分析的过程。

1. 视频数据快速处理流程

视频数据快速处理主要包括视频数据标记、视频内容挖掘、视频目标分类、视频目标检索等方面，其主要流程如图 4.46 所示。

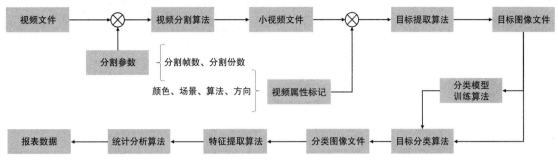

图 4.46 视频数据处理流程

（1）视频数据标记。通过视频数据标记，可提高视频提取和描述的稳定性与准确性，使得视频内容监测和分析算法的设计更有针对性。可通过视频场景、视频主色、运动方向、适用算法等标记信息进行标记，标记后的视频经过分割算法处理，分别被切分成大小适合、较为容易处理的文件块。

（2）视频内容挖掘。视频内容挖掘是通过对视频文件或视频流的解码，逐帧进行分析处理的。运动目标是视频内容检测的主要对象，通过背景建模、前景目标分割算法确定潜在运动目标的位置，然后通过运动目标跟踪算法对粘连目标、误分割目标以及特征不稳定目标进行切分、合并和过滤处理，处理流程如图 4.47 所示。对不同的运动目标分别建立监测存储队列、跟踪存储队列、结果存储队列，是为了实现基于视频前后帧序列的目标过滤与判定。

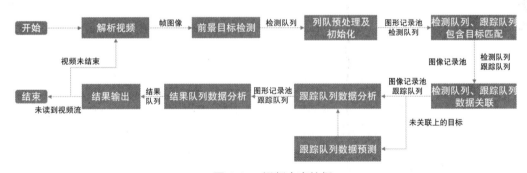

图 4.47 视频内容挖掘

（3）视频目标分类。视频目标分类是对视频内容挖掘单元输出的目标图像文件做进一步显著性检测与分类判定，主要包括图像中的人体检测、车辆检测、行为检测（图 4.48），并将包含多个目标的目标图像进行切分，对误检或位置不精确的目标进一步进行过滤或校正。

（4）视频目标检索。在视频目标分类结果的基础上，通过对图像内容进行结构化特征描述，将检索查询的所有图像数据特征的相似性进行比较，检索出需要的目标。

2. 实时在线智能视频监测系统

传统的监测监管方式大多属于事后处置，不能真正将违法行为扼杀于萌芽状态，也无法针对重点工程、重要保护区等实现实时监管。人力巡查力量不够、监管范围不全、调查取证困难、自然资

图4.48　采矿车监测目标定位

源违法类型分布零散，使得各类违法问题层出不穷。为从源头解决监测监管难题，亟需通过融合"互联网+"智能视频监测系统改进监测监管方式，构建常态化立体式的监测监管体系，服务自然资源事业高质量发展。

1）智能视频监测系统工作流程

智能视频监测系统主要由前端系统、传输系统和中心系统三大部分组成。智能视频监测系统既要对场景进行采集和传输，还要对采集的视频信息进行分析、运算和处理。其功能可以分为视频图像采集、视频图像智能处理、数据通信、监测预警和控制系统等。智能视频监测系统工作流程如图4.49所示。

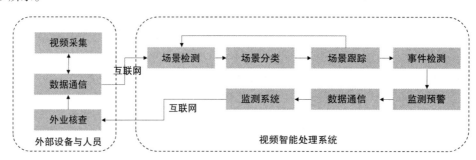

图4.49　智能视频监测系统工作流程

2）内外协同的自然资源监管

针对调查监测业务场景需求，可通过智能视频监测系统实现在线实时监测预警，采用坐标双转换技术、AR视频动态对象智能识别技术等，精准识别疑似违法行为，利用移动互联和内外一体化监管核查，提升监管和执法效率。

（1）视频数据关键处理技术：

① 坐标双转换技术。视频图像可形象的展示空间信息，但缺少地理属性，为能直接与地理信息系统深度融合，保持参考坐标一致性，需实现地理坐标与视频极坐标的精准双向转换。经转换后，可将矢量数据的二维地理坐标映射到视频监控中，同时将视频监控发现的事件位置转到矢量图层上，满足二三维一体化的自然资源智慧监管需求。

② AR视频动态对象智能识别技术。AR视频动态对象智能识别技术是基于增强现实、深度学习、神经网络等新一代技术开展视频行为分析，可对异常行为进行监测和识别。通过不同类型样本库，采用动态目标检测算法，对采集到的视频信息进行逐帧处理，利用图像处理与计算机视觉方法对视频图像进行分析，确定监控地点的实时状态，实现对监测区域动态监管。当异常情况发生时可以及时上报工作人员，提示他们采取处理措施，从而实现自然资源智慧预防、预警和主动监控。

（2）监管核查内外协同作业模式。发挥"互联网+"内外协同作业模式和自然资源系统多业务平台在线协同的优势，通过 Web 端下发核查数据和核查位置、指派核查人员、接收核查数据、核查管理，APP 端用于调查举证照片、位置等信息采集，实现自然资源监管核查移动互联和内外业一体化。

在"互联网+"环境下，采用图像质量好、网络适应性强、可编码压缩算法、安装升级维护成本低的高清摄像机，将其布控在业务所需的重点监管区域并获取监管视频，通过系统平台对视频图像信息智能处理与分析，实现对两违监管、耕地保护、矿权管理、生态修复、工程监管、储备管护等场景的实时预警与监测。

在实际对采砂情况进行监测时，监控视频通过互联网实时传回影像，经视频图像信息智能识别技术分析，当非采砂时间段内检测到有人采砂时，主动触发预警并形成报送问题清单，相关部门执法人员通过 APP 客户端在线接受任务，快速进行执法查处，并将执法信息传回 Web 客户端，如图 4.50 所示。

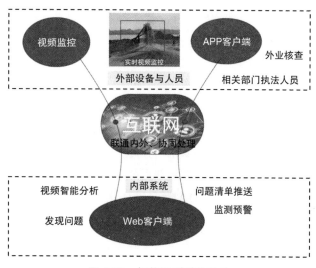

图 4.50　智能识别采砂活动

4.8　成果数据质检、验证和确权

数据质量是调查监测数据应用与服务的基本保障。调查监测数据生产中，数据量大、分类多样、处理流程复杂、人为操作等因素是影响数据质量的主要原因。传统的质量检查方式与方法具有较强的流程化特点，具有周期长、被动化、滞留性等缺点，已经无法满足当前及时、高效的质量检查需求。随着互联网、大数据、对地观测等高新技术的深化发展，各类信息获取的门槛降低，为调查监测数据提供了高效、实时、准确的质量检查和真实性验证条件。

4.8.1　技术路线

为确保调查监测数据对自然世界的地表特质、利用情况、管理现状等内容进行客观、准确地抽取与表示，质量检查技术以集质量规则、质量模型、质量知识、质量样本为一体的自然资源质量知识图谱为支撑；以产检同步、智能实时质量检查和预警、多人在线协同质检为重要质量检查手段；以众源质量检查监督、内外业实时协同检查监督及社会大众监督为数据真实性交叉验证的重要措施；进而提升质量检查效率和效能，提高调查监测数据质量。通过基于区块链数据确权，保障数据安全，为建立准确、完整的时空数据库奠定基础。整体技术路线如图 4.51 所示。

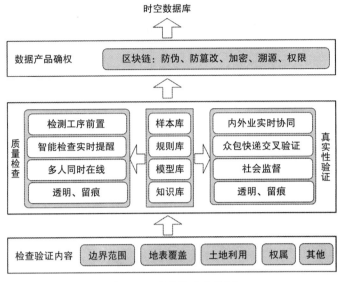

图 4.51 总体技术路线图

4.8.2 数据质量检查

当前，"早发现、早制止"和"边生产，边使用"的自然资源管理需求对调查监测数据的现势性提出了更高的要求。按照常规的数据质量检查流程，数据生产成果首先由生产部门开展一级检查，经生产部门修改完善后由本单位质量管理部门开展二级检查，再次修改完善后开展验收检查，以"两级检查，一级验收"的形式逐级开展问题纠正，逐步提高数据的正确率。但在调查监测成果中，图斑数量以"千万"级别计算，按常规的检查流程将耗费大量的时间、人员，生产周期将大大拉长，无法满足高现势性的数据使用需求。因此，质量检查工序必须前置，在数据生产中同步开展。

1. 质量知识图谱支撑的实时质量检查

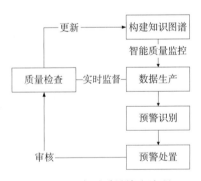

图 4.52 实时质量检查流程

基于知识图谱的交互探索式分析，可以使计算机模拟人的思考过程去发现、求证、推理，利用交互式机器学习技术，根据推理、纠错等学习功能，不断沉淀知识，提高系统智能性，帮助人们降低对经验的依赖。构建质量知识图谱这个过程，就是将离散的数据整合在一起，让机器学习并形成质量认知能力，以提供更有价值的决策支持。以质量知识图谱为支撑的实施质量检查流程如图 4.52 所示。

1）质量知识图谱的构建

知识图谱的构建一般先采用自上而下的方式，即从各类数据源中提取信息构建本体库，添加到知识库中，然后采用自下而上的方式，即通过对实体进行深度挖掘，提取更多知识来扩展知识图谱。数据质量知识图谱构建过程如图 4.53 所示。

（1）多数据源组成：包括各类调查监测所获取的反映客观事实、带有位置信息的多源、多时空结构化数据，如地理国情监测数据库、林业调查数据库、水资源调查数据库、国土调查数据库；各类带有自然资源属性的半结构化数据，如外业举证数据、监测站点数据、地形数据、三维数据、专题地图或电子地图等；各种照片、视频、流媒体等非结构化数据。

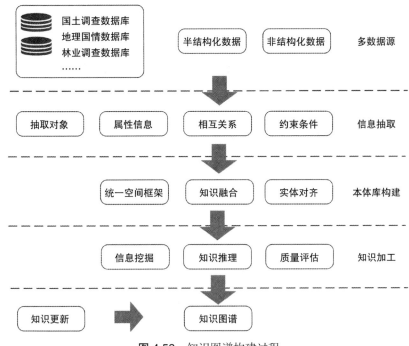

图 4.53　知识图谱构建过程

（2）信息抽取：根据数据质量评价的要求，从各种类型数据源中提取相应的目标对象、相关属性、要素间的相互关系、约束条件、与其他要素间的制约规则等，通过关系规则将各要素连接起来。

（3）本体库构建：将不同数据统一到一个空间框架中，对各类信息进行实体对齐，即判断不同数据集中的 2 个实体是否表示现实世界中的同一个对象，通过知识融合，消除各类型信息的重复与矛盾，建立实体对齐关系，构建总本体库。

（4）知识加工：对提取的信息进行推理，包括基于逻辑推理、深度学习推理等，进一步发现和挖掘知识，并在推理过程中，通过舍弃置信度较低的知识进行质量检验，以保障知识库的质量。

（5）知识更新：以自动和人工结合的方式对要素、质量属性和相互间的关系进行新增或更新操作，实现对质量知识图谱的维护。

2）智能质量监控

通过构建质量知识图谱，将各类质量规则根据不同的调查监测数据类型进行集成，在作业员采集时进行实时监控和预警，以杜绝人为操作失误带来的质量问题。知识库不断积累多源数据，通过深度学习和知识推理不断完善质量经验，作业过程中因主观判断造成的错误率将持续降低。质量知识图谱构建如图 4.54 所示。

（1）数据一致性监控。通过图形逻辑规则监控采集图斑的拓扑正确性，如图形自相交、重叠、交叉、缝隙、异常折角等要素的制约关系，一旦作业人员因改动数据而产生异常拓扑，则立即反馈拓扑错误位置，提醒作业人员修正；通过采集信息的实时统计，与相关统计数据的一致性对比，监控数据与图形间的逻辑关系正确性，提醒作业人员对异常数据流向进行关注。

（2）数据正确性监控。通过数据间的值域制约关系监控数据取值的正确性，如对河流数据而言，其等级属性约束值域为"一级""二级"，当填入其他属性值时，则会立即预警填写错误，提醒作业人员按既定的阈值填写；通过多时空数据叠加分析，监控数据变化采集的正确性，如在多年

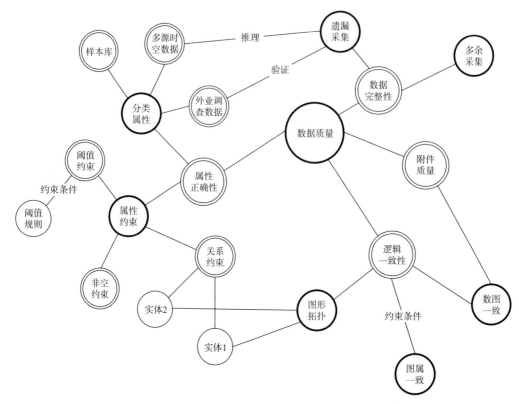

图 4.54　质量知识图谱

监测数据中，同一位置地表属性为林地，当作业员对该位置属性进行整体性改变，并向河流、建筑等不相关的地表变化时，则触发变化预警；通过将数据与样本库、外业巡查或举证信息库等与内业采集数据进行比对，对内外业判定不一致的图斑进行预警提醒。

（3）数据完整性监控。对同一位置加入 AI 人工智能变化提取的结果（即第三方数据），与已有的多源数据或加入现势性相同的外业调查数据进行分析推理，发现遗漏采集的对象，并对遗漏对象的位置进行标注，提醒作业人员关注更新。

在数据采集过程中，作业员每一步操作都通过知识图谱验证是否正确，当操作结果违背知识图谱中设定的规则时，立即向作业员发出预警，提醒作业员核实修改，大幅减少错误发生机会，避免因问题积累产生的严重质量问题传播至下一道工序。同时，将信息反馈至检查员，检查员进行进一步识别分析，去伪存真，在不断迭代更新过程中，优化知识图谱的质量识别能力，随着知识图谱的应用不断深化，利用知识图谱进行实时质量检查将帮助内业采集质量大幅提高。

2. 人机交互的数据生产实时监督

质量实时监控系统在作业员和检查员之间搭建起实时交互的平台，为"发现问题 – 提出问题 – 解决问题"这一质量环链提供了途径。

1）数据生产实时监督构架

将实时监控系统部署在所有被监控的计算机中，基于 TCP/IP 协议的网络架构，可以灵活地从本地网络扩散到远程网络。计算机终端可以通过虚拟专用网（VPN）连接到集成了高性能数据库的服务器，所有终端信息、记录等数据都会上传到服务器中。监测终端通过控制台访问服务器，对作业终端进行远程管理和查看，并支持多个不同权限的管理员登录，以实现大规模复杂网络的集中管理及多人同时在线协同，如图 4.55（a）所示。

2）数据生产实时监督流程

　　管理员根据管理权限可以通过电脑实时屏幕监控远程查看指定的一台或多台计算机实时屏幕（图4.55（b）），直观地查看作业员的操作情况，了解作业员操作的熟练程度、作业效率、对技术方法和技术规定的理解是否正确，及时发现其操作过程中可能导致质量风险的问题，并通过截屏、录像采集日常检查信息，生成统计信息及记录，为生产工艺、质量培训、质量总结等相关改进措施提供依据和案例。通过选取多个作业终端对不同的作业员进行监督，总结作业中出现的普遍问题和突出问题，及时采取纠正措施，采用人机交互的方式对技术人员进行质量提醒并提出改正建议，形成"问题出现 – 问题解决 – 持续改正"的质量闭环，在质量迭代过程中逐步提升作业员质量意识，从而提高数据质量。

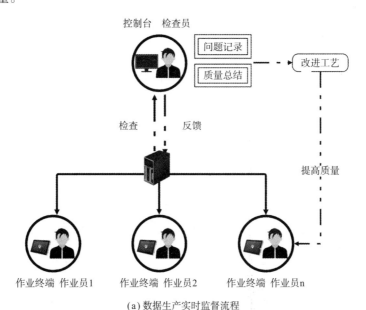

(a) 数据生产实时监督流程

(b) 屏幕实时监督

图4.55　数据生产实时监督

4.8.3 数据真实性验证

在"天空地人网"协同感知网的构建下，航天、航空遥感数据可以支撑局域的精细调查与动态监测，采用"互联网 +"、高精度卫星定位、快速网络传输、云服务等新技术，可支撑全要素、重要要素、各类单要素变化信息提取及多层次信息分析，为数据真实性验证提供多源信息交叉验证材料，实现多源、实时的真实性验证。

1. 基于"互联网 +"的质量实时监督

"互联网 +"在线协同作业集遥感、地理信息系统、全球定位系统技术以及互联网新技术于一体，打破了传统依靠纸质地图或简单依靠定位、摄像设备开展工作的模式，实现内外业协同高效作业。将该模式应用于质量监督检查，能够为数据的真实性验证提供透明、公开的佐证信息，以提升检查效果，提高数据质量。

1）影像数据获取的质量实时监督

通过构建"互联网 +"联动服务机制，统一监控数据获取的实时情况。例如，可实时查看无人机是否在规定的时间内，按任务范围开展影像获取工作，以监督数据获取的现势性和完整性，为下一步数据采集的可靠性提供保障。数据上传后，可以监督航飞成果的质量情况，为下一步影像处理做准备，如果存在影像空洞、影像质量差等情况，可反馈作业飞机及时补摄，避免因质量监督滞后导致人力、物力的浪费和效率的降低。

2）数据采集的质量实时监督

检查人员在室内对图斑进行内业判读时，发现内业资料无法确保采集的数据与现实的一致性，可发送相关图斑信息，由手持安装平台移动终端外业技术人员，通过移动终端接收图斑，并导航至图斑位置，根据要求进行拍照或拍摄取证，并实时回传实地情况，终端将获取的信息（照片、拍摄地点、拍摄时间、角度等）返回平台，内业技术人员可以立刻查看回传的信息，以辅助内业对实地的判读检查人员根据内外业情况对数据质量做出响应，并实时反馈监督情况，避免质量问题向后一道工序传递。

3）众包的数据质量检查

常规的外业质量检查需要检查员在内业进行数据比对，经分析并规划外业核查路线后，再开展外业核查工作。外业核查的目的一方面是对内业存疑问题进行核实，另一方面是对外业调查的结果进行再次核实。这种方式对人员专业素质要求较高，具有效率低、成本高的缺陷。

众包的数据监督模式则是以"外包"的形式，依托开放式的互联网平台，将需要核查的位置推送至普通大众的手机终端，人们可以根据自己所在的位置接受附近的任务，只需要根据终端提示进行拍摄，并将拍摄的照片及其位置、角度等信息传回至平台终端，即可完成一项"任务"。技术人员通过回传的信息就可以在内业进行专业判断，并对相应的数据进行更新或修正。为进一步确保采集数据的真实性和有效性，任务分发者可以随机抽取一定比例的重叠位置分配至不同的终端，实现数据交叉验证。

基于众包思想的数据质量检查模式，具有成本低、产量大、更新快、信息丰富等特点，不但能够发动群众力量提高数据获取效率，还可以提高监督的参与度，只要使用者广泛反馈问题，就能起到广泛的监督作用，使数据准确率在持续纠正、更新的过程中不断提高。

2. 内外业协同监督

利用"互联网 +"模式开展调查监测工作已然是当前主流趋势，结合卫星定位技术，配合移动终端，能为内外业协同监督提供极大便利。通过实时在线内外业协同，将经过内业分析后的存疑图斑，按相关规定处理成非敏感信息后，发送至移动终端，作业人员根据导航到达图斑位置后，与内业核查人员远程连接，检查人员通过向外业人员发送指令，实时查看现场情况，而终端则自动记录移动轨迹、位置信息和拍照信息，并实时上传至云端存储，便于事后佐证材料调取与查看，确保数据的真实性。通过内外业协同，能够减少时间消耗和人力消耗，提高监督效率，进一步验证成果的真实性和准确性，同时，照片、移动轨迹、位置信息、时间戳等实时信息也为真实性验证提供了真实可靠的证明，如图 4.56 所示。

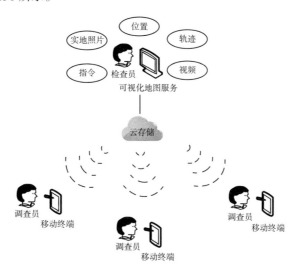

图 4.56　内外业协同监督

4.8.4　数据资产确权

准确性和真实性是数据"内部质量"的描述，而数据权威性和安全性则是数据"外部质量"的描述。调查监测数据是国家经济建设、生态文明的重要信息资源，在自然资源管理中发挥重要支撑作用的同时，也带来了巨大的信息安全挑战。因此，在促进信息共享的同时，也要采取相应的信息保护措施，通过数据资产确权，保障数据的权威性，防止信息侵权及非法利用。

1. 基于区块链的数据资产确权

区块链是一种按照时间顺序将数据区块以链条的方式组合成特定的链式数据结构，并以精确加密算法保证其数据不可篡改的分布式共享记账系统，通过分布式数据存储、点对点传输、共识机制、加密算法和智能合约等技术的应用，使其具有去中心化、可验证、无法篡改等特性。基于这一特性，在解决数据信息不对称、数据维度单一、低成本获取有效数据以及数据安全与保护等问题上，区块链技术能发挥有效作用，非常适用于数字资产确权。基于区块链的数据资产确权流程如图 4.57 所示。

2. 加盖时间戳

当数据上传到原始区块链系统中后，数据及其相关信息以特定的编码方式储存到一个区块中，此区块被加盖相应时间戳，并保存在区块链中，该时间戳能够被全网中各参与主体看到，它提供了某人在特定时间访问了特定文件的证据。

3. 数据加密

数据加密是利用数据加密技术，使数据使用期限、使用环境、操作权限得到控制。当数据使用期限达到权限或改变使用环境后，数据重新进行自动加密，防止数据被继续操作，有效阻止数据违规使用和泄露。

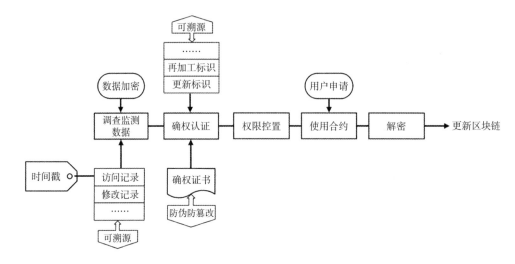

图 4.57 数据资产确权流程

数字水印是数字产品加密的主要方法。其加密流程为：将水印信息（如版权信息、用户信息等）嵌入到数字化数据中，使水印信息成为数据不可分离的一部分（图 4.58），在保证嵌入的水印信息不影响数据的正常使用且不可被探知、不可被修改的前提下，为版权人跟踪侵权行为、跟踪数据篡改行为、认证数字内容来源的真实性和完整性等提供关于数字内容的其他附加信息，从而实现保护版权、信息隐藏的功能。

图 4.58 数字水印加密后效果

4. 确权认证

系统依据数据及信息的特征抽象为缩略版的版权信息，同时依据一定规则生成版权认证证书，并根据信息的生成和更新形成按时间顺序连接的链路。经过确权认证并生成认证证书后，即进行全网同步并对数据进行唯一标识，生成可用于数据版本更新、数据再加工等不同情形下的产权溯源与原始标记。此后这份数据经历的每次访问与修改均会被系统记录并在网络各节点进行同步更新。

5. 权限控制

通过权限控制，对不同的类型或不同级别的管理员或用户，分配不同的使用和访问权限，包括限制数据的使用时间、是否禁止修改数据、是否禁止导出数据、是否禁止打印等权限内容，可有效预防非法用户访问，防止对数据或链路上的规则、相关记录任意篡改。使用者可根据使用需求，对未开放的权限进行需求说明和申请。例如，使用者在获取授权的情况下，在规定时间期限内正常使用加密数据，期限时间到达后将无法继续使用，使用者需向数据发布人申请数据延期，延期批准后数据解密，方可正常使用。

6. 使用合约

有使用意向的组织或个人，于系统中发起数据使用申请后，系统根据数据的相关信息通知数据所有者，并在所有者和使用者达成合约共识后形成智能合约，在无需第三方监督的情况下，系统自动执行合约内容，促进数据使用分发的高效完成。合约执行后，数据使用者获得带有相关权限规定的文件与解密密钥，对数据进行解密和使用。同样，此过程的相关信息被同步更新到区块链系统中。

7. 数据防伪、防篡改与溯源

将经过数据加密后新生成的数据块由整个区块链的其他节点共同核对，得到超过系统中多数节点的认证才会被添加到区块链中，所有节点对数据块进行共同维护，单一节点无法篡改记录或伪造记录。这种方式确保了区块链系统内的数据块不可篡改或伪造，具有较高的安全可信性。数据块不可篡改及时间戳的特性使整个数据链路都有证可查，每一个环节都能追根溯源，从而提高数据的安全性和透明度。当数据被篡改时，可根据访问、修改记录及确权中生成的信息标识，追查篡改信息，实现有效追责。溯源应用的效果是防伪所要实现的目标，溯源与防伪结合起来才能保证数据的真实可信。

4.9 技术发展方向

自然资源精细化管理对调查监测提出了更高、更快的要求，也对数据快速精准解译方法与技术提出了更高要求。为解决各类型调查监测成果数据的大量堆积与可用信息提取不足的矛盾，需要提高调查监测数据的自动化处理能力。根据集成创新、优化重构、急用先行等原则，梳理调查监测自动化处理难题及关键技术清单，融合应用大数据、人工智能、北斗定位等高新尖技术，分析目前的适用技术和面临的技术瓶颈，从地类智能解译、重要参数定量反演、专题调查数据整合与自动检测、基于大数据的信息真实性交叉验证与动态质量服务等四个方面开展技术攻关，以期进一步完善调查监测多源时空数据自动化处理体系。

1. 地类智能解译技术

基于二三维可视化场景，研发人机交互地类智能解译技术，为自然资源空间分布及变化的立体表达、精细测定、科学认知等奠定基础；按照以算法为基础、知识为引导、服务计算为支撑的技术思路，研发基于深度学习的要素自动提取与变化检测技术，切实提升要素提取的效率、精度与自动化程度；研发基于网络互操作机制的样本采集平台和共享平台，吸引社会力量参与自然资源样本库建设，实现自然资源深度学习模型样本的众包协同采集标注、在线校验、动态扩展，丰富样本库采集渠道，降低样本库建设费用，为遥感影像智能解译提供丰富样本数据支撑。

2. 重要参数定量反演技术

针对调查监测数据来源丰富、结构复杂等特点，研发基于深度学习的统计关系模型构建及精化技术，提高深度学习模型特征提取能力；研发融合先验知识的病态问题反演技术，增加反演所要求的信息量，解决定量遥感反演结果的稳定性和可靠性；突破多源数据点面结合的反演产品真实性验证技术等，解决调查监测各类数据空间化模型建立及验证难题。

3. 专题调查数据整合与自动检测技术

针对专题调查多源空间数据动态更新的空间冲突检测与处理问题，结合知识图谱技术，研发基于知识规则的数据冲突自动检测技术；运用多源数据融合的方法，研发点面数据空间化及插值技术，解决专题调查成果数据空间化难题；基于大数据和知识图谱等技术，面向互联网和移动互联泛在地理信息等专题调查多源数据非结构化、语义复杂、外延模糊等难点，研发调查监测图斑辅助判别信息自动关联与定位技术等，突破语义体系构建、关联解析、时空适配等大数据关联更新关键技术，实现泛在空间信息搜索与解析、重构与挖掘、定位与关联。

4. 基于大数据的信息真实性交叉验证与动态质量服务技术

综合利用空间知识工程、大数据、人工智能和知识图谱等技术，研发调查监测数据真实性验证技术，实现调查监测数据真实性交叉验证；以智能质检规则为基础，建立完善的调查监测成果质检规则和算法模型，实现调查监测质量控制及质量信息动态服务、调查监测质检大数据支撑库构建等，全面提升调查监测成果数据质检自动化、智能化水平，为调查监测提供质检保障。

通过自然资源多源时空数据自动化处理体系构建，切实解决调查监测成果处理自动化程度低、处理周期长等难题，为自然资源管理提供全天候、全方位和全流程的支撑保障服务，持续提升调查监测在土地利用、城市扩张、农田变化、地质灾害监测、生态环境保护、湿地监测、森林防护等监测监管方面的支撑能力和水平。

第**5**章 自然资源时空数据库建设

实现时空数据精细化管控和数据价值最大化

时空数据库是自然资源调查监测成果数据管理的重要内容，是按照数据结构来组织、存储和管理数据的仓库。时空数据库是自然资源管理"一张底版、一套数、一张图"的主要载体，是国土空间基础信息平台的数据支撑。充分利用大数据、云计算、分布式存储等技术，按照"物理分散、逻辑集成"原则，建立自然资源时空数据库，实现对各类自然资源调查监测数据成果的集成管理和按需服务。

当前，自然资源时空数据库要按照统一数据标准规范和数据体系框架，建立内容完整、标准权威、动态更新的数据体系，按照现状数据、规划数据、管理数据、社会经济数据进行组织，通过国土空间基础信息平台进行对外服务，支撑自然资源管理"两统一"职责。要通过逐级汇交方式实现数据汇聚，建立"分兵把守、各自建设、统一服务"的应用管理机制，从标准规范上保障数据的集成性和融合性，从源头上保障数据真实性和准确性，从汇聚途径上保障数据的时效性和全面性，逐步建设自然资源时空数据库，实现时空数据精细化管控和数据价值最大化。

5.1 建设背景

近年来，随着自然资源数字化建设不断推进，各类自然资源数据库体系也逐步建成，为自然资源参与宏观调控、资源监管和社会化信息服务提供了海量的数据支撑。但随着自然资源统一调查监测体系的构建，现行的数据库支撑能力比较弱，数据准确性、现势性、完整性亟待提高，数据获取、更新渠道不够顺畅，制约了调查监测数字化发展。要破解上述问题，需要整合已有的山水林田湖草等各类自然资源数据，建设标准统一、覆盖全面、空间连续的自然资源时空数据库，全面掌握各类自然资源状况，实现自然资源统一的、精细化的管理，推动自然资源治理现代化。

5.1.1 建设需求

在实现自然资源治理现代化的进程中，"用数据说话、用数据决策、用数据管理、用数据创新"已经成为社会共识，这对调查监测成果数据的可靠性、权威性和时效性提出了更高的要求。自然资源统一调查监测迫切需要建设一个集中管理、安全规范、充分共享、全面服务的自然资源时空数据库，并以此为依托充分整合历史资源，共享运用数据成果，发挥数据价值最大化。

1. 自然资源全方位管理需要一套准确、可靠、权威的数据

为切实履行"两统一"职责，自然资源主管部门迫切需要准确掌握土地、森林、草原、湿地、水资源、海洋、矿产等各类自然资源的调查、监测和评价数据。然而，由于历史原因，各类自然资源数据成果质量不一、数据分散、标准冲突，无法满足自然资源统一管理的要求。因此，在自然资源调查监测体系数字化建设背景下，亟需建设自然资源时空数据库及其管理系统，对各类调查监测数据进行统筹、归类、汇总，实现调查监测成果立体化统一管理，形成"一张底版、一套数、一张图"，为自然资源管理提供准确、可靠、权威的数据。

2. 自然资源精细化管理需要一套时效性强的数据

当前，各类调查监测数据尚未建立统一的数据更新机制，由于数据更新的形式和标准不相同，数据库管理系统也各不相同，导致时空数据服务的时效性、精准性难以满足自然资源精细化管理需求。因此，建立自然资源时空数据库，统一各类自然资源的数据管理，是解决自然资源数据更新、保证数据时效性的重要举措，也是满足自然资源精细化管理的必然要求。

3. 历史数据资源的整合复用需要以自然资源时空数据库为依托

自然资源部成立后，长期以来制约自然资源各专题数据在部门间流动、共享的体制障碍得到了破除，土地、矿产、海洋、测绘、森林、草原、水、地质调查等历史数据亟待整合。这类历史数据海量众多，是当前调查监测数字化的基础，充分挖掘分析历史数据，实现历史数据的成果继承和价值最大化，是做好调查监测数字化工作的基础。建设自然资源时空数据库的优势在于能够运用多源异构数据整合技术，按照"继承、转换、创新"的要求，将各类自然资源历史数据进行快速整合，并与新的调查监测成果数据进行集成、衔接，实现历史数据对调查监测业务的可持续支持，加快推进调查监测数字化建设。

4. 数据成果的共享与运用需要以自然资源时空数据库为载体

建设自然资源时空数据库，可以准确掌握资源家底及分布，实时监测资源开发利用情况，综合分析资源潜力，为自然资源管理提供覆盖全面、动态精细的管理数据支撑。以自然资源时空数据库为载体，通过建立健全共享应用机制，运用接口服务、数据交换、主动推送等方式，为林业、海洋、水利、农业等政府相关部门提供调查监测成果服务，实现业务协同，推进部门间的数据共享应用。在社会化服务方面，通过调查监测成果发布机制，将涉及社会公众关注的成果数据或数据目录，统一对外发布，同时鼓励科研机构、企事业单位利用调查监测成果开发研制形式多样的数字产品，满足社会公众的广泛需求，有助于提升自然资源数据的社会化服务水平。

5.1.2 已有基础

近年来，通过实施数字国土、金土工程、数字海洋、数字城市、森林资源"一张图"、地理信息公共服务平台建设等重大信息化工程，在土地管理、地质矿产管理、森林资源管理、草原资源管理、湿地资源管理、水资源管理、海洋管理、测绘地理信息管理等领域均形成了较为完善的信息化体系，积累了基础地理信息、土地资源、森林资源等海量的数字化数据。

1. 数据库资源基础

目前，自然资源部门已积累和整合了涵盖土地、地质、矿产、地质环境与地质灾害、不动产登记、基础测绘、海洋等基础类、业务类和管理类数据，形成了覆盖全国包含5000余个图层、110多亿个要素的自然资源"一张图"，基本建成国土空间基础信息平台；基本完成了馆藏地质资料数字化，基本建成国家地质数据库体系，涵盖10大类48个国家核心地质数据库；建成数据量达16亿站次、测线量超百万公里的海洋综合数据库；建成系列比例尺基础地理信息数据库并实现我国陆地国土1:50 000基础地理信息年度更新；形成了覆盖全国陆地范围的卫星遥感影像产品库并持续更新。

2. 数据库管理系统建设基础

自然资源部门已建立了国土资源"一张图"核心数据库管理系统，该数据库管理系统是以国土资源各类数据为基础，依托GIS平台建立的"一张图"核心数据库管理平台。主要的功能有数据库分类展示、数据处理、查询统计、专题制图、数据更新与历史管理。同时，该管理系统已与电子政务平台、综合信息监管平台等有关应用系统相衔接，能够支撑各种业务应用。

林业部门建立了森林资源"一张图"大数据平台，该平台以高分辨率遥感影像、森林资源调查数据和基础地理信息为基础，包含了林业管理界线为核心内容的多源数据。该平台数据管理系统已与相关业务系统相衔接，服务于林业经营、林地保护、生态修复等管理工作。

3. 数据管理机制基础

数据管理方面，已制定印发了《国土资源数据管理暂行办法》，明确了自然资源数据的生产、汇交、保管和利用等工作要求，数据管理机制已基本建立。数据更新方面，制定了《国土调查数据库更新数据规范（试行）》，明确了国土调查数据更新的责任单位、更新内容、更新周期和更新方式等。数据汇交方面，制定了《省级国土空间规划成果数据汇交要求（试行）》、《自然资源部办公厅关于加快推进不动产登记存量数据整合汇交工作的函》、《自然资源部办公厅关于进一步做好地质整理汇交管理的通知》，对部分数据的汇交内容、汇交方式、汇交流程进行了统一。数据应用服务方面，提出了地理信息公共服务平台建设与应用的相关要求，在土地资源数据和地理信息数据应用方面，建立了成果共享应用服务平台，数据应用服务已有初步基础。

5.1.3 主要差距

长期以来，我国自然资源要素的调查监测成果管理和应用相对独立，转换共享难，已有数据库及其管理系统与自然资源精细化管理的实际需求相比，还存在较大差距，主要有以下几个方面。

1. 数据准确性与权威性不足

自然资源分类标准由各管理机构依据其职能需求制定和实施，缺乏全局统筹，技术体系存在不协调，已有的调查监测成果数据存在概念不统一、内容有交叉、指标相矛盾等问题。以林地的认定为例，自然资源主管部门对林地的认定主要依据 GB/T21010-2007《土地利用现状分类》，结合土地地表自然属性认定，而林业部门对林地认定的依据是土地地表的自然属性和管理属性，对于林地与非林地处于动态变化之中的，两个部门对林地的认定结果差异较大。不同专题数据层之间存在着数据逻辑冲突和矛盾，极大削弱了数据的准确性与权威性，无法为业务办理提供一致的分析决策数据。此外，由于数据内容交叉、冲突，难以实现数据的叠加分析，数据分析评价难度较大，无法满足多样化、综合性的业务需求，进一步降低数据的权威性。

2. 数据整合技术标准尚未统一

自然资源数据具有多源和异构、多态和海量的特点，数据高度复杂，因此数据的整合与整理是一项巨大、艰巨而又繁重的工作任务。目前，数据整合方式包含完整性检查、标准化处理、数据项补充、数据格式转换、坐标转换、拓扑重建、数据入库、构建数据索引等，基本可以将大部分的历史数据进行统一整合，实现成果再次运用。但数据整合技术标准尚未统一，例如，对于各类自然资源数据整合、要素融合的技术方法和研究较多，但将自然资源数据作为一个整体进行跨部门整合的技术方法较少，缺少自然资源实体数据整合的技术路线和实施路径；由于各类自然资源数字化成果多是以二维形式存储，对于不同维度的数据集成整合还缺少研究，尚未确定二三维一体化数据整合、属性信息自动关联等关键技术路线。总之，历史数据的整合技术体系尚未健全，数据整合的技术标准、技术路线还不够全面，质量控制标准还未规范。

3. 数据精细管理机制还不健全

虽然自然资源的数据管理机制已基本建立，但是各类自然资源数据的管理不统一，机制还不够健全。在数据更新方面，各类自然资源数据的更新周期、更新内容和更新时点都不同，例如，国土变更调查的更新时点是当年 12 月 31 日，地理国情监测的更新时点是当年 6 月 30 日；国土变更调查的更新内容侧重于农用地与建设用地的变化，地理国情监测的更新内容侧重于地表覆盖和国情要素的变化。在数据应用与共享方面，由于数据库种类多，数据管理分散，各类数据都是由各自的管理部门进行管理和维护，缺少统一规划和集中管理，数据孤岛现象仍有存在，数据共享应用程度较低，"充分共享、适度开放、安全可靠"的数据应用与共享机制并未完全建立。

5.2　建设目标与任务

建设自然资源时空数据库是要构建一个覆盖全面、统一空间基底的调查监测数据库和管理系统，对调查监测数据进行统一管理和维护，实现"一库多能、按需组装"，提高自然资源数据的共享与应用服务水平。为此，要着重做好数据库的建设与集成，要加强历史数据和相关数据集成衔接，同时，还要做好数据库管理系统的研发与相应管理机制的建立等工作。

5.2.1　建设目标

建设自然资源时空数据库和数据库管理系统，实现调查监测数据成果的立体化统一管理，形成调查监测"一张底版、一套数、一张图"，保障国土空间基础信息平台良好运行，服务自然资源管理的"两统一"职责，满足相关部门科学决策和社会公众对自然资源基础数据的需要。

1. 全面掌握各类自然资源状况

通过建设自然资源时空数据库，统一获取基础地理信息数据、土地资源、森林资源、调查监测等各类自然资源数据，运用时空数据模型统一表达自然资源实体，准确表达地上、地表、地下各类自然资源空间关系及属性信息，做到资源状况"一览无余"。

2. 实现自然资源精细化管控

自然资源时空数据库是以三维空间为基底的数据库，与以往的二维数据库相比，在表达自然资源细节、呈现自然资源体征、推演自然资源趋势等方面更具优势，更能揭示自然资源的地域差异、形成机理及"格局－过程－服务"的演化规律。通过建设时空数据库，实现三维信息技术对自然资源全域全空间管理的赋能，推动自然资源管理系统由二维向三维转变，从而全面提升自然资源精细化监督管理能力。

3. 提高数据共享和应用水平

通过建设自然资源时空数据库管理系统，将自然资源时空数据库接入国土空间基础信息平台，建设成为自然资源主要政务信息系统、资源监管平台的重要支撑，为自然资源各项业务管理、监测监管和宏观决策提供统一的数据和技术，满足政府相关部门对自然资源数据的应用需求。在服务社会方面，建立数据成果发布机制，为社会公众提供网上数据查询、浏览和下载服务，提升自然资源数据的社会化服务水平，服务建设美丽中国。

5.2.2　建设任务

自然资源时空数据库由数据库与管理系统组成，包括数据库建设、数据集成衔接、管理系统研发以及机制建设。

1. 自然资源时空数据库建库与集成

面向自然资源各类调查监测数据立体化统一管理的需要，统一数据库内容、模型、接口等标准规范，统筹开展数据库内容设计。基于"山水林田湖草是生命共同体"的系统理念，以自然资源综合管理业务为导向，构建各类自然资源在时间、空间、语义、管理、服务等方面一体化表达与应用，包括国家级主数据库和调查监测分库建设。

调查监测分库包括土地资源数据、森林资源数据、草原资源数据、湿地资源数据、水资源数据、海洋资源数据、地表基质数据、地下资源数据、自然资源监测数据等的数据获取、数据入库、数据库及元数据建设、更新维护等，按要求汇交指定数据实体，负责开发服务接口，配合开展调查监测主数据库建设工作，提供迁移所需的相关数据内容等。国家级主数据库负责梳理调查监测数据，综合分析自然资源管理决策的业务需求，分析不同业务场景对调查监测数据内容、数据格式、数据详略程度等方面的支撑要求，制定目录与元数据、地图服务、实体数据等多层次数据响应策略，提出各调查监测实体数据需求与数据提交要求。按照分数据库建设进程，组织开展主数据库集中建库与整合集成工作。

主数据库与各分数据库之间建立高效的数据通信机制。在网络链路连通的情况下，主数据库与分数据库之间通过服务接口互访；在网络链路不通的情况下，通过离线方式进行数据传输与交换。

2. 调查监测历史数据及相关数据集成衔接

采用"专业化处理、专题化汇集、集成式共享"的模式，将土地、矿产、森林、草原、湿地、水、海域海岛等各类调查监测历史数据成果，以及荒漠化、沙化、石漠化、野生动物等专题调查成果纳入自然资源时空数据库集成管理。组织对历史数据和专题调查成果进行标准化整合，集成建库，形成统一空间基础和数据格式的各类调查监测历史数据库。通过多源异构数据整合，对自然资源数据进行回溯、跟踪、建模和预测，实现历史数据的应用价值最大化。

3. 自然资源时空数据库管理系统研发

数据库管理系统是自然资源时空数据实现共享与应用的关键。围绕调查监测数据管理与应用需求，开发自然资源时空数据库管理系统，实现基于全国各级分数据库数据的实时应用和集中管理、维护的功能，支撑自然资源管理业务系统的运行。数据库管理应具备数据浏览、数据查询、数据分发、数据统计、数据分析、数据服务等功能，能够以图形、表格、GIS和虚拟化相结合的方式，直观、准确、动态地展示全国自然资源时空数据库各个方面的信息。

4. 自然资源时空数据库管理机制建设

自然资源时空数据库管理机制包括数据汇交与更新机制、统一的技术标准体系和应用服务机制。

1）建设数据汇交与更新机制

按照"谁生产谁负责"的原则，及时进行数据更新，保持数据的现势性；建立涉及数据汇交与更新的协调、操作、运行的管理机制，规范各部门、各单位数据汇交与更新规定，以及约束其共享行为的行政规章制度，保证数据汇交与更新标准规范。

2）建立统一的技术标准体系

制定数据库建设、管理和应用等一系列技术标准和规范，确保建设过程中按照统一的数学基础，统一的数据分类代码、数据格式、命名规则和统计口径等。标准和规范的内容主要包括数据整理、质量检查、数据转换、成果入库、数据管理、动态更新及其对外服务等。

3）建立应用服务机制。

发布应用服务接口，将地理信息服务（图形浏览、定位查询、空间分析等）、属性数据查询与浏览、统计与分析、专题图制作等功能封装，开发对时空数据库调用和操作的应用接口，以电子政务平台为基础，接入基础设施建设、农林水等相关行业信息系统，提升数据的应用服务价值。

5.3 总体建设方案

自然资源时空数据库的建设，需要集成整合土地、矿产、森林等各类自然资源数据，实现分层叠加显示、查询与浏览、分析与挖掘，并与以电子政务平台为基础的审批系统、综合信息监管平台以及各有关应用系统对接，支撑自然资源全面、全程监管和辅助决策，提供对外服务。同时，建立数据汇交、数据更新的长效机制和有关技术标准规范，进一步完善数据中心基础设施。自然资源时空数据库是一系列政策、标准、系统、数据以及应用的总和。

5.3.1   总体架构

自然资源时空数据库的总体架构包括数据架构、服务架构、运行环境和政策架构。其中，数据架构包括库体、管理系统和数据整理技术规范体系，服务架构包括数据浏览查询展示和数据调用等服务，运行环境即数据库运行的基础设施支撑体系，政策架构包括数据汇交更新管理制度及机制和有关技术标准规范。总体架构如图 5.1 所示。

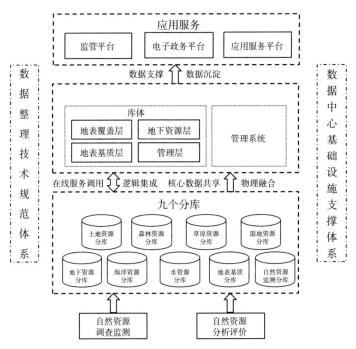

图 5.1   自然资源时空数据库总体架构图

5.3.2   数据架构

数据架构主要包括数据获取、数据处理与集成、数据管理和数据应用等内容。数据架构内容如图 5.2 所示。

1. 数据获取

自然资源时空数据库涵盖了自然资源部统一管理的土地、矿产、森林、草原、湿地、水、海域、海岛等自然资源，由 1 个国家级主数据库和 9 个调查监测分数据库组成，其中，国家级主数据库是各类调查监测数据成果的逻辑集成。9 个调查监测分数据库的数据来源于自然资源调查、评价、规划、管理、保护与合理利用过程中形成的数字化成果资料，主要是通过一系列计划、项目、专项或工程获得并经过加工处理形成的成果资料。例如，第三次全国国土调查、国土空间规划编制、全国矿产资源潜力评价、全国矿业权实地核查和全国矿产资源利用现状调查等。

2. 数据处理与集成

自然资源时空数据库包含的数据内容丰富、数据来源多样，数据标准、模型、格式、精度、存储形态等差异甚大，要将种类繁多、数据量巨大的各类土地、地质、矿产数据库集成整合为支撑调查监测行为的自然资源时空数据库，需要有一系列的数据处理与集成的技术规范进行支撑。

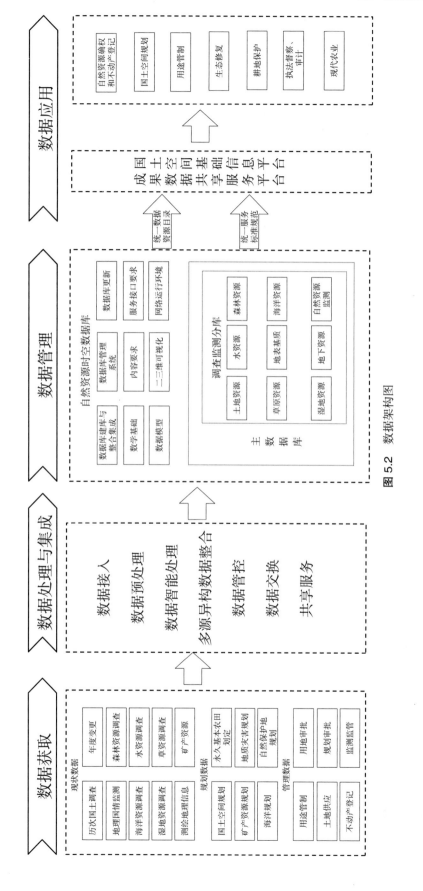

图 5.2 数据架构图

数据处理与集成的技术标准规范包括数据整理、质量检查、命名规则、数据转换、数据入库、数据管理、数据更新及其应用接口开发等，确保所有的数据按照统一的空间数据数学基础，统一数据分类代码、数据格式、命名规则和统计口径，实现分类分层管理。

3. 数据管理

自然资源时空数据库数据量巨大，要实现对其的高效管理和灵活的应用服务，必须要开发建设数据库管理系统。首先需要将整理好的各类数据进行集成，开展数据库设计。其次，需要对自然资源时空数据库进行日常管理，开发一个性能优越、功能齐全的数据库管理系统应用软件，以形成可提供数据任意组合利用的数据集成环境，满足不同的应用需求。

4. 数据应用

数据库管理系统主要为数据库提供规范的数据和操作服务接口，实现调查监测数据的一体化存储管理、浏览查询、统计分析与成果应用的目标。其中，主数据库管理系统负责基本的数据浏览、综合查询分析、跨多分数据库的成果应用；对单一专业应用需求，可由相应分数据库负责响应。

5.3.3   服务架构

服务架构主要体现在服务方式（包含相应的数据内容）和服务对象两方面。

1. 服务方式

服务方式主要包括图片快速浏览、数据查询浏览与展示、数据调用、数据分发与产品定制、Web 服务等方式。

1）图片快速浏览

图片快速浏览主要是针对不同类型海量的空间数据（尤其是遥感影像数据）进行图片预处理的一种数据组织、存储和服务方式，实现快速浏览和应用服务，通过预先对海量的影像数据进行大量的预处理工作（主要是图像切割并建立索引，即图片金字塔），这样在访问时可以大幅提高响应速度，满足空间影像数据的网络发布的需求。

2）数据查询浏览与展示

数据查询浏览与展示服务是以自然资源时空数据库及其数据库管理系统为基础，利用遥感图像处理、GIS、可视化和虚拟现实等技术，开发数据查询、统计分析、可视化信息展示的功能。以图形、表格、GIS 和虚拟化相结合的方式，直观、准确、动态地展示自然资源时空数据数库各个方面的信息，实现自然资源数据查询浏览与展示等功能的拓展。鉴于自然资源时空数据库包括各类业务的专业和管理数据，数据查询浏览与展示等功能应满足不同业务的应用需求。

3）数据调用

在自然资源时空数据库及其管理系统的基础上，设计、开发一套功能完善、灵活易用的数据调用接口（API），将地理信息服务（图形浏览、定位查询、空间分析等）、属性数据查询与浏览、统计汇总、专题图制作等功能封装，实现对自然资源时空数据库的调用和操作，为以电子政务平台为基础的审批业务系统、自然资源综合监管平台、共享服务平台和其他应用系统提供数据接口服务。同时，还提供数据资源目录服务（元数据）、数据下载服务以及空间数据快速浏览服务等。

4）数据分发与产品定制

（1）数据分发服务，主要包括身份注册、查询、检索、浏览、申请、审核、下载（或离线分发）、用户访问和日志记录等。

（2）产品定制服务，通过扩展系统功能，满足不同用户的业务需求，实现某些数据产品的定制服务，如专题图制作、专题数据分析、各类查询统计汇总结果的输出等。

5）Web服务

WebService是一种构建应用程序的普遍模型，可以在任何支持网络通信的操作系统中实施运行，它是一种新的Web应用程序分支，是自包含、自描述、模块化的应用，可以发布、定位、通过Web调用。WebService可为其他应用程序提供数据与服务，各应用程序通过网络协议和规定的一些标准数据格式（Http、XML、Soap）来访问WebService，通过WebService内部执行得到所需结果。

2. 服务对象

服务对象主要包括自然资源主管部门、政府相关部门、企事业单位和社会公众等。针对不同的服务对象，有侧重地采取不同的服务方式。

5.3.4 运行环境

运行环境包括支撑自然资源时空数据库及其应用系统管理、运行和维护的软硬件环境及有关管理制度。自然资源时空数据库的运行环境分为网络环境、软硬件环境和安全环境。

1. 网络环境

网络环境可分为外网与内网，外网即互联网环境，内网是与互联网物理隔离的满足国家信息安全等级要求的内部业务办公网，主要是由以太网和存储局域网构成。鉴于当前调查监测的影像数据、测绘数据、规划数据的涉密性，且均部署在内网环境中，因此，自然资源时空数据库应主要部署在自然资源主管部门的内网环境中。

随着社会公众对国土资源信息日益增长的需求，对于非涉密信息，可以从自然资源时空数据库中剥离出来形成子库，为社会提供服务的，可以部署在外网环境。

2. 软硬件环境

软硬件运行环境主要包括网络、主机与服务器、存储系统和基础软件等。自然资源时空数据库集成了各类数据集，类型复杂，数据量巨大，还需要为多方面提供服务，数据访问较为频繁，并发访问量大，数据处理负载大。因而，需要配置数据服务器，对数据进行组织、存储管理。同时，要配置磁盘阵列、磁带库和数据备份软件等存储备份系统，确保数据库的集中存储和备份。另外，还需要配置操作系统、数据库管理、中间件、地理信息系统、图像处理和商业智能等基础软件。随着汇交接收的数据量不断增大，在增加主机（服务器）或硬件扩容时，需要同时考虑软件许可的增加和软件的升级或更新换代。

3. 安全环境

鉴于自然资源时空数据库的数据含有敏感数据和涉密数据，在安全保密技术方面，要从物理安全、网络运行安全、数据安全等几个方面采取有效的措施，做好数据访问、备份与分发和系统监控各个环节的安全保障工作。从数据安全和长远角度来看，除本地数据备份外，还需要采用数据异地备份的策略。

5.3.5 政策架构

政策构架主要包括建立数据汇交更新管理制度及机制和有关技术标准及规范，其中数据汇交更新机制是时空数据库建设成效与可持续发挥效能的关键。为此，需要制定并完善相关数据管理办法，从数据汇交、更新、管理、运维、发布等一系列流程明确规范数据的管理者和生产者的权利与义务。

1. 管理与机制

自然资源时空数据库要保持数据的现势性，需要相应的数据更新、数据汇交、数据管理、数据应用与服务、数据安全保障的管理机制。

（1）数据更新机制。要按照"谁生产，谁负责"的原则，建立"分数据库提出，主数据库响应"的联动更新机制，明确自然资源时空数据库建设所涉及的所有数据内容的生产和更新责任单位，建立数据更新管理办法，明确数据更新责任单位、更新内容、更新周期和更新方式，建立数据库管理单位与数据实施单位之间的数据更新与同步机制。

（2）数据汇交机制。要建立自然资源时空数据库数据汇交管理办法，明确数据的汇交内容、汇交方式、汇交流程等内容。确立自然资源时空数据库主管单位在各类数据的接收、集成、统一管理和应用中的分工。

（3）数据管理机制。要建立自然资源时空数据库管理办法，明确数据库的运行、维护、升级、改造、安全、监控等方面的具体要求，建立自然资源时空数据库的长效管理机制。

（4）数据应用与服务机制。要建立自然资源时空数据库应用与服务管理办法，明确数据的服务内容、服务对象、服务手段和服务方式，使自然资源权威数据在管理决策中广泛应用，通过应用不断扩展和更新。

（5）数据安全保障机制。要建立数据安全管理办法，明确数据安区级别及相应的安全管理要求，在保障数据安全的前提下，尽可能地扩大应用服务范围，发挥自然资源时空数据库在自然资源监管和服务的作用。

2. 标准与规范

自然资源时空数据库建设是一项复杂的系统工程，需要建立一系列标准规范作为技术支撑。在现有国际标准、国家标准和行业标准的基础上，需要建立下列技术标准和规范：

（1）数据汇交技术标准。明确数据汇交内容、汇交方式和具体技术要求，规范数据汇交工作，保证汇交数据的准确性、完整性和一致性。

（2）数据整合技术标准。统一平面坐标系、高程坐标系、投影方式、数据格式、数据分类与编码标准，明确数据抽取及整合技术要求，规范自然资源时空数据库整合工作。

（3）数据应用与服务技术标准。明确数据服务内容和服务方式，规范数据服务调用接口和调用技术要求，满足不同业务系统的数据调用需求。

（4）数据更新技术标准。明确自然资源时空数据库中数据的更新内容、方式和技术要求，以自动更新和实时更新为目标，在技术和网络安全允许的条件下，规范数据自然资源时空数据库更新技术要求，保证数据的现势性。

（5）自然资源时空数据库建设技术规范。用于规范自然资源时空数据库建设的内容、程序、方法及要求，保证数据库成果质量。

（6）数据库管理系统建设技术规范。规范自然资源时空数据库管理系统建设的总体架构、技术方法、系统功能、性能、开放性及安全性等方面的要求，满足自然资源时空数据统一管理及支持监管和决策的要求。

5.4　时空数据库建设内容

根据自然资源的分层分类，数据库结构建设内容包括地表覆盖层、地表基质层、地下资源层、管理层四层内容设计。

5.4.1 已有数据内容

已有数据内容包括基础测绘数据、自然资源监测数据、土地资源数据、森林资源数据、草原资源数据、湿地资源数据、水资源数据、海洋资源数据、地表基质资源数据和矿产资源数据，共计10类资源数据。

1. 基础测绘数据

基础测绘数据主要包括测绘基准成果、航空摄影和卫星遥感影像成果、国家基本比例尺地形图成果、国家基础地理信息系统成果。新中国成立以来，我国在全国范围内建成了全国统一的国家测绘基准体系，建立了统一的测绘系统，包括平面控制网、高程控制网和重力基本网；开展了全国范围的基础航空摄影工作，航空影像的国土覆盖率超过80%；获取了大量的遥感影像，国土覆盖率达93%；测制和更新了各种国家基本比例尺地形图，其中1:1 000 000、1:500 000、1:250 000、1:100 000等比例尺地形图均已覆盖全国，1:50 000比例尺地形图覆盖国土面积80%，1:10 000比例尺地形图覆盖国土面积44%；基本建立了国家基础地理信息系统，其中主要包括1:1 000 000、1:250 000数字线划地图数据库、地名数据库和数字高程模型数据库，全国1:50 000数字栅格地图数据库、数字高程模型数据库和地名数据库。基础测绘已有数据情况如表5.1所示。

表 5.1 基础测绘数据主要内容情况表

数据类型	数据专题	数据内容
基础测绘数据	测绘基准	包括全国统一设立的大地基准、高程基准、深度基准和重力基准
	测绘系统	国家建立的全国统一的大地坐标系统、平面坐标系统、高程系统、地心坐标系统、重力测量系统
	平面控制网	一等平面控制网、二等平面控制网、三等平面控制网、四等平面控制网
	高程控制网	一等水准网、二等水准网、三等水准网、四等水准网
	重力基本网	重力基本网、一等重力网
	国家GPS控制网	GPSA级网、GPSB级网
	数字高程模型（DEM）	等高线、高程点、等深线、水深点和部分河流、大型湖泊、水库等
	1:10 000数字栅格图（DRG）	已经出版的地图经过扫描、几何校正、色彩校正和编辑处理后的数据成果
	数字正射影像图（DOM）	多时相、多空间、多分辨率的航空影像数据、卫星影像数据
	地名数据	国家基本比例尺地形图上的各类地名注记，包括居民地、河流、湖泊、山脉、山峰、海洋、岛屿、沙漠、盆地、自然保护区等名称
	数字线划图（DLG）	水系、境界、交通、居民地、地形、植被等，国家级DLG比例尺为1:1 000 000、1:250 000、1:50 000三级，省级DLG比例尺为1:250 000、1:50 000、1:10 000三级

2. 自然资源监测数据

2013—2015年，全国开展了第一次地理国情普查，全面查清了我国陆地国土范围内的地表自然和人文地理要素的空间分布情况，包括地形地貌、植被覆盖、水域、荒漠与裸露地、交通网络、居民地与设施、地理单元等要素的类别、位置、范围、面积等内容。从2016年起，以当年6月30日为统一时点，每年集中开展一次地理国情监测，掌握自然和人文地理要素的现状和变化情况，形成年度全国地理国情信息数据库，反映国土空间布局、生态状况、城镇化进程、区域协调发展等方面的规律性特征。2021年，在融合地理国情监测和国土利用全覆盖遥感监测的工作基础上，开展了自然资源监测工作。同时，以监测数据成果为底版，对重点区域重点要素开展重点监测，对重要目标开展应急快速监测。自然资源监测已有的数据专题和内容如表5.2所示。

表 5.2 自然资源监测数据主要内容情况表

数据类型	数据专题	数据内容
自然资源监测数据	第一次全国地理国情普查数据	地表形态、地表覆盖、水系、交通、行政境界等专题要素
	2016 年以来的年度地理国情监测数据	地表形态、地表覆盖、水系、交通、行政境界等专题要素
	专题监测数据	全国及重点区域自然资源状况、生态环境等变化情况,水土流失、水量沙质、沙尘污染等生态状况,以及矿产资源开发及损毁情况、矿区生态环境状况,红树林专题监测、海岸线专题监测、地灾专题监测等
	应急监测数据	面向社会关注的焦点和难点问题开展的应急监测数据成果

3. 土地资源数据

1984—1997 年,全国开展了第一次全国土地详查。2007 年至 2009 年,完成了第二次全国土地调查,全面查清全国土地利用状况,掌握真实的土地资源数据。从 2010 年起,以当年 12 月 31 日为统一时点,每年集中开展一次土地利用变更调查,查清年度内重点区域和重点地类的土地利用变化情况。2020 年完成的第三次全国国土调查,全面查清全国陆域范围内地表覆盖每块图斑的地类、位置、范围、面积、权属性质等利用状况,划清各类自然资源在国土空间上的水平分布及范围界线。此外,还开展了永久基本农田划定、耕地质量等级评定、农用地分等定级、耕地后备资源潜力调查等专项工作,掌握了耕地及后备资源的位置、范围、面积等状况。土地资源已有的数据专题和内容如表 5.3 所示。

表 5.3 土地资源数据主要内容情况表

数据类型	数据专题	数据内容
土地资源数据	第一次全国土地详查数据	统计报表、报告成果等
	第二次全国土地调查数据	土地利用现状分类矢量数据及属性信息,影像、图件、统计报表及报告成果等
	2010–2019 年土地年度变更数据	年度土地利用变更调查矢量数据及属性信息,影像、图件、统计报表等
	第三次全国国土调查数据	国土利用现状分类矢量数据及属性信息,影像、图件、统计报表及报告成果等
	2020 年度国土变更数据	国土利用现状分类矢量数据及属性信息,影像、图件、统计报表及报告成果等
	耕地资源数据	永久基本农田划定、耕地质量等级评定、农用地分等定级、耕地后备资源潜力调查数据等

4. 森林资源数据

国家森林资源连续清查(一类清查)始于 1973 年,每 5 年开展一次,到 2018 年,全国已经开展了九次森林资源清查工作,从国家层面,宏观掌握了全国森林资源现状与动态等信息。森林资源规划设计调查(二类调查)始于 1975 年,原则上调查周期为 10 年,主要由各省(自治区、直辖市)负责组织实施,实行年度更新,从地方层面,查清森林、林木和林地资源的种类、数量、质量、结构、功能和生态状况以及变化情况等。

2019 年自然资源部组织开展了全国森林蓄积量调查,2020 年与国家林草局共同组织开展了全国森林资源调查,成果包括全国及各省蓄积量调查报告、森林资源调查报告、样地调查成果数据库、图件等。

5. 草原资源数据

20 世纪 80 年代，全国开展了第一次草地资源调查，首次摸清了全国草地资源基本情况。2017 年至 2018 年组织完成了部分省第二次草地资源清查，基本掌握了以县域为单元的全国草地资源情况。当前自然资源部正在开展 2020 年全国草原资源专项调查监测，主要调查内容包括草原的类型、生物量、等级、生态状况以及变化情况等，成果包括草原综合植被覆盖度空间分布图、草原植被覆盖度空间分布图、草原资源生物量空间分布图及专项调查监测报告等。

6. 湿地资源数据

自 20 世纪 70 年代以来，我国共开展了两次全国湿地资源调查，形成了第一次、第二次全国湿地资源调查数据成果，查清了我国湿地资源及其环境的现状，包括湿地类型、分布、面积，湿地水环境、生物多样性、保护与利用、受威胁状况等现状及其变化情况等。当前自然资源部正在开展湿地调查试点工作，探索建立湿地调查技术方法和调查指标，为湿地专项调查的开展奠定了技术基础。

7. 水资源数据

我国分别于 20 世纪 80 年代和 21 世纪初由国家水利部先后组织开展了 3 次全国范围的水资源调查评价工作，形成了第一次、第二次、第三次全国水资源调查评价数据成果，全面摸清我国水资源数量、质量、开发利用、水生态环境的变化情况。2021 年 6 月自然资源部正式启动全国水资源调查监测工作，将利用 5 年时间全面掌握我国水资源数量、质量、空间分布、开发利用、生态状况及动态变化，并建成国家水资源调查数据库和信息共享服务平台。

8. 海洋资源数据

自 1958 年起，我国先后组织"全国海洋综合调查"等多项海洋资源综合调查和专项调查，基本掌握了全国海岸线修测成果。2004—2009 年通过"908 专项"基本摸清了我国近海空间资源的基本状况。海岸滩涂、海洋资源、海洋生态环境等专项调查工作获得了滨海湿地、沿海滩涂、海域类型、分布、面积和保护利用状况等信息，以及海岛的数量、位置、面积、开发利用与保护等数据资源。

9. 地表基质资源数据

我国分别于 1958 年至 1960 年、1979 年至 1985 年两次开展全国土壤普查。调查工作以乡为单位，以村为基础，逐丘逐块进行。调查成果自下而上逐级汇总，各级成果有土壤图、土壤养分图、土壤改良利用分区图、土壤利用现状图及其他图件。已有的地表基质资源数据专题和内容如表 5.4 所示。

表 5.4　地表基质资源数据主要内容情况表

数据类型	数据专题	数据内容
地表基质资源数据	地表基质调查数据	地表基质类型、理化性质及地质景观属性等
	地表基质历史调查数据	全国土壤普查数据成果等

10. 矿产资源数据

2018 年 12 月 31 日起开展的矿产资源国情调查，全面获取当前我国各类矿产资源数量、质量、结构和空间分布等基础数据，对不同矿种和类型的矿产资源潜力状况做出评价，查明矿产资源与各类主体功能区的空间关系。近年来，全国多个城市也相继展开地下空间资源调查试点工作，调查指标主要有空间类型、规模、形态、埋藏深度、地质结构等。已有的矿产资源数据专题和内容如表 5.5 所示。

表 5.5　矿产资源数据主要内容情况表

数据类型	数据专题	数据内容
矿产资源数据	矿产资源储量数据库	矿区交通位置、地理环境、矿产、矿区地质报告审批情况、矿体赋存情况、选矿性能、矿山开采情况、矿区资源储量、质量、结构和空间分布等
	探矿权/采矿权审批数据	矿区范围的立体空间、主采矿种、开采方式、开采规模、矿权有效期限、矿产资源地质储量数据
	矿产资源潜力评价	全国不同矿种类型的矿产资源潜力评价成果，包括矿产预测类型、矿床成矿要素、单矿种成矿规律、区域成矿规律等数据

5.4.2　地表覆盖层建设内容

地表覆盖层由土地资源、森林资源、草原资源、湿地资源、地表水资源、海洋资源等数据构成。

1. 土地资源数据

土地资源数据由土地地类图斑与耕地分类单元组成，均来源于土地资源分数据库。土地地类图斑是物理迁移第三次全国国土调查成果中的土地利用要素中的地类图斑层，选取核心属性信息包括标识码、要素代码、图斑预编号、图斑编号、地类编码、地类名称、权属性质、权属单位代码、权属单位名称、图斑面积等；耕地分类单元是物理迁移耕地资源质量分类数据成果中的耕地分类单元数据成果，选取核心属性信息包括单元编号、耕地类型、土壤厚度、土壤质地、生物多样性、熟制、质量分类等。

2. 森林资源数据

森林资源数据由森林分布图斑、森林样地和森林样本等数据组成，均来源于森林资源分数据库。森林分布图斑是物理迁移森林资源"一张图"数据中的林地图斑数据，选取核心属性信息包括林种、森林类别、郁闭度、优势树种、平均胸径、公顷蓄积、每公顷株数等。森林样地与样方数据是物理迁移全国森林资源专项调查成果中的样地与样方数据，其中样地数据选取核心属性信息包括样地类别、乔木林类型、起源、优势树种、郁闭度、样地单位面积蓄积量和生长量等；样木数据选取核心属性信息包括样木号、立木类型、树种、胸径、树高等属性信息等。

3. 草原资源数据

草原资源数据由草原分布图斑、草原样地和草原样方等数据组成，均来源于草原资源分数据库。草原分布图斑是物理迁移草原调查数据成果中草原图斑数据，选取核心属性信息包括草地类、草地型、质量等级、退化程度、植被盖度、产草量等。草原样地和草原样方是物理迁移全国草原资源专项调查成果中样地与样方数据，其中，草原样地选取核心属性信息包括样地号、草地类、草地型、土壤质地、利用方式、利用状态、综合评价、调查日期等；草原样方信息选取核心属性信息包括样地号、样方编号、植物盖度、草群平均高度、主要植物种名称等，舍弃大株丛鲜重、大株丛风干重、大株丛折算鲜重、样方照片编号等。

4. 湿地资源数据

湿地资源数据由湿地分布图斑数据构成，来源于湿地资源分数据库。湿地分布图斑是物理迁移全国湿地专项调查中湿地划分数据，选取核心属性信息包括湿地所在区域名称、湿地类型、湿地面积、所属流域、水源补给、植物群落、保护管理状况、利用方式等。

5. 地表水资源数据

地表水资源数据由常水位水体分布、丰水期水位覆盖与枯水期水位覆盖等数据组成，各层属性结构一致，主要属性信息包括水体名称、所属流域、河流类型、水质、平均水深、最大水深等。

6. 海洋资源数据

海洋资源数据由海岸线、海域、海岛数据组成，来源于海洋资源分数据库。其中，海岸线选取核心属性信息包括海岸线类型、长度、所属行政区域等；沿海滩涂选取核心属性信息包括沿海滩涂类型、面积、保护与开发利用现状等；海域选取核心属性信息包括地形地貌、海水水质、保护与开发利用现状等；海岛选取核心属性信息包括海岛名称、海岛类型、海岛位置、面积、保护与开发利用现状等。

7. 监测数据

监测数据由耕地监测、水资源监测、林草资源监测、人工构筑物监测、围填海管控监测、构筑物用海监测、滨海湿地监测、沿海滩涂监测等数据组成，来源于自然资源监测分数据库。全部数据均是物理迁移最新年度全国地理国情监测数据成果，选取保留地理国情信息分类码、生产标记信息、地物标注等主要属性信息。

5.4.3 地表基质层建设内容

地表基质层由岩石基质分布、砾质基质分布、土质基质分布、泥质基质分布等数据组成，来源于地表基质分数据库。地表基质数据是物理迁移全国地表基质专项调查成果中相应图层。其中，岩石基质分布数据选取的核心属性信息包括二级分类、三级分类、岩性、产状、成因类型、坚硬程度、风化程度等；砾质基质分布数据选取的核心属性信息包括二级分类、三级分类、成因类型、砾石成分、砾石含量、砂含量等；土质基质分布数据选取的核心属性信息包括二级分类、三级分类、成因类型、污染情况、侵蚀类型、侵蚀程度等；泥质基质分布数据选取的核心属性信息包括二级分类、三级分类、成因类型、污染情况、渗透性等。

5.4.4 地下资源层建设内容

地下资源层由地质特征、赋存环境、固体矿产资源分布、油气矿产资源分布、其他矿产资源分布和储量以及地下空间、地下水资源分布和储量等数据组成，来源于地下资源分数据库。地质特征及地下资源赋存环境数据层是物理迁移地下资源调查成果中相应数据。其中，地层分布选取的核心属性信息包括地层名称、地层时代、地层岩性、地层厚度等；断裂层分布选取的核心属性信息包括断层名称、断层性质、断层走向、断层活动性、断层分布状况等；褶皱分布选取的核心属性信息包括褶皱名称、褶皱类型、褶皱性质等。

固体矿产资源分布、油气矿产资源分布、其他矿产资源分布是物理迁移矿产资源国情调查成果中相应数据。其中，固体矿产资源分布选取的核心属性信息包括资源类型、储量计量单位、推断资源量、控制资源量、探明资源量等；油气矿产资源分布选取的核心属性信息包括资源类型、油气探明地质储量、储量计量单位、推断资源量、控制资源量、探明资源量、矿产组合、主要组分平均品位等；其他矿产资源分布选取的核心属性信息包括资源类型、面积、储量计量单位、推断资源量、控制资源量、探明资源量矿产组合、矿产组合、主要组分平均品位等。

5.4.5 管理层建设内容

管理层由综合管理、专题管理、辅助管理共三类数据构成。

1. 综合管理

综合管理包括行政区区划、行政区界线、村级调查区、村级调查区界线、永久基本农田图斑、城市开发区边界、生态保护红线等数据。其中行政区区划、行政区界线、村级调查区、村级调查区界线物理迁移第三次全国国土调查成果中对应数据，并保留管理部门所需属性信息；永久基本农田图斑、城市开发区边界、生态保护红线、海洋生态空间、海洋开发利用空间是物理迁移国土空间规划数据，并保留全部属性信息。

2. 专题管理

专题管理包括饮用水源地、地下空间开发利用规划、地质灾害分布、海洋生态空间、海洋开发利用空间等数据，其中，饮用水源地来源于土地分数据库，选取的核心属性信息包括水源地名称、级别、批准机关、批准时间、保护区面积等；地下空间开发利用规划、地质灾害分布来源于地下资源分数据库，地下空间开发利用规划选取的核心属性包括规划区名称、规划区面积、规划内容等；地质灾害分布选取的核心属性包括地质灾害类型、灾害体规模数量、规模数量单位等。

3. 辅助管理

辅助管理包括国家公园、自然保护区、森林公园、风景名胜区、地质公园、世界自然遗产、世界自然与文化双遗产、湿地公园、水产种质资源保护区、其他类型禁止开发区、流域区、坡度、坡向、人口、农牧分界、自然地域单元数据以及降水、日照与积温等气候数据，其中，国家公园、自然保护区、森林公园、风景名胜区、地质公园、世界自然遗产保护区、湿地公园、水产种质资源保护区、其他类型禁止开发区均是物理迁移第三次全国国土调查成果中对应数据，保留保护区名称、保护区地理位置、保护区级别、批准机关、批准时间、保护区面积等全部属性信息；流域数据是物理迁移调查监测分数据库中对应数据，保留流域名称、代码等信息；坡度、坡向、人口、农牧分界、自然地域单元数据、年等降水量线等数据来源于权威部门发布或科研产生的自然地理格局数据，此类可根据需要增加，不限于所列内容。

5.5　时空数据模型建设内容

突出对自然资源各类时空大数据的"管"和"用"，是数据库建设的双重使命。在如何"管"好数据方面，《自然资源三维立体时空数据库建设总体方案》要求在全国统一的空间框架下构建自然资源时空数据模型，可以说，时空数据模型是时空数据库的基础。时空数据模型可准确反映自然资源实体的时态、位置、数量、质量、生态的时空 - 属性关系，实现自然资源的一体化表达，既能解决数据动态更新的需求，及时掌握自然资源基础数据及变化情况，同时也能以专题汇集和集成共享等方式，采用物理分散、逻辑统一、历史整合的方式，统一应用管理。

5.5.1　时空数据模型概述

时空数据模型是自然资源在时间、空间、语义、管理、服务等方面一体化表达的实体模型，是一种有效组织和管理时态地理数据。时空数据模型表达了随时间变化的动态结构，用于地理空间数据的时态变化分析。

1. 空间数据

空间数据又称几何数据，它用来表示物体的位置、形态、大小分布等各方面的信息，是对现实世界中存在的具有定位意义的事物和现象的定量描述。根据数据的特征，空间数据可以分为三种类型：空间特征数据（定位数据）、时间特征数据（时间尺度数据）和专题特征数据（非定位数据）。

1）空间特征数据

空间特征数据又称定位数据，是记录空间实体的位置、拓扑关系和几何特征信息的数据。实体位置可以由不同的坐标系统来描述，如经纬度坐标、一些标准的地图投影坐标或任意的直角坐标等。人类对空间目标的定位一般不是通过实体的坐标，而是确定某一目标与其他目标间的空间位置关系，而这种关系往往也是拓扑关系。空间数据来源和类型繁多，主要可以分为矢量数据、影像数据、地形数据、属性数据和元数据。

2）时间特征数据

时间特征指地理实体的时间变化或数据获取的时间等，其变化的周期主要包括超短期、短期、中期、长期四种类型。严格来说，空间数据总是在某一特定时间或时段内采集得到或计算产生的，时间特征主要用于地物变化趋势等调查监测，通过多时相数据可以综合分析数据变化情况及其发展规律。

3）专题特征数据

专题特征数据又称属性特征数据（非定位数据），是指地理实体所具有的各种性质（如变量、级别、数量特征和名称等）。如一条河流的属性包括河流名称、河流宽度、通航性质、所属流域等。专题特征数据本身属于非空间数据，但它可以与地理要素空间信息挂接，成为空间数据重要组成部分，通过与空间数据的结合，能全面、准确表达空间实体的全貌。

2. 空间数据模型

模型是对现实世界的简化表达。数据建模是指把现实世界的数据组织为有用且能反映真实信息的数据集的过程。数据模型是数据特征的抽象，它从抽象层次上描述了系统的静态特征、动态行为和约束条件，为数据库系统的信息表示与操作提供一个抽象的框架。数据模型设计是自然资源时空数据库建设的关键。数据模型按不同的应用层次分为概念数据模型、逻辑数据模型、物理数据模型三种类型，三者之间的相互关系如图 5.3 所示。

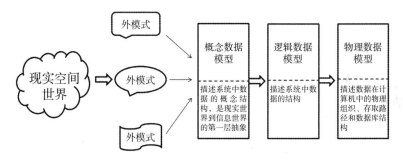

图 5.3 空间数据模型的三个层次

1）概念数据模型

概念数据模型是关于实体及实体间联系的抽象概念集。概念数据模型直接反映了人们对客观世界的认知与理解，是面对用户、面向现实世界的数据模型。它主要是描述系统中数据的概念结构、属性、空间和时间语义更完整的地理数据模型，按用户的观点对数据和信息建模，是现实世界到信息世界的第一层抽象。由于专业和认识水平不同，人们所关心的问题、研究的对象、期望的结果等方面存在着差异，因而对现实世界的描述和抽象也不同，这就形成了不同的用户视图，称之为外模式。GIS 空间数据模型的概念模型是基于用户需求的共性，用统一的语言描述和综合、集成各用户视图。

概念数据模型的基本任务是确定所感兴趣的现象和基本特性，描述实体间的相互联系，从而确定空间数据库的信息内容。目前广泛采用的是基于平面图的点、线、面数据模型和基于连续覆盖的栅格数据模型。选择时，主要是考虑数据的测量方式，如果数据来源于卫星影像，其中某一现象的一个值是由区域内某一个位置提供的，如种植类型或草地类型可以采用栅格数据模型；如果数据是以测量区域边界线的方式给出，而且区域内部被看成是一致的，就可以采用点、线、面数据模型。

2）逻辑数据模型

逻辑数据模型主要描述系统中数据的结构、对数据的操作以及操作后数据的完整性问题。这类模型通常有着严格的形式化定义，而且常常会加上一些限制和规定，以便在机器上实现。逻辑数据模型表达概念数据模型中数据实体（或记录）及其间的关系。空间数据的逻辑数据模型是根据其概念数据模型确定的空间数据库的信息内容（空间实体及相互关系），具体地表达数据项、记录等之间的关系，可以有若干不同的实现方法。

空间逻辑数据模型一般分为层次模型、网状模型、关系模型三大类。层次模型是将数据组织成一对多关系的结构，用树形结构组织数据记录，表示实体及实体间的联系。网状模型是层次模型的一种广义形式，是若干层次结构的并，其优点是能反映现实世界中极为常见的多对多的联系，缺点是复杂。关系模型是用二维表格表达数据实体之间的关系，用关系操作提取或查询数据实体之间的关系，因此称之为面向操作的逻辑数据模型，其优点是灵活简单，缺点是在表示复杂关系时比其他数据模型困难，当数据构成多层联系时，存储空间利用效率较低。

3）物理数据模型

物理数据模型是描述数据在计算机中的物理组织、存取路径和数据库结构的模型。由于逻辑数据模型并不描述最底层的物理实现细节，但计算机处理的是二进制数据，必须将逻辑数据模型转换为物理数据模型，需要涉及空间数据的物理组织、空间存取方法、数据库总体存储结构等。

（1）物理表示与组织。层次数据模型的物理表示方法主要有物理邻接法、表结构法、目录法。网络数据模型的物理表示方法主要有变长指针表、位图法、目录法等。关系数据模型的物理表示是用关系表进行的。物理组织的设计内容主要包括在外存储器上存放数据的最优形式、操作效率、响应时长、空间利用率等。

（2）空间数据存取。数据库的"存"是指从内存写一段到外存，"取"指从外存写一段到内存。常用的存取方法有文件结构法、索引文件和点索引结构。

3. 时空数据模型

传统的地理信息系统应用只涉及地理信息的两个方面：空间维度和属性维度，因此也叫静态GIS，即 SGIS（staticGIS），而能够同时处理时间维度的 GIS 称为时态 GIS，即 TGIS（temporalGIS）。增加时间维度，就可以解决历史数据的丢失问题，实现数据的历史状态重建、时空变化跟踪、发展势态的预测等功能。

1）涵　义

在一些应用领域，如权属变更、建设用地审批、城市发展、修建道路等，不仅仅需要一个时间的数据，还需要调用历史变化数据，以此回溯历史、跟踪变化、预测未来。这就要求有一个高效组织、管理、操作的时空数据模型。

时空数据模型是一种有效组织和管理时态地理数据，属性、空间和时间语义更完整的地理数据模型。该模型针对自然资源动态监测和精细化管理的需要，通过扩展实体时间标签，用于表征自然资源实体的形态、拓扑和属性随时间流逝而变化或维持原状的过程，具备支持现实世界中自然资源实体对象的连续变化或离散变化的能力，可实现自然资源实体全生命周期跟踪管理。

2）构建思路

时空数据模型是将自然资源实体视为空间和时态的统一体，即将随时间变化而变化的空间属性和专题属性作为自然资源实体的自身特性，然后通过唯一编码对自然资源实体进行标识，实现时空演变与自然资源实体的紧密关联。

自然资源实体 O 定义为：

$$O = \{UID, S(t), T(T_b, T_e), A, P_1(T_b, T_e), P_2(t), P_3() \cdots\}$$

式中，UID 表示自然资源实体 O 的对象标识码，该标识码表示其在应用对象集合中是唯一的；$S(t)$ 表示自然资源实体在特定空间坐标系下随时间变化的空间特性集合；$T(T_b, T_e)$ 表示自然资源实体的状态发生改变的时间域，即产生、消亡时间，T_b、T_e 分别表示产生时间和消亡时间；A 表示自然资源实体的行为操作，即对象的时间、空间和属性的运算操作；$P_1(T_b, T_e)$，$P_2(t)$，$P_3()\cdots$ 表示自然资源实体属性特性集合（时间域的、时间点的、事件无关的等）。

3）实现方法

时空数据模型记录自然资源实体产生时间、消亡时间，以及在各时间点的空间形态和属性信息，沿时间维度可动态展现自然资源实体从产生到消亡全生命周期的时空演变过程。

以具体的自然资源实体为例，T_1 时刻有一耕地实体 O_1，由于 O_1 坡度大于 $25°$ 被划为退耕还林的范围，土地用途变更后，在 T_2 时刻原耕地实体 O_1 所占空间位置产生了新的林地实体 O_2，原耕地实体 O_1 消亡，其时空演变动态表达过程如图 5.4 所示。

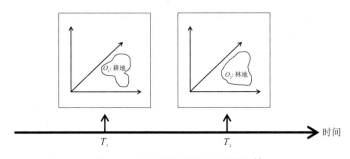

图 5.4　自然资源实体生命周期[1]

5.5.2　自然资源实体模型

机构改革以前，调查监测管理分散在土地、林业、农业、水利等部门，缺乏统一协调，各部门从自身职责出发制定了本领域的专项调查技术规程，技术规程中对同一类自然资源的定义与数据表达结构差异较大，以往采用图斑级的数据形式已经难以全面覆盖自然资源"资源–资产–资本"的三大属性。因此，国家提出自然资源实体的概念，从符合人们认知事物的实体视角对自然资源进行抽象，建立自然资源实体模型，以实体级的数据结构取代图斑级的表达形式，作为调查监测对象及其信息承载体，推动地理信息由静态形式向时空、关系、演变等多元形式转变。通过建立自然资源实体模型，既能对自然资源要素独立特征进行描述，也可以从"山水林田湖草是生命共同体"的整体视角出发，表达各类自然资源要素间相互联系、相互制约的关系，满足当下调查监测体系数字化建设的需求。

1. 自然资源实体模型的涵义

自然资源实体模型是将土地、矿产、森林、草原、湿地、水、海域海岛等各类自然资源实体进行概念设计、逻辑设计和物理设计后建立的时空数据模型，包含时空和属性的双重内涵。其中，时空包含空间位置坐标和时间记录，可以支持几何解析、测量和实体演变描述；属性根据调查监测的需求由调查监测技术规程所定义，从而有效地支撑自然资源空间分布及变化的科学表达、精准测定和高效分析。

1）图 5.4，表 5.6 ~ 表 5.9，表 5.14 ~ 表 5.25，图 5.20，图 5.21，表 5.28 来源于《自然资源三维立体时空主数据库设计方案（2021版）》。

2. 自然资源实体模型的构成

自然资源实体的模型结构根据自然资源产生、发育、演化和利用的全过程，以立体空间位置作为组织和联系所有自然资源体（即由单一自然资源分布所围成的立体空间）的基本纽带，以自然资源三维基底为场景，对各类自然资源信息进行分层分类，科学组织各个自然资源体有序分布在地球表面（如土壤等）、地表以上（如森林、草原等）及地表以下（如矿产等），形成一个完整的支撑生产、生活、生态的自然资源立体时空模型。自然资源实体模型主要包含自然资源三维基底、地表基质层、地表覆盖层、管理层，模型结构图如图 5.5 所示。

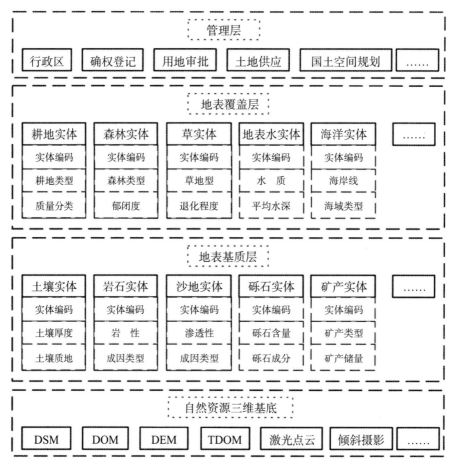

图 5.5 自然资源实体模型结构图

自然资源三维基底是自然资源实体模型的空间场景承载，作为自然资源实体分析表达的底图和载体，是连续空间范围内地表的表达。自然资源三维基底通常包括正射影像（DOM）、真正射影像（TDOM）、数字高程模型（DEM）、数字表面模型（DSM）、倾斜摄影三维模型等数据类型。

地表基质层和地表覆盖层是整个自然资源实体模型的核心，是自然资源全要素的集合。地表基质层是地表的自然资源要素集合，主要包含土壤、岩石、沙地、砾石等实体；地表覆盖层是地表以上的自然资源要素集合，主要包含耕地、森林、草原、地表水等实体。对于各类实体的属性结构，主要是按照业务需求赋予不同的自然地理、权属、规划、用途和社会经济等属性，并建立关联形成完整的自然资源实体体系。每个自然资源实体按照地理实体数据建立实体名称、实体编码、几何形状等基本信息的规则填写，体现自然资源实体对地理实体的继承。

管理层是概念数据模型的重要组成。在自然资源管理业务中，各类自然资源开发利用、保护管理界线可能并不直接依附于具体的自然资源，但却对管理业务的开展起到了至关重要的作用。根据自然资源分层数据模型和实际管理业务的需要，将这些自然资源开发利用、保护管理界线划分到管理层以实体或图元的形式存在，通过与自然资源实体建立关联发挥其在实际业务中的作用。

3. 自然资源实体网格编码

根据 GB/T40087-2021《地球空间网格编码规则》，依据全球唯一空间身份编码的原则，进行空间单元与空间信息组织的地球空间网格剖分，将一定空间网格内的自然资源实体进行编码管理，并编制实体身份编码。该编码是自然资源实体全球统一、唯一空间身份编码。通过自然资源实体空间身份编码，实现自然资源实体空间快速定位，地上地下立体关联信息查询、分析。

地球空间网格将自然资源实体占据的立体空间统一剖分成不同尺度的网格单元，并按统一编码规则进行标识和表达，构建网格化的地球空间参考框架，通过网格化分和网格编码实现自然资源实体在地球空间中某一具体区域的标识。

1）网格剖分

在 GB/T40087-2021《地球空间网格编码规则》的基础上，根据自然资源实体的具体特性和实际应用需求，确定面向自然资源实体的地球空间网格剖分规则。其中，剖分方法、剖分范围、剖分起点、地球参考椭球面网格与高度域的剖分规则、网格定位及边界面归属依据 GB/T40087-2021《地球空间网格编码规则》执行。

网格剖分等级将地球空间网格分为度网格、分网格、秒网格、秒以下网格 4 类 27 级，其中秒以下网格采用 22~26 级。各类自然资源实体的网格单元划分如表 5.6~表 5.9 所示。

表 5.6　地表覆盖层网格单元划分表

序　号	资源类型		网格单元规格	剖分级别	网格大小
1	土　地	地类图斑	1/2″ 网格	22	15.5m
2		耕地分类单元	1/2″ 网格	22	15.5m
3	森　林	森林分布图斑	1/2″ 网格	22	15.5m
4		森林样地数据	32″ 网格	16	989.5m
5		森林样木数据	1/32″ 网格	26	1.0m
6	草　原	草原分布图斑	1/2″ 网格	22	15.5m
7		草原样地数据	8″ 网格	18	247.4m
8		草原样方数据	1/32″ 网格	26	1.0m
9	湿　地	湿地分布图斑	1/2″ 网格	22	15.5m
10	地表水	常水位水体分布	1/2″ 网格	22	15.5m
11		丰水期水位覆盖	1/2″ 网格	22	15.5m
12		枯水期水位覆盖	1/2″ 网格	22	15.5m
13	海　洋	海岸线	32″ 网格	16	989.5m
14		海　域	2″ 网格	14	3700m
15		沿海潮间带	32″ 网格	16	989.5m
16		海岛分布图斑	1″ 网格	21	30.9m
17	监　测	耕地资源监测数据	1/2″ 网格	22	15.5m
18		水资源监测数据	1″ 网格	21	30.9m
19		人工构筑物监测数据	1/2″ 网格	22	15.5m
20		林草资源监测数据	1/2″ 网格	22	15.5m
21		其他监测内容数据	1/2″ 网格	22	15.5m

序　号	资源类型		网格单元规格	剖分级别	网格大小
22	监　测	滨海湿地监测数据	32″ 网格	16	989.5m
23		沿海滩涂监测数据	32″ 网格	16	989.5m

表 5.7　地表基质层网格单元划分表

序　号	资源类型	网格单元规格	剖分级别	网格大小
1	地表基质	岩石基质分布	16″ 网格	17	494.7m
2		砾质基质分布	16″ 网格	17	494.7m
3		土质基质分布	16″ 网格	17	494.7m
4		泥质基质分布	16″ 网格	17	494.7m

表 5.8　地下资源层网格单元划分表

序　号	资源类型	网格单元规格	剖分级别	网格大小
1	地下资源	地层分布	32″ 网格	16	989.5m
2		断裂（层）分布	32″ 网格	16	989.5m
3		褶皱分布	32″ 网格	16	989.5m
4		固体矿产资源分布	32″ 网格	16	989.5m
5		油气矿产资源分布	32″ 网格	16	989.5m
6		其他矿产资源分布	32″ 网格	16	989.5m
7		地下空间	32″ 网格	16	989.5m
8		地下水分布	32″ 网格	16	989.5m

表 5.9　管理层网格单元划分表

序　号	资源类型		网格单元规格	剖分级别	网格大小
1	综合管理	行政区	2′ 网格	14	3.7km
2		行政区界线	2′ 网格	14	3.7km
3		村级调查区	1′ 网格	15	1.8km
4		村级调查区界线	1′ 网格	15	1.8km
5	专题管理	永久基本农田范围线	1/2″ 网格	22	15.5m
6		城市开发边界	1/4″ 网格	23	7.7m
7		生态保护红线	1″ 网格	21	30.9m
8		饮用水源地	1/2″ 网格	22	15.5m
9		地下空间开发利用规划	4″ 网格	19	123.7m
10		地质灾害分布	32″ 网格	16	989.5m
11		海洋生态空间	32″ 网格	16	989.5m
12		海洋开发利用空间	32″ 网格	16	989.5m
13	辅助管理	国家公园	4″ 网格	19	123.7m
14		自然保护区	2″ 网格	20	61.8m
15		森林公园	4″ 网格	19	123.7m
16		风景名胜区	4″ 网格	19	123.7m
17		地质公园	4″ 网格	19	123.7m

序　号	资源类型	网格单元规格	剖分级别	网格大小
18	世界自然遗产保护区、世界自然与文化双遗产	2″ 网格	20	61.8m
19	湿地公园	4″ 网格	19	123.7m
20	水产种质资源保护区	1/2″ 网格	22	15.5m
21	其他类型禁止开发区	1/2″ 网格	22	15.5m
22	流域数据	4″ 网格	19	123.7m

辅助管理（序号18~22）

2）网格编码

地球空间网格编码是在网格剖分的基础上建立的，由地球参考椭球面网格编码、层级码、类别码、顺序码和高度域编码构成。编码规则、编码顺序以及编码计算方法参照 GB/T40087-2021《地球空间网格编码规则》执行，编码长度设计为 26 位，秒级以下编码为 5 位。

4. 自然资源实体业务关联

建立自然资源实体业务关联主要是为了描述自然资源实体间的业务逻辑关联关系，便于快速搭建不同的业务场景所需的数据集和业务规则，提升数据快速应用、精准服务价值。建立业务关联的方式主要有两种：基于语义建立关联和基于场景建立关联。

1）基于语义建立关联

（1）空间语义关系。针对各类以第三次全国国土调查为统一底版开展的自然资源专项调查数据，基于自然资源实体一致性关系，建立相关实体与第三次全国国土调查地类图斑实体的空间语义关系。

（2）实体同义性语义关系。基于同义性语义信息提取不同专题自然资源数据中同类数据。如通过"湖泊"，提取出水资源中的"湖泊"和湿地资源中的"湖泊类湿地"。

2）基于业务场景建立关联

业务场景关联模型是结合具体业务应用场景，梳理相关业务数据，依据实体语义分析，进一步确定关联数据实体，最后按照业务逻辑与规则构建关联关系。

5.5.3　自然资源三维基底

基于三维基底的自然资源数据，突破了二维平面单调展示的束缚，平面拓展为立体，将地理空间现象以立体造型展现给用户，清晰表达了自然资源空间及人类开发利用活动的空间位置关系，提供三维立体时空感受，更直观、更真实、更能满足复杂空间分析、关系管理和快速信息判读的需要，进一步解决自然资源调查、确权和国土空间用途管制等问题。

1. 自然资源三维基底的构建方式

自然资源三维基底可以通过 DSM 叠加 DEM 方式、倾斜摄影技术建模、三维激光扫描技术建模等方式生产，具体选择可以根据调查监测成果数据的来源方式选择。若调查监测成果以二维的点、线、面等方式记录信息，则利用 DEM、DSM 等构建的自然资源三维基底，获取自然资源实体的立体空间信息；若调查监测成果为三维方式，则构建包括点、线、面、体等几何特征的自然资源三维实体模型，直接记录自然资源实体的立体空间信息。

1）DSM 叠加 DEM 方式

DSM 是指包含地表建筑物、桥梁和树木等高度的地面高程模型。和 DEM 相比，DEM 只包含了地形的高程信息，并未包含其他地表信息，DSM 是在 DEM 的基础上，进一步涵盖了除地面以外的其他地表信息的高程信息，信息更加丰富，更能真实反映地表地物的高程信息。

　　传统的 DOM 是在 DEM 的基础上进行生产的，影像图上的楼宇、围墙等建筑物具有投影差。由于城市中的建筑物密集、高层建筑多，传统 DOM 中高大建筑物的顶面与其正确位置有较大偏差，表现为建筑物会向某一方向倾斜，遮挡或压盖其他地物要素，无法正确判读。真正射影像是将正射影像纠正为垂直视角的影像产品，对隐蔽部分（如各种地物、地形、植被等的倾斜投影）采用相邻像片修正，表现为地形、建筑物等要素没有投影差、建筑物间无遮挡的正射影像图，全面展现地物要素。

　　DSM 叠加 DEM 方式建模流程主要有：通过 DSM 和 DEM 获取建筑物高度，构建建筑物几何模型；从 TDOM 和实景拍摄片中提取建筑物纹理；通过纹理映射的方式，构建建筑物三维模型；以 TDOM 的地形信息为基底，叠加 DEM，获取自然资源实体的高程信息，构建地形三维模型；将建筑物三维模型与地形三维模型相融合，实现实景三维模型的构建。具体生产流程见图5.6。

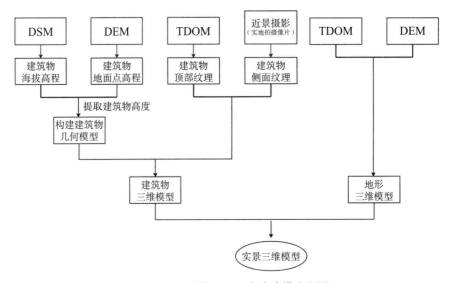

图5.6　DSM 叠加 DEM 方式建模流程图

　　2）倾斜摄影技术建模

　　倾斜摄影技术是测绘地理信息领域近几年发展起来的一项新技术，通过在飞行平台上搭载多台传感器，同时从垂直、倾斜等多个不同视角采集影像，可一次性获取到丰富的地物顶部及侧面的影像信息。倾斜摄影技术的优势是可以全自动、高效率、高精度、高精细地构建地表全要素三维模型，尤其适用于大范围的可视化应用。通过软件自动化建模，少量人工参与，快速生成真实的实景三维数据。倾斜摄影技术建模流程包括倾斜航空摄影、影像预处理、空三测量、模型处理等几个步骤，具体生产流程见图5.7。

　　3）三维激光扫描技术建模

　　三维激光扫描技术突破了传统的单点测量方法，具有非接触、高效率、高精度的独特优势，因此也被称为从单点测量进化到面测量的革命性技术突破。它通过记录被测物体表面大量的密集的点的三维坐标、反射率和纹理等信息，可快速复建出被测目标的三维模型及线、面、体等各种图件数据。由于扫描所得数据是由无数个分散的点组成的，因此被称为"点云"。三维激光扫描技术可以将现实场景以点云形式1:1呈现在计算机中，所以又被称之为实景复制技术。三维激光扫描技术建模流程包括数据获取、点云预处理、点云配准、模型处理等几个步骤，具体生产流程见图5.8。

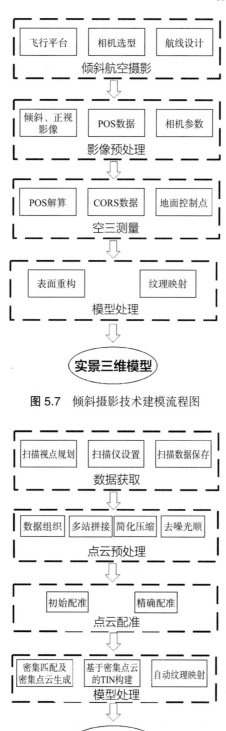

图 5.7　倾斜摄影技术建模流程图

图 5.8　三维激光扫描技术建模流程图

2. 自然资源三维基底功能

1）三维可视化

三维可视化是三维 GIS 的基本功能，在进行三维分析时，数据的输入和对象的选择都涉及三维对象的可视化。三维可视化是运用计算机图形学和图像处理技术，将三维空间分布的复杂对象（如地形、模型等）或过程转换为图形或图像在屏幕上显示并进行交互处理的技术和方法。自然资源时空数据库三维可视化场景的创建一般包括三维建模、数据预处理、参数设置、投影变换、三维裁剪、视口变换、光照模型、纹理映射和三维场景合成等步骤。

2）三维空间查询

三维空间查询与二维空间查询相比较，具备查询效率高、查询结果准确的优点，查询的方式主要包括基于属性数据的查询、基于图形数据的查询、图形属性的混合查询和模糊查询等方式。

3）三维空间分析

利用三维立体的自然资源数据，可实现包括日照分析、通视分析、剖面分析、可视域分析、天际线分析、限高分析、坡度坡向分析、淹没分析等深入的空间分析服务，进一步拓展调查监测空间一体化展示和分析能力。

5.6   多源异构数据整合

多源异构数据整合是指通过各种手段和工具将不同来源、格式和特点的数据集成起来，并按照一定的逻辑关系和物理结构进行组织，消除不同数据格式间的差异，实现信息的有效共享和增值利用。

5.6.1   多源异构数据整合概述

自然资源数字化工作是分阶段逐步开展建设的，各个时期都有特定的技术特点，在日常的组织管理工作中，各个单位都是使用本部门熟悉的业务系统进行技术建设和数据管理。长期以来，导致的结果就是调查数据不仅分散在各个单位或部门的业务系统中，而且数据概念有差异、调查标准不统一、数据内容交叉重叠，数据的组织结构、存储方式方法也互不相干、各不相同，从简单的文件数据库到繁杂的网络数据库、从关系数据库到非关系数据库、不同版本数据库，一个独立自然资源实体的特征信息分散在不同的地理空间信息系统中，这就形成了自然资源多源异构数据。

以往获取自然资源数据技术手段单一、自动化程度不高，成果分析停留在单要素统计和对比分析阶段，缺乏对自然资源要素匹配、演变规律、调控机理等的综合研究。新时期自然资源时代背景下，很难支撑自然资源与国土空间的格局解析、趋势预测、态势预警等高层次综合应用。要实现自然资源信息的综合应用，首先要解决共享利用问题，解决该问题的关键就是对数据进行整合，即收集不同数据源的数据并对其进行整理、清洗，转换后加载到一个新的数据源。

数据整合是数据库建设的关键步骤，整合过程中要遵循一致性、集约节约性、适用性、完整性等原则。即数据整合过程中要保证概念、语义、规范、标准统一，严格按照数据库标准要求组织数据，数据库结构要完整、内容不冗余，符合国家标准和行业标准，确保数据准确、权威，能容纳数据库标准的全部信息，便于检索查询，实现信息资源共享。结合历史调查数据，将能够准确回溯自然资源的产生和发育的演替过程，科学预测未来发展的趋势。历史调查监测数据库按照标准化要求，只进行库体质量整合，对不同数据库间因历史调查口径导致的数据内容矛盾等不做处理。

5.6.2   标准化整合技术

多源异构数据标准化整合技术主要包括统一数据标准、分类重组、派生层数据处理等技术。

1. 统一标准、批量整合

以《国土空间调查、规划、用途管制用地用海分类指南（试行）》为基本分类依据，按照"连续、稳定、转换、创新"原则构建自然资源实体分类，建立自然资源实体概念模型，统一数据标准，实现多部门调查数据一体化整合，多专题数据的融合和提取。

在统一数据标准的前提下，开发相关工具软件，支持多源异构数据批量转换、加载和处理，实现数据编辑、自动赋值、质量检查、修复等功能，减少人为因素干预，满足基础地理信息数据、各类调查监测成果、业务管理指标数据等的一体化信息提取、整合等功能需求。按照自然资源一体化调查监测体系要求，形成一个基于自然资源实体模型的数据采集、整合、存储等全流程的技术标准，确保各类自然资源数据的标准一致。

2. 分类重组、实体构建

自然资源数据的分类重组应遵循科学性、系统性、普适性、可扩展性原则，最大限度兼容已有的自然资源分类，适用于各类调查监测历史数据的整合，并具备可扩展空间。以《国土空间调查、规划、用途管制用地用海分类指南（试行）》为参考，梳理第三次全国国土调查、森林资源调查、草地调查、湿地调查、地理国情监测等各类调查数据的分类标准、采集指标，结合权属专题数据，构建自然资源实体。实体编码根据 GB/T40087-2021《地球空间网格编码规则》，对一定空间网格内的自然资源实体编码，使实体具有唯一的身份编码，通过编码可搜索出该自然资源实体基础空间信息。

3. 派生层数据处理

"派生"即演变出新的事物，以原事物为基础，不改变原事物属性的基础上延伸分化出与主要事物具有一定关系的新事物，与原事物具有某种关联机制，在派生事物中可以追溯到原事物的某些属性。"派生层"的构建是指自然资源数据在整合的过程中不改变各类数据图层的空间数据和属性数据，而是以自然资源数据图层为基础，建立记录整合过程中变化图斑的空间属性数据值，派生层的空间数据信息与整合过程中的各类数据具有一定的关联。以调查监测数据为底版数据，结合基础数据层，与各专项数据进行分类重组，在原底版数据的林地、草地、湿地等图斑范围和属性信息的基础上，对派生数据进行处理，实现数据整合。

5.6.3 整合实施

数据整合主要包括矢量、影像、文档等数据的整合，其中自然资源矢量数据是空间信息服务中应用最多的类型，由于各种矢量数据质量差异较大，开展矢量数据的整合处理工作量大，需要遵循一致的整合改造流程才能确保数据共享与集成应用。

1. 整合流程

以最新调查监测数据为基础，基于同一套影像数据，参考权属专题数据、森林资源、湿地资源、草地资源、地理国情监测等数据，对湿地、耕地、园地、林地、草地、建设用地、交通运输用地、陆地水域、其他土地等自然资源实体进行整合。先对数据图形、属性进行提取归类处理，对照不同类型的数据关系，然后通过 AI、大数据自动化处理等技术进行数据处理。如果实体边界、属性信息有矛盾冲突，难以确认实体类型或属性信息，要开展数据回访，即对疑问地理实体做好标记，待年度变更时开展外业补充调查核实，依据正确信息采集实体和更新，数据整合流程如图 5.9 所示。

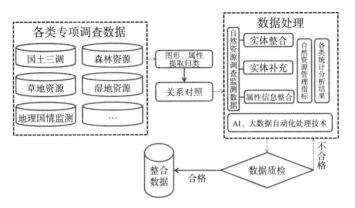

图 5.9   数据整合流程

2. 工具软件一体化整合

根据自然资源数据特点，开发一体化整合软件工具，软件设置 AI 处理模块和可视化的批量数据处理整合方案设计模块，提供多种数据间整合处理的算法模型，化简数据整合步骤。通过软件实现数据整合自动化处理，在作业的过程中根据不同的数据质量问题，软件提供不同的数据处理方案，减少内业人工工作量和提高作业效率。软件支持自动批量接边、自动处理拓扑错误、自动处理悬挂、自动构面、半自动缩编、伪节点处理等图面错误。绘制图斑时进行边绘制边质检，绘制修改一块图斑，就对该图形进行质量检查，如图斑是否自相交、是否与其他图斑产生叠盖、是否属于碎小图斑等。

数据的常规检查一般包括数据非法图形检查、常规拓扑检查、属性检查，以及定制化数据检查。整合数据质量主要是从数据整合的原则和时空数据库建设的具体要求上进行控制。按照设计的数据内容、组织结构进行整合处理，数据整合处理过程中出现的人为或者技术上的问题，要及时标记并修正。数据入库之前，按照数据标准从具体的数据要素分层、命名方式、属性结构、规定术语、空间范围等进行数据质检，检查不合格的数据要根据具体问题进行修改完善，再次检查合格之后才能进行下一步操作，以此保证数据的正确性和权威性，入库数据符合时空数据库建设的要求，使自然资源管理工作有效开展。

3. 边界整合

管理界线以第三次全国国土调查数据中的省、市、县、乡、村各级行政界线为基准。以分辨率、现势性满足要求的影像数据为基础，充分发挥调查监测数据成果在国土空间管理中的"统一底版"作用，实体分类边界保持与调查监测数据一致。在此基础上，叠加林地、草地、湿地等专项调查成果资料，对图斑进行处理，处理过程中因边界切割产生的小于标准采集要求的细碎图斑，按照位置相邻、类型相近的原则进行合并，合并导致权属单位发生变化的，可根据实际情况修正或保留细碎图斑。不能合并的、孤立的林地、草地、湿地等图斑可以保留。通过数据整合处理，厘清林地、草地、湿地等数据的现状范围界线，解决地类交叉重叠问题，融合林地、草地、湿地等资源信息，优化国家自然资源数据管理。

4. 属性信息整合

图斑属性原则上保留最新调查监测数据的图斑属性信息，参照森林资源"一张图"、草地、湿地等专项调查监测成果的属性信息进行补充完善。例如调查监测成果为林地、草地，森林资源"一张图"为非林地、非草地的，属性信息根据实际情况补充填写。植被覆盖类型采用遥感判读、资料核实或实地调查等方式。地类细划是在《国土空间调查、规划、用途管制用地用海分类（试行）》二级类基础上，细划到三级类，细划地类应与用地用海分类二级类相衔接。其他地类如无需细划的可按用地用海分类一级类归并。

5. 非空间数据成果整合

自然资源非空间数据包括各种统计报表、文档资料、各种图形图件、各类业务档案等，这些不同类型、不同格式的数据在存储格式、读取技术、处理方法上各不相同，需要通过不同的方法、不同的技术进行管理，才能实现自然资源的统计分析和有效管理。基于自然资源实体整合成果，结合自然资源管理指标，建立自然资源实体属性语义标准，利用大数据技术研发标准化处理模块，将各类非空间历史数据库、表格、文档等多源异构数据进行自动化、标准化处理，提取关注信息，形成自然资源实体数据多库融合集成。

5.7 时空数据库建设

自然资源时空数据库包括 1 个主数据库和 9 个分数据库。国家级主数据库是基于统一的空间基底，逻辑集成各调查监测分数据库，物理迁移和集成部分数据成果，负责梳理调查监测数据，综合分析自然资源管理决策的业务需求，提出各调查监测实体数据需求与数据提交要求。同时负责全国调查监测数据成果的建库管理，负责连接各调查监测分数据库，负责调查监测数据的集成应用等。调查监测分数据库主要包括土地资源、森林资源、草原资源、湿地资源、水资源、海洋资源、地表基质、地下资源和自然资源监测共 9 个分数据库，分别实现与土地、矿产、森林、草原、湿地、水、海域海岛等各类调查监测历史数据的整合集成。主数据库与各分数据库之间建立高效的数据通信机制。在网络链路连通的情况下，主数据库与分数据库之间通过服务接口互访；在网络链路不通的情况下，通过离线方式进行数据传输与交换。

5.7.1 技术要求

按照自然资源统一调查监测技术体系要求，自然资源时空数据库建设，需符合相关技术与标准规范要求。

1. 数学基础

数学基础主要包括坐标系统、高程基准、深度基准和时间参考。

坐标系统采用 2000 国家大地坐标系，该坐标系是通过空间大地控制网、天文大地网与空间地网联合平差建立的、以地球质量（包括海洋和大气在内）中心为原点的地心大地坐标系，以 ITRF 97 参考框架为基准，参考框架历元为 2000.0。我国 2008 年 7 月 1 日起全面启用 2000 国家大地坐标系，2019 年 1 月 1 日起不再向社会提供 1954 年北京坐标系和 1980 西安坐标系的基础测绘成果。

高程基准采用 1985 国家高程基准，水准原点高程为 72.26m。我国先后主要采用"1956 年黄海高程系"和"1985 国家高程基准"两个高程系统。1985 国家高程基准是原国家测绘局根据青岛验潮站 1952—1979 年间连续观测的潮汐资料推算出青岛水准原点的高程值后命名的，于 1987 年 5 月正式启用，1956 年黄海高程系同时废止。1985 国家高程基准与 1956 年黄海高程系比较，验潮站和水准原点的位置未变，只是更精确，1985 国家高程基准"低"0.029m。

深度基准采用理论最低潮位面。

时间基准采用公元纪年和北京时间。

2. 内容要求

数据库成果内容包括影像数据、矢量数据、属性数据、统计数据、资料数据、原始数据、文档数据等。数据库结构、数据字典、数据内容等要符合调查监测相关标准，对数据库成果进行一体化的组织管理。

3. 数据精度要求

位置精度、属性精度符合相应数据产品精度要求，椭球面积计算、控制面积计算、图形面积计算符合面积计算要求。属性内容逻辑一致，空间要素建立完整正确拓扑关系。

4. 服务接口要求

各调查监测分数据库按照统一的接口规范，提供标准的目录与元数据服务、地图服务、矢量服务、影像服务、报表服务、操作服务等。服务接口比照开放地理空间信息联盟（OGC）服务标准等，以此为基础定义相应的方法与参数。

5.7.2 建设原则

自然资源时空数据库的建设原则主要包括统一设计、分工建设、物理分散、逻辑一致、稳步推进、满足管理需求、实用性和先进性相结合等原则。

1. 统一设计

按照统一的总体架构及调查监测时空数据库建设工作规划，对标国际先进水平，同时考虑未来发展需要，制定标准规范，编制调查监测时空数据模型和数据库设计方案，统一设计数据内容、结构、质量要求、管理需求等。

2. 分工建设

自然资源时空数据库建设是一项庞大的系统工程，为确保数据实效性，保证数据有效合理利用，各部门需统筹协调，分工开展数据库建设工作。

3. 物理分散、逻辑一致

根据分布式数据库在物理上的独立性、逻辑上的一体性、性能上的可扩展性等特点，自然资源时空数据库采用分布式技术，在物理上分散在各数据库建设单位，依托涉密网络进行集成、整合，把计算机网络与数据库系统有机结合起来，形成逻辑一致的数据库模式，实现调查监测数据成果的实时应用，以及自然资源时空数据库的适时更新。

4. 稳步推进

针对不同类型调查监测数据特点，制定差异化的数据集成策略。根据各调查监测数据库建设进度，成熟一个、集成一个、共享一个，及时整合集成各类调查监测数据（库），稳步推进自然资源时空数据库建设工作。

5. 满足管理需求

数据能满足叠加各类规划、审批等管理界线及相关的人文地理、社会经济等信息数据的使用要求，形成管理层，直观反映自然资源的空间分布及变化特征，实现对各类自然资源的综合管理。

6. 动态性和可扩展性

调查监测数据是根据不同的业务需求和业务管理不断更新的，为满足数据现势性要求就要保证数据库能够进行动态更新。数据库具备高度可扩展性，以保证数据的顺利更新，满足自然资源业务管理的要求。

7. 实用性和先进性相结合

以满足调查监测的各项数据成果集成为基本要求，充分吸收对地观测、大数据和人工智能等先进技术，数据库建设设计应有效支撑当前的业务需求和未来发展需要。

5.7.3　建设流程

地理信息系统工程的数据库设计是现实世界中自然资源实体转变为计算机能识别的信息数据的过程，面向用户应用和现有数据基础，构建最优的空间数据模型，实现空间数据的有效组织和存储，满足地理信息系统工程的应用需要。自然资源时空数据库是地理信息系统工程数据库的类型之一，与地理信息系统工程数据库设计流程相似，数据库设计一般包括三个主要阶段：概念设计阶段、逻辑设计阶段，物理设计阶段，如图 5.10 所示。

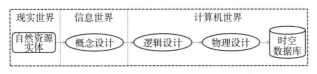

图 5.10　时空数据库设计流程

5.7.4　概念设计

自然资源时空数据库概念设计是通过对错综复杂的现实世界中的自然资源实体的认识与抽象，最终形成空间数据库系统和应用系统所需模型的过程,具体过程是对所收集的信息和数据进行整理、分析，确定实体、属性及其联系，形成独立于计算机的反映用户观点的概念模式。E–R 模型是常用的概念模型的表示工具，包括实体、联系和属性三个部分。基于调查监测数据分层分类及数据管理要求，构建数据库概念模型，模型设计分为地表覆盖层、地表基质层、地下资源层、管理层 4 个部分，详见图 5.11。

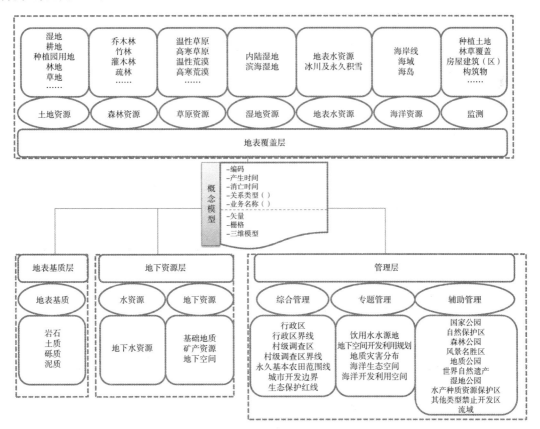

图 5.11　调查监测时空数据库总体概念模型

1. 地表覆盖层概念设计

根据自然资源在地表的实际覆盖情况及已有的专项调查数据基础，地表覆盖层概念设计分为土地、森林、草原、湿地、地表水、海洋、监测数据共七种类型。

土地资源数据概念模型分类主要以第三次全国国土调查工作分类为主，包含湿地、耕地、种植园用地等 13 个大类，涉及红树林地、水田、橡胶园等 56 个中类，概念模型设计见图 5.12。

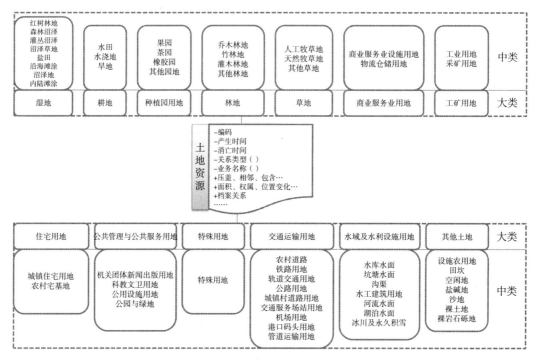

图 5.12　土地资源数据概念模型图

地表覆盖层数据成分一般由大类、中类、小类、实体表达形式、专题信息五部分构成，具体详见表 5.10。数据成分中的大类、中类、小类的组成因不同数据资源而异，其中土地资源、森林资源、地表水资源、监测数据包含大类、中类，草地资源、海洋资源仅包含大类，湿地资源包含大类、中类、小类；实体表达形式主要由二维线、三维线、二维面、三维面、三维体构成；专题信息构成因数据资源不同而有差异，其中七种数据资源共有的专题信息为：①实体标识码、②时间标识、③时点状态、④椭球面网格编码、⑤高度域编码，特有的专题信息详见表 5.10。

表 5.10　地表覆盖层数据成分表

数据资源类型	大 类	中 类	小 类	实体表达形式	专题信息
土地资源	湿地	红树林地、森林沼泽、灌丛沼泽、沼泽草地、盐田、沿海滩涂、内陆滩涂、沼泽地	——	二维面／三维面	①②③④⑤＋地类类型、权属性质、图斑面积
	耕地	水田、水浇地、旱地	——		
	种植园用地	果园、茶园、橡胶园、其他园地	——		
	林地	乔木林地、竹林地、灌木林地、其他林地	——		
	草地	天然牧草地、人工牧草地、其他草地	——		

数据资源类型	大　类	中　类	小　类	实体表达形式	专题信息
土地资源	商业服务业用地	商业服务业设施用地、物流仓储用地	——	二维面 / 三维面	①②③④⑤ + 地类类型、权属性质、图斑面积
	工矿用地	工业用地、采矿用地	——		
	住宅用地	城镇住宅用地、农村宅基地	——		
	公共管理与公共服务用地	机关团体新闻出版用地、科教文卫用地、公用设施用地、公园与绿地	——		
	特殊用地	特殊用地	——		
	交通运输用地	农村道路、铁路用地、轨道交通用地、公路用地、城镇村道路用地、交通服务场站用地、机场用地、港口码头用地、管道运输用地	——		
	水域及水利设施用地	水库水面、坑塘水面、沟渠、水工建筑用地、河流水面、湖泊水面、冰川及永久积雪	——		
	其他土地	设施农用地、田坎、空闲地、盐碱地、沙地、裸土地、裸岩石砾地	——		①②③④⑤ + 地类类型、图斑面积
森林资源	乔木林	针叶林、阔叶林、针阔混交林	——	二维面 / 三维体	①②③④⑤ + 三调关联标识、林种、郁闭度、优势树种、平均胸径、公顷蓄积
	竹林	毛竹林、其他竹林	——		
	灌木林	特殊灌木林、一般灌木林	——		
草地资源	温性草甸草原、温性草原、温性荒漠草原、高寒草甸草原、高寒草原、高寒荒漠草原、温性草原化荒漠、温性荒漠、高寒荒漠、暖性草丛、暖性灌草丛、热性草丛、热性灌草丛、干热稀树灌草丛、低地草甸、山地草甸、高寒草甸、沼泽共 18 个大类	——		二维面 / 三维体	①②③④⑤ + 三调关联标识、草地型、质量等级、植被盖度、产草量
湿地资源	内陆湿地	沼泽	藓类沼泽、草本沼泽、灌丛沼泽、森林沼泽	二维面 / 三维面	①②③④⑤ + 三调关联标识、名称、湿地面积
		滩涂	沙砾石滩涂、淤泥质滩涂		
		水域	河流、湖泊、水库、坑塘、种植养殖塘、内陆盐田		

数据资源类型	大　类	中　类	小　类	实体表达形式	专题信息
湿地资源	滨海湿地	潮间带湿地	淤泥质海滩、沙石海滩、岩石海滩、潮间咸水沼泽、红树林、滨海盐田、种植养殖塘	二维面/三维面	①②③④⑤+名称、湿地面积
		浅海湿地	海草床、珊瑚礁、浅海水域		
地表水资源	地表水	河流、湖泊、水库、坑塘、沟渠	——	二维面/三维体	①②③④⑤+三调关联标识、名称、平均水深
	冰川及永久积雪	冰川及永久积雪	——		①②③④⑤+三调关联标识
海洋资源	海岸线	——	——	二维线/三维线	①②③④⑤+名称、类型
	海域	——	——	二维面/三维面	
	海岛	——	——		①②③④⑤+三调关联标识、名称、类型
监测数据	种植植被	水生农作物、旱生农作物、果树、茶树、桑树、橡胶树、苗圃、花圃、其他经济苗木	——	二维面/三维面	①②③④⑤+三调关联标识、地理国情信息分类码
	林草覆盖	乔木林、灌木林、乔灌混合林、竹林、疏林、绿化林木、初始树木、稀疏灌草丛、天然草被、人工草被、其他草被	——		
	房屋建筑（区）	多层及以上房屋建筑区、低矮房屋建筑区、废弃房屋建筑区、多层及以上独立房屋建筑、低矮独立房屋建筑	——		
	构筑物	硬化地表、水工设施、交通设施、城墙、温室、大棚、固化池、工业设施、沙障、其他构筑物	——		
	堆掘地表	露天采掘场、堆弃物、拆建地表、整理地表	——		
	裸露地表	盐碱地表、泥土地表、沙质地表、砾石地表、岩石地表	——		
	水域	河渠、湖泊、库塘、海面、冰川与常年积雪	——		

2. 地表基质层概念设计

根据《地表基质分类方案（试行）》分类，地表基质层概念模型包含岩石、土质、砾质、泥质 4 个大类，岩浆岩、沉积岩、变质岩等 14 个中类，概念模型详见图 5.13。

地表基质概念模型主要由大类、中类、实体表达形式、专题信息 4 部分组成，以"二维面/三维体"的形式表达地理实体。岩石、砾质、泥质、土质 4 个大类的共有专题信息为：①实体标识码、②时间标识、③时点状态、④椭球面格网编码、⑤高度域编码。地表基质概念模型成分详见表 5.11。

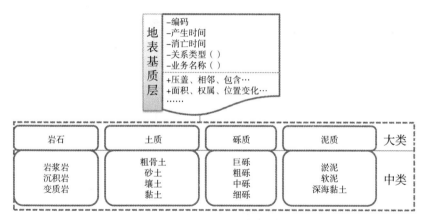

图 5.13 地表基质层概念模型

表 5.11 地表基质成分表

大 类	中 类	实体表达形式	专题信息
岩 石	岩浆岩、沉积岩、变质岩	二维面 / 三维体	①②③④⑤＋岩性、产状、成因类型、坚硬程度、风化程度
砾 质	巨砾、粗砾、中砾、细砾		①②③④⑤＋成因类型、砾石成分、砾石含量、砂含量
泥 质	淤泥、软泥、深海黏土		①②③④⑤＋成因类型、污染情况、渗透性
土 质	粗骨土、砂土、壤土、黏土		①②③④⑤＋成因类型、污染情况、侵蚀类型、侵蚀程度

3. 地下资源层概念设计

为完整表述自然资源的立体空间，对地下资源层数据进行概念设计，地下资源层概念模型包含基础地质、矿产资源、地下空间、地下水资源 4 个大类、8 个中类，概念模型图见图 5.14。

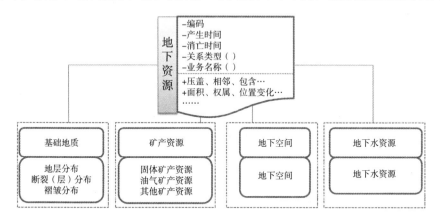

图 5.14 地下资源层概念模型

地下资源层数据成分由类别、大类、中类、实体表达形式、专题信息 5 部分组成。其中，共有专题信息内容包括：①实体标识码、②时间标识、③时点状态、④椭球面网格编码、⑤高度域编码，不同中类特有专题信息内容详见表 5.12。

4. 管理层概念设计

在地表覆盖数据层上，叠加各类管理数据，以满足日常自然资源管理需求，从自然资源利用管理的角度出发，管理层概念模型包含综合管理、专题管理、辅助管理 3 个类别、22 个大类，概念模型图详见图 5.15。

表 5.12 地下资源数据成分表

类别	大类	中类	实体表达形式	专题信息
水资源	地下水资源	地下水资源	二维面 / 三维体	①②③④⑤+地下水资源数量、质量、分布
地下资源	基础地质	岩石		①②③④⑤+岩石名称、岩石时代、岩石岩性、地层厚度
		断裂层		①②③④⑤+断层名称、断层性质、断层走向
		褶皱		①②③④⑤+褶皱名称、褶皱类型
	矿产资源	固体矿产资源		①②③④⑤+推断资源量、控制资源量、探明资源量
		油气矿产资源		①②③④⑤+探明地质储量、探明技术可采储量、探明经济可采储量
		其他矿产资源		①②③④⑤+推断资源量、控制资源量、探明资源量
	地下空间	地下空间		①②③④⑤+位置、规模、空间形态

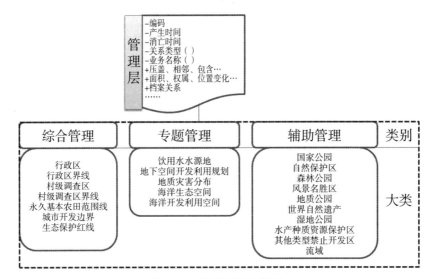

图 5.15 管理层概念模型

管理层核心数据内容和主要属性信息从各分数据库继承而来，概念模型由类别、大类、实体表达形式、专题信息共 4 部分组成，其中共有专题信息包括：①实体标识码、②时间标识、③时点状态、④椭球面网格编码、⑤高度域编码，特有专题信息及管理层数据成分详见表 5.13。

表 5.13 管理层数据成分表

类别	大类	实体表达形式	专题信息
综合管理	行政区	二维面 / 三维面	①②③④⑤+行政区名称、调查面积
	行政区界线	二维线 / 三维线	①②③④⑤+界线性质
	村级调查区	二维面 / 三维面	①②③④⑤+坐落单位名称、调查面积
	村级调查区界线	二维线 / 三维线	①②③④⑤+界线性质
	永久基本农田范围线	二维面 / 三维面	永久基本农田面积、耕地类型、耕地坡度级别、耕地质量等别
	城市开发边界		①②③④⑤+城市名称、城市开发面积
	生态保护红线		①②③④⑤+名称、地理位置、区域面积

类　别	大　类	实体表达形式	专题信息
专题管理	饮用水水源地	二维面／三维面	①②③④⑤＋保护区名称、保护区地理位置、保护区面积
	地下空间开发利用规划		①②③④⑤＋规划区名称、规划区面积
专题管理	地质灾害分布	二维面／三维面	①②③④⑤＋地质灾害类型、灾害体规模数量
	海洋生态空间		①②③④⑤＋名称、面积
	海洋开发利用空间		①②③④⑤＋规划名称、规划面积
辅助管理	国家公园、自然保护区、森林公园、风景名胜区、地质公园、世界自然遗产、世界自然与文化双遗产、湿地公园、水产种质资源保护区、其他类型禁止开发区	二维面／三维面	①②③④⑤＋保护区名称、保护区面积
	流域		①②③④⑤＋名称、流域代码

5.7.5　逻辑设计

逻辑设计也称数据库模式创建，将概念设计阶段形成的模型结构转换为具体的可处理的空间地理信息数据库的逻辑结构，主要包括确定数据项、地理实体记录及记录间的联系、完整性、安全性、一致性约束。逻辑结构与概念模式是否一致，能否满足用户需求，还要对其功能和性能进行评价，并给予优化。例如对自然资源时空数据库进行逻辑设计时，应考虑自然资源部职责涉及的7类自然资源，同时以满足日常管理需求及未来发展方向为目标，对逻辑结构进行评价并优化。

数据库的一般逻辑结构有以下三种：

（1）传统数据模型：层次模型、网络模型、关系模型。

（2）面向对象数据模型。

（3）空间数据模型：混合数据模型、全关系型空间数据模型、对象–关系型空间数据模型、面向对象空间数据模型。

调查监测数据按照空间数据的逻辑关系分为各种逻辑数据层，按照专业属性分为专业数据层。专业数据层的设计主要是按照数据专业内容和类型进行的。例如将土地、森林、草原、湿地、地表水资源、海洋资源、自然资源监测数据统一作为地表覆盖层，水资源调查涉及的地下水资源放在地下资源数据层。数据专业内容的类型一般是数据分层的主要依据，同时也要考虑数据之间的关系，如两类物体共享边界等，以及数据标准分类与数据编码。不同类型的数据由于其应用功能相同，在分析和应用时会同时用到，在设计时应反映出这样的需求，即可将这些数据作为一层。

自然资源时空数据库主要由自然资源实体数据、数据库模型扩展数据和数据库系统管理数据组成。自然资源实体数据类型包括地表覆盖层数据、地表基质层数据、地下资源层数据和管理层数据。数据层中地表覆盖层数据、地表基质层数据、地下资源层数据与管理层数据中除实体唯一标识码（UID）、三调关联标识（SDBSM）、时间（TIME）、状态（STATE）、来源（SOURCE）五个字段为主数据库扩展，其余字段均继承相应自然资源调查监测数据。自然资源时空数据库总体逻辑结构具体详见图5.16。

1. 地表覆盖层逻辑设计

地表覆盖层包括土地资源、森林资源、草原资源、湿地资源、地表水资源、海洋资源和监测共7个数据集24个数据层，数据类型及属性表名称详见表5.14。

根据管理需要对自然资源数据各个图层数据进行属性设计，除土地_地类图斑、海洋_海岸线、海洋_海域三个空间要素图层外，其余21个图层在原数据资源的基础上扩展增加五个字段：实体唯一标识码（UID）、三调关联标识（SDBSM）、时间（TIME）、状态（STATE）、来源（SOURCE）。
土地_地类图斑、海洋_海岸线、海洋_海域三个图层在原数据资源基础上扩展增加实体唯一标识
码（UID）、时间（TIME）、状态（STATE）、来源（SOURCE）四个字段。以"土地_地类图
斑"图层为例，其属性字段结构主要沿用 TD/T 1057-2020《国土调查数据库标准》规定的字段及
属性结构，具体详见表 5.15。

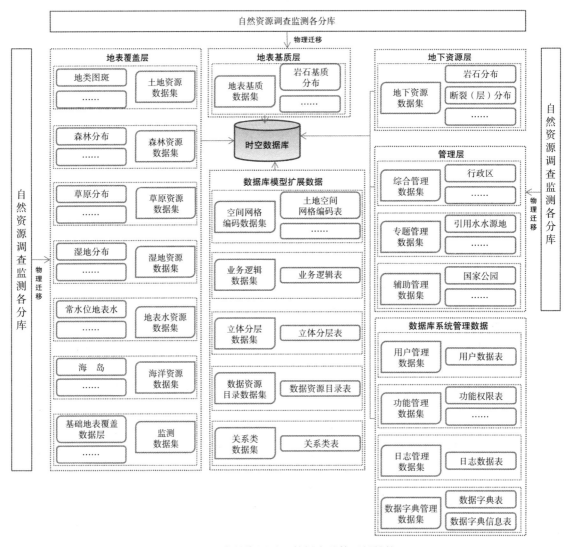

图 5.16 自然资源时空数据库总体逻辑结构

表 5.14 地表覆盖数据空间要素分层

数据类	层要素	几何特征	属性表名
土地资源	土地_地类图斑	Polygon	TD_DLTB
	土地_耕地分类单元	Polygon	TD_GDFLDY
森林资源	森林_分布图斑	Polygon	SL_FBTB
	森林_样地数据	Point	SL_YDSJ
	森林_样木数据	Point	SL_YMSJ
草原资源	草原_分布图斑	Polygon	CY_FBTB

数据类	层要素	几何特征	属性表名
草原资源	草原 _ 样地数据	Point	CY_YDSJ
	草原 _ 样方数据	Point	CY_YFSJ
湿地资源	湿地 _ 分布图斑	Polygon	SD_FBTB
地表水资源	地表水 _ 常水位水体数据	Polygon	DBS_CSWSTSJ
	地表水 _ 丰水期水体数据	Polygon	DBS_FSQSTSJ
	地表水 _ 枯水期水体数据	Polygon	DBS_KSQSTSJ
海洋资源	海洋 _ 海岸线	Line	HY_HAX
	海洋 _ 海岛	Polygon	HY_HD
	海洋 _ 海域	Polygon	HY_HY
监测	监测 _ 耕地监测数据	Polygon	JC_GDJCSJ
	监测 _ 水资源监测数据	Polygon	JC_SZYJCSJ
	监测 _ 林草资源监测数据	Polygon	JC_LCZYJCSJ
	监测 _ 人工构筑物监测数据	Polygon	JC_RGGZWJCSJ
	监测 _ 其他监测内容监测数据	Polygon	JC_QTJCRNJCSJ
	监测 _ 用海监测数据	Polygon	JC_YHJCSJ
	监测 _ 用岛监测数据	Polygon	JC_YDJCSJ
	监测 _ 滨海湿地监测数据	Polygon	JC_BHSDJCSJ
	监测 _ 沿海滩涂（潮间带）监测数据	Polygon	JC_YHTTJCSJ

表 5.15　土地 _ 地类图斑属性结构描述表（属性表名：TD_DLTB）

序　号	字段名称	字段代码	字段类型	字段长度	小数位数	约束条件	备　注
1	实体唯一标识码	UID	Int64			M	
2	标识码	BSM	Text	18		M	
3	要素代码	YSDM	Text	10		M	
4	图斑预编号	TBYBH	Text	18		O	
5	图斑编号	TBBH	Text	8		M	
6	地类编码	DLBM	Text	5		M	
7	地类名称	DLMC	Text	60		M	
8	权属性质	QSXZ	Text	2		M	
9	权属单位代码	QSDWDM	Text	19		M	
10	权属单位名称	QSDWMC	Text	60		M	
11	坐落单位代码	ZLDWDM	Text	19		M	
12	坐落单位名称	ZLDWMC	Text	60		M	
13	图斑面积	TBMJ	Float	15	2	M	单位：m^2
14	扣除地类编码	KCDLBM	Text	5		C	
15	扣除地类系数	KCXS	Float	6	4	C	
16	扣除地类面积	KCMJ	Float	15	2	C	单位：m^2
17	图斑地类面积	TBDLMJ	Float	15	2	M	单位：m^2
18	耕地类型	GDLX	Text	2		C	PD/TT
19	耕地坡度级别	GDPDJB	Text	2		C	
20	线状地物宽度	XZDWKD	Float	5	1	C	
21	图斑细化代码	TBXHDM	Text	6		C	

续表 5.15

序 号	字段名称	字段代码	字段类型	字段长度	小数位数	约束条件	备 注
22	图斑细化名称	TBXHMC	Text	20		C	
23	种植属性代码	ZZSXDM	Text	6		C	
24	种植属性名称	ZZSXMC	Text	20		C	
25	耕地等别	GDDB	Int	2		C	根据 GB/T28407
26	飞入地标识	FRDBS	Text	1		C	
27	城镇村属性码	CZCSXM	Text	4		C	
28	数据年份	SJNF	Int	4		M	
29	描述说明	MSSM	Text	2		M	
30	海岛名称	HDMC	Text	100		C	
31	用地用海分类	YDYHFL	Text	8		M	
32	备 注	BZ	VarChar			O	
33	时 间	TIME	Date	8		M	YYYYMMDD
34	状 态	STATE	Text	25		M	
35	数据来源	SOURCE	Text	50		M	

2. 地表基质层逻辑设计

根据调查监测时空数据概念设计模型，地表基质层包括地表基质 1 个数据集 4 个数据层，数据层及属性表名详见表 5.16。

表 5.16　地表基质数据空间要素分层

数据类	层要素	几何特征	属性表名
地表基质	岩石基质分布	Point/Polygon	JZ_YSJZ
	砾质基质分布	Point/Polygon	JZ_LJZ
	土质基质分布	Point/Polygon	JZ_TJZ
	泥质基质分布	Point/Polygon	JZ_NJZ

地表基质 4 个图层逻辑设计时，在原数据属性结构基础上扩展增加实体唯一标识码（UID）、时间（TIME）、状态（STATE）、来源（SOURCE）4 个属性字段。

3. 地下资源层逻辑设计

地下资源层包括地下资源 1 个数据集 8 个数据层，具体见表 5.17。

表 5.17　地下资源数据空间要素分层

数据类	层要素	几何特征	属性表名
地下资源	岩石分布	Polygon/Body	DX_YSFB
	断裂（层）分布	Line	DX_DLCFB
	褶皱分布	Line	DX_ZZFB
	固体矿产资源分布	Polygon/Body	DX_GTKCZYFB
	油气矿产资源分布	Polygon/Body	DX_YQKCZYFB
	其他矿产资源分布	Polygon/Body	DX_QTKCZYFB
	地下水分布	Polygon/Body	DX_DXS
	地下空间分布	Polygon/Body	DX_DXKJ

地下资源8个图层属性逻辑设计时,在原数据属性结构基础上扩展增加实体唯一标识码(UID)、时间(TIME)、状态(STATE)、来源(SOURCE)4个属性字段。

4. 管理层逻辑设计

根据自然资源管理需要,管理层逻辑设计包含综合管理、专题管理、辅助管理3个数据集共22个数据层,详见表5.18。

表5.18　管理数据空间要素分层

数据类	层要素	几何特征	属性表名
综合管理	行政区	Polygon	ZH_XZQ
	行政区界线	Line	ZH_XZQJX
	村级调查区	Polygon	ZH_CJDCQ
	村级调查区界线	Line	ZH_CJDCQJX
	永久基本农田图斑	Polygon	ZH_YJJBNTTB
	城市开发边界	Polygon	ZH_CSKFBJ
	生态保护红线	Polygon	ZH_STBHHX
专题管理	饮用水水源地	Polygon	ZT_YYSSYD
	地下空间开发利用规划	Polygon	ZT_DXKJKFLYGH
	地质灾害分布	Polygon	ZT_DZZHFB
	海洋生态空间	Polygon	ZT_HYSTKJ
	海洋开发利用空间	Polygon	ZT_HYKFLYKJ
辅助管理	国家公园	Polygon	FZ_GJGY
	自然保护区	Polygon	FZ_ZRBHQ
	森林公园	Polygon	FZ_SLGY
	风景名胜区	Polygon	FZ_FJMSQ
	地质公园	Polygon	FZ_DZGY
	世界自然遗产、自然与文化双遗产	Polygon	FZ_ZRYCBHQ
	湿地公园	Polygon	FZ_SDGY
	水产种质资源保护区	Polygon	FZ_SCZZBHQ
	其他类型禁止开发区	Polygon	FZ_QTJZKFQ
	流　域	Polygon	FZ_LY

管理层逻辑设计中空间要素图层主要继承第三次全国国土调查数据成果及其他专题数据图层的属性结构,在此基础上扩展增加实体唯一标识码(UID)、时间(TIME)、状态(STATE)、来源(SOURCE)等属性字段。

5. 数据库模型扩展数据逻辑设计

数据库模型扩展数据包括空间网格编码数据集、业务逻辑数据集、立体分层数据集、数据资源目录数据集、关系类数据集5个数据集,具体数据分层详见表5.19。

表5.19　数据库模型扩展数据表分层

数据类	表要素	属性表名
空间网格编码数据集	土地空间网格编码表	KZ_TDDBFGKJWGBM
	森林空间网格编码表	KZ_SLDBFGKJWGBM
	草原空间网格编码表	KZ_CYDBFGKJWGBM

续表 5.19

数据类	表要素	属性表名
空间网格编码数据集	湿地空间网格编码表	KZ_SDDBFGKJWGBM
	监测空间网格编码表	KZ_JCFGKJWGBM
	地表基质空间网格编码表	KZ_DBJZKJWGBM
	地下资源空间网格编码表	KZ_DXZYKJWGBM
	综合管理空间网格编码表	KZ_ZHGLKJWGBM
	专题管理空间网格编码表	KZ_ZTGLKJWGBM
	辅助管理空间网格编码表	KZ_FZGLKJWGBM
业务逻辑数据集	业务逻辑表	KZ_YWLJ
立体分层数据集	立体分层表	KZ_LTFC
数据资源目录数据集	数据资源目录表	KZ_REGISTERDATA
关系类数据集	关系类表	KZ_REL

　　空间网格编码属性结构、业务逻辑属性结构、立体分层属性结构、数据资源目录属性结构、关系类属性结构的详细字段结构设计见表 5.20 ~ 表 5.24。

表 5.20　空间网格编码属性结构描述表

序　号	字段名称	字段代码	字段类型	字段长度	小数位数	约束条件	备　注
1	网格编码标识	OID	Int64				
2	实体唯一标识码	UID	Int64			M	
3	图　层	LAYER	Text	50		M	
4	椭球面编码	TQMBM	Text	34		M	
5	高度域编码	GDYBM	Text	34		M	
6	备　注	BZ	VarChar			O	

表 5.21　业务逻辑属性结构描述表（属性表名：KZ_YWLJ）

序　号	字段名称	字段代码	字段类型	字段长度	小数位数	约束条件	备　注
1	数据层名称 1	LAYER1	Text	50		M	
2	关联字段名 1	FIELDNAME1	Text	20			
3	编码 1	BM1	Text	20		M	
4	数据层名称 2	LAYER2	Text	50		M	
5	关联字段名 2	FIELDNAME2	Text	20			
6	编码 2	BM2	Text	20		M	

表 5.22　立体分层属性结构描述表（属性表名：KZ_LTFC）

序　号	字段名称	字段代码	字段类型	字段长度	小数位数	约束条件	备　注
1	数据层名称	LAYER	Text	50		M	
2	立体分层	LTFC	Text	20		M	

表 5.23　数据资源目录属性结构描述表（属性表名：KZ_REGISTERDATA）

序　号	字段名称	字段代码	字段类型	字段长度	小数位数	约束条件	备　注
1	数据层名称	LAYER	Text	50		M	
2	来源数据层名称	LYTC	Text	20		M	

表 5.24　关系类属性结构描述表（属性表名：KZ_REL_XX_XX）

序　号	字段名称	字段代码	字段类型	字段长度	小数位数	约束条件	备　注
1	数据层名称	LAYER	Text	50		M	
2	实体唯一标识码	UID	Int64				
3	网格编码标识码	OID	Int64			M	

6. 数据库系统管理数据逻辑设计

数据库系统管理数据应有数据查询、数据更新、历史数据管理等功能，所以数据库系统管理数据应包括用户管理、功能管理、日志管理、数据字典管理 4 个数据集，数据库系统管理数据表分层及其属性结构详见表 5.25。

表 5.25　数据库系统管理数据表分层及属性结构

数据类	层要素及属性表名	字段名称	字段代码	字段类型	字段长度	小数位数	约束条件	备　注
用户管理数据集	用户数据表（SYS_USERINFO）	用户 ID	ID	Int64			M	
		用户名称	USERNAME	Text	20		M	
		密码	PASSWORD	BLOB			M	
		功能权限 ID	RIGHTID	Int64			M	
		数据权限 ID	DATARIGHTID	Int64			M	
		用户信息	USERINFO	Text	255		O	
功能管理数据集	功能权限表（SYS_FUNRIGHT）	功能权限 ID	RIGHTID	Int64			M	
		功能权限名称	NAME	Text	50		M	
	功能信息表（SYS_FUNINFO）	功能 ID	FUNCID	Int64			M	
		功能名称	NAME	Text	50		M	
	功能关系表（SYS_FUNRIGHT_FUNINFO）	功能权限 ID	RIGHTID	Int64			M	
		功能 ID	FUNCID	Int64			M	
	数据权限表（SYS_DATARIGHT）	数据权限 ID	ID	Int64			M	
		数据权限名称	NAME	Text	50		M	
日志管理数据集	日志数据表（SYS_LOGINFO）	日志 ID	ID	Int64			M	
		用户 ID	USRID	Text	50		M	
		IP 地址	IP					
		日志信息	LOGINFO					
数据字典管理数据集	数据字典表（SYS_DATADIC）	字典 ID	DICID	Int64			M	
		字典名称	DICNAME	Text	50		M	
	数据字典信息表（SYS_DICINFO）	ID	VALUEID	Int64			M	
		字典项	DICNAME	Text	50		M	
		字典值	VALUE	Text	250		M	
		字典 ID	DICID	Int64			M	

5.7.6　物理设计

自然资源时空数据库物理设计的目的是将空间数据库的逻辑结构在物理存储器上实现，确定数据在介质上的物理存储结构，即逻辑设计如何在计算机的存储设备上实现。数据库物理结构设计是对数据库存储结构和存储路径的设计，其结果是导出地理数据库的存储模式。物理设计应考虑现有硬件资源和基础支撑软件环境，充分利用并在原有基础上进行优化设计。自然资源时空数据库物理设计在逻辑设计基础上，设计并确定数据库存储记录结构、数据库存储物理设计、数据库索引设计等几个方面内容。

1. 数据库存储记录结构

存储记录结构设计主要是解决如何在物理上建立数据库存储结构。在时空数据库中，分别按矢量数据、栅格数据集、三维模型数据、表格数据等不同形式作为数据存储记录结构。

（1）矢量数据。矢量数据按矢量数据集和要素层进行存储和组织，图形数据在数据库中采用空间信息字段进行物理存储，相应属性按照属性字段进行物理存储。矢量数据存储记录结构由成果数据直接导入并添加必要字段后形成，数据导入过程中在数据库中进行数据逻辑拼接。

（2）栅格数据。栅格数据以栅格数据集格式存储。分幅数据采用镶嵌数据集进行物理存储和组织，并按照图幅进行索引和管理。栅格数据存储到空间数据库中，存储记录结构由成果数据直接导入形成，并在数据导入过程中在数据库中进行数据拼接。

（3）三维模型数据。三维模型数据采用非关系型数据库集群进行分级、分片存储。依据不同多细节层次（LOD）分级，对三维模型数据进行分开存储，同时每一级下面再按照模型类型分级存储，便于数据的分片存储及数据节点的扩充，同时把不同类型的数据存储为不同的集合，每个集合下面的数据类型保持一致，便于数据的索引及管理。

（4）表格数据。非空间表格数据采用关系表进行存储管理。其存储记录结构由相应成果数据按普通关系表形式导入到数据库中形成，或者按照相应的数据库逻辑设计使用数据定义语言（DDL）定义生成数据表结构。

2. 数据库存储物理设计

数据库存储物理设计主要包括分区存储策略和表空间设计。

1）分区存储策略

（1）大数据量数据层按县级行政区分区。对于要素数量多、大数据量的矢量数据层按县级（地级行政区、市辖区）进行分区，设置分布于不同的物理存储空间，以提高数据访问性能，同时对数据故障进行有效隔离。

（2）不同种类数据分区存储。将不同种类数据分开存储。时空数据库中的数据可分为矢量数据、栅格数据、三维数据、表格数据、文档数据等，针对不同数据划分不同表空间或磁盘存储空间，使用多个物理设备分区可提高数据访问效率，提高数据库性能和稳定性。

（3）数据和索引分区存储。将数据和索引分开存储，将空间数据索引和属性数据索引分开存储，以便提高数据的检索与浏览效率。

2）表空间设计

为方便数据库数据备份和迁移，时空数据库将采用小文件表空间进行管理，同时允许自动分配。从存储角度，时空数据库的数据分为矢量数据、栅格数据、三维数据、表格数据四种，根据数据库的逻辑设计，对不同类型的数据进行物理分开存储。

3. 数据库索引设计

为提高主数据库各类数据的浏览、查询及多用户应用需求，需要对各类数据建立数据库索引。

1）属性索引

采用 B+ 树索引方法，根据数据查询检索需求，为数据表关键属性列或属性列的组合建立索引。一般规则有 3 种：

（1）如果一个（或一组）属性经常在查询条件中出现，则考虑在这个（或这组）属性上建立索引（或组合索引）。

（2）如果一个属性经常作为最大值和最小值等聚集函数的参数，则考虑在这个属性上建立索引。

（3）如果一个（或一组）属性经常在连接操作的连接条件中出现，则考虑在这个（这组）属性上建立索引。

2）空间索引

主数据库的空间索引直接采用 R-Tree 索引，它是通过一个最小的包含几何体的矩形，即外包矩形 MBR 来匹配每个几何体。对于一个几何图层，R-Tree 索引包含该层上所有几何体的分层 MBR 索引。

在进行空间查询时候，需要依赖空间索引来进行查询并提高查询效率。主数据库以本地分区空间索引、并行索引、支持在线重建索引的方式建立矢量数据索引。

在建立表和相关索引时，将表和索引分配在不同的表空间中，将存储空间索引表空间和存储属性索引表空间分开，并将相应的表空间存储到不同的磁盘上，可以分别使用不同的磁盘 I/O，提高访问效率。

5.7.7 分数据库建设

调查监测共 9 个分数据库，各分数据库根据数据内容细化为不同子数据库，各子数据库根据数据内容分为若干图层。

1. 建设概述

按照统一的自然资源时空数据模型，各分数据库建设需要分别负责土地资源、森林资源、草原资源、湿地资源、水资源、海洋资源、地表基质、地下资源、自然资源监测等自然资源数据的清洗整理、数据入库、数据库及元数据建设、更新维护等工作，并按要求汇交指定数据实体，负责开发服务接口，配合开展调查监测主数据库建设工作，提供迁移所需的相关数据内容等。各调查监测分数据库分别实现与土地、矿产、森林、草原、湿地、水、海域海岛等各类调查监测历史数据的整合集成。采用"专业化处理、专题化汇集、集成式共享"的模式，按照数据整合标准和规范要求，组织对历史数据进行标准化整合，集成建库，形成统一空间基础和数据格式的各类调查监测历史数据库。同时，每年的动态遥感监测结果也及时纳入数据库，实现对各类调查成果的动态更新。

自然资源时空数据库主要由空间数据库、非空间数据库、元数据库构成，详见图 5.17。

2. 数据库建设基本方法

本节以土地资源分库建设为例说明时空数据库分数据库建设基本方法。

1）目标体系

土地资源数据库的建设目标是建立国家、省、市、县（区）四级数据库。县（区）级数据库是数据库体系的基础，经过"内－外－内"的流程调查处理得到初始数据，即通过内业预判、外业调查、数据编辑加工处理，数据建库，得到以县级为基本单位的国土调查数据库；市级、省级、国家级国土调查数据库是以县级数据库为基础整合而成，体系结构如图 5.18 所示。

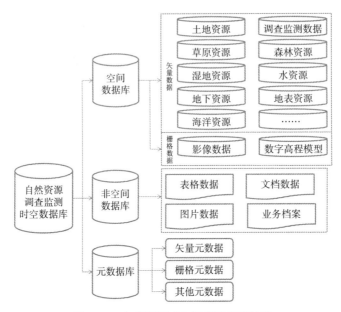

图 5.17 自然资源时空数据库组织结构

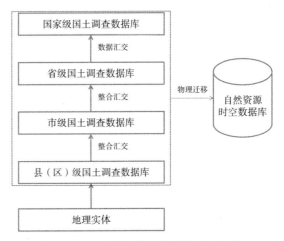

图 5.18 四级国土调查数据库体系结构

2）数据库逻辑流程

土地资源调查数据库主要由空间数据和非空间数据组成，空间数据主要由定位基础、境界与政区、地貌、栅格数据、土地利用、土地权属、永久基本农田、其他土地要素、独立要素组成。空间数据建库的逻辑流程如图 5.19 所示。

3）主要步骤

（1）建库准备。主要包括建库方案制定、技术设计、人员准备、数据准备、软硬件准备、管理制度建立等。技术设计主要包括模型设计、数据库内容设计。模型设计主要参照国家级主数据库模型。第三次全国国土调查的地类图斑图层是国家级主数据库的核心数据内容，需实现从各分数据库物理迁移至国家级主数据库的功能，因此其属性信息除了包括第三次国土调查数据库标准设定的标识码、要素代码、图斑预编号、图斑编号、地类编码、地类名称、权属性质、权属单位代码、权属单位名称、图斑面积等共 31 个属性外，还需要增加实体唯一标识码、时间、状态、数据来源 4 个属性。

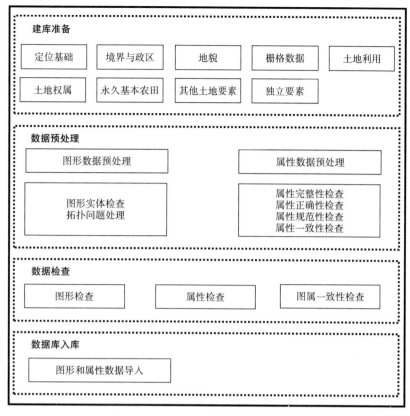

图 5.19 数据库逻辑流程图

（2）数据预处理。为避免数据质量参差不齐，格式多种多样，标准口径不一的问题，需要对数据进行预处理，主要包括数据过滤、去重、图形及属性预处理。土地资源分数据库中第三次全国国土调查数据的矢量数据库成果包括国家、省、市、县 4 级土地调查数据库成果。第三次全国国土调查空间数据内容设计见表 5.26。自然资源时空数据库的综合管理层主要有行政区区划、行政区界线、村级调查区、村级调查区界线，辅助管理层包含国家公园、自然保护区、森林公园、风景名胜区、地质公园、世界自然遗产保护区、湿地公园、水产种质资源保护区、其他类型禁止开发区。综合管理层和辅助管理层数据均是在第三次全国国土调查成果中对应数据物理迁移形成，同时保留管理部门所需属性信息。

表 5.26 第三次全国国土调查空间数据内容设计

序 号	层 名	层要素	几何特征	属性表名	约束条件	说 明
1	定位基础	测量控制点	Point	CLKZD	O	
		数字正射影像图纠正控制点	Point	JZKZD	C	
		测量控制点注记	Annotation	ZJ	O	
2	境界与政区	行政区	Polygon	XZQ	M	
		行政区界线	Line	XZQJX	M	
		行政区注记	Annotation	ZJ	O	
		村级调查区	Polygon	CJDCQ	M	
		村级调查区界线	Line	CJDCQJX	M	
		村级调查区注记	Annotation	ZJ	O	

序　号	层　名	层要素	几何特征	属性表名	约束条件	说　明
3	地　貌	等高线	Line	DGX	O	
		高程注记点	Point	GCZJD	O	
		坡度图	Polygon	PDT	M	
4	栅格数据	数字正射影像	Image	SZZSYX	O	
		数字高程模型	Image/Tin	SZGCMX	O	
5	土地利用	地类图斑	Polygon	DLTB	M	
		地类图斑注记	Annotation	ZJ	O	
6	永久基本农田	永久基本农田图斑	Polygon	YJJBNTTB	O	属性结构引用原国土资源部《永久基本农田数据库标准》中的基本农田图斑属性结构
		永久基本农田注记	Annotation	ZJ	O	
7	其他土地要素	临时用地	Polygon	LSYD	C	
		临时用地注记	Annotation	ZJ	O	
		批准未建设土地	Polygon	PZWJSTD	C	
		批准未建设土地注记	Annotation	ZJ	O	
		城镇村等用地	Polygon	CZCDYD	M	
		城镇村等用地注记	Annotation	ZJ	O	
		耕地等别	Polygon	GDDB	M	
		耕地等别注记	Annotation	ZJ	O	
		重要项目用地	Polygon	ZYXMYD	O	
		重要项目用地注记	Annotation	ZJ	O	
		开发园区	Polygon	KFYQ	O	
		开发园区注记	Annotation	ZJ	O	
		光伏板区	Polygon	GFBQ	C	
		光伏板区注记	Annotation	ZJ	O	
		推土区	Polygon	TTQ	C	
		推土区注记	Annotation	ZJ	O	
		拆除未尽区	Polygon	CCWJQ	C	
		拆除未尽区注记	Annotation	ZJ	O	
		路面范围	Polygon	LMFW	M	
		路面范围注记	Annotation	ZJ	O	
		无居民海岛	Polygon	WJMHD	C	
		无居民海岛注记	Annotation	ZJ	O	
8	独立要素	国家公园	Polygon	GJGY	C	
		国家公园注记	Annotation	ZJ	O	
		自然保护区	Polygon	ZRBHQ	C	
		自然保护区注记	Annotation	ZJ	O	
		森林公园	Polygon	SLGY	C	
		森林公园注记	Annotation	ZJ	O	
		风景名胜区	Polygon	FJMSQ	C	
		风景名胜区注记	Annotation	ZJ	O	
		地质公园	Polygon	DZGY	C	
		地质公园注记	Annotation	ZJ	O	

序 号	层 名	层要素	几何特征	属性表名	约束条件	说 明
8	独立要素	世界自然遗产保护区	Polygon	ZRYCBHQ	C	
		世界自然遗产保护区注记	Annotation	ZJ	O	
		湿地公园	Polygon	SDGY	C	
		湿地公园注记	Annotation	ZJ	O	
		饮用水水源地	Polygon	YYSSYD	C	
		饮用水水源地注记	Annotation	ZJ	O	
		水产种质资源保护区	Polygon	SCZZBHQ	C	
		水产种质资源保护区注记	Annotation	ZJ	O	
		其他类型禁止开发区	Polygon	QTJZKFQ	C	
		其他类型禁止开发区注记	Annotation	ZJ	O	
		城市开发边界	Polygon	CSKFBJ	C	
		城市开发边界注记	Annotation	ZJ	O	
		生态保护红线	Polygon	STBHHX	C	
		生态保护红线注记	Annotation	ZJ	O	

注 1：约束条件取值：M（必选）、O（可选）、C（条件可选）。
注 2：本标准所标识的条件可选（C），表示数据内容存在则必选；特殊说明的除外。

土地资源分数据库中第三次全国国土调查非空间数据主要包括文字报告成果、汇总统计表，具体内容详见表 5.27。

表 5.27 第三次全国国土调查非空间数据成果内容

成果类型	序 号	成果内容
文字报告成果	1	第三次全国国土调查工作报告
	2	第三次全国国土调查技术报告
	3	第三次全国国土调查数据库建设报告
	4	第三次全国国土调查成果分析报告
	5	城镇村庄土地利用状况分析报告
	6	第三次全国国土调查数据库质量检查报告
	7	耕地细化调查、批准未建设的建设用地调查、耕地质量等级和耕地分等定级等专项调查成果报告
	8	海岛调查成果报告
汇总统计表	1	部分细化地类面积汇总表
	2	城镇村及工矿用地面积汇总表
	3	第三次全国国土调查有关情况统计表
	4	飞入地城镇村及工矿用地面积汇总表
	5	飞入地土地利用现状分类面积汇总表
	6	飞入地土地利用现状一级分类面积按权属性质汇总表
	7	飞入地土地利用现状一级分类面积汇总表
	8	废弃与垃圾填埋细化标注汇总表
	9	耕地坡度分级面积汇总表
	10	耕地细化调查情况统计表
	11	耕地种植类型面积统计表
	12	工业用地按类型汇总统计表
	13	灌丛草地汇总情况统计表

成果类型	序　号	成果内容
汇总统计表	14	海岛土地利用现状分类面积汇总表
	15	海岛土地利用现状一级分类面积汇总表
	16	即可恢复与工程恢复种植面积属性汇总统计表
	17	可调整地类面积汇总表
	18	林区范围内种植园地用地汇总统计表
	19	批准未建设的建设用地现状情况统计表
	20	批准未建设的建设用地用途情况统计表
	21	土地利用现状分类面积汇总表
	22	土地利用现状一级分类面积按权属性质汇总表
	23	土地利用现状一级分类面积汇总表
	24	无居民海岛现状调查分类面积汇总表
	25	永久基本农田现状情况统计表

以上非空间数据成果均需要进行统一格式转换处理。

（3）数据检查。主要包括矢量数据检查和属性数据检查，一般基于质检软件完成，检查数据需符合数据质检方案检查要求方可进入下一步检查。矢量数据检查主要是空间实体的拓扑关系质检，一般包括面重叠、面缝隙、折刺、极小面等。属性数据检查主要是通过查询语言检索，再根据检索的问题进行复核修改。基于属性信息的查询操作主要是在属性数据库中完成的。目前大多数的地理信息系统软件都将属性信息存储在关系数据库中，而发展成熟的关系数据库又提供了完备的数据索引方法和信息查询手段。几乎所有的关系数据库管理系统都支持标准的结构化查询语言。利用 SQL，可以在属性数据库中方便地实现属性信息的复合条件查询，筛选出满足条件的空间对象的标识值，在图形数据库中根据标识值检索到该空间对象。

（4）数据入库。经数据整合、数据检查合格之后，可对数据进行入库，包括矢量数据、元数据、图表等数据。

3. 监测数据更新入库

自然资源时空数据是一个动态的时空数据库，需要对其进行更新，以确保数据现势性，以全国森林资源调查监测为例，简要说明调查监测成果的动态更新。

根据最新森林调查监测结果，地方各级分别组织开展数据统计。统计计算森林面积、森林覆盖率、森林蓄积量、森林单位面积蓄积量、单位面积生长量等森林资源总量数据，以及按起源、林种、优势树种、龄组等因子的全国和各省（自治区、直辖市）森林面积、蓄积量、生物量、碳储量等分类数据及其构成比例等。各级成果经逐级检查验收合格后，纳入全国森林资源调查监测数据库，国家按照自然资源时空数据的建库要求统一汇总，按照时空数据库的逻辑结构要求，对矢量数据、统计表格等数据进行整理、汇总、数据检查后纳入自然资源时空数据库。

5.8　数据库管理系统建设

为全面管理好国土、地质、森林、草原、水、湿地、海洋等自然资源时空数据，保障全国性基础调查、专项调查、动态监测和分析评价等工作的组织实施，需构建统一规范、相互关联数据的自然资源时空数据库管理系统，以实现自然资源管理与服务的精准化和高效化。

5.8.1　总体框架

建设自然资源时空数据库和数据库管理系统，实现调查监测数据成果在全国的立体化统一管理，形成调查监测"一张底版、一套数、一张图"，保障国土空间基础信息平台良好运行，服务"两统一"职责，满足相关部门科学决策和社会公众对自然资源基础数据的需要。

自然资源时空数据库主数据库管理系统采用"架构统一、业务协同、信息联动"的总体框架，系统逻辑结构分为设施层、数据层、服务层和应用层，系统总体框架如图 5.20 所示。通过管理、运用"自然资源数据底版"，利用图形化、可视化、三维化等技术手段，提升自然资源服务能力，形成"用数据审查、用数据监管、用数据决策"的机制。

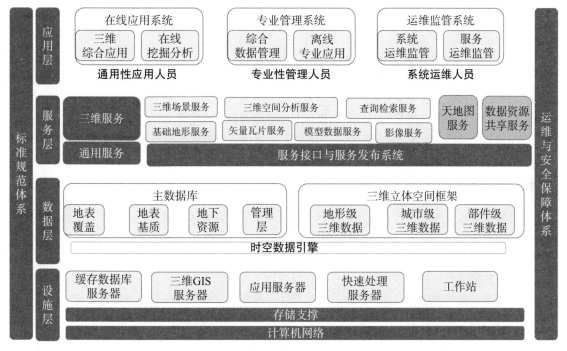

图 5.20 主数据库管理系统总体架构图

1. 设施层

设施层为自然资源管理平台运行提供基础支撑，是整个数据库管理系统运转的软硬件和网络环境。主要包括基础硬件（机房、服务器、存储设备、安全设备、网络设备等）、基础软件（操作系统、数据库、GIS 平台及各类中间件）以及计算机网络（局域网、涉密网）等 IT 基础设施。基础硬件是数据库管理系统运行和存储以及计算的基础。

设施层将存储设施、数据库服务集群、应用服务器集群及网络安全设施等进行布设、整合，以高性能的计算资源、大容量的存储资源构建满足海量自然资源信息数据存储的良好环境，为平台的顺利运行提供硬件保障。

2. 数据层

数据层是整个数据库管理系统的数据资源，主要包括自然资源时空数据库主数据库的地表覆盖、地表基质、地下资源、管理层数据，以及三维立体空间框架的地形级三维、城市级三维、部件级三维数据。数据层物理上采用关系数据库、非关系数据库、文件数据库等分布式数据存储机制，逻辑上采用统一的时空数据引擎实现对所有数据资源的规范组织与统一访问。

数据层主要是对数据进行整合与综合管理，将基础地理信息数据、地理国情监测数据等空间数据按照统一的空间基准，分层进行组织存储在 PostgreSQL 中。通过对各类数据库资源进行整合后，能够实现基础地理信息数据及自然资源专题数据的统一组织与存储，为数据的高效应用提供基础。

3. 服务层

服务层是数据库管理系统应用层与数据层之间的逻辑层，基于统一规范的数据与服务接口，实现对数据库的统一链接与高效调用，主要包括三维数据、矢量数据、栅格数据等服务级访问接口及实体级操作接口，以及地名地址服务、目录共享服务、信息查询检索、三维空间分析等应用功能服务。

服务层是支撑自然资源管理平台各种业务应用的核心环节。通过GIS服务器对基础地理信息数据、自然资源专题数据等矢量数据以及地图瓦片等栅格数据进行发布，通过WebService搭建查询、统计分析等业务服务结构。

4. 应用层

应用层是整个数据库管理系统提供给用户的交互界面及操作功能，自然资源时空数据库的用户主要有通用性应用人员、专业性管理人员以及系统运维人员，为此应针对性提供在线应用、专业管理、运维监管等多层次应用功能，实现数据库的全过程管理与应用服务。

应用层基于Cesium三维框架进行平台搭建，实现自然资源数据的可视化显示，与用户进行交互并响应用户的操作。

5.8.2 系统构成

依托自然资源时空数据集成、动态统计分析及展示等关键技术，通过PostGIS空间数据引擎存储自然资源大数据、Geoserver服务器发布服务、Cesium三维框架实现三维信息展示，搭建自然资源时空数据库管理系统。

针对自然资源时空数据库的服务发布、在线应用、专业管理、运维监管等核心需求，管理系统包括服务发布、在线应用、专业管理及运维监管等子系统，支撑自然资源时空数据库的一体化存储管理、浏览查询、统计分析、成果应用与共享服务，系统功能构成如图5.21所示。

5.8.3 服务发布系统

服务发布系统是针对自然资源时空数据库的物理分散、逻辑统一、在线应用的建设需求，基于统一的服务接口规范，通过集群化、并行化等高性能计算策略，实现对海量数据资源的实体访问与高效发布，为数据库管理各子系统提供服务支撑。系统由服务接口定制和服务发布两个板块组成。

1. 服务接口定制

服务接口定制包括三维数据服务接口定制、栅格数据服务接口定制以及矢量数据服务接口定制等。

（1）三维数据服务接口定制。主要规定三维地形和三维模型两类接口规范。对收集到的摄影测量数据、遥感影像数据参照CH/T9015–2012《三维地理信息模型数据产品规范》和CH/Z 9017–2012《三维地理信息模型数据库规范》构建三维模型。

（2）栅格数据服务接口定制。主要规定影像数据和栅格化数据两类接口规范，满足栅格数据的灵活浏览、数值查询、符号配色等业务需求。

（3）矢量数据服务接口定制。主要规定矢量瓦片接口规范，支持调查监测矢量数据成果的数据调用、符号获取、条件筛选、属性查询、动态配色、复杂检索、空间计算等业务功能。

2. 服务发布

服务发布包括三维数据服务发布、栅格数据服务发布以及矢量数据服务发布等。数据服务发布功能具有将矢量或者栅格数据发布成WMS服务、WFS服务、WCS服务、WMTS等在线服务的功

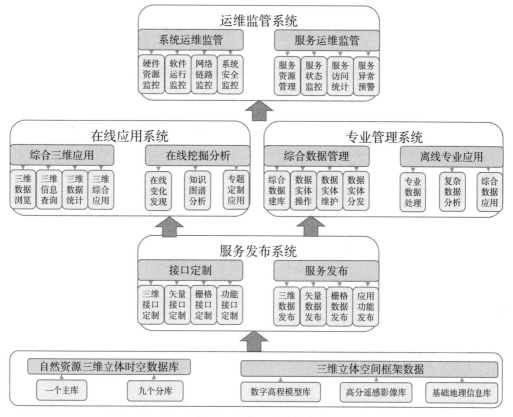

图 5.21　管理系统构成

能，在线数据服务是应用最多、功能最强大的一种数据模式，用户可以直接使用在线数据服务获取数据。

（1）三维数据服务发布。提供三维地形和三维模型数据的缓存生成与服务发布能力，支持以服务协议形式对大规模三维地形和三维模型的实时请求与在线调用，实现地形、实景及实体等三维数据的信息协同与动态融合，满足多粒度三维场景的灵活应用要求。

（2）栅格数据服务发布。提供影像数据和栅格化数据的接口配置与服务发布能力，支持分布式实时免切片动态服务，实现对 PB 级影像数据的高效率动态调用，以及 TB 级栅格化数据的数值请求、符号渲染与灵活应用。

（3）矢量数据服务发布。提供矢量数据的缓存生成与服务发布能力，支持前端通过获取指定图层在金字塔层、行、列获取瓦片，支持基于字体库及纹理库的动态渲染，支持要素级属性查询、符号配置、复杂检索等交互应用。

5.8.4　在线应用系统

在线应用系统是针对自然资源三维立体时空数据的基础性和通用性应用需求，采用 B/S 设计结构，轻量化设计，通过高效率服务调度与轻量化在线访问，提供海量自然资源时空数据在三维立体下的一体化表达与应用能力。系统由综合三维应用和在线挖掘分析两个板块组成。

1. 综合三维应用

提供三维数据浏览、三维信息查询、三维数据统计和三维综合应用等功能。

（1）三维数据浏览。三维数据浏览模块是数据库在线应用系统的主窗口，用来显示自然资源时空数据库各类数据成果，支持三维地形数据、三维模型数据、遥感影像数据、栅格化数据以及矢量成果数据等全国范围时空数据在三维立体下的高效调用与灵活浏览。

（2）三维信息查询。三维信息查询模块支持对自然资源三维时空数据库以及基础测绘三维立体空间框架等数据进行查询，用来显示数据库中各类数据资源的位置、属性、空间、质量、时态等综合性信息。

（3）三维数据统计。三维数据统计支持对自然资源三维时空数据库的土地资源、森林资源、草原资源、湿地资源、水资源、地表基质、地下资源、海洋资源以及自然资源监测数据等进行基态、变化、关联及三维等多维度统计。

（4）三维综合应用。三维综合应用支持对多类型数据资源在三维立体上的场景化表达、灵活对比与综合研判，包括多类型对比、长时序分析、时空综合研判、三维综合分析等。

2. 在线挖掘分析

提供在线变化发现、知识图谱分析、专题定制应用等功能。

（1）在线变化发现。在线变化发现支持对地表覆盖层上的土地资源、森林资源、草原资源等各类资源多期之间的变化类型识别与变化位置定位，包括单类型变化发现、多类型变化发现等。

（2）知识图谱分析。知识图谱分析支持对多种类型自然资源实体间关联关系及时空转移关系等的知识化分析与宏观表达，反映自然资源相互关系及时空变化规律，包括关联关系图谱分析、变化关系图谱分析等。

（3）专题定制应用。专题定制应用支持针对土地、矿产、森林、草原、湿地、水、海域海岛等自然资源分析、评价、管理中的专题定制分析，支持接入三维立体自然资源"一张图"和国土空间基础信息平台，实现业务间数据调用与协同共享。

5.8.5 专业管理系统

专业管理系统是针对自然资源三维立体时空数据的复杂性和专业性应用需求，采用 C/S 设计结构，通过实体级和跨多个分数据库的数据访问与调度操作，提供全面丰富的自然资源数据实体管理与复杂分析。系统由综合数据管理和离线专业应用两个板块组成。

1. 综合数据管理

提供综合数据建库、数据实体操作、数据实体维护、数据实体分发等功能。

（1）综合数据建库。综合数据建库支持数据库创建、结构组织、规范整理、数据建模、规则编码、数据入库、索引构建等全流程建库功能，并充分采用分布式计算、并行计算等先进技术，满足海量数据高性能建库需求。

（2）数据实体操作。数据实体操作支持实体数据的新增、修改、查询、删除等操作，并充分利用分布式数据库及数据库云平台的计算优势，提升亿级空间数据的实体操作与管理效率。

（3）数据实体维护。数据实体维护支持数据备份、数据恢复、访问授权、日志管理、口令管理、用户管理等维护操作，并兼容关系型数据库、非关系型数据库、文件型数据库等机制和接口衔接。

（4）数据实体分发。数据实体分发支持接口访问、数据筛选、数据提取、数据导出、数据分发等分发操作，并兼容三维数据、矢量数据、栅格数据、表格数据、文件数据等通用性交换格式。

2. 离线专业应用

提供专业数据处理、复杂数据分析、综合数据应用等功能。

（1）专业数据处理。专业数据处理支持格式转换、结构编辑、空间编辑、属性编辑、拓扑编辑、实体编码、时间赋值、网格计算等处理操作，满足专业数据处理业务需求。

（2）复杂数据分析。复杂数据分析支持矢量数据计算与分析、栅格数据计算与分析、地形数据计算与分析、三维实体计算与分析等分析操作，对于大规模数据复杂分析，可针对性建立分布式分析集群，提升高性能复杂分析支撑能力。

（3）综合数据应用。综合数据应用支持数据库连接、数据筛选、数据提取、离线对比、数据计算、结果处理、结果输出等应用操作，主数据库做好综合查询分析与跨多个分数据库的成果应用，对于单一性专业应用，由相应分数据库负责响应。

5.8.6　运维监管系统

运维监管系统是针对自然资源时空数据库的分布式存储、在线化调用、数据体量大、安全要求高等特点，采用 B/S 设计结构，通过全链条运行监测与多层次权限管理，提供稳定高效的数据库系统运维和监管能力。系统由系统运维监管和服务资源监管两个板块组成。

1. 系统运维监管

系统运维监管板块包括硬件资源监控、软件运行监控、网络链路监控、系统安全监控等功能。

（1）硬件资源监控。硬件资源监控支持对存储服务器、缓存服务器、应用服务器、业务计算集群等全局监控，支持对 CPU、内存、磁盘、IO、进程等综合监控，并定期评估硬件资源健康状况。

（2）软件运行监控。软件运行监控支持对操作系统、数据库、专业软件、中间件及应用程序、管理系统的运行状况、许可情况等联动监测，支持对不同层次及节点上软件依赖关系监控及异常影响诊断等。

（3）网络链路监控。网络链路监控支持对网络连通、网络带宽、传输速度、延迟干扰、链路权限等动态监控，支持基于多指标的网络链路状况的综合评估及质量评价。

（4）系统安全监控。系统安全监控支持对硬件安全、数据安全、链路安全、应用安全、用户权限、流量控制等全面监控，支持数据、网络、部门、用户、应用等多场景的访问授权及安全管理。

2. 服务资源监管

服务资源监管板块包括服务资源管理、服务状态监控、服务访问统计、服务异常预警等功能。

（1）服务资源管理。服务资源管理支持服务注册、发布、检索、更新、删除、暂停、启动和状态查询等全链条管理功能，支持规范接口的第三方服务资源的统一接入与服务管理。

（2）服务状态监控。服务状态监控支持服务提供方的服务链路、服务延迟、响应情况、服务负载等状态监控，支持对服务的状态分析，以及异常服务状态分级与评价。

（3）服务访问统计。服务访问统计支持服务调用方的服务请求、调用流量、访问频次、访问用户、访问地址、访问时间等使用情况监控，支持多种维度及条件组合的服务访问情况统计。

（4）服务异常预警。服务异常预警支持基于标准指标及异常判定模型的服务异常状态判定及实时预警，对于长时序的服务监测数据，支持硬件、软件、网络、存储、服务等多维度的健康评价及持续优化。

5.8.7　数据集成与系统配置

采用"专业化处理、专题化汇集、集成式共享"模式，将土地、矿产、森林等各类调查监测历史数据成果，以及荒漠化、沙化、石漠化、野生动物等专题调查成果进行标准化整合后，通过对数据库及管理服务系统进行系统配置后，实现对各类调查监测数据成果的逻辑集成、立体管理和在线服务应用。

1. 数据集成

在数据库管理系统中，根据主数据库与九个分数据库的数据特点，制定差异化的数据集成策略：对主数据库采用数据实体物理集成，对分数据库采用数据服务逻辑集成，最终实现主数据库和分数据库的各类数据资源的集成管理。

1) 主数据库数据实体物理集成

主数据库由国家委托的建设单位集中建库，为了更好支撑自然资源综合业务管理，应支持对数据实体的复杂查询与分析，因此对于主数据库的数据内容，采用可直接操作与处理数据实体的物理集成方式。

2) 分数据库数据服务逻辑集成

9个分数据库可由不同建设单位分别进行数据建库，根据各自建设进度，按照"成熟一个、集成一个、共享一个"原则，在网络链路连通情况下，设计统一的数据服务接口标准，向主数据库提供数据资源目录服务、数据服务，主数据库通过数据库管理系统调用分数据库提供的目录和数据服务，逻辑集成各调查监测分数据库，从而建立九个分数据库在主数据库管理系统的逻辑映射，实现各类调查监测数据成果在三维场景下的集中展示。

2. 系统配置

为了实现自然资源时空数据库与数据库管理系统的一体化集成，需要对数据库与各管理系统进行系统配置，确保运行环境、数据库、管理系统的有效衔接与高效运转。系统配置主要有服务接口与服务发布系统配置、在线应用系统配置、专业管理系统配置及运维监管系统配置等。

1) 服务接口与服务发布系统配置

服务接口与服务发布系统配置包括数据源配置、服务接口定制、发布方案配置、运行参数配置等。服务接口与服务发布系统主要从单一地图服务到复合资源服务的转变，支持多源异构空间数据的整合、图件资料的管理与发布（扫描图、专题图片等）、文档资料的整合管理等，同时对于不同来源的数据进行统一的服务注册、运行管理、权限分配。

2) 在线应用系统配置

在线应用系统配置包括数据目录树配置、功能服务接口配置、运行环境参数配置、系统权限参数配置等。在线应用系统作为资源展示、检索与资源申请的窗口，提供地图应用模板进行展现。

3) 专业管理系统配置

专业管理系统配置包括数据资源配置、显示方案配置、处理工具集配置、分析工具集配置等。

4) 运维监管系统配置

运维监管系统配置包括运行环境配置、监测组件配置、服务资源配置、访问权限配置、监管方案配置等。运维监管系统配置主要从安全、监控、日志、统计等方面来为管理系统提供支撑，提供对平台服务的管理、用户体系的管理，通过设备监控、网络监控、流量监控等技术手段保证平台的安全与稳定，并对信息资源访问、业务功能调用、系统管理等活动进行记录，及时发现系统隐患，快速恢复系统故障和优化系统管理，为平台能够 7×24 小时稳定运行给予支撑。

5.8.8 数据库安全

自然资源时空数据库管理系统通过规定各类数据的使用权限、申请流程、审批流程、数据时效设置及数据流通日志管理等，结合安全保密管理规定及共享与服务平台要求进行访问控制和网络监控，对数据访问者进行权限控制，对数据"出"和"入"系统进行管控，对数据使用修改进行记录，形成日志信息，从而掌握数据流向并能追溯历史，达到数据共享及安全保密管理的相关要求。

1. 数据加密

数据加密是把数据加密后存储在服务器上，确保数据信息的安全。自然资源时空数据库管理系统将规划管控数据、管理数据、现状数据、社会经济数据等数据进行加密后存储在服务器中，各用户想要访问相关数据信息，须持配发的有效密匙，在权限内进行访问。

同时，对内网使用的存储介质也进行管控，主要针对磁盘加密和移动存储介质加密。强制对内网磁盘及设备接口进行加密，网络中的存储介质需在安全管理平台认证后才可正常使用。加密后的存储介质只能在内网使用，脱离内网将无法读取文件。对移动存储介质，通过审查和限制用户资格、权限进行控制，预防合法用户越权存取信息数据和非法用户存取信息数据，对内部设备需进行注册后才可使用。

2. 数据主权

数据主权是数据所有者对于拥有的数据进行管理和利用的独立自主性，且不受其他主体干涉。自然资源时空数据库管理系统通过利用区块链技术的共识性和不变性消除各方的数据状态分歧，引入可信数据交易与交换环境，防止数据被任意复制，保障自然资源时空数据安全。通过数据应用区块链安全基础芯片，对"数据产生、数据流转、数据使用、数据终端拷贝和展示"等全流程进行保护。同时，采用"可选择性共享、敏感信息保护、机密类数据分类分级、多方密钥共享"等大数据安全技术，确保数据主权，提高数据共享的效率与安全。

3. 容灾备份

自然资源时空数据库管理系统以双数据库服务器为基础，建立主数据库、灾备数据库，实现主、灾备数据库数据同步或近实时同步。通过 Oracle 在备用数据库中自动创建灾难恢复数据；同时，依赖于关系型数据库的备份和恢复技术及 ArcSDE 所提供的备份工具，进行物理备份和逻辑备份。在灾难发生时，既可以确保数据不丢失，也保证了业务的连续性，保证数据的安全性和完整性，如图 5.22 所示。

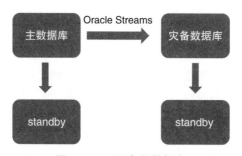

图 5.22 双机备份数据库

5.9 数据库更新机制

自然资源时空数据库建设好之后，一定要对其进行管理维护和更新，否则就会因为时效性差而导致数据失去权威性，进而变为死库。根据数据现势性要求，在调查监测数据库建设好之后，需要对其进行更新和维护。按照"谁生产、谁负责"的原则，以"时点变更为基础，实时变更为目标"，根据数据更新机制和技术标准要求，进行数据更新。建立跨行业跨业务的横向协同的数据更新维护机制，同时建立市、县多级纵向协同联动的数据更新维护机制，适当时候建立与省级平台的联动更新机制。通过数据更新实现对调查监测数据库的高效管理，为自然资源应用和服务提供有效支撑。

5.9.1   数据更新机制

自然资源时空数据库更新采用"分数据库提出，主数据库响应"的联动更新机制，进行数据动态更新。数据更新主要有固定周期更新、不定期更新、实时更新三种类型。

（1）固定周期开展的调查监测数据更新：分数据库完成数据更新后，及时通知主数据库，和主数据库之间建立更新协调机制，确定更新计划通过数据共享交换，将更新内容及属性共享给主数据库，主数据库收到更新内容后，及时进行数据更新。

（2）不定期开展的调查监测数据更新：分数据库与主数据库共同商定数据更新模式和更新频度，分数据库按照商定的更新模式和更新频度向主数据库共享更新数据内容，主数据库收到更新内容后，及时进行数据更新。

（3）实时开展的调查监测数据更新：与不定期更新方式一致。

5.9.2   数据共享交换方式

自然资源时空数据库的数据共享交换采用在线与离线两种方式，共享交换的前提是保证主数据库与分数据库网络连通。

1. 在线共享交换

在网络链路连通的前提下，自然资源各分数据库以服务接口的方式，进行数据传输与共享，将更新数据内容传输汇聚到主数据库。对于主数据库中通过服务集成方式的分数据库内容，可直接更新分数据库的服务接口地址；对于主数据库中通过核心交换的分数据库内容，对接收的核心数据内容进行重新的数据建库，并发布新版的数据服务。

2. 离线共享交换

网络链路未连通时，分数据库通过硬盘、光盘等存储介质的数据传输与共享方式，将更新数据内容传输汇聚到主数据库，更新数据按照主数据库建库标准，采用数据集中建库的方式，对汇聚的更新数据进行建库，更新对应的旧版本数据，同时对新版数据进行服务发布。

5.9.3   数据库更新模式

主数据库更新方式一般有全量更新、增量更新两种更新模式。

（1）全量更新是按照固定的时间周期对全部数据集进行整体更新，形成一套全新数据。采用全量更新方式，全部数据需要重新入库，入库工作量较大，耗时较长。

（2）增量更新是对目标变化区域的数据进行更新，依据目标变化类型确定数据更新操作，实现数据库的自动、半自动更新。采用增量更新方式，只需要对增量要素进行入库，建库效率较高。

5.9.4   数据库更新频次

从更新频次来看，自然资源时空数据库的数据更新可以是定时和实时更新、定期和不定期更新，主要根据各调查监测专项数据源的更新情况和自然资源管理对数据更新的要求而定。数据更新频次可按需求自定义，如实时更新或者按时更新，如按天更新、按周更新、按月更新、按年更新等。例如，第三次全国国土调查数据采用年度更新方式，建设用地审批等业务管理数据则在业务审批和数据备案过程中进行动态同步更新。

主数据库更新是基于调查监测各分数据库对应的各类调查监测数据的更新，为了保证主数据库与各分数据库数据的更新时效同步，主数据库更新周期、频次与各分数据库调查监测数据保持一致，各专题数据内容的更新频次见表5.28。

表 5.28 主数据库数据内容更新频次表

分数据库	数据分类	更新周期	更新频次
土地资源分数据库	基础调查	1 年	1 次
	耕地专项调查	1 年	2 次
森林资源分数据库	森林专项调查	1 年	1 次
草原资源分数据库	草原专项调查	1 年	1 次
湿地资源分数据库	湿地专项调查	2~3 年	1 次
水资源分数据库	水资源专项调查	5 年	1 次
地表基质分数据库	地表基质专项调查	1 年	1 次
地下资源分数据库	地下矿产资源专项调查	1 年	1 次
	城市地下空间专项调查	1 年	1 次
海洋资源分数据库	海洋专项调查	1 年	1 次
自然资源监测分数据库	耕地资源监测	1 年	耕地未耕种为 1 次，其余耕地变化为 2 次
	人工建（构）筑物监测	1 年	新增建设图斑为 2 次，其余建设图斑变化为 1 次
	城市要素监测	1 年	城镇开发边界为 2 次，其余为城市要素为 1 次
	林草资源监测	1 年	2 次
	湿地资源监测	1 年	1 次
	水资源监测	1 年	地表水体 1 次，冰川及常年积雪 2 次
	海岛海岸带监测	1 年	1 次

5.10 技术发展方向

自然资源时空数据库是基于统一的三维空间框架，建立土地、矿产、森林、草原、地、水、海域海岛等各类自然资源数据的集合，具有全面直观反映各类自然资源的空间分布、演化过程和相互作用关系的作用。目前，时空数据库的建设和管理技术方兴未艾，尚有一些关键技术需要进一步突破。

1. 精细化场景建模技术

对于自然资源实体的表达，还需要设计构建自然资源的场景模型，形成涵盖自然资源语义表达、空间位置、要素关系、分布格局、属性特征、演化过程等综合信息的自然资源场景数据模型和表达模型，准确反映自然资源实体的时态、位置、数量、质量、生态五位一体的"时空 – 属性"关系。自然资源场景模型主要包括数据模型和表达模型两部分。

（1）数据模型。数据模型采用实体关系（E-R）建模法，设计立体时空数据模型，实现各类自然资源实体、管理界线、社会经济要素等在空间上的分层，在时间上的分期，在地理位置上的分区，在业务上的逻辑关联。

（2）表达模型。表达模型在数据模型的基础上，基于统一的三维空间框架，针对土地、矿产、森林等各类自然资源的不同应用需要，兼顾时空分布、演化过程和要素相互作用等，设计多维度场景和多模式展示方法，实现不同类型、不同层次、不同尺度、动静耦合、全局和局部嵌套的自然资源场景统一立体表达。

2. 多源异构三维数据动态融合技术

当前的数据整合技术，虽然能够满足基本的数据整合的要求，但对于年代久远的历史数据、互联网获取的动态数据、行政管理新要求的数据，尺度差异巨大、数据更新频繁，仍需持续探索多源异构三维数据动态融合技术，便于自然资源时空数据库及时保持动态更新。针对各类调查监测、规划管理、基础地理信息、三维模型等数据，以及社会、经济、人口等行业数据，采用要素一致性检核、分类重组、实体构建、统一编码、三维金字塔构建、单体模型与地形模型融合处理等技术，对矢量、栅格、三维、表格、动态监测数据等进行整合处理，构建由一个主数据库、多个分数据库组成的调查监测三维时空数据库。开展基于自然资源实体的成果数据整合技术方法研究。

3. 海量数据高效能存储管理技术

由于自然资源时空数据库的主数据库是逻辑集成各分数据库，要实现对各分数据库的高效存储和管理，还需进一步对分布式数据存储、数据存储加密、网络化要素级实时增量更新、巨量矢量数据分块存储、基于统一空间框架的数据集成、三维矢量栅格一体化管理等技术进行深入研究。

4. 可视化场景呈现技术

要实现各类自然资源"宏观微观、地上地下、室外室内"的一体化综合展示，需要全方位地展示自然资源实体、要素的演变规律，这对场景呈现技术提出了更高的要求。目前，基于多源异构三维数据动态融合、海量影像动态服务等技术，还需要对基于统一图形引擎的二三维一体化技术进行技术攻关。要加强构建地形级、实体级、实景级等多粒度三维空间框架，按照地下、地表地上等各类自然资源要素的立体空间位置，采用巨量矢量要素三维化动态表达、二维数据三维空间模拟等技术，构建全域覆盖、空间连续、二三维一体的可视化场景，并充分运用 WebGL3D 渲染、虚拟现实、增强现实等多种技术手段。

第 **6** 章 自然资源调查监测成果数据共享服务平台建设

集各方监测的精信 当政企各界之良仆

平台泛指供人群、社团、业界施展才能与服务的舞台。平台承上启下，集各方监测的精信，当政企各界之良仆。它是调查监测体系信息的总汇，数据交换的枢纽，业务功能展示的窗口，为政企各界与本行业服务的基地。

在自然资源云的基础上，构建统一的平台，形成分布式时空数据库的管理、应用和共享服务机制。实时连通自然资源、生态环境、农业农村、气象等部门的平台，建立多平台数据的汇聚、集成与智能分析机制，为调查监测评价、资源监管、分析决策等应用提供数据支撑和技术保障。

按照分布式应用与服务架构，不断优化平台功能，横向联通各相关单位，纵向联通国家、省、市、县四级，接入其他行业数据中心，通过注册、发布、调度和监控，形成物理分散、逻辑集中的分布式一体化数据共享和服务机制，提升平台对调查监测体系内部、其他行业部门、社会公众统一的服务能力。

6.1 建设背景

随着人工智能、大数据、云计算、物联网和移动互联网等新一代数字技术与自然资源行业的深度融合，为自然资源空间治理奠定了良好的数据基础和技术条件。高速大容量的计算机、存储器、网络为自然资源海量时空数据处理、储存和传输带来了极大的便利。物联网、态势感知技术以及现代对地观测技术的应用，帮助自然资源管理部门及时、准确、完整地获取和监测各类自然资源空间信息，为搭建高效先进的数据共享平台提供了良好的技术支撑。大力推动调查监测成果数据在自然资源管理工作中的应用，有利于建立"用数据说话、用数据决策、用数据管理、用数据创新"的管理新机制，推进调查监测成果的共享与应用，支撑自然资源管理、政府部门应用、社会公众的应用需求，提升自然资源空间治理能力的现代化水平。

6.1.1 建设需求

长期以来，自然资源管理部门围绕土地、矿产、森林、草原、湿地、水等自然资源已经开展了大量调查监测工作。调查监测成果分散在不同部门，存储在不同的数据库，缺乏统一的组织协调、有效共享和深度应用，未形成统一的三维立体"一张图"底版。现有数据库的互联互通和信息共享存在较大差距，如业务应用系统关联度低，与其他政府部门的共享协同不够，一些系统尚未形成贯穿国家、省、市、县的业务联动机制。调查监测成果数据应用深度挖掘不够，面向社会公众和企事业单位的信息化服务还不够充分，基于互联网的社会化服务能力需要大幅提升。因此，需要在国土空间基础信息平台基础上，建立一个能够为自然资源系统各单位、各级政府部门、企事业单位和社会公众提供多元多级成果数据共享服务平台，为自然资源开发利用和保护提供信息服务，为自然资源管理、决策、监督提供技术支持。

1. 自然资源统一调查监测需要分布式架构平台

机构改革后，对自然资源统一调查监测提出精准化、精细化、常态化、指标化和智能化管理等要求，目前大部分已有的基础平台都是采用较为传统的技术构架模式进行建设，业务系统多为独立自建、业务单一、覆盖范围不广，同时存在功能重复、使用频率不高、信息孤岛等问题。传统的技术框架已无法支撑大数据、云计算、分布式数据共享存储等技术应用的要求，制约了平台的高效应用以及调查监测业务与数字化、信息化和智能化的深度融合。亟需建立一个安全、高效、稳定、可拓展的分布式架构平台，满足业务不断增长的需求以及纵向延伸、横向到边的共享需要。

2. 海量成果数据的高效管理需要建立统一的信息平台

为保障自然资源统一调查监测的整体性与系统性，快速、准确、低投入获得完整、详实、一致的调查监测成果，形成统一空间基础、统一数据格式的各类调查监测数据库，需要建立一个统一的管理平台将物理分散的调查监测等成果数据进行逻辑集中管理和发布，形成统一标准规范、统一数据体系、统一联动更新、统一发布管理和统一服务共享的机制，保障调查监测成果的时效性和权威性。

3. 成果数据社会化应用需要高效、智能、便捷的共享服务平台

调查监测成果数据是自然资源管理的工作基础，需要政府、企业、社会公众共同参与，也应当为社会各界共享。调查监测成果的全社会共享，在国民经济建设各个领域的充分应用，有利于凝聚生态文明建设的社会共识，形成自然资源精细化管理和生态文明建设的社会合力。因此，需要建设一个高效、智能、便捷的数据共享服务平台，通过接口服务、数据交换、主动推送等方式，实现与其他政府部门业务协同，努力解决"数据孤岛"和重复建设问题，为社会公众提供调查监测成果数据服务。

6.1.2 已有基础

目前，自然资源信息建设当中，在土地管理、地质矿产管理、海洋管理、测绘地理信息管理等信息化建设方面建立了相应的数据共享服务平台，各自形成了较为完善的信息化体系，在自然资源管理和调查评价工作中发挥了重要作用。同时，自然资源管理部门正在积极构建自然资源"一张网"、自然资源时空数据库（自然资源"一张图"）、统一的国土空间基础信息平台及其之上的"三大应用体系"，为调查监测成果数据共享提供了良好的基础条件。

1. 自然资源"一张网"基本组成

目前自然资源部在土地、地质矿产管理方面建立了涉密国土资源内网和贯穿国家、省、市、县四级并与互联网物理隔离的国土资源业务网；海洋管理方面整合原有业务网形成了纵向覆盖沿海省、市、县和涉海机构，横向联通涉海部门和军队并与互联网物理隔离的海洋信息通信网；测绘地理信息管理方面建立了涉密内网和与互联网物理隔离的测绘专网、基准数据采集网等业务专网；地质调查方面建立了与互联网逻辑隔离的地质调查业务专网。多个部门建立了数据中心运行环境，形成了自然资源云、海洋云和地质云等基础设施，并以此基础构建自然资源"一张网"，实现自然资源系统内部的网络联通。同时自然资源部正在推进与国家电子政务外网、国家电子政务内网的联通。已有基础设施的构建为自然资源系统内部、政府相关部门、企事业单位和社会公众提供调查监测成果数据服务奠定了良好的基础环境。

2. 成果数据服务系统初具规模

自然资源管理部门在山水林田湖草等多个自然要素管理方面建立了信息公开或数据共享服务系统。在土地调查方面建立了土地调查成果共享应用服务平台，实现了第二次全国土地调查缩编成果数据的查询服务；在不动产方面建成了不动产登记信息服务平台并实现全国联网运行和信息共享；在海洋管理方面建成了国家海洋综合监管平台和管理决策系统，实现了海洋环境资源的信息公开服

务；在测绘地理信息方面建立了天地图国家地理信息公共服务平台，为政府、企事业和社会公众提供了基础地理信息数据服务。自然资源多方面要素的信息化服务系统建设，为调查监测成果数据共享服务的互联互通提供了业务连通保障。

3. 共享服务能力大幅提升

土地管理、地质矿产管理、海洋管理和测绘地理信息管理方面都建立了门户网站。土地征收、地质灾害防治等一批关系民生的政务信息面向全社会公开，行政审批结果实现网上公开查询，土地供应和矿业权出让信息实时发布，地籍数据已向相关部门提供共享和应用；全国地质资料集群化共享服务平台为社会公众提供地质资料在线查询，"地质云"建成并上线，实现了100多个国家地质数据库、5000多个信息产品、14万档馆藏地质资料的共享服务；海洋科学数据共享服务平台、iocean中国数字海洋公众版和海洋工程知识服务系统面向涉海部门、沿海省市、涉海科研院所、军队和社会公众，在线开放共享5亿条海洋数据和信息；建成由1个国家级节点、31个省级节点和300多个市县级节点组成的"天地图"，成为地理信息公共服务的公益性平台。

6.1.3 主要差距

目前，已有的信息化建设基础与调查监测成果数据共享的实际需求相比，还存在较大差距。主要体现在调查监测成果数据共享水平有待提升、社会化服务能力不足、大数据挖掘（知识化）应用水平较低和三维成果数据服务能力不高等。

1. 自然资源系统内部调查监测成果数据共享水平有待提升

自然资源系统现有的数据库互联互通和信息共享还存在较大差距。业务应用系统关联度低，与其他政府部门的共享协同不够，一些系统尚未形成贯穿国家、省、市、县的业务联动机制。数据共享与协同的服务范围覆盖面不够广，造成了提供的数据服务与其他部门的供需错位。数据共享协同服务渠道整合度较低，数据服务的入口比较复杂、多元、不统一。

2. 调查监测成果数据社会化服务能力不足

当前，由于数据共享机制不健全，导致数据共享范围不广、共享数据不足、共享应用不深等问题普遍存在。一方面，自然资源数据开放仍处于初级阶段，企事业及社会公众难以获得价值含量高的数据，企事业开发利用的数据中来自政府的数据非常少，另一方面，数据深度挖掘应用不够，面向社会公众和企事业单位的信息化服务还不够充分，基于互联网的社会化服务能力需要大幅提升。

3. 大数据挖掘（知识化）应用水平较低

随着大数据相关理论和技术的发展，大数据管理、大数据分析框架、大数据可视化等技术应用正逐步成熟，调查监测的数据来源越来越广泛，数据的类型和格式也更多种多样，呈现爆发性增长的态势，但是自然资源大数据挖掘工作尚未开展大规模应用，传统的数据分析方法大多数停留在叠加分析、缓冲分析、热点分析等单一的基础分析形态，仅能提供数据服务、图表成果，缺少对成果数据的关联挖掘分析和知识服务，在复杂场景的综合方面应用水平较低，需要提升大数据分析挖掘技术的应用能力，如分析挖掘、历史回溯、综合评价、自动预警、决策辅助等，充分挖掘调查监测成果与其他数据的关联价值，形成大数据分析与知识服务的能力，为自然资源监测监管提供科学辅助决策。

4. 三维成果数据服务能力不高

传统自然资源数据展示方式以二维平面抽象符号为主，主要展示各类自然资源的空间分布和位置信息，缺乏精细的几何及属性表达，在看得全、看得清、看得准等方面服务能力不足。相比二维 GIS，三维 GIS 为空间信息的展示提供了更丰富、逼真的平台，将抽象难懂的空间信息可视化和直观化，人们结合自己相关的经验就可以理解，从而做出准确而快速的判断。面对升维升级的自然资源管理新形势，亟需提升三维自然资源信息化的技术能力和应用深度，实现自然资源全貌大场景从宏观到微观、从局部到细节的多层次渲染。

5. 网络信息安全保障能力还需要全面加强

已有的网络基础设施、云计算和存储等建设维护分散化，存在网络信息安全隐患。自然资源行业受攻击事件时有发生，面临的安全风险不断加大，全社会对自然资源信息的迫切需求与信息安全之间的矛盾日益突出，网络安全防护和监管能力需要全面加强。

6.2 建设目标和任务

立足已有基础，统筹整合调查监测、测绘地理信息等相关数据资源，运用大数据、云计算、人工智能、物联网和移动互联网等新一代数字技术，通过完善、优化和创新，建立调查监测成果数据共享服务平台（以下简称平台），积极探索调查监测成果数据开发利用和服务共享的新模式，构建满足多源数据管理需求的结构化和非结构化大数据存储和应用。构建全域覆盖、空间连续、二三维一体的可视化场景。围绕政府宏观决策、自然资源管理和信息公开等需求，提升服务能力，促进调查监测成果共享和利用。

6.2.1 建设目标

以调查监测时空数据库体系和"一张网"网络基础设施为支撑，基于国土空间基础信息平台，利用大数据、人工智能、5G、区块链等技术和面向服务的架构，整合已有信息化资源，汇集互联网、物联网等多部门多行业相关数据，建设部门联动、开放共享、安全高效、服务到位的分布式调查监测成果数据共享服务平台，为自然资源分析评价、监管决策、"互联网＋服务"等应用提供数据支撑、平台支撑和技术保障。

6.2.2 主要任务

基于自然资源"一张网"、时空数据库、"一个平台"，建设调查监测成果数据共享服务平台，实现调查监测成果数据共享，支撑各项管理顺畅运行。通过建立大数据挖掘分析服务和智能化知识共享服务，将主要调查监测成果数据及时推送政府各有关部门、相关单位，以及地方自然资源主管部门，实现调查监测成果数据的共享应用。利用移动应用服务和定制开发服务，将经过脱密处理的成果向全社会开放，推动调查监测成果的广泛共享和社会化服务。

6.3 总体方案

平台建设以国土空间基础信息平台为基础，遵循"自然资源云"建设总体框架，按照"安全可靠、共享开放、可扩展"的原则，基于分布式、云计算、大数据和人工智能等技术进行建设。整合或接入自然资源调查数据、规划数据、管理数据和社会经济数据等数据资源，按照分布式应用与服务架构进行建设，不断优化平台功能，横向上联通各相关单位，纵向上联通国家、省、市、县四级，并接入其他行业数据中心，通过注册、发布、调度和监控，形成物理分散、逻辑集中的分布式一体化数据、应用管理与服务机制。平台建设的总体方案将从建设原则、建设模式、总体架构、技术架构、数据架构和共享交换模式等方面进行阐述。

6.3.1 建设原则

平台应充分利用现有信息化建设成果，对已建成国土空间基础信息平台的地区，应基于国土空间基础信息平台进行扩展建设。未建设国土空间基础信息平台的地区，应与国土空间基础信息平台统筹建设。

1. 立足基础、统筹建设

立足已有国土空间数据、基础设施以及软件应用基础，充分发挥各支撑单位的特长，最大限度发挥已有基础作用。加强信息资源整合利用，不取代、不替代各单位已有数据资源优势。以构建自然资源统一调查监测体系为导向，加强顶层设计，理顺体制机制，统筹协调和科学推动平台建设。

2. 统一架构、开放共享

建立科学规范的数据共享机制，统一技术构架，推动平台在自然资源系统内部及政府部门间的共享，稳步有序推进调查监测成果数据信息向社会开放，构建安全、规范的平台应用环境，妥善处理数据开放与安全的关系，切实保障数据安全。

3. 创新引领、需求向导

面向自然资源统一调查监测和自然资源精细化管理的重大需求，全面分析调查监测面临的形势和现状，研究当前调查监测成果数据共享中主要存在的"卡脖子"技术问题，按照"问题驱动、统筹规划、重点突破、点面结合"的思路，通过整合重构现有技术、集成利用新技术、创新发展新方法新手段，切实有效解决调查监测成果数据服务共享面临的痛点与难点问题。

4. 统一标准、连通协同

针对数据共享、开放互联的需要，加快制定云管理与服务平台的接口、数据接入等一系列标准规范，保证平台建设的整体质量，确保建成后的平台能够全国覆盖、贯通四级、部门协同、统一管理。

5. 安全可控、共享可靠

严格执行信息系统等级保护和分级保护制度，推进国产化替代工作，构建自主可控的自然资源信息安全体系，提升信息安全防护能力，完善信息安全管理运维体系，妥善处理信息共享与信息安全的关系，保障数据传输、存储、应用和信息系统的安全。

6.3.2 建设模式

基于节约政府投资和统筹建设共性业务与数据需求的建设原则，平台采取"统筹大集中"的建设模型，即由上级统筹建设、各级共用的统一平台。平台中的数据应用和共享除满足上级自然资源信息化管理的数据共享应用和服务支撑外，对地市和区县提供调查监测数据应用共享服务。上级平台承载全域的调查监测数据资源体系，实现全域统一标准、统一平台、统一数据、统一存储、统一接口，各级应用单位可作为终端用户直接访问上级平台相关通用服务和应用。平台建设模式如图6.1所示。

6.3.3 总体架构

平台的建设以共享机制为核心、以资源系统整合为主线，运用现代化信息网络环境和软硬件基础设施，通过数据分布式存储、集中式管理和应用共享的方式，集成调查监测相关成果数据，基于数据建模、分布式、云计算、大数据等技术，将分散于"云"中的数据信息进行统一汇总，形成权威的、规范的分布式共享服务，实现面向模块化定制需求的快速应用构建与功能扩展、数据集成与

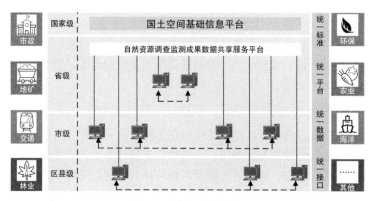

图 6.1 平台建设模式

管理、应用服务与共享。平台的总体架构包括基础环境层、数据资源层、大数据计算层、分布式服务层、功能服务层、应用服务层、用户层以及安全与运维保障。平台总体架构如图 6.2 所示。

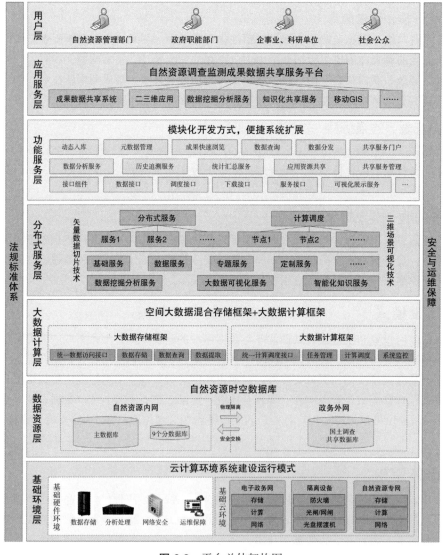

图 6.2 平台总体架构图

1. 基础环境层

基础环境层采用支持云计算环境的系统建设模式，适应云平台部署要求，能够在通用的虚拟化环境中部署和运行。将基础硬件的计算资源、存储资源以及基础云网络资源等物理资源进行整合，按照云服务模式和云架构建立云计算资源池、云存储资源池，形成可按需动态扩展的高性能计算环境、大容量存储环境，满足海量调查监测成果数据存储、高并发用户业务办理和信息数据共享查询。硬件基础设施建设应当充分整合利用自然资源云和海洋、测绘、国土卫星遥感已有计算、存储等基础设施资源，避免重复投资，进一步优化资源配置，扩展和强化云中心计算与存储能力。有条件的地区可适度租用可信公有云资源作为补充，引进场地空间、计算资源、存储资源等不同类型的公有云资源，形成混合云。

共享服务平台运行于自然资源内网，脱敏后的成果数据可通过政务外网提供服务。需要兼顾便捷性、稳定性、效率以及安全性，考虑采用基础硬件环境和基础云环境相结合。利用提供的数据库资源、计算资源、存储资源与网络资源进行云端建设，包括分布式空间数据库集群、内存数据库集群、弹性可伸缩的服务器集群以及弹性云存储。

（1）针对各类业务数据的存储、管理，采用自然资源内网环境部署运行，保证数据安全性与可控性，以及功能的快速个性化定制扩展。

（2）针对共享服务门户和各类服务，考虑采用电子政务外网环境部署运行，环境运行稳定、使用便捷、维护方便。其中数据库采用对象 – 关系型数据库（如 PostgreSQL）和内存数据库（如 Redis）进行分布式构建，服务器采用国产云端 Linux 服务器，文件采用分布式或对象存储。数据库性能、存储空间按需定制、动态扩展。

2. 数据资源层

自然资源时空数据库是自然资源管理"一张底版、一套数据、一个平台"的重要内容，是平台的数据支撑。充分利用大数据、云计算、分布式存储等技术，按照"物理分散、逻辑集成"原则，建立调查监测数据库，实现对各类调查监测成果数据的集成管理和网络调用，为整个平台运行提供数据内容和数据服务支撑。

数据资源采用空间大数据混合存储框架，支持关系型数据库、非关系型数据库与文件库等，具备 PB（1PB = 1024TB）级以上的多源成果数据一体化组织管理能力，满足海量数据高效存储、复杂空间查询统计、高并发访问和灵活的数据分发需求。

（1）国土调查数据库：按照自然资源部门的要求划分为 1 个主数据库、9 个分数据库进行建设和管理，详见第 5 章。

（2）共享服务数据库：用于存储举证相关数据、核查相关数据，以及运行于互联网的各个系统上的业务信息、用户信息等。

（3）针对外网与内网之间数据交互，采用外网云环境作为中转，内网数据中心与外网云数据中心通过内外网之间物理隔离设备（网闸）进行数据传送，保证数据的安全、防泄漏。

（4）对运行于互联网环境下各个系统，其底图直接依托"天地图"提供，包括影像地图服务、矢量地图服务、地形地图服务与注记服务等，平台终端通过互联网调用天地图在线服务地址进行底图数据实时请求和显示。

3. 大数据计算层

大数据计算层采用大数据计算框架，具有大数据分析挖掘能力，能提供丰富的时空信息分析模型、指标体系动态拓展、算法模型动态接入、分析流程灵活组装等。

通过分析并行空间计算数据特征和算法特征，利用 MapReduce（一种编程模型）、Spark（一种计算引擎）、MPI（Multi Point Interface，多点接口，一种跨语言的通信协议）及混合并行编程架构，建立统一的分布式空间计算调度框架，充分发挥传统算法数据结构优势，降低分布式并行算法开发难度，提高系统资源利用率，提高并行算法扩展性和并行效率。并行空间分析算法具有数据敏感性、空间拓扑性以及数据密集性等特点，在并行算法设计时，一方面是分而治之思想，另一方面需满足计算向数据靠拢原则，特别是跨中心大型空间分析任务中，充分考虑数据通信成本和负载均衡性，充分发挥集群计算能力。

云资源管理是整个大数据计算架构的枢纽，为分布式架构下云资源的调配和有机衔接提供支撑，主要由三方面组成：云基础设施管理、云服务资源管理、云数据资源管理。

（1）云基础设施管理：提供针对分布式架构、云环境下 IT（Internet Technology，互联网技术）资源自动注册管理及维护，综合实时监控资源运行情况、资源占用情况，对资源负载能力进行评估和预测、预警，根据应用需要进行资源调度与分配，使 IT 系统的运行达到最优状态。

（2）云服务资源管理：提供服务适配封装、服务注册、资源编目、服务发布、服务配置管理、运行监控、服务启动/停止、版本管理等服务资源生命周期管理，以及对服务资源的检索、调度。

（3）云数据资源管理：提供针对分布式数据资源的接入管理、数据编目、数据发布、数据源监测、数据调度、虚拟化部署等方面的管理，动态实时监控数据资源运行情况，并根据应用需要进行资源调度与分配。

4. 分布式服务层

分布式服务层以矢量数据切片技术和三维场景可视化技术为支撑，利用分布式空间计算调度框架，将数据资源、计算资源分散在不同的网络服务节点上，为用户提供高效、可靠的数据服务、专题服务、基础服务、定制服务等。其中数据服务包括数据查询、数据浏览、信息共享等；专题服务包括分析评价、行政审批、资源监管、决策支持等；基础服务包括空间分析、统计报表、专题图制作等；定制服务包括服务接口、API（Application Programming Interface，应用程序编程接口）、二次开发接口等。

根据业务需求，按照统一的服务标准开发应用服务，并以服务注册方式接入服务层，构成应用资源池。服务能力主要包括基于数据体系发布的满足 OGC（Open Geospatial Consortium，开放地理信息联盟）标准的数据服务接口、各类业务功能服务接口，以及基于这些服务面向浏览器端的应用开发能力。

（1）数据服务接口：基于数据资源层的数据，平台提供满足 OGC 标准的数据服务接口，包括 WMTS（Web Map Tile Service，网络地图瓦片服务）、CSW（Web Map Tile Service，网络目录服务）、WFS-G（Web Feature Gazetteer Services，地名地址要素服务）、WMS（Web Map Service，网络地图服务）、WFS（Web Feature Service，网络要素服务）、WPS（Web Processing Services，网络处理服务）等通用接口服务。

（2）业务功能服务接口：包括空间查询服务、空间分析服务、地理处理服务、地理编码服务、全文检索服务。

（3）空间大数据计算服务：依托 Hadoop（一种分布式数据和计算的框架）、Spark 等技术架构搭建大数据云计算服务，提供无切片快速浏览、快速空间数据渲染、快速空间查询、快速统计和空间分析等高性能云 GIS（Geographic Information System，地理信息系统）服务能力支撑。

（4）应用开发能力：包括应用开发 API、应用开发指南、开发代码示例等。

5. 功能服务层

平台功能服务层采用组件式开发框架，高聚合、低耦合，所有功能的建设采用插件化思想、模块化开发方式，基于接口、API、REST（Representational State Transfer，一种网络应用程序的设计风格和开发方式）协议等封装，保证所有部件可拆解和组装，以实现面向个性化定制需求的快速应用构建与功能扩展。包括地图显示组件、数据查询、数据分析统计、数据转换、数据共享、数据二三维可视化和统一认证等功能，以及面向移动采集端的坐标定位、外业勾绘、照片拍摄等功能。

6. 应用服务层

基于平台提供的各类服务，平台应用服务主要实现调查监测成果数据共享，有重点、有步骤地推进调查监测的协同化、自动化、精细化和智能化；实现二三维一体化的场景服务，为自然资源空间分布及变化的立体表达、精细测定、科学认知等奠定基础，全面直观反映各类自然资源的立体时空分布、演化过程和相互作用关系；实现调查监测成果数据时空统计、综合分析、系统评价、智能服务等智能化知识应用，支撑自然资源数据信息走向知识服务，实现由被动向主动、静态向实时、单一向综合、平面向立体、人工向智能的服务深度转型，支撑国家宏观决策、自然资源"两统一"职责和调查监测业务工作。通过 API 调用、服务接口、二次开发等多种技术形式，为企事业单位、科研机构和社会服务提供个性化的应用服务。

7. 用户层

平台用户主要面向自然资源各级管理部门、政府各职能部门、企事业单位、科研机构和社会公众。

8. 安全与运维保障

分布式架构的节点分布较广，运维管理相对复杂，需要参照 ITIL（Information Technology Infrastructure Library，信息技术基础架构库）标准规范进行整个平台的运维管理，配合覆盖整个体系的运维管理监控系统，对体系的硬件、网络、数据、应用及服务的运行状况进行实时、综合监控，及时发现和预见问题，并按照相应的流程及时处置，保证体系持久的稳定运行。

运用智能安全态势感知与边界防护等技术，严格执行《中华人民共和国网络安全法》和信息网络等级保护、分级保护制度，构建自主可控的安全保障体系，提升信息安全防护能力，健全信息安全运维体系，保障数据传输、存储、应用和信息系统的安全。利用人工智能及语义技术建立网络意识形态的监管与监控，保障互联网 + 自然资源政务内容的信息安全。

6.3.4 技术架构

随着自然资源应用系统数量、体系的增大，应用规模的发展，业务的交叉，技术平台的拓展，复杂而巨大的单体式应用带来了很多壁垒，不利于技术的持续演进。针对调查监测成果数据共享的全面分析和未来规划，平台的技术架构主要围绕分布式云计算技术、大数据与人工智能技术、面向服务技术架构和网络安全技术四大核心技术进行构建，用于快速响应业务的需求变化，进而推动自然资源一体化的建设和融合。平台技术架构如图 6.3 所示。

1. 分布式云计算技术

充分利用已有的基础设施，基于分布式云计算技术实现基础设施资源的集约化管理、灵活按需分配和高效云服务模式。

利用虚拟化技术实现自然资源基础设施资源（计算、存储和网络资源）的整合、池化和云化，实现虚拟服务器资源的灵活按需配置，降低运维成本。根据调查监测数据的规模巨大、种类众多且结构复杂等特点，采用分布式存储技术实现海量调查监测数据的云存储和管理，包括通过卫星遥感、无人机、无人船、传感器、社交网络交互及移动互联网等方式获得的各类结构化、非结构化数据。在原有关系数据库基础上扩展和优化，实现云关系数据库，采用 NoSQL（Not Only SQL，非关系型数据库）类技术满足非关系型数据（如对象数据类型等）的云端存储需求。

采用灵活负载均衡机制和虚拟化技术，为并行计算、分布式计算、分布式存储提供弹性计算、存储和网络资源，解决自然资源云的性能问题。利用云计算的容灾备份机制实现自然资源云的稳定

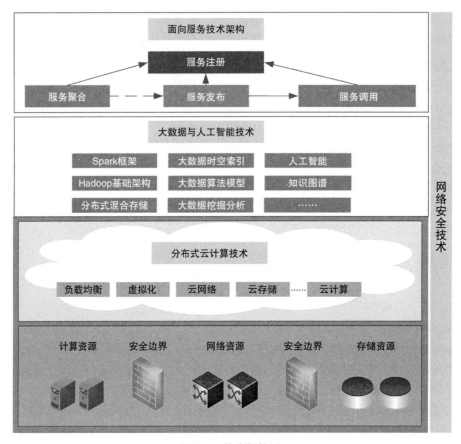

图 6.3　技术架构图

高可用性。通过对这些技术的吸纳整合，为自然资源的业务数字化重塑提供更强大、更先进的基础技术支撑。平台的分布式云计算技术应该具备以下几方面的技术服务能力：

（1）资源统筹能力：能统筹分布式海量异构数据统一管理和弹性扩展，支持结构和非结构化数据分布式一体化管理，支持 Oracle（甲骨文公司的一种数据库软件）、MySQL（瑞典 MySQL AB 公司的一种数据库软件）、SQLServer（美国微软公司的一种数据库软件）、PostgreSQL、MongoDB（一种分布式文件存储的数据库）等多数据库注册管理，提供数据浏览、检索、统计等功能。

（2）服务监管能力：支持发布地图服务、要素服务、专题图服务、实时数据服务、空间分析等 20 余类服务，服务发布通过动态投递方式实现负载均衡。同时，除了能够提供平台本身发布的服务外，还能通过代理的方式将第三方服务接入平台，由平台统一对外提供服务。

（3）综合调度能力：在大规模分析运算中，需要采用集群方式，各算子在集群节点中运行。为有效保证多任务并发的效率和稳定，在任务管理上引入了自适应调度策略，实现系统的综合调度能力。

（4）统一运维能力：将统一认证、人员管理、组织管理、岗位管理、角色管理、授权管理、配置管理、日志管理等进行一致规划，实现对人、资源的有机结合和安全管理。

（5）高可用性能力：基于 Hadoop 的分布式文件系统实现数据的分布式存储。数据进入分布式环境中，按照一定规则完成数据的分块，在不同节点进行存储。可根据集群中节点数和单图层数据量的大小，自定义数据的分块大小（如 16M、32M、64M），并且支持自定义备份策略（如 1 备 2 或者 1 备 N 等）对块数据进行备份，实现数据的多副本高可靠存储。

（6）云基础设施资源及适配能力：基于自主可控的云计算架构，对接异构基础设施云，整合云平台，提供统一的运行环境标准和上云流程工艺，为平台建设提供服务与应用迁移上云的能力，以及相应的软件配套能力。

2. 大数据与人工智能技术

以大数据与人工智能技术为基础支撑，为大数据存储、并行计算等提供计算资源、存储资源、网络资源等。大数据技术与人工智能技术为空间大数据的服务与应用提供空间存储能力、空间计算能力、空间知识发现与分析能力，用以支撑空间大数据服务与应用的性能。大数据、人工智能技术包括分布式混合存储框架、分布式混合计算框架、数据挖掘、语义分析、商业智能、知识图谱、数据可视化等一系列核心技术。

充分利用空间化扩展的大数据计算技术完成对自然资源数据的辨析、抽取、清洗等操作。利用空间大数据混合存储技术，实现对多元化自然资源大数据的高效存储，实现在多用户、高并发环境下数据的快速查询和高速访问。利用深度融合空间信息理论的大数据管理技术，解决"天空地人网"协同感知数据的可存储、可表示、可处理、可靠性及有效传输等关键问题，有效实现调查监测数据的组织、管理、分析和应用。利用数据挖掘、机器学习、自然语言处理、本体语义、知识图谱等人工智能核心技术，实现智能的自然资源应用，提高自然资源调查监测数据应用的服务水平和智能化程度。

大数据、人工智能技术通过数据治理和数据服务支撑业务的智能应用，提供数据的服务、数据展示、数据共享交换以及数据治理，为业务应用提供多源异构数据资源的治理、整合和服务能力，确保数据可获取、可管理、可落地以及可应用和服务。该技术应具备以下几项能力：

（1）数据治理：面对自然资源行业不同来源、不同格式、不同目的基础数据库与业务数据库，数据治理保证数据的完整性、准确性、一致性、及时性，提高数据服务的性能和稳定性。

（2）数据资产：提供数据采集和聚合能力，梳理各跨域数据涉及的血缘关系、存储信息、访问情况和应用场景，形成数据资产目录，打通数据孤岛。

（3）数据开发平台：提供时空数据处理能力和数据仓库能力，对多源异构海量的调查监测大数据实行数据汇聚、集成、挖掘以及指标管理，具有对以海量调查监测数据为基础的应用的支撑能力。

（4）数据分析计算：实现多维挖掘分析、智能计算调度与空间大数据分布式并行计算，提供丰富的数据可视化能力，支持基于 Spark 分布式存储和分布式计算的大数据分析。

（5）数据服务：以 API 的方式提供服务，保证服务可记录、可跟踪、可监控、可审计，依据使用频率等指标，为自然资源各个板块业务提供数据服务。数据服务能力主要包括数据分析计算（如多维分析、聚合计算、聚类分析、回归分析等）、数据展示（如数据面板、二三维视图、数据图表等）、数据共享交换、数据引擎（如空间计算服务、分布式服务、数据库引擎、列式数仓引擎等）、数据集成、数据治理（如主数据、元数据、数据标准、数据安全、数据模型、数据质量等）等服务能力。

3. 面向服务技术架构

面向服务技术架构主要解决调查监测业务的流程重构、应用集成等复杂问题。平台充分利用面向服务技术架构，实现调查监测业务应用的云服务化、机构整合环境下业务流程重构及多应用集成。

面向服务技术架构主要基于由服务使用者、服务提供者和服务注册中心构成的核心应用模型，是典型的松散耦合服务模式。与传统的紧耦合架构相比，面向服务架构的松耦合特点更能适应业务的变化。平台统一设计调查监测数据共享服务模型及接口，利用面向服务技术架构，实现已有应用和数据的快速服务化，提高调查监测数据和系统的灵活性，以及应用系统对业务流程变化的适应性。

面向服务技术为前端业务应用提供直接的服务支撑。从业务类型划分可以分为基础业务服务、专题业务服务和高级服务。在提升 GIS 服务能力的前提下，可以把与 GIS 相关的服务能力统一归并为面向服务的技术架构技术体系架构中。

（1）基础业务服务：包括数据服务、地图服务、统计服务、空间分析服务、制图服务、影像识别服务等。

（2）专题业务服务：包括决策分析、公开查询、行政审批、资源管理、调查评价分析和动态监管等。

（3）高级业务服务：包括大数据分析、API 接口、三维服务、区块链等面向业务的服务能力。

4. 网络安全技术

建立以网络流量大数据采集为基础，以机器学习、人工智能的行为分析为核心，以威胁情报和应急响应为关键的网络安全防御技术，实现针对网络安全风险的检测防护，主要包括网络安全威胁态势感知、入侵检测和防御等解决方案。

强化国产密码应用，利用 PKI（Public Key Infrastructure，公钥基础设施）数字证书及验证技术，实施基于密码计算的身份认证和网络安全访问控制。利用区块链技术，对跨网络多密码种类的身份进行统一管理，保证不同应用系统中用户身份的一致性。

以分布式云计算、大数据与人工智能、面向服务技术架构、网络安全四大核心技术为基础，平台各部分的建设综合考虑各种类型数据的存储与应用、信息资源整合、数据共享与数据应用服务等，综合兼顾良好的兼容性、扩展性与高效性等，综合运用虚拟化技术、微服务技术、分布式计算技术、数据仓库技术、地理信息技术、数据挖掘分析技术以及各种非结构化数据专业处理技术。平台各层次的技术应用架构如图 6.4 所示。

图 6.4　技术应用架构图

6.3.5　数据架构

采用多源大数据融合存储技术，以关系数据库为基础，利用 Hadoop、Spark 技术框架、MongoDB 等分式技术组件，综合运用空间数据库、NoSQL 数据库和分布式文件系统的优势特征实现矢量、影像、地形、表格、瓦片、文件等结构化、半结构化和非结构化数据的一体化存储和管理，可支持 PB 级规模空间数据的存储与管理，提升数据访问和查询效率。平台数据架构如图 6.5 所示。

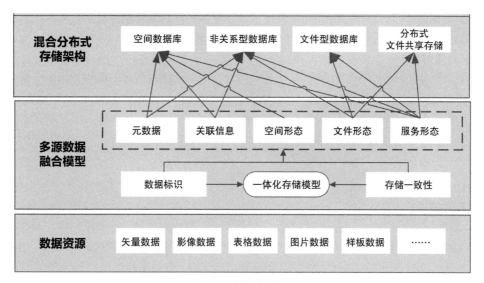

图 6.5 数据架构图

1. 多源数据融合模型

多源数据融合模型的数据成员由数据对象的文件形态数据、空间形态数据、服务形态数据、元数据和关联信息五部分组成，各部分之间互相依存与关联。

（1）文件形态数据是数据的初始形态，以文件形式进行存储管理，保持数据的原生性，便于数据应用过程中的追踪溯源。

（2）空间形态数据是文件形态数据经过预处理与空间入库后形成的矢量或栅格形式的空间数据集，存储于空间数据库，是后续数据统计、应用分析以及知识挖掘的主要支撑数据。

（3）服务形态数据是数据空间形态的二次加工产物，主体为各类栅格瓦片和矢量瓦片缓存，用于提升服务场景下的数据应用效果与效率。

（4）元数据是数据的说明信息，在数据应用过程中能够发挥着关键作用。是数据检索的重要支撑信息，通过批量入库或手动录入方式形成，元数据在关系数据库中进行存储和管理。

（5）关联信息定义了数据一体化模型和数据成员各部分之间的耦合关系，详细描述了各形态数据的存储位置以及数据之间的关联关系，时序关系等。关联信息作为一体化数据模型内容的入口，在具体的应用场景中，用于适配最优形态数据，并路由至最优形态数据的存储位置。

2. 混合分布式存储架构

综合运用空间数据库、非关系型数据库、文件型数据库和分布式文件共享存储的优势，实现矢量、影像、地形、表格、瓦片、文件等结构化、半结构化和非结构化数据的一体化管理，每一类数据适配最优的物理存储形式。

1）数据存储架构

（1）空间数据库。空间数据库具备数据结构化、空间数据模型成熟优势，可有效满足矢量等空间数据在严格拓扑要求下的高效的空间、属性查询和统计需求，保证空间拓扑正确性、空间统计准确性、汇总统计便捷性，同时存储自然资源与地理空间属性数据、元数据、关联信息，可利用分布式集群架构、空间索引、分片分区等技术优化空间数据查询和读写效率，同时保证数据安全备份。

（2）非关系型数据库。非关系型数据库的优点是适合大量小文件的存储，在并发、IO（Input/Output，输入输出）方面相对关系数据库有明显提升，尤其是瓦片数据需要高并发、高 IO 的支持。

非关系型数据库在空间数据模型方面的局限性不适合存储矢量空间数据，可通过分布式集群架构、分区分片、副本集等技术，优化IO和并发性能，保证数据多副本安全。

（3）文件型数据库。文件型数据库用于进行影像、矢量、报表等各类调查成果文件的存储，与关系型数据库配合使用，关系型数据库存储元数据，文件实体存储到文件型数据库，可充分利用网络带宽进行文件读写，同时所有数据均可通过文件形式进行冗余存储备份。

（4）分布式文件共享存储。分布式文件共享存储主要采用Hadoop的分布式文件存储系统进行各类矢量数据存储，为Spark分布式内存计算提供数据支撑。

2）数据存储策略

从数据类型角度，涉及矢量、影像、表格、报告等，数据量、数据文件数量数据结构存在差异，采用差异化存储策略。

（1）影像数据。影像数据量大，浏览性能要求高，提取效率要求高，采用文件+元数据方式存储，保证文件效率，同时进行影像切片，通过NoSQL数据库存储保证浏览效率。

（2）矢量数据。矢量数据要素数量大、浏览性能要求高、空间拓扑严格、空间统计精度要求高，采用空间数据库方式存储，保证空间拓扑正确性、查询效率和统计精确性，同时采用矢量瓦片技术进行矢量切片，通过NoSQL数据库进行存储保证浏览效率和实时交互查询与渲染。对于需要频繁访问和分析的矢量数据，可使用分布式文件共享存储，以便于进行实时大数据分析计算服务。

（3）表格数据。表格数据记录数大、统计效率要求高，采用关系数据库存储。

（4）元数据和关联信息。元数据和关联信息为结构化数据，多用于数据检索，检索精度要求高，因此采用关系数据库进行存储。

6.3.6　共享交换模式

数据交换和共享支撑自然资源主管部门跨地域、跨部门，大数量、多用户、高并发的数据共享交换应用，是自然资源主管部门上下级信息共享交换的渠道和基础支撑。

纵向上面向各级自然资源主管部门，横向上对住建、环保、农业和发改等政府职能部门，提供共享数据的注册、发布、检索、查询、订阅、调用和推送等操作，实现各级自然资源数据在各应用系统之间互通共享和交换。

数据交换和共享主要提供三种方式：第一种是自然资源系统内的纵向数据交换，涉及向部级上报、省内各级自然资源部门的数据汇交；第二种是部门内异构系统和数据的业务共享；第三种是为相关政府单位和公众提供调查监测成果数据信息。数据共享交换模式如图6.6所示。

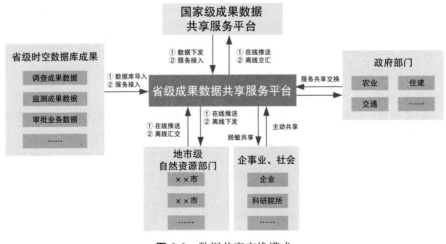

图 6.6　数据共享交换模式

6.3.7　关键技术

传统 GIS 应用架构以单机架构为主，它的概念易于理解，使用比较方便，同时便于维护，但单机架构下的性能瓶颈无法满足多源异构空间大数据的存储与管理需求。首先，传统架构无法满足 PB 级影像数据管理以及超百亿级矢量数据快速浏览和分析计算的需求；其次，对于物联网实时数据的存储、查询与分析支持较弱，达不到实时甚至准实时的要求；最后，传统架构对于存储的可扩展性和高可用性方面的支撑也比较弱。

针对调查监测成果大数据分析挖掘需求和计算性能瓶颈，综合利用分布式数据库、分布式计算、实时计算等大数据技术构建一体化空间大数据基础框架，采用分布式存储架构与开放计算模式，解决应用系统从传统 IT 架构向大数据架构迁移的共性问题，实现一站式调查监测大数据存储、处理与分析。

1. 大数据计算框架

大数据计算框架由分布式任务调度与管理、并行计算框架和分布式计算框架组成，支撑基于插件的快速应用搭建技术。大数据计算框架通过计算资源适配器，接收分布式任务调度与管理消息，实现任务的调度与管理、系统资源配置及监控等功能。

在大规模的生产与分布式作业过程中，任务运行在分布式部署的硬件系统上，需要通过对作业进行调度才能够充分利用系统资源，降低数据在网络中传输时间及占用的网络资源，同时提高各计算服务器的使用率。因此，大数据计算框架包含两部分：针对传统空间数据处理的性能瓶颈，提供基于 HPC（High Performance Computing，高性能计算机群）的并行计算框架，提升传统业务处理效率；面向空间大数据分析挖掘提供基于 Hadoop 的分布式计算框架，如图 6.7 所示。

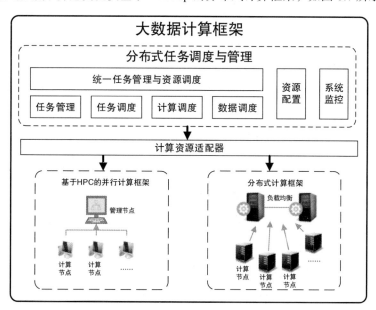

图 6.7　大数据计算框架

大数据计算框架构建于基础设施云之上，通过与基于多机多核的并行计算框架管理节点和基于 Hadoop 的分布式计算框架节点进行通信，分别对不同类型的计算集群进行任务分配、任务调度，同时实现对运行在各集群中的任务状态、设备状态进行监控。新加入系统的硬件资源，在大数据计算框架进行注册，框架可根据各集群的运行状态、资源需求情况，动态将硬件资源分配给资源需求较高的集群。

2. 异构数据池化管理和服务

大数据环境下异构数据的存储方式由传统文件存储或数据库存储变成分布式存储，存储格式由传统 GIS 格式变成类文本的分块数据格式。在上述过程中，需解决本地数据库到分布式存储环境以及服务联动变化，保障分布式环境中数据的完整性，确保大数据决策支持应用的一致性、现势性。

异构源数据初始化进入大数据资源池和大数据资源池数据发布成大数据服务。通过搭建大数据处理工具可将异构数据直接读取至大数据资源池，并自动完成大数据服务的发布。大数据处理工具可通过调用主流 GIS 平台接口实现异构数据直接读取至分布式存储环境，提高异构源数据进入大数据资源池的效率。进入大数据资源池中的数据，自动实现服务发布，无需进行缓存切片过程，即可满足后续数据的快速浏览、快速查询和快速分析等要求。

3. 基于插件的快速挖掘分析搭建技术

基于插件的快速挖掘分析搭建技术是充分利用大数据计算框架所提供的能力的核心技术之一，以即插即用方式利用不同单位的开发成果，达到快速构建应用和功能的复用，从而减少应用开发的成本和周期，提高应用产品的质量和开发效率。插件可以在不修改程序主体（平台）的情况下对应用功能进行扩展与加强，通过插件的接口，第三方可以制作插件来解决一些操作上的不便或增加新的功能，实现真正意义上的"即插即用"应用开发。

针对业务应用复杂性的问题，为实现应用处理分析模型和算法的业务化运行，以面向服务的体系架构和集群计算，形成开放的、可伸缩、可定制的体系架构。"模型管理"基于统一构件（插件）开发标准，负责插件管理、业务流程搭建、产品配置和管理，同时实现自动化、服务端运行等业务构件的注册机制，实现行业应用业务模块的集成管理。通过平台基础框架结合行业应用业务模块的功能建模实现功能动态定义。通过对应用功能的业务组装，形成各类业务工具，形成独立的业务工作台。

6.4 平台建设内容

平台是对内、对外展示资源、提供服务的窗口，提供主动、智能、综合、便捷和个性化的调查监测成果数据信息服务。具备成果数据服务共享、数据挖掘分析、智能化知识共享、二三维资源展示和定制服务等功能，实现调查监测成果数据的共享服务，满足行业内外、政府机构、科研院所、社会公众等各类用户对自然资源调查监测成果数据的多元共享、多级应用的功能需求。平台功能结构如图 6.8 所示。

平台建设主要划分为成果数据共享服务系统建设、大数据挖掘分析服务构建、二三维一体化综合展示服务构建、移动应用服务、智能化知识共享服务和定制开发六大部分。

6.4.1 成果数据共享服务系统

成果数据共享服务系统基于建立的调查监测时空数据库，在统一地理空间参考、云架构及统一的大数据管理框架下，搭建面向服务的共享服务系统。系统通过采用大数据技术、"云 + 端"模式，基于云环境进行建设，实现将分散于"云"中的数据信息进行统一汇总，形成权威的、规范的共享服务平台，为政府、企事业单位、社会公众提供丰富、可靠、全面的调查监测成果数据服务和接口服务。通过统一的自然资源数据标准规范体系和统一的数据资源服务体系，对各类成果数据采用分布式存储和集中式管理应用共享的方式，实现数据集成管理、应用服务共建共享，数据管理与服务模式的创新，提升数据共享水平。系统提供门户首页、在线查询浏览、统计汇总服务、在线共享服务、数据交换服务、服务引擎管理和系统运维管理等能力。系统功能模块设计如图 6.9 所示。

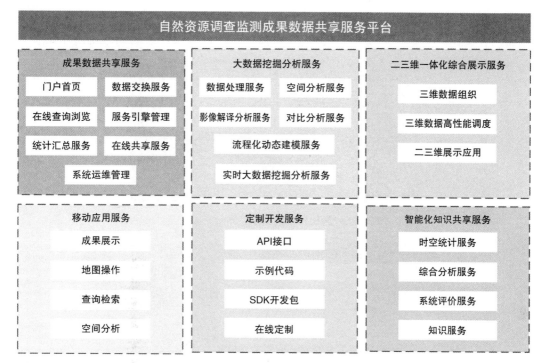

图 6.8　平台功能结构图

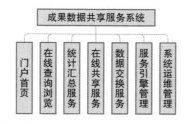

图 6.9　成果数据共享服务系统功能图

1. 门户首页

门户首页是展示共享服务系统所有资源的总窗口，也是平台各类数据、资源及应用服务的统一出口，为用户提供使用指南和综合服务。通过对自然资源行业用户和社会公众等各类用户的角色和权限进行管理，实现不同权限的用户对不同权限范围内数据、产品和服务的访问。具备相关权限的用户可通过调用共享服务系统上的相关各类资源，实现对资源的在线利用。

2. 在线查询浏览

在线查询浏览提供数据浏览、数据查询、地图动态渲染等服务。

1）数据浏览服务

对于发布的矢量数据、影像数据，平台提供空间数据极速浏览功能，如图 6.10 所示，实现空间数据的缩放、平移、量算、定位、视图、清除查询、刷新等功能；提供图层管理、图层关闭/显示控制、图层显示顺序调整和设置透明度等功能操作。

2）数据查询服务

平台提供极速的数据查询能力，实现数据资源的空间查询、属性查询、复合查询等。查询结果支持地图要素定位、过滤显示等效果，如图 6.11 所示。基于分布式、并行计算技术优势，实现对百万条空间数据要素查询秒级响应，满足应用快速响应的要求，同时提供查询结果的导出功能等。

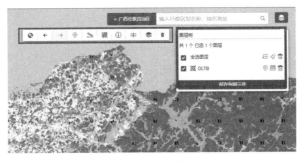

图6.10　数据浏览界面

图6.11　矢量数据属性快速查询

3）地图动态渲染服务

平台利用分布式框架的性能优势，提供按需的实时地图渲染能力，实现在线修改地图渲染样式，满足不同用户对不同专题成果数据动态渲染、配图展示的需要；提供自定义样式渲染、高级渲染和选择样式方案渲染等多种在线渲染方式。

3. 统计汇总服务

统计汇总服务提供基础统计功能，提供对调查监测专题数据或查询结果的统计分析，如图6.12所示，可以根据属性字段进行分类或分段统计，实现对要素的个数、面积、属性统计和结果导出，统计结果以列表、饼图、柱状图等可视化图表方式直观展示。

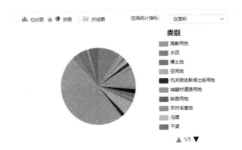

图6.12　统计汇总服务

4．在线共享服务

在线共享服务可灵活配置服务的共享权限，快速查询检索浏览相关服务，是调查监测数据对外共享的主要方式，不同的管理部门、企事业和社会公众都可以通过在线共享服务申请获取想要的数据资源，包括服务浏览、服务查询、服务申请、服务审核、服务注册、服务发布、服务聚合、服务监控等功能，具体如图 6.13 所示。

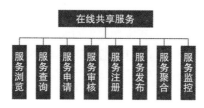

图 6.13　在线共享服务功能图

1）服务浏览

服务浏览指的是对各种已注册数据服务进行浏览查看，查看服务类型、服务的相关属性、相关URL（Uniform Resource Locator，统一资源定位系统）地址、服务的内容。

2）服务查询

服务查询提供平台中所有服务资源的查询浏览功能，如图 6.14 所示。通过视图分类展示平台内所有服务，并提供按照推荐顺序、申请热度、注册时间等条件以表格、图片两种视图排序展示服务，同时还应当支持按照地区、服务类型、注册时间、关键词的条件检索服务。

图 6.14　服务查询

3）服务申请

服务申请是处于登录状态的用户可对查询到的服务提交服务申请，支持加入"购物车"和快速申请两种方式。提交服务申请时，需要选择使用时间并填写申请理由。

4）服务审核

服务审核用于管理审核用户申请使用的服务，实现申请用户对审批中的服务进行进度查看并催办，审核通过后可查看审批信息、获取服务认证，发表服务评价或从列表中删除服务。

5）服务注册

系统提供服务注册功能，实现各项服务注册到平台，支持远程服务注册（第三方服务注册）和本地服务注册，注册的服务需要规范的审批管理流程，对已注册的服务支持删除修改等操作。发布的数据经过注册，其他用户可以在门户上浏览服务资源并进行申请等操作。

6）服务发布

服务发布是将成果数据进行对外发布，包括标准模式和内存模式。其中，标准模式是将数据进行切片后发布服务，内存模式是基于分布式存储、并行计算实时展示，支持动态渲染。

7）服务聚合

服务聚合是将遵循标准的地理信息服务规范、基于通用的服务集成标准和不同来源的服务进行整合，构建基于业务需求的新的地理信息服务并对外发布。服务聚合的主体是服务，服务的类型和来源不再是有限的、单一的，可以是按照标准协议发布的第三方服务，聚合的结果是新的服务。标准化的规范为平台服务提供了数据共享的条件，服务聚合为空间数据共享、基于服务的功能共享的应用提供了技术保障。

8）服务监控

服务监控是对系统中注册的服务进行管理，主要功能包括服务状态查询、服务信息的编辑、暂停 / 启用服务、服务授权、数据服务器配置等。

5. 数据交换服务

系统通过服务申请与审核的方式实现共享交换，用户可对感兴趣的服务资源进行申请，审批通过后用户即可使用该服务。同时，系统实现用户将自己的服务推送给指定用户，实现服务的主动共享。

6. 服务引擎管理

服务引擎是对各种矢量数据、影像数据、三维数据以及业务规则数据进行发布服务的容器。提供标准的 OGC、Rest 等服务接口协议。

1）矢量瓦片服务引擎

针对传统栅格瓦片地图存储空间占用大、样式单一、更新慢等问题，引入矢量瓦片地图技术，在保留栅格切片缓存、缩放比技术基础上，提高切片效率，支持样式灵活配置，完善数据服务更新机制。矢量瓦片服务引擎包含矢量瓦片服务发布、服务样式管理、图层管理和服务更新。

2）影像服务引擎

影像服务引擎基于栅格动态渲染技术，面向超大规模影像的发布需求，不切片快速发布影像服务，解决数据预处理流程复杂、更新周期长等问题。影像服务引擎提供地图浏览服务接口，支持OGC 标准的 WMTS 服务接口，应用系统调用无障碍，可实现服务发布模式升级过程中的平滑过渡。影像服务引擎针对影像数据常见的使用场景，提供方便的在线处理功能，包括影像融合、影像镶嵌、波段组合等服务功能。影像服务支持实时预览处理效果，对影像实体的真正处理在后台进行，处理完成后在前端调用下载。

3）三维服务引擎

三维服务引擎是将三维数据和地理信息集成管理和应用，从三维场景创建、三维数据加工处理到三维服务发布都提供服务支撑。

4）业务流引擎

业务流引擎是将业务流程中的工作，按照逻辑和规则以恰当的模型进行表示并对其实施计算，实现工作业务的自动化处理。具体功能包括：

（1）业务规则库管理。预定义标准化规则模块，以及模块间流向关系；预定义业务流程样例；已有的业务流程样例存储、解析、调用、修改、删除和退回操作。

（2）运行服务管理。业务流程的装载与解释；业务实例的创建和控制，如实例的运行、挂起、恢复、终止等；外部应用程序的调用；数据调用。

（3）运行监控管理。实时数据查询；日志监督服务；日志分析挖掘服务；图形化的监测业务实例的运行情况；实时跟踪业务实例的运行情况；业务实例的状态控制。

7. 系统运维管理

根据系统业务需求，运维管理系统共划分为用户管理、权限管理、日志管理、业务办理、服务管理、系统监控等功能模块。

1）用户管理

用户管理实现对用户的增加、删除和修改，具体包括对用户的名称、用户的密码、用户所属角色及所属组织机构等内容的管理。

2）权限管理

系统实现分级、分角色进行统一管理，需要进行统一的用户权限管理。维护人员可以根据机构状况定义各业务相关部门。部门中支持多级管理，一个部门可以拥有多个子部门，同样子部门也可拥有自己的下属部门，从而真实表现软件使用单位组织机构的管理状态。提供对单位和部门进行增加、删除和修改功能。部门管理实现机构内部部门的定义，支持组织机构的多级管理，满足多级管理的模式，实现部门增加、删除、修改等功能。系统中各个模块和菜单都是松耦合的，需要进行统一的注册及权限的分配。权限注册管理，提供对功能资源的注册，并提供如页面、逻辑流等一系列的形式注册。权限分配管理，系统对于按照一类权限的用户建立对应角色，并通过授权管理为角色分配对应的功能、服务等权限可视化配置。

3）日志管理

日志管理模块主要实现对登录日志、数据交换日志、系统运转过程中自身内部日志记录和统计等，其中日志按固定文件大小（如1M）和按日期复合形式在服务节点服务器上存储。

4）业务办理

业务办理包括服务使用审批业务、服务注册审批业务和服务注销审批业务。各类业务按照待办任务和已办任务分类，列表显示服务记录。对于待办申请提供查看、预览、审批功能，对于已办任务提供服务查看、预览、评价查看功能。

5）服务管理

服务管理提供服务注册、服务注销/恢复、服务运行管理、服务查看、服务编辑、服务推荐、服务聚合、服务推荐及查询检索功能。

（1）服务注册：服务管理员可以在平台上注册非平台发布的服务信息，实现注册的服务类型转换为平台本身所支持的所有服务类型。注册服务时需要填写服务元数据信息及有效服务地址。

（2）服务注销/恢复：提供服务注销功能，同时具备对已注销服务恢复功能。

（3）服务运行管理：提供服务启动、停止、恢复运行状态管理功能。

（4）服务查看：查看服务元数据信息、服务预览图片。

（5）服务编辑：编辑服务元数据信息或替换服务预览图片。

（6）服务聚合：将不同的服务聚合成一个服务。

（7）服务推荐：配置在门户网站首页推荐的服务。

（8）查询检索：实现按照服务名称、类型、区域、关键词、状态、注册时间等条件查询检索服务。

6）系统监控

该模块主要监控平台中各类服务器运行状况，包括CPU、存储空间、内存使用情况的监控。

6.4.2　大数据挖掘分析服务

根据自然资源统计分析要求，要实现全面反映统计对象数量特征、空间分布、空间关系和演变规律，传统 GIS 分析服务远不能满足计算要求，需要运用分布式计算、人工智能、机器语言和分析挖掘等知识，实现调查监测成果数据的高效处理和深度学习与计算，提供数据清洗、高性能计算、分布式智能解译与变化监测、数据分析与挖掘处理、深度学习与深度增强学习、自然语言理解、人类自然智能与人工智能深度融合等能力，利用大数据分析技术可实现高性能数据并行计算和统计分析工作。大数据分析服务主要分为数据处理服务、空间分析服务、影像解译分析服务、流程化动态建模服务、对比分析服务、实时大数据挖掘分析服务等。

1. 数据处理服务

实现不同的数据形态的空间大数据之间进行相互转化，保持同一数据在不同存储形态的一致性，满足场景多样性的需求。

1）数据提取

数据提取是一个涉及从各种来源检索数据的过程。提取数据以进一步处理数据，将数据迁移到数据存储库或进一步分析数据。

2）数据传输

数据传输提供大数据传输中间件，支撑海量大数据断点续传、高效传输，有效满足影像、矢量、栅格等数据生产、入库、展示、分析、分发等应用的数据传输需求。

3）数据载入

数据载入不受操作系统限制，可以跨平台跨服务器对数据进行操作，很好地支持了不同数据库之间按照统一的规则集成，提高数据价值。

4）数据转换服务

对各类数据资源，按照一定的转换规则，生成新的数据并存放到目的数据源中，将数据转换为符合业务需要的目标数据，主要包括数据格式的转换和数据投影转换等，为实现数据的标准化管理提供技术支撑。

5）数据检查与清洗服务

为了确保统计数据的准确可靠性，满足数据服务与应用需求，对经过处理的数据进行质量检查评估，系统本身自带数据检查服务功能，用户可以根据实际需求建立数据检查规则，对各类数据进行如属性完整性检查、规范性检查、重复性检查等基本数据检查任务。经校验后的正确数据可直接写入标准数据库，提供后续的数据共享服务使用。针对检查发现的问题数据提供两种处理方式：一种是对于数据格式、数据类型错误等简单问题，通过设定处理规则自动执行数据清洗流程，并将清洗后数据写入标准库；另一种由于数据内容错误或是业务逻辑造成的错误数据，将问题数据反馈至数据源，系统进行数据更正后再次提交至共享服务平台，经校验后写入标准库。

6）数据关联融合服务

数据关联融合指通过对数据的相关性进行分析，为数据之间建立关联关系，数据关联融合以"规则自动处理为主、人工干预确认为辅"作为基本原则，采用关键字探测模式进行。针对不同数据类型，分别调用不同规则方案实现数据关联融合。提供非空间数据与空间数据、非空间数据与非空间数据、空间数据之间的关联融合处理等。关联融合处理过程通过规则流程实现，规则的灵活调用和自定义搭建能力，为复杂多变的数据融合关联需求提供支撑。

2. 空间分析服务

传统的空间分析平台在单机（单机多核）环境下进行数据处理分析的效率上已达到极致，但仍不能满足全域尺度范围内高效空间分析的需求。而现有的空间大数据技术将 IT 大数据技术与空间信息计算分析理论深度融合的方法，为解决调查监测成果的高效汇总分析提供了强力支撑。因此，基于空间大数据基础框架，将传统的国土分析计算方法转化为大数据环境下高性能并行计算算法，并以此实现高性能的自然资源大数据空间分析、汇总统计分析，满足业务应用时效性的需求。大数据分析计算服务包含领域分析服务、插值分析服务、空间统计分析服务、表面分析服务、汇总统计服务。

1）领域分析服务

领域分析服务是通过空间点周围的邻点，或某特定位置及方向范围内的某种性质的邻点对其进行分析的一种方法，包括缓冲区、泰森多边形、近邻分析、点距离、面邻域等功能。大数据环境下的邻域分析服务以分布式集群框架为支撑，将单机环境下的各邻域分析算法做分布式和并行化改进，例如，增加数据容错与故障恢复机制，克服数据倾斜问题，使其适用于大规模的海量数据。缓冲区分析是针对点、线、面实体，自动建立其周围一定宽度范围以内的缓冲区多边形，包括点缓冲、线缓冲、面缓冲、矢量数据缓存、栅格数据缓冲等。近邻分析可计算输入要素与其他图层或要素类中的最近要素之间的距离和其他邻近性信息，包括点至点近邻、点至线近邻、点至面近邻、线至面近邻、面至面近邻、多点近邻等。

2）差值分析服务

空间插值用空间内插方法及空间外推算法，将离散点的测量数据转换为连续的数据曲面以满足实际应用的需求。将空间离散的三维测量点，通过空间插值生成地面 DEM，用以实现坡度、坡向等表面分析服务。

3）空间统计分析服务

空间统计分析服务是分析空间分布、模式、过程和关系的统计服务，包括热点分析、空间自相关、空间权重矩阵、聚类分析、聚集分布、空间度量、空间度量分布、空间分布模式等。空间聚类分析串行算法不适用大规模数据，所以分布式并行空间聚类算法一直是研究热点。并行子空间聚类算法利用子空间和抽样忽略思想减少了节点间的 IO 传输，并且较好地平衡了负载均衡和聚类的有效性。

4）表面分析服务

表面分析主要是基于规则 DEM 数据进行山体阴影计算、栅格八方向法的坡度和坡向计算、等值线生成、填挖方和通视域等计算。

5）汇总统计服务

要素的属性及位置是空间数据的固有信息，此信息将用于创建视觉上可进行分析的地图。统计分析有助于从空间数据中提取只靠查看地图无法直接获得的额外信息，例如，各属性值如何分配，数据中是否存在空间趋势或者要素是否能够形成空间模式。与提供单个要素信息的查询功能不同（如识别或选择），统计分析可整体显示一组要素的特征。统计分析常用来探索数据，例如，检查特定属性值的分布或者查找异常值（极高值或极低值），此类信息非常适用于在地图上定义类和范围，对数据进行重分类或查找数据错误。统计分析的另一个用途是汇总数据，通常按照类别进行汇总，如分别计算每种土地利用类别的总面积，也可以创建空间汇总，如计算每个分水岭的平均高程，汇总数据将有助于更好地了解某研究区域的情况。统计分析也可用于识别和确认空间模式，如一组要素的中心、方向趋势或者要素是否会聚集在一起。虽然在地图中，模式非常清晰，但试图通过地图得出结论仍然非常困难，因为对数据进行分类和符号化的方式将使模式变得模糊不清或过分夸大。统计功能可对基础数据进行分析然后给出用以确认模式的存在和强度的测量值。

汇总统计分析不仅包含对属性数据执行标准统计分析（如平均值、最小值、最大值和标准差）的工具，也包含对重叠和相邻要素计算面积、长度和计数统计的服务。

3. 影像解译分析服务

基于大数据和人工智能的强大解译能力，影像解译分析服务提供分布式的影像大数据分析能力，可以从大规模的航天航空影像数据中快速提取有价值的信息。例如，基于样本采集器采集的植被样本，可以用于大范围区域内影像中特定地物建立训练样本，基于影像智能解译，快速提取道路、水体、建筑、植被等信息，并形成相应的矢量数据。影像解译分析服务提供分布式存储与计算能力，极大地缩短了大规模影像处理时间，促进多源数据的高效应用与信息挖掘。影像解译分析服务常用的应用场景包括变化检测服务、影像识别与提取服务等。

1）变化检测服务

利用大数据计算框架以及人工智能技术，通过多期覆盖同一地表区域的影像数据，基于检测模型和识别算法，自动比对发生变化的图斑，自动检测特定目标（如违法建筑、违法用地）在不同时期内的变化情况，并对发生变化区域进行半自动矢量化，快速提取各类变化图斑，为自然资源动态监测和长期监管提供技术支撑。

2）影像识别与提取服务

通过定制的训练模型，自动快速提取多种来源影像中的水体、道路、建筑物、植被等典型地物要素信息，实现对大范围区域的地表覆盖类别快速识别与分类标记，并将提取的地物信息输出为要素矢量成果。

4. 对比分析服务

对比分析服务提供在同一视窗下显示两个或多个不同内容的地图，在空间相邻关系、时间相继关系上对两个或多个图形进行差异性比较，通过对比服务，可以在空间和时间上对比内容的变化情况。对比分析包括双屏对比、特定对象对比、变化要素统计及流向对比分析等多个方面。

1）双屏对比

平台支持通过双屏的方式，组织待分析的数据内容，支持双屏数据联动显示，可以同步缩放、平移显示，如图6.15所示。通过双屏联动显示，可以同步浏览同一区域不同时期的矢量图斑数据，从而直观地显示研究对象随时间变迁。如分析地类图斑数据不同年度变化情况，可以对比查看各地类图斑面积、形态和位置变化等。

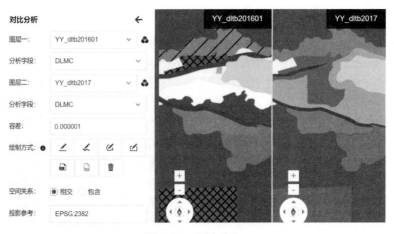

图 6.15   双屏对比

2）特定对象对比

系统支持用户设置用户多元素自定义对比分析项，以矢量数据的字段属性作为空间对比分析的依据，也可以自定义勾画分析范围，支持矩形拉框范围、多边形范围、圆绘制等多种方式。在对比分析过程中，系统通过叠加分析算法，将参与对比分析的数据中有变化的图斑地块进行切割，形成一个新的矢量数据，如图 6.16 所示，并将参与对比分析的两个数据的属性信息加以合并作为对比分析结果数据的属性，分析的结果以服务的方式在第三屏实时浏览。

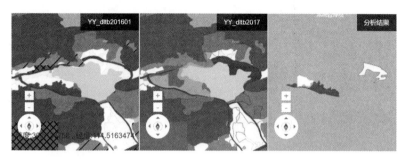

图 6.16　特定对象对比

3）变化要素统计

基于对比分析结果，支持综合统计功能，通过设置统计字段，统计方式将相关分析结果通过图表等方式直观展示。如变化监测分析结果统计，如图 6.17 所示，设置统计信息为"旱地"，即可快速统计出所有与旱地类型相关的变化信息。单击任一条统计信息，还可形成属于该类型变化的所有记录数，同样支持该类记录的快速过滤显示。

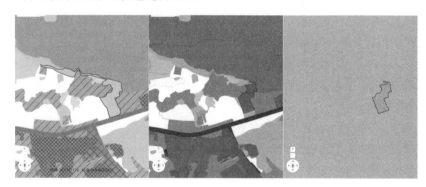

图 6.17　变化要素统计

4）流向对比

基于历史和现状数据的对比分析结果，能够通过设置统计字段，统计方式等，完成通用的分析统计工作，形成流向矩阵表，如图 6.18 所示，并通过可视化图表进行展示。

流向矩阵表（单位：公顷）

历史 现状	水田	旱地	建制镇	公路用地	设施农用地
水田	-21.6340				
旱地		-5.5110			
建制镇	17.7763	3.7638	21.5401		
公路用地	3.8577			3.8577	
设施农用地		1.7472			1.7472

图 6.18　流向矩阵表

5. 流程化动态建模服务

流程化动态建模服务将各类空间分析、统计分析作为基础的算子，通过业务规则引擎的管理，在可视化界面中拖拽组织形成规则流程（模型），如图6.19所示。通过不同的组合，结合对应的数据得到相应的处理结果。流程的每一个步骤可动态增加或者删除，可方便地进行模型修改和优化，而不用重新构建，对所有的规则构建过程进行流程化动态管理，不仅给用户模型构建带来方便，而且使模型的优化更为便捷。

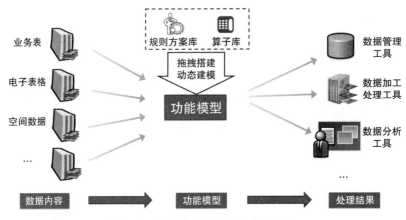

图6.19　流程化动态建模技术流程图

6. 实时大数据挖掘分析服务

实时大数据挖掘分析实现实时获取物联网智能感知数据，实现实时大数据的智能分析和可视化展现，用于态势感知分析、历史数据挖掘分析、舆情监控、资产及移动目标监控等，解决传统信息化系统获取调查监测信息手段单一缺乏动态更新，实时性差的问题。

实时大数据挖掘分析提供实时数据处理功能，支持对接物联网中各种类型的传感器，同时对接入的数据进行高效处理分析，实时大数据挖掘分析支持以服务形式集成到上层业务系统中。

1）实时数据接入

实时数据接入需支持连接各种类型的传感器接入实时数据流，并将其转换成地理空间要素，在地图上展示实时监控数据。

2）实时流数据过滤

实时流数据过滤需实现使用空间/属性条件过滤实时流数据，关注最感兴趣的要素。

3）添加属性

添加属性需支持添加其他要素服务的属性信息丰富传入的实时事件的字段属性。

4）实时数据存储及查询

实时数据存储及查询需支持使用增强的要素服务高效存储和查询实时数据的历史事件。

5）变化提醒

变化提醒需支持将观察到的实时事件的变化，通过邮件、短信、社交媒体等多种方式给予提醒。

6）实时数据可视化

实时数据可视化支持使用新的可视化方式来表达大量实时数据的密度、发展趋势等。

6.4.3 二三维一体化综合展示服务

二三维一体化综合展示是通过三维立体＋时间的多角度、多维数据管理与展示技术，将调查监测成果、遥感影像、DEM、三维实体、实景影像、BIM等多源自然资源相关数据基于统一空间尺度进度整合集成，实现二三维一体化的多维数据可视化展示。有机整合GIS功能和三维可视化效果，兼顾三维展示效果与二维查询分析能力的二三维一体化的空间分析能力，实现"即时分析、实时展现"三维大场景分析展示功能。

二三维一体化综合展示支持二三维空间数据的极速浏览，支持空间数据的缩放、移动、地图量算、定位等功能；提供长度测量、面积量算、图层定位、前后视图等基本地图功能，如图6.20所示；

图 6.20　二三维浏览界面图

支持多图层、多要素的叠加和动态显示；支持图层树统一管理矢量数据、影像数据，支持图层显示顺序调整和设置透明等；支持比例尺控制和地图样式的配置；支持对海量空间数据无需预先切片的实时浏览，满足空间数据动态可视化要求。

1. 三维数据组织

调查监测成果数据涵盖矢量、影像、统计表格等数据类型。由于这些数据各有特点，在进行成果数据三维展示时，结合其不同的展示需求采用了不同的展示方式和技术路线，如图6.21所示。

1）影像数据

地形（DEM数据）与遥感影像经过数据切片后，以叠加的方式在三维平台上集成展示地形与地貌，一方面系统对影像切片数据进行优化整理，另一方面按标准切片对地形数据进行处理，以支撑系统所采用的三维平台自定义影像切片服务的接入。

2）多源矢量数据

调查监测成果数据体量大、要素复杂，采用矢量瓦片技术，实现调查成果矢量数据实时渲染与动态发布，并接入三维数字地球进行展示。

将不同金字塔标准的数据组织模型映射到虚拟金字塔中，成为虚拟金字塔的子集，从而实现对不同规则的金字塔数据的统一组织和管理。

2. 三维数据高性能调度

面向三维实时可视化的空间数据调度模型的基本思想就是通过数据分割、加工和索引机制，将

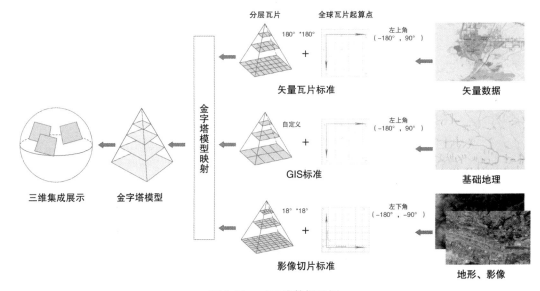

图 6.21 二三维数据组织

三维场景空间数据,包括矢量数据、影像数据、地形数据专题数据等,组织成一个由不同细节层次、不同地域覆盖范围的多个子场景构成的金字塔形结构。该数据组织方法能够与动态调度策略很好地配合,以实现大规模三维场景可视化的目标。

1)三维数据实时浏览和动态渲染

基于分布式架构和高性能云 GIS 平台,空间大数据被均匀分布到可以弹性扩展的各个计算节点上,并建立二级分布式空间索引。当有图层绘制请求时,基于二级分布式空间索引、分布式实时计算和内存计算技术,所有的计算在服务器端利用多个进程并发绘制同一图层的不同块,然后快速合并多个绘制结果并将其传输到客户端,实现三维数据实时浏览和动态渲染,如图 6.22 所示。

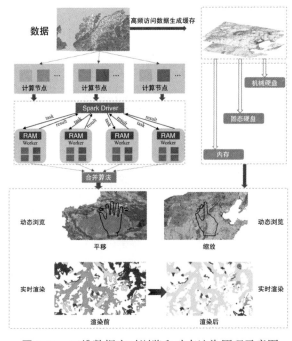

图 6.22 三维数据实时浏览和动态渲染原理示意图

（1）通过多级索引技术，将每次绘制的范围精细化，从而使得一次请求绘制的要素最小化，降低绘制的工作量。

（2）通过"缓存"多样化技术，可将缓存数据存储在机械硬盘、固态硬盘或者内存中。针对高频访问数据，预先将访问率高的数据加载到内存中，减少了数据的 IO 操作时间。

（3）采用分块绘制技术，当用户请求一个绘制范围的时候，会调用多个计算节点同时绘制不同的块在请求范围内的要素。

（4）超大数据的二级合图，在系统运行中，遇到数据分块的数目超过现有提供的计算节点的数目时，必然会产生排队现象从而导致整个计算效率降低。针对这种情况，系统采用二级合图技术，将需要绘制的块进行分组，从而降低排队时间，保证计算的高效率。

基于上述思路，可以实现海量规模空间数据的高效计算和实时展示，无需预先切片即可进行海量矢量空间数据在三维场景中动态渲染和动态快速浏览。

2）海量三维数据极速查询

基于分布式架构和高性能云 GIS 平台，空间大数据被均匀分布到可以弹性扩展的各个计算节点上，如图 6.23 所示。在进行海量空间数据查询统计分析时，需要将分块数据调度到对应计算节点，在各节点并行参与计算。

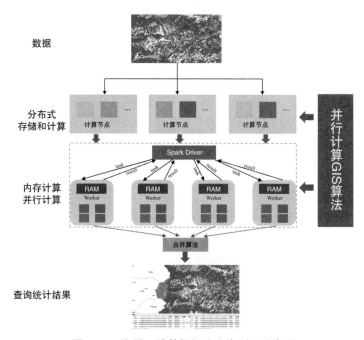

图 6.23 海量三维数据极速查询原理示意图

3）三维数据高效索引

为了实现对调查监测成果多尺度空间数据进行无缝集成可视化，需要对数据进行快速索引和调度，因此，建立空间数据的索引就是必须解决的关键问题之一。

将空间数据以四叉树进行组织，四叉树每个结点表示空间数据范围，在三维数字地球场景中，对东西半球分别建立两个四叉树，四叉树四个结点分别代表四个方向的空间范围。其中四叉树的结点不代表数据块，只是表示空间范围，同时存储指向该范围的空间数据集的指针。建立四叉树时，确定东西两个半球四叉树范围索引的第一层的经纬度间距和四叉树索引的原点经纬度。第二层四叉树经纬度间距为第一层的一半，依次类推。这样全球四叉树一旦建立，四叉树与经纬度坐标范围的关系就确定下来，加入新数据集只会对四叉树的结点进行更新而无需另建树。

3. 二三维展示应用

二三维数据展示应用主要是对矢量成果三维展示、影像成果三维展示、多时相数据三维展示、三维空间查询展示、多视图聚合三维展示进行展示。

1）矢量成果三维展示

采用三维数据实时浏览和动态渲染技术，将标准的矢量瓦片服务接入三维数字地球引擎，进行矢量数据三维可视化。矢量数据三维绘制结果，如图 6.24 所示。

图 6.24　矢量成果三维展示

2）影像成果三维展示

影像数据实时调度的通常做法是，将影像数据全部读入到内存，使用时从内存中读取相关数据。这种方法的优点是在数据量很小的情况下显示速度比较快，但是计算机内存资源有限，无法读入无限大的影像数据。为了能够实时调度、显示大数据量影像数据，系统通过分析现有影像数据快速调度与显示方法，在影像数据实时可视化组织模型的基础上，通过多级缓存技术和影像瓦片索引，实现单幅、多幅大数据量栅格图像实时调度与快速显示。影像成果三维展示效果，如图 6.25 所示。

图 6.25　影像成果三维展示

3）多时相数据三维展示

多时相数据通过采用数据的时间版本管理方式，对不同时期的图像数据加以时间标识，通过不同数据的时间版本来区分不同时期的图像数据，不同时期的图像数据在物理上和逻辑上都是分开的，在实际应用时，只需要选择不同时期的图像数据在逻辑上进行集成和应用即可，如图 6.26 所示。

(a) 前时相数据   (b) 后时相数据

图 6.26 多时相数据三维展示

4）三维空间查询展示

三维场景接入矢量瓦片服务，在三维场景中通过鼠标点选等空间查询方式，查询矢量对象的属性信息，支持查询对象结果的高亮绘制，如图 6.27 所示。

（1）空间查询：通过在球体上进行空间拾取，构造空间查询条件，查询对应图层要素结果和属性表记录，并在球体上高亮显示。

（2）属性查询：通过图层属性表的属性字段，构造属性查询条件，查询对应图层要素结果，并在球体上高亮显示。

图 6.27 三维空间查询展示

（3）图属互查：通过图层属性表的属性记录，查询对应的图层要素，并在球体上高亮显示。通过在球体上拾取图层要素，查询图层属性表对应的属性记录，并高亮该记录。

（4）组合查询：通过构造空间和属性组合查询条件，查询对应图层的要素结果，并在球体上高亮显示。

5）多视图聚合三维展示

多视图聚合是将调查监测成果的矢量数据、影像数据、地形数据、表格数据、图片数据等信息聚合在同一个三维场景中展示。

6.4.4 移动应用服务

调查监测成果数据共享服务平台移动端，支持手机、平板等移动终端使用。基于调查监测数据库和内外网数据交换机制，提供数据查询浏览等移动端轻量应用服务，支持"一键式"查询任意一块土地的利用类型、现状类型、规划信息等，极大提高调查监测成果数据的应用效率和便捷性，移动端 APP 支持在线、离线两种模式，具体架构如图 6.28 所示。

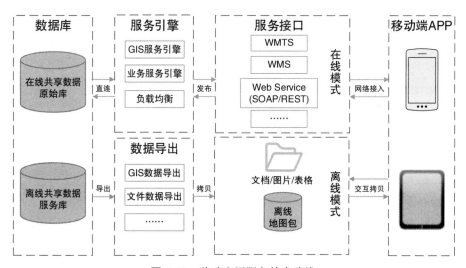

图 6.28 移动应用服务技术路线

1. 总体思路

1）移动端离线 APP

面向自然资源管理人员，提供涉密数据的加载、浏览、查询和压覆分析，方便外出调研实时查询数据。离线模式主要使用数据拷贝方式，将自然资源数据拷贝到移动端设备中，共享 APP 通过读取相关数据，进行数据渲染与查询，实现数据交互。

2）移动端在线 APP

面向自然资源管理部门、企事业、科研院所和社会公众，在互联网环境下通过内外网数据交换技术，方便用户浏览、查询和占压分析，为实地调研与外业人员调绘等工作提供数据支撑。在线模式通过云服务引擎提供地图与数据服务。

2. 主要功能

移动端面向调查监测业务外业应用场景下的共享、展示、查询、分析等业务，提供成果展示、地图操作、查询检索、空间分析等模块。

1）成果展示

成果展示提供地图共享列表，面向数据查询检索需求，方便自然资源管理人员随时、随地获取调查监测成果数据。另外，成果展示还能够实现对地图的浏览查看，提供基于二维矢量瓦片地图的特性能力和支持地图模板切换功能，为用户提供个性化地图服务展示。

2）地图操作

地图操作模块主要是为用户提供地图的基本操作工具，实现对地图的浏览查看，如地图缩放、平移旋转等。同时也提供基于二维矢量瓦片地图的特性能力，如要素拾取、图层显隐控制等。

（1）地图缩放：移动终端通过手势与地图进行交互，提供地图放大、缩小等操作，实现对地图的浏览查看。

（2）地图平移旋转：移动终端通过手势与地图进行交互，提供地图平移、旋转等操作，实现对地图的多视角浏览查看。

（3）地图定位：支持移动终端通过 GPS、北斗和移动网络基站进行实时定位，轻松获取用户当前位置信息，并以高亮点在地图上突出显示用户当前位置。

（4）要素拾取：基于二维矢量瓦片地图服务，实现地图要素的交互操作，告别传统栅格瓦片地图要素零交互的缺陷，点击地图要素，实现地图全要素的拾取，展示拾取要素的属性信息并对拾取要素高亮显示。

（5）图层显隐控制：提供二维矢量瓦片地图服务进行图层显隐控制，支持对指定图层进行打开、关闭操作。

（6）地图测量：提供计算地图上两点形成的直线或多点形成的折线之间的距离测量，计算地图上绘制的多点组成的多边形的面积与周长。

3）查询检索

支持对地图服务进关键字搜索等搜索方式，实现地图要素的搜索并对匹配结果进行信息展示，支持搜索结果在地图上定位高亮显示。

4）空间分析

支持通过手绘或点选图斑的方式，对矢量图层任意区域、范围的图斑进行属性分析、汇总、统计和展示。提供分析详情查看，基础查询结果和高级查询结果。

6.4.5 智能化知识共享服务

综合利用空间知识工程、大数据、人工智能等技术，通过数据共享、数据分析、信息提取、知识挖掘、知识图谱构建等技术手段，以"生产－生活－生态"空间（以下简称三生空间）冲突与极限条件为约束，"数量－分布－结构"为基础，"格局－过程－服务"为框架，"资源－资产－资本"为内涵，构建以"时空统计－综合分析－系统评价－知识服务"为主线的自然资源知识服务体系，如图 6.29 所示，提升调查监测对政府、部门、企业和公众的服务能力。主要内容包括时空统计、综合分析、系统评价以及知识服务等。

1. 时空统计服务

通过标准化数据融合、统计单元和指标匹配、模型算法筛选等方法，构建地上、地表、地下时空统计框架，实现多尺度、全要素、分类型的自然资源大数据高速计算和精准统计，形成反映自然资源"现状－变化－发展"状况的数量、分布、变化等统计成果，准确反映我国自然资源家底。

1）自然资源要素统计

按照调查监测统计指标，开展自然资源基础统计，分类、分级、分项、分地区、分要素统计调查监测数据，形成各项调查、监测系列数据集、专题统计数据集、各类分析评价数据集等成果服务。根据基础调查、专项调查、综合监测等成果结合《自然资源综合统计调查制度》和《国家自然资源督察统计调查制度》要求提供自然资源概况、国土空间规划编制实施情况、自然保护地情况统计、供督察发现违法问题情况中的相关要素统计成果服务。

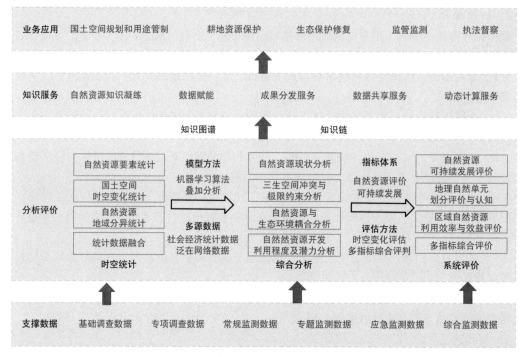

图6.29　智能化知识服务的技术路线

2）国土空间时空变化统计

根据要素统计结果，开展以时间和空间区域为因变量的自然资源分级、分类、分项、分要素的时空变化统计，形成各项调查监测系列数据集、专题统计数据集，以及各类分析评价数据集等基本的自然资源现状和变化成果。

3）自然资源地域分异统计

自然地理的地域分异是自然地理系统各组成要素的整体组合特征沿地球表面一定方向发生变化，结果形成不同规模、不同层次、不同类型的自然地理地域分异现象。自然区域整体的分异规律是地理环境的背景，是整个环境分异的主导因素。因此，自然地理环境地域分异的研究是地理环境综合研究的一个十分重要的内容。

按照调查监测统计指标体系，开展调查监测要素在全球性分异、大陆地域分异、海洋地域分异、区域性分异、中级分异、低级分异等分异等级下的分异规律指标分析，形成地域分异统计成果。

4）统计数据融合

建立统一的空间基准、数据格式基准和统一属性编码体系，完成调查监测要素、海洋数据、气象数据、农业农村数据、泛在网络图表数据的GIS数据模型设计与映射，实现多源数据在GIS平台融合与统计，将调查监测要素实体数据通过编码，建立起实体与自然资源管理业务专题数据之间的关联关系，实现基于实体的多源数据的融合，最终达到数据一致性处理的目的，实现真正意义上的多源异构数据融合。在应用过程中，将实体以及关联数据、功能等，封装为API，服务于不同领域应用。

2. 综合分析服务

以自然地理单元、行政区划、社会经济区域、规则网格等为分析单元，以自然资源的分层结构、时空分布格局、开发利用潜力，自然生态状况、生态压力、生态保护与绿色发展，以及经济发展格局与潜力等为目标，建立"数量－质量－生态"三位一体的指标体系，实现对自然资源"格局－过程—机理"的状态解析,开展自然资源现状、开发利用程度及潜力分析,研判自然资源变化、发展趋势,综合分析自然资源、生态环境与区域高质量发展整体协调情况。

1)自然资源现状分析

主要分析各类自然资源的数量、分布、格局、质量状况,以及自然资源的生态格局、功能和经济价值等情况,全面准确掌握我国自然资源的底数,详细了解不同区域自然资源禀赋差异,为自然资源的合理规划、利用和相关治理奠定基础。

2)三生空间冲突与极限约束分析

基于生态空间不减、粮食生产安全和城镇集约发展等约束条件,分析三生空间的内在联系以及内部协调性,形成统一的三生空间划分体系、技术方法、数据集、图件成果,为自然资源精细管理、国土空间格局优化与高效治理提供支撑。

3)自然资源与生态环境耦合分析

以水土资源为核心要素,分析土地、水、森林、草原等主要自然资源要素的时空分异特征,分析自然资源要素相互关系和生态系统演替规律,构建自然资源要素匹配测算模型,实现主要自然资源要素的时空匹配特征的定量分析,反映区域水土、水土与森林、水土与草原等主要资源要素间的平衡状态,为优化自然资源空间配置和资源可持续利用提供信息支撑。

4)自然资源开发利用程度及潜力分析

主要按行业、地区等分析单元,分析各类自然资源的利用效率效益、人-地(资源)冲突、资源不同用途价值差异等情况,为国土空间布局优化、资源集约节约利用、平衡资源开发与保护以及碳达峰碳中和等提供数据支撑。

5)自然资源变化、发展趋势分析

主要分析各类自然资源在数量、分布、格局、质量等关键指标的变化情况和发展趋势,准确掌握因政策、经济和社会活动对自然资源的影响状况,得到变化的主要影响因子及改变趋势的关键因素,为自然资源管理和政策制定提供依据。

6)国土空间人地关系分析

建立国民社会经济要素(人口-社会-经济)与国土空间资源(耕地、建设用地等)分析框架,综合分析国民社会经济要素空间分布与时空演化过程,以及与主要地表资源要素的空间分异性、空间关联性及影响因素,围绕国土空间开发-资源供给-生态环境约束构建国土空间资源人地关系知识图谱并进行知识推理,支撑国土空间规划体系建设、人地挂钩政策实施、资源利用与开发、生态保护与修复等业务领域。

3. 系统评价服务

从"资源—资产—资本"角度,基于自然地理和社会经济条件,开展区域自然资源利用效率与效益、生态系统健康与适宜性、生态资产与价值服务、多指标综合评价、地理自然单元划分评价与认知、自然资源可持续可持续发展评估等综合分析评价,以及耕地适宜性、森林生产力、生物多样性、碳储碳汇等分层单项评价,形成定性和定量的评价结果,为自然资源保护与合理开发利用,确定开发红线和适宜开发强度,以及国家宏观调控提供决策参考。

1)区域自然资源利用效率与效益评价

结合经济效益、社会效益、生态效益准则,选取适宜的评价指标及评价方法,建立区域自然资源利用效率与效益评价模型,对不同的调查监测要素、类别开展区域性自然资源利用效率评价与效益评价,获得自然资源要素利用效率和效益评价结果,为空间规划监管实施及资源优化配置提供支撑。资源利用效率的分析方法主要有比值分析法、生产函数法、包络分析法、因子 – 能量评价模型以及能值分析法等。

2）生态系统健康与适宜性评价

生态系统为人类提供了自然资源和生存环境两个方面的多种服务功能。生态系统健康是人类社会可持续发展的根本保证。它可以通过活力、组织结构和恢复力等 3 个特征进行定义。生态系统健康评价在农业、海洋、海岸、湿地、河流、河口、湖泊、森林、草原、流域等都有评价研究，主要研究方法有指示物种法和结构功能指标法，评价维度主要包括生态水平评价、生态系统健康评价、生态系统安全评价、生态系统服务功能评价等。系统提供生态系统评价功能，将针对森林、湿地、海岸、河口等专项调查，选取评价因子，搭建评价指标体系，选择评价方法，生成评价模型，完成专项调查要素生态系统健康评价结果，为生态修复整治、空间规划实施监管提供支撑。

系统提供生态适宜性评价模型功能，基于调查监测成果数据，开展选择适宜性评价因子、等级划定、权重设定，选择综合因子叠加评价、最小累积阻力模型等评价模型，生成评价结果，为生态修复整治、空间规划实施监管提供支撑。

3）生态资产与价值服务评价

生态资产是一切生态资源的价值形式，是能以货币计量且能带来直接、间接或潜在经济利益的生态经济资源。生态资产是在自然资产和生态系统服务功能两个概念的基础上发展起来的，是两者的结合与统一。生态资产价值是指在一定时空内自然资产和生态系统服务能够增加的以货币计量的人类福利，可分为经济价值、生态价值和社会价值三类。

生态服务功能是指自然资源要素在生态系统与生态过程所形成及所维持的人类赖以生存的自然环境条件与效用。生态资产估价包括自然资产估价和生态系统服务功能估价。

自然资源生态资产与价值评估应根据调查监测要素，选择要素资产对应的功能指标应用资产评估方法中的收益现值法、重置成本法、现行市价法、价值评估法、恢复和防护费用法、影子工程法、人力资本法、旅行费用法、享乐价格法等，以及生态系统服务功能评价方法中的费用支出法、市场价值法、机会成本法、条件价值法、生产成本法、水平衡法、影子工程法、机会成本法、替代价格法等，建立生态资产与价值服务分析模型，开展调查监测要素生态资产与服务价值评估。

4）多指标综合评价

多指标综合评价是指人们根据不同的评价目的，选择相应的评价形式，据此选择多个因素或指标，并通过一定的评价方法，将多个评价因素或指标转化为能反映评价对象总体特征的信息。调查监测多指标综合评价应结合空间规划、生态修复整治、资源优化配置、资源合理利用的管理需求，搭建多要素、多类型的多指标影响因子，选择层次分析法、综合评分法、模糊评价法、指数加权法和功效系数法、熵值法、神经网络分析法、TOPSIS（Technique for order Preference by Similarity to idealsolution，双基点法）灰色关联分析法、主成分分析法、变异系数法、聚类分析法、判别分析法等综合评价分析方法建立独立或集成的综合评价模型，开展多指标综合评价，为自然资源综合监管服务。

5）自然资源可持续发展评价

对标联合国可持续发展目标全球指标框架，以及我国碳达峰、碳中和进程，研究构建涵盖经济、社会、环境和自然资源的本地化可持续发展指标体系，建立包括统计算法、分析方法和评估模型等的评价方法体系及支撑工具，以定性、定量、定位相结合的方式，分析评估我国社会、经济、环境协调发展的状况和进展情况，统计分析我国碳汇资源总量和分布状况，服务国家可持续发展战略。

6）自然资源分层单项指标评价

建立调查监测分层单项评价指标体系，评价各类自然资源基本状况与保护开发利用程度，开展耕地适宜性、森林生产力、生物多样性、碳储碳汇、耕地资源质量、水资源以及区域水平衡状况、草场长势及退化情况、全国湿地状况及保护情况等分层单项评价，形成定性和定量的评价结果，为自然资源保护与合理开发利用，确定开发红线和适宜开发强度，以及国家宏观调控提供决策参考。

4. 知识服务

以应用需求为驱动，集成倾向性分析、热点发现、聚类搜索、信息分类等技术，构建面向自然资源的多粒度知识捕获、分析、重组、应用等流程。通过知识聚合、知识抽取、图谱构建等处理，形成立体时空知识图谱，借助云原生、动态服务计算等技术，构建"数据－产品－计算"的知识发现机制，实现用知识服务资源优化配置决策、国土空间管控推演等管理工作。

1）知识服务模型

平台核心是基于统一的时空框架，汇聚、融合、管理、挖掘调查监测各类信息资源，通过开放式平台，为各领域应用提供时空信息、空间大数据挖掘分析以及可视化等共享服务。这一过程可以按照"DIKW（Data-to-Information-to-Knowledge-to-Wisdom Model，数据、信息、知识、智慧之间的关系模型）"模型，围绕实体库、指标库、模型库和知识库来实现，如图 6.30 所示。

图 6.30 知识服务模型

2）时空知识图谱构建

知识图谱，在图书情报界称为知识域可视化或知识领域映射地图，是显示知识发展进程与结构关系的一系列各种不同的图形，用可视化技术描述知识资源及其载体，挖掘、分析、构建、绘制和显示知识及它们之间的相互联系。

在传统知识图谱构建方式的基础上，通过在实体关系中加入空间位置和时间属性信息构建调查监测知识图谱，使时空知识图谱本体模型具有可查询任意时刻、时间范围内的实体关系情况的优势，时空知识图谱构建流程如图 6.31 所示。

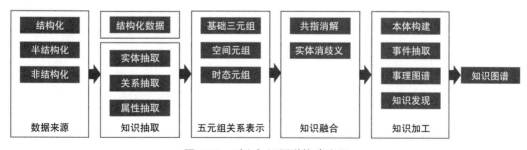

图 6.31 时空知识图谱构建流程

3）知识服务方案架构设计

以应用需求为驱动，融合自然资源管理标准规范要求，融入"数据—产品—计算"的知识发现机制，构建以需求服务产品为导向的知识服务思路，如图 6.32 所示。

图 6.32　知识服务方案架构设计

6.4.6　定制开发服务

平台具有良好的开放性，提供在线可调试、交互式开发帮助页面，提供各类接口的代码调用示例和完善的接口说明，如 API 接口文档、示例代码和 SDK（软件开发工具包）开发包等，满足用户二次开发需求，提供在线搭建、功能定制、平台扩展能力。

6.5　系统部署与运行环境

数据共享服务平台基于"自然资源云"的总体框架，开展各级节点网络、计算、存储、安全保障能力建设，满足数据共享服务平台的系统部署运行、信息共享协同、数据安全可靠等需求。

6.5.1　系统部署

在纵向互通、横向互联的自然资源"一张网"网络体系基础上，为纵向上国家、省、市、县各级自然资源主管部门之间的内部数据汇聚与共享，横向上与发改、环保、住建、交通、水利、农业、林业等相关部门之间的信息共享与协同提供畅通的网络环境。基于安全、高效、灵活的计算、存储环境，为数据共享服务平台的应用运行和数据存储提供基础环境。

按照节约、开放、共享的原则，数据共享服务平台的部署运行可采用"物理分散、逻辑集中"分布式部署方式进行，包括基础设施部署、数据库部署和系统部署三个部分。

1. 基础设施部署

数据共享服务平台应遵循"自然资源云"总体框架和国土空间基础信息平台架构，充分利用各类资源，节约投资，将平台部署在本级"自然资源云"中。充分利用云中的服务器、存储系统、安全系统的设施。云数据中心统一部署承载自数据共享服务平台相关的系统、数据库所需的所有服务器、存储、网络及安全设备，对分布式云数据中心的服务器、存储、网络设施资源进行统一管理、配置，对各节点的设施资源进行统一调度和监控，形成系统容灾和数据备份机制，保障业务的不中断和数据安全。

2. 数据库部署

数据库作为信息系统重要的基础设施，一直承担着压舱石的角色。自然资源业务应用的高并发、海量数据使得数据库的负载越来越重，这在数据大集中的情况下愈发明显。而数据库作为信息系统唯一的"单点"，稳定性、可用性是首先要保证的目标。这里的单点并不是指数据库没有高可用方案，而是因为数据库只要涉及数据的复制就一定是有状态的，有状态的应用更加难以运维，并且在遭遇异常时并不能做到真正意义上的无缝切换。

传统关系型数据库经过几十年的发展，目前高可用方案都已经非常成熟，主要包括数据库主备架构和数据库集群架构。

1）数据库主备架构

数据库主备是创建、维护和监控一个或多个主数据库的备用数据库，以保护企业数据结构不受故障、灾难、错误和崩溃的影响。它通过一个控制中心来完成以上的所有的任务。数据库主备架构有以下几个优点。

（1）灾难恢复：当出现不可抗拒灾难导致数据库不可用时，可以利用备库的数据，丢失率仅为秒级数据。

（2）高可用性：当出现主库数据异常情况时，备库随时可用，保证任何数据都能查询，毫秒级修复将大大提升业务服务能力。

（3）负载均衡：有效利用系统资源，将大量统计分析查询的操作分担到备库，可大大减轻主库压力，业务系统可用资源极大提升。

（4）数据审计：所有主库操作数据均可在同步过程中进行还原，保证数据及操作审计的可实现。

2）数据库集群架构

数据库集群是将多台物理或者逻辑分散的数据库服务器连接，这些数据库服务器一起分担同样的应用和数据库计算任务，改善关键大型应用的响应时间。同时，每台数据库服务器还承担一些容错任务，一旦某台数据库服务器出现故障，系统可以在系统软件的支持下，将这台数据库服务器与系统隔离，并通过各服务器的负载转嫁机制完成新的负载分配。

3. 系统部署

平台的运行需要一个可靠、安全、可扩展、易维护的部署环境作为支撑，以满足大流量、高并发的应用访问，从而保证应用的平稳运行。系统部署主要从以下几方面进行考虑。

1）前端系统部署

为了达到不同应用业务的服务器共享、避免单点故障、集中管理、统一配置等目的，前端业务应用系统部署不以应用划分服务器，而是将所有服务器做集群统一使用，形成云计算池，每台服务器都可以对多个应用提供服务，当某些应用访问量升高时，通过增加服务器节点使整个服务器集群的性能提高，同时其他应用业务也会受益。因此，平台的业务应用也应当采用多台服务器共享的模式。

2）负载均衡部署

负载均衡系统分为硬件和软件两种。硬件负载均衡效率高，但是价格贵，比如 F5 等。软件负载均衡系统价格较低或者免费，效率较硬件负载均衡系统低，不过对于流量一般或稍大的应用业务来讲也足够使用。根据平台业务访问的特点，平台负载均衡采用硬件、软件负载均衡系统并用的方式，保障业务高效运转。

3）数据库集群系统部署

由于前端业务采用了负载均衡集群结构提高了服务的有效性和扩展性，因此，数据库必须也是高可靠的，才能保证整个服务体系的高可靠性，前面我们提到了数据库部署的方案模式，我们可以从以下几方面部署一个高可靠的、可以提供大规模并发处理的数据库体系。

（1）使用高性能数据库，考虑到 Web（万维网）应用的数据库读多写少的特点，需要对读数据库进行优化，采用专用的读数据库和写数据库，在应用程序中实现读操作和写操作分别访问不同的数据库。

（2）使用数据库快速拷贝机制实现快速将主库（写库）的数据库复制到从库（读库）。一个主库对应多个从库，主库数据实时同步到从库。

（3）写数据库有多台，每台都可以提供多个应用共同使用，这样可以解决写库的性能瓶颈问题和单点故障问题。

（4）读数据库有多台，通过负载均衡设备实现负载均衡，从而达到读数据库的高性能、高可靠和高可扩展性。

（5）数据库服务器和应用服务器分离。

（6）数据库使用 BigIP（一种新的网络协议框架）做负载均衡。

4）缓存系统

平台的缓存系统分为文件缓存、内存缓存、数据库缓存。在大型业务应用中使用最多且效率最高的是内存缓存。使用缓存系统可以达到以下目标：

（1）提高访问效率，提高服务器吞吐能力，改善用户体验。

（2）减轻对数据库及存储服务器的访问压力。

（3）缓存服务器有多台，避免单点故障，提供高可靠性和可扩展性，提高性能。

5）分布式存储系统

调查监测业务存储量很大，经常会达到单台服务器无法提供的规模，比如影像、视频、照片和三维等。因此，需要专业的大规模分布式存储系统。分布式存储系统详见第 5 章。

6）分布式服务器管理系统

调查监测的业务需求众多，应用访问流量不断增加，大多数网络服务都是以负载均衡集群的方式对外提供服务，随着集群规模的扩大，原来基于单机的服务器管理模式已经不能够满足我们的需求，必须能够集中、分组、批量、自动化地对服务器进行管理，能够批量化地执行计划任务。

在分布式服务器管理系统软件中有众多优秀的软件，它们可以对服务器进行分组，不同的分组可以分别定制系统配置文件、计划任务等。它是大多数基于 C/S（Client/Server，客户机 / 服务器）结构的，所有的服务器配置和管理脚本程序都保存在服务器上，而被管理的服务器运行着客户端程序，客户端通过 SSL（Secure Sockets Layer，安全套接字协议）加密的连接定期向服务器端发送请求以获取最新的配置文件和管理命令、脚本程序、补丁安装等任务。

有了这些集中式的服务器管理工具，被管理服务器和服务端可以分布在任何位置，只要网络可以连通就能实现快速自动化的管理，我们就可以高效地实现大规模的服务器集群管理。

7）代码分发系统

随着调查监测业务集群规模的扩大，为了满足集群环境下程序代码的批量分发和更新，我们还需要一个程序代码发布系统。这个发布系统可以帮我们实现下面的目标：

（1）生产环境的服务器以虚拟主机方式提供服务，不需要开发人员介入维护和直接操作，提供发布系统可以实现不需要登录服务器就能把程序分发到目标服务器。

（2）实现内部开发、内部测试、生产环境测试、生产环境发布的 4 个开发阶段的管理，发布系统可以介入各个阶段的代码发布。

（3）实现源代码管理和版本控制。

6.5.2 网络环境

为满足平台分布式应用部署和数据共享的需求，数据共享服务平台网络环境需具备涉密网、业务网、互联网（电子政务外网），在条件允许的地方可考虑连通应急通信网。整个平台运行应形成国家、省、市、县纵向连通和本级相关业务部门的横向连通的网络体系。依托国家电子政务内网建立起本级连接发改、环保、住建、交通、水利、农业、林业等政府相关部门的涉密网络环境。依托国土专网建立起国家、省、市、县等自然资源管理部门的业务专网网络环境。依托国家电子政务外网向社会公众和企事业单位提供服务。共享服务平台网络架构如图 6.33 所示。

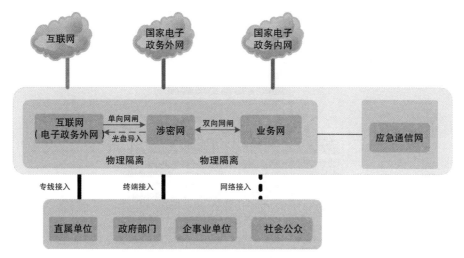

图 6.33　共享服务平台网络架构图

平台根据业务需要可采用 MPLS（Multi-Protocol Label Switching，多协议标签交换）以太组网链路或 SDH（Synchronous Digital Hierarchy，同步数字体系）光纤链路，通过接入路由器就近接入相应网络汇聚节点。每个节点内部可规划三个网络分区，即对外服务区、数据存储管理区和数据生产加工区。对外服务区内主要部署 Web 服务器和应用服务器系统，数据存储管理区主要部署数据库服务器系统，数据生产加工区主要部署数据检查、处理、建库的计算机软硬件设备。主管部门节点（单点）配置部门级路由器、部门级交换机。

6.5.3　运维环境

平台建设在充分利用现有机房、计算、存储等基础设施资源的基础上，配备必要的环境资源，确保系统的部署和高效稳定运行，全面夯实对数据共享服务平台的基础支撑能力。

数据共享服务平台可充分利用现有资源，根据业务需要适当新增存储和计算设备，基于云计算架构和虚拟化技术建立系统运行环境，形成可动态扩展的共享资源池提升云服务资源的部署管理能力，为数据存储管理和应用服务系统部署运行提供按需分配和无缝扩展的基础环境资源，实现对计算和存储资源的统一管理与动态利用，以满足数据共享服务系统的数据存储、处理、计算和应用运行需求。

系统运维管理围绕"管理、业务、服务"三个层面进行建设，以运维流程和服务考核为导向，实现对业务系统及其基础支撑运行环境的可视、可控、可管理，达到设备故障主动监测、运行状态可视监控、日常维护规范管理、运维服务量化考核的目标，提升平台系统的整体运行维护管理水平，为建设具有高效、快捷、安全的数据服务系统提供有力的运维服务保障。平台运维保障环境如何建设详见本书第 7 章。

6.5.4　安全环境

不同的安全保护级别要求具有不同的基本安全保护能力，实现基本安全保护能力将通过选用合适的安全措施或安全控制来保证，可以使用的安全措施或安全控制表现为安全基本要求，依据实现方式的不同，信息系统等级保护的安全基本要求分为技术要求和管理要求两大类。

技术类安全要求通常与信息系统提供的技术安全机制有关，主要是通过在信息系统中部署软硬件并正确配置其安全功能来实现；管理类安全要求通常与信息系统中各种角色参与的活动有关，主要是通过控制各种角色的活动，从政策、制度、规范、流程以及记录等方面做出规定来实现。根据威胁分析、安全策略中提出的基本要求和安全目标，在整体保障框架的指导下，就具体的安全技术措施和安全管理措施来设计安全解决方案，以满足相应安全级别的基本安全保护能力。安全环境基本要求如图 6.34 所示。

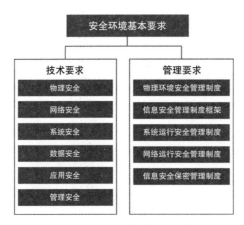

图 6.34   安全环境基本要求图

1. 技术要求

系统安全环境技术要求主要包括物理安全、网络安全、系统安全、数据安全、应用安全和管理安全等。

平台建设的时候应当合理评估系统的安全等级，按照国家相关安全等级保护的要求进行安全保障体系的建设，建立完备的安全保障体系，确保系统运行过程中的物理安全、网络安全、系统安全、数据安全、应用安全、管理安全。

1）物理安全

平台的物理安全是整个系统安全的基础，要把系统的危险减至最低限度，需要选择适当的设施和位置，保护计算机网络设备以及其他设施免遭地震、水灾、火灾等环境事故以及人为操作失误或错误及各种计算机犯罪行为导致的破坏过程。它主要包括机房环境、设备保护、容灾保护、犯罪活动以及工业事故等几方面的内容。

2）网络安全

网络安全主要考虑防病毒、防黑客攻击等方面的通信边界安全问题，通信边界域通过对进入和流出安全保护环境的信息流进行安全检查，确保不会有违反系统安全策略的信息流经过边界。在网络安全环境中搭建网络安全设计系统、入侵检测系统、漏洞扫描系统、统一安全管理系统、防病毒服务器系统、网络管理服务器、VPN（Virtual Private Network，虚拟专用网络）网管、防火墙等来维护网络安全环境。

3）系统安全

系统安全主要包括支持应用的中间件平台、系统软件平台及关系型数据库管理系统等方面的内容。

在系统安全上的解决方案是以中间件平台、系统软、硬件平台及关系型数据库管理系统自身的安全性为基础，以身份认证、用户授权来控制、系统审计、系统升级或打补丁、权限更新为手段，保证与提高系统安全的方案。

4）数据安全

数据安全需要考虑两个方面，即数据处理安全和数据存储安全。数据处理安全是指如何有效防止数据在录入、处理、统计或打印中由于硬件故障、断电、死机、人为误操作、程序缺陷、病毒或黑客等造成的数据库损坏或数据丢失现象，某些敏感或保密的数据可能被不具备资格的人员或操作员阅读，而造成数据泄密等后果。而数据存储的安全是指数据库在系统运行之外的可读性。一旦数据库被盗，即使没有原来的系统程序，照样可以另外编写程序对盗取的数据库进行查看或修改。从这个角度说，不加密的数据库是不安全的，容易造成商业泄密，所以便衍生出数据防泄密这一概念，这就涉及计算机网络通信的保密、安全及软件保护等问题。

5）应用安全

应用安全通过访问控制和授权管理来控制。通过用户身份认证系统对用户的身份进行确认之后，即可对用户的访问请求根据系统运行环境和访问控制策略进行授权，以确定用户对他人资源、网络资源和信息资源的访问权限。实施有效的访问授权的基础是系统访问授权规则的制定，这需要结合安全管理体系对平台内部工作流程和安全职责划分进行调研。

6）管理安全

管理安全重点强调如何从管理的角度保证信息安全，其主要内容包括一系列有针对性的安全管理规章、制度、标准、安全组织、人员的配合、培训、服务水平协议、人员技能培训等。

系统在管理安全上的解决方案是以建立及完善信息安全管理的政策、标准、制度和手册为基础，以建立及维护信息安全服务水平协议为手段，不断巩固与提高信息安全管理水平的方案。

管理安全保护具体内容包括建立并完善各种信息安全管理的政策、制度、标准和手册；建立系统的信息安全管理组织；在安全政策标准成功推广的基础上，建立信息安全服务水平协议。

2. 管理要求

管理要求主要涉及人员管理、技术要求、操作规则三方面因素。通过建立制度来规范和指导信息系统全部安全工作，形成一整套完善、严密、纵横联系的程序和方法，以确保人人各司其职，各尽其责，忠于职守，勤奋工作，各项信息安全活动做到规范化、高效率化，并在各职能部门和环节之间分工、协调地展开。主要包括物理环境安全管理制度、信息安全管理制度框架、系统运行安全管理制度、网络运行安全管理制度、信息安全保密管理制度等。

对平台运行安全环境的建设，详见本书第 7 章。

6.6　平台技术发展方向

自然资源调查监测成果数据共享服务平台虽然具备了一定的共享服务能力，但是在共享服务方式、知识图谱化应用服务、大数据可视化分析以及数据可信可溯等方面还有许多的问题，需要努力拓展。

1. 拓展数据共享服务方式

数据共享服务平台是有效开展调查监测数据管理的主要手段，服务方式多种多样。平台除具备调查监测成果数据信息服务方式外，还具备大数据服务，如数据接入服务、数据存储与共享服务、数据分析利用服务等。数据共享服务平台还应充分利用主流社交平台，如微博、社区论坛、公众号、短视频等，及时更新通知公告、资源动态、政策法规、研究报告等，吸引更多用户使用平台各类服务，使更多人知道和可以获取，充分发挥数据价值，促进成果的推广。

2. 知识图谱式服务构建

自然资源数据挖掘难度大，调查监测要素种类繁多、属性特征多、数据格式多，实体要素类知识挖掘和图谱构建难度大。不同的业务对实体事件要求高，而且根据时间的变化，实体空间位置及实体间的空间关系会发生变化，关系表述难度高。因此，需要构建自然资源知识图谱式服务，知识图谱与数据资源建立关联，能够明确语义规则，构建清晰的关系网络，通过深层次的语义挖掘，以简单易懂的可视化界面为用户提供智能快捷的检索浏览服务。

3. 大数据可视化场景分析技术

调查监测成果数据的共享离不开可视化，更离不开可视化分析。可视化分析综合了人脑感知、假设、推理的优势与计算机对海量数据高速、准确计算的能力，通过可视交互界面，将人的智慧，特别是"只可意会，不能言传"的人类知识和个性化经验可视地融入整个数据分析和推理决策过程中成为最有潜力的方向。为满足调查监测中可以发现地理空间大数据潜在关联关系、综合感知地理空间大数据反映的态势并进行科学合理的推理预测与决策判断，需要深入开展地理空间大数据可视化分析研究，实现对自然资源现状及变化的有效描述、科学诊断、合理预测和优化决策，把数据共享变得易懂、贴切。

4. 区块链技术在平台共享中的应用

破解大数据共享和服务过程中"不愿""不敢"和"不能"等问题，区块链技术拥有天然的优势，可以从技术上解决激励与价值认可、安全与责任认定、分析与全维共享等问题，实现安全共享与可信服务。

数据共享服务平台汇聚了一本真实的自然资源底账，将区块链技术应用于自然资源"一本账"管理，满足自然资源"两统一"的要求，利用区块链技术建立分布式数据分节点，将自然资源调查本底数据内网存储，将涉及资源变化信息上链，通过单向光闸导入实现同步更新"一本账"，同时借助区块链技术数据防篡改、行为可追溯的特点，将数据导入、数据存储、数据共享等全过程关键信息上链，查清一本底账。利用区块链技术共享调查监测成果数据，将涉及建设用地、耕地等资源变化记账信息上链，真正实现记一本账。利用区块链规则全透明特点，在开展督察执法、耕地目标责任考核等工作时，结合日常记账信息和遥感监测变化信息，查大账、算总账。

第 7 章 标准、安全与运维三大保障体系建设

法、盾、道三术一体为调查监测数字化保驾护航

把握自然资源调查监测业务的系统性、整体性和重构性，保证自然资源调查监测体系的高效、可靠、可续运行，必须以法、盾、道三术一体为调查监测数字化保驾护航。法规标准是体系实施之法，安全是体系运行之盾，运维是体系可续之道，三术相融相辅缺一不可。

要构建完善自然资源调查监测法规体系和标准体系，在工作中注意加强自然资源调查监测法规和标准的统一，在充分吸纳和借鉴原有信息化相关标准规范体系的基础上，逐步建立贯穿自然资源管理全过程的自然资源数字化制度标准体系。

要严格执行信息安全等级保护、涉密信息系统分级保护制度和网络安全法，构建自主可控的自然资源信息安全体系，提升信息安全防护能力，保障数据传输、存储、应用和信息系统的安全。

要建立健全自然资源调查监测数字化建设运维保障体系，落实机构、人员和资金，制定一整套科学合理的建设管理系统以及长效运行机制，规范管理，以保障自然资源调查监测体系数字化建设全面、协调和可持续发展。

7.1 标准、安全与运维体系概述

7.1.1 现状分析

法治兴则国兴，法治强则国强，推进生态文明建设，管理自然资源，开展自然资源调查监测体系数字化建设，必须立规矩、讲规矩、守规矩。

1. 单门类自然资源调查监测立法分散，系统性不强

目前，自然资源调查监测涉及的法律呈现出"法群"特征，形成"一种资源对应一部法律"的状态，各单门类自然资源调查监测相关法律之间割裂分散，缺乏协调性。"山水林田湖草"作为一个整体，国家层面尚未出台专门的自然资源调查监测法律，各类自然资源的调查监测规定散见于多种相关法律中，系统性不强。

2. 标准体系尚未统一

现有的自然资源调查监测领域标准涉及面广，但由于自然资源标准的统一管理尚未完全落地，标准化管理基本依据原有的管理体制机制开展，再加上业务繁杂、技术多头并进，标准在适用范围、技术内容、贯彻实施等方面都不是很完善，存在的问题具体表现在：

（1）标准体系方面。整体性的顶层设计尚未整合，目前各现有标准体系对标准的强制性与引导性作用在表述方面依然不够详细，现行各标准的必要性也不尽相同，有些与管理及应用息息相关，但有些应用不够广泛，其要求与实际情况脱节。

（2）标准配套方面。标准与需求之间的关联性与配套性不够紧密，部分标准与相关领域内配套的规范性文件或相近似的标准存在范围重复、交叉、矛盾等问题，影响了标准的权威性。

（3）标准内容方面。部分标准标龄较长，或所规定的技术内容与行业发展脱节，实际上已无标准的实施基础，甚至影响了行业的创新发展。

（4）标准实施应用方面。部分标准与管理工作的关联性不够紧密，缺乏法律、规章、规范性文件等政策层面上的支撑，在实际工作中更是缺乏管理、执法的具体细则与要求，导致难以实施应用。

（5）标准执行监管方面。标准的执行主体主要是从事具体技术工作的企事业单位，而非执法或质量部门，标准的具体执行由相关单位内部自行控制，缺乏外部的有效监督约束机制。

3. 信息安全保障体系不健全

在调查监测体系完全建立前，存在因各类要素调查监测工作交叉或空白区而出现安全漏洞等问题，缺乏安全防护体系的顶层设计，数据获取、生产、使用各环节监管存在不足。在数字化建设过程中，调查监测领域的关键基础设施、核心技术仍存在受制于人的情况，特别是泛在测绘的不断深入，普适型装备不断出现，"人人都是调查员"已经成为调查监测中的重要力量，同时也带来了安全隐患。

4. 运维技术水平和队伍建设滞后

随着自然资源调查监测体系数字化建设进程推进，新技术、新理念不断出现，多元化、个性化需求不断产生，提供给各类用户的成果在内容和形式上越来越丰富，这对运维的要求也越来越高。由于经济水平、信息化水平、人员理念等差异，全国各地在自然资源调查监测体系数字化建设过程中，对运维工作的重视程度不同，在运维经费保障、运维力度、科研投入、人才保障等方面差异较大，特别是在人才保障方面，存在"非专业人做专业事"。运维标准不统一、数据更新不同步、运维机制不完善等问题，导致各级各部门运维重复投入，无法进行统筹安排，运维压力大。

7.1.2 建设需求

1. 加快构建法规制度体系

加快推进单门类自然资源法律的修改起草工作，"山水林田湖草"各类自然资源都具有其特殊性，作为一个生命共同体，相互联系、相互影响、相互作用，共同构成了生态系统，做好单门类资源的立法工作，明确各类自然资源调查监测职责和要求，是完善自然资源调查监测法律体系的基础。为避免出现各类资源调查监测分散化、顾此失彼的现象，有必要在做好单门类资源立法"查漏补缺"的基础上，站在自然资源整体性的高度，进一步推进综合性立法。

2. 完善统一标准体系

为减少重复投入，提高各行业技术和基础数据的一致性，对土地、地矿、森林、草原、湿地、水资源、海洋、测绘等各个专业方向涉及共同内容的技术标准，需要进一步梳理和分析，研究基础技术标准共用的可行性，在未来统筹考虑整合修订。机构改革后，新组建的自然资源部增加了更多的管理职能，对管理标准的需求也不断提升。结合当前自然资源调查监测标准存在管理标准数量少、分布不均的现状，应加强管理类标准的制修订工作，发挥标准服务政务的作用。落实标准的归口调整与转入，新增职能意味着原有工作的管理方发生了变化，因此，原先开展工作所需的技术标准也应转隶至新的标准管理部门，其间应注意保持自然资源调查监测标准化工作的连续性和稳定性，如与水资源相关的调查监测标准，需要与水利部门进一步协调具体标准的归口问题。

3. 同步构建完备的安全体系

构建安全体系是自然资源调查监测体系建设过程中一项重要内容，在完善相关法规和标准的基础上，要适应统一调查监测对象、手段的需求，做好安全防护体系顶层设计，统一安全保护要求，实现调查监测自身的全流程动态监管，监测每个环节的安全隐患，逐步弥补安全漏洞，加大人才培养，鼓励自主创新，实现关键设备、核心技术国产化。

4. 持续增强运维力量

运维是数字化建设必不可少的业务环节，一个具有高度安全稳定性的数字化产品体系一定具备完整的运维体系。自然资源调查监测体系数字化建设过程中，维护管理建设需同步进行，并不断加强运维机制建设，加大基础设施、通信网络、数据更新维护、人才培养等投入，探索一体化运维模式，为自然资源调查监测已建、在建、拟建的数字化系统长期、稳定、高效运行保驾护航。

7.2 法规制度和标准体系

紧密围绕自然资源主管部门职责和业务需求，按照自然资源调查监测体系构建总体方案，基于结构化思想，按照"山水林田湖草是生命共同体"的理念，构建自然资源调查监测法规制度体系和标准体系，是自然资源调查监测业务体系建设的两项重要内容，也是自然资源调查监测体系数字化建设的重要依据。本节按照自然资源调查监测体系构架要求，梳理出自然资源调查监测体系数字化建设主要法规制度和技术标准。

7.2.1 调查监测业务法规制度和标准

法规制度体系和标准体系是自然资源调查监测业务体系中的重要组成部分，是规范自然资源调查监测，建立自然资源统一调查、评价、监测制度的重要内容，也是调查监测数字化建设的标准和依据。

1. 法律法规概述

自然资源调查监测法规制度体系包括系列法律、条例、配套政策和规范性文件等。1986年，《中华人民共和国土地管理法》颁布实施，是我国土地法治的重要里程碑。经过1988年、1998年、2004年、2019年的不断修订修正，目前，我国基本建成以《中华人民共和国宪法》为基础，以《中华人民共和国土地管理法》为核心，包括《中华人民共和国测绘法》、《中华人民共和国海域使用管理法》、《中华人民共和国森林法》、《中华人民共和国草原法》、《中华人民共和国水法》、《中华人民共和国矿产资源法》、《中华人民共和国湿地保护法》7部法律，《中华人民共和国土地管理法实施条例》、《中华人民共和国土地调查条例》、《中华人民共和国森林法实施条例》、《中华人民共和国测绘成果管理条例》4个主要条例，有关行政法规，地方性法规和部门规章等较为完备的调查监测法规制度体系，自然资源调查监测已经成为法定的服务经济社会发展的数字化基础设施建设内容。

1)《中华人民共和国宪法》有关要求

《中华人民共和国宪法》（以下简称《宪法》）是国家的根本法，是治国安邦的总章程，具有最高的法律地位、法律权威、法律效力，具有根本性、全局性、稳定性、长期性。任何组织或者个人，都不得有超越《宪法》和法律的特权。《宪法》是制定普通法律的依据，普通法律的内容都必须符合《宪法》的规定。

《宪法》第九条明确规定"矿藏、水流、森林、山岭、草原、荒地、滩涂等自然资源，都属于国家所有，即全民所有；由法律规定属于集体所有的森林和山岭、草原、荒地、滩涂除外。国家保障自然资源的合理利用，保护珍贵的动物和植物。禁止任何组织或者个人用任何手段侵占或者破坏自然资源。"因此，开展自然资源调查监测，查清我国土地、矿产、森林、草原、水、湿地、海域海岛等自然资源状况，包括种类、数量、质量、空间分布、权属等情况，是《宪法》赋予自然资源管理的权利和职责，也是落实《宪法》对自然资源管理要求的具体措施。

2）相关法律有关要求

（1）《中华人民共和国土地管理法》（以下简称《土地管理法》）是为了加强土地管理，维护土地的社会主义公有制，保护、开发土地资源，合理利用土地，切实保护耕地，促进社会经济的可持续发展，根据《宪法》制定的法律。

1986 年 6 月 25 日，中华人民共和国第六届全国人民代表大会常务委员会第十六次会议通过了我国第一部《土地管理法》，并自 1987 年 1 月 1 日起施行，其中第十四条明确"国家建立土地调查统计制度。县级以上人民政府土地管理部门会同有关部门进行土地调查统计。"2019 年，《土地管理法》第三次修正，在第二十六条明确"国家建立土地调查制度。县级以上人民政府自然资源主管部门会同同级有关部门进行土地调查，土地所有者或者使用者应当配合调查，并提供有关资料"，第二十九条要求"国家建立全国土地管理信息系统，对土地利用状况进行动态监测"，使得土地资源调查监测工作有法可依。

（2）《中华人民共和国测绘法》（2017 年）（以下简称《测绘法》）规定：测绘是指对自然地理要素或者地表人工设施的形状、大小、空间位置及其属性等进行测定、采集、表述，以及对获取的数据、信息、成果进行处理和提供的活动。对照工作对象、内容和方法，自然资源调查监测在测绘活动范畴之内，相关测绘技术手段也是自然资源调查监测的重要技术手段，调查监测的组织以及数据获取方式、管理均适用于《测绘法》，调查监测成果以及成果共享也要遵守本法规定。

（3）《中华人民共和国海域使用管理法》（2002 年）（以下简称《海域使用管理法》）主要是为了加强海域使用管理，促进海域的合理开发和可持续利用，第五条明确规定"国家建立海域使用管理信息系统，对海域使用状况实施监视、监测"，这是海域监测工作的重要依据。

（4）《中华人民共和国森林法》（2019 年）（以下简称《森林法》）是为了践行绿水青山就是金山银山理念，保护、培育和合理利用森林资源，加快国土绿化，保障森林生态安全，建设生态文明，实现人与自然和谐共生，第二十七条规定"国家建立森林资源调查监测制度，对全国森林资源现状及变化情况进行调查、监测和评价，并定期公布"。

（5）《中华人民共和国草原法》（2013 年）（以下简称《草原法》）是为了保护、建设和合理利用草原，改善生态环境，维护生物多样性，发展现代畜牧业，促进经济和社会的可持续发展，在第二十二条规定"国家建立草原调查制度。县级以上人民政府草原行政主管部门会同同级有关部门定期进行草原调查；草原所有者或者使用者应当支持、配合调查，并提供有关资料"。第二十五条规定"国家建立草原生产、生态监测预警系统。县级以上人民政府草原行政主管部门对草原的面积、等级、植被构成、生产能力、自然灾害、生物灾害等草原基本状况实行动态监测，及时为本级政府和有关部门提供动态监测和预警信息服务"。

（6）《中华人民共和国水法》（2016 年）（以下简称《水法》）是为了合理开发、利用、节约和保护水资源，防治水害，实现水资源的可持续利用，适应国民经济和社会发展的需要而制定的法规，在第十六条规定"制定规划，必须进行水资源综合科学考察和调查评价。水资源综合科学考察和调查评价，由县级以上人民政府水行政主管部门会同同级有关部门组织进行。县级以上人民政府应当加强水文、水资源信息系统建设。县级以上人民政府水行政主管部门和流域管理机构应当加强对水资源的动态监测"。

（7）《中华人民共和国矿产资源法》（2009 年）（以下简称《矿产资源法》）是为了发展矿业，加强矿产资源的勘查、开发利用和保护工作而制定的法规。在第十一条规定"国务院地质矿产主管部门主管全国矿产资源勘查、开采的监督管理工作。国务院有关主管部门协助国务院地质矿产主管部门进行矿产资源勘查、开采的监督管理工作。省、自治区、直辖市人民政府地质矿产主管部门主管本行政区域内矿产资源勘查、开采的监督管理工作。省、自治区、直辖市人民政府有关主管部门协助同级地质矿产主管部门进行矿产资源勘查、开采的监督管理工作"。

（8）《中华人民共和国湿地保护法》（2021年）（以下简称《湿地保护法》）是为了加强湿地保护，维护湿地生态功能及生物多样性，保障生态安全，促进生态文明建设，实现人与自然和谐共生而制定的法规。在第十二条规定"国家建立湿地资源调查评价制度。国务院自然资源主管部门应当会同国务院林业草原等有关部门定期开展全国湿地资源调查评价工作，对湿地类型、分布、面积、生物多样性、保护与利用情况等进行调查，建立统一的信息发布和共享机制"。第二十二条规定"国务院林业草原主管部门应当按照监测技术规范开展国家重要湿地动态监测，及时掌握湿地分布、面积、水量、生物多样性、受威胁状况等变化信息。国务院林业草原主管部门应当依据监测数据，对国家重要湿地生态状况进行评估，并按照规定发布预警信息。省、自治区、直辖市人民政府林业草原主管部门应当按照监测技术规范开展省级重要湿地动态监测、评估和预警工作。县级以上地方人民政府林业草原主管部门应当加强对一般湿地的动态监测"。

（9）其他主要相关法律。除土地、海域、森林、草原、水、矿产等资源特定法律外，部分法律在规定其他工作时也对相关的自然资源调查监测进行了规定，如《中华人民共和国城乡规划法》（2019年）明确应当加强对城乡规划编制、审批、实施、修改的监督检查。《中华人民共和国农业法》（2012年）要求建立农业资源监测制度，对耕地质量进行定期监测。《中华人民共和国环境保护法》（2014年）规定建立环境资源承载能力监测预警机制，加强对大气、水、土壤等的保护，建立和完善相应的调查、监测、评估和修复制度。《中华人民共和国水土保持法》（2010年）要求定期开展全国水土流失调查，完善全国水土保持监测网络，对全国水土流失进行动态监测。《中华人民共和国土壤污染防治法》（2018年）要求实行土壤环境监测制度。《中华人民共和国防沙治沙法》（2018年）要求对全国土地沙化情况进行监测、统计和分析，并定期公布监测结果。

3）相关行政法规

（1）《中华人民共和国土地管理法实施条例》（2021年）。本条例是根据《土地管理法》制定的，明确土地调查内容包括土地权属及变化情况、土地利用现状及变化情况、土地条件。要求加强信息化建设，建立统一的国土空间基础信息平台，实行土地管理全流程信息化管理，对土地利用状况进行动态监测，建立土地管理信息共享机制。

（2）《土地调查条例》（2018）。本条例规定了土地调查的目的、内容和方法、组织实施、调查成果处理和质量控制、调查成果公布和应用、表彰和处罚等内容，旨在更科学、有效地组织实施土地调查，保障土地调查数据的真实性、准确性和及时性。本条例是开展自然资源调查监测工作的重要法规依据。

（3）《中华人民共和国森林法实施条例》（2018）。本条例中明确国务院林业主管部门应当定期监测全国森林资源消长和森林生态环境变化的情况。将调查监测作为森林经营管理的重要手段。

（4）《中华人民共和国测绘成果管理条例》（2006）。本条例对测绘成果汇交、保管、利用和重要地理信息数据的审核与公布进行了详细规定，是自然资源调查监测成果管理的重要依据。

（5）其他主要相关行政法规：

① 《中华人民共和国矿产资源法实施细则》（1994）。

② 《地质灾害防治条例》（2003）。

③ 《中华人民共和国水土保持法实施条例》（2011）。

④ 《土地复垦条例》（2011）。

⑤ 《中华人民共和国水文条例》（2017）。

4）部门规章和规范性文件

（1）部门规章：

① 《土地调查条例实施办法》（2019）。本办法是为保证土地调查的有效实施，根据《土地

调查条例》制定。办法明确土地调查是指对土地的地类、位置、面积、分布等自然属性和土地权属等社会属性及其变化情况，以及基本农田状况进行的调查、监测、统计、分析的活动，包括全国土地调查、土地变更调查和土地专项调查，并对土地调查机构及人员、土地调查的组织实施、调查成果的公布和应用做了详细规定。

②其他主要部门规章：

· 《水文监测环境和设施保护办法》（2011）。

· 《水土保持生态环境监测网络管理办法》（2014）。

· 《湿地保护管理规定》（2017）。

· 《耕地质量调查监测与评价办法》（2016）。

· 《土地复垦条例实施办法》（2019）。

· 《矿山地质环境保护规定》（2019）。

· 《地质环境监测管理办法》（2019）。

（2）规范性文件：

①中共中央、国务院有关主要文件：

· 《生态文明体制改革总体方案》（2015）。

· 《中共中央国务院关于加强耕地保护和改进占补平衡的意见》（2017）。

· 《天然林保护修复制度方案》（2019）。

· 《关于建立资源环境承载能力监测预警长效机制的若干意见》（2017）。

· 《关于统筹推进自然资源资产产权制度改革的指导意见》（2019）。

· 《中共中央国务院关于建立国土空间规划体系并监督实施的若干意见》（2019）。

· 《中共中央关于坚持和完善中国特色社会主义制度、推进国家治理体系和治理能力现代化若干重大问题的决定》（2019）。

· 《国务院关于深化改革严格土地管理的决定》（国发〔2004〕28 号）。

· 《国务院关于加强地质工作的决定》（国发〔2006〕4 号）。

· 《国务院关于促进节约集约用地的通知》（国发〔2008〕03 号）。

· 《国务院办公厅关于进一步加强地质灾害防治工作的通知》（国办发明电〔2010〕21 号）。

· 《国务院关于加强地质灾害防治工作的决定》（国发〔2011〕20 号）。

· 《国务院关于实行最严格水资源管理制度的意见》（国发〔2012〕3 号）。

· 《国务院办公厅关于印发湿地保护修复制度方案的通知》（国办发〔2016〕89 号）。

· 《国务院关于加强滨海湿地保护严格管控围填海的通知》（国发〔2018〕24 号）。

· 《国务院办公厅关于加强草原保护修复的若干意见》（国办发〔2021〕7 号）。

②相关部委主要文件：

· 《国家林业局关于进一步加强红树林资源保护管理工作的通知》（林资发〔2003〕81 号）。

· 《国家林业局关于印发〈全国荒漠化和沙化监测管理办法〉（试行）的通知》（林沙发〔2003〕239 号）。

· 《国家林业局关于颁发〈"国家特别规定的灌木林地"的规定〉（试行）的通知》（林资发〔2004〕14 号）。

· 《国土资源部关于贯彻落实〈国务院关于深化改革严格土地管理的决定〉的通知》（国土资发〔2004〕229 号）。

· 《国土资源部关于全面开展矿山储量动态监督管理的通知》（国土资发〔2006〕87 号）。

· 《国土资源部关于印发〈矿山储量动态管理要求〉的通知》（国土资发〔2008〕163 号）。

· 《国家林业局关于印发〈林木种质资源调查技术规程（试行）〉的通知》（林场发〔2008〕197号）。

· 《关于进一步加强环境监测评价工作的意见》（国海环字〔2009〕163号）。

· 《国家测绘局关于印发〈测绘成果质量监督抽查管理办法〉的通知》（国测国发〔2010〕9号）。

· 《国土资源部办公厅关于加强全国矿产资源潜力评价成果管理的通知》（国土资厅发〔2010〕45号）。

· 《关于全面推进海域动态监视监测工作的意见》（国海管字〔2011〕222号）。

· 《关于实施海洋环境监测数据信息共享工作的意见》（国海环字〔2010〕635号）。

· 《国土资源部办公厅关于做好重要矿产资源"三率"调查评价实地核查工作的通知》（国土资厅函〔2013〕50号）。

· 《国家海洋局关于建立县级以上常态化海岛监视监测体系的指导意见》（国海发〔2014〕11号）。

· 《国家海洋局关于进一步加强海洋生态环境监测质量管理的意见》（国海发〔2014〕15号）。

· 《国家海洋局关于加强海洋生态环境监测评价工作的若干意见》（国海发〔2014〕18号）。

· 《国家测绘地理信息局关于印发〈测绘地理信息质量管理办法〉的通知》（国测国发〔2015〕17号）。

· 《国土资源部关于做好不动产权籍调查工作的通知》（国土资发〔2015〕41号）。

· 《国土资源部 国家发展和改革委员会 工业和信息化部 财政部 国家能源局关于印发〈矿产资源开发利用水平调查评估制度工作方案〉的通知》（国土资发〔2016〕195号）。

· 《国家林业局关于印发〈林地变更调查工作规则〉的通知》（林资发〔2016〕57号）。

· 《国家海洋局关于印发〈海岸线保护与利用管理办法〉的通知》（国海发〔2017〕2号）。

· 《自然资源部 国家发展和改革委员会关于贯彻落实〈国务院关于加强滨海湿地保护严格管控围填海的通知〉的实施意见》（自然资规〔2018〕5号）。

· 《国务院第三次全国国土调查领导小组办公室关于印发〈第三次全国国土调查成果国家级核查技术规定〉的通知》（国土调查办发〔2019〕12号）。

· 《自然资源部关于印发〈自然资源部信息化建设总体方案〉的通知》（自然资发〔2019〕170号）。

· 《自然资源部办公厅关于印发〈矿产资源国情调查（试点）技术要求〉的函》（自然资办函〔2019〕172号）。

· 《水利部办公厅关于进一步加强和规范非常规水源统计工作的通知》（办节约〔2019〕241号）。

· 《自然资源部关于印发〈自然资源调查监测体系构建总体方案〉的通知》（自然资发〔2020〕15号）。

· 《自然资源部办公厅关于印发〈国土空间调查、规划、用途管制用地用海分类指南（试行）〉的通知》（自然资办发〔2020〕51号）。

· 《水利部办公厅关于进一步加强生产建设项目水土保持监测工作的通知》（办水保〔2020〕161号）。

· 《自然资源部办公厅关于印发〈自然资源调查监测标准体系（试行）〉的通知》（自然资办发〔2021〕5号）。

· 《自然资源部办公厅关于印发〈自然资源三维立体时空数据库建设总体方案〉的通知》（自然资办发〔2021〕21号）。

· 《自然资源部办公厅 国家林业和草原局办公室关于印发〈自然资源调查监测质量管理导则（试行）〉的通知》（自然资办发〔2021〕49 号）。

· 《自然资源部办公厅关于发布国土调查数据库更新技术文件及数据库质量检查软件的函》（自然资办函〔2021〕371 号）。

2. 标准体系

标准体系是一定范围内的标准按其内在联系形成的科学有机整体。标准体系内部标准应按照一定的结构进行逻辑组合，而不是杂乱无序的堆积。自然资源调查监测标准体系是以实现我国自然资源调查监测标准化为目的的相关标准的组合，包括自然资源分类标准、地表覆盖分类标准、系列技术标准和规程规范。体系建设需要统筹考虑土地、矿产、森林、草原、湿地、水、海洋等领域，按照"山水林田湖草是生命共同体"的理念，以统一自然资源调查监测标准为核心进行构建。标准体系的组成单元是标准。

1）标准体系的特性

（1）目的性：每一个标准体系都应该是围绕实现某一特定的标准化目的而形成的。

（2）层次性：同一体系内的标准可分为若干个层次，反映了标准体系的纵向结构。

（3）协调性：体系内的各项标准在相关内容方面应衔接一致。

（4）配套性：体系内的各种标准应互相补充、互相依存，共同构成一个整体。

（5）比例性：体系内各类标准在数量上应保持一定的比例关系。

（6）动态性：标准体系随着时间的推移和条件的改变应不断发展更新。

根据《自然资源调查监测标准体系（试行）》，自然资源调查监测标准体系包括通用、调查、监测、分析评价、成果及应用 5 大类、22 小类。

2）通用类标准

通用类标准主要是规定自然资源调查监测评价活动和成果所需的基础、通用标准，包含术语、分类、质量 3 个小类。其中，术语、分类是基础和核心，质量类标准是通用要求，贯穿整个自然资源调查监测活动，服务过程质量监管、日常质量监督、成果质量验收等。

（1）术语标准。术语是在特定学科领域用来表示概念的称谓的集合，术语的标准化是标准化活动的基础。

① 根据《自然资源调查监测标准体系（试行）》要求，自然资源术语标准主要包括 2 项，其中 1 项正在制定：

· 《自然资源术语（系列）》（制定）。

· GB/T 19231-2003《土地基本术语》。

其中，在 GB/T 19231-2003《土地基本术语》中规定了土地科学和土地管理工作中的土地基本术语，主要涵盖土地、土地利用、土地经济、土地法律、土地调查和土地管理 6 个方面。其中定义土地调查是以了解土地的实际情况为目的而进行的各种考察活动的总称，土地资源调查是为认识土地资源的各种属性和形成规律，掌握其数量、质量、空间分布格局和利用状况而进行的土地调查。

② 其他自然资源术语标准主要有：

· GB/T 16820-2009《地图学术语》。

· GB/T 14911-2008《测绘基本术语》。

· GB/T 50095-2014《水文基本术语和符号标准》。

· GB/T 14157-1993《水文地质术语》。

· GB/T 18190-2017《海洋学术语 海洋地质学》。

· GB/T 15919-2010《海洋学术语 海洋生物学》。

- GB/T 14950-2009《摄影测量与遥感术语》。
- GB/T 26423-2010《森林资源术语》。
- GB/T 31759-2015《自然保护区名词术语》。
- GB/T 9649-2009《地质矿产术语分类代码（系列）》。

（2）分类标准。分类是科学研究的重要方法之一，对自然资源进行合理分类，是深入认识自然资源、加强综合管理的客观需要。由于自然资源本身的复杂性和复合性，加上人类对自然资源认识存在深度和广度差异，以及对自然资源分类详尽程度和应用目的的不同，目前国内尚未形成统一公认且符合管理实际需要的分类系统，多从不同角度、根据多种目的提出不同分类框架，总体上呈现出多样化特点。我国现行有关自然资源范围的规定，主要体现在我国宪法，以及有关单门类自然资源法律法规中。综合现行各类法律法规，概括来讲，我国自然资源主要分为土地、矿产、水、森林、草原、海洋、滩涂 7 种。

① 根据《自然资源调查监测标准体系（试行）》要求，分类标准共 9 项，其中有 5 项在制定，1 项在修订。

- 《自然资源分类》（制定）。
- 《国土空间调查、规划和用途管制用地用海分类指南》（制定）。
- 《地表基质分类》（制定）。
- 《地表覆盖分类》（制定）。
- 《自然地理单元划定》（制定）。
- GB/T 21010-2017《土地利用现状分类》。
- GB/T 17766-2020《固体矿产资源存储分类》。
- GB/T 19492-2020《油气矿产资源存储分类》。
- HY/T 123-2009《海域使用分类》（修订）。

② 其他自然资源分类标准主要有：

- GB/T 14721-2010《林业资源分类与代码 森林类型》。
- GB/T 24708-2009《湿地分类》。
- GB/T 14529-1993《自然保护区类型与级别划分原则》。
- GB/T 17504-1998《海洋自然保护区类型与级别划分原则》。
- GB/T 18972-2017《旅游资源分类、调查与评价》。
- GB/T 15218-2021《地下水资源储量分类分级》。
- GB/T 17296-2009《中国土壤分类与代码》。
- GB 50137-2011《城市用地分类与规划建设用地标准》。
- HY/T 117-2010《海洋特别保护区分类分级标准》。
- LY/T 1812-2021《林地分类》。
- CJJ/T 121-2008《风景名胜区分类标准》。
- CJJ/T 85-2017《城市绿地分类标准》。
- NY/T 2997-2016《草地分类》。

现行主要自然资源分类标准见表 7.1。

当前主要的自然资源分类标准编制出台的适用范围和目的是不同的。一些推荐性标准多是以指导和引领行业发展为目的，强制性标准则具有法的属性，必须严格执行。推荐性资源分类标准多用于自然资源分类管理，强制性资源分类标准多用于资源规划编制、资源勘查等领域。但各门类资源分类标准的覆盖范围普遍偏大，并尽可能将本门类自然资源的调查统计范围覆盖到全国国土空间，因而涉及其他资源领域。此外，有些资源细类本身因复合了多类资源具有多重属性，也难以完全分

表 7.1 现行主要自然资源分类标准

序 号	分类标准	主管部门	标准类型	一级类别（要求）
1	GB/T 21010-2017《土地利用现状分类》	自然资源部	推荐性国家标准	耕地、园地、林地、草地、商服用地、住宅用地、公共管理与公共服务用地、特殊用地、交通运输用地、水域及水利设施用地、其他用地 12 类
2	GB/T 14721-2010《林业资源分类与代码 森林类型》	国家林业和草原局	推荐性国家标准	乔木林、竹林、经济林、灌木林、自定义森林类型 5 类
3	GB/T 24708-2009《湿地分类》	国家林业和草原局	推荐性国家标准	自然湿地和人工湿地 2 类
4	GB/T14529-1993《自然保护区类型与级别划分原则》	自然资源部	推荐性国家标准	自然生态系统类、野生生物类、自然遗迹类 3 类
5	GB/T 17504-1998《海洋自然保护区类型与级别划分原则》	自然资源部	推荐性国家标准	海洋和海岸自然生态系统、海洋生物物种、海洋自然遗址和非生物资源 3 类
6	GB/T18972-2017《旅游资源分类、调查与评价》	文化和旅游部	推荐性国家标准	地文景观、水域景观、生物景观、天象与气候景观、建筑与设施、历史遗迹、旅游购品、人文活动 8 类
7	GB/T 17296-2009《中国土壤分类与代码》	国家标准化管理委员会	推荐性国家标准	铁铝土、淋溶土、半淋溶土、钙层土、干旱土、漠土、初育土、半水成土、水成土、盐碱土、人为土、高山土 12 类
8	GB 50137-2011《城市用地分类与规划建设用地标准》	住房和城乡建设部	强制性国家标准	城乡用地、城市建设用地 2 类
9	GB/T 15218-2021《地下水资源储量分类分级》	自然资源部	推荐性国家标准	地下水可按温度、矿化度、硬度、pH 值、放射性等分类；可按特征组分含量分类；可按主要阴离子重碳酸根、硫酸根、氯离子分类；可按气体成分分类
10	HY/T 117-2010《海洋特别保护区分类分级标准》	自然资源部	推荐性行业标准	海洋特别保护区分为特殊地理条件保护区、海洋生态保护区、海洋资源保护区、海洋公园 4 类
11	HY/T 123-2009《海域使用分类》	自然资源部	推荐性行业标准	海域使用类型分为渔业用海、工业用海、交通运输用海、旅游娱乐用海、海底工程用海、排污倾倒用海、造地工程用海、特殊用海、其他用海 9 类
12	LY/T 1812-2021《林地分类》	国家林业和草原局	推荐性行业标准	林地分乔木林地、竹林地、疏林地、灌木林地、未成林造林地、迹地、苗圃地 7 类
13	CJJ/T 121-2008《风景名胜区分类标准》	住房和城乡建设部	推荐性行业标准	历史圣地类、山岳类、岩洞类、江河类、湖泊类、海滨海岛类、特殊地貌类、城市风景类、生物景观类、壁画石窟类、纪念地类、陵寝类、民俗风情类、其他类 14 类
14	CJJ/T 85-2017《城市绿地分类标准》	住房和城乡建设部	推荐性行业标准	公园绿地、防护绿地、广场用地、附属绿地、区域绿地 5 类
15	NY/T 2997-2016《草地分类》	农业农村部	推荐性行业标准	温性草原类、高寒草原类、温性荒漠类、高寒荒漠类、温性灌草丛类、热性灌草丛类、低地草甸类、山地草甸类、高寒草甸类 9 类
16	GB/T17766-2020《固体矿产资源存储分类》	自然资源部	推荐性国家标准	资源量分为推断资源量、控制资源量、探明资源量。储量分为可信储量、证实储量
17	GB/T 19492-2020《油气矿产资源存储分类》	自然资源部	推荐性国家标准	预测地质储量、控制地质储量、探明地质储量

开。因此，开展自然资源调查、监测、统计、评价和确权登记管理的过程中，这些矛盾都是需要提前研究解决的问题。

（3）质量标准：质量是生命，目前我国现行的与自然资源调查监测相关的质量要求主要还是以测绘地理信息和地理国情产品质检标准为基础。目前国家正在按照《自然资源调查监测标准体系（试行）》要求完善质量标准体系，具体如下：

① 按照《自然资源调查监测标准体系（试行）》要求，质量类标准共6项，其中有4项正在制定。具体如下：

- 《自然资源调查监测质量要求》（制定）。
- 《自然资源调查监测成果质量检查与验收（系列）》（制定）。
- GB/T 39613-2020《地理国情监测成果质量检查与验收》。
- CH/T 1043-2018《地理国情普查成果质量检查与验收》。
- 《自然资源调查监测技术设计要求》（制定）。
- 《国土调查县级数据库更新成果质量检查规则》（制定）。

② 调查监测成果质量参考的其他标准主要有：

- GB/T 18316-2008《数字测绘成果质量检查与验收》。
- DB11/T 1674-2019《地理国情普查与监测成果质量检查验收技术规程》。

其中，GB/T 39613-2020《地理国情普查成果质量检查与验收》对地理国情普查成果检查验收与质量评定的要求、程序、方法和指标进行了规定，明确了数字正射影像数据成果、多尺度数字高程模型数字成果、地表覆盖分类数据成果、地理国情要素数据成果、地理国情普查数据生产元数据成果、遥感影像解译样本数据成果、基本统计成果7项内容为检查验收与质量评定对象，执行"两级检查、一级验收"制度。

目前自然资源调查监测成果质量体系尚未建立，仍是沿用测绘地理信息和国土资源调查等已有质量检查要求。因调查监测成果的新颖性，质量标准已经不能满足自然资源调查监测成果的检验，存在矛盾并逐渐凸显，比如监测的时效性和传统质量检验要求的冲突等。与时俱进、实事求是，按照自然资源调查监测的行政、技术等方面的要求，探索建立符合自然资源调查监测要求的质量检验体系，是标准体系构建中的重要内容。

3）调查类标准

自然资源调查技术标准规定了自然资源调查的内容指标、技术要求、方法流程等，目前包含基础调查、耕地资源调查、森林资源调查、草原资源调查、湿地资源调查、水资源调查、海洋资源调查、地下资源调查、地表基质调查、其他类调查共10个小类。

（1）基础调查。掌握最基本的全国自然资源本底状况和共性特征构建基础调查类标准，可以更好地服务于查清各类自然资源体投射在地表的分布和范围，以及开发利用与保护等基本情况。

① 按照《自然资源调查监测标准体系（试行）》要求，基础调查类标准共10项，其中正在制定的有7项。具体如下：

- 《自然资源基础调查规程》（制定）。
- TD/T 1055-2019《第三次全国国土调查技术规程》。
- 《年度国土变更调查技术规程》（制定）。
- TD/T 1057-2020《国土调查数据库标准》。
- TD/T 1058-2020《第三次全国国土调查县级数据库建设技术规范》。
- 《国土调查数据库更新技术规范》（制定）。
- 《国土调查数据库更新数据规范（试行）》（制定）。

·《国土调查数据缩编技术规范》（制定）。

·《国土调查监测实地举证技术规范》（制定）。

·《国土调查面积计算规范》（制定）。

② 基础调查参考的其他标准主要有：

·TD/T 1014–2007《第二次全国土地调查技术规程》。

（2）耕地资源调查。制定耕地资源调查标准，统一规范查清耕地等级、健康状况、产能等内容的方法和要求，可以更加准确地掌握全国耕地资源的质量状况。

① 按照《自然资源调查监测标准体系（试行）》要求，耕地资源调查标准共 1 项，属于行标，且该系列规范正在制定中。

·《耕地资源调查技术规程（系列）》（制定）。

② 耕地资源调查参考的其他标准主要有：

·GB/T 33469–2016《耕地质量等级》。

·GB 15618–2018《土壤环境质量 农用地土壤污染风险管控标准（试行）》。

·GB 36600–2018《土壤环境质量 建设用地土壤污染风险管控标准（试行）》。

·TD/T 1017–2008《第二次全国土地调查基本农田调查技术规程》。

·HJ/T 166–2004《土壤环境监测技术规范》。

（3）森林资源调查。森林资源调查标准是开展调查森林资源的种类、数量、质量、结构、功能和生态状况以及变化情况等工作的重要准则，是获取全国森林覆盖率、森林蓄积量以及起源、树种、龄组、郁闭度等指标数据的统一规范。

① 按照《自然资源调查监测标准体系（试行）》要求，森林资源调查标准共 1 项，属于行标，且该系列规范正在制定中。

·《森林资源调查技术规程（系列）》（制定）。

② 森林资源调查工作参考的其他标准主要有：

·GB/T 26424–2010《森林资源规划设计调查技术规程》。

·GB/T 38590–2020《森林资源连续清查技术规程》。

·LY/T 2893–2017《林地变更调查技术规程》。

·LY/T 1954–2011《森林资源调查卫星遥感影像图制作技术规程》。

·LY/T 1812–2009《林业地图图式》。

·LY/T 1438–1999《森林资源代码 森林调查》。

其中，GB/T 26424–2010《森林资源规划设计调查技术规程》详细规定了森林资源规划设计调查的对象、内容、程序、方法、成果等技术要求，适用于全国范围内的森林资源普查、规划设计调查以及森林资源调查管理；LY/T 2893–2017《林地变更调查技术规程》规定了林地变更调查的目的、任务、内容、技术标准、变更方法、成果要求及质量检查内容，适用于全国林地年度变更调查。

（4）草原资源调查。草原资源调查标准主要用于规范对草原类型、生物量、等级、生态状况以及变化情况调查的方法和指标，按照统一标准获取全国草原植被覆盖度、草原综合植被盖度、草原生产力等指标数据，掌握全国草原植被生长、利用、退化、鼠害病虫害、草原生态修复状况等信息。

① 按照《自然资源调查监测标准体系（试行）》要求，草原资源调查标准共 1 项，属于行标，且该系列规范正在制定中。

·《草原资源调查技术规程（系列）》（制定）。

② 草地资源调查参照的其他标准主要有：

·GB 19377–2003《天然草地退化、沙化、盐渍化的分级指标》。

· GB/T 28419–2012《风沙源区草原沙化遥感监测技术导则》。

· GB/T 29391–2012《岩溶地区草地石漠化遥感监测技术规程》。

· NY/T 2998–2016《草地资源调查技术规程》。

· NY/T 1579–2007《天然草原等级评定技术规范》。

其中，NY/T 2998–2016《草地资源调查技术规程》详细规定了草地资源调查的任务、内容、指标、流程和方法等，适用于县级以上范围草地资源调查。

（5）湿地资源调查。湿地资源调查标准主要是统一查清湿地类型、分布、面积，湿地水环境、生物多样性、保护与利用、受威胁状况等现状及其变化情况的标准要求，全面掌握湿地生态质量状况及湿地损毁等变化趋势，形成统一的湿地面积、分布、湿地率、湿地保护率等内容。

① 按照《自然资源调查监测标准体系（试行）》要求，湿地资源调查标准共 1 项，属于行标，且该规范已列入制定计划。

·《全国湿地资源专项调查技术规范》（制定）。

② 湿地资源调查参照的其他标准主要有：

· GB/T 27648–2011《重要湿地监测指标体系》。

· HJ 710.4–2014《生物多样性观测技术导则（鸟类）》。

· HJ 710.1–2014《生物多样性观测技术导则（陆生维管植物）》。

· LY/T 1820–2009《野生植物资源调查技术规程》。

· LY/T 1814–2009《自然保护区生物多样性调查规范》。

（6）水资源调查。水资源调查标准主要是规范对地表水资源量、地下水资源量、水资源总量、水资源质量、河流年平均径流量、湖泊水库的蓄水动态、地下水位动态等现状及变化情况的调查内容、方法和指标。

① 按照《自然资源调查监测标准体系（试行）》要求，水资源调查标准共 2 项，均属于行标，且均在制定中。

·《水资源调查技术规程》（制定）。

·《地下水统测技术规程》（制定）。

② 水资源调查参照的其他标准主要有：

· GB/T 50095–2014《水文基本术语和符号标准》。

· GB/T 23598–2009《水资源公报编制规程》。

· GB/T 14848–2017《地下水质量标准》。

· GB 3838–2002《地表水环境质量标准》。

· DZ/T 0282–2015《水文地质调查规范（1∶50 000）》。

· DB37/T 3858–2020《水资源（水量）监测技术规范》。

· DD2010–03《区域地下水资源调查评价数据库标准》。

· DD2004–01《1∶250 000 区域水文地质调查技术要求》。

· DD2006–07《地质数据质量检查与评价标准》。

（7）海洋资源调查。海洋资源调查标准主要是规范调查海岸线类型（如基岩岸线、砂质岸线、淤泥质岸线、生物岸线、人工岸线）和长度，滨海湿地、沿海滩涂、海域类型的分布、面积和保护利用状况以及海岛的数量、位置、面积、开发利用与保护等现状及其变化情况的方法、内容和技术指标等，掌握全国海岸带保护利用情况、围填海情况，以及海岛资源现状及其保护利用状况。

① 按照《自然资源调查监测标准体系（试行）》要求，海洋资源调查标准共 5 项，其中正在制定的有 3 项。

·《海洋自然资源调查技术总则》（制定）。

· GB/T 12763.6-2007《海洋调查规范 第6部分：海洋生物调查》。
· GB/T 12763.9-2007《海洋调查规范 第9部分：海洋生态调查指南》。
· 《海岛资源调查技术规程》（制定）。
· 《海岸线资源调查技术规程》（制定）。
② 海洋资源调查参照的其他标准主要有：
· GB/T 10202-1988《海岸带综合地质勘查规范》。
· GB/T 12763.1-2007《海洋调查规范 第1部分：总则》。
· GB/T 12763.2-2007《海洋调查规范 第2部分：海洋水文观测》。
· GB/T 12763.3-2007《海洋调查规范 第3部分：海洋气象观测》。
· GB/T 12763.4-2007《海洋调查规范 第4部分：海水化学要素调查》。
· GB/T 12763.5-2007《海洋调查规范 第5部分：海洋声、光要素调查》。
· GB/T 12763.7-2007《海洋调查规范 第7部分：海洋调查资料交换》。
· GB/T 12763.8-2007《海洋调查规范 第8部分：海洋地质地球物理调查》。
· GB/T 12763.10-2007《海洋调查规范 第10部分：海底地形地貌调查》。
· GB/T 12763.11-2007《海洋调查规范 第11部分：海洋工程地质调查》。
· GB 18421-2001《海洋生物质量》。
· GB 18668-2002《海洋沉积物质量》。
· HY/T 244-2018《海洋调查标准体系》。
· HY/T 124-2009《海籍调查规范》。
· DB37/T 3588-2019《海岸线调查技术规范》。

GB/T 12763-2007《海洋调查规范（系列）》主要用于建立与国际接轨的海洋调查标准，规范新形势下的海洋调查活动，为国家和沿海地区海洋开发利用、海洋环境保护、海洋权益维护和海洋公益服务等方面提供科学依据，对海洋水文观测，海洋气象观测，海水化学要素调查，海洋声、光要素调查，海洋生物调查，海洋调查资料交换，海洋地质地球物理调查，海洋生态调查指南，海底地形地貌调查，海洋工程地质调查等方面进行规范要求。

GB/T 10202-1988《海岸带综合地质勘查规范》主要用于指导海岸带综合地质勘查工作，适应我国海岸带综合开发规划的需要，包括勘查基本要求、勘查工程布置及质量要求、勘查研究程度要求、环境地质综合评价、资料整理与报告编制等内容。

（8）地下资源调查。制定地下资源调查标准，可以为查明成矿远景区地质背景和成矿条件，开展重要矿产资源潜力评价，为商业性矿产勘查提供靶区和地质资料，摸清全国地下各类矿产资源状况，包括陆地地表及以下各种矿产资源矿区、矿床、矿体、矿石主要特征数据和已查明资源储量信息等，掌握矿产资源储量利用现状和开发利用水平及变化情况统一标准要求。

① 按照《自然资源调查监测标准体系（试行）》要求，地下资源调查标准共3项，均为行标，且均在制定中。主要包括：
· 《矿产资源国情调查技术规程》（制定）。
· 《地下空间资源调查技术规程》（制定）。
· 《矿产资源地质勘查规范》（制定）。
② 地下资源调查参照的其他标准主要有：
· GB/T 13727-2016《天然矿泉水资源地质勘查规范》。
· GB/T 13908-2020《固体矿产地质勘查规范总则》。
· GB/T 33444-2016《固体矿产勘查工作规范》。
· GB/T 18341-2021《地质矿产勘查测量规范》。

·GB/T 11615-2010《地热资源地质勘查规范》。

（9）地表基质调查。构建地表基质调查标准，可以统一规范开展岩石、砾石、沙、土壤等地表基质类型、理化性质及地质景观属性等调查的内容和技术要求。按照《自然资源调查监测标准体系（试行）》要求，地表基质调查标准共1项，属于国标，且该系列规范已列入制定计划。

·地表基质调查技术规程（系列）（制定）。

（10）其他。按照《自然资源调查监测标准体系（试行）》要求，其他调查标准共3项，均为行标，且均在制定中。包括：

·《城乡建设用地和城镇设施用地调查技术规程（系列）》（制定）。

·《区域水土流失调查技术规程》（制定）。

·《海平面变化影响调查技术规程（系列）》（制定）。

4）自然资源监测技术标准

自然资源监测技术标准规定了自然资源监测的技术要求和方法流程等，包含常规监测、专题监测、应急监测3个小类，涵盖了当前自然资源监测标准化工作主要内容。

（1）常规监测。为实现对我国范围内的自然资源定期开展全覆盖动态遥感监测，及时掌握自然资源年度变化等信息，支撑基础调查成果年度更新，服务年度自然资源督察执法以及各类考核工作，构建常规监测标准，统一监测要求。按照《自然资源调查监测标准体系（试行）》要求，常规监测标准共3项，其中有2项正在制定。包括：

·《自然资源全覆盖动态遥感监测规范》（制定）。

·TD/T 1010-2015《土地利用动态遥感监测规程》。

·《自然资源要素综合观测技术规范》（制定）。

（2）专题监测。为了掌握地表覆盖及自然资源数量、质量等变化情况，制定专题监测标准。

① 按照《自然资源调查监测标准体系（试行）》要求，专题监测标准共8项，其中有5项正在制定。包括：

·CH/T 9029-2019《基础性地理国情监测内容与指标》。

·《区域性综合监测技术规程》（制定）。

·GB 17378-2007《海洋监测规范（系列）》。

·《生态状况监测技术规程（系列）》（制定）。

·《矿产资源利用监测技术规程（系列）》（制定）。

·《重点自然资源专题监测技术规范（系列）》（制定）。

·GB/T 51040-2014《地下水监测工程技术规范》。

·《矿区地下水监测规范》（制定）。

② 专项监测主要参照的其他标准主要有：

·GB/T 20483-2006《土地荒漠化监测方法》。

·GB/T 24255-2009《沙化土地监测技术规程》。

·GB/T 30363-2013《森林植被状况监测技术规范》。

·NY/T 1119-2019《耕地质量监测技术规程》。

·NY/T 395-2012《农田土壤环境质量监测技术规范》。

·NY/T 1233-2006《草原资源与生态监测技术规程》。

·SL 364-2015《土壤墒情监测规范》。

·HJ/T 166-2004《土壤环境监测技术规范》。

·SL 365-2015《水资源水量监测技术导则》。

·SL 183-2005《地下水监测规范》。

·DZ/T 0133-1994《地下水动态监测规程》。

·DZ/T 0287-2015《矿山地质环境监测技术规程》。

·MT/T 633-1996《地下水动态长期观测技术规范》。

·HY/T 080-2005《滨海湿地生态监测技术规程》。

·HY/T 081-2005《红树林生态监测技术规程》。

·HY/T 078-2005《海洋生物质量监测技术规程》。

（3）应急监测。构建应急监测标准，规范应急监测工作，按照《自然资源调查监测标准体系（试行）》要求，应急监测标准共 3 项，均为行标，目前正在制定中。

·《自然资源应急监测要求》（制定）。

·《自然资源快速反应监测要求》（制定）。

·《自然资源灾害应急监测技术规范（系列）》（制定）。

5）分析评价标准

分析评价标准规定了自然资源调查与监测成果统计、分析、评价的方法和内容，包含统计、分析、评价 3 个小类。

（1）统计。构建自然资源调查监测统计标准，规范自然资源统计工作，为分类、分项统计自然资源调查监测数据，形成表征自然资源现状和变化的成果提供标准依据。

① 按照《自然资源调查监测标准体系（试行）》要求，统计类标准共 4 项，正在制定。具体包括：

·《地理国情监测基本统计技术规范》（制定）。

·《自然资源专项调查统计技术规范（系列）》（制定）。

·《自然资源调查监测综合统计规范》（制定）。

·《地理国情普查基本统计技术规程》（制定）。

② 自然资源调查监测统计参照的其他标准主要有：

·GB/Z 33451-2016《地理信息 空间抽样与统计推断》。

·HY/T 234-2018《海洋环境监测数据量统计规范》。

（2）分析。构建分析类标准，从数量、质量、结构、生态功能等多角度，规范统一自然资源现状、开发利用程度及潜力等分析工作，研判自然资源变化情况及发展趋势，综合分析自然资源、生态环境与区域高质量发展整体情况，提升分析权威性、全面性、普适性。按照《自然资源调查监测标准体系（试行）》要求，分析类标准共 2 项，均在制定中。包括：

·《自然资源调查监测综合分析技术规范》（制定）。

·《自然资源调查监测专题分析技术规范（系列）》（制定）。

（3）评价。建立评价体系，规范评价各类自然资源现状、利用情况的标准，统一评价要求，对评价自然资源要素之间、人类生存发展与自然资源之间、区域之间、经济社会与区域发展之间的协调关系，以及自然资源保护与合理开发利用成效提供可靠性、可比性的决策参考依据。

① 按照《自然资源调查监测标准体系（试行）》要求，评价类标准共 5 项，均为行标，且均在制定中。包括：

·《自然资源调查监测综合评价技术指南》（制定）。

·《自然资源分等定级规程》（制定）。

·《区域自然资源保护与开发利用评价规范（省级、市县、跨行政区、主体功能区）》（制定）。

·《重点自然资源保护与开发利用评价规范（系列）》（制定）。

·《生态状况评价技术规范（系列）》（制定）。

② 自然资源调查监测评价参照的其他标准主要有：
- GB 15618–1995《土壤环境质量标准》。
- GB/T 28407–2012《农用地质量分等规程》。
- GB/T 31118–2014《土地生态服务评估 原则与要求》。
- GB/T 38582–2020《森林生态系统服务功能评估规范》。
- GB/T 27647–2011《湿地生态风险评估技术规范》。
- GB/T 26535–2011《国家重要湿地确定指标》。
- GB/T 25283–2010《矿产资源综合勘查评价规范》。
- GB/T 19485–2014《海洋工程环境影响评价技术导则》。
- DB11/T 1503–2017《湿地生态质量评估规范》。
- DB23/T 2378–2019《湿地生态系统评价规范》。
- NY/T 1634–2008《耕地地力调查与质量评价技术规程》。
- NY/T 309–1996《全国耕地类型区、耕地地力等级划分》。
- NY/T 2626–2014《补充耕地质量评定技术规范》。
- TD/T 1007–2003《耕地后备资源调查评价技术规程》。

6）成果及应用类标准

本类标准主要规定自然资源调查监测成果的管理要求、指标要求、成果应用要求等，包括成果内容、成果管理、成果应用 3 个小类。

（1）成果内容。成果内容类标准是统一自然资源调查监测成果的重要依据，构建统一的标准，是数据成果统一管理、分析、应用的基础。按照《自然资源调查监测标准体系（试行）》要求，成果内容类标准共 6 项，其中有 5 项正在制定。包括：
- CH/T 4023–2019《地理国情普查成果图编制规范》。
- 《自然资源调查监测数据（成果）规范（系列）》（制定）。
- 《自然资源三维立体时空数据库规范》（制定）。
- 《自然资源调查监测统计分析评价报告内容与格式》（制定）。
- 《自然资源调查监测数据成果元数据》（制定）。
- 《国土调查坡度分级图制作技术规定》（制定）。

（2）成果管理。成果管理类标准是自然资源调查监测成果存储和使用的重要标准依据，统一成果管理类标准，规范成果组织管理，是保障成果安全和提升使用效率的关键。

① 按照《自然资源调查监测标准体系（试行）》要求，成果管理类标准共 2 项，均为行标，且均在制定中。
- 《自然资源调查监测成果管理规范》（制定）。
- 《自然资源调查监测成果目录规范》（制定）。

② 自然资源调查监测成果管理参照的其他标准主要有：
- GB/T 18894–2016《电子文件归档与电子档案管理规范》。
- CH/T 1045–2018《测绘地理信息档案著录规范》。
- CH/T 1014–2006《基础地理信息数据档案管理与保护规范》。
- HY/T 058–2010《海洋调查观测监测档案业务规范》。

（3）成果应用。成果应用是自然资源调查监测成果价值的具体体现，构建成果应用标准体系，规范成果应用范围、方式等内容，是保障成果安全和提升价值的重要依据。按照《自然资源调查监测标准体系（试行）》要求，成果应用类标准共 2 项，均为行标，且在制定中。

- 《自然资源调查监测数据服务内容与模式》（制定）。
- 《自然资源调查监测数据服务接口规范》（制定）。

7）其他主要相关类标准

自然资源调查监测是一个综合性工作，需要各行业技术支撑，如测绘地理信息等，涉及的其他主要标准有：

- GB/T 2260-2007《中华人民共和国行政区划代码》。
- GB/T 4754-2017《国民经济行业分类》。
- GB/T 25344-2010《中华人民共和国铁路线路名称代码》。
- GB/T 21379-2008《交通管理信息属性分类与编码城市道路》。
- GB/T 26767-2011《道路、水路货物运输地理信息基础数据元》。
- GB/T 917-2017《公路路线标示规则和国道编号》。
- GB/T 13923-2006《基础地理信息要素分类与代码》。
- GB/T 20258-2019《基础地理信息要素数据字典》。
- GB/T 958-2015《区域地质图图例》。
- GB/T 15968-2008《遥感影像平面图制作规范》。
- GB/T 13989-2012《国家基本比例尺地形图分幅和编号》。
- GB/T 7027-2002《信息分类和编码的基本原则与方法》。
- GB/T 13989-2012《国家基本比例尺地形图分幅和编号》。
- GB/T 17798-2007《地理空间数据交换格式》。
- SL 249-2012《中国河流代码》。
- SL 259-2000《中国水库名称代码》。
- SL 385-2007《水文数据 GIS 分类编码标准》。
- JT/T 132-2014《公路数据库编目编码规则》。
- JT/T 748-2009《公路水路交通信息资源业务分类》。
- LY/T 1821-2009《林业地图图式》。
- TD/T 1001-2012《地籍调查规程》。
- TD/T 1016-2007《土地利用数据库标准》。
- TD/T 1053-2017《农用地质量分等数据库标准》。
- TD/T 1016-2003《国土资源信息核心元数据标准》。
- TD/T 1056-2019《县级国土调查生产成本定额》。
- CH/T 9006-2010《1:5 000 1:10 000 基础地理信息数字产品更新规范》。
- CH/T 1015.4-2007《基础地理信息数字产品 1:10 000 1:50 000 生产技术规程 第 4 部分：数字栅格地图（DRG）》。
- CH/T 1015.3-2007《基础地理信息数字产品 1:10 000 1:50 000 生产技术规程 第 3 部分：数字正射影像图（DOM）》。
- CH/T 1015.2-2007《基础地理信息数字产品 1:10 000 1:50 000 生产技术规程 第 2 部分：数字高程模型（DEM）》。
- CH/T 1015.1-2007《基础地理信息数字产品 1:10 000 1:50 000 生产技术规程 第 1 部分：数字线划图（DLG）》。
- CH/T 1013-2005《基础地理信息数字产品 数字影像地形图》。
- CH/T 1012-2005《基础地理信息数字产品 土地覆盖图》。
- CH/T 1007-2001《基础地理信息数字产品元数据》。

7.2.2　数字化建设主要法规制度和标准

1. 主要法律

在《宪法》前言中，明确"国家的根本任务是，沿着中国特色社会主义道路，集中力量进行社会主义现代化建设"。数字化是现代化进程的重要内容，因此，开展自然资源调查监测体系数字化建设，是实现自然资源治理体系和治理能力现代化的必经之路。

（1）《中华人民共和国网络安全法》（2016年）：主要是为了保障网络安全，维护网络空间主权和国家安全、社会公共利益，保护公民、法人和其他组织的合法权益，促进经济社会信息化健康发展。

（2）《中华人民共和国数据安全法》（2021年）：主要是为了规范数据处理活动，保障数据安全，促进数据开发利用，保护个人、组织的合法权益，维护国家主权、安全和发展利益。

（3）《中华人民共和国国家安全法》（2015年）：主要是为了维护国家安全，保卫人民民主专政的政权和中国特色社会主义制度，保护人民的根本利益，保障改革开放和社会主义现代化建设的顺利进行，实现中华民族伟大复兴。国土安全、粮食安全、生态安全和信息化安全是本法的重要内容。

2. 主要政策法规

·《中华人民共和国计算机信息网络国际联网管理暂行规定》（1997）。
·《计算机信息网络国际联网安全保护管理办法》（2011）。
·《中华人民共和国计算机信息系统安全保护条例》（2011）。
·《国家发展改革委、公安部、财政部、国家保密局、国家电子政务内网建设和管理协调小组办公室关于进一步加强国家电子政务网络建设和应用工作的通知》（发改高技〔2012〕1986号）。
·《国家信息化发展战略纲要》（2016）。
·《移动互联网应用程序信息服务管理规定》（2016）。
·《关键信息基础设施安全保护条例》（2021）。

3. 主要规范标准

·ISO/IEC 20 000-1：2018《信息技术服务管理第1部分：服务管理体系要求》。
·ISO/IEC TS 25011《信息技术 – 系统与软件质量要求和评价（SQuaRE）服务质量模型》。
·ISO/IEC 27002：2013《信息技术 安全技术 信息安全控制实践指南》。
·ISO/IEC 27003：2010《信息技术 安全技术 信息安全管理体系实施指南》。
·GB 17859-1999《计算机信息系统安全保护等级划分准则》。
·GB 50311-2016《综合布线系统工程设计规范》。
·GB 50348-2018《安全防范工程技术标准》。
·GB 50174-2017《数据中心设计规范》。
·GB 4943.1-2011《信息技术设备安全第1部分：通用要求》。
·GB4943.23-2012《信息技术设备安全第23部分：大型数据存储设备》。
·GB/Z 15629.1-2000《信息技术 系统间远程通信和信息交换 局域网和城域网 特定要求 第1部分：局域网标准综述》。
·GB/T 31722-2015/ISO/IEC 27005：2008《信息技术 安全技术 信息安全风险管理》。
·GB/T 22080-2016/ISO/IEC 27001：2013《信息技术 安全技术 信息安全管理体系要求》。
·GB/T 20269-2006《信息安全技术 信息系统安全管理要求》。
·GB/T 20270-2006《信息安全技术 网络基础安全技术要求》。
·GB/T 20271-2006《信息安全技术 信息系统通用安全技术要求》。

· GB/T 20272–2019《信息安全技术 操作系统安全技术要求》。
· GB/T 20273–2019《信息安全技术 数据库管理系统安全技术要求》。
· GB/T 20275–2006《信息安全技术 入侵检测系统技术要求和测试评价方法》。
· GB/T 20279–2006《信息安全技术 网络和终端设备隔离部件安全技术要求》。
· GB/T 20281–2006《信息安全技术 防火墙技术要求和测试评价方法》。
· GB/T 21028–2007《信息安全技术 服务器安全技术要求》。
· GB/T 21052–2007《信息安全技术 信息系统物理安全技术要求》。
· GB/T 20945–2013《信息安全技术 信息系统安全审计产品技术要求和测试评价方法》。
· GB/T 22239–2019《信息安全技术 网络安全等级保护基本要求》。
· GB/T 28448–2019《信息安全技术 网络安全等级保护测评要求》。
· GB/T 25070–2019《信息安全技术 网络安全等级保护安全设计技术要求》。
· GB/T 22240–2020《信息安全技术 网络安全等级保护定级指南》。
· GB/T 8567–2006《计算机软件文档编制规范》。
· GB/T 9385–2008《计算机软件需求规格说明规范》。
· GB/T 9386–2008《计算机软件测试文档编制规范》。
· GB/T 15532–2008《计算机软件测试规范》。
· GB/T 14394–2008《计算机软件可靠性和可维护性管理》。
· GB/T 3482–2008《电子设备雷击试验方法》。
· GB/T 30850.1–2014《电子政务标准化指南 第 1 部分：总则》。
· GB/T 29264–2012《信息技术服务 分类与代码》。
· GB/T 28827.1–2012《信息技术服务 运行维护 第 1 部分：通用要求》。
· GB/T 28827.2–2012《信息技术服务 运行维护 第 2 部分：交付规范》。
· GB/T 28827.3–2012《信息技术服务 运行维护 第 3 部分：应急响应规范》。
· GB/T 28827.4–2019《信息技术服务 运行维护 第 4 部分：数据中心服务要求》。
· GB/T 33136–2016《信息技术服务 数据中心服务能力成熟度模型》。
· GB/T 33850–2017《信息技术服务 质量评价指标体系》。
· GB/T 36463.1–2018《信息技术服务 咨询设计 第 1 部分：通用要求》。
· GB/T 36463.2–2019《信息技术服务 咨询设计 第 2 部分：规划设计指南》。
· GB/T 34960.1–2017《信息技术服务 治理 第 1 部分：通用要求》。
· GB/T 34960.2–2017《信息技术服务 治理 第 2 部分：实施指南》。
· GB/T 34960.3–2017《信息技术服务 治理 第 3 部分：绩效评价》。
· GB/T 34960.4–2017《信息技术服务 治理 第 4 部分：审计导则》。
· GB/T 19668.1–2014《信息技术服务 监理 第 1 部分：总则》。
· GB/T 19668.2–2017《信息技术服务 监理 第 2 部分：基础设施工程监理规范》。
· GB/T 19668.3–2017《信息技术服务 监理 第 3 部分：运行维护监理规范》。
· GB/T 19668.4–2017《信息技术服务 监理 第 4 部分：信息安全监理规范》。
· GB/T 33770.1–2017《信息技术服务 外包 第 1 部分：服务提供方通用要求》。
· GB/T 33770.2–2019《信息技术服务 外包 第 2 部分：数据保护要求》。
· GB/T 34941–2017《信息技术服务 数字化营销服务 程序化营销技术要求》。
· GB/T 24405.1–2009《信息技术 服务管理 第 1 部分：规范》。
· GB/T 24405.2–2010《信息技术 服务管理 第 2 部分：实践规则》。
· GB 50311–2016《综合布线系统工程设计规范》。

- SJ/T 11623–2016《信息技术服务 从业人员能力规范》。
- SJ/T 11691–2017《信息技术服务 服务级别协议指南》。
- SJ/T 11674.1–2017《信息技术服务 集成实施 第 1 部分：通用要求》。
- SJ/T 11674.2–2017《信息技术服务 集成实施 第 2 部分：项目实施规范》。
- SJ/T 11674.3–2017《信息技术服务 集成实施 第 3 部分：验收规范》。
- SJ/T 11564.4–2015《信息技术服务 运行维护 第 4 部分：数据中心规范》。
- SJ/T 11564.5–2017《信息技术服务 运行维护 第 5 部分：桌面及外围设备规范》。
- SJ/T 11693.1–2017《信息技术服务 服务管理第 1 部分：通用要求》。
- SJ/T 11435–2015《信息技术服务 服务管理技术要求》。
- SJ/T 11673.3–2017《信息技术服务 外包 第 3 部分：交付中心规范》。
- SJ/T 11445.4–2017《信息技术服务 外包 第 4 部分：非结构化数据管理与服务规范》。
- SJ/T 11690–2017《软件运营服务能力通用要求》。
- ITSS.1–2015《信息技术服务 运行维护服务能力成熟度模型》。

7.2.3　制度标准数字化应用

随着计算机网络技术、数据库技术以及多媒体技术的发展，数字化形式的制度标准的使用已经成为日常工作开展过程中的重要内容，纸质成果更多是保留历史数据查询价值。制度标准数字化应用，就是把分散于不同载体、不同地理位置的制度标准信息资源以数字化的形式存储，以网络化的方式互相连接，从而提供及时利用，实现制度标准信息的资源共享。

自然资源调查监测制度标准数字化应用，需要建立统一、可共享的平台进行管理，平台系统应具有收集、整理、检索、编目、统计、借阅利用、数据更新等功能。制度标准数字化应用应坚持以下几个原则。

1. 科学性原则

制度标准数字化科学性原则指在数字化制度标准时遵循其形成、保管、利用等客观规律，体现制度标准信息管理的特殊性，使制度标准信息数字化工程真正服务于调查监测工作，发挥其信息资源的作用。要求整个过程，从制度标准信息收集、处理、存储、传递、利用乃至反馈，都必须是真实、准确、可靠。许多制度标准信息都具有实效性，所以在数字化制度标准信息时要充分考虑制度标准信息现行使用性，也就是遵循科学发展观。

2. 一致性原则

制度标准信息数字化一致性原则指制度标准信息数字化后经过计算机网络、检索技术，提供给用户的制度标准信息与原始纸质制度标准仅存在着载体和阅读方式上的差异，其承载的制度标准信息内容是完全一致的，解决了数字制度标准的法律凭证作用后，用户在计算机网络上利用的数字化制度标准信息与实地调阅原始制度标准实体效果是一样的。对于有些特殊的电子文件能以原始形成格式进行还原显示，如照片、图纸等。

3. 完整性原则

制度标准数字化完整性原则是指数字化的每个制度标准的内容和含义是完整的，没有被断章取义，保证在计算机网络上提供检索的信息都是相互关联或者单独具有用户所需的信息。并且保持数字化后制度标准信息在逻辑上保持相对的准确、独立，保证数字化制度标准信息的可理解性，使用户能理解每一份数字制度标准内容相关的信息，如元数据、物理结构和逻辑结构的关系等。

4. 共享性原则

制度标准信息的数字化目的是提高制度标准利用率，信息共享性是利用率的重要表征，数字化的制度标准信息利用得越广泛，其资源作用就发挥得越充分，所以共享性原则要求制度标准信息数字化建立完备的保障体系和高效的信息流通、传递和利用体系作为其重要的内容，通过有效的分析和管理，及时准确地把利用率高、具有较大社会效益和经济效益的制度标准信息数字化，最大限度地提高利用效果。

5. 安全性原则

制度标准数字化应用因为依托于计算机存储技术、网络技术，所以具有明显的不稳定性，数字化信息的内容和位置易发生变化。因此，在制度标准信息数字化过程中要遵循安全性原则。

（1）通过录入或扫描方式得到数字化制度标准信息的，要确保制度标准原件的安全。

（2）在处理和存贮数字化制度标准信息时，要确保数字化制度标准信息的内容与制度标准原件相吻合。

（3）遵循原始制度标准的保密性，确保涉密制度标准信息不被未授权者浏览。

（4）利用先进的计算机安全技术，如防火墙、实时杀毒软件以及存储设备，保证已经数字化的制度标准信息的安全。

7.3　安全保障体系

自然资源信息是国家重要的基础性、战略性资源，广泛应用于经济建设、国防建设和社会发展，尤其是涉密信息，直接关系国家主权、安全和利益。因此，自然资源信息对维护国家安全意义重大。当前，围绕国家安全需求，自然资源信息安全工作虽然取得了一系列重要进展，但与保障国家安全的需求相比，仍然面临许多挑战，尤其是在以云计算、大数据、移动互联网、物联网、人工智能为代表的新一代数字技术的快速发展时期，自然资源信息从单纯的作为国家情报的主要组成，到服务于经济建设，再到走进民生，所面临的安全风险也日益复杂。

立足自然资源调查监测体系数字化建设对信息安全保障的现实需求，依据国家相关安全管理规定，按照信息安全等级保护和分级保护要求，建立由基础设施安全、软硬件平台安全、网络通信安全、数据资源安全、涉密人员安全等组成的自然资源调查监测安全保障体系，为自然资源调查监测体系数字化建设保驾护航。

7.3.1　安全形势

目前，自然资源调查监测体系数字化建设所面临的安全威胁主要包括安全保障体系尚未完善、核心技术设备受制于人、新兴装备大众化带来安全隐患、数据获取及生产过程监管不足、新技术新应用带来新的安全挑战等几个方面。

1. 安全保障体系尚未完善

近几年来，自然资源调查监测初步建成了涵盖信息安全防护、检测、响应与评估的信息安全保障体系，形成了信息安全保障组织管理、标准规范、技术研究体系。但是，仍有很多业务在信息化建设初期并没有考虑信息安全问题，或是仅依靠堆砌防火墙、防病毒、入侵检测等安全产品形成安全防护体系。由于缺乏安全防护体系的顶层设计，缺乏有效的整体防御体系和规划，导致现有的安全防护措施无法抵御来自外界物理环境、网络空间的高强度攻击。

与此同时，很多自然资源调查监测信息系统主要采用"打补丁"的安全防护模式，这种被动安全防护模式一方面会造成系统运行效能和可靠性降低，另一方面也会造成安全防护能力不够，在高强度攻击下无法实施有效的安全保障。

开展信息安全防护体系顶层设计，信息安全保障逐步由传统的被动防护转向"监测—响应式"的主动防御，构建完整、联动、可信、快速响应的综合防护防御体系，是自然资源调查监测安全建设的重要内容。

2. 核心技术设备受制于人

我国自然资源调查监测存在关键基础设施、核心技术受制于人等问题，所采用的芯片处理器、元器件、网络设备、存储设备、操作系统、通用协议和标准等，很大部分都依赖国外产品和技术，给信息安全带来无法控制的安全隐患，如这些产品自身安全性尚不明确，可能存在难以控制的木马、漏洞和后门等问题，使得网络和系统易遭受攻击，面临敏感信息泄露、系统无法正常运行等安全风险，整体安全防护能力不受控。

随着国家对自主可控的需求越来越迫切，近年来操作系统、数据库、CPU、网络设备等逐步实现了国产化，初步形成了国产关键软硬件产品体系，但是目前国产化程度还不高，表现在软硬件平台性能不高、兼容性较低、接口开放性较差、应用软件国产化迁移难度较大等。目前外业数据采集软件主要是基于 Windows、Mobile、Android、iOS 等系统开发，大部分是基于 ArcGIS、开源框架等。地理信息数据处理软件中，国产比例在逐年提升，如吉威、PixelGrid、JX-4、北京山维、航天远景等，但仍然以 ArcGIS、ERDAS、AutoCAD、Inpho、像素工厂等国外软件为主，数据库软件主要有 Oracle、SQL Server、Access、Mongo DB，以及基于 ArcGIS、MapGIS、SuperGIS 开发等一系列应用软件。这些国外系统和软件以及基于国外软硬件系统进行开发的应用软件，是否被预置了"后门"、是否带有容易被攻击的漏洞，不得而知，给数据生产和存储的安全性、可靠性带来风险。

自然资源调查监测业务的关键设备、核心技术要全部实现国产化，仍存在很长的距离，加强自主可控、安全可信的核心基础设施建设，构建稳固根基，提升整体安全防护效能，是自然资源调查监测信息安全建设面临的挑战之一。

3. 新兴装备大众化带来安全隐患

随着科学技术发展，无人机、遥感、三维激光等行业新装备兴起，可穿戴装备、车载、手机定位、共享单车等民用位置服务装备逐渐普及并不断提升定位精度，这些新兴技术、装备的发展与融合，在推动自然资源调查监测发展的同时，也逐渐模糊了原有调查监测活动的界限，对我国自然资源信息安全的监管提出了更高的挑战。

新装备的普及与应用是自然资源走向大众、被大众认可的重要标志，其单纯作为位置服务功能和信息获取能力，本身并不具有安全隐患。但如果我国对于这些如雨后春笋般蓬勃发展的装备和技术缺乏规范相应的应用范围及标准体系，结合大众用户缺乏安全保护意识，可能会无意间暴露或泄露国家安全信息，同时，不法分子也可以利用调查监测装备体积越来越小型化、精度越来越高的特点，从事非法获取自然资源信息而不易被察觉，危害国家安全。

4. 数据获取及生产过程监管不足

近年来，随着星基增强系统技术发展和应用推广，使得获取高精度位置信息更为便利，可以更好地满足各行各业对高精度位置信息的需求，特别是在没有地基增强服务的区域，如海洋、沙漠地区。但也存在基于星基增强系统获取高精度位置信息的管控问题。目前，提供商业服务的星基增强系统有四套，分别是美国 Navcom 公司的 StarFire 系统、美国 Trimble 公司的 OmniStar 系统、瑞典 Hexagon 公司的 VeriPos 系统和我国合众思壮公司建设的"中国精度"系统。以"中国精度"为例，可以提供覆盖全球的厘米、分米、亚米级定位服务。国外星基增强高精度系统目前已进入国内市场，可以获取我国的高精度位置数据，但是我国尚缺乏对国外系统进入国内市场的审核机制和具体有力的管理措施。

随着数字技术的快速发展，众包采集可能出现在外业采集数据、地图应用等方面，虽然具有低成本生产、提高生产效率，以及满足用户个性化需求等优势，但是也存在一定的安全风险。由于众包采集的信息数据来源于普通大众，多为非专业人员，缺乏安全保密意识，如果标注、上传的信息未经严格审核，有可能泄露国家秘密、危害国家安全，而对于国外或者服务器搭建在国外的标注或采集平台，目前无法监管。

5. 新技术新应用带来新的安全挑战

随着虚拟现实、大数据、云计算、区块链等新一代数字技术在自然资源调查监测中应用，对信息安全提供了有力保障。自然资源信息系统根据业务和安全性需要，通常划分为多个安全区域，安全区域之间存在资源访问的需求，需要保障信息资源的跨域安全流转，由传统的基于物理边界的安全防护向不同动态安全区域之间的访问控制转变。

云计算在自然资源领域的应用越来越广泛，云计算和 GIS 相结合，给 GIS 带来很好的发展机遇，可以有效降低 GIS 服务提供的成本，提高服务效率，推动自然资源空间信息服务走进百姓生活。同时，基于网络架构的云 GIS 服务模式的出现，也为 GIS 的发展带来安全挑战。海量自然资源空间信息数据通过互联网的方式传输、云计算的方式处理，在当前的互联网环境下，存在管理安全风险、技术安全风险、数据安全风险等安全隐患。其中，管理安全风险是指云服务商要对设备科学管理与维护，保证设备正常使用，及时发现设备安全隐患；云服务商要对员工严格管理，具备安全防范意识，职责分明，操作规范；云服务商要对用户进行审核管理，防止非法用户越权使用数据信息，从事非法活动。技术安全风险是指不安全软件的入侵，容易造成数据外泄，一旦有安全漏洞，可能被黑客利用。数据安全风险是指自然资源调查监测信息数据集中管理，服务提供商要遵循应用管理、对接和服务发布要求，不宜用于云计算的 GIS 数据、敏感性数据和用户标注、上传的自有数据都要做好管理。

综上所述，自然资源调查监测体系数字化建设在安全建设过程中尚面临着诸多问题，现有的安全防护体系仍然无法抵御来自外部物理环境、网络空间的高强度威胁，因此，依托新一代数学技术，大力推进自然资源调查监测安全体系化和自主化建设，提升强信息对抗环境下的防护能力刻不容缓。

7.3.2 安全需求

针对现存的安全隐患，自然资源调查监测数字化安全性需要具体从法规制度、物理环境安全、计算机系统安全、应用系统安全、网络链路安全、数据资源安全、人为因素、核心技术支撑等方面综合考虑。

1. 完善相关法规制度

需进一步修订完善自然资源空间信息安全保密相关规定、信息安全标准，加强对新技术条件下出现的信息安全问题规范管理，制定相应的服务接口规范。同时，通过分级保护对自然资源数据信息进行安全控制。

2. 物理环境安全

保证自然资源调查监测的所有设备和机房及其他场地的安全，是整个自然资源调查监测体系数字化建设信息安全的前提。为保护机房中心、场地设施（含网络）、计算机设备，以及其他各类调查监测仪器免遭地震、水灾、火灾、有害气体和其他环境事故（如电磁污染等）破坏，应采取各种保护措施和手段。

3. 计算机系统安全

没有计算机系统的安全就没有调查监测业务系统的安全。目前所使用的计算机的操作系统并不是完美无缺、无懈可击的，其系统本身在结构和代码设计时偏重于考虑系统使用的方便性，所以易导致系统的安全机制不健全，存在很多安全漏洞。同时，数据库管理系统的安全与操作系统的安全又密不可分，存在一系列必须防范的安全问题，绝不可掉以轻心。

4. 应用系统安全

应用层安全的解决往往依赖于网络层、操作系统、数据库的安全。由于自然资源调查监测应用系统复杂多样，没有特定的安全技术能够完全解决某些特殊应用系统的安全问题。但对一些通用的应用程序，如 Web Server 程序、FTP 服务程序、E-mail 服务程序、浏览器、MS Office 办公软件等，网络安全巡警系统或系统漏洞扫描可以帮助检查这些应用程序自身的安全漏洞和由于配置不当造成的安全漏洞。

5. 网络链路安全

自然资源调查监测的数据链路与网络的通信连接是安全性较为薄弱的环节。网络层是网络入侵者攻击自然资源调查监测信息系统的渠道，许多安全问题都集中体现在网络层的安全方面，具体表现为网络拓扑结构和网络协议。网络拓扑结构保证网络安全的首要问题就是要合理划分网段，利用网络中间设备的安全机制控制各网络间的访问。由于网络系统内运行的 TCP/IP 协议并非专为安全通信而设计，所以网络系统存在大量安全隐患和威胁。

6. 数据资源安全

自然资源调查监测的数据资源种类多、体量大、类型混杂，并且数据对内和对外共享应用要求较高，大部分属于涉密数据，保障自然资源调查监测数据资源的安全传输、存储和应用显得尤为关键。

7. 人为因素

自然资源调查监测中最关键、最核心和最活跃的因素是人，有一批品德优良、道纪守法、业务过硬的工作人员加上严格完善的管理制度，才能保证数据和数据中心的安全使用。提高政府部门、企事业单位及大众保护信息安全的意识是安全教育的重点内容。

8. 核心技术支撑

加大力度解决核心关键技术问题，在做好云计算环境下数据防护、数据加密等数据库安全方面研究的同时，加强对数据来源追溯技术的研究，进而确定数据泄露的来源并及时修补系统漏洞，增加数据的安全性。研究改进信息保密处理技术，改进加密算法，加强对空间数据非线性保密处理技术的研究，研究自然资源数据新的应用方式，既满足行业发展需求，又符合国家的安全法规。

7.3.3 安全管理机制、策略和原则

面对自然资源调查监测体系数字化建设所存在的安全隐患和对信息安全保障的现实需求，提出自然资源调查监测体系数字化建设安全保障管理的机制、策略和原则。

1. 安全管理机制

安全管理机制的建立主要涵盖以下四方面的内容：

（1）建立"纵向监督、横向联动"的网络安全管理工作机制。纵向方面，建立各级自然资源主管部门常态化安全监测预警工作机制，合力促进自然资源调查监测安全体系建设；横向方面，与同级安全管理、测评等相关单位建立跨部门、跨地区融合的工作机制，加强日常监督预警，确保信息安全工作协调共治。

（2）建立"边界明确、权责清晰"的安全管理机构和团队。加强自然资源关键信息基础设施

安全保护，落实关键信息基础设施安全保障主体责任。组建安全保障团队，配备设备、系统、网络、数据、应用等几大领域的专业人才负责日常安全保障和应急响应。

（3）建立"标准合规、责任明晰"的网络安全保密机制。严格按照国家有关安全保密要求推进自然资源调查监测体系数字化建设，落实安全保密措施，建立符合网络安全标准化要求的保密机制。明确落实安全保密主体责任，加强对设计、建设及运营人员的安全保密管理，确保所有人员严格遵守国家保密法律、法规和各部门安全保密相关规章制度，履行保密义务，并按要求签署保密协议。

（4）建立"专项督查与自监管有机结合"的安全检查机制。检查安全措施和整改措施落实情况，定期开展自然资源调查监测网络安全专项督查，组织安全策略、系统建设、运维管理等多个层面的安全审计。完善网络安全监管制度，监督建设运营单位落实企业安全保密监管责任。

2. 安全保障策略

完善安全保障策略主要涉及三个体系的建立：

（1）建立安全预警防护体系。结合网络安全态势感知、异常流量监测的安全保障技术，加强自然资源调查监测电子政务互联网出口网络安全监测，构建网络安全预警防护体系。准确把握网络安全风险规律，提升安全风险管控能力，逐步实现从"基于威胁的被动保护"安全体系向"基于风险的主动防控"安全体系的转变。

（2）建立敏感数据保护体系。依托数据泄露防护技术，实现自然资源调查监测数据安全预警和溯源。完善数据产权保护，加大对数字技术专利、数字版权、数字内容产品及个人隐私等的保护力度。

（3）建立安全事件应急处理体系。建设自然资源调查监测安全应急指挥中心，指定突发事件应急预案、安全应急响应计划、灾难恢复策略、恢复预案，明确政府部门、自然资源主管部门、企事业单位、社会大众在物理设施安全、软硬件安全、网络安全、数据资源安全等方面突发事件的应急分工及工作流程，定期组织安全应急培训并开展应急演练，不断完善预案，持续保障自然资源调查监测体系数字化建设。

3. 安全管理的原则

自然资源调查监测数字化安全保障体系的建设必须从国家安全的高度着眼，突出自然资源调查监测体系数字化建设自身的业务特点，严格遵循以下原则：

（1）严格遵守中华人民共和国相关法律、法规及标准规范。

（2）须符合国家对涉密信息的安全要求和保密规范。

（3）严格遵守国家有关信息安全部门相关规定。

（4）立足现有基础，选择先进的、标准化的信息系统安全建设模型。

（5）技术手段与管理制度并重。

4. 安全保障体系架构

自然资源调查监测安全保障体系架构应遵守"一个核心、三个维度、四个过程"的设计思路，即以 CA 体系建设为核心，从安全域、系统层次、威胁路径三个维度进行安全防护设计，从而最终建设具备防护、检测、响应和恢复能力的自然资源调查监测动态安全防护体系。

自然资源调查监测安全保障体系架构，如图 7.1 所示。

1）一个核心

以行业统一标准的 PKI/CA（公钥基础设施／认证中心）认证体系为切入点，不断拓展数字证书认证、数据加密、时间戳和数据签名等安全应用，结合统一门户平台建设，逐步实现内部用户的统一管理、业务系统权限的集中分配，并利用 CA 系统的审计功能对用户系统访问行为进行记录，实

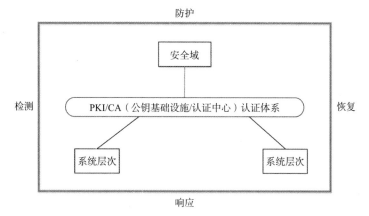

图 7.1 安全保障体系架构图

现安全责任的可追查、可认定。同时，逐步将基于数字证书的高强度身份认证机制应用到网络准入、系统管理员登录、VPN（虚拟专用网络）登录等方面，从而提高网络和系统层面的安全控制能力。

2）三个维度

"三个维度"主要是指从安全域、系统层次、威胁路径三条主线进行设计和防护，如图 7.2 所示。

（1）安全域：

① 定义：安全域是在同一工作环境中具有相同或相似的安全保护需求和保护策略、相互信任、相互关联或相互作用的 IT 要素的集合。

② 安全域的划分：根据各单位的实际网络情况，可划分为计算域、网络边界域、网络通信、DMZ 域（隔离区）、用户域。其中计算域主要包括应用系统服务器资源、安全系统服务器资源等；网络边界域主要包括互联网外联域、外部单位连接域、行业网出口等；网络通信域主要包括核心网络设备、边界网络设备、汇聚层网络设备与接入层设备等；DMZ 域主要包括对外开放的门户网站服务资源和对外提供服务的 Web 应用系统；用户域主要包括办公计算机、维护终端、外来终端等。

③ 安全域的功能设计：以安全域为单位进行安全功能设计的导图如图 7.3 所示。

· 计算域：主要包括系统冗余、数据备份与恢复、数据保密性、系统访问控制、系统层面双因素认证、应用层面双因素认证和访问控制、主机防病毒、系统漏洞管理、系统安全基线、抗抵赖、通信完整性、通信保密性、数据可恢复性、数据保密性、系统入侵检测、应用程序漏洞管理、系统安全审计、应用安全审计等。

· 网络边界域：主要包括网络边界访问控制、网络边界病毒防护、网络入侵防御、网络准入控制、上网行为管理、网络入侵检测等。

· 网络通信域：主要包括网络冗余、网络流量监测、网络区域划分、网络漏洞管理、网络安全基线、网络行为安全审计等。

· 用户域：主要包括终端准入控制、安全审查、终端资产管理、移动存储介质管理、恶意代码防范、上网行为管理等。

· DMZ 域：主要包括网站防篡改、Web 站点安全检测、应用程序代码审计、应用程序漏洞管理、恶意代码防范、流量监测等。

（2）层次保护。根据层级进行安全功能设计的导图，如图 7.4 所示。

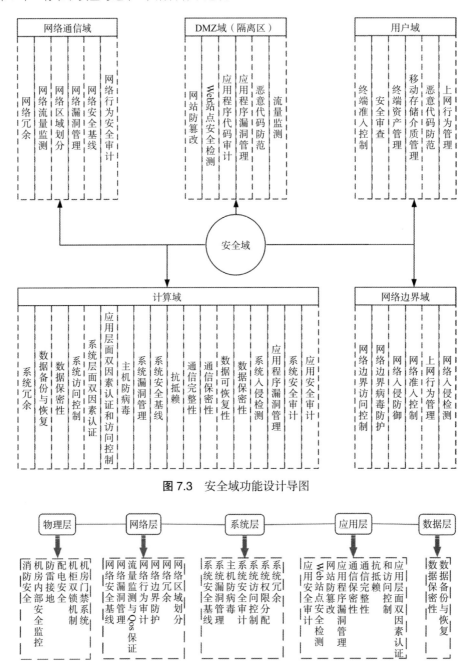

图 7.3 安全域功能设计导图

图 7.4 层次保护导图

① 物理层：主要包括机房门禁系统、机柜双锁机制、配电安全、防雷接地、机房内部安全监控、消防安全。

② 网络层：主要包括网络区域划分、网络冗余、网络边界防护、网络行为审计、流量监测与 QoS 保证、网络漏洞管理、网络安全基线。

③ 系统层：主要包括系统冗余、系统权限分配、系统访问控制、系统安全审计、主机防病毒、系统漏洞管理、系统安全基线。

④ 应用层：主要包括应用层面双因素认证和访问控制、抗抵赖、通信完整性、通信保密性、应用程序漏洞管理、网站防篡改、Web 站点安全检测、应用安全审计。

⑤ 数据层：主要包括数据备份与恢复、数据保密性。

（3）威胁路径保护。威胁路径保护主要指基于威胁来源的判断和对应脆弱点的识别，从而逐项进行设计，形成端到端的防护体系。一般威胁路径的保护主要包括终端安全、接入控制、通信安全、系统安全、数据安全和安全审计六个环节，具体如下：

① 终端安全：主要包括终端资产管理、策略管理、补丁管理。

② 接入控制：主要包括网络准入控制、网络边界访问控制。

③ 通信安全：主要包括网络漏洞管理、网络配置安全、传输保密性、传输完整性。

④ 系统安全：主要包括身份鉴别、权限控制、系统配置安全、系统漏洞管理。

⑤ 数据安全：主要包括数据保密性、数据完整性。

⑥ 安全审计：主要包括系统行为审计、网络行为审计、业务操作行为审计。

基于威胁路径的功能导图，如图 7.5 所示。

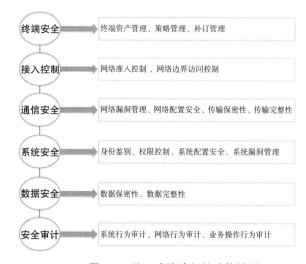

图 7.5　基于威胁路径的功能导图

3）四个过程

"四个过程"主要参照 PDRR（防护、检测、响应、恢复）模型（图 7.6），整合上述三个维

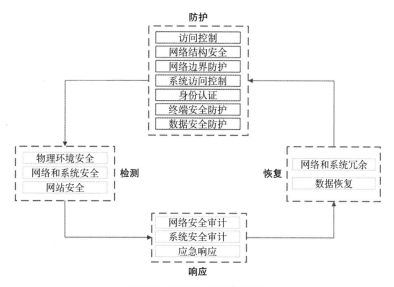

图 7.6　PDRR 防护体系图

度中的所有安全功能控制点，最终形成一套具备防护措施、检测功能、响应和恢复能力的动态安全防护体系。它可以分为以下四大类：

（1）防护类功能主要包括访问控制、网络结构安全、网络边界防护、系统访问控制、身份认证、终端安全防护、数据安全防护。

（2）检测类功能包括物理环境安全的检测、网络和系统安全检测、网站安全检测等。

（3）响应能力包括网络安全审计、系统安全审计、应急响应。

（4）恢复功能主要包括网络和系统冗余、数据恢复等。

7.3.4　安全保障内容

自然资源调查监测体系数字化建设的安全保障主要是按照分等分级保护要求，从基础设施安全、软硬件平台安全、网络通信安全、数据资源安全、涉密人员管理等几个方面进行重点防护。

1. 信息安全等级保护制度

为规范信息安全等级保护管理，提高信息安全保障能力和水平，维护国家安全、社会稳定和公共利益，保障和促进信息化建设，国家通过制定统一的信息安全等级保护管理规范和技术标准，组织公民、法人和其他组织对信息系统分等级实行安全保护，对等级保护工作的实施进行监督、管理。在自然资源调查监测体系数字化建设过程中，应该按照等级安全保护要求，对重要信息的存储、传输、处理环节实行等级安全保护，对信息系统中使用的信息安全产品实行等级管理，对自然资源调查监测中发生的信息安全事件分等级响应、处置。

1）安全保护等级

根据等级保护对象在国家安全、经济建设、社会生活中的重要程度，以及一旦遭到破坏、丧失功能或者数据被篡改、泄露、丢失、损毁后，对国家安全、社会秩序、公共利益以及公民、法人和其他组织的合法权益的侵害程度等因素，按照《信息安全技术 网络安全等级保护定级指南》规定，安全保护对象安全保护等级分为以下五级：

（1）第一级：等级保护对象受到破坏后，会对相关公民、法人和其他组织的合法权益造成一般损害，但不损害国家安全、社会秩序和公共利益。

（2）第二级：等级保护对象受到破坏后，会对相关公民、法人和其他组织的合法权益造成严重损害或特别严重损害，或者对社会秩序和公共利益造成危害，但不危害国家安全。

（3）第三级：等级保护对象受到破坏后，会对社会秩序和公共利益造成严重危害，或者对国家安全造成危害。

（4）第四级：等级保护对象受到破坏后，会对社会秩序和公共利益造成特别严重危害，或者对国家安全造成严重危害。

（5）第五级：等级保护对象受到破坏后，会对国家安全造成特别严重危害。

国家对不同安全保护级别的信息和信息系统实行不同强度的监管政策。第一级依照国家管理规范和技术标准进行自主保护；第二级在信息安全监管职能部门指导下依照国家管理规范和技术标准进行自主保护；第三级依照国家管理规范和技术标准进行自主保护，信息安全监管职能部门对其进行监督、检查；第四级依照国家管理规范和技术标准进行自主保护，信息安全监管职能部门对其进行强制监督、检查；第五级依照国家管理规范和技术标准进行自主保护，国家指定专门部门、专门机构进行专门监督。

根据《信息安全技术 网络安全等级保护定级指南》，网络设施、信息系统等一旦遭到破坏，丧失功能或者数据泄露，对国计民生和公共利益造成严重危害的应定为三级，对国家安全造成严重危害的系统应定为四级。由此可见，关键信息基础设施一般应定为三级以上。

　　自然资源数据是我国国情国力的重要部分，自然资源调查监测业务数据和系统是国家关键信息基础设施，遭到破坏或者数据泄露，将对社会秩序、公共利益和国家安全造成不同程度的危害，应该按照三级或以上进行保护。按照国家相关安全等级保护的要求，对自然资源调查监测各项业务进行安全保护等级的评估，包括各项业务涉及的基础设施安全、软硬件平台安全、网络通信安全、数据资源安全。公安机关负责相关信息安全等级保护工作的监督、检查、指导。国家保密工作部门负责等级保护工作中有关保密工作的监督、检查、指导。国家密码管理部门负责等级保护工作中有关密码工作的监督、检查、指导。涉及其他职能部门管辖范围的事项，由有关职能部门依照国家法律法规的规定进行管理。国务院信息化工作办公室及地方信息化领导小组办事机构负责等级保护工作的部门间协调。

　　安全保护等级确定后，涉及自然资源调查监测业务的各相关单位应当按照国家信息安全等级保护管理规范和技术标准，使用符合国家有关规定、满足安全保护等级需求的技术产品，开展安全体系建设或者改建工作。

　　2）通用等级保护安全技术设计框架

　　网络安全等级保护安全技术设计包括各级系统安全保护环境的设计及其安全互联的设计，如图7.7所示。各级系统安全保护环境由相应级别的安全计算环境、安全区域边界、安全通信网络和（或）安全管理中心组成。定级系统互联由安全互联部件和跨定级系统安全管理中心组成。

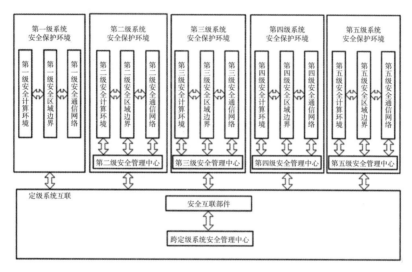

图 7.7　网络安全等级保护安全技术设计框架[1]

　　在对定级系统进行安全保护环境设计时，可以结合系统自身业务需求，将定级系统进一步细化成不同的子系统，确定每个子系统的等级，对子系统进行安全保护环境的设计。

　　3）第三级通用系统安全保护环境设计要求

　　因自然资源调查监测体系数字化建设的信息安全等级保护原则上不低于三级，因此，本节以第三级设计要求为例进行介绍。

　　（1）设计目标：按照《计算机信息系统安全保护等级划分准则》对第三级系统的安全保护要求，在第二级系统安全保护环境的基础上，通过实现基于安全策略模型和标记的强制访问控制以及增强系统的审计机制，使系统具有在统一安全策略管控下，保护敏感资源的能力，并保障基础计算资源和应用程序可信，确保关键执行环节可信。

1）此图来源于 GB/T25070-2019《信息安全技术 网络安全等级保护安全设计技术要求》。

（2）设计策略：在第二级系统安全保护环境的基础上，遵循《计算机信息系统安全保护等级划分准则》相关要求，构造非形式化的安全策略模型，对主、客体进行安全标记，表明主、客体的级别分类和非级别分类的组合，以此为基础，按照强制访问控制规则实现对主体及其客体的访问控制。第三级系统安全保护环境在使用密码技术设计时，应支持国家密码管理主管部门批准使用的密码算法，使用国家密码管理主管部门认证核准的密码产品，遵循相关密码国家标准和行业标准。

第三级系统安全保护环境的设计通过第三级的安全计算环境、安全区域边界、安全通信网络以及安全管理中心的设计加以实现。计算节点都应基于可信根实现开机到操作系统启动，再到应用程序启动的可信验证，并在应用程序的关键执行环节对其执行环境进行可信验证，主动抵御病毒入侵行为，并将验证结果形成审计记录，送至管理中心。

（3）通用安全计算环境设计要求：

① 用户身份鉴别。应支持用户标识和用户鉴别。在对每一个用户注册到系统时，采用用户名和用户标识符标识用户身份，并确保在系统整个生存周期用户标识的唯一性；在每次用户登录系统时，采用受安全管理中心控制的口令、令牌、基于生物特征、数字证书以及其他具有相应安全强度的两种或两种以上的组合机制进行用户身份鉴别，并对鉴别数据进行保密性和完整性保护。

② 自主访问控制。应在安全策略控制范围内，使用户对其创建的客体具有相应的访问操作权限，并能将这些权限的部分或全部授予其他用户。自主访问控制主体的粒度为用户级，客体的粒度为文件或数据库表级和（或）记录或字段级。自主访问操作包括对客体的创建、读、写、修改和删除等。

③ 标记和强制访问控制。在对安全管理员进行身份鉴别和权限控制的基础上，应由安全管理员通过特定操作界面对主、客体进行安全标记；应按安全标记和强制访问控制规则，对确定主体访问客体的操作进行控制。强制访问控制主体的粒度为用户级，客体的粒度为文件或数据库表级。应确保安全计算环境内的所有主、客体具有一致的标记信息，并实施相同的强制访问控制规则。

④ 系统安全审计。应记录系统的相关安全事件。审计记录包括安全事件的主体、客体、时间、类型和结果等内容。应提供审计记录查询、分类、分析和存储保护；能对特定安全事件进行报警；确保审计记录不被破坏或非授权访问。应为安全管理中心提供接口；对不能由系统独立处理的安全事件，提供由授权主体调用的接口。

⑤ 用户数据完整性保护。应采用密码等技术支持的完整性校验机制，检验存储和处理的用户数据的完整性，以发现其完整性是否被破坏，且在其受到破坏时能对重要数据进行恢复。

⑥ 用户数据保密性保护。采用密码等技术支持的保密性保护机制，对在安全计算环境中存储和处理的用户数据进行保密性保护。

⑦ 客体安全重用。应采用具有安全客体复用功能的系统软件或具有相应功能的信息技术产品，用户使用的客体资源重新分配前，对其原使用者的信息进行清除，以确保信息不被泄露。

⑧ 可信验证。可基于可信根对计算节点的BIOS、引导程序、操作系统内核、应用程序等进行可信验证，并在应用程序的关键执行环节对系统调用的主体、客体、操作可信验证，并对中断、关键内存区域等执行资源进行可信验证，并在检测到其可信性受到破坏时采取措施恢复，并将验证结果形成审计记录，送至管理中心。

⑨ 配置可信检查。应将系统的安全配置信息形成基准库，实时监控或定期检查配置信息的修改行为，及时修复和基准库中内容不符的配置信息。

⑩ 入侵检测和恶意代码防范。应通过主动免疫可信计算检验机制及时识别入侵和病毒行为，并将其有效阻断。

（4）通用安全区域边界设计技术要求：

① 区域边界访问控制。应在安全区域边界设置自主和强制访问控制机制，应对源及目标计算

节点的身份、地址、端口和应用协议等进行可信验证，对进出安全区域边界的数据信息进行控制，防止非授权访问。

② 区域边界包过滤。应根据区域边界安全控制策略，通过检查数据包的源地址、目标地址、传输层协议、请求的服务等，确定是否允许该数据包进出该区域边界。

③ 区域边界安全审计。应在安全区域边界设置审计机制，由安全管理中心集中管理，并对确认的违规行为及时报警。

④ 区域边界完整性保护。应在区域边界设置探测器，例如外接探测软件，探测非法外联和入侵行为，并及时报告安全管理中心。

⑤ 可信验证。可基于可信根对计算节点的 BIOS、引导程序、操作系统内核、区域边界安全管控程序等进行可信验证，并在区域边界设备运行过程中定期对程序内存空间、操作系统内核关键内容区域等执行资源进行可信验证，并在检测到其可信性受到破坏时采取措施恢复，并将验证结果形成审计记录，送至管理中心。

（5）通用安全通信网络设计技术要求：

① 通信网络安全审计。应在安全通信网络设置审计机制，由安全管理中心集中管理，并对确认的违规行为进行报警。

② 通信网络数据传输完整性保护。应采用由密码技术支持的完整性校验机制，以实现通信网络数据传输完整性保护，并在发现完整性被破坏时进行恢复。

③ 通信网络数据传输保密性保护。应采用由密码技术支持的保密性保护机制，以实现通信网络数据传输保密性保护。

④ 可信连接验证。通信节点应采用具有网络可信连接保护功能的系统软件或可信根支撑的信息技术产品，在设备连接网络时，对源和目标平台身份、执行程序及其关键执行环节的执行资源进行可信验证，并将验证结果形成审计记录，送至管理中心。

（6）安全管理中心设计技术要求：

① 系统管理。可通过系统管理员对系统的资源和运行进行配置、控制和可信及密码管理，包括用户身份、可信证书及密钥、可信基准库、系统资源配置、系统加载和启动、系统运行的异常处理、数据和设备的备份与恢复等。应对系统管理员进行身份鉴别，只允许其通过特定的命令或操作界面进行系统管理操作，并对这些操作进行审计。

② 安全管理。应通过安全管理员对系统中的主体、客体进行统一标记，对主体进行授权，配置可信验证策略，维护策略库和度量值库。应对安全管理员进行身份鉴别，只允许其通过特定的命令或操作界面进行安全管理操作，并进行审计。

③ 审计管理。应通过安全审计员对分布在系统各个组成部分的安全审计机制进行集中管理，包括根据安全审计策略对审计记录进行分类；提供按时间段开启和关闭相应类型的安全审计机制；对各类审计记录进行存储、管理和查询等。对审计记录应进行分析，并根据分析结果进行处理。应对安全审计员进行身份鉴别，只允许其通过特定的命令或操作界面进行安全审计操作。

4）定级系统互联设计

（1）设计目标：对相同或不同等级的定级系统之间的互联、互通、互操作进行安全保护，确保用户身份的真实性、操作的安全性以及抗抵赖性，并按安全策略对信息流向进行严格控制，确保进出安全计算环境、安全区域边界以及安全通信网络的数据安全。

（2）设计策略：遵循《计算机信息系统安全保护等级划分准则》对各级系统的安全保护要求，在各定级系统的计算环境安全、区域边界安全和通信网络安全的基础上，通过安全管理中心增加相应的安全互联策略，保持用户身份、主/客体标记、访问控制策略等安全要素的一致性，对互联系统之间的互操作和数据交换进行安全保护。

（3）设计技术要求：

① 安全互联部件设计技术要求。应通过通信网络交换网关与各定级系统安全保护环境的安全通信网络部件相连接，并按互联互通的安全策略进行信息交换，实现安全互联部件。安全策略由跨定级系统安全管理中心实施。

② 跨定级系统安全管理中心设计技术要求。应通过安全通信网络部件与各定级系统安全保护环境中的安全管理中心相连，主要实施跨定级系统的系统管理、安全管理和审计管理。

· 系统管理。应通过系统管理员对安全互联部件与相同和不同等级的定级系统中与安全互联相关的系统资源和运行进行配置和管理，包括用户身份管理、安全互联部件资源配置和管理等。

· 安全管理。应通过安全管理员对相同和不同等级的定级系统中与安全互联相关的主/客体进行标记管理，使其标记能准确反映主/客体在定级系统中的安全属性；对主体进行授权，配置统一的安全策略，并确保授权在相同和不同等级的定级系统中的合理性。

· 审计管理。应通过安全审计员对安全互联部件的安全审计机制、各定级系统的安全审计机制以及与跨定级系统互联有关的安全审计机制进行集中管理。包括根据安全审计策略对审计记录进行分类；提供按时间段开启和关闭相应类型的安全审计机制；对各类审计记录进行存储、管理和查询等。对审计记录应进行分析，并根据分析结果进行及时处理。

2. 分级保护制度

国家秘密是关系国家安全和利益，依照法定程序确定，在一定时间内只限一定范围的人员知悉的事项。机关、单位应当实行保密工作责任制，健全保密管理制度，完善保密防护措施，开展保密宣传教育，加强保密检查。存储、处理国家秘密的计算机信息系统按照涉密程度实行分级保护。根据《中华人民共和国保守国家秘密法》，国家秘密的密级分为绝密、机密、秘密三级。绝密级国家秘密是最重要的国家秘密，泄露会使国家安全和利益遭受特别严重的损害；机密级国家秘密是重要的国家秘密，泄露会使国家安全和利益遭受严重的损害；秘密级国家秘密是一般的国家秘密，泄露会使国家安全和利益遭受损害。

测绘地理信息技术手段是开展自然资源调查监测业务的重要支撑，依据《自然资源部 国家保密局关于印发〈测绘地理信息管理工作国家秘密范围的规定〉的通知》（自然资发〔2020〕95号），测绘地理信息管理工作国家秘密包括：

1）绝密级事项
（1）泄露后会对国家安全、利益和领土主权及海洋权益造成特别严重威胁或者损害的。
（2）泄露后会对国家重要军事设施、国家安全警卫目标造成特别严重威胁或者损害的。
（3）泄露后会对国家整体军事防御能力造成特别严重威胁或者损害的。

2）机密级事项
（1）泄露后会对国家安全、利益和领土主权及海洋权益造成严重威胁或者损害的。
（2）泄露后会对国家重要军事设施、国家安全警卫目标造成严重威胁或者损害的。
（3）泄露后会对国家整体军事防御能力造成严重威胁或者损害的。
（4）泄露后会对社会稳定和民族团结造成严重损害的。

3）秘密级事项
（1）泄露后会对国家安全、利益和领土主权及海洋权益造成威胁或者损害的。
（2）泄露后会对国家重要军事设施、国家安全警卫目标造成威胁或者损害的。
（3）泄露后会对国家局部军事防御能力造成损害的。
（4）泄露后会对国家测绘地理信息核心技术水平、知识产权保护造成损害的。

（5）泄露后会对社会稳定和民族团结造成损害的。

自然资源调查监测涉密信息的生产、使用单位应当依据涉密信息分级保护管理规范和技术标准，按照绝密、机密、秘密三级的不同要求，对涉密数据实施分级保护。

3. 基础设施安全

自然资源调查监测体系数字化建设的基础设施安全保障内容主要包括网络基础设施、空间信息基础设施、密码基础服务设施、传统基础设施四项内容。

1）网络基础设施安全建设

加快5G、人工智能、产业互联网、物联网、数据中心、超算中心等新型基础设施建设，提升通信服务能力，推进物联网接入能力建设。

促进网络安全产业集聚发展，培育一批拥有网络安全核心技术和服务能力的优质企业。支持操作系统安全、新一代身份认证、终端安全接入、智能病毒防护、密码、态势感知等新型产品服务的研发和产业化，建立完善可信安全防护基础技术产品体系，形成覆盖终端、用户、网络、云、数据、应用的多层级纵深防御、安全威胁精准识别和高效联动的安全服务能力。

综合利用人工智能、大数据、云计算、IoT智能感知、区块链、软件定义安全、安全虚拟化等新技术，推进新型基础设施安全态势感知和风险评估体系建设，整合形成统一的新型安全服务平台。支持建设集网络安全态势感知、风险评估、通报预警、应急处置和联动指挥为一体的新型网络安全运营服务平台。

2）空间信息基础设施建设和升级

加强信息基础设施是国家网络安全的重要要求。推进新型数据中心建设，加强存量数据中心绿色化改造，鼓励数据中心企业高端替换、增减挂钩、重组整合，促进存量的小规模、低效率的分散数据中心向集约化、高效率转变。着力加强网络建设，推进网络高带宽、低时延、高可靠化提升。推进数据中心从"云＋端"集中式架构向"云＋边＋端"分布式架构演变。强化以"筑基"为核心的大数据平台顶层设计，加强高价值社会数据的"统采共用、分采统用"，探索数据互换、合作开发等多种合作模式，推动政务数据、社会数据的汇聚融合治理，构建数据大脑应用体系。

支持"算料、算法、算力"基础设施建设，支持建设人工智能超高速计算中心，打造智慧城市数据底座。推进高端智能芯片及产品的研发与产业化，形成超高速计算能力。加强深度学习框架与算法平台的研发、开源与应用，发展人工智能操作系统。

3）密码基础服务设施建设

从源头上维护网络空间国家主权、安全、发展利益，保护人民群众隐私权利，密码是基本手段。《中华人民共和国密码法》规定了核心密码、普通密码和商用密码三种。进一步健全自然资源电子政务密码应用保障体系，以国产密码算法应用为核心，充分利用国产的密码技术和产品，构建密码应用体系框架，创新国产密码在自然资源关键基础设施保护中的应用。建设自然资源密码服务基础设施，提供统一的数据存储加密、传输加密、密钥管理等密码服务；建设自然资源安全认证基础设施，提供身份认证、信息机密性保护、数据完整性保护、电子签名、电子签章等各类电子认证服务；建设自然资源数据真实凭证认证中心，为上层应用系统按需提供数据真实性验证服务；建立"一网通办"网关设施，提供面向内部系统和社会公众的统一访问授权服务。

加强安全保密。严格按照国家安全保密有关要求，推进关键设备的国产化，推进数据、网络和系统的等级保护和分级保护，与数据生产和系统建设同步开展安全保密设计，确保国家安全和系统应用安全。进一步完善各类安全保密的管理、技术措施，完善并推进数据定密工作，严格控制涉密和非密数据之间的数据流向，加强网络的动态感知与监测。

基于安全保障设施和策略，建设运维管理监控云平台，形成集约、高效、安全的运行网络和安全体系，最终建成具备安全保密和方便高效能力的自然资源数字化基础设施。

4）传统基础设施的数字化升级

传统基础设施安全即物理环境安全，主要包括机房场地、仪器存放室、集中作业室等重要场所安全保障。在物理环境安全建设过程中，要对传统设施智能化升级，融合人工智能、5G、物联网、工业互联网、云化大数据等技术进行数字化安全提升，打造传统基础设施数字化的智慧平台。

（1）机房门禁系统及机柜双锁。各级单位应对本单位的计算机机房建立门禁系统，加强对机房人员的进出访问控制。计算机机房内对于存放重要应用系统的机柜应采用双锁机制，分别由系统管理员和机房管理员保管。机房、仪器存放室、集中作业室等重要场所出入口应配置电子门禁系统，控制、鉴别和记录进入的人员；对机房设备、各类调查监测仪器设备、作业设备或主要部件进行固定，并设置明显的不易除去的标志；将通信线缆铺设在隐蔽处，可铺设在地下或管道中；设置机房、仪器存放室、集中作业室等重要场所防盗报警系统或设置有专人值守的视频监控系统。

（2）机房配电系统。各单位计算机机房的市电供电线路和UPS配电线路均应采取双冗余机制，机柜供电应由独立开关控制。严格符合电力供应要求，供电线路上配置稳压器和过电压防护设备；提供短期的备用电力供应，至少满足设备在断电情况下的正常运行要求；设置冗余或并行的电力电缆线路为计算机系统、特殊仪器供电。

（3）消防安全。各单位计算机机房内部应建立气体灭火系统，依照电子机房消防建设标准建设消防系统，并根据《中华人民共和国消防法》相关规定与大楼消防控制中心对接。严格符合防火要求，设置火灾自动消防系统，能够自动检测火情、自动报警，并自动灭火；采用具有耐火等级的建筑材料；对机房、仪器存放室、集中作业室进行划分区域管理，区域和区域之间设置隔离防火措施。

（4）防震、防风、防雨及防雷等安全。各单位计算机机房内部应选在具有防震、防风和防雨等能力的建筑内，避免设在建筑物的顶层或地下室。要严格符合防雷击要求，将各类机柜、设施和设备等通过接地系统安全接地。应具有完善的接地系统，同时建立零地电压的日常测量机制，并建立机房防雷系统。

（5）防水、防潮及防静电等安全。严格符合防水和防潮要求，采取措施防止雨水通过机房、仪器存放室、集中作业室等重要场所的窗户、屋顶和墙壁渗透。严格符合防静电要求，安装防静电地板并采用必要的接地防静电措施；采用措施防止静电的产生。严格符合温湿度控制要求，机房、仪器存放室等重要场所应设置温湿度自动调节设施，使室内温湿度的变化在设备运行所允许的范围之内。严格符合电磁防护要求，电源线和通信线缆应隔离铺设，避免互相干扰；应对关键设备、仪器实施电磁屏蔽。

（6）防霉、防雾、防锈等安全。注意自然资源调查监测各类仪器的防霉、防雾、防锈措施。一般情况下，外业仪器6个月需进行全面擦拭，湿热地区1～3个月进行全面擦拭；内业仪器1年需更换防锈油脂，湿热地区6个月更换。

4. 软硬件平台安全

自然资源调查监测体系数字化建设的软硬件平台安全保障内容主要包括硬件设施安全、软件设施安全、系统平台安全。在确保安全、稳定的前提下，加快国产化软硬件设备的应用，实现技术自主、安全高效，构建安全生产环境。

1）硬件设施安全

（1）推进关键技术设备的国产化。加大人工智能、大数据、云计算、5G、物联网等新一代数字技术在自然资源调查监测领域的集成创新与应用，在北斗导航应用服务、遥感信息智能解译、地理要素自动提取、基于众智感知的在线测绘、众源数据一体化组织管理、三维单体自动构建、地图自动综合、变化信息智能提取、时空大数据深度挖掘等方面加强自主创新技术攻关和产品装备研发，鼓励采用国产化软硬件设备，提升自主装备能力。

加快构建集数据获取、处理、存储、分析、传输于一体的现代化调查监测数据生产自主装备体系，具备海洋数据观测装备、直升机及机载激光雷达、机载合成孔径雷达、机载数码航摄仪、移动测量车、地面激光扫描仪、通信组网与传输设备、地下空间测量装备、水下测量装备等硬件设备，以及影像数据处理、倾斜影像三维模型自动化构建、基础地理信息数据自动化提取、地图自动综合、时空大数据存储管理、大型数据备份存储发布等软件系统，以及其他调查监测前沿技术装备。

（2）完善装备设施安全建设。优化和加密北斗地基增强系统，开展卫星导航定位基准站的国产商用密码改造，提升基准站网安全性能；依法加强对以调查监测为目的的航空摄影统一监管，出台管理办法，对航空摄影从业单位进行规范和监管。

在介质使用和保管方面，涉密移动存储介质不得在非涉密计算机上或非涉密信息系统中使用；非涉密移动存储介质以及手机、音视频播放器等具有存储功能的电子产品不得在涉密计算机或涉密信息系统中使用；严禁非法复制、记录、存储涉密数据；不得非法获取、持有涉密数据载体。涉密单位承担横向合作项目所持有的涉密载体必须纳入本单位统一管理范围，不留死角。

对于涉密计算机外接设备的管理，要求存储、处理涉密数据的涉密计算机，必须拆除机内无线网卡等无线互联设备，切断无线联网渠道，不得连接无线鼠标、无线键盘等无线外围设备。涉密数据必须在涉密计算机或涉密信息系统中存储和处理，涉密计算机应当登记备案并进行标识。涉密计算机和涉密信息系统严禁接入互联网及其他公共信息网络。

对涉密载体销毁的管理，要求存储和处理涉密数据的涉密计算机、涉密移动存储介质的淘汰、销毁，需履行清点登记审批手续，送保密行政管理部门授权的销毁机构或指定的承销单位销毁。

2）软件设施安全

鼓励自主可靠GIS软件的研发，要求软件服务器及存储设备部署在境内，并优先选择国产平台，包括操作系统、地理信息数据采集、处理以及应用软件，推广国产软硬件协同发展，并做好安全管理。

（1）日常安全保障。对各类软件系统采取必要的措施识别网络安全漏洞和隐患，对发现的安全漏洞和隐患及时进行修补或评估可能的影响后进行修补；定期开展安全测评，形成安全测评报告，采取措施应对发现的安全问题；划分不同的管理员角色进行网络和系统的运维管理，明确各个角色的责任和权限；指定专门的部门或人员进行账户管理，对申请账户、建立账户、删除账户等进行控制。

（2）安全管理制度。对安全策略、账户管理、配置管理、日志管理、日常操作、升级与打补丁、口令更新周期等方面作出规定；制定重要设备的配置和操作手册，依据手册对设备进行安全配置和优化配置等。操作过程中应保留不可更改的审计日志，操作结束后应删除工具中的敏感数据。严格控制远程运维的开通，经过审批后才可开通远程运维接口或通道，操作过程中应保留不可更改的审计日志，操作结束后立即关闭接口或通道，应保证所有与外部的连接均得到授权和批准，定期检查违反规定无线上网及其他违反网络安全策略的行为。

（3）提高防范意识。对外来计算机或存储设备接入系统前进行恶意代码检查等，定期验证防范恶意代码攻击的技术措施的有效性，遵循密码相关国家标准和行业标准，应使用国家密码管理主管部门认证核准的密码技术和产品。

（4）记录操作日志。包括日常巡检工作运行记录，参数的设置和修改等内容，指定专门的部门或人员对日志、监测和报警数据等进行分析、统计，及时发现可疑行为。严格控制变更性操作，经过审批后才可改变连接、安装系统组件或调整配置参数，操作过程中应保留不可更改的审计日志，操作结束后应同步更新配置信息库。严格控制变更工具的使用，经过审批后才可接入进行操作。

（5）软件容错要求。提供自然资源调查监测体系数字化建设业务数据的有效性检验功能，保证通过人机接口输入或通过通信接口输入的内容符合系统设定要求。在各类自然资源调查监测基础设施、仪器设备、系统平台故障发生时，应能够继续提供一部分功能，确保能够实施必要的措施。提供各类自然资源调查监测基础设施、仪器设备、系统平台自动保护功能，当故障发生时自动保护当前所有状态，保证系统能够进行恢复。

3）系统平台安全

严格按照国家有关重要信息系统等级保护的要求，部署身份鉴别、访问授权、防火墙、网络行为审计、入侵防御、漏洞扫描、计算机病毒防治、安全管理等安全产品，能够应对平台广域网环境下面临的黑客攻击、网络病毒、各种安全漏洞以及内部非授权访问导致的安全威胁。涉密系统应严格按照国家涉密信息系统分级保护要求进行建设并通过测评。

系统平台涉及的各节点应在充分利用现有机房、计算、存储等基础设施资源的基础上，配备必要的环境资源，确保平台应用的部署和高效稳定运行，全面夯实对平台的基础支撑能力。各节点要针对物理安全、网络安全、主机安全、数据安全、应用安全等多个层次，采取综合防护措施，进一步强化安全保障体系建设。主中心节点负责主节点网络的安全环境建设，各分中心节点负责对接入主节点网络的终端和局域网的安全环境建设。

（1）系统层面双因素认证及访问控制。各级单位信息部门应对登录操作系统和数据库系统的用户进行身份标识和鉴别，其中登录用户的身份标识应采用用户名，鉴别方式采用口令。以远程方式登录服务器设备，身份鉴别应采用用户名口令与数字证书认证组合的方式。

各级单位重要系统应实现以下访问控制方面的功能：应关闭各系统不必要的端口和服务；应根据安全策略限制用户访问文件的权限及关闭默认共享；数据库系统应限制主体（如用户）对客体（如文件或系统设备、数据库表等）的操作权限（如读、写或执行）；应根据管理用户的角色对权限做出标准细致的划分，并分配该角色使用系统或数据库所需的最低权限；应为操作系统和数据库系统设置不同特权用户，并合理分离分配特权用户权限；应删除系统多余和过期的账户，如 Guest（Guest 是指让给客人访问电脑系统的账户）；不允许多人共用一个相同的账户；操作系统应遵循最小安装的原则，仅安装需要的组件和应用程序，并通过设置升级服务器等方式保持系统补丁及时得到更新。

（2）主机防病毒及终端安全防护。各单位终端和主机应安装防恶意代码软件，并及时更新防恶意代码软件版本和恶意代码库。主机防恶意代码产品应具有与网络防恶意代码产品不同的恶意代码库。

各级单位信息部门的所有终端安全防护工作应遵守以下要求：

① 病毒 / 木马防护：对蠕虫病毒、恶意软件、广告软件、勒索软件、引导区病毒、BIOS 病毒的查杀。

② 补丁管理：对全网计算机进行漏洞扫描，把计算机与漏洞进行多维关联，可以根据终端或漏洞进行分组管理，并且能够根据不同的计算机分组与操作系统类型将补丁错峰下发，在保障企业网络带宽的前提下可以有效提升企业整体漏洞防护等级。

③ 资产管理：通过定义网络 IP 段分组，对指定的网络分组进行周期性地发现（采用多协议、多机制方式）与统计网络中的终端数量及类型。

④ 单点维护：对单台终端具有全面的安全运维管理功能，包含终端的硬件资产管理、软件资产管理、系统服务管理、进程管理、账号管理、网络管理、系统事件管理、补丁管理、终端安全威胁等功能。

⑤ 流量管控：能够了解指定终端的网络流量情况，包括终端的实时网络速度、一段时间内的下载上传流量。

⑥ 非法外联管控：针对企业中经常遇到的通过无线上网等方式使内网电脑通过非法途径连接外网导致企业核心数据泄漏等问题进行有效阻断隔离。

⑦ 外设管控：支持硬件准入管理，可帮助管理员对终端的 USB 口、1394、串口、并口、PCMCIA 卡等接口进行启用和禁用控制，对 USB 移动存储、非 USB 移动存储、存储卡、冗余硬盘、软驱、打印机、扫描仪、磁带机、键盘、鼠标、红外、蓝牙、摄像头、手机 / 平板等常用设备进行禁用管理，支持光盘的读写控制功能。

（3）系统漏洞管理及系统安全基线。应配置专业的漏洞扫描工具，定期对各种类型的操作系统和数据库系统进行漏洞扫描工作，并形成扫描报告；各级单位应根据漏洞检查的结果，通过对操作系统和数据库系统进行安全加固的方式实现对高风险漏洞的修复。

应建立统一的系统安全基线和标准，对于各种类型和厂家的操作系统、数据库系统、中间件的配置安全制定统一的规范要求；各级单位信息部门应对新上线系统的操作系统、数据库系统、中间件等进行安全基线评估，以保障新上线设备的配置安全，避免导入新的安全隐患。

要坚定不移走软件平台的国产化之路，加大研发力度和加强联合攻关。各类平台提供统一的身份认证、电子签章、电子证照、安全审计等，不断完善分布式体系下的用户统一访问入口，保证高并发访问的安全、高效、稳定，加强公众版、涉密版、政务版的平台统筹建设，政务服务系统原则上应依托国家电子政务外网和互联网构建，对于有安全保密等特殊要求的服务内容，应在业务网或涉密内网上部署。建立并完善调查监测互联网安全监管系统，推进形成全过程管理、跨部门协同和社会共治的安全处置机制。

5. 网络通信安全

网络安全等级保护制度是我国网络安全领域的基本制度和基本方法。网络安全等级保护 2.0 标准体系在 1.0 标准的基础上，注重主动防御，从被动防御到事前、事中、事后全流程的安全可信、动态感知和全面审计，实现了对传统信息系统、基础信息网络、云计算、大数据、物联网、移动互联网和工业控制信息系统等级保护对象的全覆盖。

网络通信安全建设主要包括网络安全等级、网络基础设施、网络区域划分、网络边界访问控制及身份识别、安全态势感知及网络入侵防御、数据流向控制、上网行为管理及准入控制、网络漏洞及安全基线管理、安全高效自然资源通信网络、强化网络安全基础性工作等内容。

1）网络安全等级建设

网络安全防护和监管能力应与数据生产和系统建设同步开展安全保密设计，确保国家安全和系统应用安全。贯彻落实国家网络安全等级保护制度和分级保护制度，完善自然资源外网和业务网的安全防护措施，对安全管理中心、安全计算环境、安全通信网络、安全全域边界等方面的安全防护进一步完善建设，增强可信验证、数据安全、主动防御、安全检测、通报预警和应急处置等方面的安全能力，在自然资源涉密内网建立涉密信息系统分级保护体系。

涉密信息系统建设使用单位应当在信息规范定密的基础上，依据涉密信息系统分级保护管理办法和国家保密标准《涉及国家秘密的计算机信息系统分级保护技术要求》确定系统等级，依据国家保密标准《涉及国家秘密的信息系统分级保护管理规范》，加强涉密信息系统运行中的保密管理，定期进行风险评估，消除泄密隐患和漏洞。对于包含多个安全域的涉密信息系统，各安全域可以分别确定保护等级。

涉密信息系统使用的信息安全保密产品原则上应当首选国产产品，并应当通过国家保密局授权的检测机构依据有关国家保密标准进行的检测，通过检测的产品由国家保密局审核发布目录。

2）完善网络基础设施

建立与互联网物理隔离的业务网，建立满足国家分保要求的机密级局域网、涉密内网，严格按照国家安全保密有关要求，推进关键设备、技术的国产化，建立完善覆盖涉密网、业务网、互联网（电子政务外网）、应急通信网的统一自然资源网络基础设施，充分利用租赁社会公共基础设施，建成专有云、公有云混合的自然资源云基础设施体系，将自然资源数据和应用系统全部整合上云。

3）网络区域划分

各单位信息部门应重新梳理 VLAN 的规划以及 IP 地址资源的分配，尽量细化 VLAN 区域，防止广播风暴的影响蔓延。同时根据各单位整体网络结构特征，以单位为原则进行网络区域的合理划分，并在单位内部根据区域特征进一步细分，如可分为计算域、网络通信域、用户域、网络边界域等安全域。

4）网络边界访问控制及身份识别

各单位应在关键网络区域的边界处部署访问控制设备（如防火墙系统），并建立严格的访问控制策略。

自然资源调查监测体系数字化建设要充分依托自然资源系统已有涉密内网的安全认证基础设施、密钥服务基础设施、安全监控与审计等基础设施提供的各类安全服务，满足在统一身份认证和授权、数据加密传输存储以及应用服务、服务器与系统安全监控等方面的安全需求。同时要综合评估信息资源的保密性、完整性、可用性、可控性，以及各种风险和遭到破坏后的影响。

5）安全态势感知及网络入侵防御

各单位应在外网边界处部署入侵防御系统，能够实现针对 DDOS 攻击、端口扫描、木马后门攻击、IP 碎片攻击、网络蠕虫攻击等行为的防护。

在涉密内网、业务网和互联网（电子政务外网）分别建立统一、可视、全天候自然资源云安全态势感知体系和应急体系，提高关键基础设施和网络安全预警、应急处置能力。涉密内网安全态势感知主要侧重于终端合规性检查、边界防护、跨网数据交换、用户异常行为等方面的综合监测；业务网安全态势感知主要侧重于非法外联、违规接入等破坏物理隔离和边界防护措施方面的监测；政务外网安全态势感知主要侧重于互联网攻击、"僵木蠕毒"、未知威胁、网站和应用安全等方面的综合监测。

各单位应根据实际情况并结合自身需求，在外网出口处部署网络防病毒系统，在 DMZ 区边界处部署防病毒网关，实现对病毒的及时过滤。

6）数据流向控制

互联网承载非密信息，业务网承载非密但敏感信息，涉密网承载涉密信息。三网物理隔离，互联网可通过经认证的单向网闸向业务网、涉密网在线交换信息，业务网可通过经认证的双向网闸与涉密网在线交换非密信息。

7）上网行为管理及准入控制

各单位应在互联网出口处部署上网行为管理系统，并根据管理要求制定上网管理策略，严格控制用户终端对互联网的访问行为。

各单位应建立统一的网络准入控制系统，制定合理的网络接入控制策略，防止非法的外来电脑接入网络，影响内部网络的安全，并防止感染病毒、木马的电脑直接接入内部网络，影响网络的正常运行。

8）网络漏洞及安全基线管理

应配置专业的漏洞扫描工具，定期对路由器、交换机、防火墙等网络设备进行漏洞扫描工作，并形成扫描报告；各级单位应根据漏洞检查的结果，通过对设备进行安全加固的方式实现对高风险漏洞的修复。

应建立统一的网络安全基线和标准，对于各种类型和厂家的路由器、交换机、防火墙的配置安全制定统一的规范要求。各级单位应对新上线系统的网络设备进行安全基线评估，以保障新上线设备的配置安全，避免导入新的安全隐患。

9）建立安全高效自然资源通信网络

整合土地、地质、矿产、海洋、测绘地理信息等已有网络基础设施资源，构建涵盖涉密网、业务网、互联网（电子政务外网）、应急通信网的多级互联的统一自然资源通信网络，建成覆盖土地、地质矿产、测绘、海洋等多节点的分布式自然资源云数据中心运行体系。构筑分层安全防护技术机制及制度规范，完善安全可控的基础设施，确保涉密信息和敏感信息的安全。进一步完善自然资源外网和业务网的安全防护措施，在自然资源涉密内网建立涉密信息系统分级保护体系。

10）强化网络安全基础性工作

加强网络安全基础理论研究、关键技术研发和技术手段建设，建立完善国家网络安全技术支撑体系，推进网络安全标准化和认证认可工作。提升全天候全方位感知网络安全态势能力，做好等级保护、风险评估、漏洞发现等基础性工作，完善网络安全监测预警和网络安全重大事件应急处置机制。实施网络安全人才工程，开展全民网络安全教育，提升网络媒介素养，增强全社会网络安全意识和防护技能。

6. 数据资源安全

自然资源调查监测数据是保障国家生态安全的重要基础性数据。加强自然资源数据安全管理，强化数据资源在采集、传输、存储、处理、交换（应用）和销毁等环节的安全保护，实行数据资源分类分级管理，保障自然资源数据安全高效应用意义重大。

数据资源安全建设主要包括数据分级管理、数据保密安全防护、备份恢复能力建设、推进密码防伪技术国产化、完善数据交换机制、成果应用要求等内容。

1）数据分级管理

完善自然资源调查监测数据的定密工作机制，按照绝密、机密、秘密三级的不同要求，对数据实施分级保护。严格控制涉密和非密数据之间的数据流向，加强数据的动态感知与监测，进一步完善自然资源调查监测数据安全保密的管理和技术措施。同时，严格涉密成果提供使用审批管理，各地自然资源行政主管部门要依法严格执行涉密成果提供使用审批制度，对涉密成果使用单位提出的使用目的、申请范围及其保密制度建设、保密责任落实、涉密成果保管使用环境设施条件等情况进行严格审核。

2）数据保密安全防护

采用校验码技术或加解密技术保证重要数据在各类自然资源调查监测基础设施、仪器设备、系统平台传输过程中的完整性、保密性。同时，保证各类剩余信息、敏感数据的存储空间被释放或重新分配前得到完全清除。

各单位应根据需求建设数据保密性功能，应对网络设备操作系统、主机操作系统、数据库管理系统和应用系统的系统管理数据、鉴别信息和重要业务数据采用加密算法、数字证书等方式加密后传输、存储。

3）备份恢复能力建设

自然资源调查监测在数据传输、数据存储和数据交换时有可能产生系统失效、数据丢失或遭到破坏。如果没有采取数据备份和数据恢复手段与措施，就会导致数据丢失或损毁，造成的损失是无法弥补与估量的。为了维护系统和数据的完整性与准确性，通常所采取的措施有安装防火墙，防止黑客入侵；安装防病毒软件，采取存取控制措施；选用高可靠性的软件产品；增强计算机网络的安全性等。但是，世界上没有万无一失的信息安全措施，信息世界攻击和反攻击也永无止境。对信息的攻击和防护好似矛与盾的关系，螺旋式地向前发展。因此，数据备份与数据恢复是保护数据的最后手段，也是防止主动型信息攻击的最后一道防线。

要建立层次化的数据保护体系，做好容灾备份，按照对数据丢失的容忍级别实现实时数据备份恢复、定期数据备份恢复、数据异地备份等备份恢复体系。统筹推进数据资源远程备份能力建设，采取异地灾备、同城备份等形式，以保证数据安全。

（1）各级单位对关键主机操作系统、网络设备操作系统、数据库管理系统和应用系统配置文件变更前后进行备份，每天对关键数据库和应用系统重要信息进行备份，备份介质场外存放。

（2）根据国家等级保护基本要求，拥有三级系统的单位应对重要的数据提供异地数据备份，保证当本地系统发生灾难性后果时，利用异地保存的数据对系统数据能进行恢复。

（3）异地存储距离应大于100km，最佳距离为500km以上，出现介质故障或损毁时，应更换介质，更新拷贝工作应在30天内完成。

各级自然资源主管部门可以自建或利用当地政府统一的异地备份中心，也可利用自然资源部指定备份中心，实现重要数据的异地备份。

4）推进密码防伪技术国产化

进一步健全自然资源电子政务密码应用保障体系，以国产密码算法应用为核心，充分利用国产的密码技术和产品，构建密码应用体系框架，创新国产密码在自然资源关键基础设施保护中的应用。建设自然资源密码服务基础设施，提供统一的数据存储加密、传输加密、密钥管理等密码服务；建设自然资源安全认证基础设施，提供身份认证、信息机密性保护、数据完整性保护、电子签名、电子签章等各类电子认证服务；建设自然资源数据真实凭证认证中心，为上层应用系统按需提供数据真实性验证服务；建立"一网通办"网关设施，提供面向内部系统和社会公众的统一访问授权服务。

综合运用国家认定的非线性保密处理技术和中办、国办推广的国产商用密码技术，设计自然资源数据在非密网络环境下的在线服务解决思路，开展自然资源数据跨网服务密码基础设施建设以及数据内容、传输通道、用户认证、服务平台等的安全防护改造。

5）完善数据交换机制

加强电子政务内网远程接入终端的密码管理和安全保密管理，满足国家相关管理要求。完善互联网（电子政务外网）、电子政务内网和业务网之间的非涉密数据安全交换模式，建立横向跨业务、跨行业、跨网络、跨安全域的数据更新和交换机制，同时建立国家、省、市、县四级纵向协同联动的数据联通机制，满足跨层级自然资源业务系统安全部署的环境需求和信息互通共享的业务需求。明确数据保管责任单位，落实数据安全保护措施，提供安全可信产品和服务，实现在网络链路连通的情况下，数据资源通过服务接口互访，在网络链路不通的情况下，通过离线方式进行数据资源传输与交换。

6）成果应用要求

各类自然资源调查监测业务成果的提供和应用应严格遵守国家相关法律、行政法规的要求。各类自然资源调查监测业务成果用于政府决策、国防建设和公共服务，应当无偿提供。各级人民政府及有关部门和军队因防灾减灾、应对突发事件、维护国家安全等公共利益的需要，可以无偿使用。

严格履行涉密调查监测成果提供使用审批程序，强化对成果使用单位提出的使用目的、申请范围及保密制度建设、保管使用条件的审核。加强成果生产、保管、提供、使用、销毁等各环节的安全管控和可追溯管理，优化各环节保密管理制度，实现可信分发、可控使用、过程溯源。加强对外提供调查监测成果的统一管理，严厉打击未经批准擅自对外提供涉密调查监测成果行为。完善数据公开审核制度，对可能影响国家安全的调查监测数据及其相关行为开展安全审查。配合相关部门明确自然资源调查监测数据出境安全评估内容和要求，加强数据跨境流动管理。利用涉及国家秘密的各类自然资源调查监测业务成果开发的产品，未经国务院有关行政主管部门或省级人民政府有关行政主管部门进行保密计算处理的，其秘密等级不得低于所用调查监测成果的秘密等级。积极推进自然资源调查监测数据应用系统建设，提供高效、稳定在线服务，并严格做好系统应用安全。

（1）应用层面双因素认证。各级单位重要应用系统应实现以下身份认证方面的功能：

① 应用系统应具有专用的登录控制模块，对登录用户的用户名／密码进行核实。

② 应用系统应采用用户名／密码＋数字证书两种鉴别技术来实现身份鉴别。

③ 应为应用系统中的不同用户分配不同的用户标识，即用户名或用户 ID 号，确保身份鉴别信息不被冒用。

（2）应用层面访问控制。各级单位重要应用系统应实现以下访问控制方面的功能：

① 应用系统和数据库系统开发过程中，应设置必要的访问控制机制，保证用户对信息和应用系统功能的访问遵守已确定的访问控制策略。

② 应用系统的访问控制机制应覆盖其所有用户、功能和信息，以及所有的操作行为。

③ 应根据应用系统的重要性设置访问控制的粒度，一般应用系统应达到访问主体为用户组级，访问客体为功能模块级，重要信息系统应达到访问主体为用户级，访问客体为文件、数据表级。

④ 应严格限制默认用户的访问权限。

（3）网站"三防"。拥有对外开放使用的 Web 系统的单位应加强以下防护工作：

① 应针对门户网站及各对外开放的 Web 应用系统部署防攻击系统，以能够针对 SQL 注入攻击、DDOS 攻击、跨站攻击等攻击行为进行有效防范。

② 应针对门户网站及各对外开放的 Web 应用系统部署防病毒和防篡改系统，以能够对蠕虫病毒、网页木马病毒等进行有效防范，并能够对 Web 页面进行防护，以防止页面被替换、页面发布内容被篡改等现象。

（4）抗抵赖。各单位可根据需求建设以下抗抵赖方面的功能：

① 重要应用系统应采用数字签名等非对称加密技术，保证传输的数据是由确定的用户发送的，没有被篡改破坏且能够在必要时提供发送用户的详细信息。

② 重要应用系统应采用数字签名等非对称加密技术，保证传输的数据是由指定的用户接收的，没有被篡改破坏且能够在必要时提供接收用户的详细信息。

（5）通信完整性。各单位可根据需求建设以下完整性保护功能：

① 应用系统中通信双方应利用密码算法对数据进行完整性校验，保证数据在传输过程中不被替换、修改或破坏。

② 对完整性检验错误的数据，应予以丢弃，并触发重发机制，恢复出正确的通信数据并重新发送。

（6）通信保密性。各单位可根据需求建设以下通信保密性功能：

① 在通信双方建立连接之前，应用系统应利用密码技术进行会话初始化验证。

② 应用系统应采用符合国家密码局规定的加密算法，如采用数字证书、SSL 等实现方式对传输中的信息数据流加密，以防止通信线路上的窃听、泄漏、篡改和破坏。

7）数据销毁

数据安全不仅包括数据加密、访问控制、备份与恢复等以保持数据完整性为目的的诸多工作，也包括以完全破坏数据完整性为目的的数据销毁工作。数据销毁是指采用各种技术手段将计算机存储设备中的数据或其他载体中的数据予以彻底删除，避免非授权用户利用残留数据恢复原始数据信息，以达到保护关键数据的目的。数据销毁主要针对涉密或敏感数据类型，其他数据按照各单位资料管理要求处理。按照《关于国家秘密载体保密管理的规定》要求销毁秘密载体，应当经本机关、单位主管领导审核批准，并履行清点、登记手续，应当确保保密信息无法还原。

① 销毁纸介质秘密载体，应当采用焚毁、化浆等方法处理；使用碎纸机销毁的，应当使用符合保密要求的碎纸机；送造纸厂销毁的，应当送保密工作部门指定的厂家销毁，并由送件单位二人以上押运和监销。

② 销毁磁介质、光盘等秘密载体，应当采用物理或化学的方法彻底销毁。

③ 禁止将秘密载体作为废品出售。

7. 涉密人员管理

应进一步完善自然资源调查监测成果核心涉密人员岗位管理制度。明确自然资源调查监测成果核心涉密人员的工作职责，凡从事调查监测成果生产、加工、保管、利用活动的单位应当全面明确成果核心涉密人员工作岗位。

强化调查监测成果核心涉密人员履职能力。核心涉密人员应当具备良好的政治素质和品行，遵守国家保密法律法规，具有胜任成果核心涉密岗位要求的工作能力。参照测绘成果核心涉密人员保密管理制度，自然资源调查监测的核心涉密人员脱密期为 3 ~ 5 年；核心涉密人员上岗培训证书有效期为 5 年；重要涉密人员脱密期为 2 ~ 3 年；一般涉密人员的脱密期为 1 ~ 2 年。

同时，还应进一步完善成果核心涉密人员岗位培训机制，包括加强岗位培训工作的组织领导、明确岗位培训工作的职责分工、规范岗位培训证书的使用与管理；进一步加大调查监测成果核心涉密人员保密管理力度，包括严格审查成果核心涉密人员任职资格、健全成果核心涉密人员各项管理制度、切实落实成果核心涉密人员监管要求。

7.4 运行维护体系

自然资源调查监测体系数字化建设的运维体系应充分发挥专业运维团队的技术优势，加强运维队伍建设，创新运维体系服务模式，完善相应的运维管理、组织保障、技术保障建设，形成配备合理、稳定可持续的运维服务力量。

7.4.1 建设原则

自然资源调查监测体系数字化运维体系的建设必须符合安全保密相关规定和信息安全有关标准要求。具体建设原则如下：

（1）坚持"统一部署，统一规划，统一建设"的指导要求，推进规范化、标准化建设，建立自然资源调查监测体系数字化建设运维体系。

（2）坚持以需求为导向，从自然资源调查监测体系数字化建设业务的实际情况出发，确定重点运维内容，突出实用性。

（3）坚持采用现代数字技术中的先进、成熟技术，保证运维技术支撑自然资源调查监测体系数字化建设业务的安全性、可靠性、可扩充性、易维护性和开放性。

（4）遵循数字化工程建设的规律，对自然资源调查监测体系数字化建设运维体系进行自上而下的详细设计和科学论证，加强项目的过程管理，规范过程文档。

7.4.2 运维管理

运维管理主要包括资产统一管理、设施设备维护、系统平台维护、网络通信维护、数据资源维护、外包运维管理等内容。

1. 资产统一管理

各级单位可以部署自然资源调查监测数字化资产统一管理系统或设备，系统或设备应具有网内资产的扫描发现、手工管理、资产变更比对、资产信息整合展示等基本功能。资产发现部分可以通过 IP 扫描、SNMP 扫描、流量发现等手段对网内 IP 的存活情况进行跟踪，一旦发现超出当前管理范围的 IP，用户可以导出相关数据进行编辑再录入资产数据库。

而对于已经录入资产数据库的资产，用户可以通过分组、标记等方式对资产进行更加细致的管理，同时提供长期的服务、流量、威胁相关的监控，并提供可视化界面对资产详情进行查看。如果涉及资产信息，用户均可直接在告警上查看到相关资产的基本信息并能够快速切换到资产页面查看对应详情。在资产详情中将展现资产属性基本信息、资产相关告警信息、资产相关漏洞信息及资产相关账号信息，可视化呈现资产的多维度信息。

2. 设施设备维护

各级单位需指定专门的部门或人员负责机房、仪器存放室、集中作业室的安全。对机房、仪器存放室、集中作业室出入进行管理，定期对机房供配电、空调、温湿度控制、消防等设施进行维护；对有关物理访问、物品带进出和环境安全等方面的管理作出规定；不在重要区域接待来访人员，不随意放置含有敏感信息的纸档文件和移动介质，将介质存放在安全的环境中，对各类介质进行控制和保护，实行存储环境专人管理维护，并根据存档介质的目录清单定期盘点；对介质在物理传输过程中的人员选择、打包、交付等情况进行控制，并对介质的归档和查询等进行登记记录。对各种仪器设备（包括备份和冗余设备）、线路等指定专门的部门或人员定期进行维护管理；建立配套仪器、设施、软硬件维护方面的管理制度，对其维护进行有效的管理，包括明确维护人员的责任、维修和服务的审批、维修过程的监督控制等；信息处理设备应经过审批才能带离机房或办公地点，含有存储介质的设备带出工作环境时其中重要数据应加密；含有存储介质的设备在报废或重用前，应进行完全清除或被安全覆盖，保证该设备上的敏感数据和授权软件无法被恢复重用；记录和保存基本配置信息，包括网络拓扑结构、各个设备安装的软件组件、软件组件的版本和补丁信息、各个设备或软件组件的配置参数等；将基本配置信息改变纳入变更范畴，实施对配置信息改变的控制，并及时更新基本配置信息库。

3. 系统平台维护

各级系统平台需配备专人对本级平台进行日常运行管理与维护，确保提供 7×24 小时不间断的优质服务。主要工作包括：

（1）系统平台升级改造。完成各级自然资源调查监测成果数据共享服务平台建设并互联互通；继续提升国土空间基础信息平台、地理信息公共服务平台（天地图）服务能力；对数据进行持续更新、补充与完善；在对服务系统进行不断升级、拓展的基础上，对网页功能、服务内容与质量、计算机与网络、安全系统等进行每日巡检、报警处理、故障分析、综合统计、进行数据资源备份、用户交互及反馈意见回应、网站及服务接口应用技术支持等。

（2）日志记录与管理等例行工作。各级单位需部署日志采集和分析相关系统或设备，实现对各种安全设备、网络设备的 syslog 和 flow 日志进行采集，并能够提供适配 Linux 与 Windows 双平台的专业 Agent 针对数据库、系统日志、中间件日志、其他文本日志提供全方位的采集能力。提供针对事件 / 流量日志 / 终端日志的查询、检索模式，用户可以对日志中的各种字段进行查询。

（3）原始流量行为的还原与采集。应对流量中的会话行为、事务、应用动作进行还原并形成相关日志进入存储和分析环节。实现与或非等逻辑语法，精确匹配、模糊匹配、通配符查询多种匹配方式，实现时间段、地址区间、数值范围等一系列区间查询，为用户提供多样化的查询条件。

4. 网络通信维护

各级单位需部署威胁统一管理相关系统或设备，需要具备面向威胁全生命周期的管理功能，可以通过多种威胁检测手段发现威胁，并集中呈现全网的各种威胁情况。

1）消除威胁

运维人员应结合实际需要对威胁进行筛选、标记、处置，同时支持针对威胁的处置工单下发；管理者需指定对应威胁的处置责任人，通过邮件、短信、消息中心等方式进行通知，由其对威胁进行处理，跟踪工单流转状态。

根据设定的动作进行自动化通知下发告警，提升日常运营工作的效率。

2）拓扑管理

各级单位需部署拓扑管理相关系统或设备，能够对企业网络拓扑进行扫描和发现，用户可以将管理好的资产直接添加到任何一个自定义网络拓扑中，并对拓扑进行相关编辑。

3）漏洞管理

各级单位需部署漏洞管理相关系统或设备，可直接调度指定厂家的漏洞扫描器和人工漏扫报告，实现扫描任务的创建和下发，同时支持导入多种厂家的漏洞报告，且能够灵活自定义漏洞报告的解析规则，轻松适配不同场景的漏洞管理需求。

对于导入的漏洞，可以按照资产的情况进行漏洞的归并展示，帮助用户直观地掌握资产漏洞情况。漏洞详情描述支持关联查询漏洞知识库，漏洞详细信息为处置提供依据。

5. 数据资源维护

1）建立更新机制

按照"谁生产、谁负责"的要求，建立跨业务、跨行业的横向协同，国家、省、市、县四级纵向联动的数据更新维护机制。

当一类数据更新时应联动更新与其强相关的数据；对与其弱相关的数据，应通过接口发出更新提示；对更新后引起相关数据矛盾的，平台不予更新，经责任部门核实确认并修正后再予以更新。

纵向根据数据在国家、省、市、县四级的业务关联性和网络现状，建立数据共享交换池，以成果数据库为出入口，采用增量更新的方式，当一级数据更新时，变化信息应及时共享交换至其他层级的数据。

2）细化更新程序

明确信息更新需求，更新前根据变更需求制定更新方案，更新方案经过评审、审批后方可实施。

建立更新的申报和审批控制程序，依据程序控制所有的更新，记录更新实施过程；建立中止变更并从失败变更中恢复的程序，明确过程控制方法和人员职责，必要时对恢复过程进行演练；识别需要定期备份的重要业务信息、系统数据及软件系统等；规定备份信息的备份方式、备份频度、存储介质、保存期等；根据数据的重要性和数据对系统运行的影响，制定数据的备份策略和恢复策略、备份程序和恢复程序等。

6. 外包运维管理

自然资源调查监测数字化运维体系建设应确保外包运维服务商的选择符合国家的有关规定。需与选定的外包运维服务商签订相关的协议，明确约定外包运维的范围、工作内容；保证选择的外包运维服务商在技术和管理方面均应具有按照等级保护要求开展运维工作的能力，并将能力要求在签订的协议中明确；在与外包运维服务商签订的协议中明确所有相关的安全要求，如可能涉及对敏感信息的访问、处理、存储要求，对 IT 基础设施中断服务的应急保障要求等。

7.4.3　组织保障

自然资源调查监测体系数字化建设运维的组织保障是工作正常推进的重要条件。建设内容主要包括机构设立、岗位设置等。

1. 机构设立

组织机构的建立应涵盖国家、省、市、县各级；应体现领导重视、机构健全、分工细致、职责明确等特点。自然资源调查监测体系数字化建设运维体系的各级组织机构一般由领导小组和执行小组两部分组成。

领导小组应由各级自然资源主管部门领导、各类业务部门领导共同组成。领导小组主要负责协调解决自然资源调查监测体系数字化建设中的重要事项和重大问题，对自然资源调查监测体系数字化建设和管理进行检查和指导。

执行小组是在领导小组的指挥和带领下，负责自然资源调查监测体系数字化建设的具体实施工作，包括核验方案设计、监督建设招投标、实施合同管理、开展仪器维护测试、数据质量控制、成果质量检验、相关运维规范制订等，同时，负责自然资源调查监测体系数字化建设资金、人员的调配和管理，并及时向领导小组汇报运维情况。

2. 岗位设置

岗位的设置必须具备科学性、合理性，必须涵盖自然资源调查监测体系数字化建设的全部业务。应保证岗位分工明确、职责清晰、人员齐整，切实保证数据采集与处理、更新、汇交、管理、信息服务、业务联系与拓展等各项工作的正常开展，同时，应重视人员的配备、选拔和培养，应根据岗位需要采取单位指派和社会招聘相结合的方式满足人力资源需要，并重视和加强人才队伍的培养和建设。

为使自然资源调查监测体系数字化建设更加贴近实际、满足各级各类用户的实际需求、做到高效实用，在建设自然资源调查监测数字化运维体系过程中，应保证相关专业人员的参与程度，加大相关业务人员在人员构成中的比重，并充分重视和发挥业务人员在系统分析、设计、开发和测试等工作中的作用。

自然资源调查监测体系数字化建设运维组织的具体岗位设置如图 7.8 所示。

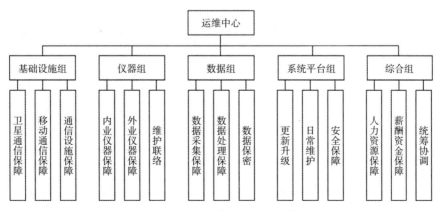

图 7.8　运维体系的组织架构

7.4.4   技术保障

自然资源调查监测数字化建设运维体系具有网络环境结构复杂、设备数量大、运维人员多、业务系统依赖度高等特点，虽然运维体系的技术在不断进步，但云平台、大数据、人工智能和三维可视化等先进技术在运维方面的应用还亟待研究。

目前的技术虽然能够获取信息系统设备、服务器、网络流量，甚至数据库的告警信息，但成千上万条告警信息堆积在一起无法高效、准确地判断问题的根源所在。即使一个简单的系统变更或更新都需要运维人员逐一登录每台设备进行手工变更，这样的变更和检查操作在信息系统运维中每天都在进行，占用了大量的运维资源。

自动化的应用能通过自动化手段将日常运维中大量的重复性工作（小到简单的日常检查、配置变更和软件安装、备份、杀毒等，大到整个变更流程的组织调度）由过去的手工执行转为自动化操作，提运维效率，从而减少乃至消除运维中的延迟，实现"零延时"的信息系统运维，能够极大提升自然资源管理的工作效率，提升服务可用，提高准确度，增强可见性，减轻运维人员的工作压力，对运维工作具有重要意义。

自然资源调查监测运维体系的组织与管理必须依托一套全功能、高智能大运维管理平台进行支撑运行，将基础设施、软硬件平台、网络通信、数据资源等安全保障内容集中整合，为自然资源调查监测体系数字化建设提供全方位精细监控、预警分析、自动部署、资产管理及流程管控等功能。运维的自动化还应能够预测故障，在故障发生前能够报警，让运维人员把故障消除在发生前，将所产生损失减到最低。

7.4.5   人才保障

当前，我国自然资源调查监测体系数字化建设面临原始性、基础性创新不足，核心技术、底层技术受制于人的尴尬，人才队伍"大而不强"是重要原因。构建自然资源调查监测体系不仅表现为科技创新、业务重塑，更在于背后的人才发展制度和人才发展治理体系建设。

1. 建设要求

（1）自然资源调查监测体系数字化建设人才保障应从"针对专业性，面向实用性"出发，充分利用好系统内队伍，发挥各自专业优势，分类推进调查监测各项任务的实施。

（2）加强自然资源调查监测学科建设，加强基础研究、应用研究、运行维护等方面专业技术人才培养。完善自然资源调查监测领域学科布局，设立自然资源调查监测专业。鼓励高校在原有计算机科学与技术、测绘科学与技术、网络空间安全、土地资源管理等专业基础上拓宽自然资源调查监测专业教育内容。加强产学研合作，鼓励高校、科研院所与企业等机构合作开展自然资源调查监测学科建设。

（3）通过重大研发任务和基地平台建设，汇聚自然资源调查监测高端人才，在若干调查监测重点领域形成一批高水平创新团队，鼓励和引导国内创新人才、团队加强与全球顶尖人工智能研究机构合作互动，加大高端人才引进力度，开辟专门渠道实行特殊政策，实现高端人才精准引进。

（4）培育高水平自然资源调查监测体系数字化建设技术创新人才和团队，支持和培养具有发展潜力的技术领军人才。

（5）重视复合型人才培养，重点培养贯通自然资源调查监测理论、方法、技术、产品与应用等的纵向复合型人才，以及掌握调查监测业务、数字化建设管理、标准、法律等的横向复合型人才。

（6）重点引进计算机科学与技术、测绘科学与技术、土地资源管理等国际顶尖科学家和高水平创新团队。鼓励采取项目合作、技术咨询等方式柔性引进调查监测人才。加强调查监测领域优秀人才特别是优秀青年人才引进工作。

2. 专业人才要求

根据自然资源调查监测体系数字化建设运行维护岗位需求，主要包括技术人员、项目负责人员、领导层。自然资源调查监测体系数字化建设需要的专业人才主要有计算机科学与技术、信息与通信工程、网络空间安全、地理学、测绘科学与技术、地质资源与地质工程、土地资源管理等方面。

技术人员应掌握协同高效的立体调查监测技术、多源异构海量数据的自动化处理技术、物理分布逻辑统一的时空数据库建设技术、成果数据共享服务平台构建技术等；具有较强的程序设计能力，能从事系统软件和大型应用软件的开发与研制、网络通信安全建设（网络架构、通信传输、访问控制、入侵防范、集中管控等）；能合作完成自然资源调查监测各类业务，合作解决自然资源调查监测业务中的一般技术问题；能在项目负责人、领导层的指导下，编制自然资源调查监测业务相关的专业技术材料。

项目负责人员应熟悉自然资源调查监测体系数字化建设总体技术架构、总体目标，熟练掌握自然资源调查监测体系数字化建设感知层、数据资源层、应用支撑层、服务保障层等基础理论和前沿技术知识；熟悉自然资源调查监测安全等级保护和分级保护制度的具体要求；具备网络安全、智能计算等方面的基本理论、分析方法和工程实践技能；注重学习、了解自然资源调查监测专业领域国内外最新技术和发展趋势；有丰富的专业技术工作实践经验，能指导解决自然资源调查监测体系数字化建设等有关专业科研、设计、生产、工艺、技术服务或技术管理中出现的技术难题；能够结合实际技术工作撰写有一定水平的专业技术材料。

领导层应熟练掌握自然资源调查监测体系数字化建设的整体思路、目标及任务，了解自然资源调查监测体系数字化建设有关专业基础理论知识以及国内外前沿技术和发展趋势；熟悉自然资源调查监测安全等级和分级保护的建设内容，并掌握有关法律、法规、标准、规范和规程；有丰富的数字化建设工作统筹经验，能指导并推进新技术的引进、消化、吸收、再创新，促进科技成果产业化；具备指导、培养下级项目负责人员的能力。

同时，不断加强不同专业人员之间的交流沟通，切实促进跨学科技术融合创新。通过定期组织技术报告会、开展试点单位现场交流、组织专项专题技术培训、组织撰写技术方案等方式，吸收前沿技术方法，加强先进技术和经验推广，促进技术体系的研究建设，沉淀技术体系设计成果，实质性推进各单位的研究和技术创新工作。

第 **8** 章 自然资源基础调查工程

基础调查——面面俱到查家底

基础调查是自然资源调查监测主要任务之一，主要查清各类自然资源体投射在地表的分布和范围，以及开发利用与保护等基本情况，掌握最基本的自然资源本底状况和共性特征。基础调查以各类自然资源的分布、范围、面积、权属性质等为核心内容，以地表覆盖为基础，按照自然资源管理基本需求，组织开展陆海全域的自然资源基础性调查工作。

当前，以第三次全国国土调查为基础，集成现有的山水林田湖草等专题成果数据，形成自然资源管理的调查监测"一张底图"。在自然资源调查监测体系数字化建设成果基础上，把此前相对独立的单要素基础调查升级为统一的自然资源全要素基础调查。

针对基础调查的具体工作任务，在自然资源调查监测体系数字化建设的基础上，围绕信息源获取、要素采集与调查、多源信息集成建库、数据统计分析与应用服务等工作环节，聚焦存在的问题与不足，对具体的方案、技术方法和指标进行优化完善，逐步形成一套涵盖基础调查全部工作内容、流程清晰、指标明确、方法先进、能有效指导基础调查任务实施的系列工程性技术与方法。

8.1 基础调查概述

基础调查是对自然资源共性特征开展的调查，是支撑自然资源管理的基础性和通用性数据，同时也为开展各类专项调查和监测提供基础。通过对 2018 年国家机构改革前、中、后基础调查概况的论述，分析基础调查工作现状，结合当前国家出台的自然资源调查监测领域的相关文件精神，概述组织开展基础调查工作的实施背景，并通过分析目前基础调查工作中存在的问题和不足，提出新时代自然资源基础调查工作的主要目标和任务。

8.1.1 基础调查概况

长期以来，我国各类自然资源调查职责分属不同管理部门，其调查内涵、口径和标准不统一，对自然资源管理和相关保护政策的制定等工作产生了一定的影响。2018 年国家机构改革后，自然资源的调查监测评价职责得到了统一，基础调查的发展方向和任务目标逐步明确。

1. 管理体制由条块分割向系统集成转变

2018 年国家机构改革前，我国土地、森林、草原、水和湿地等各类自然资源分属不同部门管理。每个部门根据各自管理需要和业务特点，制定了各自的自然资源调查分类标准，并分别开展调查与监测评价工作。但是，不同部门的自然资源调查工作中存在内涵界定不统一、分类体系有交叉、调查标准不一致、成果数据有矛盾，且部门之间共享性差、难以发挥调查成果的最大效益等诸多问题。因此，对自然资源的统一精细化管理和综合评价等工作造成了一定影响，而且不同部门对同一类自然资源的重复调查也造成了资金的重复投入。

2. 统一实施自然资源基础调查的观念逐步形成

2018 年国家机构改革过程中，恰逢第三次全国土地调查启动之时，新成立的自然资源部按照党中央、国务院的要求，为体现自然资源管理与土地资源管理的不同，将"土地调查"调整为"国土调查"，"国土"内涵更深、范围更广，包括了附着于土地之上的森林、草原、水和湿地等各类自然资源以及海域海岛等。第三次全国国土调查正式启动前，对调查实施方案进行了修改，调整了调查的工作分类体系，将具有重要生态保护和调节作用的湿地提升至一级分类，并明确提出同步推进相关自然资源专项调查，专项调查成果统一整合到第三次全国国土调查成果中，这就意味着在基础调查层面，已经将山水林田湖草视为一个生命共同体。

3. 自然资源调查发展方向和任务目标逐步明确

2018 年国家机构改革完成后，自然资源部印发《自然资源调查监测体系构建总体方案》明确了自然资源的概念及模型、调查监测工作内容、业务体系建设、组织实施与分工、保障措施等内容，提出了"统一组织开展、统一法规依据、统一调查体系、统一分类标准、统一技术规范、统一数据平台"的"六统一"工作要求。并指出以第三次全国国土调查为基础，集成现有的森林资源清查、湿地资源调查、水资源调查、草原资源清查等成果数据，形成自然资源管理的调查监测"一张底图"，按照自然资源分类标准，适时组织开展全国性的自然资源调查工作。基础调查是以各类自然资源的分布、范围、面积、权属性质等为核心内容，以地表覆盖为基础，查清各类自然资源体投射在地表的分布和范围，以及开发利用与保护等基本情况，掌握最基本的全国自然资源本底状况和共性特征，解决各类自然资源调查"数出多门、口径不一、矛盾冲突"的问题，便于全面查清各类自然资源的分布状况，形成一套统一、完整的自然资源管理基础数据。

8.1.2 基础调查实施背景

基础调查是掌握最基本的全国自然资源本底状况和共性特征的需要，是统一自然资源管理底数的需要，也是构建统一调查监测体系的需要。

1. 是统一自然资源管理底数的需要

长期以来，我国自然资源实行多部门管理，自然资源调查和监测工作由多部门组织，导致调查和监测在对象、范围、内容等方面存在技术标准或指标不统一，调查范围重复和交叉，调查结果相互矛盾，不利于将山水林田湖草作为一个生命共同体进行科学管理和系统治理。因此，通过构建"六统一"自然资源调查监测体系，解决各类自然资源调查数出多门的问题，并适时开展自然资源基础调查，全面查清各类自然资源的分布状况，形成一套全面、完善、权威的自然资源管理基础数据，为自然资源管理、开发、利用和保护提供基础数据支撑。

2. 是构建统一调查监测体系的需要

自然资源基础调查是贯彻落实新发展理念、构建新发展格局和推进自然资源管理体制改革的重要举措，也是履行自然资源管理部门"两统一"职责的前提和基础。为建立和完善自然资源统一调查、评价、监测制度体系和科学合理有序的工作机制，科学组织实施基础调查工作，查清我国各类自然资源家底和现状情况，自然资源部于 2020 年 1 月印发《自然资源调查监测体系构建总体方案》明确了自然资源调查监测体系构建的目标任务、自然资源概念和模型、主要工作内容、业务体系建设和组织实施分工等，为加快建立自然资源调查监测体系、健全自然资源管理制度、切实履行自然资源统一调查监测职责提供了重要遵循，也为开展基础调查提供了重要依据。

8.1.3 主要问题

目前，自然资源调查在管理体系和管理机制、高分辨率航天航空遥感影像获取和保障、调查技术方法和指标体系、要素采集和图斑提取、分类标准等方面还存在一些不足或问题。

1. 组织实施基础调查的管理体系和机制还需明确和统一

机构改革后，涉及土地、矿产、森林、草原、水、湿地、海域海岛等各类自然资源调查监测职责从管理层面已明确，但从技术支撑层面尚缺少统一的支撑机制，实际管理和工作过程中需要投入大量的时间和精力进行部门间沟通与协调。因此，构建自然资源统一调查体系并实施基础调查前，要明确自然资源统一调查管理机制，其运行主体不仅包括行政机关，还包括系列技术支撑的管理体系，包括数据源支撑、调查分类标准支撑、调查技术支撑、调查成果管理支撑等，形成一套科学合理、高效顺畅的管理体系和机制，切实保障基础调查工作的实施。

2. 高分辨率航天航空遥感影像获取和保障能力有待提高

在第三次全国国土调查工作中，按照实施方案要求，农村土地利用现状调查全面采用优于 1m 分辨率遥感影像，城镇内部土地利用现状调查原则上采用优于 0.2m 分辨率的航空遥感影像。但在实际调查工作中，由于受天气影响等因素，部分地区农村土地利用现状调查工作使用的光学影像只有 2m 或 3m 分辨率，从而影响了地类图斑的判读和提取。因此，在大规模集中开展基础调查工作时，存在高分辨率航天航空遥感影像覆盖困难、分辨率不足、精度不够、时效性保证弱等问题，未有效形成多源卫星数据协同获取、多维多层次航空数据协同观测等影像统筹保障体系，统筹获取和保障高分辨率航天航空遥感影像的能力有待进一步提高。

3. 各类自然资源调查技术方法和指标体系有待优化和统一

因资源特点、管理需求、技术手段互不相同，各类自然资源调查方法和指标体系之间存在差异，调查精度和空间尺度不一致，导致不同自然资源调查结果之间数据存在矛盾，成果难以衔接。比如，在第三次全国国土调查中，湿地作为第三次全国国土调查工作分类的一级类，调查方法和精度与其他相关地类要求一致，但与原湿地调查的成果比对，由于调查精度指标不一致，将数据叠加裁切后会出现大量细碎图斑需要核实和处理。因此，要开展统一的基础调查，必须从系统工程和全局角度出发，构建能够相互融合、互为衔接的技术体系。

4. 自然资源要素采集和图斑提取智能化有待进一步提高

以往调查的要素采集和图斑勾绘提取是以数字正射影像图（DOM）为底图，按照相关分类标准，首先根据区域自然地理、地形地貌特征、植被类型及土地利用结构、分布规律与耕作方式等情况，建立调查区典型地类解译标志；然后依靠人工根据影像纹理特征、色调、区位、附着物和周边环境，按照内业信息提取分类标准判读图斑地类，依据影像特征提取土地利用图斑。该做法需要投入大量的人力、物力和财力进行海量地类图斑判读和勾绘提取工作，存在作业效率低、成本高等问题，并且由于作业人员的自身能力高低和认识差异，对地类的判读会存在一定差异，会导致地类认定错误等情况。因此，自然资源要素采集和图斑提取智能化有待进一步提高。

5. 自然资源分类标准和体系有待进一步统一和优化

统一的自然资源分类标准是开展自然资源统一调查的关键。目前，各类自然资源调查存在分类标准不统一、分类原则有差异、资源类型交叉重叠等诸多问题，需要结合各类自然资源管理进一步统一和优化，形成统一的分类体系，才能真正实现自然资源统一调查、统一管理，行政主管部门才能有效行使管理职责。统一的自然资源分类标准制定过程中，既要充分借鉴我国各类自然资源既有的分类成果，同时也应该吸纳国外自然资源分类的经验，根据新的管理需求对各类自然资源进行重新定义，该拆分的拆分，该归并的归并，形成符合当前各类自然资源管理要求的分类标准和体系。

8.1.4 目标与任务

紧紧围绕新时代对自然资源管理提出的新要求，以及自然资源管理对基础调查数据的具体需求，结合当前自然资源管理部门职责，科学制定基础调查工作的主要目标和主要任务。

1. 调查目标

基础调查是一项重大的国情国力调查，由国家统一部署实施，全面查清我国各类自然资源家底，为科学管理自然资源，逐步实现山水林田湖草的整体保护、系统修复和综合治理，保障国家生态安全提供基础支撑，为实现国家治理体系和治理能力现代化提供服务保障。

2. 调查任务

基础调查的主要任务是查清各类自然资源体投射在地表的分布和范围，以及其开发利用与保护等基本情况，掌握最基本的全国自然资源本底状况和共性特征。基础调查以土地、矿产、森林、草原、水、湿地、海域海岛七类自然资源的利用类型、面积、权属和分布等为核心内容，以地表覆盖为基础，按照自然资源管理基本需求，组织开展我国陆海全域的自然资源基础性调查工作。基础调查工程的主要任务包括如下六项。

1）遥感影像统筹获取

充分利用"天空地人网"协同感知网全方位获取高精度、高时空分辨率的影像。对于航天数据覆盖困难、分辨率不足、精度不够、时效性保证弱等调查区域，采用航空多视立体观测、无人机倾斜摄影、平流层飞机（艇）驻留观测、多尺度同步观测以及协同信息获取等模式，解决影像保障不足的难题。

2）遥感影像集中处理

制定多源航空航天影像的正射纠正处理指标，利用统一的 DEM、像控库、纠正模型等基础数据或参数开展影像正射纠正集中快速处理，确保不同期调查监测影像底图精度一致、处理一致。

3）制定统一指标体系

根据相关调查监测指标冲突情况，科学分析、统一制定基础调查的指标要求，消除精度、语义、尺度等的差异。加强指标包容性分析，预留接口，避免新歧义、新矛盾。

4）智能化地类图斑提取与调查

利用人机协同技术，发挥光学、多光谱、SAR 等遥感数据联合解译、立体解译优势，使用高分遥感影像、地面调查数据、基础底图等多源数据，构建顾及地形、时相差异的地表覆盖样本库及模型库，通过人机协同地类解译、人工智能识别、内业判读、在线实时比对、外业核查、内业修正等处理，实现基于光学遥感影像、LiDAR、SAR 等数据的智能解译和变化自动识别提取自然资源要素图斑，并通过"互联网+"等调查手段准确获取地类、权属、属性等信息。

5）统一成果内容建库与共享使用

制定基础调查的相关影像、样本成果以及调查阶段和最终数据库成果的内容及格式要求，确保各项成果能在基础调查的基础性、通用性的原则下实现多元服务和快速共享应用。

6）质量控制和真实性检验

通过基于知识图谱、多源信息交叉验证、"互联网+众筹"的信息真实性举证和结合实地核查等多模式验证技术，实现多资源全要素的综合信息快速检核检验，实现基础调查地类自动化精准识别、智能解译与一致性检测。

通过以上任务的实施，将确保自然资源基础调查的整体性与系统性、基础性和通用性，并能够快速、准确、低投入获得完整、详实、准确可靠的调查成果。

8.2 统一基础调查的总体思路

目前,自然资源调查依然存在不少技术短板,依靠人海战术、工作强度大和工作效率低等问题亟待破解,亟待研究形成智能、高效的调查技术手段。当前需准确把握新时代自然资源管理的要求、方向和趋势,充分应用测绘地理信息新技术和新手段,以立体空间位置作为组织和联系所有自然资源实体的基本纽带,以基础测绘成果为框架、以数字高程模型和三维立体模型为基底、以高分辨率遥感影像为背景,并充分利用 5G、物联网、大数据、云计算、人工智能、区块链等新一代数字技术,构建"天空地人网"多维立体协同感知网,弥补当前调查所面临的技术短板,形成一个完整的自然资源管理立体时空模型,服务自然资源管理和支撑经济社会发展。

8.2.1 技术思路和工作流程

为进一步明确基础调查的技术路线,围绕充分应用新技术、新方法的技术思路,形成一套涵盖基础调查全部工作内容、流程清晰、方法先进、能有效指导基础调查任务实施的工程性技术思路与工作流程。

1. 技术思路

采用高分辨率航天航空遥感影像,基于现有基础调查、专项调查以及日常管理等资料和成果,使用高分遥感影像、地面调查数据、基础底图等多源数据,构建地表覆盖样本库及模型库,通过地类人机协同解译、人工智能识别、内业判读、在线实时比对、外业核查、内业修正等处理,实现基于光学遥感影像、LiDAR、SAR 等数据的智能解译和变化自动识别提取,准确查清全国自然资源的利用类型、面积、权属和分布等现状情况。采用"互联网 +"技术核实调查数据真实性,充分运用大数据、云计算和区块链等技术,建立基础调查数据库和增量更新数据库,按县、市、省、国家逐级完成质量检查与数据更新入库,基于数据库成果开展数据共享应用与知识服务等工作。

2. 工作流程

自然资源基础调查具体工作流程如图 8.1 所示。基础调查具体工作流程主要包括遥感监测、地方调查与数据建库、成果核查与成果分析、统一时点更新与共享应用等。

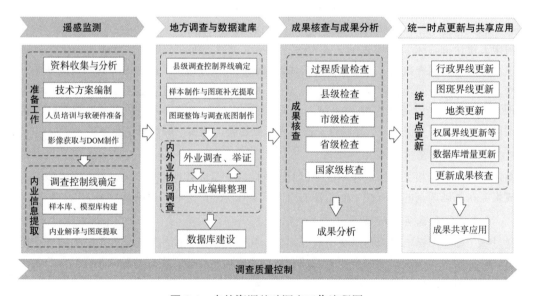

图 8.1 自然资源基础调查工作流程图

1）遥感监测

（1）准备工作：包括资料收集与分析、技术方案编制、统筹获取高分辨率遥感影像资料和正射影像图制作、人员培训与软硬件准备等。

（2）调查控制线确定：依据确定的坐标系、比例尺和国界线、零米等深线、省界线调整数据，制作标准分幅数字化的国界线、省级行政区域调查界线和沿海零米等深线、岛屿界线图，作为省级调查控制界线，提供各省（区、市）使用。

（3）样本库和模型库构建：使用高分遥感影像、地面调查数据、基础底图等多源数据，构建地表覆盖样本库和模型库。

（4）内业解译与图斑提取：包括遥感影像解译和地类图斑智能提取、外业调查图斑提取等。

2）地方调查与数据建库

（1）县级调查控制界线确定：各地依据国家下发的省级控制界线制作数字化县级调查界线图，各县级调查区域面积总和应与下发的省级控制面积保持一致。

（2）地方地类样本制作与图斑补充提取：各地在开展调查工作前，需对本区域涉及所有地类，选取典型地块，进行地类样本采集工作，以规范和统一自然资源分类标准；并依据样本通过人机协同解译、智能识别等方法补充提取地类图斑。

（3）内业图斑预判整饰与外业调查底图制作：以国家下发的图斑为基础，与自然资源管理数据及相关自然资源专业调查数据叠加，进行各地类预判和内业图斑边界调整修饰，生成图斑预编号、权属单位名称等图斑基本信息，制作外业调查数据。

（4）内外业协同式调查核实：对内业无法确定的地类图斑，通过无人机遥感、"互联网+"、照片人工智能识别、区块链等技术，进行外业拍照举证、视频录制等工作，并通过5G等高速通信网络进行内外业协同式在线地类识别，构建"获取、识别、传输、检核"于一体、"天空地人网"于一身的智能"互联网+众筹"调查模式。

（5）数据库建设：基于统一的三维空间框架，建立基础调查时空数据库，并通过多源异构数据整合处理、三维立体可视化场景构建、海量数据高效能存储与计算等技术，构建自然资源的精细化场景管理系统。

3）成果核查与成果分析

（1）成果核查：充分应用基于知识图谱、多源信息交叉验证、"互联网+众筹"的信息真实性举证等新技术和新方法，结合实地核查，开展调查成果质量核查。质量控制工作贯穿于整个工作各环节，对调查成果进行过程检查、县级自查、市级检查、省级检查和国家级核查，确保调查成果真实、准确、可靠。

（2）成果分析：利用高性能计算平台，使用在集群环境下并发任务均衡分发、并行计算和全流程检查循环机制等技术，通过标准化数据融合、统计单元和指标匹配、模型算法筛选等方法，开展超大体量自然资源时空数据的快速统计分析。根据基础调查数据，并结合各类自然资源管理等相关数据，对各类自然资源的利用现状、利用类型、分布情况、利用结构及其权属状况等变化状况进行综合分析，形成反映自然资源"现状–变化–发展"状况的数量、分布、变化等统计成果，准确反映我国自然资源家底，并根据基础调查及统计分析结果，编写调查分析报告。

4）统一时点更新与共享应用

（1）统一时点更新：完成初始调查后当年12月31日为统一更新时点，地方利用时点正射影像图，与初始调查数据库智能对比提取变化信息，进行补充调查，全面查清基础调查完成时点与统一时点期间的行政界线、图斑界线、地类信息和权属界线等内容的变化情况，通过增量更新建库，并充分应用区块链数字签名和密匙机制，保障更新成果的真实、可靠和可追溯。完成更新后各级开展更新成果核查工作。

（2）共享应用：开发基础调查成果多元服务应用产品和服务系统，制定共享机制，对涉密成果进行脱密处理，实现灵活提供各类离线、在线服务及决策分析支持。

8.2.2 主要技术指标

自然资源调查工作中统一空间基准框架是整合、关联各类自然资源数据的基础，调查实施前首先需明确坐标系统、高程基准、投影方式等数学基础，并根据基础调查的需求，科学制定调查各项技术指标。

1. 数学基础

基于航空航天遥感影像等空间信息数据开展的调查工作中，数学基础是重要的技术指标，其主要包括坐标系统、高程基准、投影方式、分幅及编号、计量单位等。

1）坐标系统

坐标系统采用2000国家大地坐标系。2000国家大地坐标系是我国当前最新的国家大地坐标系，其原点为包括海洋和大气的整个地球的质量中心。Z轴指向BIH1984.0定义的协议极地方向（BIH国际时间局），X轴指向BIH1984.0定义的零子午面与协议赤道的交点，Y轴按右手坐标系确定。2000国家大地坐标系采用的地球椭球参数如下：

- 长半轴$a = 6378137$m。
- 扁率$f = 1/298.257222101$。
- 地心引力常数$GM = 3.986004418 \times 10^{14} \text{m}^3 \text{s}^{-2}$。
- 自转角速度$\omega = 7.292115 \times 10^{-5} \text{rad s}^{-1}$。

2）高程基准

高程基准采用1985国家高程基准。我国于1956年规定以黄海（青岛）的多年平均海平面作为统一基面，叫1956年黄海高程系统，为我国第一个国家高程系统。由于计算这个基面所依据的青岛验潮站资料（1950~1956年）时间较短等原因，原测绘主管部门决定重新计算黄海平均海面，以青岛验潮站（1952~1979年）的潮汐观测资料为计算依据，重新计算确定基准面，命名为"1985国家高程基准"，并用精密水准测量位于青岛的中华人民共和国水准原点，得出1985年国家高程基准高程。

3）投影方式

投影方式采用高斯－克吕格投影。1:2000、1:5000、1:10 000比例尺标准分幅图或数据按3°分带。高斯－克吕格投影是一种等角横切椭圆柱投影，是地球椭球面和平面间正形投影的一种。这个投影是由德国数学家、物理学家、天文学家高斯于19世纪20年代拟定，后经德国大地测量学家克吕格于1912年对投影公式加以补充，故称为高斯－克吕格投影。

高斯－克吕格投影这一投影的几何概念是，假想有一个椭圆柱与地球椭球体上某一经线相切，其椭圆柱的中心轴与赤道平面重合，将地球椭球体面有条件地投影到椭球圆柱面上。高斯－克吕格投影条件：

（1）中央经线和赤道投影为互相垂直的直线，且为投影的对称轴。

（2）具有等角投影的性质。

（3）中央经线投影后保持长度不变。

该投影将中央经线投影为直线，其长度没有变形，与球面实际长度相等，其余经线为向极点收敛的弧线，距中央经线愈远，变形愈大。赤道线投影后是直线，但有长度变形。除赤道外的其余纬线, 投影后为凸向赤道的曲线, 并以赤道为对称轴。经线和纬线投影后仍然保持正交。所有长度变形的线段, 其长度变形比均大于1, 随远离中央经线, 面积变形也愈大。若采用分带投影的方法, 可使投影边缘的变形不致过大。我国各种大、中比例尺地形图采用了不同的高斯 – 克吕格投影带。其中, 比例尺大于1:10 000的地形图采用3° 带, 1:25 000至1:500 000的地形图采用6° 带。

4) 分幅及编号

各比例尺标准分幅及编号应符合GB/T13989-2012《国家基本比例尺地形图分幅和编号》的规定。标准分幅采用国际1:1 000 000地图分幅标准, 各比例尺标准分幅图均按规定的经差和纬差划分, 采用经、纬度分幅。标准分幅图编号均以1:1 000 000地形图编号为基础采用行列编号方法。

5) 计量单位

长度单位采用米(m), 面积计算单位采用平方米(m²), 面积统计汇总单位采用公顷(hm²)和亩。

2. 调查技术指标

基础调查的技术指标包括调查精度、地类图斑、调查最小上图图斑面积和调查分类等。其中, 调查分类的原则、方法和具体分类详见8.3.3节。

1) 调查精度

利用多源卫星数据协同获取、多维多层次航空数据协同观测等技术, 全方位获取高精度、高时空分辨率的遥感影像。根据自然资源精细化管理需要, 建议自然资源地表覆盖现状调查一般区域采用优于1m分辨率覆盖的遥感影像资料, 重点区域采用优于0.5m分辨率覆盖的遥感影像资料; 城镇开发边界和乡村规划范围内, 采用优于0.2m分辨率的航空遥感影像资料。

2) 地类图斑

基础调查以图斑为基本单元开展调查。单一地类地块, 以及被行政区、权属界线等分割的单一地类地块为图斑。飞入飞出地按照"飞出地调查、飞入地汇总"的原则开展调查, 各地也可根据实际情况协商调查, 确保调查成果不重不漏。

3) 调查最小上图图斑面积

为准确反映各类自然资源的分布范围、数量等, 达到精细化管理目的, 建议调查最小上图图斑面积达到下列要求: 建设用地和设施农用地实地面积100m²以内, 农用地(不含设施农用地)实地面积200m²以内, 其他地类实地面积400m²以内, 荒漠地区可适当减低精度, 但不应低于1500m²。

8.3 统一分类标准体系

按照《自然资源调查监测体系构建总体方案》要求, 为切实支撑自然资源部履行"两统一"职责, 按照"连续、稳定、转换、创新"原则和"山水林田湖草是生命共同体"的理念, 构建自然资源调查分类标准体系, 建立统一自然资源分类标准。

自然资源部职责涉及土地、矿产、森林、草原、水、湿地、海域海岛等自然资源状况, 涵盖陆地和海洋、地上和地下。随着职能的转变升级, 现有的分类标准不能满足自然资源管理的需求。按照《土地管理法》和《土地调查条例》规定, 根据国民经济和社会发展需要, 我国每十年进行一次全国土地调查, 主要对土地利用现状、土地权属、土地条件等进行调查。这足以说明基础调查对自然资源管理工作的重要性。目前, 自然资源调查工作仍依靠原有的调查分类标准体系, 为了更快满足统一调查和管理的需要, 有必要理清现有调查分类标准, 分析现有分类标准的基础现状, 为下一步制定自然资源调查分类标准提供依据。

8.3.1　历次调查分类标准对比分析

在我国国土资源管理领域共开展了三次全国性的调查，包括第一次全国土地详查、第二次全国土地调查和第三次全国国土调查，这三次调查分类主要是按土地的自然属性进行分类。

1. 第一次全国土地详查分类

20 世纪 80 年代我国开展了土地利用分类标准的研究，并由全国农业委员会研究制定了《土地利用现状调查技术规程》，规程中明确了土地利用现状分类标准，1984 年开始启动的第一次全国土地详查采用了此分类。该土地利用现状分类主要依据土地的用途、经营特点、利用方式和覆盖特征等因素进行地类划分，采用两级分类，其中一级类分为耕地、园地、林地、牧草地、居民点及工矿用地、交通用地、水域及未利用土地 8 类，二级类分为 46 类，可按实际情况进行三、四级分类。土地利用现状分类用于土地利用现状调查和土地变更调查。该分类标准从 1984 年开始发布，一直沿用到 2001 年 12 月。具体分类编码、名称见表 8.1。

表 8.1　土地利用现状调查技术规程 – 土地利用现状分类标准

一级类		二级类		一级类		二级类	
编码	名　称	编码	名　称	编码	名　称	编码	名　称
1	耕地	11	灌溉水田	6	交通用地	61	铁路
		12	望天田			62	公路
		13	水浇地			63	农村道路
		14	旱地			64	民用机场
		15	菜地			65	港口、码头
2	园地	21	果园	7	水域	71	河流水面
		22	桑园			72	湖泊水面
		23	茶园			73	水库水面
		24	橡胶园			74	坑塘水面
		25	其他园地			75	苇地
3	林地	31	有林地			76	滩涂
		32	灌木林			77	沟渠
		33	疏林地			78	水工建筑物
		34	未成林造林地			79	冰川及永久积雪
		35	迹地	8	未利用土地	81	荒草地
		36	苗圃			82	盐碱地
4	牧草地	41	天然草地			83	沼泽地
		42	改良草地			84	沙地
		43	人工草地			85	裸土地
5	居民点及工矿用地	51	城镇			86	裸岩、石砾
		52	农村居民点			87	田坎
		53	独立工矿用地			88	其他
		54	盐田				
		55	特殊用地				

2. 第二次全国土地调查分类

相比于第一次全国土地详查，2007 年开始实施的第二次全国土地调查在内容和标准上有了较大变化。为统一不同部门的土地利用分类，避免因土地利用分类标准不一致引起的统计重复、数据矛盾、难以分析应用等弊端，满足国家宏观管理和科学决策的需求，第二次全国土地调查使用的 GB/T21010-2007《土地利用现状分类》上升到国家标准。调查范围分为农村土地调查和城镇土地调查，分类采用二级分类，其中一级类 12 个、二级类 57 个；开展农村土地调查时，对分类中的 05、06、07、08、09 一级类，按《城镇村及工矿用地分类》进行归并。具体分类编码、名称见表 8.2 和表 8.3。

表 8.2　第二次全国土地调查分类标准

序号	一级类		二级类		序号	一级类		二级类	
	编码	名称	编码	名称		编码	名称	编码	名称
1	01	耕地	011	水田	22			081	机关团体用地
2	01	耕地	012	水浇地	23			082	新闻出版用地
3			013	旱地	24			083	科教用地
4			021	果园	25	08	公共管理与公共服务用地	084	医卫慈善用地
					26			085	文体娱乐用地
5	02	园地	022	茶园	27			086	公共设施用地
6			023	其他园地	28			087	公园与绿地
					29			088	风景名胜设施用地
					30			091	军事设施用地
					31			092	使领馆用地
7			031	有林地	32	09	特殊用地	093	监教场所用地
					33			094	宗教用地
					34			095	殡葬用地
	03	林地			35			101	铁路用地
					36			102	公路用地
					37			103	街巷用地
8			032	灌木林地	38	10	交通运输用地	104	农村道路
					39			105	机场用地
9			033	其他林地	40			106	港口码头用地
					41			107	管道运输用地
10			041	天然牧草地	42			111	河流水面
11	04	草地	042	人工牧草地	43			112	湖泊水面
					44			113	水库水面
					45			114	坑塘水面
12			043	其他草地	46	11	水域及水利设施用地	115	沿海滩涂
13			051	批发零售用地	47			116	内陆滩涂
14	05	商服用地	052	住宿餐饮用地	48			117	沟渠
15			053	商务金融用地	49			118	水工建筑用地
16			054	其他商服用地	50			119	冰川及永久积雪
17			061	工业用地	51			121	空闲地
18	06	工矿仓储用地	062	采矿用地	52			122	设施农业用地
19			063	仓储用地	53			123	田坎
					54	12	其他土地	124	盐碱地
20			071	城镇住宅用地	55			125	沼泽地
21	07	住宅用地	072	农村宅基地	56			126	沙地
					57			127	裸地

表 8.3 城镇村及工矿用地分类

	201	城 市
城镇村及工矿用地	202	建制镇
	203	村 庄
城镇村及工矿用地	204	采矿用地
	205	风景名胜及特殊用地

注：开展农村土地调查时，对《土地利用现状分类》中 05、06、07、08、09 一级类按此表进行归并。

3. 第三次全国国土调查分类

2018 年组织开展的第三次全国国土调查在第二次全国土地调查成果基础上，全面细化和完善了全国土地利用基础数据，充分掌握了翔实准确的土地利用现状和国土资源变化情况，并进一步完善国土调查、监测和统计制度，实现成果信息化管理与共享，满足生态文明建设、空间规划编制、供给侧结构性改革、宏观调控、自然资源管理体制改革和统一确权登记、国土空间用途管制、国土空间生态修复、空间治理能力现代化和国土空间规划体系建设等工作的需要。其分类采用的《第三次全国国土调查工作分类》，是以 GB/T21010-2017《土地利用现状分类》为基础，对部分地类进行了细化和归并，分为 13 个一级类，57 个二级类。具体分类编码、名称见表 8.4。

4. 三次土地调查分类比较分析

三次调查三个分类标准，既有继承又有新增，满足了"连续、稳定、转换、创新"的原则。第一次全国土地详查采用 1984 年《土地利用现状调查技术规程》中制定的土地利用现状分类，第一次对全国土地进行全面、细致的分类和定义，虽然有些地类划分的不够全面，对农用地分类比较详细，非农用地缺乏细致分类，但为土地调查分类打下了基础，积累了经验。第二次全国土地调查采用的原 GB/T21010-2007《土地利用现状分类》，进一步细化和完善了土地分类，使其在数据统计、成果认可上得到了提升，为调查成果数据共享打下了基础。《第三次全国国土调查工作分类》是在 GB/T21010-2017《土地利用现状分类》的基础上对部分地类进行归并和细化，更加侧重和突出生态文明建设需要。

1）分类数量不同

《第三次全国国土调查工作分类》一级类共 13 个，在保持第二次全国土地调查原有的 12 个一级类不变的基础上，增加湿地作为一级地类，即将具有湿地功能的"红树林地""森林沼泽""灌丛沼泽""沼泽草地""沿海滩涂""内陆滩涂""沼泽地""盐田"8 个二级地类归为湿地。与第一次全国土地详查的土地利用 8 个一级类分类相比，数量变化较大。

2）分类侧重不同

在一级分类方面，以《第三次全国国土调查工作分类》为基准，与第二次全国土地调查、第一次全国土地详查一级分类做比对，第三次全国国土调查为满足生态文明建设需求在一级分类中增加了湿地类，详见表 8.5。在二级分类方面，与第一次全国土地详查对比，为了满足对建设用地的精细化管理，第三次全国国土调查和第二次全国土地调查对商业服务业用地、公共管理与公共服务用地、特殊用地等建设用地进行了补充和细化，详见表 8.6，弥补了以前分类标准侧重于农用地，对城镇建设用地划分较为简略的不足，更好地满足自然资源日常管理工作。

表 8.4　第三次全国国土调查工作分类

序号	一级类 编码	一级类 类别名称	二级类 编码	二级类 类别名称	序号	一级类 编码	一级类 类别名称	二级类 编码	二级类 类别名称
1	00	湿地	0303	红树林地	29	08	公共管理与公共服务用地	08H1	机关团体新闻用地
2			0304	森林沼泽	30			08H2	科教文卫用地
3			0306	灌丛沼泽	31			0809	公用设施用地
4			0402	沼泽草地	32			0810	公园与绿地
5			0603	盐田	33	09	特殊用地	09	特殊用地
6			1105	沿海滩涂	34	10	交通运输用地	1001	铁路用地
7			1106	内陆滩涂	35			1002	轨道交通用地
8			1108	沼泽地	36			1003	公路用地
9	01	耕地	0101	水田	37			1004	城镇村道路用地
10			0102	水浇地	38			1005	交通服务场站用地
11			0103	旱地	39			1006	农村道路
12	02	种植园用地	0201	果园	40			1007	机场用地
13			0202	茶园	41			1008	港口码头用地
14			0203	橡胶园	42			1009	管道运输用地
15			0204	其他园地	43	11	水域及水利设施用地	1101	河流水面
16	03	林地	0301	乔木林地	44			1102	湖泊水面
17			0302	竹林地	45			1103	水库水面
18			0305	灌木林地	46			1104	坑塘水面
19			0307	其他林地	47			1107	沟渠
20	04	草地	0401	天然牧草地	48			1109	水工建筑用地
21			0403	人工牧草地	49			1110	冰川及永久积雪
22			0404	其他草地	50	12	其他土地	1201	空闲地
23	05	商业服务业用地	05H1	商业服务业设施用地	51			1202	设施农用地
24			0508	物流仓储用地	52			1203	田坎
25	06	工矿用地	0601	工业用地	53			1204	盐碱地
26			0602	采矿用地	54			1108	沼泽地
27	07	住宅用地	0701	城镇住宅用地	55			1205	沙地
28			0702	农村宅基地	56			1206	裸土地
					57			1207	裸岩石砾地

表 8.5　三次调查一级类比较情况对比表

第三次全国国土调查一级类 编码	第三次全国国土调查一级类 类别名称	第二次全国土地调查一级类 编码	第二次全国土地调查一级类 类别名称	第一次全国土地详查一级类 编码	第一次全国土地详查一级类 类别名称
00	湿地	/	/	/	/
01	耕地	01	耕地	1	耕地
02	种植园用地	02	园地	2	园地
03	林地	03	林地	3	林地
04	草地	04	草地	4	牧草地
05	商业服务业用地	05	商服用地	5	居民点及工矿用地
06	工矿用地	06	工矿仓储用地		

第三次全国国土调查一级类		第二次全国土地调查一级类		第一次全国土地详查一级类	
编码	类别名称	编码	类别名称	编码	类别名称
07	住宅用地	07	住宅用地		
08	公共管理与公共服务用地	08	公共管理与公共服务用地		居民点及工矿用地
09	特殊用地	09	特殊用地		
10	交通运输用地	10	交通运输用地	6	交通用地
11	水域及水利设施用地	11	水域及水利设施用地	7	水 域
12	其他土地	12	其他土地	8	未利用土地

表 8.6 三次调查二级类比较情况对比表

序号	第三次全国国土调查二级类		第二次全国土地调查二级类		第一次全国土地详查二级类	
	编码	类别名称	编码	名 称	编码	名 称
1	0303	红树林地	/	/	/	/
2	0304	森林沼泽	/	/	/	/
3	0306	灌丛沼泽	/	/	75	苇 地
4	0402	沼泽草地	/	/	/	/
5	0603	盐 田	/	/	54	盐 田
6	1105	沿海滩涂	115	沿海滩涂	76	滩 涂
7	1106	内陆滩涂	116	内陆滩涂	/	/
8	1108	沼泽地	/	/	/	/
9	0101	水 田	011	水 田	11	灌溉水田
10					12	望天田
11	0102	水浇地	012	水浇地	13	水浇地
12	0103	旱 地	013	旱 地	14	旱 地
13	/	/	/		15	菜 地
14	0201	果 园	021	果 园	21	果 园
15	/	/			22	桑 园
16	0202	茶 园	022	茶 园	23	茶 园
17	0203	橡胶园	/	/	24	橡胶园
18	0204	其他园地	023	其他园地	25	其他园地
19	0301	乔木林地	031	有林地	31	有林地
20	0302	竹林地	/	/	/	/
21	0305	灌木林地	032	灌木林地	32	灌木林
22	0307	其他林地	033	其他林地	33	疏林地
23					34	未成林造林地
24					35	迹 地
25					36	苗 圃
26	0401	天然牧草地	041	天然牧草地	41	天然草地
27	/	/			42	改良草地
28	0403	人工牧草地	042	人工牧草地	43	人工草地
29	0404	其他草地	043	其他草地	81	荒草地
30	05H1	商业服务业设施用地	051	批发零售用地	/	/
31			052	住宿餐饮用地	/	/

序号	第三次全国国土调查二级类		第二次全国土地调查二级类		第一次全国土地详查二级类	
	编码	类别名称	编码	名称	编码	名称
32	05H1	商业服务业设施用地	053	商务金融用地	/	/
33			054	其他商服用地	/	/
34	0508	物流仓储用地	063	仓储用地	/	/
35	0601	工业用地	061	工业用地	53	独立工矿用地
36	0602	采矿用地	062	采矿用地	/	/
37	0701	城镇住宅用地	071	城镇住宅用地	51	城镇
38	0702	农村宅基地	072	农村宅基地	52	农村居民点
39	08H1	机关团体新闻用地	081	机关团体用地	/	/
40			082	新闻出版用地	/	/
41	08H2	科教文卫用地	083	科教用地	/	/
42			084	医卫慈善用地	/	/
43			085	文体娱乐用地	/	/
44	0809	公用设施用地	086	公共设施用地	/	/
45	0810	公园与绿地	087	公园与绿地	/	/
46	09	特殊用地	088	风景名胜设施用地	55	特殊用地
47			091	军事设施用地		
48			092	使领馆用地		
49			093	监教场所用地		
50			094	宗教用地		
51			095	殡葬用地		
52	1001	铁路用地	101	铁路用地	61	铁路
53	1002	轨道交通用地	/	/	/	/
54	1003	公路用地	102	公路用地	62	公路
55	1004	城镇村道路用地	103	街巷用地	/	/
56	1005	交通服务场站用地	/	/	/	/
57	1006	农村道路	104	农村道路	63	农村道路
58	1007	机场用地	105	机场用地	64	民用机场
59	1008	港口码头用地	106	港口码头用地	65	港口、码头
60	1009	管道运输用地	107	管道运输用地	/	/
61	1101	河流水面	111	河流水面	71	河流水面
62	1102	湖泊水面	112	湖泊水面	72	湖泊水面
63	1103	水库水面	113	水库水面	73	水库水面
64	1104	坑塘水面	114	坑塘水面	74	坑塘水面
65	1107	沟渠	117	沟渠	77	沟渠
66	1109	水工建筑用地	118	水工建筑用地	78	水工建筑物
67	1110	冰川及永久积雪	119	冰川及永久积雪	79	冰川及永久积雪
68	1201	空闲地	121	空闲地	/	/
69	1202	设施农用地	122	设施农业用地	/	/
70	1203	田坎	123	田坎	87	田坎
71	1204	盐碱地	124	盐碱地	82	盐碱地
72	1108	沼泽地	125	沼泽地	83	沼泽地

序号	第三次全国国土调查二级类		第二次全国土地调查二级类		第一次全国土地详查二级类	
	编码	类别名称	编码	名 称	编码	名 称
73	1205	沙地	126	沙地	84	沙地
74	1206	裸土地	127	裸地	85	裸土地
75	1207	裸岩石砾地			86	裸岩、石砾
76	/	/	/	/	88	其他

8.3.2 分类间的转换与衔接

2020 年 11 月，自然资源部办公厅印发关于《国土空间调查、规划、用途管制用地用海分类指南（试行）》（以下简称《国土空间用地用海分类》）。《国土空间用地用海分类》是国家实施自然资源统一管理、建立国土空间开发保护制度的一项重要基础性标准，对自然资源部门履行"两统一"和"多规合一"职责具有长远历史意义，也是贯彻落实党的十九届五中全会提出的"多做打基础利长远的工作"的具体举措。该分类是第三次全国国土调查完成后，为实施全国自然资源统一管理，科学划分国土空间用地用海类型、明确各类型含义，统一国土调查、统计和规划分类标准，合理利用和保护自然资源而制定的用地用海分类。其与《第三次全国国土调查工作分类》的相同性、差异性和转换衔接关系如下。

1）分类相同性

第三次全国国土调查是打基础利长远的基础性调查，同时作为编制国土空间总体规划、建设国土空间基础信息平台的"底图"和"底数"，其基础性地位十分重要，必须要在分类标准上坚持《国土空间用地用海分类》与《第三次全国国土调查工作分类》统筹衔接。其相同性主要有：

（1）分类标准的连贯性。《国土空间用地用海分类》在 GB/T21010–2017《土地利用现状分类》、GB50137–2011《城市用地分类与规划建设用地标准》、HY/T123–2009《海域使用分类》等标准的基础上，对国土空间用地用海进行了归纳、划分形成分类体系。《第三次全国国土调查工作分类》主要是在 GB/T21010–2017《土地利用现状分类》基础上统筹农、林、住建等部门需求，结合生态文明建设对地类进行细化和归并。二者在分类标准的规则、目标等方面具有一致性，都牢牢把握和深入贯彻习近平生态文明思想，从生态文明建设的高度出发，把"山水林田湖草是生命共同体"的理念贯穿始终。《第三次全国国土调查工作分类》中将"湿地"作为一级地类，就凸显了湿地在自然生态环境保护和开发利用中的重要地位。《国土空间用地用海分类》延续"湿地"一级地类，并结合实际将"盐田"调出"湿地"地类，更加突出湿地资源的自然属性和生态价值。

（2）分类标准的稳定性。在地类类型上保持最大化稳定，在地类名称内涵上保持最大化一致，在地类转换上便于最大化衔接。《国土空间用地用海分类》新增涉及陆地的一级地类中，除了农业设施建设用地和居住用地，还需要对《第三次全国国土调查工作分类》中的"农村道路""公共管理与公共服务设施"地类进一步细化，其他地类可通过调整《国土空间用地用海分类》的名称和代码，与《第三次全国国土调查工作分类》相互转换，直接利用。

2）分类差异性

虽然第三次全国国土调查成果数据作为国土空间总体规划编制的支撑数据，但在实际应用过程中也存在着一定的问题。如《第三次全国国土调查工作分类》与《国土空间用地用海分类》的衔接还存在需要细化和调整的地类，对中心城区空间规划编制的支撑存在数据精度不足等问题。主要差异有：

（1）分类体系上的差异。第三次全国国土调查将用地分类分为 13 个一级类、57 个二级类，《国土空间用地用海分类》分为 24 个一级类、106 个二级类与 39 个三级类。其中，为统筹海域利用与保护，《国土空间用地用海分类》较第三次全国国土调查新增了"渔业用海""工矿通信用海""交通运输用海""游憩用海""特殊用海"和"其他海域" 6 个一级类，并进一步细化了"科教文卫用地""商业服务业设施用地"等 15 个二级类；同时，为提高规划弹性和应对城市发展的不确定性，国土空间规划分类还新增了"留白用地"。

（2）地类界定上的差异。第三次全国国土调查与《国土空间用地用海分类》除了在分类层级和数量上有差异外，在地类界定上也存在部分差异。例如国土空间规划分类将第三次全国国土调查三大类中属于农用地的"农村道路"细分为"乡村道路用地"和"田间道"，分别归入到"农业设施建设用地"和"其他土地"，即《国土空间用地用海分类》将属于第三次全国国土调查三大类中的农用地拆分为建设用地和农用地。

3）分类转换关系

由于用地分类标准之间存在差异，在应用第三次全国国土调查数据之前，有必要建立其与《国土空间用地用海分类》之间的衔接关系。此外，在不同深度的国土空间规划要求下，衔接关系也不尽相同，其中以二级分类层面的衔接模式最为复杂，大致包含了四种模式：

（1）"一对一"模式。从地类名称和内涵界定上都能与《国土空间用地用海分类》建立对应关系，可直接进行分类转换。

（2）"一对多"模式。一个第三次全国国土调查地类包含多个《国土空间用地用海分类》地类，需要结合其他调查成果进行细化，才能进分类转换。

（3）"多对一"模式。该模式主要为第三次全国国土调查地类进行细化后，对不同大类下的相同细化地类进行合并转换，如第三次全国国土调查中的"商业服务业设施用地"及"科教文卫用地"都包含了《国土空间用地用海分类》中"社区服务设施用地"。在用地转换过程中就需要对这两类用地进行细化，将"社区服务设施用地"合并到《国土空间用地用海分类》的"居住用地"。

（4）"无对应"模式。主要为《国土空间用地用海分类》的留白用地和用海分类。

除"一对一"模式外，其他模式都需要补充调查，补充调查可参考相关材料，在相关材料不能满足或难以确定地类时需实地补充调查。具体对应关系及转化方法，详见表 8.7。

表 8.7 第三次全国国土调查工作分类与国土空间用地用海分类对应转换表

第三次全国国土调查工作分类			国土空间调查、规划、用途管制用地用海分类			转换方法
一级类		二级类	三级类	二级类	一级类	
00 湿 地		0303 红树林地	/	0507 红树林地	05 湿地	直接转换
		0304 森林沼泽	/	0501 森林沼泽		
		0306 灌丛沼泽	/	0502 灌丛沼泽		
		0402 沼泽草地	/	0503 沼泽草地		
		0603 盐 田	/	1003 盐田	10 工矿用地	
		1105 沿海滩涂	/	0505 沿海滩涂	05 湿地	
		1106 内陆滩涂	/	0506 内陆滩涂		
		1108 沼泽地	/	0504 其他沼泽地		
01 耕 地		0101 水 田	/	0101 水田	01 耕地	
		0102 水浇地	/	0102 水浇地		
		0103 旱 地	/	0103 旱地		

续表 8.7

第三次全国国土调查工作分类			国土空间调查、规划、用途管制用地用海分类		转换方法
一级类	二级类	三级类	二级类	一级类	
02 种植园用地	0201 果园	/	0201 果园	02 园地	直接转换
	0202 茶园	/	0202 茶园		
	0203 橡胶园	/	0203 橡胶园		
	0204 其他园地	/	0204 其他园地		
03 林地	0301 乔木林地	/	0301 乔木林地	03 林地	
	0302 竹林地	/	0302 竹林地		
	0305 灌木林地	/	0303 灌木林地		
	0307 其他林地	/	0304 其他林地		
04 草地	0401 天然牧草地	/	0401 天然牧草地	04 草地	
	0403 人工牧草地	/	0402 人工牧草地		
	0404 其他草地	/	0403 其他草地		
05 商业服务业用地	05H1 商业服务业设施用地	/	0702 城镇社区服务设施用地	07 居住用地	补充调查
		/	0704 农村社区服务设施用地		
		090101 零售商业用地	0901 商业用地	09 商业服务业用地	
		090102 批发市场用地			
		090103 餐饮用地			
		090104 旅馆用地			
	05H1 商业服务业设施用地	090105 公用设施营业网点用地	0901 商业用地	09 商业服务业用地	
		/	0902 商务金融用地		
		090301 娱乐用地	0903 娱乐康体用地		
		090302 康体用地			
		/	0904 其他商业服务业用地		
	0508 物流仓储用地	110101 一类物流仓储用地	1101 物流仓储用地	11 仓储用地	
		110102 二类物流仓储用地			
		110103 三类物流仓储用地			
		/	1102 储备库用地		
06 工矿用地	0601 工业用地	100101 一类工业用地	1001 工业用地	10 工矿用地	
		100102 二类工业用地			
		100103 三类工业用地			
	0602 采矿用地	/	1002 采矿用地		

第三次全国国土调查工作分类			国土空间调查、规划、用途管制用地用海分类		转换方法
一级类	二级类	三级类	二级类	一级类	
07 住宅用地	0701 城镇住宅用地	070101 一类城镇住宅用地	0701 城镇住宅用地	07 居住用地	
		070102 二类城镇住宅用地			
		070103 三类城镇住宅用地			
	0702 农村宅基地	070301 一类农村宅基地	0703 农村宅基地		
		070302 二类农村宅基地			
08 公共管理与公共服务用地	08H1 机关团体新闻出版用地	/	0801 机关团体用地	08 公共管理与公共服务用地	补充调查
	08H2 科教文卫用地	/	0802 科研用地		
		080301 图书与展览用地	0803 文化用地		
		080302 文化活动用地			
		080401 高等教育用地	0804 教育用地		
		080402 中等职业教育用地			
		080403 中小学用地			
		080404 幼儿园用地			
		080405 其他教育用地	0804 教育用地	08 公共管理与公共服务用地	
		080501 体育场馆用地	0805 体育用地		
		080502 体育训练用地			
		080601 医院用地	0806 医疗卫生用地		
		080602 基层医疗卫生设施用地			
		080603 公共卫生用地			
		080701 老年人社会福利用地	0807 社会福利用地		
		080702 儿童社会福利用地			
		080703 残疾人社会福利用地			
		080704 其他社会福利用地			
		/	0702 城镇社区服务设施用地	07 居住用地	

第三次全国国土调查工作分类			国土空间调查、规划、用途管制用地用海分类			转换方法
一级类		二级类	三级类	二级类	一级类	
08 公共管理与公共服务用地	08H2	科教文卫用地	/	0704 农村社区服务设施用地		补充调查
	0809	公用设施用地	/	1301 供水用地	13 公用设施用地	
			/	1302 排水用地		
			/	1303 供电用地		
			/	1304 供燃气用地		
			/	1305 供热用地		
			/	1306 通信用地		
			/	1307 邮政用地		
			/	1308 广播电视设施用地		
			/	1309 环卫用地		
			/	1310 消防用地		
			/	1313 其他公用设施用地		
	0810	公园与绿地	/	1401 公园绿地	14 绿地与开敞空间用地	
			/	1402 防护绿地		
			/	1403 广场用地		
09 特殊用地	0810	公园与绿地	/	1501 军事设施用地	15 特殊用地	
			/	1502 使领馆用地		
			/	1503 宗教用地		
			/	1504 文物古迹用地		
			/	1505 监教场所用地	15 特殊用地	
			/	1506 殡葬用地		
			/	1507 其他特殊用地		
10 交通运输用地	1001	铁路用地	/	1201 铁路用地	12 交通运输用地	补充调查
			120801 对外交通场站用地	1208 交通场站用地		
	1002	轨道交通用地	/	1206 城市轨道交通用地		直接转换
	1003	公路用地	/	1202 公路用地		补充调查
	1004	城镇村道路用地	/	1207 城镇道路用地		
			060102 村庄内部道路用地	0601 乡村道路用地	06 农业设施建设用地	
	1005	交通服务场站用地	120801 对外交通场站用地	1208 交通场站用地	12 交通运输用地	
			120802 公共交通场站用地			

第三次全国国土调查工作分类		国土空间调查、规划、用途管制用地用海分类			转换方法
一级类	二级类	三级类	二级类	一级类	
10 交通运输用地	1005 交通服务场站用地	120803 社会停车场用地	1208 交通场站用地	12 交通运输用地	补充调查
		/	1209 其他交通设施用地		
	1006 农村道路	060101 村道用地	0601 乡村道路用地	06 农业设施建设用地	
		/	2303 田间道	23 其他土地	
	1007 机场用地	/	1203 机场用地	12 交通运输用地	直接转换
	1008 港口码头用地	/	1204 港口码头用地		补充调查
		120801 对外交通场站用地	1208 交通场站用地		
	1009 管道运输用地	/	1205 管道运输用地		
11 水域及水利设施用地	1101 河流水面	/	1701 河流水面	17 陆地水域	直接转换
	1102 湖泊水面	/	1702 湖泊水面		
	1103 水库水面	/	1703 水库水面		
	1104 坑塘水面	/	1704 坑塘水面		
	1107 沟渠	/	1705 沟渠		补充调查
		/	1311 干渠	13 公用设施用地	
	1109 水工建筑用地	/	1312 水工设施用地		直接转换
12 其他土地	1201 空闲地	/	2301 空闲地	23 其他土地	
	1202 设施农用地	/	0602 种植设施建设用地	06 农业设施建设用地	补充调查
		/	0603 畜禽养殖设施建设用地		
	1202 设施农用地	/	0604 水产养殖设施建设用地	06 农业设施建设用地	补充调查
	1203 田坎	/	2302 田坎	23 其他土地	直接转换
	1204 盐碱地	/	2304 盐碱地		
	1205 沙地	/	2305 沙地		
	1206 裸土地	/	2306 裸土地		
	1207 裸岩石砾地	/	2307 裸岩石砾地		

8.3.3 自然资源地表分类方法和标准

自然资源分类是自然资源管理的基础，是开展基础调查工作的前提，应遵循"山水林田湖草是生命共同体"的理念，充分借鉴和吸纳已有的分类成果，按照"连续、稳定、转换、创新"的原则，重构现有分类体系，着力解决概念不统一、内容有交叉、指标相矛盾等问题，体现科学性和系统性，又能满足当前管理需要。为解决现有各部门分类标准不统一的问题，在开展自然资源调查前应统一分类标准，确定好基础调查的调查范围和调查尺度。

1. 自然资源地表覆盖分类原则

自然资源地表覆盖分类原则主要有保持连续性、突出全面性、考虑适用性和体现地域性。

（1）保持连续性：充分继承各类自然资源已有分类的科学合理性，保持分类上的连续性、已有数据的稳定性、前后数据的关联性。

（2）突出全面性：按照自然资源的社会经济属性，坚持空间陆海统筹，做到地表资源不重不漏、相对独立完整。按照自然资源的自然属性，科学划分各类自然资源的分布，做到自然资源全覆盖。

（3）考虑适用性：自然资源地表覆盖分类是基础调查工作的重要基础，应满足简单、明了、可操作等要求，以好识别、好统计、好管理为目的，便于各类自然资源数据的获取和分析，满足各项自然资源管理的需求。

（4）体现地域性：我国地貌类型较复杂，东西南北差异大，统一的地类标准难以反映各地的特殊性地类，可在保持统一的基础上，根据需要按照从属关系进行下一级地类细分，满足各地的管理需求。

2. 自然资源地表覆盖分类方法

分类标准严格遵循自然资源地表覆盖分类原则，在 GB/21010-2017《土地利用现状分类》等标准的基础上，充分利用第三次全国国土调查数据采集精度高、现势性好、与各部门数据进行了充分的衔接等优点，结合《第三次全国国土调查工作分类》和《国土空间用地用海分类》，以及考虑其他部门自然资源管理需求，制定自然资源地表覆盖陆地空间资源分类标准。海洋空间分类标准主要是参照 HY/T123-2009《海域使用分类》进行制定，分为渔业用海、工业用海、交通运输用海、旅游娱乐用海、海底工程用海、排污倾倒用海、造地工程用海、特殊用海、其他用海等地类。

自然资源地表覆盖采用一级、二级、三级的分类体系，共分为 2 个一级类、22 个二级类、91 个三级类，详见表 8.8。

表 8.8　自然资源地表覆盖分类编码表

序号	一级类		二级类		三级类	
	编码	类别名称	编码	类别名称	编码	类别名称
1	10	陆地空间资源	1000	湿地	100303	红树林地
2					100304	森林沼泽
3					100306	灌丛沼泽
4					100402	沼泽草地
5					100603	盐田
6					101105	沿海滩涂
7					101106	内陆滩涂
8					101108	沼泽地
9			1001	耕地	100101	水田
10					100102	水浇地
11					100103	旱地
12			1002	种植园用地	100201	果园
13					100202	茶园
14					100203	橡胶园
15					100204	其他园地
16			1003	林地	100301	乔木林地

序号	一级类		二级类		三级类	
	编码	类别名称	编码	类别名称	编码	类别名称
17			1003	林 地	100302	竹林地
18					100305	灌木林地
19					100307	其他林地
20			1004	草 地	100401	天然牧草地
21					100403	人工牧草地
22					100404	其他草地
23			1005	商业服务业用地	1005H1	商业服务业设施用地
24					100508	物流仓储用地
25			1006	工矿用地	100601	工业用地
26					100602	采矿用地
27			1007	住宅用地	100701	城镇住宅用地
28					100702	农村宅基地
29			1008	公共管理与公共服务用地	1008H1	机关团体新闻用地
30					1008H2	科教文卫用地
31					100809	公用设施用地
32					100810	公园与绿地
33			1009	特殊用地	1009	特殊用地
34			1010	交通运输用地	101001	铁路用地
35					101002	轨道交通用地
36					101003	公路用地
37	10	陆地空间资源			101004	城镇村道路用地
38					101005	交通服务场站用地
39					101006	农村道路
40					101007	机场用地
41					101008	港口码头用地
42					101009	管道运输用地
43			1011	水域及水利设施用地	101101	河流水面
44					101102	湖泊水面
45					101103	水库水面
46					101104	坑塘水面
47					101107	沟 渠
48					101109	水工建筑用地
49					101110	冰川及永久积雪
50			1012	其他土地	101201	空闲地
51					101202	设施农用地
52					101203	田 坎
53					101204	盐碱地
54					101108	沼泽地
55					101205	沙 地
56					101206	裸土地
57					101207	裸岩石砾地

序号	一级类		二级类		三级类	
	编码	类别名称	编码	类别名称	编码	类别名称
58	20	海洋空间资源	2001	渔业用海	200101	渔业基础设施用海
59					200102	围海养殖用海
60					200103	开放式养殖用海
61					200104	人工鱼礁用海
62			2002	工业用海	200201	盐业用海
63					200202	固体矿产开采用海
64					200203	油气开采用海
65					200204	船舶工业用海
66					200205	电力工业用海
67					200206	海水综合利用用海
68					200207	其他工业用海
69			2003	交通运输用海	200301	港口用海
70					200302	航道用海
71					200303	锚地用海
72					200304	路桥用海
73			2004	旅游娱乐用海	200401	旅游基础设施用海
74					200402	浴场用海
75					200403	游乐场用海
76			2005	海底工程用海	200501	电缆管道用海
77					200502	海底隧道用海
78					200503	海底场馆用海
79			2006	排污倾倒用海	200601	污水达标排放用海
80					200602	倾倒区用海
81			2007	造地工程用海	200701	城镇建设填海造地用海
82					200702	农业填海造地用海
83					200703	废弃物处置填海造地用海
84			2008	特殊用海	200801	科研教学用海
85					200802	军事用海
86					200803	海洋保护区用海
87					200804	海岸防护工程用海
88			2009	其他用海	/	/

8.4 遥感数据统筹和 DOM 制作

基础调查以土地、矿产、森林、草原、水、湿地、海域海岛七类自然资源的利用类型、面积、权属和分布等为核心内容，需要构建光学、高光谱、SAR、激光测高等多种航空航天传感器网，实现不同尺度、不同时相、不同类型卫星的统筹获取，形成全方位、高精度、高时空分辨率的影像保障能力，才能为基础调查提供高分辨率、高时效性的遥感影像数据。

8.4.1 遥感影像统筹

我国地域辽阔，各地地质地貌气候复杂多样，虽然目前遥感影像数据在年度覆盖范围、影像分辨率、更新周期等方面取得了显著的提升，但仍难以满足各地经济和社会对遥感影像的迫切需求，同时，各类项目缺乏统筹规划存在遥感影像资料用途单一、重复购置、使用效率低等问题，造成财政资金严重浪费。基础调查作为自然资源管理重要工作，获取的影像也应纳入遥感影像统筹之中，通过常态化更新，为自然资源调查和时点更新提供数据支撑。

1. 影像统筹的意义

航空航天遥感影像是重要的基础地理信息数据，可广泛应用于自然资源调查与监测、基础测绘、自然资源确权登记、国土空间规划、地理国情监测、国土变更调查、自然资源综合监管等自然资源管理方面，同时遥感影像也是现代社会各种大数据建设的空间基础和载体，是乡村振兴、生态环境保护、自然资源领导干部离任审计等重要的基础资料。开展遥感影像统筹能够更好地获取、管理、服务、应用遥感影像数据资源，有效提升遥感影像的服务保障能力，减少经费投入，提升利用效率，具有重大现实意义。

2. 影像统筹的手段

利用多源卫星数据协同获取、多维多层次航空数据协同观测等技术，全方位获取高精度、高时空分辨率的影像。对于航天数据覆盖困难、分辨率不足、精度不够、时效性保证弱等调查区域，采用空天数据联合覆盖、航空多视立体观测、无人机倾斜摄影、平流层飞机（艇）驻留观测、多尺度同步观测以及协同信息获取等模式，解决影像获取的难题。通过建立区域遥感影像统筹服务平台，形成遥感影像实时化获取、集群化处理、网络化分发和社会化服务能力，以及区域范围内各类不同分辨率遥感影像的获取处理、汇交归档、共享服务、应用推广等统筹协调机制。

8.4.2　DOM 精度指标

DOM 精度指标主要包括数据源精度、平面位置精度、镶嵌限差等。

1. 数据源精度

遥感影像的数据源主要分为航空影像和航天影像两种数据源，不同数据源制作的 DOM 比例尺与影像分辨率的对应关系如下。

（1）航空影像比例尺。基于数码相机航空摄影时，DOM 比例尺与数码相机像素地面分辨率的对应关系见表 8.9。

表 8.9　不同比例尺 DOM 与数码相机像素地面分辨率对应关系[1]

DOM 比例尺	数码相机像素地面分辨率（m）
1：500	优于 0.05
1：1000	优于 0.1
1：2000	优于 0.2
1：5000	优于 0.4
1：10 000	优于 0.8

（2）航天影像比例尺。采用航天遥感数据制作 DOM，不同比例尺 DOM 与原始数据空间分辨率的对应关系见表 8.10。

1）表 8.9 ～ 表 8.14 来源于 TD/T1055-2019《第三次全国国土调查技术规程》。

表 8.10　不同比例尺 DOM 与航天遥感数据空间分辨率对应关系

DOM 比例尺	数据空间分辨率（m）
1：2000	≤ 0.5
1：5000	≤ 1
1：10 000	≤ 2.5

2. 平面位置精度

按照 GB35650-2017《国家基本比例尺地图测绘基本技术规定》，正射影像地物点相对于实地同名点的点位中误差，不应大于表 8.11 规定，特殊地区可放宽 0.5 倍，规定两倍中误差为其限差。

表 8.11　正射影像平面位置精度

正射影像比例尺	平地、丘陵地（m）	山地、高山地（m）
1：500	0.30	0.40
1：1000	0.60	0.80
1：2000	1.20	1.60
1：5000	2.50	3.75
1：10 000	5.00	7.50

3. 镶嵌限差

（1）利用航空影像制作 DOM 时，像片或影像之间镶嵌限差见表 8.12。

表 8.12　像片或影像镶嵌限差

DOM 比例尺	平地、丘陵地（m）	山地、高山地（m）
1：500	0.10	0.15
1：1000	0.20	0.30
1：2000	0.40	0.60
1：5000	1.00	1.50
1：10 000	2.00	3.00

（2）利用卫星影像制作 DOM 时，景与景之间的镶嵌限差见表 8.13。

表 8.13　景与景镶嵌限差

DOM 比例尺	平地、丘陵地（m）	山地、高山地（m）
1：2000	1.00	1.60
1：5000	2.50	4.00
1：10 000	5.00	8.00

（3）利用不同分辨率影像（包括航空影像和卫星影像）制作 DOM 时，二者之间的接边限差参照表 8.13 的要求执行。

8.4.3　DOM 制作

DOM 制作需要选取符合要求的遥感影像，通过几何校正、云区去除、镶嵌拼接后，用于自然资源要素的智能提取和综合分析。

1. 遥感影像选取要求

遥感影像选取应满足下列要求：

（1）光学数据单景雪量一般不应超过 10%（特殊情况不应超过 20%），且云雪不能覆盖重点调查区域。

（2）成像侧视角一般小于 15°，最大不应超过 25°，山区不超过 20°。

（3）调查区内不出现明显噪声和缺行。

（4）灰度范围总体呈正态分布，无灰度值突变现象。

（5）相邻景影像间的重叠范围不应少于整景的 2%。

2. DOM 制作

（1）航空 DOM 制作：依据国家航空摄影测量及正射影像图制作相关标准，制作航空 DOM。

（2）航天 DOM 制作：

① 平面控制。平面控制点采用 GNSS 接收机等仪器实测，或从分辨率、比例尺优于预校正遥感影像的已有 DOM、地形图上采集。

② 高程控制。采用最新相应比例尺 DEM 为高程控制，DEM 应满足 CH/T9009.2–2010《基础地理信息数字成果 1:5000、1:10 000、1:25 000、1:50 000、1:100 000 数字高程模型》中有关规定。不同比例尺 DOM 与 DEM 比例尺对应关系见表 8.14。

表 8.14　不同比例尺 DOM 与 DEM 比例尺对应关系

DOM 比例尺	DEM 比例尺
1:2000	1:10 000
1:5000	1:10 000
1:10 000	1:10 000 或 1:50 000

3. 数字几何正射校正

根据数据获取情况，以单景影像、条带影像或区域影像为单元，采用物理模型或有理函数模型进行几何纠正。重采样方法采用双线性内插或三次卷积，重采样像元大小根据原始影像分辨率，按 0.5m 的倍数就近采样。

4. 图像处理

由于已有 DEM 数据中不包含云区、建筑物、植被等高出地面的物体，当使用 DEM 辅助卫星影像区域网平差时，严格意义上来说必须滤除全自动匹配的控制点中的非地面点，才能获得准确的高程精度。因此，需要进行云区、建筑物、植被等目标的快速语义分割。深度学习在硬件条件和数据样本满足要求的前提下，能取得显著优于传统方法的检测结果，可采用深度学习全卷积神经元网络实现高分辨率光学卫星影像云检测。通过制作地理场景多、样本种类丰富、标注准确的云雪检测数据集，用于卷积神经网络模型参数训练和学习，从而构建适用于高分辨率光学卫星影像、云雪检测的语义分割网络，并利用全局语义信息提高云检测精度。

（1）建筑物和植被检测。建筑物检测方面，则采用联合无监督 – 半监督约束的深度学习方法，该方法在利用训练样本进行模型参数训练后，仅需极少量的目标域样本即可实现跨域卫星影像的建筑物智能检测。植被则可以采用经典的归一化植被指数 NDVI（Normalized Difference Vegetation Index）方法进行检测。

（2）云区去除。影像中的云区会影响地表观测信息的整体一致性，容易给影像融合和解译等任务带来困难，因此需要进行修复处理。在多时相影像语义辅助精准几何处理的基础上，含云影像修复方法将快速语义分割获得的云区及云阴影区域视为无效像元区域，利用多时相影像的矩阵低秩信息对其进行修复，并通过对云区和非云区设定不同的权值，使得到云区修复的同时尽量保留非云区的原始信息。

（3）镶嵌拼接。高质量合成遥感影像产品是摄影测量遥感的重要任务之一。在大范围遥感影像生产中，通常需要对经过几何处理的多张影像进行镶嵌拼接。但这些影像来自不同时相甚至异源影像，影像间往往具有较大的色彩差异。在进行影像镶嵌合成时需要利用邻近时段影像间良好的互补性修补无效像元，选取最优镶嵌线并实现影像间辐射和光谱信息一致化，消除影像间的整体色彩差异；同时对邻接影像重叠区域的残余色彩差异进行处理，最终得到色彩信息一致、过渡平滑的处理结果。

5. DOM 制作单元

DOM 以县级辖区为制作单元，按照外扩不少于 50 个像素、沿最小外接矩形裁切。根据县级辖区内影像间镶嵌和接边情况，通过镶嵌线、接边线及外围县级行政界线组成若干矢量闭合面，并在每个闭合面内记录所使用影像的基本属性信息，以此制作 DOM 影像信息文件。

8.5　自然资源要素智能提取和调查底图制作

随着遥感技术的发展，在航空航天遥感方面，通过搭载各类可见光、红外、高光谱、微波、雷达等探测器，周期性对地观测获取的影像数据量呈现爆炸性的增长趋势，实现了广域的定期影像覆盖和数据快速获取。遥感对地观测能力在空间、时间、辐射等诸方面得到不断增强，尤其是视觉上能清晰辨识人类活动痕迹的高空间分辨率遥感技术取得了快速的发展，通过对地观测在影像空间上全面反映地表地理现象、格局及演化过程。从这些遥感数据中提取地表信息的研究已经积累了丰富理论和实践经验。但是基于遥感影像开展自然资源要素提取，仍是调查工作中最基础、应用最普遍、投入工作量最大、技术难度最高的工作。

8.5.1　调查界线和控制面积

基础调查是一项重大国情国力调查，国家统一部署各级自然资源主管部门组织实施，成果覆盖全国每一寸土地，为保证在全国调查范围内、各调查区域不重不漏，保证全国汇总面积真实准确，在开展基础调查之前应先确定各调查区域的调查界线和控制面积。

1. 调查界线

调查界线以国界线、零米等深线（即经修改的低潮线）和各级行政区界线为基础制作，统一确定各级调查控制界线，自上而下逐级提供调查使用。基础调查控制界线应采取国家总体控制，国家负责统一组织制作以省级行政界线为基础的调查界线；地方分级负责，省级负责省以下县级调查界线制作与确定，县级负责县以下调查界线制作与确定。

基础调查界线原则上应继承最新年度国土变更调查界线。县级及县级以上调查界线如果发生变化需要调整，必须依据相关主管部门的批准文件，经审核批准后方可调整。

2. 控制面积

由于地球是个椭球体，地球椭球表面同一纬度带上标准分幅图的图幅理论面积是相等的，每一幅图中的图幅理论面积是可以计算和控制的。因此，调查中获得的各种土地面积，采用的是地球的椭球面积。

控制面积是基础调查的重要数据之一，是以各级行政区域界线为控制界线，标准分幅图幅理论面积为基础，计算的调查区域椭球面积。行政区控制面积为本行政区内整幅和破幅图幅实地面积之和。整幅理论面积可以直接查取，破幅面积以整幅理论面积为控制，计算本行政区内椭球面积。行政区控制面积须确保能够起到理论面积的作用，确保其他图层的数据可以依照此数据进行平差。

8.5.2 要素提取与底图制作流程

光学、高光谱、红外、合成孔径雷达等多种遥感成像观测设备，周期性对地观测获取的大量时效性强、信息量丰富的遥感数据是自然资源要素智能提取和调查底图制作的基础。在充分认识自然资源要素分布特征、时空结构、自然经济属性后，建立以样本库、规则库、模型库为主的知识库，结合机器智能在算力、效率方面的优势和人类视觉感知、分析决策的能力，以人机相互协同的方式，自动分类提取自然资源要素。叠加耕地保护、生态保护、空间规划等自然资源管理要素，形成式样统一、清晰易读的调查底图，为自然资源调查提供基础性、通用性的数据。自然资源要素提取与底图制作流程如图 8.2 所示。

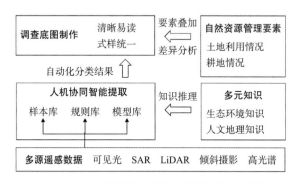

图 8.2 自然资源要素提取与底图制作流程图

8.5.3 人机智能协同要素提取

自然资源具有一定的外观和形状，并占据了一定空间位置和范围，根据其所处位置可以分为地上、地下、地表；同时自然资源的有限性、稀缺性和区域性，又决定了其在空间分布上不是均衡分布。从分类上看，自然资源要素按照分类指标可以分为湿地、耕地、林地、草地、工矿用地、住宅用地、交通运输用地、水域与水利设施用地等各种要素，这是一个相互关联、相互影响的生命共同体。一方面，山水林田湖草等自然资源要素在不同季节、不同时期呈现出不同的特征，另一方面，人类开发利用自然资源的过程中对自然资源的本底特征和自然属性施加影响，从而改变其数量分布和质量状态。

在这种情况下，为满足管理工作需要，以往不得不采取人海战术开展自然资源要素变化提取工作。近年来，伴随着人工智能技术的蓬勃发展和广泛应用，利用深度学习解决海量遥感影像的解译问题。利用人机协同，发挥光学、多光谱、SAR 等遥感数据联合解译、立体解译优势，实现多资源全要素的人工综合信息快速提取与检核检验，突破从单地类到全地类、从局部到全域、从辅助识别到全自动识别的技术瓶颈，实现基础调查地类自动化精确识别、智能解译，并加以人工检查、修饰等干预来提取海量的自然资源要素。为提升智能提取的准确性，需要建立符合要求的样本库、规则库、模型库。

1. 样本库建设

样本库是多个样本的集合，具有统一的标准，可用于人工智能算法（模型）训练，如建筑检测样本库、水体检测样本库、绿地检测样本库、道路检测样本库、土地利用分类样本库等。从时间上来看，一个训练样本只能代表一个时间截面的采样，而遥感影像解译对象是动态变化的，受到气候、光照、季节等自然要素的影响，在不同的时期，呈现不同的特征，这对样本标注的时间、质量、规模和完备性提出了更高的要求。从空间上来看，由于地形地貌、种植条件的差异，不同区域的地物类别分布存在明显的差异。当前已建立起来的样本库包括以下 3 项。

1）典型地物波谱库

在国家高技术研究发展计划、国家重点基础研究发展计划等一系列项目的研究支持下，通过研究不同的地物表面对不同波长电磁波的吸收和反射特性，建设了知识化的波谱信息分类标准，形成中国典型地物波谱库，为通过波谱匹配等技术进行地物识别打下了基础。通过建立开放式、覆盖主要自然资源要素的标准波谱数据库和应用模型（包括从可见光、近红外、热红外到微波波段的波普数据，且配套测量目标环境参数），为反演地表时空多变要素提供了先验知识。

2）地理国情样本库

自开展地理国情普查和监测以来，野外样本采集和外业核查就是其中一项重要内容，为了建立地面照片和遥感影像实例的对应关系，每一张地面照片都记录了拍摄时的相机姿态参数、拍摄距离、拍摄位置，同时提供了照片主体内容所属地理国情信息类型，并尽可能对地面照片反映的内容提供文字说明。从不同的侧面反映地物影像形态特征，起到相互印证的作用，可以帮助解译人员更高效地认知遥感影像所蕴含的信息。

3）国土调查样本库

第三次全国国土调查通过大量的举证核实了地表覆盖信息，这些地物分类是通过人机交互的目视解译与外业逐图斑核查后建立的，具有分类精度高、标准统一的特点，通过年度变更调查等项目，又对地表进行了年度的变化更新，从时间维度上刻画地物特征，为解决变化检测问题提供了更加丰富的样本集，在一定程度上解决同谱异物、同物异谱的问题。

4）样本库的管理

为了实现样本数据的统一管理与维护，样本库应具备以下功能：

（1）新建样本库、上传样本、样本检索、样本浏览、样本删除等操作功能，为影像解译模型生产提供数据支撑。

（2）在内容上能够涵盖类别丰富、类内多样的遥感场景要素。

（3）在时空上能够涵盖多季节、多气候以及多尺度。

（4）在波谱上能够涵盖多个遥感成像传感器。

2. 规则库建设

不同波长的电磁波在与地物的相互作用（辐射、反射、散射、极化等）过程中会呈现出不同的特征，规则库是多种地物信息提取知识规则的集合，充分利用高分辨率影像丰富的空间信息、地物几何结构、纹理信息的优势，综合考虑光谱、纹理和几何特征，构建适合地物信息提取的知识图谱。

1）光谱特征

光谱特征是指图像对象在光谱影像中不同波段反映不同的反射值或亮度值，如对象亮度、标准差等，光谱特征在影像分类中应用比较广泛。

2）纹理特征

遥感影像上以一定频率重复出现的细部结构，用来描述任何物质组成成分的排列情况，称为图像的纹理特征，通常包括位置、尺度、方向及纹理基元形状等。常以灰度共生矩阵、同质性、反差、异质性、熵等来形容纹理的特征。

3）几何特征

几何特征是指图像的图形结构特征，如大小、形状、纹理结构等，它是色调、颜色的空间排列，反映了影像的集合性质和空间关系，常用形状的不对称性、密度、矩形匹配程度、形状指数、紧致度等来体现。

按规则提取的关键是要建立分类模型，综合分析对象的光谱特征、纹理特征和几何特征，把目标定位在具体地物上，结合研究区域的实际情况构建知识规则集，从整体到局部，从局部到细部，有层次性地把地物信息提取出来。针对不同地区不同时相的影像，规则集需要根据具体情况进行调整。

3. 模型库建设

近年来，人工智能已经成为管理部门实现对自然资源的智能分析、科学决策、精准治理的重要技术手段。通过构建模型库并不断进行深度学习，能够充分提取遥感影像特征。

1）数据准备

深度学习训练的第一步是准备样本数据，对基础调查来说，由于每年遥感监测获取影像的时间基本一致，地理国情监测、年度变更、卫片执法等成果数据大部分都通过实地调查举证，是重要的样本数据来源，但有部分成果与影像不是一个强关联的关系，使得影像纹理所表现出的特征与实地地类并不一致，直接使用作为样本可能引入大量误差，因此必须建立一定的样本提取和清洗规则。

（1）对每一个分类要素，以矢量图斑中心为基准，在 1024×1024 像素范围内裁切影像，作为样本数据集。

（2）对每一个分类要素，以矢量图斑中心为基准，在 1024×1024 像素范围内裁切矢量，并导出掩模，图斑范围为 1，其他为 0，作为标签数据集。

（3）对样本数据集进行检查，清除异常标签。

（4）考虑训练样本的数量规模、类型、分布模式、标注质量等影响可靠性的因素，并建立评价指标。

2）样本数据集切分

样本数据划分为训练数据、测试数据和验证数据，采用"训练－验证－测试"方法，验证模型的可靠性。样本与模型相互协同能够不断增强智能计算能力，能够实现要素智能提取，得到自然资源要素的参考位置、边界、出现概率等信息。标准的深度学习训练流程应在训练集上进行训练，在验证集上进行验证，模型可以保存最优的权重，记录训练集和验证集的精度，便于进行调参。因为训练集和验证集是分开的，所以模型在验证集上面的精度在一定程度上可以反映模型的泛化能力。在划分验证数据集的时候，需要注意验证集的分布应该与测试集尽量保持一致，否则模型在验证集上的精度就失去了指导意义。

3）算法选择

模型是深度神经网络的封装文件，是进行解译任务的主要算法工具。典型的深度学习网络模型包括堆栈自编码机、深度信念网络、卷积神经网络、循环神经网络和生成对抗网络等。这些模型往往根据遥感影像解译应用特点进行改进，虽然在某些情况下取得了较好的效果，但依赖大量高质量的人工标注数据，网络模型复杂度高、可解释性不强，容易出现局部最优解或过拟合问题。因此，需要根据遥感影像的具体情况、现有数据的质量、样本集的大小等信息通过分析选择。

此外，遥感影像的多尺度、多波段、多时相等特征，限制了常规网络模型的应用，现有网络模型无法深入挖掘遥感影像蕴含的辐射、光谱及地物理化参数等信息，亟须面向自然资源要素提取应用场景，利用人工智能、大数据、云计算等新一代数字技术，提升自然资源要素提取自动化智能化水平与业务支撑能力。

4）迭代训练

拟合能力强的模型一般复杂度会比较高，容易过拟合，而限制模型复杂度，降低拟合能力，容易欠拟合，因此需要通过迭代训练来调整神经网络的参数。在模型训练时，应根据需解译的影像的分辨率、位深、波段数等参数选取合适的模型，同时应设置置信度、最小面积图标等约束条件。

8.5.4 基础调查底图制作

调查底图制作是基础调查的重要工作之一，其制作基本要求和底图要素处理方法如下。

1. 基本要求

调查底图制作的数据内容以及制作要求如下：

1）数据内容

根据不同的生产流程，其底图的数据内容也会有所区别。一般包括 DOM、县级行政界线、内业提取的自然资源要素数据和地表覆盖分类数据，以及自然资源相关管理数据等。

2）底图制作要求

（1）自然资源调查底图中点状要素采用不同符号配置，面状要素采用注记标注的方式制作底图，也可根据国家标准图式规范自行制作。

（2）对地表覆盖分类数据的地物类型以及自然资源要素数据的地物位置、形状、属性等有疑问的，内业可将其放入外业调查图层，外业调查记录亦可放入该图层。

（3）为了保证影像清晰易读，地表覆盖分类数据可不做普染，只将地表覆盖图斑边界和类型注记标注。

2. 底图要素处理方法

一般来说，内业自动提取的自然资源要素的分类结果是特定的二值化图像，还需要将栅格图像转换为矢量数据，提取自然资源要素的边界，栅格图像转换为矢量数据后边界呈现锯齿状，这样的数据不能满足后续的应用。因此，在自动分类完成后还需要对矢量数据进行进一步的处理，主要包括细小图斑处理和图斑边界线平滑简化处理。

1）细小图斑处理

初步分类的结果会出现大量形状破碎的细小图斑，对小图斑的处理，合并是最常见的操作，包括语义层次上归并和图形拓扑上的归并。语义上的归并是将图斑类型从子类型向父类型归并，或者向最相似的类型归并；图形拓扑上的归并是根据图斑邻近关系，将邻近的图斑进行几何上的归并，从而达到消除破碎图斑的目的。

2）图斑边界线平滑简化处理

数据平滑处理的一般原则是既要消除数据中的干扰成分，同时又要保持原有曲线的变化趋势，平滑容差的设置虽然消除了图斑边界线的锯齿，增强了图形的美观性，但是平滑后的数据增加了节点，导致数据量增大，不利于后续的操作。在考虑保持曲线几何形态特征等方面因素下，数据还需要进一步简化。

（1）顾及图斑分类的复杂性。自然资源要素图斑是位于同一数据层，并通过自然资源分类标准区分，不同的类型可能具有相同的上级分类。

（2）保持拓扑结构上的严格一致性。自然资源要素图斑具有空间全覆盖、无重叠、无缝隙的严格的拓扑结构特征。因此，实施图斑边界线化简过程中，需要时刻考虑简化边界线两侧图斑间的拓扑关系，严格维护上述一致性关系。

（3）顾及不同地类图斑间的面积平衡关系。对图斑边界线进行综合简化，不仅需顾及图斑自身边界线形态结构特征保持，还需要充分考虑综合前后不同地类面积间的比例关系保持平衡。

8.6 自然资源现状和权属调查

自然资源现状调查包括自然资源地表覆盖现状调查和城镇开发边界以及乡村内部土地利用现状调查,权属调查主要包括权属界线转绘和补充调查。

8.6.1 自然资源现状调查

新时期自然资源基础调查在调查内容、开展方式、成果形式上需要依据新的技术要求和标准开展,并充分利用无人机遥感、"互联网+"、照片人工智能识别、在线实时比对、区块链等技术开展调查。

1. 调查内容

根据自然资源精细化管理需要,按照自然资源分类标准,调查自然资源地表覆盖每块图斑的地类、位置、范围、面积等利用状况;充分利用地籍调查和不动产登记成果,并收集和参考最新国土空间规划现状调查相关资料,对城市开发边界和乡村范围内的土地利用现状开展细化调查,查清城镇开发边界和乡村内部商业服务业用地、工矿用地、物流仓储用地、住宅用地、公共管理与公共服务用地和特殊用地等土地利用状况;依据调查结果进行内业整理、修饰、矢量化和建库等工作。

1)地类图斑

(1)单一地类,以及被行政区、城镇村庄等调查界线或权属界线分割的单一地类地块为图斑。城镇村庄内部同一地类的相邻宗地合并为一个图斑。

(2)地类图斑编号统一以行政村为单位,按从左到右、自上而下由1开始顺序编号。

(3)按自然资源分类末级地类划分图斑。

(4)调查界线、权属界线分割的地块形成图斑。

(5)当各种界线重合时,依调查界线、土地权属界线的高低顺序,只表示高一级界线。

(6)依据自然资源分类,按照图斑的实地利用现状认定图斑地类。

(7)沿海地类图斑的陆地侧地类界线应与最新的海岸线修测成果一致。

2)图斑调查的基本方法

主要采用内外业协同的综合调绘法。内外业协同的综合调绘法是内业对智能提取的图斑进行判读检查、整理、修饰,对于无法内业判定的图斑进行外业调查或补测,通过内外业协同调查平台,利用无人机遥感、"互联网+"、区块链等技术开展调查,通过照片人工智能识别和在线实时比对等技术手段对外业调查数据进行实时处理,并进行内业建库。

调绘工作以调查工作底图为基础,叠加自然资源管理数据和相关自然资源专项调查数据,进行各地类预判和内业图斑边界调整,生成图斑预编号、权属单位名称等调查记录表规定的图斑基本信息,制作外业调查数据。将外业调查数据导入内外业协同调查平台并分发到外业调查设备,开展内外业协同的调绘工作。对影像未能反映的地物进行补测。

3)补测的基本方法

补测主要采用仪器补测法和简易补测法,为了提高调查的效率和成果精度,有条件的地区采用卫星定位仪器补测法,无条件的地区可采用简易补测法。补测平面位置精度要求:补测地物点相对邻近明显地物点距离的中误差,平地、丘陵地不得大于2.5m,山地不得大于3.75m,最大误差不超过2倍中误差。

2. 地类样本制作

在正式开展调查工作前,需针对本区域涉及的所有地类选取典型地块,进行地类样本采集工作,以规范和统一调查分类标准。

（1）选取地类单一、特征明显的典型地块作为地类样本，尽量保持样本影像特征和实地利用特征的一致性。样本地块的边界应根据样本选取要求重新勾绘，不建议直接采用地类图斑的原始边界，边界勾绘形状以矩形为主，尽量保证地类单一。使用统一下发的软件进行地类样本采集工作，样本地块实地拍摄的过程中，应尽可能保持地类样本照片的完整性、单一性、典型性、清晰性，远近协调，合理分配空白和实体所占空间布局，尽可能地提高艺术美感，准确、美观地反映地类特征。

（2）地类样本图斑采集后，还需要组织人员对各地类样本认定标准的规范性进行审查，并以统一的地类认定标准，规范下一步的调查工作。

3. 调查成果接边

对不同行政区界线两侧公路、铁路和河流等重要地物进行接边，确保重要地物的贯通性；对影像反应明显的地物界线进行接边，保证同名地物的一致性；对地类、权属等属性信息进行接边，保证水库、河流、湖泊、交通等重要地物调查信息的一致性；在实际接边作业时依据影像辅助实地调查。实际接边时，从属性上看，纹理相同的分属调查界线两边的图斑应具有同一分类；从几何上说，在调查界线两边的图斑应具有相同的节点，同时调查界线应在相交处增加节点以计算椭球面积，否则在空间逻辑和面积计算上容易出现误差。

8.6.2 自然资源权属调查

自然资源权属确权登记工作在日常管理或确权登记专项工作中已经完成，在基础调查中主要是收集各类自然资源确权登记数据，并将其转绘到调查底图上，部分未开展确权的组织开展补充调查。

1. 权属界线转绘

依据农村集体土地所有权确权登记成果、全民所有自然资源资产清查成果和其他林业、农业等相关登记成果，以及合法有效的不动产权属调查成果，将集体土地所有权和国有土地使用权界线落实在调查成果中。

集体土地权属界线原则上以各行政村为基本单位，对集体土地确权登记到村民小组的，也可按照村民小组的权属界线转绘到调查底图上。在权属界线上图过程中，因成图精度等客观因素，部分权属界线与遥感影像产生位移的，可根据协议书记载转绘至遥感影像相关位置，避免产生细小图斑。

2. 权属补充调查

权属界线发生变化的，按照集体土地所有权和不动产调查相关规定，开展权属界线补充调查。补充调查主要采用内外业核实和实地调查相结合的方法开展。对权属来源资料完整的，主要采取内外业核实的调查方法；对权属来源资料缺失、不完整的，主要采用外业核实、调查的方法；对无权属来源资料的，主要采用外业调查的方法。

从调查类型上看，自然资源权属调查包括土地权属调查、海域权属调查、森林林木权属调查等。通过权属调查，既要查清划定的自然资源登记单元内的所有权、用益物权等自然资源的权利类型、权利性质和主体，又要查清自然资源的用途、位置、四至、面积、类型、数量和质量等权利客体状况。同时，还要根据自然资源管理的需要，开展公共管制内容调查、权属纠纷处置等工作。从工作内容上看，自然资源权属调查包括调查核实权属和界址状况、绘制宗地（宗海）草图等，并将国家公园、自然保护区、湿地、河流等独立自然资源登记单元的登记成果落在基础调查成果中，结合相关资料，对权属发生变化的开展补充调查。

8.6.3 调查方式与"互联网+"举证

通过应用5G、图像智能识别、"互联网+"等技术，使用具有专业化和普适型的设备，开展内外业协同和任务清单分发式的调查工作。对于重点地类和内业无法判定的地类进行实地拍照举证、视频连线或视频录制等，确保调查高效、成果真实可靠。

1. 调查开展方式

调查开展方式主要包括任务组织协同化、外业调查网络化、采集设备标准化、图像识别智能化和信息汇聚实时化。

1）任务组织协同化

组织开展我国陆海全域的自然资源基础调查工作，需要切实把握基础调查工作的系统性、整体性和基础性，坚持目标导向、问题导向和成效导向相统一，按照基础调查工作的技术特点，以"数据获取 – 信息提取 – 内外协同调查 – 数据建库 – 汇总分析"为主线，分析厘清调查各项工作之间的边界与衔接关系，凝练出共性技术环节，优化工程化业务模式，使各项工作应有效衔接与融合，并以数字技术为手段、以交互系统为平台，形成上下联动、内外协同的调查工作模式，避免重复调查、低效作业等问题，确保调查成果的准确性和时效性。

2）外业调查网络化

自"众包"概念提出以来，创造了新的商业模式，提高了经济运行效率。通过互联网面向大众寻求合作，形成比传统方式更为广泛的对接和合作模式，实现信息资源共享，提高工作效率，推动经济社会发展。在基础调查中，通过人联网将管理人员、技术人员和非技术人员连接起来，利用智能普惠的外业举证 APP 开展调查举证工作，利用该模式将大大节约调查成本，提高调查效率。通过使用智能化的外业调查设备降低对调查人员专业水平的要求，即去专业化；通过任务清单分发和"互联网 + 众筹"模式最终实现调查大众化，即"人人都是调查员"。因此，调查工作中应充分发挥基层组织和群众的作用，将基层干部和群众纳入调查工作中，利用智能终端、普适型设备等标准化采集终端，实地拍照或录像获取现场情况，将有效提高调查效率。

3）采集设备标准化

（1）设备的专业化。无人机具有成本低、灵活机动以及获取影像时效性高、分辨率高等特点，能够弥补卫星遥感的不足，实现外业实时动态感知，同步回传，易于内外业协同调查模式的开展，通过网络化的作业方式，能够有效解决地类及属性调查核实、图斑边界调绘、地物补测、图斑实地举证，外业装备的集成化、通用化、标准化，实现野外信息灵活便捷采集。

（2）设备的普适性。针对自然资源调查的需求，所需的设备，只要满足具有利用磁力感应器和重力加速器与摄像头，能够获取设备在拍照时的位置信息，能够获取设备方向、旋转角度和俯仰角度，计算出照片拍摄的精确方位角，支持网络传输等功能即可。目前几乎所有移动设备均可支持这些功能，为"互联网 + 众筹"的众源调查模式提供了物理基础。

4）图像识别智能化

自然资源种类众多，特别是一些植物幼苗难以识别是何种类型，因此通过图像识别，以深度学习和机器视觉为核心，提取图片内容特征，建立图像搜索引擎。通过在外业调查拍摄自然资源特征图片，用以图搜图的方式，快速在图片库中检索到与输入图片具有最高相似度的类型标签和各期样本照片，辅助调查人员判断地表覆盖类。只有实现网络互联，以深度学习算法模型，结合超大规模聚类和量化索引技术，匹配自然资源调查业务场景的样本库，才能有效进行照片人工智能识别和内外业协同。

5）信息汇聚实时化

自然资源调查不单是对自然资源本身的调查，自然资源同时具有自然属性、社会经济属性和业务管理属性。自然资源"两统一"职责的履行将有效实现用地、用矿、用海、用岛等项目审批和管理数据的实时汇聚,为业务协同形成了有利条件。此外,农业、水利等其他部门的管理活动也直接作用于土地等自然资源。因此,需要进一步汇聚和补充其他管理部门的自然资源和国土空间开发利用数据。所有数据应在统一标准和框架下汇聚,为自然资源调查提供丰富的基础数据。

2. "互联网 +"举证

在自然资源调查过程中,利用外业举证软件进行现场拍照、录像、视频连线以及数据实时回传,是内外业协同作业的重要保障,也是强化质量管控,确保数据真实,实现"求真、保真"的重要举措。"互联网 +"举证技术集成了移动互联网和空间信息技术等相关技术,使用带卫星定位和方向传感器的拍摄终端,拍摄并形成包含图斑实地卫星定位坐标、拍摄方位角、拍摄时间、实地照片及举证说明等综合信息的加密举证数据包,上传至统一举证平台。通过内外协同,能够举证说明调查地类与影像特征不一致区域的土地利用情况。

在具体实践过程中,通过统一接口,全面支撑基础调查,满足自然资源监管工作,形成一套完整的软件部署工作流程和技术体系,应对更多用户需求。一般要求举证照片应在实地拍摄,拍摄方向正确,应能够举证说明调查地类与影像特征不一致区域的现状情况;举证照片包括图斑全景照片、局部近景照片、建构筑物内部和自然资源利用特征照片三类。

8.7　基础调查数据库建设

根据《自然资源三维立体时空数据库建设总体方案》的设计,基础调查数据库是自然资源调查监测 9 个分数据库中土地资源分数据库的主要内容之一,需按照时空数据库建设标准进行建设,主要考虑与各类调查监测数据库之间的衔接,并突出基础调查数据的基础性、通用性。其建设主要包括建设内容、建设要求、建设流程、数据库建设以及数据库管理系统建设。

8.7.1　数据库建设内容

按照自然资源数据体系框架,基础调查数据库建设应基于统一的坐标系统,依据统一的数据标准和分类标准,在空间、时序、比例尺上对各类自然资源数据进行标准化整合、对接、去重、融合、分层。其建设内容主要包括基础地理信息、自然资源利用现状数据、权属数据、各类自然资源专项调查数据,以及各类自然资源管理数据,如审批规划、永久基本农田、城市开发边界、生态保护红线等矢量数据,DEM 数据、数字表面模型(DSM)、DOM 数据、扫描影像图等栅格数据和元数据等。

8.7.2　数据库建设要求

基础调查数据库建设要求主要包括建设内容要求、服务接口要求和其他要求。

1. 建设内容要求

数据库成果内容完整,对矢量数据、影像数据、属性数据、统计数据、资料数据、原始数据、其他数据进行一体化组织管理。执行自然资源调查监测相关标准,数据库结构、数据字典等符合要求,并按要求进行组织整理。

2. 服务接口要求

按照时空数据库建设统一的接口规范,提供标准的目录与元数据服务、地图服务、矢量服务、影像服务、报表服务、操作服务等。服务接口比照开放地理空间信息联盟(OGC)服务标准等,以此为基础定义相应的方法与参数。

3. 其他要求

位置精度、属性精度符合相应数据产品精度要求。椭球面积计算、控制面积计算、图形面积计算符合面积计算要求。属性内容逻辑一致，空间要素建立完整正确拓扑关系。

8.7.3 数据库建设流程

基础调查数据库建设主要步骤包括数据准备、数据预处理、数据入库、数据库检查。数据库建设流程如图 8.3 所示。

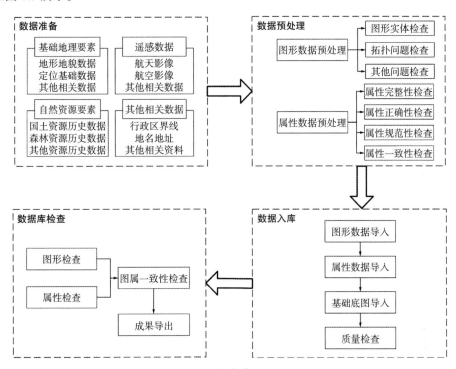

图 8.3 数据库建设流程图

8.7.4 数据库建设与管理系统建设

从县级到国家分别建设基础调查数据库及管理系统，支持基础调查成果数据横向联通、纵向贯通。基础调查数据库应包含基础地理要素、自然资源要素、栅格要素、自然资源权属性质等各类要素，保证数据库成果内容完整，对矢量数据、影像数据、属性数据、统计数据、资料数据、其他数据进行一体化组织管理。基础调查数据库管理系统主要用于时空数据库的监理、操作和管理维护，提供统一规范的数据和操作服务接口，实现自然资源调查监测数据的一体化存储管理、浏览查询、统计分析与成果应用。

1. 数据库建设

基础调查数据库建设主要包括数据采集、数据入库两项工作。

1）数据采集工作

基础调查数据采集工作，主要是利用"天空地人网"协同式感知网，以全要素内业解译技术与多手段外业调查技术相结合的协作方式将获取多源资料进行自然资源要素属性信息采集，包括空间信息、非空间信息等。依据自然资源分类标准，对各类自然资源的分布、范围、面积、权属性质等相关信息进行调绘与补充采集，形成基础调查数据成果。基础调查成果数据可以采用二维的点、线、面等方式记录信息，利用 DEM、DSM 等构建的自然资源三维基底，获取自然资源实体的立体空间信息；同样可以采用三维方式，构建包括点、线、面、体等几何特征的自然资源三维实体模型，直接记录自然资源实体的立体空间信息。无论采用哪种方式进行建库，数据模型都应支持自然资源实体单元信息的查询、检索与分析。

2）数据入库工作

数据库入库工作包括数据入库前检查、数据入库和数据入库后检查。

（1）数据入库前检查。入库前需要对采集的数据进行全面质量检查，并改正数据质量错误，数据质量无误的数据方可入库。

（2）数据入库。检查完成后，将矢量数据、栅格数据、三维数据、元数据等数据入库。

（3）数据入库后检查。数据库各图层入库后，通常采用计算机检查和人机交互相结合的方式对数据入库情况进行质量检查，对比入库前后的数据，检查数据库实体要素的逻辑一致性和相关性，并修改发现的错误。

最终数据入库检查合格后，输出相应成果数据，完成基础调查数据库建设工作。

2. 管理系统建设

基础调查数据库管理系统建设内容包括系统功能要求和系统建设要求。

1）管理系统功能要求

管理系统功能要求包括如下 3 项：

（1）数据生产功能：应具备坐标转换与投影变换、面积汇总统计、矢量化采集、图层编辑、电子数据采集、属性数据采集、拓扑关系构建、数据检核等功能。

（2）数据建库功能：应具备数据入库检查、数据预处理、数据入库、椭球面积计算、调查面积平差、汇总统计、报表输出、数据可视化、数据格式转换、检查与处理等功能。

（3）数据管理与应用功能：应具备数据库维护与管理、数据库安全管理、成果数据一体化管理、综合查询检索、专题图制作、空间数据分析、专项调查成果分析以及日常更新与年度变更、历史数据管理等功能。

2）管理系统建设要求

管理系统建设要求包括如下 3 项：

（1）纵向到底：基础调查成果数据通过数据库管理系统接入自然资源三维立体"一张图"和国土空间基础信息平台，融合自然地理、社会经济等数据，实现基础调查成果与国土空间规划、耕地保护、确权登记、资产清查、用途管制、生态修复、矿政管理、海域海岛、监督执法等业务系统实时互联、无缝调用，支撑自然资源各项日常管理工作顺畅运行、支撑自然资源管理相关决策制定。

（2）横向贯通：借助自然资源"一张网"，通过国土空间基础信息平台将基础调查成果数据、数据服务及时推送国务院各有关部门、相关单位，以及地方自然资源主管部门、林草主管部门，实现基础调查成果在部门间的共享、应用服务和保障支撑。

（3）面向公众：以国家地理信息公共服务平台（天地图）为依托，推动非涉密基础调查成果的在线访问，实现基础调查成果广泛共享和社会化服务。

8.8 统一时点更新

基础调查是一项重大的基础工程，调查任务重、工程量大、耗时持久，通常需要两到三年才能完成，初始调查完成后需对调查实施期间发生变化的地类进行补充调查，使调查成果统一在某一个特定的时间节点。因此，在完成初始调查后需开展统一时点更新调查。国家统筹获取时点更新影像并制作正射影像图，利用时点正射影像图与初始调查数据库智能对比提取变化信息，进行补充调查，全面查清基础调查完成时点与统一时点期间的行政界线、图斑界线、地类信息和权属界线等内容的变化情况，通过增量实时自动更新建库，并充分应用区块链数字签名和密匙机制，保障更新成果的真实、可靠和可追溯。

8.8.1 更新时点与主要任务

统一时点为完成初始调查当年的 12 月 31 日。主要任务包括自然资源现状变化情况的调查，以及相关数据库的更新。

8.8.2 更新调查要求及方法

统一时点更新调查是在初始调查成果基础上开展的，对于保持基础调查成果的现势性、满足各项自然资源管理工作需要具有重大意义，应对其总体要求、更新方法和更新地类核查要求进行明确。

1. 总体要求

统一时点更新仅对从完成调查时间到统一时点之间的自然资源现状变化部分进行变更，对未发生变化的部分不得擅自变更。调查界线未发生变化时，调查控制界线和面积不得改动。

2. 更新方法

（1）调查底图制作。收集各类自然资源管理数据，如土地审批利用、确权登记以及相关专项调查等方面的数据资料，国家统筹获取时点更新影像，并利用国家下发的调查底图，与初始调查数据库套合比对，提取其他地类变化图斑。结合各类用地管理信息，在内业预判的基础上确定需要举证变更的图斑，制作统一时点调查工作底图和数据。

（2）自然资源地表现状和权属更新。按照初始调查规定的自然资源地表现状和权属调查的方法开展外业调查和更新。

（3）变更图斑举证。对国家内业提取的变化图斑，地方实地调查地类与国家影像判读地类不一致的，需实地举证。对国家未提取变化图斑的区域，地方经实地调查新增的变更图斑，原则上须逐图斑实地举证。

3. 地类核查

（1）利用遥感影像、实地举证照片和相关资料，检查变更图斑地类、边界、范围和属性是否真实准确。对未按照要求拍摄举证照片的图斑，以及图斑地类（或标注属性）与遥感影像和实地举证照片不一致的，认定为错误图斑。

（2）对照实地现状，对遥感监测图斑的位置、范围、地类等逐一进行核实和确认；对遥感监测影像拍摄时段后新增建设用地，可纳入下一年度变更。

（3）对遥感监测之外的变化图斑，应实地准确核实变化图斑的位置、地类、范围等，对确实发生变化的，按照实地地类进行变更。

（4）对地类核查认定的错误图斑进行整改。对确属调查错误的，修正调查结果；对举证材料不完备的，补充相关举证材料，并对整改成果再次进行核查。

8.8.3 数据库增量更新

按照统一时点调查数据更新技术要求、数据库变更内容和方法、标准及相关质量要求，采用增量更新的方式，开展统一时点调查数据库更新工作。

1. 更新内容

（1）空间数据更新：包含调查界线、权属界线、地类数据及相关数据的更新。

（2）属性数据更新：由空间范围更新带来的属性数据更新以及其他属性更新。

2. 更新方法

以统一时点前形成的县级调查数据库为基础，依据内外业成果，变更数据库，提取变化图斑，并依据变化图斑汇总变化信息，生成更新数据包。

3. 数据库变更要求

（1）数据库变更采用的初始调查库应通过国家检查确认。

（2）通过数据库变更生成的变化信息以及汇总形成的更新数据包，应符合数据库更新标准及有关技术规定。

（3）数据库变更过程中，涉及发生变更的图形，应保证变更前总面积与变更后总面积完全一致。未变更的图形面积不得改变。

（4）变更后的数据库所有地类面积之和，应等于相应行政辖区、权属单位控制面积，同时等于变更前数据库汇总总面积。

（5）数据库更新所生成各项统计汇总表，应保证"图数一致"、符合汇总逻辑要求，同一数据在不同表格中应一致。

（6）数据库变更后，应进行数据库质量检查与汇总。

8.9　统计分析与共享应用

基础调查成果是自然资源管理以及专项调查、监测的本底数据。其调查成果的统计分析与共享应用应接入国土空间基础信息平台进行统一管理与调度，借助互联网技术，强化统计分析能力与成果共享服务方式，实现基础调查成果与各类自然资源管理数据互联互通、及时调用、分析服务以及实时分享，实现自然资源管理部门实时互联互通，深入推动调查成果跨部门应用，避免"数出多门、口径不一、矛盾冲突"的问题。同时需要建立基础调查成果共享和利用监督制度，制定成果数据共享应用办法，充分发挥基础调查成果数据对国土空间规划和自然资源管理工作的基础支撑作用，及时满足政府决策、科学研究、基层管理以及社会公众对基础调查数据的需求。

8.9.1　超大体量时空数据快速统计分析评价

基础调查时空数据库，融合国土调查、地理国情监测、其他各类自然资源专项调查等各类数据库成果以及自然资源管理数据，具有数据量大、格式多样、要素复杂、时效性强等特点。通过超大体量的时空数据快速统计汇总分析技术，开展综合分析和系统评价，为科学决策和精准管理提供依据。

1. 时空统计

基于国土空间基础信息平台开展基础调查成果统计分析，利用人工智能分析、云计算、空间运算、业务运算、Spark 集群等大数据分析技术，定制相应的空间计算、属性统计、机器学习、数据传输等多个类型的基础模型库，以及需要数据处理的裁剪、擦除、相交叠加、空间关联、缓冲分析等众多空间大数据分析模型，通过标准化数据融合、统计单元和指标匹配、模型算法筛选等方法，构建时空统计框架，实现多尺度、全要素、分类型的自然资源大数据高速计算和精准统计，形成反映自然资源"现状 – 变化 – 发展"状况的数量、分布、变化等统计成果，准确反映我国自然资源家底。

2. 综合分析

以自然地理单元、行政区划、社会经济区域、规则网格等为分析单元，以自然资源分层结构、时空分布格局、开发利用潜力、自然生态状况、生态压力、生态保护与绿色发展，以及经济发展格局与潜力等为目标，建立"数量－质量－生态"三位一体指标体系，实现对自然资源"格局－过程－机理"的状态解析，开展自然资源现状、开发利用程度及潜力分析，研判自然资源变化、发展趋势，综合分析自然资源、生态环境与区域高质量发展整体协调情况。

3. 系统评价

建立自然资源基础调查评价指标体系，评价各类自然资源基本状况与保护开发利用程度，评价自然资源要素之间、人类生存发展与自然资源之间、区域之间、经济社会与区域发展之间的协调关系，为自然资源保护与合理开发利用以及国家宏观调控提供决策参考。

8.9.2 二三维可视化展示

基础调查作为查清各类自然资源体投射在地表的分布和范围的一项重要工作，以地表覆盖为基础，以范围、分布、面积、权属性质等为核心内容。故基础调查的成果是自然资源统一调查监测的数据基底，是自然资源统一立体时空数据库的基础数据。基于多源异构三维数据动态融合、海量影像动态服务等技术，构建基础调查成果多粒度三维空间框架。按照地表覆盖层上各类自然资源要素的立体空间位置，采用巨量矢量要素三维化动态表达、二维数据三维空间模拟等技术，构建"地表全覆盖、陆海全相连"、二三维一体的可视化场景，并利用 WebGL3D 渲染、虚拟实现、增强现实等多种技术手段，对自然资源实体、要素相互作用以及演变规律加以综合呈现，实现各类自然资源一体化综合展示。

基于统一空间尺度将基础调查成果与自然资源管理数据等多源数据进行整合集成，基于统一图形引擎的二三维技术将二维表达形式的地理实体与三维表达形式的地理实体进行聚合，实现自然资源全要素、全覆盖、多维度的二三维一体化数据管理；有机整合地理信息系统功能和三维可视化效果，加强兼顾三维展示效果与二维查询分析能力的二三维一体化的空间分析能力；提供国土空间开发利用状况、国土空间管控条件、规划符合性分析、国土空间发展认知等方面通用的"即时分析、实时展现"三维大场景分析展示功能，实现空间三维模型展布、地理要素属性查询、地理要素空间和属性数据分析、三维可视化辅助决策等功能。

8.9.3 数据共享与服务

依托自然资源"一张网"建设，将基础调查时空数据库及数据库管理系统在涉密内网部署运行，为国土空间规划和自然资源管理相关业务系统运行提供数据和服务支撑。同时通过业务网分别与地方自然资源管理部门、其他政府部门进行非涉密数据下发汇交与协同共享，并通过电子政务内（外）网为相关部门、社会公众提供服务。

1. 部门应用

利用公共财政开展的基础调查工作，其形成的成果应无偿提供相关部门共享使用，并遵守保密及相关法律法规要求。通过国土空间基础信息平台，共享基础调查数据信息，实现基础调查成果与国土空间规划、确权登记等业务系统实时互联、及时调用，支撑各项管理顺畅运行。编制并公布基础调查公共数据目录清单，借助国家、地方数据共享平台或与相关政府部门网络专线，通过接口服务、数据交换、主动推送等方式，将主要数据及时推送至各级各有关部门，实现基础调查成果数据的共享应用。

2. 社会服务

按照政府信息公开的有关要求，依法按程序及时公开基础调查成果。推进自然资源基础调查成果数据在线服务，将经过脱密处理的成果向全社会开放，推动基础调查的广泛共享和社会服务。鼓励科研机构、企事业单位利用基础调查成果开发研制多形式多品种数据产品，满足社会公众的广泛需求。

8.10 数据质量控制

基础调查是了解掌握各类自然资源数量、质量、空间分布及权属等现状和趋势的系统性工程，其质量控制是保证调查成果全面、真实、准确的有效手段，也是打造优质工程、提高产品质量、提升服务水平的关键环节，对于保障工程、产品和数据的准确性、可靠性以及贯彻落实"质量强国"战略具有不可替代的重要作用。

8.10.1 质量控制目标和任务

基础调查的高质量发展，必须建立科学合理的质量检查验收与质量监督管理制度，构建系统高效的质量控制体系，确定统一的数据质量标准、质量检验控制技术方法和质量评价指标，确立层次分明的组织实施单位检查、质检验收的质量职责定位，形成多层次、全过程、多手段全面质量管控体系，整体把控调查成果质量。

1. 主要目标

国家统一组织建立覆盖全过程、全要素、分层级的过程质量和成果质量检查制度，遵循实事求是、以实地现状认定地类的原则，按照统一的检查规范和标准，对调查成果进行各级检查，确保调查成果真实、准确、可靠。

2. 主要任务

组织专业队伍对调查成果进行过程质量检查和成果核查，检查图斑的地类、边界、属性标注等信息与实地现状的一致性和准确性，检查权属调查成果的正确性。质量控制的主要任务是：开展过程质量检查、自然资源利用现状调查成果检查和权属调查成果检查，并相应开展调查成果质量评价等工作。确保基础调查成果的标准口径统一、地类范围不重叠、数据不交叉，属性标注等信息与实地现状的一致性和准确性，实现图、数与实地一致，确保调查工程生产的调查成果合格有效、客观准确、真实可靠。

8.10.2 质量控制原则

为统一基础调查质量管理方式、流程和要求，规范质量控制方法，防范弄虚作假和成果质量问题，保障调查成果质量，满足建设国家治理体系和治理能力现代化的需求，基础调查工作应遵从以下几条原则。

1. 坚持实事求是原则

实事求是是自然资源基础调查的生命线，紧紧围绕保障基础调查数据真实性、准确性，明确各调查相关单位质量责任，实事求是开展各项调查和质量检查工作。

2. 坚持全流程管控原则

建立覆盖基础调查各环节和各层次的质量管控机制，明确设计质量管理、作业质量控制、过程质量监督与监理、调查成果检查验收、质量监督管理和质量追溯的具体实施举措，确保各环节、全流程管控到位。

3. 坚持统一管控标准原则

在各环节、各层次的检查过程中，要确保检查口径统一、技术方法科学，执行统一的检查和评判标准，保障基础调查真实、准确、可靠。

8.10.3 质量控制内容和方法

质量控制主要从 DOM 质量检查、过程质量检查、调查地类检查、数据库质量检查、调查成果检查等方面充分应用新技术、新方法组织实施，并针对检查情况进行质量评价。

1. DOM 质量检查

高精度的优质 DOM 是确保调查成果质量的基础，因此要加强对 DOM 生产的质量控制，确保不同来源和不同周期的影像生产出的 DOM 精度一致、处理效果一致。其主要从空间参考系、空三加密、位置精度、格式一致性、影像质量和附件质量等方面进行把控和检查。

1）空间参考系检查

检查采用的大地基准和地图投影是否符合要求。

2）空三加密检查

检查使用资料、相机参数是否正确，相对定向、绝对定向是否符合精度要求，控制点转刺、加密点量测是否准确等。

3）位置精度检查

检查平面位置精度，包括平面位置中误差、影像接边精度等。

4）格式一致性检查

检查数据文件格式、数据文件名称、数据文件的存储组织是否符合要求，检查数据文件是否缺失、多余、数据能否读出等。

5）影像质量检查

检查分辨率、格网参数、影像特性等。

6）附件质量检查

主要检查上交资料的完整性和规范性。

2. 过程质量检查

过程质量检查包括首件产品质量检查、一二级检查和过程质量监督与监理。

1）首件产品质量检查

经过前期对收集的资料进行分析和处理，形成工作底图资料，开展首件产品的试生产工作，结合实施方案和技术要求，对调查任务区的成果数据进行分析，从技术、工期、质量保障等方面做检查总结。首件产品的生产试验应覆盖项目组全体成员，每一位作业员都按照技术要求生产一定区域的产品，由项目组质检员对产品进行检查，将检查结果反馈给作业员，并及时召开首件产品技术总结培训会，将每个作业员的技术问题、技术要求做详细分析和讲解。首件产品质量检查主要检查图斑勾绘的准确性和合理性，查看其是否按照相关精度要求勾绘，是否符合相关要求；对首件产品图斑地类认定情况进行检查，主要检查图斑地类认定的准确性，并检查是否存在倾向性错误或地类认定尺度不一致的情况，确保图斑认定符合相关要求。

2）一、二级检查

作业单位通过对项目开展一、二级检查，检查内业图斑勾绘、外业样本采集、外业图斑调查和举证等各个生产环节的质量情况，来进一步提高产品质量。

3）过程质量监督与监理

省级负责对调查成果过程质量监督与监理。过程质量监督检查与监理工作应严格执行相关标准和规定，坚持以"实事求是、科学监理、预防为主、确保质量"为工作原则，以"一协调（组织协调），二管理（人员管理、项目管理），三控制（进度控制、质量控制、安全控制）"为工作重点，协调相关作业单位，组织实施过程质量监督检查与监理工作。在整个监督检查与监理工作的实施过程中要做到以下几点：

（1）维护国家和集体利益，遵纪守法。

（2）严格执行有关规程、规范和各种技术标准。

（3）坚持以公正的立场、科学的态度和实事求是的精神处理监督检查与监理工作中发生的各种问题。

（4）不泄露受检各方的国家或商业秘密，不接受可能导致不公正判断的报酬。

（5）坚持贯彻安全生产原则，在工作中时刻注意人身安全、设备的安全、资料的安全，防止各种意外事故的发生。

（6）工作人员必须保持良好的形象，在工作中讲文明、讲礼貌，尊重各方，杜绝一切不文明的行为。

委托相关资质单位对调查任务区开展过程质量监督与监理。在首件产品检查的基础上重点检查数据生产进度和举证情况、调查成果、数据库成果等数据质量。举证成果主要检查举证照片的拍摄角度、距离、数量、坐标位置等是否符合要求，检查国家下发图斑及地方自提图斑中，是否存在应举证而未举证的情况，检查举证软件的使用是否符合规定；调查成果主要检查地类调查认定是否准确，权属是否准确，图斑边界采集是否符合精度要求等；数据库成果主要检查属性结构、要素完整性、表征质量、逻辑一致性及附件质量等，确保数据库成果符合标准要求。

3. 调查地类检查

地类检查是对县级基础调查数据库中图斑的地类、边界、范围的真实性和准确性进行核查，对调查地类与国家内业判读地类不一致的图斑，进行重点检查。检查的程序和方法如下：

1）数据流量检查

比对原基础调查数据库，分析自然资源利用变化流量、流向，对变化异常情况进行重点核查。

2）叠加比对检查

将调查数据库与原调查数据库以及国家内业提取结果进行叠加，发现调查数据库与原调查数据库或国家内业提取结果不一致的图斑。

3）地类核查

内业采用计算机自动比对和人机交互检查方法，利用遥感影像、举证照片和相关资料，逐图斑比对，全面检查图斑地类、边界、属性标注信息与遥感影像或举证照片的一致性。对数据库地类与遥感影像或举证照片一致的，通过核查；对数据库地类与遥感影像或举证照片不一致的，认定为疑问图斑。将内业核查有疑问的图斑反馈各省，由省级组织地方整改或补充举证。

4）图斑整改

对地类核查认定的错误图斑进行整改。对确属调查错误的，修正调查结果；对举证材料不完备的，补充相关举证材料。

5）复　核

对整改成果再次进行核查，检查整改完成情况，对复核还存在问题的地类图斑，安排进行外业核查。

6）外业核查

对复核结果仍有疑问的，通过内业判断、"互联网+"在线核查或外业实地核实等方式开展外业核查，并依据外业核查结果修正数据库。

4. 数据库质量检查

数据库质量检查内容和检查方法如下：

1）检查内容

对调查数据库成果开展质量检查。检查内容主要包括数据版本正确性、数据完整性、逻辑一致性、拓扑正确性、属性数据准确性、汇总数据正确性、数据库更新正确性。

（1）数据版本正确性检查。利用相关技术手段，检查数据版本是否正确，是否经过相关审核与检查程序，并核实前后版本变化信息。

（2）数据完整性检查。检查数据覆盖范围、图层、数据表、记录等成果是否存在多余、遗漏内容；检查数据有效性，能否正常打开、浏览、查询。

（3）逻辑一致性检查。检查数据图形和属性表达的一致性，包括图层内部图形和属性描述的一致性，以及图层之间数据图形和属性描述的一致性等。

（4）拓扑正确性检查。检查要素图形空间位置的正确性，以及图层间和图层内是否存在重叠、相交、缝隙等拓扑错误。

（5）属性数据准确性检查。检查要素属性描述的正确性。

（6）汇总数据正确性检查。检查由数据库汇总所得的各类汇总表表内数据逻辑、表间汇总逻辑，以及表格汇总面积和数据库汇总面积的一致性。

（7）数据库更新正确性检查。检查更新数据包中变化的图斑与原图斑之间的逻辑关系、空间关系，属性继承关系、面积衔接关系等内容的正确性与一致性。

2）检查方法

（1）使用数据库质量检查软件，按照数据库质检规则，对调查数据库进行质量检查，不合格的数据，逐条修改完善，直至检查合格。

（2）对外业核查确认的地类错误图斑，地方拒不修改的，国家组织修改。

（3）国家组织修改的县级成果数据，数据库质量不合格影响国家级数据库建设的，国家统一组织修改完善，并将修改完善后的成果发还地方。

5. 调查成果检查

调查成果检查程序包括县级自检和市级检查、省级预检、国家级核查与数据库质量检查。调查成果检查包括地类划分、地类标注、图斑界线、举证资料，以及外业调查记录等；调查数据库结构、内容、精度、逻辑关系，以及数据库管理系统相关功能及运行情况等；权属调查相关资料；统计汇总数据、各种图件及文字报告等。

1）县级自检和市级检查

县级自检为县级对调查成果进行100%全面自检。县级以上地方人民政府对本行政区域的基础调查成果质量负总责。各县级主管部门组织对调查成果进行100%全面自检，以确保成果的完整性、规范性、真实性和准确性。重点检查图斑地类、权属及相关调查内容的正确性，并充分利用全国统一的数据库质量检查软件检查数据库及相关表格成果的规范性与正确性。检查应对质量问题、问题处理及质量评价等内容进行全程记录，记录须认真、及时、规范。县级根据自检结果组织开展全面整改，编写自检及整改报告，报市级检查和汇总。市级组织对县级调查成果进行检查和汇总，在全面检查县级自检记录的基础上，重点检查调查成果的完整性和规范性，形成地级检查报告报送省级检查。

2）省级预检

省级采用计算机自动比对和人机交互检查方法开展预检工作，比对提取调查成果和国家内业判读结果之间的差异图斑，重点检查差异图斑调查地类与影像及举证照片的一致性，根据内业检查结果开展"互联网+"核查，对疑问图斑进行认定，并拍摄图斑实地照片和视频。根据内外业检查结果，组织调查成果整改。采用计算机自动检查与人机交互检查相结合的方法，利用数据库质量检查软件，按照数据库质检要求，检查各县调查数据库的质量。根据质量检查结果，组织数据库质量整改。数据库质量检查应实现省级100%预检。

3）国家级核查

国家级核查重点针对重点类型图斑，以及与国家内业提取地类不一致的图斑。内业核查以遥感影像和举证照片为依据，采用计算机自动比对和人机交互检查方法，进行逐图斑内业比对，检查图斑地类、边界与影像及举证照片的一致性。对内业核查结果不修改的，根据举证材料，进行内业复核。复核不能通过的，内业依据影像能确定图斑边界和地类的，直接修正调查成果；内业不能依据影像确定图斑边界和地类的，开展在线或实地外业核查工作，根据外业核查结果，直接修正调查成果。

国家级数据库质量检查重点检查成果数据的规范性、空间关系与属性逻辑正确性、汇总规则正确性等，确保成果数据质量达标，数据汇总成果精确。县级调查数据库通过国家级质量检查后，录入国家级调查数据库。

6. 质量评价

在过程质量监督与监理和调查成果的各级检查中，均需以县级为单位，根据检查认定的各类错误比例，计算差错率，对调查成果进行质量评价。

8.11 基础调查技术发展趋势

随着空间信息技术以及5G、物联网、大数据、云计算、人工智能、区块链等新一代数字技术的不断发展，结合当前自然资源调查工作中存在的问题，准确把握新时代自然资源基础调查和管理的发展方向和工作需求，为实现自然资源管理能力和调查能力的现代化、精准化和数字化，为自然资源管理部门履行"两统一"职责提供强有力的数据保障和技术支持，应针对基础调查的具体工作任务，围绕信息源获取、要素采集与调查、多源信息集成建库、数据统计分析与应用服务等工作环节，在已有技术基础上，聚焦存在的问题与不足，对特定的专题性技术和设备进行针对性创新研究，并结合新技术和方法，逐步形成一套涵盖基础调查全部工作内容、流程清晰、指标明确、方法先进、能有效指导基础调查任务实施的系列工程性技术与方法，并逐步把基础调查业务从传统、常规的模式，转变为工程化的模式。工程化模式是基础调查数字化转型必由之路，将来数字化基础调查的重点工程技术发展趋势如下。

1. 高分辨率影像统筹获取保障手段将进一步协同化和多元化

随着空间信息技术的发展，采用虚拟组网、多源卫星协同智能规划等星座立体观测技术，通过"光学多分辨率组网""多星统一规划与时相互补""平面+立体协同""光学+SAR协同"以及"多星组网"等方式，动态构建虚拟卫星星座，建立多维立体观测、民商卫星联合调度以及敏捷机动应急数据保障等多种观测模式，实现不同尺度、不同时相、不同类型卫星高效编排和统筹获取，形成全方位、高精度、高时空分辨率的影像获取能力，满足基础调查对高分辨率影像的需求。对航天数据覆盖困难、分辨率不足、精度不够、时效性保证弱等调查区域，采用空天数据联合覆盖、航空多视立体观测、无人机倾斜摄影、平流层飞机（艇）驻留观测、多尺度同步观测以及协同信息获取等模式，解决影像获取的难题。通过安全管控与实时调度、数据在线远程快速传输、影像快速摄影测量处理等技术，形成多源遥感数据快速获取能力，与航天遥感数据有效互补，为自然资源基础调查提供更精准、强时效和高维度信息的影像保障。

2. 自然资源要素解译识别和图斑提取将进一步自动化和智能化

随着人工智能识别和遥感影像智能解译等技术的不断发展和成熟应用，在自然资源要素解译识别和图斑提取工作中，通过利用人机协同技术，发挥光学、高光谱、SAR 等遥感数据联合解译、立体解译优势，实现多资源全要素的人工综合信息快速提取与检核检验，突破从单地类到全地类、从局部到全域、从辅助识别到全自动识别的技术瓶颈，实现调查地类自动化精准识别、智能解译、变化检测和图斑边界精准提取，有效提升自然资源基础调查工程的自动化和智能化水平。

3. 自然资源调查成果质量控制将进一步高效、可靠和智能化

为确保调查成果质量，围绕数据多样性、流程复杂性以及人为因素等质量问题产生的根源，设计集自然资源时空信息、生态环境知识、人文地理知识等为一体的自然资源质量知识图谱，构建集卫星遥感、无人机遥感、众源、互联网大数据、调查样本、外业巡查等数据为一体的调查真实性验证支撑库，突破海量时空信息与自然资源信息的一致性检查、基于知识图谱与支撑库的多源信息交叉验证、"互联网＋众筹"的信息真实性举证、空地结合的实地巡检等多模式验证技术，为自然资源基础调查提供可靠的质量信息与质量预警服务。

4. 自然资源调查数据服务与共享将更加智能化、多元化和实时化

随着物联网、大数据、云计算和区块链等技术的进一步发展，在各类自然资源管理领域通过充分利用基础调查数据，深度融合人口、社会经济统计、高精度遥感影像和泛在网络等数据，建立自然资源统计分析评价指标体系、模型和智能化知识服务平台，实现数据融合、时空统计、综合分析、系统评价、智能服务等空间时空大数据分析功能，支撑自然资源数据信息走向知识服务，实现由被动向主动、静态向实时、单一向综合、平面向立体、人工向智能的服务深度转型，逐步实现数据服务与共享的智能化、多元化和实时化，有效支撑国家宏观决策和自然资源"两统一"履职。

第9章 自然资源专项调查工程

专项调查——深邃无余勘重点

　　自然资源专项调查工程是针对土地、矿产、森林、草原、水、湿地、海域海岛等自然资源的特性、精细化管理和宏观决策的需求，查清各类自然资源的数量、质量、结构、生态功能以及相关人文地理等多维度信息。它与基础调查统筹谋划、同步部署、协同开展。通过统一调查分类标准，衔接调查指标与技术规程，统筹安排工作任务。面向自然资源精细化管理需要，在自然资源调查监测体系数字化建设成果基础上，在基础调查的框架下，开展自然资源专项调查。

　　自然资源专项调查的业务涉及面广很多，有地表基质调查、耕地资源调查、森林资源调查、草原资源调查、湿地资源调查、水资源调查、海洋资源调查（含海洋空间资源调查、海洋生态资源调查、海洋可再生能源调查等）、矿产资源调查、地下空间资源调查、生物多样性调查等。限于篇幅，本章将有深度地重点阐述耕地资源调查评价、森林资源综合调查、海洋空间资源综合调查的任务和方法及实施要领，以飨读者。

9.1　专项调查概述

　　专项调查是指为掌握自然资源的特性或满足特定需要开展的专业性调查，它是针对土地、矿产、森林、草原、水、湿地、海域海岛等自然资源的特性、专业管理和宏观决策需求，组织开展的自然资源专业性调查。自然资源专项调查成果为各类自然资源政策制定、规划和管理提供科学决策依据。新时期自然资源统一管理和生态文明建设对自然资源专项调查信息化提出了更高要求，自然资源专项调查需借助数字化技术等手段实现转型升级，更好地在自然资源专业管理中发挥基础支撑作用。

9.1.1　自然资源精细化管理需要专项调查

　　自然资源专项调查是自然资源精细化管理的重要内容。目前，各类自然资源管理部门、企事业单位等依靠专项调查获取有效信息，例如，耕地质量等级、森林蓄积量、草原生物量、湿地面积、水资源总量与质量、矿产能源储量、海岸带开发利用情况等，都是自然资源精细化管理所必要的成果数据。专项调查的针对性、科学性等特点，使之能满足政府部门和社会公众等对专项调查成果的旺盛需求。

　　做好自然资源精细化管理工作，离不开针对自然资源特性的成果数据作为支撑。由于自然资源要素的系统性、区域差异性，基础调查难以满足各行业各部门管理需要，需要针对重点要素、重点区域开展专项调查。

9.1.2　专项调查与基础调查的关系

　　专项调查要在基础调查的基础上开展，两者相互关联、互为补充，共同描述自然资源总体情况，立体反映自然资源综合特征。自然资源调查应按照突出基础调查"基础性、通用性"、突出专项调查"专题性、深入性"的思路，在调查任务上统筹分工、在指标上统筹一致、在工序上统筹优化、在成果上一致呈现，使基础调查和专项调查形成有机整体和协同有序。在工程技术设计时，应强化影像统筹获取、集中影像处理、统一指标体系、统一成果内容、统一调查底图等内容，保障基础调查和专项调查的整体性和系统性。

原则上采取基础调查内容在先、专项调查内容递进的方式，统筹部署调查任务，科学组织，有序实施，全方位、多维度获取信息，按照不同的调查目的和需求，整合数据成果并入库，做到图件资料相统一、基础控制能衔接、调查成果可集成，确保两项调查全面综合地反映自然资源的相关状况。

基础调查侧重广度，专项调查侧重深度。作为基础调查的重要补充和细化工作，专项调查将使得自然资源的账本越理越清晰，通过摸清各类自然资源底数，认知其演化规律，为各类自然资源政策制定、规划和主动管理提供科学依据。

9.1.3 专项调查已有工作基础

多年来，我国已开展耕地资源调查、森林资源调查、林地变更调查、草原资源普查、湿地资源调查、水资源调查评价、海洋资源调查、矿产资源调查等多项专业性调查工作，积累了珍贵的数据资源、宝贵的技术经验，具备了相对成熟的作业规范和工艺流程，培养了大批的专业技术人才和专业队伍，为新时期开展自然资源专项调查工作打下了坚实的技术基础。此外，新一代数字技术的迅猛发展与交叉融合，也为新时期统一专项调查技术实现提供了必要的技术支撑和数字化建设基础。

本节主要介绍耕地资源调查、森林资源调查、草原资源调查、湿地资源调查、水资源调查、海洋资源调查、矿产资源调查等几类专项调查已有工作基础。

1. 耕地资源调查工作基础

新中国成立以来，我国已经开展了多项耕地资源调查，主要包括如下工作：

（1）全国性土壤普查。20世纪中后期，原农业部先后组织开展了两次全国性的土壤普查，较为系统地掌握了我国土壤资源的特点，积累了大量数据资料成果。

（2）全国耕地质量等级调查与评定。2009年，国家统一组织完成了全国耕地质量等级调查与评定，第一次全面摸清了我国耕地等别与分布状况，第一次实现了全国耕地等别的统一可比，此后陆续开展耕地质量等别补充完善、耕地质量等别更新评价工作。

（3）全国耕地地力调查与质量评价。2012年底，原农业部组织完成了全国耕地地力调查与质量评价工作，对全国18.26亿亩耕地质量等级进行了划分。

（4）全国土地地球化学调查。截至2014年，我国共完成土地地球化学调查面积150.7万平方千米，其中耕地调查13.86亿亩，对我国耕地的地球化学总体状况形成了初步认识和基本判断。

（5）全国农用地土壤污染状况详查。2018年，原环境保护部、财政部、国土资源部、农业部、卫计委等部门完成了全国农用地土壤污染状况详查工作，查明农用地土壤污染状况，为农用地土壤环境分类管理和建设用地准入管理奠定基础。

（6）全国耕地质量等级调查评价。2019年，农业农村部组织完成全国耕地质量等级调查评价工作，完成了全国20.23亿亩耕地质量等级划分。

（7）耕地资源质量分类。2020年，国务院第三次全国国土调查领导小组办公室印发通知，开展第三次全国国土调查耕地资源质量分类工作，通过汇总形成不同耕地资源条件及其组合的耕地面积与分布成果，为耕地数量、质量、生态"三位一体"保护与管理提供支撑。

2. 森林资源调查工作基础

2018年机构改革前，森林资源调查工作主要由原林业部开展；自然资源部组建后，森林资源调查工作主要由自然资源部与国家林草局共同组织开展。

1）原林业部

原林业部开展的森林资源调查主要分为国家森林资源清查、森林资源规划设计调查和作业设计调查。

（1）全国森林资源清查。全国森林资源清查简称一类调查，以省、自治区、直辖市或大片林区为单位进行，森林资源清查自 20 世纪 70 年代开始，已实施 46 年，每 5 年开展一轮调查，对全国 41.5 万个样地进行调查，每年完成 1/5 的省份，截至 2018 年已完成了 9 次全国森林资源清查，为进行全国森林动态监测和森林资源发展趋势预测，提供了科学可靠的依据。

（2）森林资源规划设计调查。规划设计调查简称二类调查，以国营林业局、林场、县（旗）为单位进行，主要为满足编制森林经营方案和总体设计、县级林业区划和规划、基地造林规划等工作需要。

（3）作业设计调查。作业设计调查简称三类调查，是林业基层单位为满足伐区设计、造林设计、抚育采伐而进行的调查。

2）自然资源部与国家林草局

为及时、动态提供森林基础数据，实现碳达峰、碳中和的战略目标提供数据服务，为生态文明建设目标评价考核提供科学依据，2020 年至今，我国先后开展两次全国性的森林资源专项调查。

（1）2020 年，自然资源部会同国家林草局联合开展 2020 年度全国森林资源调查，充分继承以往国家森林资源连续清查样地及相关成果，准确查清了全国及各省（区、市）2020 年度森林资源现状数据，加快了森林资源调查监测体系的构建。

（2）2021 年 9 月，自然资源部印发通知开展 2021 年度全国森林资源调查监测工作，以第三次全国国土调查为唯一底版，在 2020 年度全国森林资源调查工作基础上，优化森林资源调查监测技术方法，统一技术标准，科学设置调查监测指标体系，查清全国及各省（区、市）2021 年度森林资源现状数据，推进构建国家、省、市、县四级一体的森林资源年度调查监测体系；2021 年 11 月，自然资源部全国国家林草局联合印发通知，统筹高效推进 2021 年度全国森林资源调查监测和林草生态综合监测评价工作。

3. 草原资源调查工作基础

目前，我国已开展三次全国性的草地资源调查。

（1）全国第一次草地资源调查。20 世纪 80 年代，原农牧渔业部畜牧局组织开展了全国第一次草地资源调查，调查成果为草地畜牧业的发展与生产、农林牧合理布局、畜牧业区划和中长期发展规划提供科学依据。2009 年，第二次全国土地调查完成后，原农业部主要基于第二次全国国土调查草地范围开展草地监测等工作。

（2）2019 年，自然资源部组织开展了第二次全国性的草原资源专项调查（即全国草原资源综合植被盖度调查），主要针对草原资源综合植被盖度和草原生物量两项指标，基于全国 18 类草地布设了约 6500 个样地，获取植被盖度、高度、产草量等基本信息，并测算全国及 31 省（市、区）的草原综合植被覆盖度和生物量，为草原总量管理提供准确本底资料。

（3）2021 年 6 月，自然资源部印发通知，开展 2021 年度全国草原资源调查监测，测算 2021 年度全国及各省草原综合植被盖度和生物量等数据，探索开展草原碳储量、生物多样性、健康评价和草畜平衡等试点调查。

4. 湿地资源调查工作基础

目前，我国已开展三次全国性的湿地资源调查。

（1）第一次全国湿地资源调查。1995 年至 2003 年，原林业部组织开展的新中国成立以来首次大规模的全国湿地资源调查，首次全面系统地查清了全国面积 100 公顷以上的湿地类型、面积与分布，较为全面地掌握了全国湿地资源情况，填补了我国在湿地基础数据上的空白。

（2）第二次全国湿地资源调查。2009 年至 2012 年，原国家林业局组织开展了第二次湿地调查，对 8 公顷（或宽度 10m 以上，长度 5 km 以上的河流湿地）以上各类湿地开展调查，该调查进一步摸清湿地家底，掌握湿地资源动态变化情况，对针对性地强化湿地保护政策具有重要意义。

（3）全国滨海湿地调查。2021 年 9 月，自然资源部印发通知，开展全国滨海湿地调查工作。全国滨海湿地调查将以第三次全国国土调查湿地成果为基础，衔接《国土空间调查、规划、用途管制用地用海分类指南（试行）》和《国际湿地公约》等分类，制定滨海湿地分类标准，获取全国滨海湿地的类型、面积、范围和分布等现状数据，并将成果纳入自然资源时空数据库。

5. 水资源调查工作基础

本节主要介绍水资源调查业务基础和各部门调查分工。

1）水资源调查业务基础

目前，我国已开展三次全国性的水资源调查评价工作。

（1）第一次全国水资源调查评价。20 世纪 80 年代，根据全国农业自然资源调查和农业区划工作的需要，我国开展了第一次全国水资源调查评价工作，初步摸清了我国水资源的家底。

（2）第二次全国水资源调查评价。21 世纪初，我国开展了第二次全国范围的水资源调查评价工作，相关成果在科学制定水资源综合规划、实施重大水利工程建设、加强水资源调度与管理、优化经济结构和产业布局等方面发挥了重要基础性作用。

（3）第三次全国水资源调查评价。2017 年，在前两次全国水资源调查评价等已有成果的基础上，水利部组织开展第三次全国水资源调查评价工作，全面摸清近年来我国水资源数量、质量、开发利用、水生态环境的变化情况，系统分析 60 年来我国水资源的演变规律和特点，提出全面、真实、准确的评价成果。

2）各部门调查分工

水资源调查内容包括水文地质调查、水文水资源调查、地下水调查、水环境调查等工作，涉及自然资源部、水利部、生态环境部以及气象部门。

（1）自然资源部。自然资源部负责全国水文地质调查和地下水调查，建立了大型平原盆地为重点的地下水监测网络，拥有全国水文地质结构、水文地质参数和地下水水位、水质、水量等资料。

（2）水利部。水利部负责全国水文水资源监测和国家水文站网建设管理，建立覆盖全国主要江河湖水文测站网，拥有全国江河湖径流量及水位、水质、含沙量等资料，开展水资源开发利用量调查统计，逐年发布县、市、省、流域和全国水资源公报。

（3）生态环境部。生态环境部负责水环境调查监测和跨省（国）界水体断面水质考核，建设有国家地表水考核断面水质监测点。

（4）气象部门。气象部门负责全国气象观测，建设有国家站、基本站和常测站，主要监测地表降水情况，可为水资源调查评价提供长期支撑服务。

6. 海洋资源调查工作基础

新中国成立以来，我国开展了多次海洋资源调查，尽管调查主题、方法与侧重点不同，但调查的广度、深度、尺度和维度在不断扩展和深化，技术手段装备越来越先进，调查成果越来越丰富，主要的海洋专项调查包括下列工作。

（1）全国海洋综合调查。1958—1960 年开展的全国海洋综合调查是我国有史以来规模最大的一次全国海洋普查，在我国海洋科技发展史上占有重要地位，初步掌握了我国近海海洋要素的基本特征和变化规律，改变了我国缺乏基本海洋资料的局面。根据全国海洋普查的实践，出版了我国第一部正式的海洋调查规范——《海洋调查暂行规范》，规范了我国此后的海洋调查。

（2）专项性海洋调查。1966—1977 年，我国开展了多次专项性海洋调查，如 1966—1970 年

的 "0701 海岸带调查" "太平洋特定海域调查" "渤海海洋地球物理调查" 和 "渤海和黄海海洋断面调查" 等，获得了大量的基础数据资料和成果。

（3）全国海岸带和海涂资源综合调查。从 1980 年开始，开展了历时 7 年多的 "全国海岸带和海涂资源综合调查" 专项，随后又于 1988 年组织了 "全国海岛资源综合调查"。专项调查基本摸清了我国海岸带、海涂和海岛的自然条件、资源数量以及社会经济状况，为开发利用海岸带和海岛资源提供了科学依据。

（4）局部海区科学考察与海洋环境综合调查。1984—1995 年，我国先后三次组织了大规模的南沙群岛及其邻近海区综合科学考察，较全面地查明了在北纬 12° 以南、断续线以内南沙群岛 72 个主要礁体的状况，为南沙海区资源开发和保护，维护国家海洋权益，提供了科学依据。同期，先后对台湾海峡及邻近海域进行了三次较大规模的海洋环境综合调查。

（5）全国海洋污染基线调查。1975—1980 年，我国开展了第一次全国海洋污染基线调查；1996—2002 年，开展了第二次全国海洋污染基线调查，调查成果为掌握近海环境质量状况提供了重要的科学依据。

（6）中国近海资源环境综合调查与评价。2005—2012 年历时 8 年多的 "中国近海资源环境综合调查与评价" 专项调查（简称 "908" 专项）圆满完成。该专项为我国有史以来规模最大、调查范围最广、技术最先进的海洋资源调查，包括近海海洋综合调查、近海海洋综合评价及 "数字海洋" 信息基础框架构建等内容，基本摸清了中国近海海洋环境资源家底，全面获得了中国近海环境资源高精度基础数据，系统更新了海洋基础图件，为海洋资源开发和环境评价提供基础数据。

7. 矿产资源调查工作基础

新中国成立以后，为保障我国能源供应和安全，我国开展了多次各类资源的调查工作。由于矿产资源涉及种类多样，这里仅选取部分调查工作进行介绍。

（1）矿产勘查停滞。新中国成立初期，百废待兴，矿产勘查工作基本处于停滞状态。

（2）多种矿产勘查发现。"一五" 到 "三五" 期间，国家组织对多种矿产开展勘查，铁矿和煤矿储量大幅增加，建立了五大煤炭基地和十大钢铁基地，发现了铀矿和稀土矿床，奠定了稀土、钨、锡、钼和锑的优势矿产地位，发现了大庆等一批油气田。

（3）第二轮石油、固体矿产普查与两轮成矿远景区划。党的十一届三中全会之后，陆续开展第二轮石油、固体矿产普查和两轮成矿远景区划，使我国矿产资源勘查取得了一系列重大进展，矿产资源储量有了大幅度提高。

（4）全国矿产资源潜力评价和利用现状调查。进入 21 世纪以来，实施新一轮地质大调查和找矿突破战略行动，开展全国矿产资源潜力评价和利用现状调查，发现了驱龙 - 甲玛铜矿、火烧云铅锌矿等一批世界级矿床，初步形成了十大新的资源基地，页岩气、天然气水合物等新兴战略性矿产勘查开发取得重大突破。

（5）矿产资源国情调查。2019 年，自然资源部组织开展矿产资源国情调查，将全面获取当前我国各类矿产资源数量、质量、结构和空间分布等基础数据，查明矿产资源与各类主体功能区的空间关系，全面掌握国内矿产资源供应能力和开发利用潜力，科学分析境外可供性，推动建立矿产资源定期调查评价制度等。

9.1.4　专项调查主要技术问题

我国经过多年开展的各类专项调查，获得丰富的调查成果，为各类自然资源的专业管理和决策等提供了重要依据。但是，随着自然资源统一调查工作的开展，原有的专项调查技术体系已经不能满足对自然资源的现代化监管需求，必须构建统一的专项调查技术体系，提高自动化水平，攻克关键调查技术难题。

1.各类专项调查相对独立，亟需优化现有技术体系

自然资源统一调查已形成了基础调查内容在先、专项调查内容递进的业务方式，但由于以往各类自然资源专业性调查分布在各个管理部门，各自依据的技术体系相对独立，彼此间的关联和秩序复杂难以衔接，在技术标准规范、方法模式等方面存在较大差异，各项专项调查工作协同程度不高。例如，目前森林资源调查和草原资源调查已经统一划入林草部门，但森林调查技术与草原调查技术的深度融合、林草一体化调查体系的构建、林草湿调查与第三次全国国土调查的衔接等工作仍需加快推进。因此，专项调查需要在统一调查监测技术体系框架下，理清各单项调查之间的联系，重新梳理业务模式和技术流程，对专项调查进行集成设计，重构工程技术模式，推进专项调查协同化进行。融合各类自然资源专业性调查技术，与基础调查有机衔接，实现各专项调查统一技术标准、统一数据采集、统一分析评价等。

2.专项调查效率有待提高，亟需提升业务流程自动化程度

专项调查是针对自然资源的特性或特定需要的调查，与基础调查的技术手段相比，所采用的技术方法更繁多，使用的调查仪器设备也更复杂。当前各类自然资源专项调查采用的技术方法虽然相对成熟，但在大范围的调查中，仍存在着耗时长、投入人力物力大、过度依赖人海战术、工作强度大、效率低等问题，例如，林草湿地物分类、林草湿样地调查、耕地样点调查等工作，人工所占比重依然很大。传统的调查技术手段不仅对财政造成很大压力，同时成果数据的时效性也无法满足自然资源精细化管理需求。因此，亟需依托调查监测体系数字化建设成果，特别是将多维立体协同感知、时空数据自动化处理、精细化场景管理、智能化知识服务等技术融入专项调查的全流程、全环节，提高专项调查的科学性、精准性和权威性。

3.高新技术支撑不足，亟需开展关键技术攻关

专项调查涉及自然资源种类繁多、分类细化、涵盖地上地下，调查技术仍存在诸多技术短板。例如，在湿地范围、冰川消长量、冻土厚度变化等核心要素信息的自动化提取，在森林蓄积量、草原综合植被盖度等重要参数反演，以及多波束测深、土壤和水体检测等高端技术装备等方面，仍然存在技术短板，制约了自然资源专项调查的全面、持续、动态开展。因此，需要对专项调查中的一些关键技术进行攻关，充分利用信息化、智能化、网络化技术与专项调查业务进行融合与创新，研发先进实用的技术方法、工具软件、技术装备等，支撑专项调查工作向标准统一、高效、自动化、智能化的目标推进。

9.2 主要任务与总体框架

专项调查应统筹考虑基础调查与专项调查工作之间的数据衔接关系，突出"专题性、深入性"的数据建设思路，同时统筹考虑专项调查工程技术体系的整体性和协同性建设。专项调查的整体技术设计，应根据调查具体任务，从基础资料统筹、数据获取与信息提取、数据库建设与分析评价等关键环节，优化技术模式，构建专项调查技术框架，广泛应用成熟、智能、高效的调查技术手段，形成工程化的技术方法与流程。

9.2.1 专项调查主要任务

专项调查的主要任务是查清耕地、林草湿、水、海洋、地下资源、地表基质等各类自然资源的数量、质量、结构、生态功能以及相关人文地理等多维度信息，建设各类自然资源专项调查数据库，分析评价专项调查数据，科学分析和客观评价各类自然资源管理、开发利用、保护修复治理的效率。受篇幅限制，本节主要介绍耕地资源调查、森林资源调查、草原资源调查、湿地资源调查、水资源

调查、海洋资源调查、矿产资源调查、地下空间资源调查、地表基质调查、生物多样性调查 10 类专项调查的主要工作任务。

1. 耕地资源调查主要任务

耕地资源调查的主要任务是在基础调查所确定的耕地范围内，开展耕地类型、种植体系、气候条件、地形条件、土壤属性、耕作系统、健康状况、生态系统等调查，查清各类耕地资源的数量变化、质量等级、健康水平、产能状况等，全面掌握耕地资源数量、质量、生态基础状况。

2. 森林资源调查主要任务

森林资源调查的主要任务是查清森林资源的种类、数量、质量、结构、功能和生态状况以及变化情况等，获取森林覆盖率、森林蓄积量，以及起源、树种、龄组、郁闭度等指标数据。

3. 草原资源调查主要任务

草原资源调查的主要任务是查清草原的类型、生物量、等级、生态状况及变化情况等，获取草原植被覆盖度、草原综合植被盖度、草原生产力等指标数据，掌握草原植被生长、利用、退化、鼠害病虫害、草原生态修复状况等信息。

4. 湿地资源调查主要任务

湿地资源调查的主要任务是查清湿地类型、分布、面积，湿地水环境、生物多样性、保护与利用、受威胁状况等现状及其变化情况，全面掌握湿地生态质量状况及湿地损毁等变化趋势，形成湿地面积、分布、湿地率、湿地保护率等数据。

5. 水资源调查主要任务

水资源调查主要任务是获取大气降水、地表水、地下水、生态环境状况等基础数据，查清地表水资源量、地下水资源量、水资源总量、水资源质量、河流年平均径流量、湖泊水库的蓄水动态、地下水位动态等现状及变化情况；通过水资源周期和年度评价，掌握水资源数量、质量、空间分布及生态状况。

6. 海洋资源调查主要任务

海洋资源专项调查主要包括海洋空间资源、海洋生态资源和海洋可再生能源等三个领域的专项调查。

（1）海洋空间资源调查的主要任务是查清海岸线类型、位置、长度，查清海域类型、位置、面积，查清海岛数量、位置、面积、岸线、植被覆盖和开发利用保护状况等，查清滨海湿地及沿海滩涂的分布、边界、面积、植被覆盖和保护利用状况，掌握海岸带保护利用情况、围填海情况以及海岛资源现状及保护利用状况，查清近海海底地形地貌、地层结构构造和物质、海洋水文环境等的基本状况。

（2）海洋生态包括以水质环境、地理与环境和海洋生物为识别特征的典型生态系统生物群落分布和栖息环境等。海洋生态资源调查包括海洋生态基本状况调查和重要海洋生态系统调查，海洋生态状况调查负责摸清海洋生态家底基本分布格局与变化趋势，调查要素包括水体、海底底质、海底地形地貌、生物和海洋碳汇等。

（3）海洋可再生能源（以下简称"海洋能"）主要包括潮汐能、潮流能、波浪能、温差能和盐差能。海洋能调查是通过查清海洋可再生资源蕴藏量和时空分布变化规律，摸清海洋能资源开发利用条件及开发利用现状等状况，为海洋能资源评估、研究、应用和管理提供科学依据。

7. 矿产资源调查主要任务

矿产资源调查的主要任务是全面摸清我国矿产资源数量、质量、结构和空间分布情况，对矿产资源总体情况、资源潜力及应用前景等进行全方位分析评价，掌握矿产资源储量利用现状和开发利用水平及变化情况。

8. 地下空间资源调查主要任务

地下空间资源主要包括矿山开采遗留空间、油气开发残留空间、熔岩溶蚀洞穴空间、古遗迹空间等既有地下空间资源以及城市地下、完整岩基中待开拓的地下空间资源。地下空间资源调查主要任务是获取空间类型、规模、形态、埋藏深度、空间连通性、地质结构、岩石成因、物理化学参数、多场指标等信息。

9. 地表基质调查主要任务

地表基质调查的主要任务是查清岩石、砾石、沙、土壤等地表基质类型、理化性质及地质景观属性等，全面了解和准确掌握地表基质的空间结构、数量质量、景观属性、开发利用现状等基本特征，注重与生存、生产、生态和碳汇等相关属性因子的调查。

10. 生物多样性调查主要任务

生物多样性调查的主要任务是获取生物多样性数量及其分布特征信息，分为生态系统、物种和遗传三个层次。生态系统调查包括类型、分布、范围、面积、权属等信息；物种调查包括种类、数量、分布、范围等信息；遗传调查采集珍稀、濒危、重要物种的遗传变异程度、基因或者基因型频率变化程度、群体间的基因流动以及交配系统变化信息。

9.2.2　专项调查技术框架

根据专项调查工作任务，以空间信息技术和人工智能、大数据、云计算、物联网等新一代数字技术为技术支撑，从基础资料统筹、数据获取与信息提取、数据库建设与分析评价等关键环节，优化技术模式，构建专项调查技术架构，图9.1为专项调查技术框架。

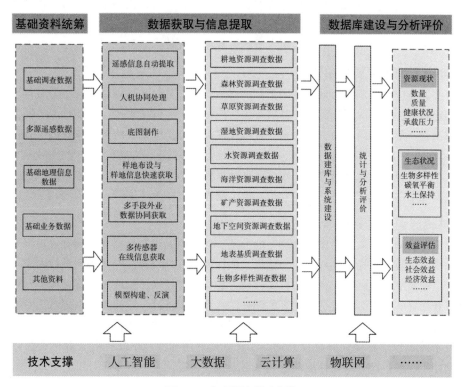

图 9.1　专项调查技术框架

1. 基础资料统筹

专项调查要在基础调查和已有专业性调查成果上开展，因此，需要收集基础调查成果数据、基础业务数据、基础地理信息数据等资料。同时，遥感数据是做好专项调查工作的重要基础资料，需统筹做好遥感数据（卫星遥感影像初级产品、航空遥感影像原始数据、雷达数据，以及上述影像、数据加工处理形成的数字正射影像、数字地表模型、实景三维模型等产品）的获取、加工处理等工作。

2. 数据获取与信息提取

通过"天空地人网"协同感知网获取时空数据。基于遥感影像自动提取地表覆盖专题信息，经过内业人机协同处理，叠加各类基础数据和专题数据，形成调查底图，用于外业调查核实。利用无人机、"互联网+"调查等多手段，快速获取外业调查核实数据。对于有固定观测站点的专项调查，基于物联网等技术通过多传感器实时在线获取观测数据。在统一抽样设计基础上，通过结合"互联网+"外业调查、实验室仪器快速检测等手段，快速获取样地样方样本信息；通过数学建模，反演测算生物量、植被盖度等参数。

3. 数据库建设与分析评价

对调查获取的数据和相关数据进行集成建库，基于 GIS 等技术，快速完成数据建库和质检，并进行统一管理。

在各专项调查数据库基础上，根据统计指标对各自然资源进行分类、分项统计，获取自然资源现状信息。基于统计结果、评价指标体系等，开发相应软件系统进行综合分析与科学评价，掌握各类自然资源的生态状况，以及生态效益、社会效益和经济效益等情况。

9.2.3 各类专项调查主要技术流程

根据各类自然资源的专项调查具体工作任务，在已有专业性调查技术基础上，融合各类自然资源专业性调查技术，围绕数据获取、信息提取、集成建库、分析评价等重点环节，设计各类自然资源专项调查的主要技术流程，广泛应用成熟、智能、高效的调查技术手段，从而形成涵盖专业性调查内容、流程清晰、指标明确、方法实用先进的各专项调查技术流程。

1. 耕地资源调查主要技术流程

耕地资源调查应根据不同区域、不同类型的耕地资源，从自然地理格局、土壤条件、生物多样性等角度制定新的耕地资源评价标准，开展等级、质量分类、健康水平、产能状况等调查评价，摸清耕地资源家底，形成面向耕地资源调查、数据库建设、分析评价及服务等业务的工程化技术方法和生产技术。

主要技术流程包括基础资料收集整理、耕地资源细化分类、调查样点布设、样点数据快速获取、数据集成和管理平台建设、多目标综合分析评价、调查评价成果应用等。

2. 森林资源调查主要技术流程

森林资源专项调查采取"图斑+抽样"的方法，以基础调查及最新变更调查成果为基础制作森林资源分布图，以数理统计和抽样理论为依据，依托国家森林资源连续清查的抽样框架，利用高分定量遥感、卫星精准定位、无人机快捷核实以及大数据建模技术，采取固定样地调查与模型更新相结合的方式开展森林数量、质量、结构等的调查，综合采用统计、建模和评估等方法对森林资源状况及其质量与功能进行分析评价，构建国家森林资源年度调查评价体系。

主要技术流程包括基础资料收集处理、要素自动解译和变化信息提取、森林资源调查底图制作、抽样设计、样地布设、固定样地调查和模型更新、图斑调查、成果统计汇总、成果入库及共享平台建立等。

3. 草原资源调查主要技术流程

草原资源调查基于基础调查技术体系和调查成果等基础开展。以基础调查数据为底版，融合草原监测等数据，形成涵盖各类草原信息的调查图斑本底。以图斑为单元，基于遥感技术等开展草原资源全覆盖调查。构建抽样调查体系，设置草原样地，开展样地调查，查清草原资源的储量、质量和结构等情况。

主要技术流程一般包括多源数据资料整合、图斑边界规范划分、多样化图斑因子赋值、高精度遥感监测模型构建、数据库建设、数据统计分析与成果制作等。

4. 湿地资源调查主要技术流程

湿地调查通过遥感影像、无人机、雷达探测、红外相机、地面调查、环境DNA等技术，结合基础调查、湿地资源调查等调查数据和其他资料，根据调查内容和指标开展空缺分析和关键指标获取方法分析，构建适合湿地调查的全面高效技术路线和技术流程。

主要技术流程包括湿地边界划定、资料准备、调查单元划定、全覆盖调查、重点湿地调查、质量检查、统计汇总等。

5. 水资源调查主要技术流程

水资源调查工作内容包括降水量与蒸散发量调查、地表水资源调查评价、地下水资源调查评价、海水淡化等非常规水资源调查统计、水资源总量调查评价、生态状况调查评价和水资源调查监测技术体系建设等。

主要技术流程一般包括连续监测、年度统测、基础调查、水资源评价、数据库与信息服务系统建设、知识服务等。

6. 海洋资源调查主要技术流程

海洋资源专项调查主要分为海洋空间资源、海洋生态资源和海洋能资源三个领域的专项调查。

1）海洋空间资源调查

海洋空间资源调查主要是采用遥感影像、机载激光雷达、调查船、无人艇、验潮站、现场调查等技术手段，结合海岸带监测、滨海湿地调查、海岸线修测、海底地形测量、海洋水文环境等调查资料，根据调查内容和指标，开展海岸线、潮间带、海湾海岛、海底地形、地层构造等调查评价，摸清海洋空间资源家底，建立海洋空间资源数据库，搭建海洋空间资源调查成果服务平台等。

主要技术流程一般包括建立统一调查体系、一体化数据获取与集成应用、多源数据汇聚与融合处理、调查要素信息智能解译与提取、多元成果产品优化与决策服务等。

2）海洋生态资源调查

海洋生态资源调查是通过海洋卫星遥感、调查船与辅助设备、采样检测等手段，调查海洋生物要素、环境要素和人类活动要素等内容，获取海洋水体、海底底质、海底地形、生物等调查要素的指标数据，摸清海洋生物群落结构、生物量、优势种、生态系统功能与健康等状况，并评价其变化或演变趋势。

基本技术流程一般包括多尺度海洋生态数据协同获取、多类型调查监测数据智能处理、多源异构调查监测数据汇集管理、海洋生态基本格局和生态系统状况分析评估、信息化平台与产品服务等。

3）海洋能调查

海洋能资源调查是在选定的海域，采用海洋动力要素现场观测、海洋动力环境数值模拟、理论分析计算等技术手段，对海洋能资源分布及其规律、潜在量及其富集程度、开发利用条件等进行有针对性的调查、分析和评价。海洋能现场调查包括流、浪、潮、温、盐、海表明风等基本要素和水深地形、港湾岸线、海底底质、河口径流量、海洋能转换技术类型等辅助参数。

主要技术流程一般包括海洋能多源数据获取与整编、海洋能资源评估方法及评估参数体系建立、海洋能资源要素时空分布特征分析及总量评估、海洋能资源信息服务平台搭建与应用。

7. 矿产资源调查主要技术流程

矿产资源调查主要工作包括查明矿产资源调查、潜在矿产资源评价、可利用性评价、矿产地质调查、矿产勘查、数据库建设等。不同矿产资源调查的技术流程差异较大,本节仅介绍查明矿产资源调查、潜在矿产资源调查和矿产地质调查的一般调查流程。

1)查明矿产资源调查

调查流程包括已有相关数据库和报告资料收集整理、内业整理、外业调查、成果编制、质量控制、汇总分析。其中,外业调查包括生产矿山调查、未利用矿区(矿产地)调查、关闭矿山调查、闭坑矿山调查、压覆矿产资源调查;质量控制包括调查单位自检互检、省级审查、全国抽查。

2)潜在矿产资源调查

内容主要包括预测的资源量调查和资源潜力调查。预测的资源量调查流程包括资料收集、内业处理、外业调查、预测的资源量省级汇总等;资源潜力调查包括找矿勘察成果收集/预测相关数据搜集、内业处理、潜力评价数据动态更新/资源潜力预测、潜力及可利用性动态评价/评价等。预测的资源量调查和资源潜力调查,最后需进行全国统计分析汇总。

3)矿产地质调查

矿产地质调查划分为预查、普查、详查、勘探四个阶段。其中,预查是依据区域地质和(或)物化探异常研究结果、初步野外观测、工程验证结果、与已知矿床类比、预测,提出可供普查的矿化潜力较大地区;普查是用露头检查、地质填图、数量有限的取样工程及物化探方法,大致查明普查区内地质、构造概况,大致掌握矿体(层)的形态、产状、质量特征;详查是对普查圈出的详查区通过大比例尺地质填图及各种勘查方法和手段,比普查阶段密的系统取样,基本查明地质、构造、主要矿体形态、产状、大小和矿石质量,基本确定矿体的连续性等;勘探是对已知具有工业价值的矿床或经详查圈出的勘探区,通过加密各种采样工程,详细查明矿床地质特征,确定矿体的形态、产状、大小、空间位置和矿石质量特征等。

8. 地下空间资源调查主要技术流程

地下空间资源调查又可分为自然地下空间资源调查和人工地下空间资源调查。对于天然溶洞等自然地下空间资源的调查,采用遥感、地质调查、物探等方法,查清溶洞类型、空间位置、规模、用途等。对于人防工程、交通设施等人工地下空间资源的调查,主要是收集土地、交通、市政等多部门数据,结合地质调查和地下空间测绘等工作,获取地下空间的类型、用途、三维空间位置、建筑面积/体积等状况,土地类型、构筑物类型、权属信息等,同时调查城市地下空间的地质情况;对于矿井地下空间的调查,主要采用地矿部门数据,开展地质调查和地下空间测绘,获取矿井地下空间的类型、三维空间位置、开采状况、矿业权、生态修复情况,并通过开展矿山地质环境调查,获取地质灾害风险、生态环境破坏、地下水资源破坏等情况。

地下空间资源调查主要技术流程一般包括地下空间精细调查探测、多源数据汇聚整合、一体化智能建模与场景构建、三维要素分析与提取、地下全空间评价与多目标数据出口等。

9. 地表基质调查主要技术流程

地表基质调查应按照地表基质4类3级分级体系,结合调查内容设置具体的调查要素,科学构建系统的调查要素 – 属性指标体系,明确地表基质调查的范围,划分调查单元,并根据管理和科学研究需要确定调查深度和调查精度等。综合采用遥感解译、综合编图、剖面测量、地球物理调查、地球化学调查、工程施工、采样测试等方法，开展地表基质调查，获取岩石、砾质、土质、泥质4类不同类型地表基质的3级分类的名称、空间分布、理化性质、景观属性和生态功能等信息，建立区域地表基质数据库和信息数据平台，构建自然资源地表基质三维模型。

地表基质调查主要技术流程一般包括多源异构数据融合集成、多手段外业数据的协同获取、全要素数据成果的综合分析、全时空三维数据的模拟预测等。

10. 生物多样性调查主要技术流程

生物多样性调查利用遥感影像、无人机、红外相机、地面调查、分子测定等技术，在国家、省和自然保护区等不同尺度，开展各类型生态系统、各物种和遗传调查，形成生物多样性调查数据库。通过在线网络，国家级数据库中心与省级或自然保护区数据库中心进行联动，实现调查数据的实时更新，最终集成生物多样性调查数据库成果。

主要技术流程一般包括建立生物多样性调查指标、建立调查方法、多层监测数据库协同、生物多样性数据建库等。

图 9.2 为耕地、森林、草原、湿地、水、海洋、地下空间、地表基质、生物多样性等自然资源专项调查的主要技术流程图。

图 9.2 各类专项调查主要技术流程[1]

1）此图来源于《自然资源调查监测技术体系总体设计方案（试行）》。

9.3 耕地资源调查评价

耕地是珍贵而有限的自然资源，是农业发展之要、粮食安全之基、农民立命之本，是最宝贵的农业资源和重要的生产要素。农作物种植结构情况是研究农作物区域平衡、优化农业生产管理和农作物种植空间布局的重要数据，在准确获取农作物种植结构信息的基础上分析其时空变化，对增强区域农业竞争力、维持农业可持续发展以及保障国家粮食安全都具有重要意义。耕地质量事关粮食和农业的产出能力，其关系到国家粮食安全、农产品质量安全及生态安全，是保障社会经济可持续发展、满足人民日益增长的物质需要的必要基础。通过耕地调查评价，摸清农作物种植结构情况和耕地质量家底，为优化区域农业种植结构、提高耕地质量、指导耕地质量管理等提供基础数据支撑和信息服务。

本节主要介绍耕地资源调查的主要内容和技术框架，以及耕地资源调查中，遥感技术、"互联网+"调查、GIS技术等在耕地种植结构提取、土壤属性调查、耕地资源数据库建设和耕地质量评价等重要调查环节中的应用。

9.3.1 主要调查内容与技术框架

耕地资源调查首先要明确调查的内容，然后根据具体调查内容指标设计调查技术框架。

1. 主要调查内容

耕地资源调查的主要内容包括耕地类型、种植结构、气象要素、土壤条件、地形条件、生态环境条件、自然地理格局等，主要调查指标见表9.1。

表9.1 耕地资源调查主要调查指标

调查内容	主要调查指标
数量位置	空间位置、分布、坐落、面积等
耕地类型	土地利用现状（水田、旱地、水浇地）
种植结构	地表种植作物类型（水稻、玉米、小麦、甘蔗等）、作物熟制（一年三熟、一年两熟、一年一熟）等
土壤条件	土壤物理性状（耕层厚度、土壤质地、水分、紧实度等）、土壤化学性状（土壤pH、有机质、氮、磷、钾等）、土壤生物性状（微生物量等）等
地形条件	坡度、坡向等
气象要素	温度、湿度、降水量、光照等
生态环境条件	生物物种、生物数量、土壤汞、铅、镉等重金属含量等
自然地理格局	所属自然区等
其他调查内容	障碍层性状、水源方式、灌溉类型、排水能力、农田林网化程度等

2. 技术框架

耕地资源应统筹耕地资源相关基础业务资料和多源遥感数据等，通过遥感识别、"互联网+"实地调查、自动监测和仪器化检测等多种数字化调查技术手段支持，快速获取耕地资源各项调查指标数据，经过数据汇集和信息处理，建立耕地资源调查数据库，通过汇总统计和分析评价，全面反映耕地资源的数量、质量等级、健康水平、产能状况等情况。图9.3为耕地资源调查技术框架。

9.3.2 基础业务资料和多源遥感影像统筹

耕地资源调查涉及内容丰富，需要在基础调查和相关已有资料的基础上开展，获取相关调查指标数据，实现基础数据共享，减少重复工作。同时，农作物种植结构信息等指标数据的调查，需要

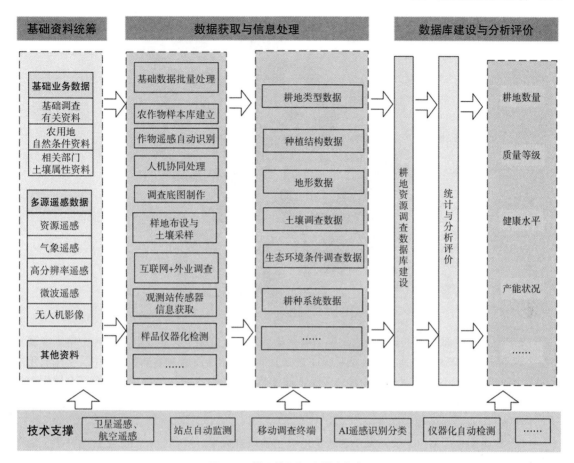

图 9.3 耕地资源调查技术框架

统筹多源遥感影像,实现农作物类型、种植面积、空间分布等指标值的准确、快速遥感获取,节约人力成本。

1. 基础业务资料收集

对耕地资源调查有关基础资料进行收集、整理与分析,确保耕地资源调查的科学性与准确性。基础资料包括基础调查中有关耕地资源的资料、农用地自然条件资料、相关部门土壤属性资料、其他需要的资料。

1)基础调查中有关耕地资源的资料

通过国家最终核查的基础调查数据库中反映耕地信息的有关资料,主要包括耕地现状数据库、耕地坡度分布图等,作为耕地坡度和耕地二级地类指标值确定的来源。

2)农用地自然条件资料

农用地自然条件资料包括地貌、水文、土壤、农田基本建设资料等,主要用于耕地资源质量分析评价等。

3)相关部门土壤属性资料

相关部门的土壤属性资料涉及农业农村部门、生态环境部门和地质调查部门等。

(1)农业农村部门。主要涉及耕地质量等级调查评价成果,包括耕地质量等级调查评价样点数据和评价单元主要性状数据库等。该成果资料作为土层厚度、土壤质地、土壤有机质含量、土壤pH值等土壤属性确定的第一来源。图 9.4 为某地耕地土壤质地图。

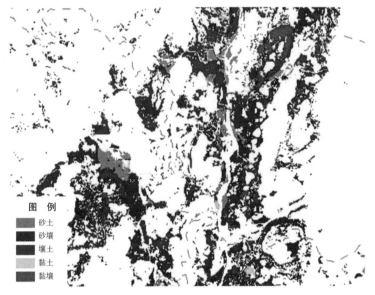

图 9.4 某地耕地土壤质地图

（2）生态环境部门。主要涉及农用地土壤污染状况详查成果，包括全国农用地土壤重金属污染综合评价结果和全国农用地土壤污染状况详查有关土壤理化性质调查结果等。其中，全国农用地土壤重金属污染综合评价结果，作为耕地资源土壤重金属污染状况指标值确定的来源；全国农用地土壤污染状况详查有关土壤理化性质调查结果，作为耕地资源土层厚度、土壤质地、土壤有机质含量、土壤 pH 值等指标值确定的来源。

（3）地质调查部门。主要涉及土地质量地球化学调查成果，可作为补充确定耕地资源土壤条件指标值的其他来源。

4）其他需要的资料

收集调查区域所在的自然区和熟制（积温条件决定下的理论熟制），用于确定耕地资源自然地理格局和熟制指标值。此外，还应收集土壤图、作物生长周期、物候信息、农业区划资料、历年农业统计数据、行政区划图等，作为农作物遥感识别和耕地质量调查评价的基础资料。

2. 多源遥感影像统筹

目前，作物类型遥感识别多采用光学遥感影像，辅以微波遥感等数据。基于单一影像源的种植结构提取方法操作简单，但往往难以获取种植结构"最佳识别期"的遥感影像；基于多时序影像源的种植结构提取方法可以充分利用农作物季相节律特征；中高分辨率遥感具有明显的空间优势、丰富的色彩和识别特征，然而价格昂贵，获得比较困难；低分辨率影像具有很好的时间优势，即使在天气状况较差的时期也有机会获取无云的单景影像或合成产品，缺点是识别精度较低。

应综合考虑影像质量、获取难度和成本等因素，在耕地农作物遥感识别中，统筹资源遥感卫星影像、气象遥感卫星影像、高分辨率遥感影像、微波遥感影像、无人机影像等多源多尺度遥感数据，并根据调查区域情况选择合适的遥感数据，进行耕地农作物快速、准确的识别分类。

1）资源遥感卫星影像

资源遥感数据是目前作物类型识别最主要的数据源，主要有 Landsat 系列、SPOT 系列、高分系列、资源系列等，此外，如印度遥感卫星（IRS：Indian Remote Sending Satellites）、中巴地球资源卫星（CBERS：China-Brazil Earth Resource Satellite）等，以及吉林一号等商业卫星也常用于作物识别。由于天气等因素的影响，即使有卫星过境也不一定能获得高质量的数据，重复观测周期被延长。

2）气象遥感卫星影像

气象卫星影像常用于基于季相节律的作物识别。与资源遥感卫星相比，气象遥感卫星重复观测周期短、覆盖面积大、实时性强、价格低廉，时间分辨率很高，可以形成时间序列，实时监测作物的生长状况。用于作物识别的气象卫星影像主要有 AVHRR（Advanced Very High Resolution Radiometer）、MODIS（Moderate-resolution Imaging Spectroradiometer）、中国的风云系列（FY）卫星影像等。气象遥感卫星影像存在空间分辨率较低、混合像元现象严重、直接应用精度不高等缺陷，因此，需要与其他遥感数据结合使用。

3）高分辨率遥感影像

与传统影像相比，高分辨率遥感影像可更好地提高作物识别精度，但价格昂贵，大尺度的农业遥感根本无法承受。因此，这类影像在作物类型识别中多用于抽样或作为验证数据使用。用于作物识别的高分辨率遥感影像主要有 IKONOS、QuickBird、GeoEye、WorldView 等卫星遥感影像。

4）微波遥感影像

光学遥感影像容易受云雨天气影响，而微波遥感能克服云覆盖等条件的影响。因此，微波遥感在国内外已广泛在农业中应用，或单独用于作物识别，或和光学遥感影像综合使用。

5）无人机影像

基于各种卫星遥感数据开展较大范围的农作物空间分布制图研究，在一定程度上满足了农业应用需求，但也存在即时数据获取能力差且受云层遮挡影响大等不足，使得其无法满足小范围的农作物精细分类需求。而无人机低空遥感技术具有机动灵活、作业周期短、获取影像速度快、空间分辨率高等优点，可为小范围的农作物精细分类研究提供强有力的数据保障和技术支撑。因此，无人机影像在耕地作物类型识别中也是不可或缺的。

9.3.3　种植结构快速提取与调查底图制作

在耕地资源调查内业处理中，采用批处理技术对基础资料进行统一处理，确保数据的准确性、完备性；利用遥感自动识别手段识别提取农作物种植结构信息，对比提取变化信息。在此基础上制作耕地资源调查底图，为样点设计与布设等提供底图资料。

1.基础数据批量处理

对收集的基础资料进行自动批处理，提取相关信息，确保数据准确和完备，节省时间成本，为开展耕地资源调查评价等奠定良好的基础。

1）基础调查耕地图斑信息统一提取

统一提取基础调查数据库中的耕地图斑，并按照耕地资源调查工作的需要保留地类编码、地类名称、图斑面积、地类面积、耕地类型、耕地坡度级别、坐落单位代码、坐落单位名称、权属单位代码、权属单位名称等属性。

2）已有土壤属性资料统一处理

对农业农村部门、生态环境部门和地质调查部门有关的土壤属性资料，采用批处理手段检查图表数据的一致性，对相关技术参数统一编码、统一分类、统一量纲，矢量图层统一投影转换，确保坐标系统和比例尺的一致性。

3）其他资料数字化与快速检验

对其他资料进行软件输入、扫描、现场拍照等，利用计算机进行快速有效的检验，并分类整理归档保存。

2. 农作物遥感自动识别分类

农作物遥感识别分类主要包括基于空间光谱信息差异的作物识别、基于时间序列数据的作物识别、基于多源数据融合的作物识别等方法。我国幅员辽阔，农作物种植制度复杂，气候差异大，在实际调查工作中，针对分类目标、时间、空间尺度和分类精度的需求不同，根据调查区域种植情况、遥感数据资料情况等实际，选择合适的分类特征（包括光谱特征、植被指数特征、微波散射特征、多源数据特征、时相特征、空间特征、几何形状和纹理特征等），进行农作物识别分类。本节主要介绍基于特征波段、基于多时相遥感影像和基于多源遥感数据融合的一些常用农作物遥感自动识别分类方法。

1）基于特征波段的农作物自动识别分类

遥感影像所记载的是地表物体对电磁波的反射及地表物体自身的辐射信息。各种农作物由于其结构、组成及理化性质的差异，导致其对电磁波的反射及本身的热量存在着差异。一般不同农作物的区别主要在于其光谱特征和作物背景特征明显不同，根据该差异可对影像中的不同作物进行分类识别。基于特征波段的农作物分类识别主要包括光谱特征分析、作物信息自动提取、分类结果精度分析等内容。

（1）不同作物的光谱特征分析。作物类型的变化会影响遥感影像数据中灰度值的大小及其变化，不同植被在可见光波段内的反射率差异很小，在近红外和短波红外波段的差异比较明显。但是对于复杂的植被遥感，如仅用原始影像的个别波段或多个单波段数据分析对比来提取作物信息仍相当有限。因此可通过对多光谱遥感数据仔细分析、运算，产生对植被有指示意义的特殊波段，融入原始多光谱影像中，可提高信息量，有利于不同作物信息的提取。根据调查区域情况对典型作物选取一定的样本，测定各波段的光谱值，进行最大值、最小值、均值和均方差统计，绘制各作物的波谱相应的曲线图，利用归一化植被指数作为输入变量参与分类。根据遥感图像中主要作物在各个波段的光谱特征曲线，分析它们在各个波段上亮度差异。图9.5为典型地物光谱曲线。

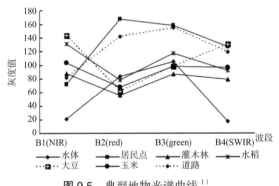

图9.5　典型地物光谱曲线[1]

地物间的灰度差异越大，利用阈值分割法分类的效果越好，因此，通过尽量扩大各作物间的差异，提高分类的效果。

（2）作物信息自动提取。可采用基于特征波段的决策树方法进行作物的自动提取，该方法实质是一种逐步排除的方式，即通过分析各主要地物不同波段之间的差异，设置不同的阈值，逐步将该作物以外的其他地物进行排除，最终留下该作物的信息。通过循环迭代，可提取各类作物的信息，实现作物的识别分类。

图9.6为农作物遥感提取结果，包括遥感影像与农作物解译标志点叠加，以及遥感影像农作物类型识别后，进行图斑划分的结果。

1）郑长春．水稻种植面积遥感信息提取研究．新疆农业大学，2008.

(a) 遥感影像与农作物解译标志点叠加   (b) 遥感影像农作物识别图斑划分

图 9.6 农作物遥感提取结果

（3）分类结果精度分析。可采用目视判读和定量统计结合的方法来评价提取结果。首先将提取的结果与原始影像进行叠加，同时参考地块现状图进行判读检验。在定量统计方面，随机选取了多个样本，建立混淆矩阵，计算其生产者精度、用户精度以及 Kappa 系数来评价其精度。

2）基于多时相遥感影像的农作物自动识别分类

基于单一影像源的种植结构提取方法操作简单，但往往难以获取种植结构"最佳识别期"的遥感影像；基于多时序影像源的种植结构提取方法可以充分利用农作物季相节律特征，成为当前农作物种植结构遥感提取的主流方法。图 9.7 为某地几种农作物在不同时相影像的归一化植被指数值（NDVI）变化图。

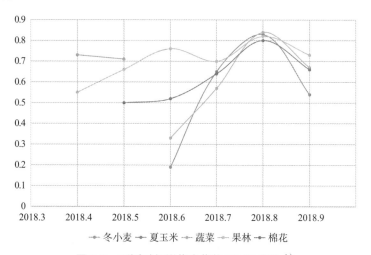

图 9.7 不同时相影像农作物 NDVI 变化[1]

此外，我国南方地区具有多云雾的特点，遥感卫星过境时经常会受到云雾的影响。因此，应统筹利用多时相遥感影像，提升农作物识别分类的准确性。基于多时相影像的农作物识别分类主要内容包括多时相遥感影像预处理、建立解译标志、遥感影像分类、分类后处理、分类结果精度评定等。

（1）多时相遥感影像预处理。对多时相遥感影像进行预处理，主要包括原始遥感图像辐射校正、几何校正、图像辐射增强处理、调查区边界裁定、去云雾处理等。

（2）建立解译标志。根据影像的色调、亮度等信息，与耕地调查区域土地利用现状图，以及实际调查结果进行对照，确定作物类型。根据色调特征、形状特征、阴影特征、纹理特征、位置布局特征等，分别建立不同影像的解译标志。

1）王镕. 基于光谱和纹理特征综合的农作物种植结构提取方法研究. 兰州交通大学 .2019.

（3）遥感影像分类。一般可采取监督分类的方法，即先选择足够数量的农作物训练样本（训练样本应能准确地代表整个调查区域内每个类别作物光谱特征差异），然后让计算机的分类识别系统进行学习，使系统掌握各个类别的特征之后，将每个像元和训练样本进行比较，并按照分类的决策规则将其划分到和其最相似的样本类中，实现各类型作物分类。

若采用监督分类方法产生"椒盐现象"，识别精度低，可考虑采用面向对象的影像分割分类。首先是对影像的同质区域进行分割，然后对各个对象的形状、光谱、结构纹理等属性特征进行提取，从而实现对遥感影像的识别和分类。该方法特点是分类的最小单元不是影像分割所形成的单一像元，而是像元所组合形成的有意义的影像对象，可以获取到基于像元分析方法难以提取的影像对象大小、形状、纹理等属性特征。

（4）分类后处理。有些调查区域地块比较零碎，加上卫星影像固有的噪声特性，使采用基于像元监督分类法进行分类不可避免地产生许多小的图斑，需要对这些小图斑进行剔除或融合处理。

（5）分类结果精度评定。遥感图像处理结果与地面实况之间总会因配准误差、制图误差、土地利用现状发生变化等原因而存在一些误差。可通过计算总体精度、用户精度和生产者精度、Kappa 系数来表达分类的精度，并进行抽样检验，通过进行实地调查或利用更准确的资料得到验证数据，完成分类精度评价工作。

3）基于多源遥感数据融合的农作物自动识别分类

农作物冠层与光学和雷达信号具有不同的相互作用机制，可结合两者具有的互补信息，综合应用光学和雷达数据进行农作物遥感识别，提高分类精度。将多光谱数据和 SAR 数据进行融合，充分利用多光谱数据的光谱信息和 SAR 数据对于地物结构敏感的特征，可使数据含有的可利用信息增多，不但可以增强不同地物之间的光谱差异，而且有利于提高农作物遥感分类精度。基于光学和 SAR 数据融合的农作物信息自动识别分类主要包括 SAR 数据处理、光学数据处理、农作物后向散射特征分析、建立训练样本、光学和 SAR 数据融合、农作物自动识别分类、分类结果精度评定等内容。

（1）SAR 数据处理。SAR 的成像原理很复杂，几何畸变和辐射方式都比较特别，而且还存在着其原有的辐射斑点噪声，需要采用特殊的处理方法进行几何校正、极化定标及降噪。SAR 影像的预处理过程主要有辐射定标、噪声滤波、地形矫正和几何精校正等。

（2）光学数据处理。光学数据需要进行辐射定标、大气矫正、正射矫正、几何精矫正、镶嵌与裁剪等处理。

（3）农作物后向散射特征分析。不同的作物类型在不同的生长阶段，雷达后向散射强度不同，作物参数与雷达后向散射强度的相关性也会不同。因此，需要在不同时期雷达数据中提取不同农作物随时间变化的后向散射系数，确保所选择的后向散射系数值可以代表其相对应的作物。

（4）建立训练样本。在进行光学遥感影像分类之前，需要做建立训练样本、训练样本可分离性检查等工作。训练所选样本要有代表性，并均匀分布在研究区域内，且每一个训练样本所代表的农作物类型与真实地表作物类型相同，不涉及混合像元。另外，由于各种作物种植的规模不同，不同类型作物的样本数要依照其作物类型的规模大小，从而使分类更加合理化。为使后续分类过程顺利进行，样本选择后需要计算样本的可分离性来保证训练样本的可用性。

（5）光学和 SAR 数据融合。光学数据与 SAR 数据的融合，可以采用主成分融合、Gram-Schmidt 变换融合、NNDiffuse（Nearest Neighbor Diffusion，最邻近扩散）融合等方法。通过融合处理，可丰富影像的信息量，增强影像中的作物细节信息与边缘特征，提高融合后影像的空间分辨率，且在一定程度上保留原来影像光谱信息，有利于提高分类精度。

（6）农作物自动识别分类。可通过最大似然法对经过变换后的光学数据集与 SAR 影像融合的图像，利用耕地范围作为掩模对调查区内作物分别进行分类，分别利用训练样本和验证样本数据进行分类验证，最终得到基于光学和 SAR 融合影像的农作物分类结果。

（7）分类结果精度评定。采用建立混淆矩阵的方法，利用验证样本，对分类结果进行验证，最终给出总体精度、Kappa 系数以及基于不同作物类型的精度，以此评价基于光学和 SAR 融合影像的农作物分类效果。

3. 种植结构时空变化信息智能提取

将农作物遥感自动识别分类成果与耕地资源调查历史数据库进行套合对比，根据农作物类型，提取农作物不一致的变化图斑，将提取结果按前后变化类型进行分层管理，用于耕地种植结构时空变化分析。

4. 调查底图快速制作

调查底图是进行耕地资源质量调查的重要基础资料，在耕地调查区划分和调查样点布设前，需要进行调查底图制作。调查底图制作一般采用 GIS 软件，以县级行政辖区为单位，在数字正射影像图上，套合基础调查耕地图斑、遥感自动识别分类数据、土地利用现状图斑、县级行政界线、自然区和熟制区界线、已有土壤调查数据等矢量数据，形成标准化的调查底图。

9.3.4　土壤属性信息快速获取

耕地土壤属性信息需通过外业调查（包括站点自动监测）和实验室仪器检测等手段获取。本节主要介绍耕地土壤调查中的样点统一快速布设、"互联网 +"样点外业调查和土壤样品仪器化检测等内容。

1. 样点统一快速布设

在调查底图的基础上，开展调查区划分和调查样点统一布设。

1）调查区划分

根据耕地土壤环境现状、种植结构、工矿企业分布和生态环境脆弱程度等，可将耕地质量调查区划分为重点调查区、次要调查区和一般调查区，根据区划重要程度确定样点布设的密度等。图 9.8 为耕地质量调查区划分示意图。

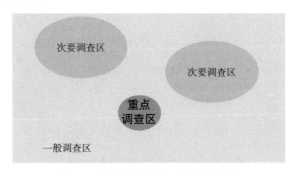

图 9.8　耕地质量调查区划分示意图

2）样点统一布设

样点要在耕地调查区域内统一布设，确保通过样点情况能全面反映耕地质量情况。

（1）样点布设要求。样点布设应满足如下条件：

· 样点连接形成的调查网应与省或市耕地利用现状、永久基本农田等相吻合，确保样点全部控制在永久基本农田或大片耕地，并方便后期长期监测。

·每个样点布设应有明确的调查目的，样点应尽量部署在所调查区域内的耕地分布区的几何中心，涉及多个地块的可选取靠近中心部位的最大地块布设。

·综合考虑区域内土地利用现状、地质背景、土壤类型、区域地球化学特征等因素，选取最具代表性区域布设。

·同一级别调查区的样点，尽量分布均匀。

·根据人为活动强度、耕地分布连片程度、已有地球化学资料等差异，不同调查分区之间样点稀疏程度具有一定差异性。

·调查网要充分依据以往的相关调查、监测成果资料，确保不同时期的土壤环境质量调查、监测数据能有机联系起来，布设的样点能最大限度地继承以往监测或调查所保存的相关信息。

（2）样点快速布设与优化。按照样点布设要求，基于数理统计等方法，采用 GIS 相关软件，在调查底图的基础上，根据调查区划、样点布设间隔等约束条件，利用计算机软件在调查底图上快速布设样点。同时，采取局部人工干预的方式，逐一查看原设计的采样点位是否位于耕地范围内，是否与现状地物相冲突，并对不符合相关规范要求的设计样点结合影像和图斑进行修正，优化样点布设调查网，从而减少人工劳动量，实现样点的快速、高效布设。图 9.9 为基于 GIS 软件的样点快速布设。

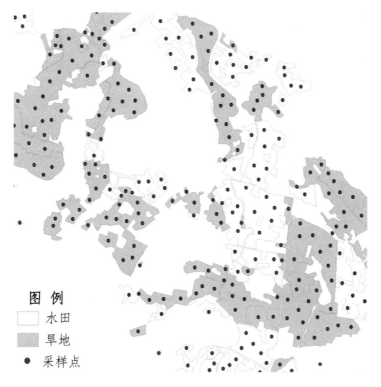

图 9.9　基于 GIS 软件的样点快速布设

2. "互联网 +"样点外业调查

样点外业调查和土壤采集是耕地质量外业调查工作的核心环节。为提高调查的效率和信息质量，应推广使用基于手机 APP 或手持终端的"互联网 +"调查技术，将调查数据及时汇集到业务系统平台，实现调查工作的内外业协同。同时，充分利用已有耕地质量监测站点野外观测资料，按照统一标准采集土壤样品，确保样点外业调查和土壤采集的高效和质量。对于可现场检测的土壤参数，采用检测设备进行现场快速检测。

1）外业调查数据快速采集

传统调查方式存在耗时耗力、效率低下、调查结果不规范、不完整等问题，采用"互联网+"外业调查软件辅助开展耕地质量调查任务，结合调查工作需要和"互联网+"外业调查软件特点，录入耕地资源质量相关指标信息，实时拍摄调查视频和照片，不仅大大提高了工作效率，同时也保障了调查结果的真实性。

在野外调查中，外业调查人员使用带有自动定位技术的手机确定外业调查样点位置，一般经过基本信息录入、土壤信息录入、照片视频采集和成果提交4个步骤，即可完成耕地质量外业调查工作。

（1）基本信息录入。基本信息录入可以输入耕地样点的地貌类型、海拔、坡度、耕地二级地类、种植模式、灌溉方式、水源类型、排水能力、采集时间（自动生成）、当天天气、采集时点气温、调查单位、调查人员等信息。图9.10为基本信息录入界面。

（2）土壤信息录入。基本信息采集完成后，根据外业调查录入土壤信息，包括土层厚度、土壤质地、土壤有机质含量、土壤pH值、土壤重金属污染状况、土壤生物性状等。图9.11为土壤信息录入界面。

图9.10　基本信息录入界面　　　图9.11　土壤信息录入界面

（3）照片视频采集。填写完相应信息后，可同步采集样点区域景观等基本信息照片和视频、采集取土照片、取土视频、土壤质地照片和生物多样性样本照片和取土视频等。图9.12为照片视频采集界面。

（4）成果提交。完成核查任务后，在软件中点击提交外业调查成果。提交后可在业务系统Web端同步查看，实现耕地调查内外业协同。

2）监测站信息调查更新与土壤参数现场获取

（1）监测站信息调查更新。土壤多参数自动监测站利用现代仪器设备，自动实时采集气象条件、土壤墒情、水溶性含盐量等指标数据，在耕地资源调查统一时点更新时，应调查更新相关指标信息。可通过业务系统在线汇集等方式，统一汇集站点的耕地质量监测信息到调查业务系统进行更新，节省调查人力物力等成本。图9.13为土壤多参数自动监测站。

（2）土壤参数现场获取。对于没有土壤监测站的耕地调查地块，可现场采用检测仪器快速获取部分土壤参数。例如，对于土壤水分、温度、pH值等参数，可采用土壤多参数原位或现场快速

图 9.12 照片视频采集界面

检测设备进行检测，并将数据通过软件上传到业务系统。图 9.14 为便携式土壤水分测定仪，将仪器探针插入土壤，很快测出土壤酸碱度和湿度等数据。

图 9.13 土壤多参数自动监测站[1]　　　　　　　**图 9.14** 便携式土壤水分测定仪[2]

3）土壤样品的统一采集

对于现场无法获取的土壤调查指标数据（有机质、生物量等），需要通过样品采样和实验室检测获得。土壤样品的采集是耕地质量调查中一个非常重要和关键的环节，它是关系到检测结果是否准确的先决条件。土壤采样方法要根据不同的检测要求或检测目的，遵循不同的采样规范，进行样品采集和处理，并及时送达检测机构，保证土壤样品的质量。

（1）土壤样品采集的要求。外业调查土壤采样时，应满足以下条件要求：

·不同采样单元的土壤要均匀，保障能代表采样单元的土壤特性。

·采集耕作层混合土样时，应沿着一定的路线，按照"随机""等量""多点混合"的原则采集子样。采样路线可采用对角线法、梅花点法、蛇形法、棋盘法等。图 9.15 为几种不同的混合土样采集方法。

1）锐利特科技自动墒情监测站助力秋播 . https//www.sohu.com/a/492647356_120096383.

2）土壤水分测定仪 TZS-1K. https://www.yiqi.com/product/detail_253707.html.

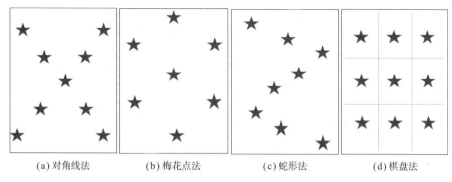

(a) 对角线法　　　(b) 梅花点法　　　(c) 蛇形法　　　(d) 棋盘法

图 9.15　混合土样采集方法

· 采样的深度和间距等，应根据混合样品、剖面样品等不同要求进行取样。

· 调查采样应在同一时间段采集，采样时间一般在农作物收割后，夏季农作物种植前，早于农作物施肥期。

· 采样同时，应有专人填写样品袋号、采样记录、详细的点位描述、拍摄照片。定点标绘、质量监控及样品记录等操作应符合相关要求。

· 采样点避开田边、路边、沟边、树边、特殊地形部位、堆过肥料的地方。

· 样品应准备两份，一份作为质控样品。

（2）土壤样品的统一采集与交接。土壤采样前，采样员应先进行现场勘察，根据土壤类型、肥力等级和地形等因素将采样范围划分为若干个采样单元，每个采样单元的土壤要尽可能均匀一致，要保证有足够多的采样点，使之能代表采样单元的土壤特性。根据土壤样品的采集要求，使用专用的取样工具和仪器，进行耕层混合土样、土壤剖面样品、生物多样性样品、土壤物理性质测定样品等土样的采集。图 9.16 为土壤样品采集现场。

图 9.16　土壤样品采集现场

土壤样品采集后、送检测前，需进行规范处理，做好标签记录表。

样品根据不同的检测目的采取不同的处理方式：一般对于无机指标测试的土壤样品，可先装入布袋内，为避免样品间互相污染，应在布袋外再套自封袋或塑料袋；对于有机化合物测定的样品，需置于玻璃瓶内，低温保存；对于土壤物理性质测定的样品，可根据要求装入铁盒内保存。图 9.17 为土壤样品装袋标记和运输前装箱存储。

土壤样品经规范处理后，将样品与记录表一同通过快递等方式，立即寄送给指定的检测机构，进行后续检测和结果分析。样品在运输过程中要注意防震、防冻、防晒、防污染等。

(a) 土壤样品装袋标记 　　　　　　　(b) 土壤样品运输前装箱存储

图 9.17　土壤样品标记与存储

3. 土壤样品仪器化检测

仪器设备检测重金属、有机物等参数，具有精度高、操作简单、可同时测定多个项目等优点。在样品检测环节，应采用仪器化检测手段，实现检测仪器数据自动输出，减少人为记录和录入环节，提高效率，降低误差。因此，对于土壤微生物多样性和重金属状况等需要采用实验室检测技术才能获取的参数，采用先进的实验室检测仪器设备，快速输出检测数据和成果报告。

为对检测结果进行质量控制，应确定一家机构检测调查区域所有样品，确定另一家机构检测质检样品作为对照，对比两个结果，结果差距较大的，需要重新检测对比或重新采样检测，确保检测结果的准确性。

9.3.5　耕地资源时空数据库建设

耕地资源调查数据是土地资源分库的重要内容，应按照耕地资源数据库结构、数据库内容与数据交换格式等技术规范要求，采用 GIS 等技术建立耕地资源调查数据库，并集成历史调查数据等资料，建设耕地资源时空数据库，促进耕地资源调查成果数据的管理和共享。

耕地资源调查数据库一般包括国家、省、市、县四级数据库，国家、省、市级数据库是通过县级耕地资源调查数据库集成整合形成的。本节介绍基于 GIS 技术的县级耕地资源调查数据库建设，主要内容包括建库软件选型、数据整理、数据建库、软件自动质检等。

（1）建库软件选型。选择合适的建库软件，顺利衔接数据采集和数据库质检工作，软件系统应包括数据交换、图形处理、属性处理、统计分析、图件输出、数据汇交等功能。

（2）数据整理。将遥感提取农作物信息数据、调查底图相关数据、业务系统汇集的外业调查数据、土壤检测数据等按照技术规范要求进行整理核对，进行图形拓扑检查、属性检查、报表检查等。

（3）数据建库。以县（区）为单位，对检查合格的耕地资源调查数据统一接收入库，所有数据按行政区统一分层管理，保证数据建库成果符合相关标准规范要求。同时，对耕地质量等级调查与评定、耕地质量分类、耕地地球化学调查、耕地地力调查与质量评价等历史数据进行标准化整合集成，统一纳入耕地资源时空数据库。

（4）软件自动质检。采用统一规定的质检软件，按照预先制定的规则对每个县级耕地资源调查数据库进行自动快速质检，省、市级数据库质检则开发对应的质检软件。通过软件自动化质检手段，节省人力成本，提高质检效率，确保每一级汇交的数据库都符合要求。

9.3.6　耕地质量等级评价与系统实现

在完成耕地农作物信息提取、土壤样品采集与检测、耕地资源数据库建设等工作的基础上，根据不同区域特点确定耕地评价指标体系，以县域为单位，基于空间信息技术，采用耕地质量等级评价系统等数字化支撑手段，开展耕地质量评价，掌握耕地质量等级和耕地质量主要性状情况。

1. 评价指标选取

耕地质量等级评价应根据气候、地形地貌、成土因素等不同类型特点，建立一个指标体系作为公共评价标准，用来评价不同地区耕地质量等级。

依据耕地质量等级评定相关标准，制定各区域所在农业区的耕地质量评价指标体系，按照基础性指标和区域补充性指标相结合的原则，选定评价指标，可应用层次分析法确定各指标权重，应用模糊数学方法确定各指标隶属函数，建立耕地质量评价模型，形成符合各区域实际的耕地质量评价程序与方法。

耕地质量等级大致从土壤、气候、地形、生物多样性等指标选择进行评价，表 9.2 为耕地质量等级评价应包含的主要指标。

表 9.2 耕地质量等级评价主要指标

一级指标	二级指标
土壤质量	土壤质地，土体构型，有效土层厚度，耕作层深度，土壤容重，持水能力，土壤含水量，障碍层类型及距地表深度，有机质含量，pH，全氮、磷、钾和有效氮、磷、钾，电导率，土壤重金属，有益微量元素，灌溉水环境质量，盐渍化程度等
气候质量	太阳辐射、温度、无霜期、蒸发量、降水量、气象灾害等
地形条件	地貌类型、地形部位、坡度、坡向、海拔、砾石含量等
生物多样性质量	土壤动物、土壤微生物量等
景观生态质量	多样性指数、优势度指数、破碎化指数、景观分形指数等
耕地生产力	耕地基础地力、耕地现实生产力等
……	……

2. 耕地质量等级评价系统研制

耕地质量等级评价是一个涉及因素繁多、权重难界定、工作量大、流程复杂的过程，且指标数据之间联系紧密。应采用软件系统等数字化技术快速完成评价工作，以达到减少资源浪费、提高工作效率、更准确对耕地质量评价分等定级的目的。

GIS 可以对矢量数据与属性数据进行操作，同时具有强大的数学运算能力，耕地质量等级评价系统可利用 GIS 等技术研制相应软件系统，根据耕地资源数据库和耕地质量评价模型进行计算模块设计，快速完成耕地质量等级评价工作。基于 GIS 的耕地质量评价系统主要包括数据库管理和模型库两部分。其中，数据库管理部分能够实现对耕地资源数据库数据的调用和简单分析处理等工作，模型库部分则包含了隶属函数模型等各种评价数学模型，可根据用户需求来调用。

3. 耕地质量等级评价

基于耕地质量等级评价系统，在耕地资源数据库中调用评价因子的相关调查数据进行耕地质量等级评价。以土壤调查数据为主要依据，调用系统模型库中的分等定级模型，根据相应参数对耕地进行分等定级，输出耕地质量等级评价结果。同时，用户也可以将系统评价结果数据导出进行修改和编辑，实现人机协同操作。

9.4 森林资源综合调查

森林是陆地生态系统的主体，承担着调节气候和涵养水源等生态服务功能，对维护区域生态与环境及全球碳平衡、缓解全球气候变化发挥着不可替代的作用，森林及其变化对陆地生物圈及其他地表过程有着重要影响。通过森林资源综合调查，查清森林资源的家底，了解自然和人为等因素所导致的森林资源消长变化的规律，是编制森林经营方案、开展林业生产建设规划、森林资源资产评估、林业分类经营管理的有效依据，同时也是科学管理森林资源，建立森林生态系统的重要基础。

本节主要介绍森林资源综合调查的主要内容和基本技术路线，以及森林资源综合调查中，遥感技术、人工智能识别、"互联网＋"调查、GIS 技术等手段在森林范围提取、森林类型自动分类、调查信息快速获取、森林资源调查数据库建设和森林质量评价等重要调查环节中的应用。

9.4.1　主要调查内容

森林资源综合调查的主要任务是查清森林资源的种类、数量、质量、结构和生态状况等，表 9.3 为森林资源综合调查的主要调查指标。

表 9.3　森林资源综合调查主要调查指标

调查内容	主要调查指标
种　类	森林类型、植被类型、树种、土壤种类
数　量	面积、储量(蓄积量、生物量、碳储量)，各类森林面积的增长量和减少量，各类森林储量的生长量，毛竹和其他竹株数等
质　量	平均树高、郁闭度／覆盖度、密度、单位面积储量、单位面积生长量、森林灾害类型及等级、森林健康等级、土壤厚度、土壤质地、土壤砾石含量、腐殖质厚度、枯枝落叶厚度等
结　构	权属、起源、龄组、群落结构、树种结构、植被总覆盖度、灌木平均高及覆盖度、草本平均高及覆盖度等
生态状况	固碳、涵养水源、生物多样性等

9.4.2　森林资源综合调查技术路线

图 9.18 为森林资源综合调查技术路线。森林资源综合调查应统筹利用各类基础业务资料和多源遥感影像，以基础调查及其更新成果为基础，结合森林资源连续清查成果、森林资源"一张图"和专题监测、高分辨率遥感影像等资料，采用数据批处理、自动识别等方法，确认森林调查范围（包括乔木林、竹林和国家特别规定的灌木林）；采取"图斑＋抽样"的方法，统一森林资源综合调

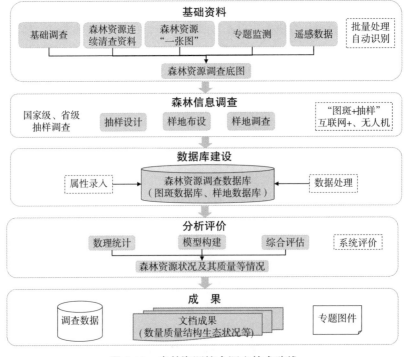

图 9.18　森林资源综合调查技术路线

查技术方法、技术标准，科学设置样地，制作森林资源综合调查底图；采用"互联网+"、无人机等调查方式开展国家和省级样地调查。查清森林资源现状数据，建立森林资源调查数据库，构建国家、省、市、县四级一体的森林资源综合调查体系。汇总统计获取森林覆盖率、森林蓄积量、起源、龄组、林种、生物量、碳储量等数据，并通过分析评价获取森林资源状况及其质量等情况，满足森林资源管理和生态文明建设目标考核需要。

9.4.3 基础业务资料和多源遥感影像统筹

多年来，原林业、国土、测绘等部门积累了大量与森林资源相关的调查成果数据，以及统计信息和计算模型等基础业务资料，应进行收集整理分析，发挥其作用。同时，遥感影像是开展森林资源调查的基础性资料，是确保森林资源综合调查数据科学性和准确性的重要保障，要统筹利用好卫星平台、航空平台、地面平台等多源遥感影像数据，保证森林调查工作的顺利实施和高效完成。

1. 基础业务资料收集

基础业务资料主要包括森林资源相关的调查成果数据，以及森林资源统计信息与计算模型等资料。

1）相关调查成果数据

主要包括森林资源连续清查成果数据、基础调查及其最新年度变更调查成果、森林资源"一张图"更新成果、专题监测成果等反映森林资源状况的有关资料，用于制作森林资源、调查底图等。

2）森林资源统计信息与计算模型

主要包括各省（自治区、直辖市）主要树种立木材积表（式）、生物量/碳储量模型等森林资源信息资料，用于计算森林蓄积量、生物量、碳储量等指标。

2. 多源遥感影像统筹

目前，森林资源调查采用的遥感影像包括卫星光学遥感影像、微波雷达数据、激光雷达数据和无人机遥感影像等，它们在森林资源调查中发挥着不同的作用。遥感影像可以提供三个层次的森林资源信息：

（1）森林覆盖的空间范围信息，区分森林、非森林，可用于监测森林覆盖的空间动态变化。

（2）森林类型信息，了解不同森林类型的空间分布情况。

（3）森林的生物物理和生物化学特性（参数）信息，包括各种森林资源综合调查参数，如树种组成、胸径、树高、株数密度、郁闭度、蓄积量/生物量、叶绿素含量等。

各类遥感影像也存在各自的不足，例如，卫星影像覆盖范围广，适合快速获取森林面积等宏观属性信息，但高分辨率的影像价格昂贵，采用高分辨率卫星影像调查的成本压力较大；而无人机遥感一次覆盖范围较小，但机动灵活、成本低，可获取森林树种树高等精细属性信息。因此，森林资源综合调查应根据不同层次的森林信息，统筹使用不同平台、不同类型传感器的遥感影像来获取森林相关指标数据。对于大范围的森林资源调查，一般是以卫星光学影像为主，辅以无人机、激光雷达或 SAR 影像等遥感数据。

1）卫星光学遥感影像

卫星遥感影像覆盖范围广，并且定期重复观测数据，是目前大面积森林综合调查的重要影像来源。光学遥感影像主要是利用多光谱和高光谱遥感器，根据森林叶子、针叶、枝条等对光子的吸收和散射辐射，获取森林面积、森林种类、生物化学特性等信息。但是，光学遥感影像不包含森林的垂直结构信息。

2）微波雷达数据

微波遥感数据是通过 SAR 遥感器，利用微波对森林叶子、枝条、树干以及地面的散射信号，获取树高、树冠和树木三维结构信息。但是，从微波遥感数据中不能获取森林的类型和分布等信息。另外，微波遥感数据需要多谱段配合，才能获取森林的垂直结构信息。

3）激光雷达数据

激光雷达是新兴的森林资源调查手段，与微波雷达类似，利用激光雷达穿透冠层的特点，进行森林激光雷达测量。根据激光雷达数据的测距信息，可获取森林木质生物量和森林结构等指标。

4）无人机遥感影像

无人机影像相较于卫星遥感影像具有成本低、轻巧灵活、方便、安全、快速和影像分辨率高的优点，能够有针对性地进行森林资源综合调查，如卫星影像局部有云覆盖，可利用无人机遥感影像补充。如果在无人机上搭载激光雷达和小型定位器，还能对林业变化情况进行全面监测，为林业管理和保护提供立体化的影像资料。图 9.19 为无人机航摄森林影像。

图 9.19   无人机航摄森林影像

9.4.4   调查底图快速制作

调查底图制作是汇总集成森林资源相关数据的重要基础工作。在森林资源综合调查工作底图制作中，应充分运用 GIS、批量处理、遥感信息智能提取等技术，提高工作效率。

1. 调查底图制作流程

调查底图制作应基于基础调查及其更新成果、森林资源"一张图"、专题监测最新成果和最新遥感影像等资料，综合考虑数据特点。制作总体思路是，以基础调查更新成果图层作为基础底图，增加森林资源"一张图"属性字段，以森林资源"一张图"数据和专题监测数据等为属性参考图层，通过多源数据的综合分析，划定乔木林范围。在此基础上叠加基础调查竹林和森林资源"一张图"的国家特别规定的灌木林地等数据，初步划定森林范围。结合最新遥感影像，通过人工智能识别方法提取变化图斑，并自动更新至基础底图数据，最终形成森林资源综合调查底图，图 9.20 为森林资源综合调查底图制作流程。

2. 数据批量处理

对收集的数据和多源遥感影像进行批量处理，统一标准格式，满足调查要求，方便后续开展调查底图制作、外业调查、统计和评价等工作。本节介绍基础数据批量处理和多源遥感影像数据处理。

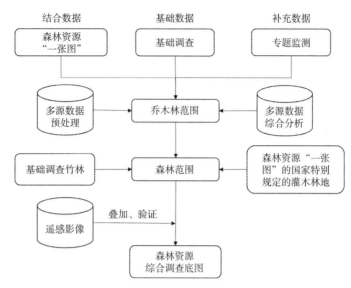

图 9.20 森林资源综合调查底图制作流程

1）基础数据批量处理

（1）纸质档案数字化。可根据档案资料的管理方式及技术条件，采用不同方法，基于 GIS 等平台开发批量处理工具，将林业经营管理纸质档案记录的图斑进行矢量化处理，形成电子数据，并转录有关信息。

（2）电子档案处理。对于电子档案资料，将电子档案资料的地图投影和坐标系、比例尺和精度等，采用多线程批量投影转换和坐标转换的方法，转换到国家统一投影坐标系下，形成标准的电子档案资料数据库。

2）多源遥感影像数据处理

全覆盖森林资源调查所需的遥感影像数据量大，应采用批量、自动化处理技术等进行影像几何校正、图像配准和融合等处理，提高处理效率。

在遥感影像处理中，可采用基于尺度不变特征变换模型和快速样本共识模型相结合的算法，对海量、多源遥感影像控制点进行自动化采集，应用傅里叶变换等算法完成影像的自动配准。通过灵活设置同名点搜索策略、搜索半径、残差大小和数量等，采用仿射变换等方法完成海量遥感影像的 RPC（Rational Polynomial Coefficient，有理多项式系数）区域网平差。用多项式模型自动批量生成全色正射影像，同时将多光谱影像与校正好的全色影像进行配准，生成数字正射影像成果。最后，利用最小二乘等方法找到最佳拟合信息并调节影像处理参数，完成多光谱影像和全色影像的锐化融合。图 9.21 为影像融合前后对比效果。

(a) 融合前　　　　　　　　　　　　(b) 融合后

图 9.21 影像融合前后对比效果

3. 基于遥感影像的乔木林范围提取和森林类型识别

在调查底图制作中，乔木林范围提取是重要的工作内容。可以根据林地和非林地的遥感影像光谱特征差异，采用阈值法区分林地与非林地；在林地范围内，根据冠层高度模型（CHM：Canopy Height Model）信息对乔木林地和其他林地进行初步划分，结合高分遥感影像得到乔木林范围。在乔木林范围内，根据不同树种的光谱特征等进行森林类型识别，实现森林类型遥感精细分类。

1) 乔木林范围提取

（1）光谱特征提取。森林的光谱信息可以利用 NDVI 来反映，NDVI 值与植被生长状况及森林覆盖度有关，不同地物对应的取值范围不同。因此，应根据不同影像，分析不同森林类型的 NDVI 值，

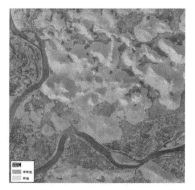

图 9.22 林地与非林地分类结果图

反映其光谱特征，并作为后续林地与非林地的划分依据。

（2）林地与非林地划分。综合分析林地与非林地 NDVI 值的差异（一般两者 NDVI 值差异较大），采用阈值法进行分层分类，通过设置阈值用 NDVI 初步划分林地与非林地，并经过核实得到林地范围。图 9.22 为林地与非林地分类结果。

（3）乔木林提取。分析乔木林与灌木林等其他林地的 CHM 信息差异，一般的，乔木林上有茂密的植被覆盖，树木都具有一定的高度，而其他林地中由于没有树木或树冠覆盖，其 CHM 值较低，因此可以根据 CHM 高度信息，设置 CHM 阈值，初步区分乔木林和其他林地，再结合高分遥感影像等进行检验，得到乔木林范围。图 9.23 为乔木林提取流程。

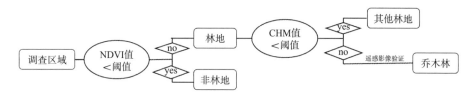

图 9.23 乔木林提取流程

2) 森林类型识别

充分利用高分影像处理技术来进行森林类型识别，能够有效地减少人工在野外实测的强度和工作量。通过高分辨率遥感影像提取数据进行分析和研究，可提高森林类型识别的精准性和时效性。本节介绍一种基于全色光谱影像和多光谱影像的森林类型识别方法，主要步骤包括光谱影像信息提取、森林类型识别函数模型建立与检验、森林类型识别等。

（1）光谱影像信息提取。分别从全色光谱影像和多光谱影像中进行灰度提取和植被指数提取。结合森林资源二类调查等数据，分析调查区域优势树种，并得到优势树种的灰度值和植被指数值。一般的，可以根据林地分类标准，将林地划分针叶林、阔叶林、针叶混交林、阔叶混交林和针阔混交林等，并分别提取它们的灰度值和植被指数值。图 9.24 为几种森林类型影像样本图。

（2）森林类型识别函数模型建立与检验。根据灰度值和植被指数值的相关关系，分别建立针叶林、阔叶林、针叶混交林、阔叶混交林和针阔混交林等相关森林类型识别的函数模型。同时，利用其他森林样本数据，对相关函数模型进行检验和评价，进一步验证函数模型的准确性。

（3）森林类型识别。将函数模型应用于森林类型识别，由计算机自动划分出针叶林、阔叶林、针叶混交林、阔叶混交林和针阔混交林等相关森林类型，从而实现利用高分影像纹理特征获取灰度和植被指数对森林类型进行识别，合理减少森林资源的内外业调查工作，节约成本和资源的目的。

(a) 针叶林 (b) 阔叶林

(c) 针叶混交林 (d) 阔叶混交林 (e) 针阔混交林

图 9.24　几种森林类型影像样本

4. 森林范围变化快速更新

将基础调查数据、专题监测数据、森林资源"一张图"数据等，与遥感提取的乔木林范围数据等导入 GIS 软件中，利用叠加分析工具进行空间分析，得到发生变化的森林范围，通过高分遥感影像等进行验证并更新矢量图斑，得到森林资源分布范围。

9.4.5　森林资源信息的快速获取

为满足新时期生态文明建设目标年度考核评价等需求，森林资源调查的抽样方案、样地布设和调查方法等，需在全国森林资源连续清查基础上进一步优化完善，实现森林资源相关信息的快速获取和年度出数。

1. 抽样方案

以往全国森林资源连续清查采用的抽样方法是系统抽样，由于我国省份众多，地形地貌各不相同，统一采用系统抽样方案并不合理，存在连续清查监测时间较长，监测成本较高等问题。

对此，全国森林资源调查抽样设计需在全国森林资源连续清查基础上优化抽样框架，通过分层抽样替代森林资源连续清查中的系统抽样，合理设计新的分层抽样方案，借鉴美国、芬兰等欧美国家的成果经验（将每年调查约 1/5 的省份调整为每年调查各省 1/5 的样地），最后确定一套最合适的抽样方案（如采用图斑融合与地面抽样调查相结合的方案），做到点面结合、滚动更新，满足精度和蓄积量年度出数要求等，为优化完善森林资源调查体系提供参考。

图 9.25 为森林资源综合调查样地布设框架。该框架继承国家森林资源连续清查的抽样框架，综合利用基础调查、森林资源"一张图"和专题监测三图数据，以省为调查单位，以地面样地为调查单元，按照分层抽样和年度均衡的要求进行样地布设。

2. 样地布设

森林资源调查样地布设以抽样调查和数理统计理论为基础，依托国家森林资源连续清查的抽样框架，在更新后的全国森林资源分布图范围内，按照调查精度要求，布设国家级森林资源调查监测

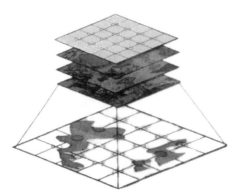

·连续清查抽样框架
·基础调查（如第三次全国国土调查）
·森林资源"一张图"
·专题监测（如地理国情）

图 9.25 森林资源综合调查样地布设框架

样地。同时，根据各省（自治区、直辖市）对自然资源、林草管理等生态文明建设以及林长制督查考核要求等，在国家级样地布设的基础上，统筹布设省级森林资源调查监测样地，样地的形状和大小可与连续清查一致。

森林资源样地调查需要样地分布图，在样地设计中，应确定样地数量，根据样地布设原则和样地形状等要求，在 GIS 软件环境中，结合最新高分标率遥感影像布设样地，形成样地分布图。本节主要介绍样地布设中的样地数量要求、样地布设原则和样地形状等。

1）样地数量

样地数量应根据调查总体面积大小、林分调查因子变动情况等确定。在 GIS 平台上，按照各省森林蓄积量抽样精度要求，对落入调查范围内的样地进行全面分析，沿用连续清查和全国森林资源调查框架，以省为调查总体，系统设置调查样地数量。在此基础上，可根据各省要求对样地进行加密。

2）样地布设原则

样地布设应遵循表性原则、典型性原则，以及总体均匀、局部相对集中原则等。

（1）表性原则。每个优势树种组的样地，应在单位面积蓄积量、地上生物量等方面全面反映调查总体中该优势树种组的情况。

（2）典型性原则。每个优势树种组中各个不同的树高级（高、中、矮）、郁闭度等级（疏、中、密）的样地数量尽可能均匀分布。

（3）总体均匀、局部相对集中原则。样地在调查总体内尽可能均匀分布，以使样地包含不同的地貌类型和林分经营管理类型；在局部上相对集中，以减少调查往返路程，提高调查效率。

3）样地形状

样地形状一般采用长方形、正方形、菱形和圆形 4 种形状，图 9.26 为常用的森林调查样地形状示意图。

3. 外业信息快速获取

森林资源外业调查具有工作环境恶劣、面积大、周期长、任务繁重等特点。为提高调查效率，实现数据年度出数等目标，在森林资源外业调查中应推广采用北斗导航定位、无人机核查、"互联网＋"调查等手段，快速获取森林资源相关信息。

1）基于北斗的样地定位

在样地调查中，样地固定可采用高精度北斗差分定位和引线定位，采集所有点位的坐标值，快速确定样地位置。

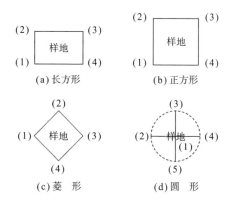

图 9.26 常用的森林调查样地形状示意图

2）无人机野外森林调查

在传统的野外森林调查工作中，由于森林冠层的遮挡效应，林下卫星定位信号较差，非差分定位精度较低，增加地面调查的难度，同时也制约着地面调查数据与星载数据精确匹配，为反演计算带来较大不确定性。

无人机森林调查系统是一种有效的森林资源调查工具，可以为林业提供低成本、高精度的遥感数据。基于无人机平台应用激光雷达等技术，不仅可以获取具体的树木信息，而且森林三维景观可以更好地展现森林价值，有利于针对性地进行森林资源调查及林区规划等。

为此，可利用无人机激光雷达同时获取森林冠层表面的水平和垂直结构信息，基于高密度的激光雷达点云获取林分尺度森林参数，基于 CHM 分割和基于点云分割等单木分割方法提取单木尺度的森林参数，快速获取树木位置、株数、树高、树冠直径、树冠面积和树冠体积等信息。同时，通过三维重建技术完成对单木以及林分等三维模型重建，生成真实感强且精度较高的森林三维模型。

此外，利用无人机航拍得到的正射影像进行野外调查点的选择，并通过对无人机正射影像的现场快速解译（如枯立木、倒木、树种和单木相对大小等），使地面单木测量直接与无人机影像上的单木对应，有效解决林下卫星定位系统精度低的制约问题，又可实现调查样地的可视化存档。

3）"互联网 +"样地调查

传统样地调查采用手工卡片记录作业模式，调查效率不高，且内外业工作量大。为提高外业调查队工作效率和调查质量，减轻内业工作量，在森林资源外业工作中，可利用具有定位和方向传感器等功能，并安装"互联网 +"样地调查软件的手机或平板电脑等移动设备进行信息采集，并通过网络实时传输到服务器，实现内外业协同作业，简化工作内容，保证外业调查的高效性。

"互联网 +"样地调查软件应具有三维地形、卫星影像、离线地图、高程、GNSS 定位、轨迹记录等诸多服务功能，用户可以在应用中详细了解各个地方的地形地图，并通过地图编辑标记、地图搜索等规划调查路线。调查人员到达调查样地后，通过基本信息采集、专项信息录入、举证信息采集和成果提交等步骤，可快速完成样地信息采集工作。

（1）基本信息采集：包括坐标值、地貌、海拔、坡向、坡位、坡度等，该类信息采集工作可根据调查人员的地理位置由手机等自动获取和人工输入完成。

（2）专项信息录入：包括样木因子信息和样地因子信息。样木因子信息包括立木类型、检尺类型、树种、胸径、树高等信息；样地因子信息包括地类、树种结构、起源、优势树种（组）、郁闭度、植被总覆盖度、自然度、平均年龄、株数、平均胸径、平均树高、平均优势高、土壤名称、腐殖质厚度、枯枝落叶厚度等信息。专项信息主要由调查人员根据实地察看、测量和计算等获取，并及时录入手机软件。

（3）举证信息采集：利用手机等设备的拍照和录像功能，以照片或者视频方式采集样地和样木的基本景观等信息。

（4）成果提交：完成样地相关信息的采集之后，在外业 APP 中点击调查成果提交，即可在业务系统 Web 端同步查看样地调查数据，实现调查内外业协同，减少外业核查过程数据向成果数据转换的内业工作，显著提高样地调查的工作效率，并保证数据的可靠性。

9.4.6　森林资源调查数据统计汇总

森林资源调查后，应基于 GIS 平台等研制相关统计汇总软件，对采集的数据进行处理和统计汇总，包括图斑空间拓扑检查、属性数据逻辑检查，样地及样木采集数据的预处理，立木材积、蓄积量联合估计、生物多样性、样地生物量和碳储量计算，样地立木生长量计算等。本节主要介绍森林面积估算、森林覆盖率计算、森林蓄积量估算等指标计算的方法。

1. 森林面积估算

森林面积估算有图斑累加法和成数面积估计法。

（1）图斑累加法：将森林资源调查范围内的乔木林、竹林和国家特别规定的灌木林图斑面积累加即得森林面积。

（2）成数面积估计法：沿用国家森林资源连续清查成数面积估计法，利用乔木林、竹林和国家特别规定的灌木林样地数占总样地数的比例，估测各省（自治区、直辖市）森林面积，汇总得出全国森林面积。

2. 森林覆盖率计算

森林覆盖率为森林面积（乔木林面积、竹林面积和国家特别规定的灌木林面积）占国土面积的百分数。

3. 森林蓄积量估计

森林蓄积量估计主要包括样木材积计算、样地蓄积量计算、总体蓄积量估算和总体蓄积量联合估算 4 个步骤，图 9.27 为森林蓄积量估计流程。首先统一使用各省（自治区、直辖市）一元立木材积表估计样木单株材积，累计样地单株材积量得到样地蓄积量，采用数理统计方法计算样地平均

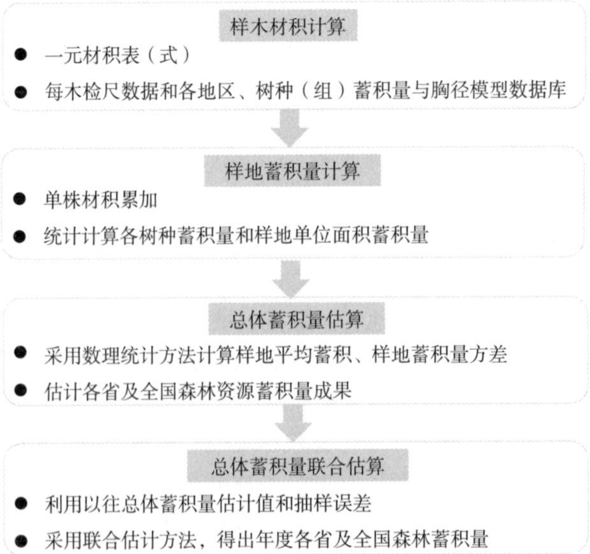

图 9.27　森林蓄积量估计流程

蓄积量及其方差，汇总得出各省（自治区、直辖市）森林蓄积量及全国森林蓄积量估计值，最后采用移动平均数方法进行联合估计，通过适当换算得出总体森林蓄积量。

9.4.7　森林资源调查数据库建设

森林资源调查数据库是森林资源专项调查数据成果的整合集成，是组成自然资源时空数据库——森林资源分库的重要内容。应按照森林资源分库建设标准，充分利用大数据、云计算、分布式存储等技术，构建森林资源调查数据库。同时，整合集成森林资源清查数据成果、森林资源"一张图"等数据，统一纳入森林资源分库中，实现对森林资源综合调查数据等成果的集成管理和网络调用。森林资源调查数据库建库一般包括数据准备、质量检查、数据入库和成果验证4个步骤。

1. 数据准备

森林资源调查基础数据包括空间图形数据和属性因子数据，各类型的矢量数据应采用统一的坐标系、投影和高程基准。数据要素命名应有统一的规则，能够体现调查单位、数据分类等关键检索信息。

2. 质量检查

依据森林资源数据字典、相应数字化成果检查内容规定、相应数据质量评定标准等一系列技术规范，利用相关质量检查软件，采用全自动化或人机结合的方式进行检查，提高成果检查验收的效率，确保数据库的成果质量。

3. 数据入库

按照森林资源调查数据库标准的组织结构，利用GIS软件，将质检合格的各类数据导入森林资源调查标准数据空库中对应的数据集内，保证分类正确，并将数据字典与属性数据进行关联，使属性因子中代码变为直观的汉字。

4. 成果验证

入库数据成果要进行验证，与原始数据进行比对，检查包括坐标位置的正确性、图形形状的正确性、属性因子的正确性等，保证所有数据入库前后图形位置无偏差，图形和属性因子无丢失，统计结果无变化，满足各项目查询和统计等使用要求。

9.4.8　森林质量评价与系统实现

森林质量评价是反映森林质量的重要手段，主要包括林地质量等级评价和乔木林质量等级评价。通过选取质量评价指标，构建评价模型，调用森林调查信息，对森林质量进行定性和定量的评价。评价结果反映了森林资源本身的质量，也反映人类活动和自然作用于森林资源上的效果。森林质量评价涉及指标众多，方法复杂，应将森林质量评价与GIS平台结合，设计并采用基于GIS的森林质量评价系统进行评价，提高评价精度和效率，为森林资源管理提供有力技术支撑。

1. 评价指标选取

森林质量评价指标选取包括林地质量等级评价指标选取和乔木林质量等级评价指标选取。

1）林地质量等级评价指标

林地质量等级评价指标可以选取多年平均降水量、湿润指数、年平均气温、≥10° C的积温、海拔、坡向、坡度、坡位、土层厚度、腐殖层厚度、枯枝落叶层厚度等因子，然后采用层次分析法等，对各类林地质量等级进行综合评定。

2）乔木林质量等级评价指标

对乔木林质量等级，从植被覆盖、森林结构、森林生产力、森林健康、森林灾害等方面选取指标，然后采用层次分析法和特尔菲法等进行综合评定。表 9.4 为乔木林质量等级评价主要指标。

表 9.4 乔木林质量等级评价主要指标 [1]

一级指标	二级指标
植被盖度	平均郁闭度、植被总盖度、灌木盖度、草本盖度等
森林群落	龄组结构、群落结构、树种结构、平均胸径等
森林生产力	平均树高、单位面积生长量、单位面积蓄积量、林木蓄积生长率等
森林健康	森林健康等级、森林灾害等级、林木蓄积枯损率等
森林受干扰程度	森林自然度、森林覆被类型面积等级等

2. 森林质量评价系统研制

森林质量评价的大部分指标需要通过多个步骤的统计计算，如果采用传统的手工方式进行数据收集和统计分析，不仅耗时耗力，存在精度差、效率低和评价结果滞后等问题，而且不能有效地与实际的地理信息相关联，导致评价结果很难为森林资源管理决策提供支持。基于 GIS 平台的支持可以将森林质量评价与地理信息相结合，显示直观，且森林质量评价指标可通过 GIS 的空间分析查询功能来获取。研制基于 GIS 的森林资源评价系统对于森林质量评价工作来说尤为重要。

基于 GIS 的森林资源评价系统应以计算机技术、3S 技术、网络服务技术、网络地理信息技术、数据库技术等为基础进行研发设计，系统提供空间分析等 GIS 基本功能、数据库读取和数据管理等功能，包含评价数据库（主要包括评价指标表、评价参数表和评价计算常数表等），可实现森林资源评价的数字化和自动化。通过系统进行森林资源评价，可提高工作效率，减轻工作强度，减少人为造成的失误，更好地为管理提供服务支持。

3. 森林质量评价

采用森林质量评价系统进行质量评价，应根据不同的评价目标需要，从评价指标库中选取不同的评价指标。然后对指标进行赋值，可通过森林资源调查数据库调用分析获取或手动输入等方式获取指标参数值。最后根据相应的质量评价模型进行计算，以省、市、县等为单位，输出评价数据和评价报告等评价结果。

9.5 海洋空间资源综合调查

为全面了解和掌握地区海洋空间资源现状，准确分析海洋空间资源与环境的变化趋势和开发利用潜力，推进海洋经济科学发展，应开展海洋空间资源的综合调查。通过海洋空间资源综合调查，掌握最新的、高精度的、更详尽的海洋空间资源数据，摸清海岸线、海岸带、海域、海岛等海洋空间资源现况和开发利用情况，优化海洋开发利用方式，提高资源的开发利用效率，同时满足海域海岛管理、海洋生态环境保护、海洋区域规划的需求，推动海洋生态文明建设。

本节主要介绍海洋空间资源调查的主要内容与技术框架，以及海洋空间资源调查中，现代空间信息技术、船基测深技术等数字化技术在陆海统一测绘基准建设、海岸线信息提取、潮间带信息获取、海底地形地貌数据获取、海洋空间数据库建设、资源承载力能力评估等重要环节中的应用。

---

[1] 此表来源于 GB/T 38590–2020《森林资源连续清查技术规程》。

9.5.1　主要调查内容与技术框架

海洋空间资源调查首先要明确调查的内容，并根据具体调查指标设计调查技术框架。

1. 主要调查内容

海洋空间资源综合调查的主要内容包括海岸线、海域、海岛、海岸带、滨海湿地及沿海滩涂、近海海底、海洋水文等资源的综合调查，主要调查要素和调查指标见表 9.5。

表 9.5　海洋空间资源调查主要调查指标

调查要素	主要调查指标
海岸线	空间位置、岸线类型、长度等
海　域	空间位置、分布、用海类型、用海方式、用途等
海　岛	空间位置、分布、面积、植被覆盖类型、开发利用方式等
海岸带	空间位置、分布、面积、宽度、植被覆盖类型、开发利用方式等
滨海湿地	空间位置、分布、面积、植被覆盖类型、开发利用方式等
沿海滩涂	空间位置、分布、面积、类型、植被覆盖类型、开发利用方式等
近海海底	空间位置、水深、底质类型等
海洋水文环境	水位、水深、水温、盐度、透明度、海流等
地层结构构造等	地层厚度、结构类型等

2. 技术框架

图 9.28 为海洋空间资源调查技术框架。海洋空间资源应统筹海洋空间资源相关基础业务资料和多源遥感数据等，以卫星、无人机、雷达、调查船等多技术、多类型的技术装备为支撑，通过遥感识别、走航调查、"互联网＋"实地调查等方式，以高精度、准同步、多学科的立体观测技术，快速获取海洋空间资源各项调查指标数据，经过数据汇集和信息处理，建立海洋空间资源调查数据库，通过汇总统计和分析评价，全面反映海洋空间资源的现状、开发保护利用情况、围填海情况、海岸带地形与近海海底结构基本情况、海洋空间资源承载能力等情况。

9.5.2　基础业务资料和多源遥感数据统筹

海洋空间资源综合调查是一项需要大量人力、资金投入的工作。因此，需要统筹基础业务资料和遥感影像等数据，充分利用已有数据，避免不必要的重复调查工作，保证调查工作的顺利开展。

1. 基础业务资料收集

海洋空间资源综合调查有关的基础业务资料主要包括已有海洋资源调查监测成果、基础地理信息数据、专题资料以及其他资料等。

（1）已有海洋资源调查监测成果：包括基础调查有关资料、近海海洋综合调查与评价成果、海岸线调查统计成果、海岸线修测成果、全国海岸带开发利用变化监测成果等，可作为海岸线、海域、海岛、海岸带等调查的重要参考资料。

（2）基础地理信息数据：包括沿海数字线画图、海岸带数字高程模型等数据，可用于分析海洋空间资源调查范围地形等；GNSS、水准、重力及卫星测高等资料，用于陆海统一基准建设。

（3）专题资料：包括交通、水利、海洋、林业和民政等部门的海洋专题数据，可作为调查和分析评价的基础参考资料。其中，海洋部门的验潮数据，用于陆海高程基准的统一建设和海岸线的提取等。

（4）其他资料：包括沿海城市规划图、海洋功能区划图、海洋环境质量公报，可用于海洋资源开发利用分析评价等。

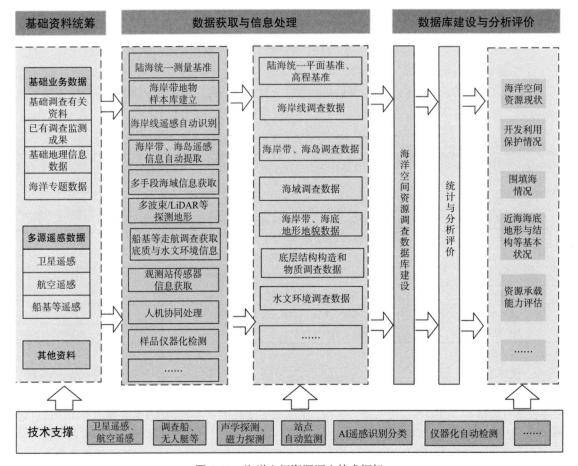

图 9.28　海洋空间资源调查技术框架

2. 多源遥感数据统筹

海洋空间资源调查中应用的遥感数据，主要包括卫星遥感数据、航空遥感数据、船基等遥感数据。基于调查区域范围大小和成本等因素考虑，海洋空间资源调查一般以卫星遥感数据为主，辅以航空遥感数据和船基等遥感数据。其中，卫星和航空遥感影像主要用于海岸线提取、海岸带和海岛地物分类；无人机 LiDAR 数据等主要用于构建海岸带精密 DEM；测量船、无人艇等平台的遥感数据主要用于获取海底地形地貌和底质信息等。

1）卫星遥感数据

应用于海洋资源调查的有多光谱、高光谱、SAR 等遥感卫星影像，低分辨率卫星遥感动态监视监测范围为我国内水和领海海域，主要采用 10～30m 分辨率卫星数据，包括 LandsatTM/ETM、中巴地球资源卫星（CBERS）、SPOT、环境减灾 A/B（HJ-A/B）等。高分辨率卫星遥感动态监视监测范围为我国海岸带、海岛及其邻近海域，主要采用 0.6～5m 分辨率卫星数据，主要有 SPOT-5、QuickBird、IKONOS、福卫二号、资源三号、高分数据等。因此，可根据调查的范围、精度要求、成本预算等选择合适的遥感数据。其中，Landsat、SPOT 和 QuickBird 等高分辨率卫星影像信息获取速度快，成为海岸带调查重要手段。

此外，卫星测高和卫星重力数据是陆海统一基准的重要资料。海洋卫星测高数据的来源包括欧空局的 ERS-1/2、ENVISAT 数据，美国航空航天局的 TOPEX/Poseidon、Jason-1、Jason-2 数据，美国海军的 GEOSAT 和 GFO 数据、ICESAT 激光测高数据，还有 CryoSat-2 和我国 HY2 测高数据等。

2）航空遥感数据

航空遥感中一般采用无人机遥感采集遥感数据。无人机遥感充分发挥无人机的自主性强、灵活机动、快速以及高分辨率影像的优势，获取高分辨率影像数据资料，是卫星遥感手段的重要补充。以 LiDAR、低空光学遥感为代表的新技术，因其高精度、实时动态、准同步观测、高频数据采集等突出优势，成为海岸带资源调查的重要手段和利器。因此，应统筹利用好调查海域的航空遥感数据。

3）船基等遥感数据

调查船、无人艇等在海洋水文、海底地形和底质等要素调查中发挥重要作用。其中，海洋调查船已发展成为一个集数据采集、处理、分析，通信、存储以及结果显示为一身的综合海洋调查载体，在海洋调查以及对特定海区进行详细调查方面的作用是很难取代的。调查船等主要是利用声学遥感、磁力探测等手段对调查对象进行遥感探测，因此，其遥感数据也是海洋空间资源调查需要统筹的重要资料。

9.5.3 陆海统一空间基准

为保障陆海全域海洋空间资源的统一调查，需要统一陆海测绘基准（调查主要涉及平面基准和垂直基准），建立陆海一体的海洋空间测量控制网。

平面基准方面，建立陆海平面基准的关键，是利用北斗、GPS、GLONASS、伽利略导航定位系统等现代空间测量技术，在沿岸构建一个优化的海洋测量定位局部控制网，以替代或补充原有控制网的作用。我国从 2008 年 7 月 1 日开始，正式启用 2000 国家大地坐标系作为国家法定的坐标系。

垂直基准方面，通常陆域测绘采用高程基准，而海洋测绘采用深度基准，海岸和海底地形测量则需要与高程基准和深度基准发生关系，必须统一陆海垂直基准，建立陆海似大地水准面数字模型，改变高程基准的维持模式和高程测量作业模式，实现陆域地形与海底地形的无缝衔接。图 9.29 为陆海垂直基准中的高程基准面与深度基准面的关系图，其中 L 为高程基准面与深度基准面的差距，可根据验潮站数据计算。

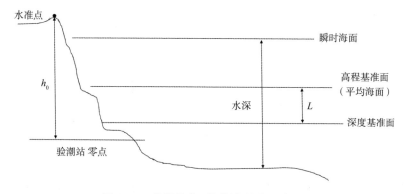

图 9.29 高程基准面与深度基准面关系图

由于沿海各地的平均海平面不一致，需要根据沿海各区域实际建立陆海统一垂直基准，为区域海域高程基准维护、陆海测绘基准统一、海道测量、跨海大桥及深水港口及配套工程的施工等提供重要的基础资料。通过垂直基准模型并实现高精度的转换，还可实现无验潮海测，由卫星定位直接获取高程，提高工作效率，降低工作成本。

目前，我国陆海测绘已统一平面基准，本节主要介绍基于现代空间信息技术的区域陆海统一垂直基准建设。

1. 垂直基准建设思路

区域陆海统一垂直基准的建设思路是在陆地空间地理坐标基准框架的基础上,利用GNSS定位、水准测量、卫星测高、重力测量等成果,建立高精度垂直基准模型并实现高精度的转换,从而实现陆海测绘垂直基准的统一。

2. 基于空间信息技术的垂直基准建设

陆海统一垂直基准建设,需要在海域及大陆海岸线向内陆延伸陆域一定区域内,建立似大地水准面模型,并将陆地高程基准传递到海域内海岛上,建立高程基准与深度基准转换模型,主要内容涉及 GNSS/ 水准测量、陆海统一似大地水准面建立、陆海垂直基准转换模型建立,以及陆海垂直基准转换系统实现等。

1)GNSS/ 水准测量

为建立与大陆统一的海岛高程基准,需在海岛建立 GNSS 控制网以及水准高程控制点,通过 GNSS/ 水准测量,获取高精度的离散高程异常值,应用于校正重力似大地水准面。为了快速获取 GNSS/ 水准成果,通常会选择符合卫星观测条件的已有一等、二等水准点进行 GNSS 观测,从而获取 GNSS/ 水准测量成果。

对于离岸较远的海岛等不具备水准联测条件的区域,则需要综合利用重力资料、地形资料、重力场模型与 GNSS/ 水准成果,采用物理大地测量理论与方法,应用移去 – 恢复技术确定区域性精密似大地水准面,建立海岛与大陆统一的高程基准点。图 9.30 为海岛高程基准点建立技术流程图。

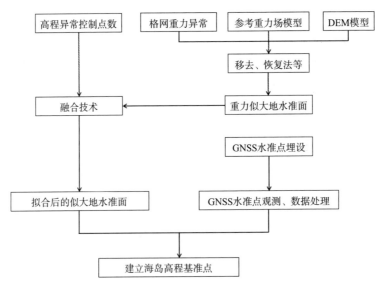

图 9.30 海岛高程基准点建立技术流程

在大陆和海岛布设的 GNSS 控制点上进行 GNSS 联测,通过平差获取大地高,借助建立的高精度似大地水准面成果转换为水准高,从而获取 GNSS 观测点的坐标与高程。图 9.31 为陆海统一 GNSS 控制网。

2)陆海统一似大地水准面建立

GNSS 测定的大地高结合高精度大地水准面模型,可以快速获得精密海拔高程。因此,高精度的陆海统一似大地水准面建立对快速获取高程十分重要。建立陆海统一似大地水准面的工作内容主要包括陆域似大地水准面计算、海域似大地水准面计算、陆海统一的似大地水准面拼接、似大地水准面计算系统实现等。

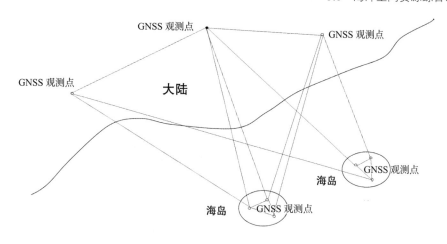

图 9.31　陆海统一 GNSS 控制网

（1）陆域似大地水准面计算。利用高分辨率地形数据、重力观测数据，以及地球重力场模型等，通过地面重力数据重力异常归算、格网重力异常内插、重力大地水准面计算、重力大地水准面与 GNSS 水准融合等工作，得到最终的陆域似大地水准面数值模型。图 9.32 为陆域似大地水准面精化计算流程。

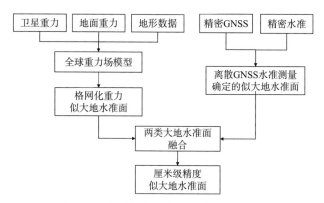

图 9.32　陆域似大地水准面精化计算流程

① 重力异常归算：为减少地形起伏对重力异常的影响，在求取平均空间重力以上时，将点重力异常归算至平滑的归算面上。

② 格网重力异常内插：为了获得平均重力异常基础格网数据，用离散点的"观测"均衡重力异常值作为已知值，按拟合方法确定每个格网节点上的均衡异常。

③ 重力大地水准面计算：利用 DEM 恢复格网平均空间重力异常，移去位模型重力异常，生成残差空间异常和残差法耶异常，计算格网残差重力大地水准面高和残差高程异常，由位模型值恢复重力大地水准面高和高程异常。

④ 重力大地水准面与 GNSS 水准融合：将离散的 GNSS/ 水准观测值和对应的重力似大地水准面不符值，利用数学或物理方法消除或减少两者的系统误差，最后计算得到陆地似大地水准面精化模型。

（2）海域似大地水准面计算。通过利用卫星测高数据反演海域垂线偏差、利用测高垂线偏差反演海域重力异常、利用测高垂线偏差计算似大地水准面、利用测高重力异常反演海域大地水准面、计算检核等工作，最终得到高精度的海域似大地水准面。

（3）陆海统一的似大地水准面拼接。陆域似大地水准面和海域似大地水准面分别采用两类不同性质的数据，各自按不同原理和方法独立确定大地水准面，并且受到不同误差源的影响，因而在陆海相接区域两类大地水准面存在拼接误差。因此，应考虑数据源精度和分辨率水平等因素，削弱误差影响，在满足位理论等要求下，采用基于扩展法的拼接方法等，实现陆海相接区域两类大地水准面的无隙拼接。

（4）似大地水准面计算系统实现。在建立陆海统一似大地水准面后，应研制大地水准面计算系统，快速获取某点的高程值，满足工程等实际应用需求。采用多种计算机等语言联合开发，实现单个数据和批量数据计算似大地水准面的功能，通过输入 2000 国家大地坐标系的三维坐标，可快速输出高程异常和水准高。

3）陆海垂直基准转换模型建立

陆海垂直基准转换，即高程基准与深度基准的转换，需要根据海域平均海面高模型和深度基准面模型，确定平均海面与深度基准面的转换关系，建立垂直基准转换模型，从而实现海域深度基准和陆海高程基准的统一和转换。主要工作内容包括平均海面高模型构建、深度基准面模型构建、垂直基准转换模型建立等。

（1）平均海面高模型构建。平均海面高模型构建要结合陆地海洋界限数据，再联合合并的格网化残差海面高，恢复全球重力场模型计算的大地水准面高，生成平均海面高模型。

（2）深度基准面模型构建。深度基准面模型的构建主要分为两个步骤：首先由精密潮汐模型各网格点的调和常数，按深度基准面 L 值的定义算法计算生成网格形式的 L 值模型，称为初步模型。然后，由长期与短期验潮站的 L 值对 L 值模型实施订正，使模型在验潮站处与验潮站 L 值保持一致的同时，使模型的基准系统归化于验潮站 L 值系统中，生成最终的深度基准面 L 值模型。

（3）垂直基准转换模型建立。根据构建的平均海面高模型和深度基准面 L 值模型，以及平均海面、深度基准面、参考椭球面等参考面之间的几何关系，建立垂直基准转换模型，实现测量点的垂直距离在各参考面之间的转换。

4）陆海垂直基准转换系统

海域深度基准面模型和垂直基准转换模型较复杂，在模型构建完成后，应研制配套的陆海垂直基准转换应用系统，用于提供海域深度基准，同时满足工程应用中垂直基准转换的需求。

陆海垂直基准转换系统应以似大地水准面成果、深度基准面成果、垂直基准转换模型等为基础，能够显示垂直基准面模型，能根据经纬度值实现单个数据和批量数据计算各垂直基准面值的功能，实现高程基准、深度基准、参考椭球三个不同基准面之间的相互转换，具有高程转换到深度、深度转换到高程、高程转换到大地高、深度转换到大地高、大地高转化到深度、大地高转换到高程等多功能，从而达到垂直基准快速转换的目的。

9.5.4 海岸线信息快速提取

科学界定海岸线（平均大潮高潮线），明确土地和海域的界限，有利于海域资源的综合保护和精细化管理，为自然资源统一确权登记、国土空间规划、保护修复治理利用等工作协调有序开展、"陆海一张图"编制和陆海一体化审批提供基础数据。

传统的海岸线探测手段通常采用实地测量法和摄影测量方法，现场探测海岸线虽然详实准确，但必须做大量的野外工作，不易于大面积探测和应用推广；摄影测量方法是利用摄影像片人工调绘海岸线，与实地测量法一样需要在野外采集海岸线特征点，而且要求影像清晰、细节突出，对影像缺乏明显高潮潮位线特征时，判读往往难以进行。因此，亟需创新使用新的提取方法快速精准确定海岸线。

1. 海岸线位置快速提取

本节主要介绍两种海岸线位置的快速提取方法：一种是通过获得潮滩 DEM 数据并结合当地平

均大潮高潮面的高程值得到海岸线；第二种是根据多时相遥感影像提取瞬时水边线，利用潮位数据校正水边线以获得海岸线。

1）基于潮滩 DEM 和潮汐数据的海岸线自动提取

基于潮滩 DEM 和潮汐数据的海岸线提取的基本思路是利用构建的潮滩 DEM 和当地观测的海岸线高程，以此为高程的参考面与潮滩 DEM 横切，并根据最新影像和实地核实修正后，获取海岸线。基于该方法数字化提取海岸线，人工干预少，可重复操作，可靠性强，真正实现了海岸线的客观、快速测绘提取。图 9.33 为基于潮滩 DEM 和潮汐数据的海岸线提取流程。

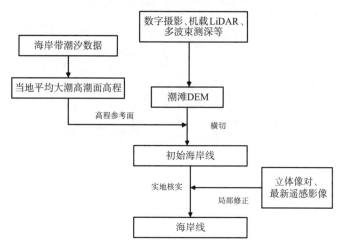

图 9.33　基于潮滩 DEM 和潮汐数据的海岸线提取流程

（1）潮滩 DEM 构建。利用航空摄影、机载激光雷达技术、船载声呐测深技术等，对潮滩地形进行测量，采集坐标和高程点，生成高精度、大比例尺的潮滩 DEM。DEM 只有平面和高程信息，没有地物属性信息，不够直观，因此，可在 DEM 基础上叠加 DOM，得到三维地表模型。图 9.34 为海岸三维地表。

图 9.34　海岸三维地表

（2）海岸线高程获取。利用当地潮汐站连续观测的潮汐数据，建立精密潮汐模型，通过潮汐模型计算海岸线的高程。

（3）海岸线截取。以海岸线高程为高程的参考面，利用高程参考面与潮滩 DEM 进行横切，并采用等值线追踪法等截取获得初始海岸线。

（4）海岸线修正。海岸线截取得到的初始海岸线存在多处截取等问题，产生伪海岸线，需要利用立体像对或最新遥感影像等，对提取的初始海岸线进行修正，并实地核实，得到最终海岸线。图 9.35 为修正后的海岸线。

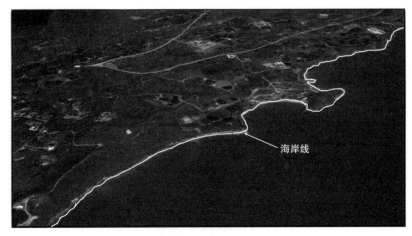

图 9.35 修正后的海岸线

2）基于多时相遥感影像的海岸线自动提取

当调查区域地形起伏不大、有多时相的遥感影像时，为节省测量成本，可利用不同时相遥感影像提取海岸线。多时相遥感影像可以记录不同时间的水边线，根据不同潮位的水边线可以推算岸滩坡度，进而得到海岸线位置。图 9.36 为某海岸不同时相的遥感影像图。

图 9.36 某海岸不同时相遥感影像

基于多时相遥感影像提取海岸线的基本思路是，首先利用自动信息提取方法提取两幅遥感影像的水边线，利用水边线的间距和潮位高度计算岸滩坡度，根据平均大潮高潮位的高度计算水边线至海岸线的距离，最后沿海岸线的走向提取多幅遥感影像不同时刻的水边线，利用地形坡度距离校正的方法可获取大范围的海岸线，将不同影像不同潮汐资料提取的海岸线进行拼接，得到调查区域海岸线。图 9.37 为基于多时相遥感影像的海岸线提取流程。

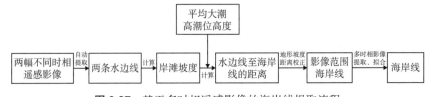

图 9.37 基于多时相遥感影像的海岸线提取流程

2. 基于遥感数据的海岸线类型快速识别

基于遥感数据对海岸线识别分类的基本思路是，首先根据大陆海岸地物在影像上的特点，确定适用于计算机解译的海岸线分类系统，然后通过目视解译确立各类海岸线的解译标志，通过模拟海岸线的目视解译方法，构建海岸线的遥感智能解译模型，利用解译模型实现海岸线类型快速识别。

1）建立海岸线分类系统

从目视解译和计算机智能解译的角度来考虑，建立能够通过目视解译进行区分，同时也可以让计算机识别的海岸线分类系统。一般海岸线可以分为自然岸线、人工岸线、其他岸线等类型，应根据调查区域特点对分类系统进行调整，尽量与已有成果数据保持一致，同时也体现调查区域比较重要的海岸类型。表 9.6 为海岸线类型两级划分。

表 9.6　海岸线分类[1]

一级类	二级类
自然岸线	基岩岸线
	砂质岸线
	泥质岸线
	生物岸线（珊瑚礁岸线、红树林岸线和海草床岸线等）
人工岸线	填海造地形成的人工岸线
	围海形成的人工岸线（围海养殖、盐田用海等）
	构筑物人工岸线
其他岸线	河口岸线
	生态恢复岸线

2）建立各类海岸线的解译标志

海岸线是线状目标，需要通过解译特定的海岸地物来确定海岸类型。通过人工目视解译，建立各类海岸线的解译标志影像。目视解译海岸线以遥感影像为基础，辅以其他的基础地理数据和地面调查资料。一般地，基岩海岸的水边线不规则、多呈锯齿状，岩石在遥感影像上呈浅色调、条带状；砂质海岸的水边线较为平滑，潮水未到达区域色调呈亮白色、均匀，潮水浸湿区域色调较暗，海滩呈条带状；淤泥质海岸由于含水量较高，所以色调较沙滩暗，一般有潮沟发育；红树林海岸上潮沟明显，有红树林生长，红树林在潮间带上呈众多独立的斑块分布，在真彩色影像上为深绿色，在假彩色影像上为红色。图 9.38 为几种自然岸线的光学遥感影像解译标志。

人工海岸的水边线大多平直，人工构筑的各种围堤在遥感影像上多为灰白色的线状目标，养殖区域或盐田多呈规则的块状目标。图 9.39 为几种人工岸线的光学遥感影像解译标志。

3）构建海岸线的遥感智能解译模型

构建智能解译模型的主要内容包括：

（1）确定海岸线的分类规则，即根据海岸地物的影像特征判别海岸线的类型。

（2）结合高层次的解译知识确定影像中各类海岸地物的最优分割尺度。

（3）根据海岸类型的判别需求，确定在遥感影像中需要识别出的海岸地物类型，并结合各类地物的最优分割尺度和地物的可分性确定海岸线解译的地物层次结构。

（4）进行影像解译的特征优选，运用现有的机器学习算法对海岸地物的分类知识进行学习，以获取海岸地物的分类知识或控制规则。

1）此表来源于《全国海岸线修测技术规程》。

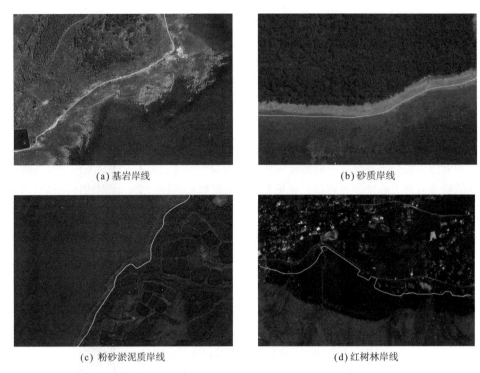

(a) 基岩岸线   (b) 砂质岸线

(c) 粉砂淤泥质岸线   (d) 红树林岸线

图 9.38 几种自然岸线的光学遥感影像解译标志

(a) 养殖岸线   (b) 港口码头岸线

(c) 道路岸线   (d) 临海建设岸线

图 9.39 几种人工岸线的光学遥感影像解译标志

4）海岸线自动识别分类

根据遥感智能解译模型，通过计算机按照规则进行影像分类，利用地学知识等进行深层次的影像理解与解译，分步实现海岸线类型自动识别分类，获取准确、稳定和高效的海岸线影像分类成果。图 9.40 为海岸线类型遥感提取效果。

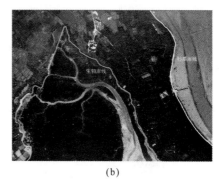

(a)　　　　　　　　　　　　　　　　　(b)

图 9.40　海岸线类型遥感提取效果

9.5.5　潮间带遥感信息快速提取

潮间带是指平均最高潮位和最低潮位间的海岸,是人类开发利用海洋资源的主要地带。对潮间带的调查,目的是要获取滩涂分布、植被覆盖等信息。

潮间带的面积宽广、水浅滩平,与陆地和海洋的连通环境均较差,因此,在潮间带调查中,无论从陆地出发进行人工野外徒步调查,还是从水路借助海洋调查船只进行野外数据采集,均很难完成潮间带区域的空间资源调查工作。而遥感技术不受海洋水文环境等影响,可为大面积潮间带自然资源调查提供重要技术支撑。本节介绍基于遥感数据的潮间信息自动化提取,主要内容包括潮间带地物分类和面向对象的潮间带影像自动分类。

1. 潮间带地物分类

制定科学的分类系统是利用遥感数据进行土地利用与土地覆被变化信息提取的基础。根据国家分类标准体系和区域特殊地物类型,可将潮间带影像地物分为岩滩、砾石滩、沙滩、泥滩、生物滩等基本地物类型,在基本地物类型的基础上,可进行二级地物分类,得到详细地物分类。表 9.7 为潮间带地物分类。

表 9.7　潮间带地物分类

一级地类	二级地类	一级地类	二级地类
岩　滩	—	生物滩	红树林滩
砾石滩	—		芦苇滩
沙　滩	—		珊瑚滩
泥　滩	—		丛草滩

2. 面向对象的潮间带影像自动分类

首先针对潮间带分类体系中的基本地物类型,采用监督分类的方法对遥感影像进行分类。基于面向对象图像分类方法,采用与基于像元方法类似的监督分类方法,在分割后的图像中选取潮间带各类地物的典型图斑作为样本训练并分类。一般可采用支持向量机等常用分类器进行分类。其次,在一级分类结果的基础上,根据二级地物在影像上的光谱特征,利用分类器进一步对详细地物进行分类。

在潮间带地物分类中,影像时相的选择很关键。例如,对于红树林的提取,由于红树林常绿,而冬季互花米草、海草床等植物枯黄,因此,可选择冬季遥感数据,将红树林与互花米草等快速区分,达到准确提取红树林的目的。图 9.41 为潮间带地物类型遥感提取结果。

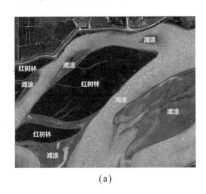
(a)

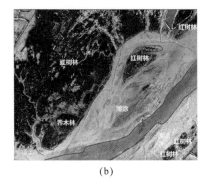
(b)

图 9.41   潮间带地物类型提取结果

9.5.6   海底地形数据快速获取

海底地形地貌数据是通过海底地形测量获取。近海海底地形测量是一项基础性海洋测绘工作，目的在于获得河口、海湾、潮间带等海底地形点的三维坐标，主要测量位置、水深、水位等信息，核心是水深测量。海底地形测量数字化手段有船基声呐、机载激光、海岸带一体化测量、卫星遥感反演等海底地形测量技术。其中，船基海底地形测量是目前最常用的海底地形测量技术，主要借助船载单波束/多波束测深系统开展水深测量，同步开展潮位、定位和声速测量。本节主要介绍基于多波束测深系统的海底地形地貌数据快速获取。

1. 多波束测深系统

现代海底地形测量源于二战时期出现的单波束回声测深技术，而多波束测深系统是在单波束测深技术的基础上发展起来的新一代水下地形测绘仪器装备，可对海底地形地貌进行高精度、高效率和全覆盖式的"面"测量，满足大比例尺和特殊水下地形测量任务的要求。与传统的单波束测深仪相比，多波束测深系统在测量效率、精度、覆盖率和输出产品等方面具有无可比拟的优势，因此，应采用多波束测深系统等测深技术快速获取海底地形地貌信息。

多波束测深系统一般包括辅助设备、声学系统、数据采集与处理系统三部分，图 9.42 为多波束测深系统的基本构成。

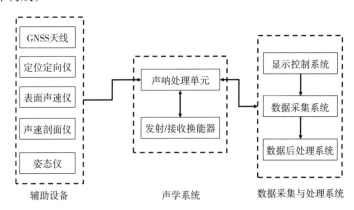

图 9.42   多波束测深系统的基本构成

2. 基于多波束测深的海底地形快速测量

基于多波束测深的海底地形快速测量主要内容包括资料收集、测线布设、控制测量、系统安装校验、海上测量、数据后处理、数据和图形输出等，图 9.43 为多波束海底地形测量工作流程。

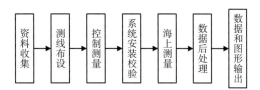

图 9.43　多波束海底地形测量工作流程

1）资料收集

收集测区已有控制点、地形图和潮汐表等相关资料，了解海区情况，为测线布设和控制测量等工作收集基础资料。

2）测线布设

多波束测深需要布设主测线和检查测线。根据测区条件、任务要求及多波束系统的技术指标，进行多波束测量的测线布设。测线布设的原则是，以最经济的方案完成测区全覆盖测量，以便较为完整地获得反映海底地形地貌的水深数据。主测线一般采用平行等深线走向布设，可以最大限度增加测区覆盖率，保持不变的扫描宽度；检查线尽量与主测线垂直布设，分布均匀，能普遍检查主测深线。图 9.44 为测线布设示意图。

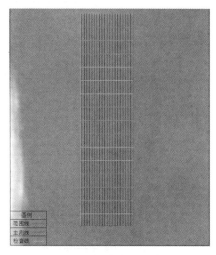

图 9.44　测线布设示意图

3）控制测量

多波束测深控制测量包括平面控制、高程控制和水位控制。平面控制与高程控制参见 9.5.3 节陆海统一测绘基准。多波束测深的水位控制是指，在水深测量时布设临时验潮站获取潮汐数据，主要用于深度测量时的水位改正，验潮站瞬时水位可采用自动验潮仪、水尺观测等手段获取。图 9.45 为瞬时水面高程变化曲线图。

4）系统安装校验

将测量船停靠稳定后进行系统安装，在测量船上按照要求安装多波束换能器及其相关外部设备，包括换能器安装、表面声速仪安装、姿态传感器安装、接收机安装、计算机显示与指挥系统安放等工作。图 9.46 为换能器及辅助传感器安装位置示意图。

安装仪器后，对多波束测深系统内部固有误差进行改正，包括定位时间延迟校正、横摇偏差校正、纵倾偏差校正和艏向偏差校正。在系统参数校正完成后，需要进行水深测量准确度检验，即在

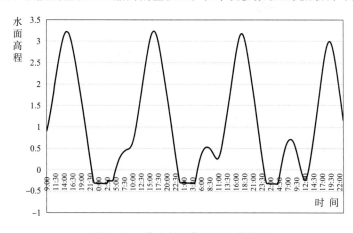

图 9.45　瞬时水面高程变化曲线图

图 9.46　换能器及辅助传感器安装位置示意图

海底地形平坦的海域进行水深测量，并采用优于规定精度的单波束测深仪对多波束系统进行检验，确保系统满足测量要求。图 9.47 为综合测量准确度检验"#"形测线布设图，在两对相互平行的测线（即测线 a1 与 a2、b1 与 b2）形成的"#"形测区内，查找重复测点，并统计重复测点水深均方差值，计算得到综合测量准确度。

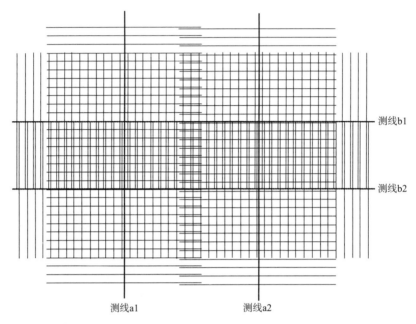

图 9.47   综合测量准确度检验"#"形测线布设图

5）海上测量

系统检验合格后，进行海上测量作业，包括水深测量、声速测量、潮位观测等工作。其中，水深测量是通过各自传输线把定位、姿态、航向、水深、表面声速以及时间同步信号实时传输到多波束主机处理器以及电脑主机，在显示器上呈现，利用显控软件辅助测量船驾驶员工作；声速测量是在测区进行声速剖面测量，在测区进行水深测量前和测量后将其放入水中，测量各个水深层面的声速。图 9.48 为多波束海底测深示意图。

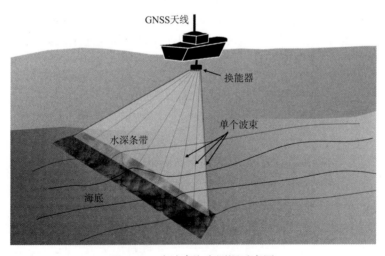

图 9.48   多波束海底测深示意图

6）数据后处理

采用用数据处理软件对采集的测深数据进一步处理，包括水深数据编辑、准确度评估等。其中水深数据编辑包括潮位改正、剖面声速改正、数据校准、噪点删除等；准确度评估是计算主测线和检测线的在重复点上的水深测量的差值，即主检不符值，作为水深测量准确度综合评估的依据，对整个区域进行水深测量准确度评价。图9.49为对水深数据中的噪点进行删除。

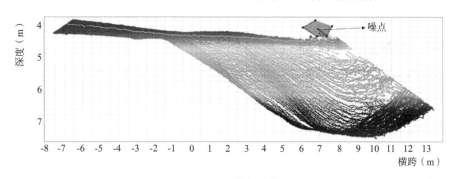

图 9.49 噪点删除

7）数据和图形输出

经过数据后处理的测深数据，利用软件可输出水深离散数据和海底地形三维图形，获取海底地形地貌信息。图9.50为多波束测深海底地形图。

图 9.50 多波束测深海底地形图

9.5.7 海洋空间资源数据库建设

通过海洋空间资源数据库建设，将海洋管理与海洋空间数据结合起来，借助数据库，为海洋和海岸活动的现代化管理提供数据支撑，并利用数据库进行海洋数据和信息的共享，通过共享服务系统，使不同的数据提供者以及不同用户之间能更容易地进行数据交换和分享。海洋空间资源数据库建设主要包括海洋空间资源调查数据建库和海洋空间数据管理系统研制等内容。

1. 海洋空间资源数据库

海洋空间资源数据库的建立应采用与陆地空间数据统一的标准，从而方便实现陆海调查数据的统一管理和转换。应利用 GIS、软件工程等现代数据建库手段，将海岸线、海岸带、海域海岛等调查数据，海底地形等海洋基础地理信息数据，以及验潮站等数据，统一快速入库，方便海洋空间数据统一管理。

2. 海洋空间数据管理系统

海洋卫星遥感资料、多波束调查资料、历史调查观测资料等成果的数据量是很惊人的，现在的数据管理技术无法满足应用需求。因此，应利用海量海洋数据的存储和压缩技术、海洋空间数据管理技术、面向对象海洋空间数据库技术等，研制海洋空间数据管理系统，将不同来源、不同格式的空间数据库资源有机结合起来，为用户提供统一、友好的界面，以人机交互方式实现海量数据的海洋科学信息分析系统，为海洋空间数据的管理和使用提供现代化手段。

9.5.8　海洋空间资源承载能力评估与系统实现

海洋空间资源承载能力是近岸海洋空间资源能够支持人口环境和经济协调发展能力的体现，通过科学识别区域海洋空间资源环境承载能力状况，对超载区域进行分析评估，将各类开发活动限制在海洋资源环境承载能力允许的范围之内，从而实现海洋空间可持续利用，保护海洋空间生态环境的目标。海洋空间资源承载能力评估主要包括评价指标体系建立、海洋空间资源承载能力评估方法及系统实现等内容。

1. 评价指标选取

评价指标的确定直接关系到评价结果的合理性，评价指标体系应满足反映区域海洋资源环境承载能力的特征，能够用具体、直观的指标量化表示，能够确定预警阈值等要求。海洋空间资源承载能力评估指标可根据海洋空间资源的主要开发利用方式来建立，可分为岸线开发强度、海域开发强度等指标，反映人类活动对海洋开发利用程度及开发的潜力，综合表征海岸线和近岸海域空间资源的承载状况。其中，预警阈值可根据海洋生态红线和海洋功能区划等管理型目标等来设定。表9.8为列举的一些海洋空间资源承载能力评价涉及的指标及其含义和设置依据。

表9.8　海洋空间资源承载能力评价指标 [1]

评价指标	指标含义	设置依据
岸线开发强度	区域内各类人工岸线长度，依据其资源环境影响系数归一化之后，占区域岸线总长度的比例	主要岸线开发利用类型的综合资源环境效应
海域开发强度	区域内各种海域使用类型的面积，依据其资源耗用指数及海域使用符合度归一化，占海域使用总面积的比例	区域内各种海域使用类型对海域资源总体耗用程度
……	……	……

2. 海洋空间资源承载能力评估方法

海洋空间资源承载能力评估应以海洋空间资源综合调查数据为基础，结合海洋功能区划等海洋管理部门的相关数据资料，采用专项评价和综合评价相结合的方法开展评估工作。其中，专项评价可采用单因子评价法，分别获得各专项指标的评估结果，将其与评价标准比较，直接用于承载状况分级（可载、临界超载、超载）；综合评价采用"短板效应"或层次分析综合指数法，主要用于各地区海洋空间资源承载指数的比较和排序。

3. 海洋空间资源承载能力评估的系统实现

海洋空间资源承载能力评估工作是集数据处理、指标计算、成果制图显示、分析评价、报告形成、成果归档管理等为一体的系统性工作，应研制配套的软件系统，满足现代海洋资源管理的需求。

海洋空间资源承载能力评估系统的研制，可利用GIS二次开发组件技术等，设计指标计算方法，并对评价指标体系、评价模型和所用的数据库进行系统集成设计，实现模块化功能配置的高度集成自动处理计算模式。系统应具有自动化程度高、容易操作和处理速度快等特点，能够采用模块化、

1）此表来源于2015年国家海洋局印发的《海洋资源环境承载能力监测预警指标体系和技术方法指南》。

标准化处理的方式，完成指标计算、阈值研判、成果可视化、成果归档、报告形成等任务，能够满足开展持续性常态化评估工作的需求。此外，由于评价指标体系会不断更新完善，系统应具有开放性，对于变动的指标能够进行动态更新与修改，能随着用户需求而动态更新，更加适应不同时期对海洋空间资源承载力的监管需要。

9.6 专项调查技术发展趋势

我国耕地、森林、草原、湿地、水、海洋、矿产等资源的调查工作已开展多年，积累了丰富的调查经验，形成了较为成熟的调查技术流程。在数字化转型背景下，在自然资源调查监测体系数字化建设基础上，专项调查的思路、技术方法和应用需要全面融入数字化理念。

本节阐述实现专项调查工程化的基本思路，并从调查指标体系统一构建、专题信息提取与处理自动化水平提升、调查指标数据快速获取技术创新、分析评价模型和方法发展创新、成果应用服务水平提升等重点环节，阐述未来实现专项调查工程化模式需要完成的重点工程。

1. 专项调查工程化的基本思路

自然资源专项调查要实现工程化模式，应针对各专项调查的具体工作任务，围绕信息源获取、调查监测要素采集、多源信息集成建库、数据统计分析与应用服务等工作环节，在基础调查和已有技术基础上，聚焦专项调查存在的问题与弱项，对各调查技术路线所确定的共性技术进行具体化应用，对特定的专题性技术和设备进行创新性研发，对具体的方案和指标进行优化完善，对成果统计分析与应用服务进行细化确定，从而形成一套涵盖各专项调查全部工作内容、流程清晰、指标明确、方法先进、能有效指导各专项调查任务实施的系列工程性技术与方法。

专项调查实现工程化，应从任务统筹分工、指标统筹一致、工序统筹优化和成果一致呈现等方面进行统筹设计和实施：

（1）任务统筹分工。根据各类专项调查的目的和自然资源管理需要，统筹各类专项调查任务分工，明确各类专项调查内容。

（2）指标统筹一致。根据现有各类专项调查指标冲突情况，科学分析各类专项调查的要求，制定统一的、包容性强的专项调查指标。

（3）工序统筹优化。优化各专项调查工序，包括遥感影像统筹获取和集中处理、数据处理集中化和自动化、专项调查业务系统网络化和在线化、野外信息采集集成化和标准化。

（4）成果一致呈现。制定统一的专项调查成果的内容和格式要求，包括对影像、样本、样点、站点成果以及调查阶段性成果和最终成果的要求，确保各项专项调查成果能快速共享利用。

此外，各类专项调查应统一以最新的基础调查数据成果为底图开展，并将调查结果及时汇集到基础调查数据库中，保障各专项调查底图的时效性和统一性。

2. 调查指标体系统一构建

专项调查要达到了解和准确掌握各类自然资源种类、数量、质量、空间分布、生态情况和开发保护利用状况等目标，需要通过具体的指标来说明，因此，指标体系的科学构建对实现专项调查目的至关重要。

指标体系的构建，要依据专项调查的目的，建立统一资源分类框架下的各类自然资源细分分类标准，制定不同种类自然资源调查的指标，确定各类名词的内涵，明确调查工作的范畴，丰富调查的内容。调查指标要精选，要重点突出，尽量选用客观性强、灵敏度高和精确性好的定量指标，少用定性指标。不恰当地增加调查指标，会分散精力，既浪费人力、财力和时间，又影响资料的准确性，要注意少而精。对于一些工作基础较少的资源调查，比如地表基质调查等，需要加强研究和试点工作，研究确定分类和指标，确保全面反映要素属性特征。

3. 专题信息提取与处理自动化水平提升

随着专项调查内容的丰富和指标的细化等，调查所依据的资料和提取的信息越来越丰富，需要提升信息提取与处理自动化水平，提高生产效率。

针对依据遥感数据获取的调查指标，要研究采用基于遥感的快速监测识别技术，建立解译样本库和解译规则，发展自动化精准识别、智能解译等技术，实现专项调查核心要素和变化信息的自动化提取与处理；对于土壤条件、水质条件等需要现场获取的指标数据，需要研制多参数原位或现场原位自动快速检测设备、水下数据传输设备等。

针对获取的多源多尺度调查数据，建立相应配套数据处理系统，开发标准化数据处理软件，提升各类资源数据的解码、标准化、质量控制和标准输出能力，研发大数据融合处理技术，实现多源多尺度数据融合处理和数据高效自动化处理，提升数据处理效率。

针对综合植被盖度、生物量、蓄积量等间接计算获取的指标参数，需研发自然资源重要参数反演技术，设计基于无人机 LiDAR、高光谱遥感等多源数据三维几何、光谱、空间等特征的参数计算模型及方法，配套研发自然资源参数反演快速计算软件。

4. 调查指标数据快速获取技术创新

发展调查指标数据多尺度、多手段的综合获取技术，实现多要素一体化快速获取。对于大中尺度的调查，可基于卫星遥感、航空遥感等数据，通过智能解译识别等自动快速提取指标信息；对于小尺度或微尺度的调查，可利用无人机、地面调查＋遥感、地面观测监测站等技术手段，快速获取调查指标数据。对于无人区、滩涂、水下、地下空间等调查困难和无法达到等区域，采用无人机、无人艇等调查技术，研发适应复杂环境、普适型、智能反应的多种智能机器人等探测设备。

发展快速测定、探测、在线智能识别等调查技术，如泥炭厚度测定技术和土壤有机碳快速测定技术、湿地水资源相关指标快速测定技术、生物物种在线快速识别技术、水鸟和兽类卫星监测跟踪技术、鱼类水下探测技术等，准确高效获取调查指标数据。研发多要素一体化、实时观测分析便捷化的野外观测分析设备，如土壤多参数原位或现场原位快速检测装备、水下监测仪器等，辅助专项调查工作高效完成。

5. 分析评价模型和方法发展创新

分析模型和评价方法是进一步认识自然资源现状和发展规律的有效手段，也便于人们认识和掌握现状与规律，因此，建立科学的分析模型和评价方法具有重要意义。根据新时期自然资源专业性管理的需要，研究建立统一的分析评价的指标体系和技术方法，针对不同管理需求构建个性化的分析评价模型，分析各要素间、各自然资源类型间，以及人与自然资源间的作用机理和互馈机制，科学开展趋势预测和评估，准确回答自然资源现状、发展趋势、利用效率效益、资源可持续保障能力等情况，科学研判自然资源生态格局、功能、价值等信息。此外，对于地下空间资源等评价，开发三维分析评价工具，研究大数据自适应可视化表达技术，实现三维分析评价。

6. 成果应用服务水平提升

开展专项调查的目的是利用好调查成果，为自然资源管理与决策提供支持服务。因此，应强化成果应用，提升成果数据共享服务水平。综合运用大数据、云计算、分布式存储、可视化表达、多源异构数据集成管理等技术，构建各类专项调查监测数据库，并实现与全国自然资源"一张图"的有机衔接；构建全国性的各类资源数据共享服务平台或知识服务系统，建立"互联网＋"信息共享应用模式；研发各类数据服务和业务应用接口，完善编辑、查询、统计、分析等功能，实现数据共享、传输、统计、分析等业务化应用；拓展各类资源管理决策支持产品，加强知识服务。通过各类专项调查成果的分布式管理、动态更新、网络化调用和协同式服务等，形成全域覆盖、统筹利用、统一接入的便捷高效数据共享体系。

第 **10** 章 自然资源监测工程

动态监测——金睛火眼护神州

自然资源监测是在基础调查和专项调查形成的自然资源本底数据基础上，掌握自然资源自身变化及人类活动引起的变化情况的一项工作，实现"早发现、早制止"的监测目标。本书将自然资源监测分为常规监测、专题监测、应急监测和综合监测。综合监测不在本章阐述，详见第 12 章。

常规监测是围绕自然资源管理目标，重点监测包括土地利用在内的各类自然资源的年度变化情况。专题监测是对地表覆盖和某一区域、某一类型自然资源的特征指标进行动态跟踪，掌握地表覆盖及自然资源数量、质量等变化情况。应急监测是对社会关注的焦点和难点问题，组织开展应急监测工作，突出"快"字，响应快、监测快、成果快、支撑服务快，第一时间为决策和管理提供资料和数据支撑。

在自然资源调查监测体系数字化建设基础上，自然资源监测要按照统一调查监测的技术实现思路与技术路线，逐步形成一套涵盖自然资源监测全部工作内容、流程清晰、指标明确、方法先进、能有效指导动态监测任务实施的系列工程性技术与方法。限于篇幅，本章选择耕地资源监测、建设用地全生命周期动态监测和自然资源应急监测三个典型工程，阐述自然资源监测的任务、流程和方法，以飨读者。

10.1 概　　述

从学科理论和方法上看，自然资源监测可以理解为基于地球科学系统、生态学系统、自然资源学和地理学等理论和方法，对自然资源各要素及其形成空间环境的时空变化进行的监视与探测。从工程应用方面看，自然资源监测是在基础调查和专项调查形成的自然资源本底数据基础上，掌握自然资源自身变化及人类活动引起的变化情况的一项工作，实现"早发现、早制止"的监测监管目标。

10.1.1 自然资源监测与调查的区别

与自然资源调查相比，自然资源监测的主要区别有以下四个方面。

1. 强调获取自然资源"增量"信息

调查强调是在设定时点上，全面掌握被调查的自然资源的整体信息，类似于我们人身定期健康体检，凡是反映身体健康的指标都要检查。监测则是在本底数据（背景值、基期值）基础上，掌握自然资源"增量"信息。

2. 强调构建模型进行归因分析

调查虽然也强调成果的分析，但其侧重点在时间"断面"现状分析，主要判断当时状况的合理性和存在问题。监测则一般以时间为变量，综合分析本底数据和"增量"信息，构建模型，进行科学的归因分析，找出变化原因，研判发展趋势并揭示内在规律。

3. 强调指标敏感性和阈值

调查要面面俱到，不管指标本身是否敏感，只要现实有需要都要开展；而监测指标选取并不一定要面面俱到，而是抓住时间或事件敏感性的关键指标及其阈值即可。

4. 强调技术方案连续性

调查可根据经济技术水平发展不断地调整其技术方案。例如：每十年开展一次的土地利用现状调查，其技术方案发生了重大改变，显著提升了调查效率和精准度。而监测则为了确保归因分析科学严谨和时间序列上连续跟踪，一般要经过严格科学论证才调整其技术方案，换句话说，监测技术方案一般保证较长时间的连续性。

10.1.2   已有工作基础

总体来说，我国自然资源监测经过 70 多年发展，已经在基本理论、技术路线、方法手段、数据积累和数字化建设方面取得了突飞猛进的发展。本节从土地、森林、草原、湿地、水、海洋、矿产等资源及其监测数字化等方面简要回顾自然资源监测已有基础。

1. 土地利用动态遥感监测技术已成熟

自原国土资源部成立以来，土地利用动态遥感监测连续开展了 20 多年，从最初全国 50 万以上人口城市的土地利用动态遥感监测，逐步扩展到全国四类城市（城镇）区域的土地利用监测。随着卫星遥感传感器的长足进步，卫星回访周期大幅度缩短，影像数据处理能力进步飞快，遥感影像数据保障能力大幅度提升，监测范围由过去的重点城市、重点地区监测发展为全国全覆盖监测，监测周期从年度监测，调整为半年监测和季度监测。因监测能力提升，土地利用监管范围逐步向建设用地批后监管、土地规划执行监管、永久基本农田监管、土地整理监管等拓展。近几年，土地利用动态遥感监测逐步和国土变更调查进行融合，前者以提供"变化图斑"为核心，为后者提供新增建设用地、耕地、园地、林地、草地和湿地等变化监测服务。

2. 森林、草原、湿地资源监测从局部监测逐步走上体系化、综合化监测

在森林领域中，从 20 世纪 70 年一类调查开始，森林资源监测逐步形成了以抽样调查和数理统计理论为基础的调查监测理论方法。经过半个世纪努力，积累了森林面积、森林覆盖率、森林蓄积量、森林单位面积蓄积量、单位面积生长量等森林资源总量数据，以及按起源、林种、优势树种、龄组等因子国家级和省级区域森林面积、蓄积量、生物量、碳储量等分类数据及其构成比例等各种调查监测数据，多年的样方原始资料，技术指标及相关参数，形成了完整稳定的技术线路和技术方案。

在草原领域中，以 2003 年原农业部草原监理中心成立为标志，全国草原监测工作从此正式起步。经过近 20 年的发展，草原监测工作形成了比较完善的监测体系。在监测体系建设方面，形成了国家和省级草原监理中心为代表的专业队伍，设置了国家级草原固定监测点，连续多年发布全国及省级区域草原监测报告。在监测内容方面，从只涵盖草原资源和草原生产力 2 项内容扩展到涵盖草原资源、草原生产力、草原利用、草原火灾、鼠虫灾害、植被长势、工程效益、生态环境等 8 项内容。在监测实效性方面，针对不同季节，开展草原返青监测、草原长势监测、旱情涝情跟踪监测等生产动态监测。在监测流程方面，制定了《全国草原监测技术操作手册》，规定全国统一的草原监测方法、标准、操作流程。在技术标准方面，形成了 NY/T1233-2006《草原资源与生态监测技术规程》和 NY/T2711-2015《草原监测站建设标准》等技术标准。以上工作为新时期开展草原资源监测提供了较好技术基础和数据基础。

在湿地领域中，调查体系相对比较完善，监测体系尚在建设中，监测指标涵盖了资源类，偏重于生态环境类。从 2006 年开始，我国按照《湿地公约》要求，对我国所有国际重要湿地全面开展监测活动，湿地监测指标可分为湿地生态特征监测指标和影响湿地生态特征的监测指标。此后，我国还按实际需求，开展了湿地生态动态监测，并且监测一直持续进行。监测主要应用多平台、多时相、多波段和多源数据对湿地资源进行动态的监视与探测，指标类型按季节、季度进行监测或连续

在线监测。实施过程中逐步形成了以 GB/T27648-2011《重要湿地监测指标体系》等为代表的国家标准和以 HY/T080-2005《滨海湿地生态监测技术规程》等为代表的行业标准，为新时期开展湿地专题监测提供了较好的技术基础。

2018 年，国务院机构改革，将森林、草原和湿地管理职能整合到林业和草原主管部门。经过几年酝酿，自然资源统一调查监测体系下的林草生态综合监测评价专项工程得以实施。国家林业和草原局先后连续印发林草生态综合监测评价的工作方案、技术方案和技术规程，标志着该专项工作技术准备和工程实施论证已准备充分。此专项工作按照《自然资源调查监测体系构建总体方案》框架，依据《国土空间调查、规划、用途管制用地用海分类指南（试行）》，以第三次全国国土调查成果为统一底版，整合各类监测资源，构建林草生态综合监测评价体系，统筹开展森林、草原、湿地、荒漠化/沙化/石漠化土地（以下简称"林草湿荒"）监测，实现林草生态监测数据统一采集、统一处理、综合评价，形成统一时点的林草生态综合监测评价成果，支撑林草生态网络感知系统，服务林草资源监管、林长制督查考核以及碳达峰和碳中和国家战略。

3. 水资源监测起步早、基础好

传统的水资源调查监测主要侧重于满足开发利用需要，更多关注的是地表、地下液态水的动态变化。水资源监测主要内容是获取流域或区域范围内河流、渠道、湖泊、水库、取水点（包括地表水和下水）、退（排）水点的降水量、水位、流量、蓄水量、流速等水雨情信息。自新中国成立以来，逐步形成了自动监测站和人工监测站为主，结合水文调查方法获取水资源水量信息的技术路线。其中，自动监测站已经实现全自动实时采集数据并上传给监测系统；人工监测站不同指标按照月、季、半年或一年由专业人员去现场取样，并结合室内检验获取监测指标；未布设监测站的，采用水文调查方法获取水资源水量信息。多个部门已经积累了相当丰富的监测资料、技术手段和监测站点（网）：气象部门长期从事降水、蒸发、温度等气象要素观测；水利部门长期负责全国地表水调查监测工作；生态环境部门开展水资源质量方面的监测工作；自然资源部门长期开展地下水调查监测。近年来，国家地下水监测工程建设成效显著，建成了国家级地下水监测中心、流域监测中心、省级监测中心组成的全国重点监测区，实现对全国主要平原盆地区、岩溶连片区、生态脆弱区、重大工程区等区域地下水水位和水质的动态监测，这项工程充分利用了云计算、大数据和物联网等新技术，把野外的监测数据直接传输到国家地下水监测中心。

自 2012 年起，原国家水文局开展了国家水资源监控能力建设项目，建立了国家水资源管理系统框架，初步形成了与实行最严格水资源管理制度相适应的水资源监控能力。2018 年，国务院机构改革，明确将分散在多个部门的水资源调查和确权登记管理职责划入自然资源部，自然资源部负责对水资源统一调查监测评价。新时期水资源监测以适应生态文明建设的新要求和满足自然资源管理与国土空间规划的新需要为目标，按照科学、简明、可操作要求，将逐步建成水资源状况十年一次周期调查评价与年度更新调查监测制度，从传统可供人类直接利用的水拓展到自然生态系统中固、液、气各种形态的水，将冰川、冻土、土壤水等纳入水资源调查范畴，构建水资源数量、质量、生态"三位一体"的调查评价指标体系，掌握全国水资源数量、质量、空间分布、开发利用、生态状况及动态变化，加强水资源及其开发利用信息共享，建成国家水资源调查全口径数据库。

4. 海洋资源监测逐步从局部区域科研科考类监测走向体系化监测

海洋资源监测随着海洋监测参数的研究深入而不断发展变化。当前，海洋监测参数主要分为物化指标、营养物质和毒性、水文气象参数。各种传感器围绕这三类参数，不断扩大参数指标内容，不断提高获取的精度和效率。近年来，我国主要开展海洋环境监测、海域使用动态监视监测、海岛监测、海洋灾害监测预报在内的海洋综合监视监测。

在海洋环境监测方面，近年来，已建成专业监测系统化队伍，在近岸重点海域建立了各种类型的海洋生态监控区，组织开展了海洋溢油、海洋赤潮等突发海洋污染事件的应急监测与事故处置，实施了以海洋监测和防灾减灾能力为基础的海洋环境监测预报体系建设。

在海域和海岛监视监测方面，自 2006 年起启动海洋使用动态监视监测体系建设，全国已设立各级海域动态监视监测机构 64 个，专业技术人员 600 多人，在沿海部署安装了 200 多个远程视频监控设备，实时掌握海域的开发利用状况，具备了较强的海洋观测和海洋调查探测能力。

在海洋防灾减灾监测方面，已初步建立起较为完善的海洋监测网络，海洋管理系统、海洋资料服务系统以及海洋环境预报系统也正逐步迈向世界先进水平，海洋防灾减灾监测体系初步形成。

在装备体系建设方面，已初步建成各类浮标、浅标、卫星、雷达、飞机、船舶和岸基（岛屿）观测站点等构成的立体观测系统，开发了一系列海洋灾害预警预报和信息服务产品。特别值得一提的是，我国海洋卫星遥感技术进展飞快，70 多年来，中国在海洋卫星遥感技术领域取得了丰硕成果。技术发展特点是应用走在前，国产设备随后跟进。为加快推进国产装备发展，我国制定了长远的自主海洋卫星发展规划，构建了海洋水色（可用卫星：海洋一号，风云三号）、海洋动力环境（可用卫星：海洋二号，CFOSAT）和海洋监视监测（可用卫星：高分三号、C-SAR 卫星）三大系列的海洋卫星，逐步形成了以中国自主卫星为主导的海洋空间监测网。

遥感监视监测技术方面，已经在海浪信息、海洋风场、高分辨率海表流场和海上溢油监测等海洋要素反演技术取得了专利和研究成果，在海上船舶目标识别方面取得了较好的进展。总体来说，我国的海洋遥感监测技术已经从研究走向工程应用，应用领域逐步扩宽，卫星装备从依赖国外走向国产。

5. 矿产资源监测集中在矿产资源储量动态监测和全国矿山遥感监测两大类

矿产资源监测主要有矿产资源储量动态监测和全国矿山遥感监测两类。矿产资源储量动态监测是通过矿山地质测量技术方法，适时、准确掌握区域内矿山企业年度开采、损失、保有储量数据，了解矿产资源储量变化情况及原因。全国矿山遥感监测利用高分辨率遥感技术的"天眼"优势，开展矿山地质灾害、矿山开发占用损毁土地情况、矿山环境污染、矿山环境恢复治理等监测。2006 年以来，中国地调局航空物探遥感中心先后组织开展了全国重点矿区、全国陆域的矿山遥感监测工作，包括年度全国矿产资源开发状况、开发环境遥感监测等。全国矿山遥感监测初步建立了矿山遥感监测基本理论，基本建成了矿山遥感监测技术体系，编制了《矿产资源开发遥感监测技术指南》，为全国重点矿区遥感监测工作的开展奠定了方法技术基础，监测成果为全国矿政管理工作提供了重要决策数据和技术支撑。

6. 动态监测数字化基础良好

通过多年数字国土、金土工程、数字海洋、地理信息公共服务平台建设等重大信息化工程的实施，已经形成了较好的自然资源数字化基础。主要表现在以下几个方面：

（1）形成了较好的网络基础。已构建了涉密内网、业务专网、公共服务网，网络连接已基本做到应连尽连，为自然资源监测提供了数字通路。

（2）构建了自然资源数据中心。国家级自然资源云、海洋云和地质云基础设施已比较完善，省级云建设正加快推进中，为动态监测提供了良好基础设施。

（3）数据本底资源已相当丰富。以第三次全国国土调查数据为代表，涵盖土地、地质、矿产、地质环境与地质灾害、不动产登记、基础测绘、海洋、林业、草原、湿地、水资源等基础类、业务类和管理类数据，为动态监测体系化设计、追根溯源、趋势预测和态势预警提供了充足的数据保障。

10.1.3 现实问题

1. 监测的频率不够高

相对于自然资源调查来说，动态监测最突出的价值在于"快"字。除应急监测外，目前，全国性动态监测从工作启动到监测完成，较快的是耕地卫片监督，约为半年；其他业务监测周期较长，多数为一年。在自然资源监管中，由于监测周期较长，很多自然资源违法违规问题无法消灭在萌芽状态，导致无法及时制止违法行为和处罚成本高等问题，动态监测的周期还有待大幅度缩短。例如耕地"非农化"问题，就当前施工水平，农村房屋从地基础土到竣工在 1 ~ 3 个月。若监测周期大于该时间，则违法占用耕地建房问题可能"木已成舟"。所以，应结合当前的社会经济技术条件，制定合理的监测频次，以达到社会总效益最佳和监管最有力的目标。

2. 监测的精准度不够高

当前的自然资源监测精细化程度与实际管理需求仍存在差距。比如耕地"非农化"和"非粮化"监测，虽然当前常规监测、地理国情监测、土地卫片执法和耕地卫片监督等专项工程能够做到耕地数量和范围监测，实现了耕地占补平衡和耕地及永久基本农田保护责任考核目标数量监管，但还不能做到精准到种植季的快速监测，不能做到建设和利用配套工程精准监测，不能做到耕地生态环境精细指标监测，离耕地用途管制和耕地精细化管理需求还有较大差距。

3. 监测工程的协同不足

监测工程的协同不足，主要存在以下几个方面：

（1）获取遥感影像的空天设施和获取监测指标的地面站点设施，因上级主管部门或技术支撑单位不同，导致监测作业协同难度大。

（2）监测成果难以形成"一套数据"。监测专项工程较多，这些专项工程监测目的、要素、指标相互之间有联系，但又不尽相同。即使对同一个要素，如耕地，其监测目的是一致的，但因不同部门主导，其监测指标要求不尽相同，指标之间出现重复、交叉和内涵不一致等问题，难以形成"一套数据"。

（3）监测的原始、过程和最终等资料及成果共享不够，导致同一个区域同一个监测对象反复多次收集原始信息，一定程度上造成了资源浪费，更关键的是造成了时间上的损失，无法最大程度发挥监测成果的综合效益。

4. 监测的数字化技术应用不足

虽然新一代数字技术发展迅速，但其在自然资源监测中的应用还有待进一步融合和加强。成果的共享问题既有标准方面的问题，也有数据定义、数据格式和数据维护等各方面的技术差异引起的问题。此外，不同的监测要素数字化水平相差较大，不同专题监测流程的数字化程度也不尽相同，不同时期建设的基础设施数字化水平相差也很大，比如新建的地下水监测站实现全自动数字数据采集、信息传输和结果自动化分析，而传统的部分地面水文站点仍旧是人工现场采集数据。从监测成果共享角度出发，自然资源监测数字化、自动化处理、大数据分析和成果共享的能力水平还不能支撑自然资源多要素内在关系综合分析、空间格局分析、趋势预测和态势预警等需求。

10.1.4　主要差距

目前，自然资源监测数字化建设与现实需求相比，还存在较大差距。主要差距有以下六个方面：

（1）现有自然资源监测是以点状、局部监测，部分种类自然资源要素监测和部分流程环节监测为主，距离全要素、全流程和全覆盖自然资源监测相差较远。

（2）现有监测指标和监测内容相互协调不够，主要体现概念有差异、内容有交叉、标准规范不一致，致使原始监测资料复用率低，监测成果共享困难。

（3）现有的监测技术体系相对独立，彼此间差异较大，技术手段和设备多种多样，很难直接融合。

（4）现有的监测基础设施分属不同部门建设、运维和使用，集成统一使用还有很多现实问题有待解决。

（5）全覆盖监测的原始数据采集和数据处理效率不高，致使监测精度低、成本高、周期长，满足不了新时期自然资源监测监管需求。

（6）监测成果分析大多停留在单要素统计与对比评价阶段，缺乏对自然资源要素关联、人与自然关系、演变规律和调控机理等的综合性分析，难以支撑自然资源及其分布空间的结构诊断、趋势预测和态势预警等高层次知识服务。

10.2   监测任务和流程

自然资源监测应统筹各项业务需求，做好与基础调查、专项调查和各项监测工作以及相关应用系统的相互衔接和融合，充分发挥各部门已有各类监测站点的作用，科学设定监测的指标和监测频率，构建覆盖全域、全部要素和数据实时共享互通的综合监测网络。以此为基础，从基础资料统筹、数据获取与信息提取、数据库建设与分析评价等关键环节开展自然资源监测整体技术设计，广泛应用成熟、智能、高效的调查监测技术手段，形成工程化的技术方法与流程。本节首先系统分析和梳理各类监测任务，然后简述监测的工作流程和技术流程。

10.2.1   监测任务

本节主要介绍常规监测、专题监测和应急监测。

1. 常规监测任务

常规监测是围绕自然资源管理目标，对我国范围内的自然资源定期开展的全覆盖动态遥感监测，及时掌握自然资源年度变化等信息，支撑基础调查成果年度更新，也服务年度自然资源督察执法以及各类考核工作等。常规监测在不同资源类型方面有不同的侧重点，主要情况如下：

（1）在基本特征方面，以每年 12 月 31 日为时点，重点监测包括土地利用在内的各类自然资源的分布、范围、面积和权属等最基本特征的年度变化情况。

（2）在耕地资源方面，每半年开展一次，主要监测耕地不当利用，如"非农化"和"非粮化"等耕地地表使用情况。

（3）在生物多样性方面，生物多样性监测分生态系统、物种和遗传 3 个层次。生态系统多样性常规监测是利用影像资料，提取生态系统各类型的变化范围和面积。珍稀濒危或重点区域物种常规监测采取红外相机拍摄结合自动识别技术，固定样地样线实地调查等方法定期跟踪物种变化。

（4）在国土空间规划实施方面，围绕国土空间规划目标要求，以国土空间规模、结构、布局、效率、质量等内容为监测重点，对国土空间开发保护状况定期开展陆海全覆盖动态监测，及时掌握年度变化等信息，服务年度国土空间规划执法监督。

2. 专题监测任务

（1）重点区域监测。主要围绕国土空间划定重点建设开发、耕地资源保护和国家生态保护等重点区域开展专题监测。动态跟踪国家重大战略实施、重大决策落实以及国土空间规划实施等情况，监测区域自然资源状况、生态环境等变化情况，服务和支撑事中监管，为政府科学决策和精准管理提供准确的信息服务。

① 重点建设开发区域。国家级区域主要指围绕京津冀协同发展、长江经济带发展、粤港澳大湾区建设、长三角一体化与高质量发展等国家战略，监测区域自然资源状况。省级重点区域在国家重点建设开发区域基础上，参照省级国土空间规划和省级主体功能区定位确定其重点建设开发区域。

② 耕地资源保护重点区域。国家级重点区域监测主要围绕黑土地区、粮食主产区、高标准农田建设区、永久基本农田保护区等区域，监测耕地资源变化。

③ 国家生态保护重点区域。主要包括三江源、秦岭、祁连山等生态功能重要地区和国家公园为主体的自然保护地，青藏高原冰川等重要生态要素，以及黄河流域生态保护区域等。

（2）地理国情监测。以每年 6 月 30 日为时点，主要监测地表覆盖变化，直观反映水草丰茂期地表各类自然资源的变化情况，满足耕地种植状况监测、生态保护修复效果评价、督察执法监管，以及自然资源管理宏观分析等需要。

（3）耕地资源专题监测。耕地资源监测除了前面提到的常规监测和重点区域监测外，还要开展耕地资源专题监测，其重点是在耕地质量状况调查的基础上，分析耕地质量生态状况以及对新补充耕地进行专项监测。

（4）森林资源监测。森林资源监测以国土变更调查为基础，利用全覆盖遥感监测技术，及时掌握森林资源的年度变化情况，进行森林资源信息的年度更新，保持森林资源信息的现势性、准确性和时效性。每年发布林地面积、森林蓄积量和森林覆盖率等重要监测数据。

（5）草原资源监测。草原资源监测是对草原牧草、草原上生长的动植物及其环境条件等进行连续的现状调查和评估，并与以往某个时间段的草原资源进行对比分析，发现其中的变化，每年发布草原综合植被盖度和草原生物量等重要监测数据。

（6）湿地资源监测。湿地资源监测是选取能够反应湿地动态变化和人为影响因素的指标开展实时监测活动，及时掌握重要湿地资源变化情况，预测湿地资源变化趋势，每年发布湿地面积和湿地保护率等监测数据。

（7）水资源监测。水资源监测与水资源调查任务相似，主要任务是获取大气降水、地表水、地下水、生态环境状况等基础数据，掌握水资源数量、质量、空间分布及生态状况。主要区别，水资源监测主要依托水资源监测站点开展水资源数据、质量、空间分布及动态变化区域，监测的频次比调查频次要高。水资源监测分为地表水监测和地下水监测。其中，地下水监测依托国家地下水监测工程，开展主要平原盆地和人口密集区地下水水位监测；充分利用机井和民井，在全国地下水主要分布区和水资源供需矛盾突出、生态脆弱、地质环境问题严重的地区开展地下水位统测；采集地下水样本，分析地下水矿物质含量等指标，获取地下水质量监测数据。

（8）海洋资源监测。包括海岸线、岸滩和河口及三角洲等海岸带动态演变监测，典型海洋生态系统监测，海岛保护和人工用海用岛情况监测，海洋水文要素、生态要素、海洋化学要素、海洋污染物监测等。通过海洋专题监测对相关指标进行动态跟踪，掌握资源数量、质量等自身变化和人类活动引起的变化情况。

（9）矿产资源监测。矿产资源监测和矿产资源调查任务相似，当前，矿产资源监测主要集中在对资源储量和开发状况等年度变化进行监测，满足社会经济发展需要，促进有效保护和合理利用。自然资源主管部门开展的全国矿山遥感监测，其任务是对矿山地质灾害、矿山开发占用损毁土地情况、矿山环境污染、矿山环境恢复治理等进行监测。

（10）地下空间资源监测。地下空间资源主要包括矿山开采遗留空间、油气开发残留空间、熔岩溶蚀洞穴空间、古遗迹空间等既有地下空间资源以及城市地下、完整岩基中待开拓的地下空间资源。地下空间资源监测主要任务是获取空间资源实际利用数量变化，空间资源报废数量变化以及已利用地下空间功能、地下水、地下应场、温度场、活动构造、地面沉降速率等变化情况。

（11）地表基质监测。地表基质监测主要对地表基质属性中易于受自然变化影响和人为干扰破坏指标参数进行监测。

（12）国土空间规划实施专题监测。国土空间规划实施监测是指在自然资源调查监测的基础上，根据规划实施管理需求，监测国土空间开发保护状况，了解国土空间开发进度，掌握耕地、永久基本农田、林地、湿地、海域、海岛、海岸带等各类资源保护情况，跟踪全域土地整治进展和国土空间修复情况和陆海统筹落实情况等，与规划目标、指标及社会经济发展状况对比，对规划实施方向、进度、程度等进行监督预警。国土空间规划实施监测分为常规监测和专题监测两种。常规监测前文已介绍，这里不再赘述。国土空间规划实施专题监测是对某一区域、某一类型国土空间规划涉及的要素进行动态跟踪，如长江经济带国土空间规划的监测、都市圈国土空间规划实施监测、海岸带综合保护与利用规划实施监测等。

3. 应急监测任务

根据党中央、国务院的指示，按照自然资源主管部门部署，对社会关注的焦点和难点问题，组织开展应急监测工作，突出"快"字，响应快，监测快，成果快，支撑服务快，第一时间为决策和管理提供第一手的资料和数据支撑。

10.2.2　监测流程

按照自然资源统一监测工作思路，自然资源监测从自然资源监管需求开始，主要包括准备工作、监测数据获取、数据分析处理、验收与成果应用等内容。监测流程如图 10.1 所示。

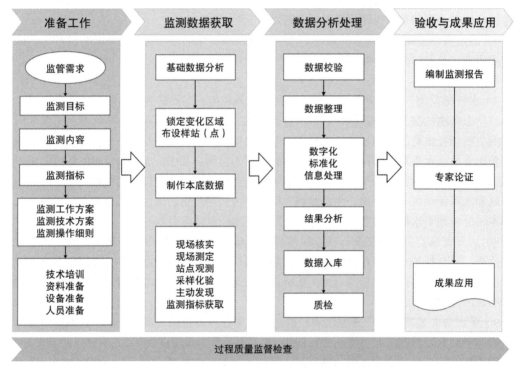

图 10.1　自然资源统一监测工作流程图

1. 准备工作

准备工作阶段主要包括监测需求分析、技术调研、实地踏勘，以及确定监测目标、监测内容、监测指标等内容。在此基础上，完成监测工作方案、监测技术方案和监测操作细则等各种方案准备工作，然后开展技术培训、资料准备、设备准备和人员准备等，为监测做好各种准备工作。

2. 数据获取

监测数据获取阶段主要包括基础数据分析、变化区域锁定、本底数据制作和监测指标获取等内容。

收集分析各种与具体监测任务有关的遥感影像数据、业务管理数据等，通过前后影像变化自动分析，GIS 的叠加分析、网络分析、缓冲区分析等，锁定监管区域、变化区域，收集固定样站（样点）数据，根据需要布设临时站点（样点），在此基础上制作监测本底数据。通过系统平台收集或采集现场核实、现场测定、站点观测、采样化验和主动发现等手段，获取各类监测指标数据。

3. 数据分析处理

对于获得的各种异构监测数据首先由系统平台和人工相结合进行数据校验，通过验证后的数据要进行数据自动分类、标准化等处理，然后对监测结果总结分析，判断其变化特征、趋势和原因，对符合要求的应开展临时库的建设。

4. 验收与成果应用

临时库通过质检后，开展监测报告编写，邀请专家进行论证，成果验收通过后按照数据库要求入正式库，并通过共享服务平台，按照规定推送各级有关部门，并择取相关内容向社会公布。

10.2.3　监测技术流程

从自然资源统一调查监测的角度出发，以现有直接可用成熟技术为基础，对现有监测技术方法和技术手段进行融合改造和技术创新。统一监测总体技术流程主要由基础数据信息整合、变化信息提取、监测要素信息采集及集成、数据建库、数据分析和成果应用等基本步骤组成。

1. 基础数据信息整合

自然资源监测是在基础调查、专项调查、管理业务数据和已积累的各种有关监测资料基础上开展的，因此，需要通过自然资源调查监测成果数据共享服务平台调取基础地理信息资料、基础调查成果数据、专项调查成果数据、管理业务数据和已积累的各种有关监测成果等资料。对于积累的历史成果和通过传统设备获取调查监测成果还需要进行数字化处理，并建库由自然资源调查监测成果数据共享服务平台统一管理。数据信息整合最大的技术难点是信息的批量标准化处理，这里对"新""老"数据采取不同思路处理。对于新产生的数据，从传感器端或数据生成端直接按标准化、数字化信息采集获取；对于仍旧使用的非数字化传感器，要开发系统或者增加芯片，自动实现数字化转换；对于历史数据，保持原始数据状态，根据监测任务轻重缓急，逐步进行数字化和标准化转换。

2. 变化信息提取

自然资源监测要体现全流程、全覆盖和全要素。全要素监测可以理解为覆盖全部的自然资源；全覆盖监测可以理解为整个空间全部要素及其相互关系；全流程监测可以理解为对自然资源生成、开发、利用、保护和消亡的关键阶段均要设置监测指标，并对自然资源的发展变化趋势进行预判。变化信息提取的基本思路就是以可比的背景数据为基础，获取一期或者多期数据，通过进行"减法"计算获得"增量"信息，即为变化信息的提取。在基于遥感影像全覆盖地表数据变化方面，通过计算机自动识别两期或多期"可比较"影像变化信息。在基于监测站（样点）的观测信息方面，采取前后不同时间的同一个指标数值，其差值就是变化信息。

3. 监测要素信息采集及集成

对于基于影像数据的，将变化信息与各类基础数据和专题数据叠加或综合分析，形成监测底图，用于实地核实，通过地面调查手段补充证据信息。可采用无人机高空拍摄、录像，地面移动 APP 采集系统，自动传感器现场获取信息等一种或几种技术手段，快速获取外业核实数据。对于有固定观测站点且自动感知的，可采用物联网等技术在线获取观测数据，并将数据实时传到数据中心；对于有固定观测站点但仍采取人工观测和取样的，借助统一的平台，按照"谁实施、谁负责采集信息

422   第 10 章   自然资源监测工程

数字化"的思路，将现场观测结果和样品室内检测结果转换为数字化信息。在统一抽样设计基础上，通过数学建模，反演测算自然资源的监测参数。

4. 数据建库

对监测获取的原始数据和处理后的标准化数据进行集成建库，数据库可支持空间数据管理、非空间数据管理，支持二三维一体化的数据建库，支持声音、图像和视频等多源异构数据的管理。

5. 数据分析和成果应用

以应用需求为驱动，采取倾向性分析、信息分类、热点发现和聚类搜索等技术手段，通过知识图谱等理论，开展知识聚合、知识抽取、图谱构建等处理，构建知识发现机制，实现用知识服务自然资源管理的目标。

10.2.4 主要业务监测技术流程

各监测的目标、内容和频次等指标存在差异，这里从数据获取、信息提取、集成建库、分析评价等重点环节，对主要监测类型的技术流程进行简述。

1. 耕地资源监测

主要技术流程包括基础资料收集整理、耕地资源细化分类、监测样点布设、样点数据快速获取、数据集成和管理平台建设、多目标综合分析评价、调查评价成果应用等。

2. 林草湿生态综合监测

（1）森林资源常规监测。以基础调查和专项调查成果为基础，采用遥感等技术手段，利用自动及人机交互方式，通过影像解译、智能化自动提取技术方法，发现地类变化图斑。通过核对档案资料、实地验证等方法核实，及时发现森林资源动态变化，同步更新基础调查和专项调查成果数据库。

（2）草原资源监测。主要技术流程包括多源数据资料整合、图斑边界规范划分、多样化图斑因子赋值、高精度遥感监测模型构建、数据库建设、数据统计分析与成果制作等。

（3）湿地资源监测。主要技术流程包括湿地边界划定、调查和管理等业务资料整合、监测单元划定、监测单元信息获取、监测数据建库、监测数据统计分析。

3. 水资源监测

主要技术流程包括监测站点的布设和组网、站点连续监测、年度统测、基础调查、水资源评价、数据库与信息服务系统建设、知识服务等。

4. 海洋资源监测

海洋资源监测主要包括海洋空间资源和重要海洋生态系统两类监测。

（1）海洋空间资源监测。主要技术流程包括建立统一监测网络体系、一体化数据获取与集成应用、多源数据汇聚与融合处理、调查要素信息智能解译与提取、多元成果产品优化与决策服务等。

（2）重要海洋生态系统监测。主要技术流程包括多尺度海洋生态数据协同获取、多类型调查监测数据智能处理、多源异构调查监测数据汇集管理、海洋生态基本格局和生态系统状况分析评估、信息化平台与产品服务等。

5. 地下空间资源监测

主要技术流程包括地下空间精细调查探测、多源数据汇聚整合、一体化智能建模与场景构建、三维要素分析与提取、地下全空间评价与多目标数据出口等。

6. 地表基质监测

主要技术流程包括多源异构数据融合集成、多手段外业数据的协同获取、全要素数据成果的综合分析、全时空三维数据的模拟预测等。

7. 生物多样性监测

主要技术流程包括建立生物多样性监测指标、建立监测方法、多层监测数据库协同、生物多样性监测数据建库等。

8. 国土空间规划监督实施监测

主要技术流程包括多源异构数据快速获取和融合集成、动态调整的监测指标体系建设、全要素数据成果综合分析、监测信息系统建设。

10.3 耕地资源监测

受人多地少条件约束,我国不得不面临着占世界耕地面积不足 10% 的耕地养活全球近 20% 人口的困境。党中央、国务院要求"要严防死守 18 亿亩耕地红线,采取长牙齿的硬措施,落实最严格的耕地保护制度。"。近年来,北京、广西、湖南和吉林等地方各级政府陆续印发文件推行"田长制",实行"省级负总责、市级负主责、乡镇级具体负责、行政村级负责落地的责任机制,压实各级党委和政府保护耕地责任,推进耕地保护网格化管理。"从耕地的数量、质量、生态和产能出发,开展耕地资源监测,掌握耕地"非农化""非粮化""细碎化""边际化"和"逆生态化"等"五化"态势,为耕地资源监管提供支撑。耕地资源监测可细分为耕地资源常规监测、专题监测和重点区域监测。

10.3.1 耕地资源常规监测

从监测目的、监测内容、监测周期和指标、监测流程和技术要点、监测结果分析要点五个方面分析耕地资源常规监测工程实施。

1. 监测目的

动态跟踪耕地利用状况,掌握耕地"非农化""非粮化"的各种现实问题,分析耕地数量变化和耕地"五化"趋势,为各级政府耕地保护绩效考核、永久基本农田保护、耕地占补平衡和耕地合法合理利用提供技术支撑。

2. 监测内容

耕地资源常规监测重点关注耕地地块利用状态变化,以服务于耕地用途管制,守住 18 亿亩耕地红线。以基础调查耕地和永久基本农田保护地块为基础,监测每一块耕地种植和利用情况,发现疑似耕地"非农化""非粮化"变化图斑。监测主要内容包括监测耕地(包括永久基本农田,下同)变为林地、园地、草地等其他类型农用地情况,耕地上建设种植、畜禽养殖、水产养殖等农业设施,修建乡村道路,绿化造林,建设绿色通道和挖湖造景,耕地闲置和撂荒,新增耕地利用等情况。通过套合永久基本农田划定及调整信息,掌握永久基本农田利用情况。

3. 监测周期和指标

在国家层面,耕地常规监测每半年开展一次,监测上图面积为 $400m^2$。在省级层面,可以根据影像获取能力、影像质量和地面核实等能力情况,并结合卫片执法,监测频次可提高到一年四次;监测影像成像时间尽可能与当地种植结构相结合,重点安排在出苗早期和作物成熟中后期;监测上图面积可根据实际情况适当提升到 $300m^2$。对于占用耕地进行建筑物和构筑物建设的,基于影像被动式发现的，其上图面积应提升到 $200m^2$，将来根据影像质量和变化图斑自动发现能力的提升，其上图面积可进一步提高；对于主动式发现的其上图面积可为 $50m^2$。按当前遥感影像覆盖周期、分辨率和自动化处理水平等条件，当前国家层面耕地资源常规监测主要内容、频次和上图面积见表 10.1。

表 10.1 国家层面耕地资源常规监测主要内容、周期和上图面积

类 别	监测内容	周 期	上图面积
耕地上新增绿化造林	种植树木、苗木、种草和其他破坏耕作层的植物	1 年 2 次	$400m^2$
耕地上新增绿化通道	公路、铁路、水运通道两侧新增绿化通道，河湖水库周边植树	1 年 2 次	$400m^2$
耕地上耕地种果树等	在耕地上种植果树、茶树，兴建坑塘水面	1 年 2 次	$400m^2$
耕地上新增挖湖造景	人工湖、人造湿地、湖库塘拓宽	1 年 2 次	$400m^2$
耕地上新增农业设施	建设种植设施、畜禽养殖设施、水产养殖设施等	1 年 2 次	$200m^2$
	乡村道路	1 年 2 次	$400m^2$
耕地上新增建（构）筑物	乱占耕地建房	1 年 2 次	$200m^2$
	"大棚房"等非法非农建设	1 年 2 次	$200m^2$
	其他新增建筑物、构筑物	1 年 2 次	$200m^2$
临时占用耕地	未批先占、少批多占、批甲占乙等	1 年 2 次	$400m^2$
	临时用地占用耕地超期使用	1 年 2 次	$400m^2$
	临时用地占用耕地复原情况	1 年 2 次	$400m^2$
耕地未耕种	耕地撂荒、耕地闲置、耕地休耕	1 年 1 次	$400m^2$

4. 监测流程和技术要点

以自然资源时空数据库为基础，利用最新遥感影像，通过 AI 技术提取耕地地块利用变化图斑（或由各级田长、社会公众主动上报变化信息），叠加管理业务数据分析，形成监测图斑，内外业相结合逐图斑核实监测图斑，利用"互联网+"APP 移动终端完成实地核实和信息采集，通过协同感知平台实时上传调查数据，经各级审核通过后，开展各级监测数据汇总，对监测发现情况分类处置，以形成的各种监测数据为基础，上级部门对下级部门开展处置结果核查和考核评估。耕地资源常规监测流程见图 10.2。

1）需求分析

自然资源监测目标服务于自然资源监管，耕地资源常规监测更是如此。耕地资源保护是我国基本国策，耕地用途管制是耕地资源保护的核心内容，当前耕地"非农化"和耕地"非粮化"是耕地用途管制突出问题。根据当前技术水平、经济水平和业务监管精度，设定监测指标。各区域可根据本地耕地用途特征、影像保障能力和财力，提高监测频次，提高某些突出问题的监测精度。

2）方案制定

在需求分析的基础上，开展技术调研、实地踏勘、试点研究。重点研究技术规格、技术路线、监测流程和质量控制等方面内容。在技术论证基础上，编写工作方案、技术方案和技术设计书等工程技术方案。按照工程实施的控制作用，一般先编写工作方案，再编写技术方案和技术设计书，也可以同步或者合并编写。

3）数据统筹与分析

影像数据和业务管理数据是顺利开展耕地资源常规监测的基本保障，因此影像数据获取和各种管理业务数据整理是此项工作一个重点。

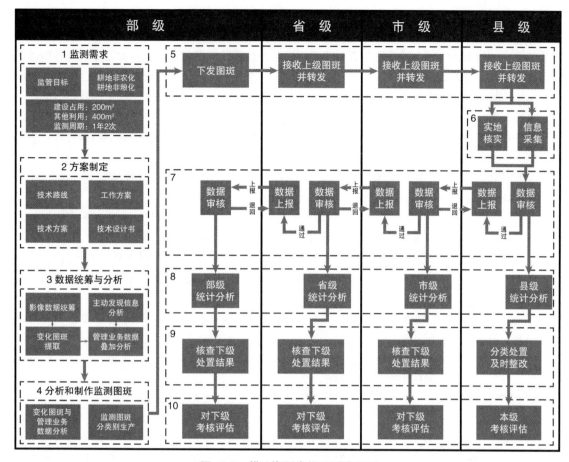

图 10.2 耕地资源常规监测流程图

（1）影像统筹：

① 卫星影像统筹。国家级监测一般是以卫星影像作为基本保障手段，统筹影像获取格外重要。重点统筹国内卫星遥感影像，补充采购国外卫星遥感影像，以现有在轨卫星资源数据保障为基础，根据耕地"非农化""非粮化"引起地表变化的主要特征，国家级监测以 2m 级影像全国月度覆盖和重点区域 1m 级影像月度或季度覆盖为目标，分析卫星数据覆盖范围、时段、周期、精度等。

② 低空无人机影像统筹。省级推动的耕地资源常规监测一般可以考虑以卫星影像为基础，低空无人机影像为补充，统筹卫星影像和低空无人机影像数据。后者主要弥补监测重点区域影像分辨率不高，影像获取不及时和影像覆盖不全等问题。

·瞄准航空摄影重点区域。统筹组织无人机对永久基本农田保护区和粮食主产区重点区域开展主动航空摄影，获取优于 0.2m 航空影像。根据耕地"非农化""非粮化"主要发生区域的空间分布特征，主动航空摄影的重点区域主要包括"四边"（城边、路边、河边、村边）和"两区"（露天矿区和重大项目区），即城镇开发边界外延 1～2km 以内、县道以上重点路段两侧 200m 以内、主要河流重点河段两侧 500m 以内、主要村庄周边集中连片的永久基本农田、露天矿山采矿权范围、重大项目用地等区域。

·统筹制定航拍计划并及时执行。对日常任务，根据航天影像保障情况和具体监测任务需求，上季度分析下季度的航空影像飞行需求；对于紧急任务，随时组织航空影像拍摄。根据航拍需求，首先通过建立协同感知平台，收集符合本期现有影像，在没有现成影像的情况下，组织航空影像拍摄和影像处理。

·合理制定航拍影像响应时间。航空影像拍摄进度和影像处理的速度，主要取决于实际监测任务进度需求。对于影像拍摄可通过建立协同感知平台，整合社会力量快速完成。影像处理的速度主要受计算资源约束，可以自建计算云资源或者租用商用计算云资源保障计算资源充足。处理后的影像可通过自然资源调查监测成果数据共享服务平台进行按批次推送（紧急任务随时推送）。

·制作航拍拍摄需求热力图，不断优化主动航拍的针对性。为了加强主动航空影像拍摄的针对性，可结合手机信令，分析违法案件等管理业务数据，历年"变化图斑"集中度，寻找耕地"非农化""非粮化"空间活动规律，制作主动航空拍摄需求热力图，并根据信息积累不断精化修正热力图，以提高主动航空摄影覆盖耕地"非农化""非粮化"的精准度。

（2）影像分析。利用 AI 提取技术，通过前后时相影像比对，开展变化图斑快速提取。AI 提取的变化图斑结合内业人工分析，去除"伪变化"后形成变化图斑。

（3）主动发现数据收集分析。收集各级田长、社会公众主动上报信息，永久基本农田视频监控信息，网络舆情信息，通过汇集和分析异构数据，发现变化区域和变化类型。

① 乡、村田长通过巡查系统实时上传的变化现场图片、位置、范围和问题类型等信息。

② 通过网络机器人收集网络舆情涉及耕地和永久基本变化文字描述、位置、范围和图片等信息。

③ 通过永久基本农田视频监控网、"国土卫士"监控平台等收集耕地和永久基本农田变化地块的位置、范围和视频截图等信息。

④ 社会公众借助基于互联网的公开举报途径，主动上报的涉及耕地和永久基本农田事件的现场图片、位置、范围和问题类型等信息。

（4）管理业务分析：

① 主要资料。主要包括基础调查数据（数据时点：每年 12 月 31 日）；国土年度变更调查数据（数据时点：每年 12 月 31 日）；地理国情监测数据（数据时点：每年 6 月 30 日）；历年已入库的各级批准的各类审批建设用地；已进入到设施农业用地监管系统中的设施农用地数据；耕地占补平衡系统中的补充耕地数据；处于不稳定耕地[1]范围外的耕地；主管部门划定完成永久基本农田成果数据以及建设占用和补划永久基本农田数据等。

② 变化图斑数据分析。按一年两次的频次监测耕地变化，监测时点可以分为每年 12 月 31 日和 6 月 30 日，影像数据和管理业务数据的选择以能够反映期间的耕地变化信息为准。变化图斑数据整理步骤如下：

·筛选变化图斑。按照统一的坐标体系，通过影像分析获得变化图斑，与基础调查耕地图层套合，通过 GIS 空间叠加分析，仅保留两者相交图斑，以此确认基础调查原始地类为耕地的变化范围；与耕地占补平衡系统中的补充耕地数据套合，通过 GIS 空间叠加分析，仅保留两者相交图斑，以此确定基础调查原始地类为非耕地的新增补充耕地范围。结合国土年度变更和地理国情监测等基础数据，进一步补充确认涉及耕地变化范围。

·计算面积。对以上保留下来变化图斑，通过 GIS 软件计算变化图斑面积；以基础调查图斑为底版，计算变化图斑与基础调查对应地类图斑的面积。

·与管理业务数据叠加分析。与建设用地和设施农用地等审批数据叠加，考虑到数据边界精度带来的技术误差，重叠率达到一定比例即可认为是合法变化，否则可归为疑似违法违规变化。重叠率是一个经验值，其数值可根据原始管理数据边界精度、影像数据的地面分辨率，结合实地调研确定。此外，叠加永久基本农田数据，获得耕地变化图斑是否为永久基本农田地块的信息；叠加稳定

---

[1] 不稳定耕地是指 25 度以上坡地、林区耕地、牧区耕地、河湖耕地、沙荒耕地、石漠化耕地、城市 / 建制镇 / 村庄 / 盐田及采矿用地 / 特殊用地等范围内的耕地。不稳定耕地以外耕地为稳定耕地。

利用耕地数据，获得耕地变化图斑是否为稳定耕地信息。叠加的管理业务数据越多，越能够提升耕地变化图斑分析的全面性和分析深度。

4）分析和制作监测图斑

（1）监测底图信息。在数据分析基础上，制作数字化的监测图斑并实地核实底图，底图信息由图形信息和属性信息构成。图形信息包括前后时相影像图、基础调查矢量图斑边界、变化图斑图斑边界、管理业务数据图斑边界等信息。属性信息包括下发的属性信息，如"图斑编号""所属行政区""总面积""问题类型""认定类型"和"重点类型图斑涉及面积"等，也包括下级上报的实地核实信息和各级审核信息。

（2）底图制作考虑的重点内容。制作监测图斑底图应考虑 APP 移动终端 UI 设计的需求，提高界面交互的效率和友好性。应考虑填写数据规范性，对于需要填报的文字类信息，可按照枚举值进行穷举，系统操作是以菜单形式显示。比如县级认定图斑类型：在耕地上绿化造林情况，在耕地上种植果树、茶树、苗圃、兴建坑塘水面等情况，在耕地上种植人工草皮情况，其他情况等。此外，还应统计分析对数据项的需求。

5）监测图斑下发

通过系统平台将制作的监测图斑同步推送到省级、市级和县级，监测图斑下发应明确完成现场核实最终时间。各级管理账号可以通过系统统计功能掌握本辖区的变化图斑总数、已完成数量、进度百分比和进度预警等情况。

6）实地核实和信息采集

实地核实分为内业核实和现场核实两种，先内业核实再现场核实。前者通过最新管理业务数据或高清遥感影像内业分析完成；后者通过现场信息采集并提供照片信息给予佐证。现场核实所需要填写的信息通过互联网传到 APP 移动终端，实地核实人员完成数据填写即可。佐证信息除了满足自身证据需求外，还应考虑自动解译算法样本要求，使这些证据信息成为优化算法的基础数据来源。

（1）内业核实。通过最新管理业务数据和高清遥感影像判断。若耕地变化图斑在审批的用地范围内，提供审批文件和审批矢量图斑作为证据资料；在审批的用地范围外，有最新高清遥感影像能够证明其实体特征的，可直接由内业完成，裁切高清遥感影像作为证据上传，裁切要求应大于变化图斑边界。

（2）现场核实。主要通过 APP 移动终端完成实地核实信息采集，APP 数据采集高效智能，支持自动记录轨迹，支持现场举证照片信息参数和空间坐标自动记录和上传，支持图斑搜索、导航，支持变化边界现场绘制和属性信息填写，支持图片信息和视频信息的采集和上传。终端设备要防水防潮性比较好，强光下屏幕能够正常工作。对于耕地监测图斑，现场核实主要现场确认问题类型、采集现场照片信息（分全景照和局部特征照）。对于监测图斑范围与实地"一对多"情况，应现场完成图斑边界分割；对于监测图斑与实地"多对一"情况，应保持监测图斑边界不变，不做合并处理。

7）数据审核

（1）系统自动审核。系统自动审核主要完成数据格式和缺项信息审核，采取不符合数据格式或缺项信息的，系统拒绝接收数据提交，并给予可能问题提醒，以便于现场完成信息修改，直到成功提交。

（2）人工审核。人工审核采取限时审核制。对于人工审核部分主要审核外业核实信息能否监测图斑问题类型，对于证据明显不够充分的，应作退回处理；对于重新提交证据仍达不到要求的，可通过启动在线视频，由原调查人员携带 APP 到现场，按照审核人员在线指挥，配合开展视频核实，若能完成视频确认，则由系统保存核实视频，即可完成审核。若通过视频仍旧无法确认的，审核人员前往现场实地确认。审核应逐图斑完成，对于下级提交的数据，应按照未审核、审核通过和审核不通过对审核数据进行分类管理。

8）统计分析

各级部门借助系统对工作进度、审核情况、问题类型及整改等情况统计分析，掌握本辖区进展情况，分析突出问题。

9）核查处置结果

市级、省级、国家级对县级辖区反馈的耕地"非农化""非粮化"外业核实成果开展抽查，对抽查结果不理想的，督促县级部门重新组织核查。

10）考核评估

建立耕地保护责任目标检查考核机制，考核结果通过系统平台积累的信息按照一个考评规则自动完成。参与计算的参数包括图斑核实时限、审核时限、审核准确率、核查准确率和限时整改成效等指标。

5. 监测结果分析要点

通过分析监测结果，摸清耕地利用的总量、类别、分布、时序等信息，全面掌握全国耕地和永久基本农田保护和利用情况，研判耕地变化趋势，评估耕地保护成效，对侵蚀耕地的行为进行整改纠正，实现耕地保护长效治理。

1）结果分析思路

监测结果分析从数据审核后的监测图斑开始，先进行合法合规性分析，再进行问题类别分析，最后进行态势研判。分析思路见图10.3。

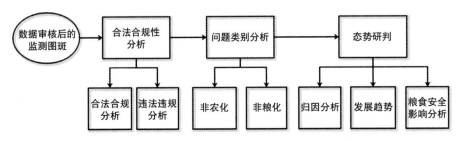

图 10.3　耕地资源常规监测结果分析思路

2）结果分析要点

结合上文分析思路，监测结果分析要点包括以下几个方面：

（1）合法合规性分析。按不同问题类别，从分析依据和分析结果，列出合法合规性分析主要情况，见表10.2。

表 10.2　耕地资源常规监测合法合规性分析

类　别	主要依据	违法违规行为
占用耕地绿化造林	土地管理法 基本农田保护条例 退耕还林还草规划	占用永久基本农田种植苗木、草皮等破坏耕作层的植物 违规占用耕地及永久基本农田造林 不合规的退耕还林还草
占用耕地建设绿色通道	各级合法合规的规划控制线	道路沿线用地范围外超标准绿化带占用耕地 河渠两侧、水库周边超标准建设绿色通道占用耕地
占用耕地种植果树等	土地管理法 基本农田保护条例	在耕地上种植果树、茶树，兴建坑塘水面等情况

续表 10.2

类 别	主要依据	违法违规行为
占用耕地挖湖造景	国土空间规划	擅自占用耕地及永久基本农田挖田造湖、挖湖造景 违规占用耕地建设人造湿地公园、人造水利景观、人工湖、湖库塘拓宽拓宽
占用耕地从事非农建设	村庄规划 建设用地审批 乡村建设规划许可	乱占耕地建房 以"大棚房"问题为代表违法违规非农建设占用耕地 在耕地上修建乡村道路,建设种植设施、畜禽养殖设施、水产养殖等农业设施情况
耕地闲置耕地撂荒	土地管理法 国办防止耕地"非粮化"稳定粮食生产的意见(国办发〔2020〕44号)	连续多年不使用和管耕耕地和永久基本农田,任其自由生长野草、杂树等,注意与轮耕休耕的进行区分

(2)问题类别分析。耕地"非农化"主要包括占用耕地和永久基本农田挖湖造景、修建道路、修建构筑物、人工堆掘等行为。耕地"非粮化"主要包括占用耕地和永久基本农田绿化造林、种植果树茶树、兴建坑塘水面、种植人工草皮等情况。在这两大类问题基础上,以合法合规性、行政辖区、图斑数量、时间段、永久基本农田、新增耕地、稳定耕地和耕地质量等维度分门别类统计各种情况。

(3)态势研判。主要从归因分析、发展趋势和粮食安全影响分析对耕地和永久基本农田保护与利用进行态势研判。

① 归因分析。以监测统计分析结果为基础,结合经济社会的数据和法律政策环境,找出耕地和永久基本农田数量变化、质量变化、利用类型与监管政策、自然地理环境、主体功能区定位、三次产业发展水平、城市化水平、工业化水平、基础设施建设和农业结构调整等内在关系,找出主要驱动因素。

② 发展趋势。剖析国内外典型案例,在监测结果分析基础上,判断被监测区域耕地和永久基本农田保护与利用所处阶段水平,以影响主要驱动因素为参变量,预测某个区域发展趋势。

③ 粮食安全影响分析。重点分析粮食生产功能区内的耕地"非农化""非粮化"利用和耕地闲置撂荒对粮食产量的影响,可以通过当地复种指数、平均单产和耕地利用面积变化分析大宗作物产能变化。

(4)技术要点。以监测数据为基础,把大数据分析技术和数理统计方法结合起来,找出耕地和永久基本农田利用变化的主要驱动因素。用知识图谱技术,构建耕地和永久基本农田利用知识经验,预测耕地利用频繁变化区域和主要利用方式等趋势。

10.3.2 耕地质量分类监测

从监测目的、监测内容和指标、监测周期、监测流程和技术要点、监测结果分析要点五个方面分析耕地质量分类监测工程实施。

1. 监测目的

通过跟踪监测耕地质量的主导因素,从保障粮食安全角度,分析各级辖区的耕地质量变化趋势和耕地污染状况。耕地质量分类监测分为质量渐变型耕地的监测评价和质量突变型耕地的监测评价两类。前者目的是全面掌握年度内耕地质量渐变类型、分布范围及主导因素变化情况,分析耕地质量和产能变化趋势;后者目的是对耕地质量分类成果进行年度更新,确保耕地质量分类成果的现势性。

2. 监测内容和指标

目前,耕地质量概念及内涵没有统一提法,耕地质量监测的内容认识也各有不同。耕地质量监测涉及自然资源、农业农村和生态环境三个主管部门，各部门侧重点不同。其中，自然资源主管部门负责耕地占补平衡中的"占优补优"中的耕地质量等别认定，农业农村主管部门主要负责耕地产能和农作物产品安全方面涉及的耕地质量等级认定，生态环境主管部门主要负责耕地土壤环境质量认定。2020年，自然资源部启动了第三次全国国土调查耕地资源质量分类专项工作，要求充分利用好现有基础数据成果，主要包括农业农村部门耕地质量等级调查评价、地质调查部门土地质量地球化学调查、生态环境部门农用地土壤污染状况详查等相关数据，以及自然资源部现有的耕地分等基础数据、第三次全国国土调查相关数据。可见，自然资源部门强化各主管部门监测成果的综合利用。这里，监测主要内容和指标的选择参照第9章耕地资源调查评价的内容和指标。

3. 监测周期

根据对耕地质量等级变化监测范围和程度不同，监测周期可分为以下三大类。

1）定期监测

这类主要针对渐变性因素引起的耕地质量较为缓慢变化的各类指标，监测周期宜为3年一次。

2）实时监测

对"增、减、建"过程中因各类工程措施等突变性因素引起的耕地质量变化的指标，监测周期宜为1年一次。

3）即时监测

对因不可预期的自然、人为破坏等因素引起的耕地质量发生突变的指标，监测周期视情况而定。

各监测指标监测方法和监测周期见表10.3。

表10.3 耕地质量分类监测指标、监测方法和监测周期

监测内容	主要监测指标	监测方法	监测周期
数量位置	空间位置、分布、坐落、面积等	常规监测数据库获取	1年
耕地类型	土地利用现状（水田、旱地、水浇地）	常规监测数据库获取	1年
种植结构	地表种植作物类型（水稻、玉米、小麦、甘蔗）、作物熟制（一年三熟、一年两熟、一年一熟）等	共享农业农村部门监测站资料或实地调查	1年
土壤条件	土壤物理性状（耕层厚度、土壤质地、水分、紧实度等）、土壤化学性状（土壤PH、有机质、氮、磷、钾等）、土壤生物性状（微生物量等）等	共享农业农村部门监测站资料或实地调查	3年
地形条件	坡度、坡向等	根据基础地理信息数据生成或实地调查	3年
气象要素	温度、湿度、降水量、光照等	共享气象部门资料	6～10年
生态环境条件	生物物种、生物数量，土壤汞、铅、镉等重金属含量等	共享农业农村和生态环境部门	1年
自然地理格局	所属自然区等	基础地理信息数据生成	与基础地理信息数据更新同步
其他调查内容	障碍层性状、水源方式、灌溉类型、排水能力、农田林网化程度等	已有耕地质量等别数据、耕地常规监测数据和最新遥感数据	1年

4. 监测流程和技术要点

耕地质量分类监测包括前期准备、资料分析、外业补充调查、质量控制、报告编写和成果发布应用等阶段。耕地质量分类监测流程见图10.4。

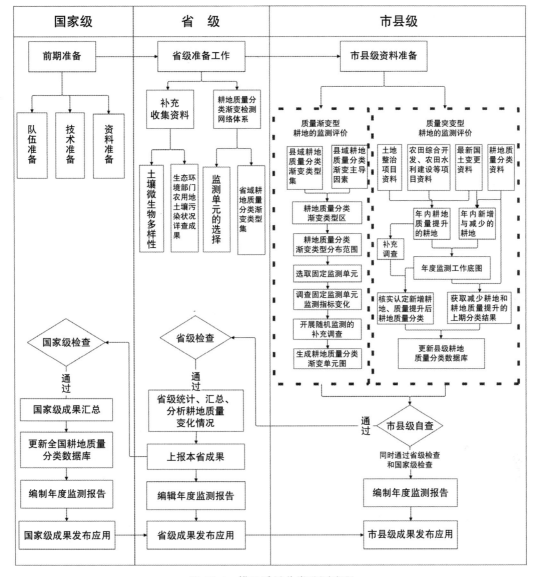

图 10.4 耕地质量分类监测流程

1）准备工作

准备工作包括队伍准备、技术准备和资料准备等内容。准备工作从上向下逐级推进。

（1）各级准备工作。国家级主要准备工作方案、技术方案、自然区和熟制的确定及专业队伍培训等；省级主要确定生物多样性监测机构和收集生态环境部门的土壤污染成果，制定省域耕地质量分类渐变监测网络体系方案；市县级主要准备土地整治、农田综合开发、农田整理建设等项目资料，以及最新国土变更成果、上期耕地资源质量分类数据等资料，根据省域耕地质量分类渐变监测网络体系方案，制定本辖区的渐变型监测方案。

（2）资料收集要求。可根据所推荐指标的监测周期有针对性地收集专题资料，重点是新增耕地、减少耕地和耕地提质改造方面的资料，以及土壤污染方面的资料。

（3）资料整理要求。需要按照统一的数字化建库要求，完成资料的空间化、标准化处理，并将整理结果入库。

2）质量渐变型耕地的监测评价

质量渐变型耕地的监测评价的步骤如下：

（1）建立省域耕地质量分类渐变类型集。省域技术指导组，在充分考虑气候、地形地貌、土壤类型、水资源空间分布等因素的基础上，结合区域土地利用变化及粮食生产的实际情况，初步提出并建立省域耕地质量分类渐变类型集。在全国范围内，耕地质量分类渐变类型集可初步归纳为逐步干旱型、逐步渍涝型、黑土层变薄型、肥力提升型、肥力衰退型、沙化型、酸化型、盐化碱化型、脱盐脱碱型、水土流失型，省域可以根据本地实际情况在国家的体系下增加类型。

（2）确定主导分类因素、监测指标及驱动因子。参考表 10.4，省级全面分析区域内耕地资源本底分布情况，揭示区域耕地质量分布及变化特征，结合农业气象资料、土地利用规划资料、土壤普查资料和农业调查资料、省域内初步建立的耕地质量渐变类型等资料，以及省域内初步建立的耕地质量分类渐变类型，初步确定区域内耕地质量分类渐变主导分类因素，供县级开展工作时参考。

表 10.4　耕地质量分类渐变的主导分类因素与驱动因子对照表

渐变类型	主导分类因素	可选监测指标	可选驱动因子
逐步干旱型	灌溉保证率	年降水量	年降水量变化、地下水位变化、灌排设施变化、地表水资源变化
逐步渍涝型	排水条件	地下水位	
黑土层变薄型	有效土层厚度、坡度	黑土层厚度	水蚀、风蚀、农业利用
水土流失型	有效土层厚度	侵蚀模数	水蚀、风蚀
沙化型	表层土壤质地、土壤有机质含量	耕层黏粒含量 耕层土壤有机质含量	水蚀、风蚀、农业利用
酸化型	土壤 pH 值	土壤 pH 值	施肥、酸雨
盐化碱化型	盐渍化程度	盐分类型与含量	地下水位变化、排灌设施变化、灌溉水质、降水量变化
脱盐脱碱型			
肥力提升型	土壤有机质含量	土壤有机质总量和组成变化	秸秆还田情况、有机肥施用
肥力衰退型			

（3）确定耕地质量分类渐变类型区。结合县级农用地分类更新成果、耕地质量分类成果和耕地质量渐变主导分类因素，确定耕地质量分类渐变类型区。渐变类型区的确定要放在三十年前、二十年前、十年前和现在的尺度上考虑。

（4）选取固定监测单元。耕地质量分类渐变类型分布范围内的主导分类因素每一级上至少有一个固定监测单元，优先选择农用地分类中布设的标准样地。

（5）调查固定监测单元监测指标变化。对固定监测单元耕地质量渐变的驱动因子、主导分类因素和监测指标进行长期监测，并对其引起的耕地质量渐变做出趋势性评价。

（6）开展随机监测的补充调查。根据监测工作的需要开展随机监测的补充调查。随机监测单元的分布、属性作为重要的中间成果，应按照入库进行管理，以备上级检查和以后优化使用。

（7）生成耕地质量分类渐变单元图。整理县域耕地质量渐变类型分布范围和监测单元数据，生成县级年度耕地质量分类监测单元图。监测单元图至少包含渐变类型、地类、主导分类因素级别属性字段。

3）质量突变型耕地的监测评价

质量突变型耕地的监测评价与耕地资源调查评价技术方法手段基本相似，耕地资源调查评价是解决"底数"问题，质量突变型耕地的监测评价是解决"更新"问题。后者的核心工作是找出质量突变型耕地范围，即找出新增耕地、减少耕地和质量提升耕地范围，然后按照耕地资源调查评价的步骤，即可完成质量突变型耕地的监测评价。

（1）质量突变型耕地范围分析。采用 GIS 软件,将国土变更数据矢量图斑与各种项目专项整治、上期质量分类的矢量图斑相叠加,进行空间分析,获得年内耕地质量提升的耕地、新增耕地和减少耕地范围。

（2）更新质量分类数据库。在补充调查基础上,按耕地资源质量分类体系的技术要求,更新获得新的县级耕地资源质量分类数据库。

4）质量控制

按照市县自查、省级检查和国家级检查逐级检查的程序,严格质量控制,确保成果质量合格。成果质量合格后,完成本级检查报告编制,并按照有关制度和程序对外提供或发布监测报告。

5）编制年度监测报告

年度监测报告应包含以下内容:

（1）工作开展情况。包括工作的目的、任务、工作依据、工作组织、进度安排、经费预算等情况。

（2）监测评价情况。介绍技术路线、程序、步骤、评价方法、评价参数、数据采集、数据库建设等情况。

（3）耕地质量渐变型监测指标变化及驱动因子分析。

（4）耕地质量突变型变化情况分析。本地区耕地质量分类范围、面积、地类、空间、产能等总体分布情况,与上次相比耕地质量分布变化情况。此外,还要按新增耕地、减少耕地和质量建设耕地三类分别进行专项细化分析。

（5）应用建议。提出监测成果在耕地保护、耕地占补平衡、永久基本农田划定、国土空间规划、土地整治等工作中的应用建议。

6）成果发布应用

年度监测成果验收通过后,各级主管部门按程序申请,主动向社会发布年度监测报告。年度监测数据库成果提交到自然资源监测分库,通过系统平台提供给相关政府部门使用。

5. 监测结果分析要点

1）内容要点

（1）质量渐变型耕地分析报告。通过主导分类因素的属性变化和监测类型区的面积变化,对耕地质量分类的变化趋势和面积消长规律做出评价。

（2）质量突变型耕地分析报告。成果分析包括年度间耕地质量分类变化,现状变化耕地和质量建设耕地的面积、分布、分类、粮食生产能力变化情况和特点等。

2）技术要点

（1）建立一个"好用的"面向对象的支持耕地实体管理的数据库,支持异构复杂的耕原始调查监测数字化数据管理,支持统一的空间参考系,支持图形和属性数据关联,体现时间维度,支持监测指标扩充。

（2）建立监测指标动态分级知识库,应克服以往指标静态化分级,通过动态分级知识库,可以根据不同用途需要,动态完成质变分级的空间分布和面积统计。

10.3.3 永久基本农田监测

耕地重点区域监测围绕黑土地区、粮食主产区、高标准农田建设区、永久基本农田保护区等区域开展监测。本节以永久基本农田监测为例简要介绍耕地重点区域监测内容,从监测目的、监测内容、监测指标和周期、监测流程和技术要点、监测结果分析要点五个方面分析耕地质量分类监测工程实施。

1. 监测目的

永久基本农田监测的目的是支撑永久基本农田调整补划，指导土地整治、高标准农田建设和永久基本农田监管等工作，推动耕地数量、质量、生态"三位一体"管护的战略实施提供技术支撑。

2. 监测内容

依据我国永久基本农田保护相关法律法规，以支撑永久基本农田保护监管需求为目标，利用遥感技术、土地各指标监测检测等技术，结合已开展的相关专项工作，分析并构建永久基本农田监测体系，主要包括永久基本农田利用状况、建设水平、土地质量和生态状况 4 个方面。

3. 监测指标和周期

在确定监测内容后，需要按照一定原则选择监测指标，构建监测指标体系。

1）指标选择原则

监测指标的选择原则有以下几个方面：

（1）易获取原则。选择的指标尽量与已有工作基础相衔接，使得指标基础数据不需要或很少需要额外工作量即可获取。

（2）可测量原则。所选择的指标尽量客观准确，能够通过现有的科学手段和方法准确测量或检测，少选择或不选择靠主观经验判断的指标。

（3）区域性原则。我国幅员辽阔，地理环境的纬度地带性、经度地带性和垂直地带性差异非常大，我国永久基本农田具有显著的区域性特征。因此，选择指标既要考虑到一定的通用性，更要考虑区域性特征。

（4）稳定性原则。考虑到永久基本农田使用的长期性和稳定性，应选取相对稳定、短期不易发生变化的指标，减少短期易变信息对监测内容的干扰。

2）监测指标及其内涵

根据以上 4 个原则，从反映永久基本农田利用状况、建设水平、土壤质量和生态状况，推荐监测指标共 28 项。

（1）反映利用状况的指标：包括非农用地面积占比、农业基础设施面积占比、非耕 - 非基础设施农用地面积占比、非粮耕地面积占比和生产力利用指数占比 5 项指标，各指标内涵见表 10.5。

表 10.5 反映永久基本农田利用状况的监测指标内涵

监测指标	指标内涵
非农用地面积占比	表征在监测单元范围内，非农用地的面积占比情况，反映该监测单元范围内是否存在"非农化"问题及其严重程度
农业基础设施面积占比	表征在监测单元范围内，农业基础设施在农用地中面积占比情况，是监测单元是否存在"非粮化"问题及严重程度的表征之一
非耕 - 非基础设施农用地面积占比	表征在监测单元范围内，非耕 - 非基础设施农用地中面积占比情况，是监测单元是否存在"非粮化"问题及严重程度的表征之一
非粮化耕地面积占比	表征在监测单元范围内，非粮化耕地在耕地中的面积占比情况，是监测单元是否存在"非粮"问题及严重程度的表征之一
生产力利用指数	表征在监测单元内，耕地生产力的相对发挥程度

（2）反映建设水平的指标：包括田块状况、田间道路通达度、灌溉保证路、排水条件、防洪标准和防护配套 6 项指标，各指标内涵见表 10.6。

表 10.6 反映永久基本农田建设水平的监测指标内涵

监测指标	指标内涵
田块状况	包括形状规整度、田面平整度，以及影响农田的机耕效率
田间道路通达度	田间道路满足农业物资运输、农业机械通行和其他农业生产活动程度
灌溉保证路	预期灌溉用水量在多年灌溉中能够得到充分满足的程度
排水条件	保证农作物正常生长、及时排除农田地表积水，有效控制和降低地下水位能力，是衡量耕地排水能力的指标
防洪标准	农田防洪工程本身要求达到的防御洪水的标准
防护配套	指林网、岸坡防护、沟道治理及坡面防护

（3）反映土壤质量的指标：包括有效土层厚度、土壤质地、土地结构、障碍层、有机质含量、土壤容重、砾石含量、电导率、pH 值、重金属、土壤呼吸、土壤微生物碳 / 氮和土壤蚯蚓 13 项，各指标内涵见表 10.7。

表 10.7 反映永久基本农田土壤质量的监测指标内涵

监测指标	指标内涵
有效土层厚度	作物能够利用的母质层以上的土体总厚度，当有障碍层时，为障碍层以上的土层厚度
土壤质地	耕层土壤颗粒的大小及其组合情况
土地结构	土壤剖面中不同质地层次的排列
障碍层	白浆层、石灰姜石层、砾石层、黏土磐和铁磐
有机质含量	土壤中形成的和外加入的所有动植物残体不同阶段的各种分解产业网和合成产物的总称
土壤容重	田间自然状态下单位容积土体（包括土粒和空隙）的质量或重量
砾石含量	土体中各发生层大于 2mm 的砾石
电导率	土壤中电荷流动的难易程度
pH 值	土壤溶液的酸碱性强弱程度
重金属	主要包括汞、镉、铅、铬和类金属砷等生物毒性显著的元素，以及有一定毒性的锌、铜等元素
土壤呼吸	土壤中的植物根系、食碎屑动物、真菌和细菌等进行新陈代谢活动，消耗有机物，产生二氧化碳的过程
土壤微生物碳 / 氮	土壤中的细菌、真菌、放线菌、藻类在土壤中进行氧化、硝化、氨化、固氮等过程
土壤蚯蚓	土壤中的蚯蚓具有使土壤疏松、增加土壤肥力并改善土壤结构的功能

（4）反映生态状况的指标：包括植被覆盖度、植被多样性指数、水网密度指数和人类活动指数 4 项，各指标内涵见表 10.8。

表 10.8 反映永久基本农田生态状况的监测指标内涵

监测指标	指标内涵
植被覆盖度	衡量地表植被状况的指标
植被多样性指数	衡量农田生态系统结构组成的复杂性
水网密度指数	能够反映区域水的丰富程度
人类活动指数	人类生产活动等生态系统造成的干扰程度

3）监测周期

因所选择的指标相对比较稳定，所以监测周期一般以年为单位，其中利用状况和生态状况类的指标周期为 1 年，建设水平和土壤质量周期以 3 年为主。各项监测指标周期见表 10.9。

表 10.9　永久基本农田监测推荐指标及其监测周期 [1]

主要内容	监测指标	监测周期
利用状况	非农用地面积占比、农业基础设施面积占比、非耕-非基础设施农用地面积占比、非粮化耕地面积占比、生产力利用指数	1 年
建设水平	田块状况、田间道路通达度、灌溉保证率、排水条件、防洪标准和防护配套	3 年
土壤质量	有效土层厚度、土壤质地、土地结构、障碍层、有机质含量	5 年 [2]
土壤质量	土壤容重、砾石含量、电导率	3 年
土壤质量	pH 值、重金属、土壤呼吸、土壤微生物碳/氮、土壤蚯蚓	1 年
生态状况	植被覆盖度、植被多样性指数、水网密度指数、人类活动指数	1 年

4. 监测流程和技术要点

永久基本农田监测分为前期准备工作，划分监测单元，确定监测指标集，资料处理和现地调查，监测指标获取与计算，监测成果分析、汇总和验收应用六大步骤，监测流程见图 10.5。

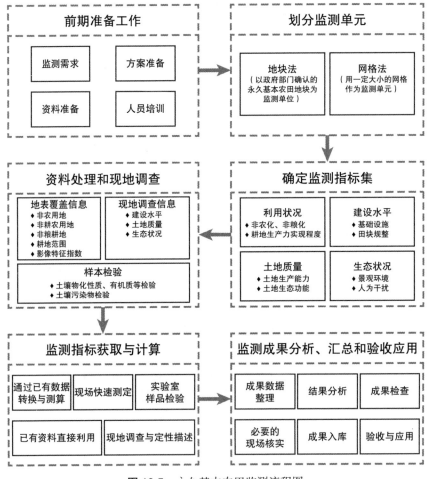

图 10.5　永久基本农田监测流程图

1) 针对特定目的的开发整理区域、自然灾害毁坏耕地区域、有明显污染等威胁的永久基本农田区域则实行重点监测，监测周期可 1 年 1 次。监测样点布设应适当密集。此外，对于进行土地整治、农业综合开发、农田水利建设等重大工程措施改造过的耕地，监测周期可 1 年 1 次。

2) 不同出处，监测周期不尽相同，这里根据政府绩效考核 5 年为一个周期，选择 5 年，当然在财力物力允许或者有其他部门提供基础资料支撑，可缩短监测周期。

1）前期准备工作

与上文耕地资源常规监测和质量分类监测类似，主要分为监测需求、方案准备、资料准备和人员培训等部分。

（1）监测需求。为土地整治、高标准农田监建设，推动耕地数量、质量、生态"三位一体"管护等提供客观科学的技术支撑。

（2）方案准备。开展技术调研，拟定技术路线，通过试点，完善技术路线。在此基础上，编制工作方案、技术方案和技术设计书等，也可以编写综合监测方案。方案的主要内容包括工作目的、工作任务、工作原则、工作依据、工作内容、技术路线和方法、工作进度和阶段成果、组织实施、质量控制、保障措施和经费预算等。其中，技术路线和方法是其核心内容，主要包括总体技术流程和方法、基础资料获取方法及技术要求、野外调查方法及技术要求、样品测试方法及质量控制、数据处理方法和成果检验方法等。

（3）资料准备。主要是对已有相关资料收集，这些资料主要包括确认身份的永久基本农田划定数据，反映基本农田保护区范围内的最新开发利用数据，能够提取监测指数的最新遥感影像数据，能够反映耕地质量的调查评价数据，能够反映永久基本农田地理环境和地理格局的基础地理信息数据等。需要收集的主要资料见表 10.10。

表 10.10　永久基本农田监测需要收集的主要资料

资料类别	资料名称	主要用途
永久基本农田身份认证资料	国土空间规划划定的永久基本农田数据、永久基本农田调整补划数据	确定监测范围和监测对象
土地利用现状资料	基础调查数据、常规监测数据、地理国情监测数据	提取基本农田保护区范围的非农用地、农业基础设施用地等非耕地地类图斑，非粮耕地用地等信息
耕地质量资料	自然资源部门：第三次全国国土调查耕地质量分类数据、耕地资源调查评价数据、农用地分等数据、耕地质量等别年度监测数据 农业农村部门：耕地质量等级调查评价样点数据、评价单元数据库、土壤普查数据 生态环境部门：农用地土壤重金属污染综合评价数据、农用地土壤污染状况详查数据 地质调查部门：土地质量地球化学调查成果	提取土层厚度、土壤质地、土壤有机质含量和土壤 pH 值、土壤污染等土壤条件数据，灌溉保证率和排水条件等耕地建设条件，障碍层和砾石含量等耕地利用限制因素
农田防护资料	林业部门防护林网分布数据	提取防护林数据
遥感影像资料	卫星影像数据、航空影像数据	更新土地利用和地表覆盖现状图斑，提取温度植被干旱指数、植被覆盖度、植被多样性指数等信息
基础地理信息资料	DEM 数据	区域地理格局分析，地形、坡度、坡向、田块高差
农业社会经济资料	农业农村部门的耕地质量监测站点数据	提取作物投入产出、社会经济概况、农村社会经济调查等信息
	统计部门的统计年鉴数据、经济普查数据	
气候资料	气象部门气候气象数据	划分监测单元的约束条件

（4）人员培训。对作业人员和各级主管部门开展方案解读、数据整理、实地补充调查、成果汇总、数据建库和质量控制等方面的培训。

2）划分监测单元

（1）划分要求。以土地特征、地形地貌、农业生产方式、作物种植结构、农业基础设施、生物多样性、生态状况等条件，分析一致性和差异性。划分单元要求监测单位内部要有明显一致性，单元之间有显著的差异性，单元边界不跨越地块边界，单元边界尽量采取地貌走向线、分界线，河渠道路等线状地物，显著标志的管理界线。

（2）划分方法。可采用地块法或网格法进行划分。地块法采取主管部门备案确认的永久基本农田地块作为监测单元；网格法是采用一定大小的网格作为监测单元，网格可采取固定网格或大小不一的动态网格，网格法用于监测指标空间变化不复杂的区域。

3）确定监测指标

监测指标的选取原则和指标体系见本章 10.3.3 第 3 小节。

4）资料处理和现地调查

监测指标所需要的数据基本来源采取内业收集整理转换和外业现地调查两种方法，前者为主，后者为辅。

（1）资料处理。对所收集到的资料进行综合分析和初步整理，分析资料可利用性，资料的匹配度，资料的数据格式转换、坐标转换和空间化处理。

（2）现地调查。对监测区域无法通过收集资料获取的数据或需要更新到最新状态的数据，需要开展现地调查，包括抽样调查和全覆盖调查。其中，抽样调查的数据主要包括样品的采集、处理和检测等工作；全覆盖调查的数据主要包括土地利用现状数据的更新等。抽样调查的快速获取的方法已逐步成熟，如土壤多参数自动监测站可现场采集土壤参数无需实验室检测，可明显提高样本调查监测效率。

5）监测指标获取与计算

（1）监测指标获取方法。主要获取方法有直接引用已有成果、现场测定、现地调查与定性描述、采样化验和根据已有数据间接测算五种。

（2）监测指标数据获取和计算。永久基本农田监测指标由利用状况、建设水平、土壤质量和生态状况 4 类指标构成，下面分别简述监测指标获取和计算。

① 利用状况监测指标获取和计算。利用状况监测指标由非农用地面积占比、农业基础设施面积占比、非耕 – 非基础设施农用地面积占比、非粮化耕地面积占比和生产力利用指数 5 个指标构成，这些指标均可量化。各指标的计算公式见表 10.11。

表 10.11　利用状况监测各指标计算公式表

监测指标	计算公式	参数说明
非农用地面积占比（$Index_{na}$）	$Index_{na} = \dfrac{nona}{AA} \times 100\%$	nona—某监测单元范围内的非农用地总面积，AA—对应监测单元总面积
农业基础设施面积占比（$Index_{nf}$）	$Index_{nf} = \dfrac{nonf}{AA - nona} \times 100\%$	nonf—该监测单元范围内的农业基础设施总面积
非耕 – 非基础设施农用地面积占比（$Index_{nc}$）	$Index_{nc} = \dfrac{nonc}{AA - nona} \times 100\%$	nonc—该监测单元范围内的非耕 – 非基础设施农用地总面积
非粮化耕地面积占比（$Index_{ng}$）	$Index_{ng} = \dfrac{nong}{AA - nona - nonf - nonc} \times 100\%$	nong—该监测单元范围内的非粮耕地总面积
生产力利用指数（$Index_{pro}$）	$Index_{pro} = \dfrac{P_j - \bar{P}}{\bar{P}} \times 100\%$ $\bar{P} = \sum\limits_{j=1}^{n} P_j / n$ $P_j = \max[NDVI_{j5\sim9月}]$	P_j—第 j 个监测单元的耕地生产力发挥程度，$\bar{P}$—全域所有监测单元耕地生产力平均发挥程度，n—全域监测单元总数，$\max[NDVI_{j5\sim9月}]$—第 j 个监测单元同年 5～9 月中 NDVI 的最高值

② 建设水平监测指标获取和计算。建设水平监测指标由田块状况、田间道路通达度、灌溉保证率、排水条件、防洪标准和防护配套 6 个指标构成，有 3 个指标是可量化的，另 3 个是定性描述的指标。建设水平监测指标计算公式见表 10.12。

表 10.12 建设水平各监测指标计算公式表

监测指标	计算公式	参数说明
田块状况	$SHAPE = \dfrac{P_k}{4\sqrt{a_k}}$ $\|\Delta H\| = \left\| H_{中} - \dfrac{H_1 + H_2 + H_3 + H_4}{4} \right\|$ $X_k = -\dfrac{x_{max} - x_k}{x_{max} - x_{min}}$	a_k—第 k 个单一地块的面积，P_k—第 k 个单一地块的周长，$H_{中}$—单一地块 1 个中心点的高程值，H_1、H_2、H_3、H_4—单一地块 4 个对角线点的高程值，X_k—第 k 个单一地块某指标的归一化值，x_{max} 和 x_{min}—当地实际情况中该指标原始值的最大值和最小值，x_k—第 k 个单一地块该指标的原始值
田间道路通达度（R）	$R = \dfrac{n}{N}$	n—该村中道路可通达的所有耕地田块个数，N—该村耕地田块总数
灌溉保证率	定性描述	水利图件资料通过空间分析，并结合现场调查判断
排水条件	定性描述	已有资料直接继承或者通过抽样调查，并通过空间分析得到
防洪标准	定性描述	已有资料直接继承或者通过抽样调查，并通过空间分析得到
防护配套（F）	$F = \dfrac{m}{M}$	m—该行政村耕地内部林网或林带可防护的耕地田块面积之和，M—该行政村耕地内部耕地田块的总面积

③ 土壤质量监测指标获取和计算：

·通过采样定性测试的指标。这类指标主要包括土壤容重、pH 值、电导率、重金属、有机质含量、土壤呼吸、土壤微生物碳/氮等。可通过已有资料直接获得，不足时可安排采样和测试，采样点应具有代表性，保证采样密度，测试应按照现有的国家标准和行业标准进行。

·通过外业调查定量或定性描述的指标。这类指标包括有效土层厚度、土壤质地、砾石含量、土体构型、障碍层和土壤蚯蚓。以可利用的已有资料直接获取为主，以外业调查为补充。外业调查需要现场完成取样，现场完成样本定性定量识别。

④ 生态状况监测指标获取和计算。生态状况监测指标由植被覆盖度指数、植被多样性指数、水网密度指数和人类活动指数 4 个指标构成，这 4 个指标均为可量化指标，计算公式见表 10.13。

表 10.13 生态状况各监测指标计算公式表

监测指标	指标内涵	监测周期
植被覆盖度指数（FVC）	$FVC = \dfrac{NDVI_j - NDVI_{min}}{NDVI_{max} - NDVI_{min}}$	$NDVI_j$—第 j 个监测单元在本指标计算底图上的 NDVI 值，$NDVI_{max}$—本指标计算底图上纯植被像元对应的 NDVI 值，$NDVI_{min}$—本指标计算底图上无植被像元对应的 NDVI 值
植被多样性指数（VDI）	$VDI = 1 - \sum\limits^{k} P_i^2$	P_i—该监测单元范围内第 i 种植被类型个数占总植被个数的平均比例
水网密度指数（WNDI）	$WNDI = S_{水} / S_{评价区}$	$S_{水}$—该行政村水域面积，$S_{评价区}$—该行政村总面积
人类活动指数（HAI）	$HAI = \dfrac{A_n}{A}$	A_n—该行政村人工地表面积，A—该行政村总面积

6）监测成果分析、汇总和验收

（1）监测成果分析。根据监测成果分级数据集，按照不同的监测指标，判断筛选出全域范围不满足永久基本农田监管要求的监测单元集。

（2）监测成果汇总。成果包括图件成果、文字成果、基础资料和数据成果等。图件成果包括永久基本农田监测成果和工作底图图件。数据成果包括汇总表和数据库两大类。

（3）成果验收。永久基本农田监测工作全面完成任务并逐级检验合格后，方可提出验收申请。

成果验收重点内容是监测永久基本农田各监测指标原始数据成果、各监测指标分级数据结果、工作报告、技术报告、成果分析报告、成果数据表、成果数据库、成果图件和基础资料汇编等。

5. 监测结果分析要点

1）内容要点

结果分析的内容主要从利用状况、建设水平、土壤质量和生态状况4个方面分析指标分级的空间分布和面积统计。

2）技术要点

（1）建立一个"好用的"面向对象的支持永久基本农田实体管理的数据库，支持异构复杂的永久基本农田原始调查监测数字化数据管理，支持统一的空间参考系，支持图形和属性数据关联，体现时间维度，支持监测指标扩充。

（2）建立监测指标动态分级知识库，应克服以往指标静态化分级，通过动态分级知识库，可以根据不同用途需要，动态完成质变分级的空间分布和面积统计。

10.3.4 监测成果共享应用

在这个用数据说话、用数据决策、用数据管理、用数据创新的年代，耕地资源监测数据在自然资源管理工作中有其广泛应用空间。

1. 服务于自然资源基础数据更新

自然资源部门很多业务涉及耕地数据，当前，地理国情监测、国土变更、耕地卫片监督、土地卫片执法、耕地资源质量分类等业务，分别从耕地上的地表覆盖、耕地"非农化"、耕地"非粮化"、耕地质量等别等各个角度，对耕地资源逐图斑的进行全方位认识。其监测成果一经正式确认，调查成果中耕地图斑范围、地类、种植属性等信息可用于同步精化更新基础调查和专项调查成果，也可以服务于永久基本农田监测监管系统的监测预警的基础数据更新，还可以用于耕地占补平衡和动态监管系统的新增耕地基础数据更新。

2. 服务于政府耕地保护责任考核

我国耕地保护实行政府负责制，对各级政府责任目标定期进行考核，每五年一个考核期，实行年度抽查、期中检查和期末考核相结合的办法。对各级政府辖区内耕地保留量、永久基本农田保护面积、耕地数量变化、耕地占补平衡、永久基本农田占用和补划、高标准农田建设耕地质量保护提升和耕地保护制度建设等情况进行考核，要求各级政府加强对耕地、永久基本农田和高标准永久基本农田等进行动态监测。耕地资源动态监测的成果可以提前将本辖区内的耕地数量变化、质量变化和基本农田保护利用等情况，定期形成监测报告，分析主要原因，预判本辖区变化趋势，遇到突出的案例及时向社会发布，可进一步压实政府耕地保护责任。

3. 服务于耕地用途管制实施

我国实行耕地占补平衡制度，非农建设经批准占用耕地的，以补充耕地与改造耕地相结合的方式，实现耕地占一补一、占优补优、占水田补水田的目标。耕地资源动态监测成果既可为耕地"提质改造"提供最基础的数据，也可为新增耕地数量和质量认定提供依据，还可实时动态掌握本辖区内新增耕地项目实施进度和成效。2021年，自然资源部、农业农村部、国家林业和草原局印发关于严格耕地用途管制有关问题的通知，明确要求根据本级政府程度的耕地保有量目标，对耕地转为其他农用地及农业设施建设用地实行年度"进出平衡"。耕地资源监测和国土变更调查是制定耕地"进出平衡"方案并落实执行的主要依据。

4. 服务于耕地资源的精细化管理

新中国成立 70 余年以来，我国耕地管理越来越趋向精细化。从早期耕地面积抽样概查，到耕地逐图斑面积详查；从注重耕地数量管理，到耕地质量管理，再到耕地的健康和产能管理，逐步演化到如今的耕地数量、质量、生态"三位一体"管理，形成了现如今的耕地资源监测监管体系。耕地资源系列监测成果不仅可以用于研判耕地"非农化""非粮化""细碎化""边际化""逆生态化"趋势和动向，还可以为高标准基本农田建设、耕地养护和永久基本农田科学管理提供支撑。

10.4　建设用地全生命周期动态监测

珍惜合理利用土地对缓解我国人口多、耕地少的状况具有十分重要意义。进入 21 世纪以来，城镇化进程加速，用地需求大幅增加，人增地减矛盾不断加剧，耕地保护面临严峻形势。新《土地管理法实施条例》（2021 年），明确要求合理确定并严格控制新增建设用地规模，提高土地节约集约利用水平，保障土地的可持续利用。

自然资源部门目前主要通过建设用地监管系统来了解和掌握建设用地利用情况，系统信息来源于各级自然资源管理部门填报登记台账、统计报表等，但这种静态的、被动式获取信息方式，难以满足当前自然资源管理中动态监管和宏观调控的需求。随着数字化技术的应用，"金土工程"、建设用地三级联审、土地市场动态监管等一批系统成熟应用，初步构建了国家级建设用地动态监管的整体框架，但仍不能满足建设用地动态监管复杂、范围广、任务重、社会公众需求高的要求。加之，按照中央深化"放管服"的要求，建设用地审批权限下放，建设用地审批事中、事后与事前缺乏统一监测、统筹监管。

应充分利用调查监测体系数字化建设成果，建立唯一识别码的建设用地"一码管地"体系，实行土地管理全流程信息化管理，建立建设用地全生命周期监测监管机制，严密监测建设用地各个环节数量、质量、开发强度、空间格局等动态变化，提升土地资源治理能力。

10.4.1　概　述

建设用地全生命周期动态监测是利用"天空地人网"协同感知网络，实时获取建设用地开发活动的影像，通过判读和实地核实等手段综合分析建设用地开发利用状态，按照全面监管、全程监管、动态监管的要求，通过信息监测、动态巡查和实地核查等手段，实现对建设用地审批、供应、利用、补充耕地和违法用地查处等有关情况的监测监管，从源头上遏制违法、违规、违约行为的发生，促进依法依规用地，提高节约集约用地水平。

1. 监测目的

通过监测建设用地的审批、供地、开发利用、耕地占补平衡、违法用地查处等（即"批、供、用、补、查"）关键环节情况，掌握建设用地利用状况情况，有针对性制定管理措施，推动提升用地的效能。

2. 监测对象和内容

监测对象为建设用地审批监管平台数据及基础调查或国土年度变更调查成果中建设用地的图斑，监测内容包括以下几个方面：

（1）建设用地预审及审批情况。建设用地审批情况包括土地性质、规划符合情况、批准情况、审批用途、审批面积等。

（2）建设用地供应情况。包括土地供应政策（供地方式、用地标准和产业政策等）执行情况，以及供地面积、批准用途、约定动工时间、约定竣工时间等情况。目的是掌握辖区内土地供应全面情况，动态跟踪土地供应总量、结构，从节约集约用地出发评估土地供应空间布局，掌握各级土地供应计划和实施情况。

（3）建设用地利用情况。包括禁止、限制供地政策和用地标准落实情况；用地单位依照划拨决定书或出让合同约定的建设条件和标准使用土地情况；土地开发利用与闲置等情况。

（4）补充耕地情况。各地按耕地占补平衡政策要求落实补充耕地情况；用地单位履行补充耕地义务，自行补充耕地或按规定缴纳耕地开垦费后有关责任单位完成补充耕地情况。

（5）违法用地情况。各类违法规用地的查处情况，重点是非法占用农用地及违法违规重大案件的查处等情况；地方政府和自然资源主管部门对违法违规用地的发现、制止、查处和报告情况。

3. 监测指标

根据建设用地全生命周期过程，客观真实地判断土地资源的利用状态、土地利用程度、土地资产价值状态及其流转情况，全面了解建设用地的真实情况，并对其中违法、违规、违反政策等情况及时发现并处置，其指标见表 10.14。

表 10.14   建设用地全生命周期监测指标体系

环 节	监测内容	监测指标	计量单位	指标说明
审批环节	审批情况	土地性质	定 性	国有或是集体
		规划符合情况	定 性	包含符合规划、纳入规划、部分符合规划、不符合规划四种情况
		批准情况	定 性	按批准、未批准分类
		审批用途	定 性	按照工业、居住、商业等分类
		审批面积	公 顷	依法批准的建设用地面积
供地环节	供应情况	供地面积	公 顷	依法供应给单位和个人使用的土地面积
		批准用途	定 性	依法批准的建设用途
		土地性质	定 性	国有或是集体
		约定动工时间	年 月 日	国有建设用地使用权有偿使用合同或者划拨决定书约定、约定的动工开发日
		约定竣工时间	年 月 日	国有建设用地使用权有偿使用合同或者划拨决定书约定、约定的竣工日
		处置方式	定 性	以下发处置通知书或相关处置文件为准
用地环节	利用情况	开工比例	百分比	开工面积占总用地面积比例
		闲置面积	公 顷	根据闲置土地办法可认定为闲置土地的面积
		闲置时间	月	闲置时间以月为单位填写，距约定动工开发时间满一年后从约定动工时间算起
		闲置原因	定 性	闲置原因包含规划调整、非净地出让、企业圈地、企业经济不佳以及其他原因
		处置方式	定 性	以下发处置通知书或相关处置文件为准
补充耕地环节	基本情况	补充耕地面积	公 顷	补充耕地的面积
	实施情况	实施进度	定 性	指项目处于未动工、正在施工、竣工阶段
		验收情况	定 性	指项目竣工后是否已验收
		规划新增耕地面积	公 顷	项目规划设计中新增耕地面积
违法用地查处环节	违法用地	违法用地类型	定 性	包括未批先建、少批多占、批甲占乙
		违法用地面积	亩	违法用地的面积

4. 监测技术路线

根据建设用地监管工作的需求，建设用地全生命周期监测主要工作包括：

（1）准备工作。包括制定监测方案、收集相关业务专题资料、确定作业队伍、组织开展人员培训等。

（2）数据收集和分析。根据监测需求，利用"天空地人网"协同感知网，统筹获取多源遥感影像；收集相关管理数据，按统一标准进行处理。采用人工智能识别技术，自动识别建设用地变化图斑，提取新增建设用地范围，并套合用地审批范围、征地资料、供地范围、规划资料等管理数据，综合分析判定未建、违建等情况。

（3）调查核实。针对不能准确定性的图斑，开展外业调查工作，实地核实建设用地使用状况，并拍照举证。针对监测发现的批准未建设、批准未供地、供地未用地、用地未用尽、违法建设等问题，形成监测清单，并提交主管部门处置。

（4）监测成果汇总。对监测结果进行汇总分析，编制监测报告，可参照（TD/T 1029-2010）《开发区土地集约利用评价规程》开展建设用地集约节约用地评价。建设用地全生命周期监测技术路线如图 10.6 所示。

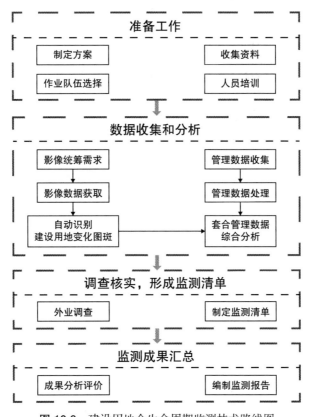

图 10.6　建设用地全生命周期监测技术路线图

5. 监测周期

不同监测范围、需求和阶段变化特性，对应的监测周期有所不同。全国范围、全省范围监测周期按照年度和季度进行；城市范围的监测周期按季度进行；重点区域和重点城市、重点区段，以及专题性监测等，一般以实时的监测为目标，可根据管理工作的需要，进行适当调整。

10.4.2 基础数据收集及处理

现实中，建设用地审批管理采取分段独立管理方式，各个环节对应不同的职能部门，各个部门又形成管理系统，致使建设用地全过程监管数据分散在各个专题数据库中，数据库之间缺乏有机衔接，难以实现横向监管分析。因此，收集各个环节管理数据，建立数据之间关联关系，进行时空一体化的组织是开展监测的首要任务。同时考虑引入多源遥感影像，为大面积、实时快速获取建设用地开发利用状况提供监测底图数据。

1. 业务专题资料收集

资料收集是开展监测的基础性工作，建设用地业务专题资料包括基础调查成果、建设用地审批数据、空间规划成果、地方审批数据及其他数据等。

（1）基础调查成果。包括基础调查成果、最新年度国土变更调查成果、专项调查成果等。

（2）建设用地审批数据。包括已批准建设用地、征地数据、已供应土地等。

（3）空间规划成果。包括国土空间规划成果、相关专项规划成果等。

（4）地方审批数据。包括临时用地、设施农用地、采矿（采石、采砂）用地、建设用地批后实施数据等。

（5）其他基础地理信息数据。包括地理国情监测数据、基础测绘成果等。

2. "一码管地"的全程监管时空数据关联

各监测环节以地块为主线，以地块编码为全生命周期唯一编码，建立专题数据的关联关系。在地块中记录其所属项目和来源项目，使用地块及地块之间的演变关系关联项目各个环节的时空数据。如在补充耕地项目与土地整理复垦开发项目之间通过补充耕地地块表关联，通过记录该地块所属的补充耕地方案编号和土地整理复垦开发项目编号，实现土地整理复垦开发项目与补充耕地方案的关联；通过在补充耕地项目表中的报批项目编号属性建立补充耕地与报批项目的关联。同样，征地项目通过征地地块表与报批项目关联，供地项目通过供地地块与报批项目关联，用地项目通过用地地块与供地项目关联等。

3. 多源遥感影像统筹

基于遥感影像的建筑物提取技术已经相当成熟。目前用于建筑物提取的遥感影像包括光学高分辨率遥感影像、高光谱影像、雷达影像、地面高清照片和视频等。

（1）光学高分辨率遥感影像。建筑物通常具有明显形状、纹理特征，而光学高分辨率遥感具有清晰地物分辨能力和丰富的纹理信息，因此，非常适宜用来提取建筑物信息，是目前最常用的底图数据。

（2）高光谱影像。高光谱影像的特点是光谱分辨率高，波段连续性强，能获得更为精细的光谱信息，利用地物的光谱特性可实现对地物的分类提取，新增建设用地可通过异常光谱变化信息来提取。

（3）雷达影像。雷达影像如 LiDAR 影像、极化 SAR 影像等，具有全天候、全天时监测的优点，在通视条件比较差的情况下，雷达影像也可以用来提取建筑信息。

（4）地面高清照片和视频。移动测量车、视频监控、单人采集、视频等监测设备获取的高清照片、流媒体，作为卫星影像、航空影像的补充。

10.4.3 新增建设用地提取

建设用地涉及数据复杂多样、空间基准不一，为满足综合分析需求，必须对资料进行预处理，统一空间基准，建立数据间的关联关系，从而获得监测对象完整的数据属性。同时，涉及空间位置、数量、面积等监测指标，需要统筹多源遥感影像，实现建筑物自动提取、新增建设用地范围智能识别，提高监测的效率和准确率。

1. 专题数据批量处理

建立批处理工具集，对各阶段、各环节的基础资料统一空间基准，提取监测图斑的审批信息，包括批准文号、面积、时间、用途等基础信息。

对其他如宗地图、地籍图、审批证明等纸质资料通过软件输入、扫描等方式进行数字化处理，并按规范整理归档。

2. 新增建设用地提取

1）提取过程

信息识别和提取包括信息自动变化检测、人机交互变化检测等方式。提取过程如图 10.7 所示。

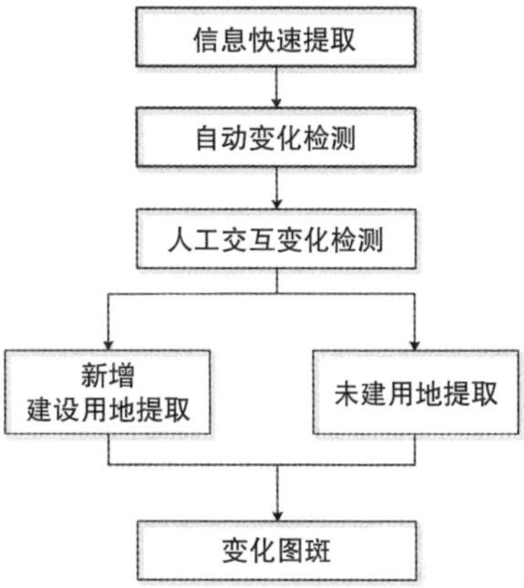

（1）自动变化检测。以基期、现势遥感数据为基础，采用基于多时相遥感影像与土地利用数据的变化检测技术开展变化地块发现，利用 AI 智能识别提取，实现土地利用变化信息高效快速检测。

（2）人机交互变化信息提取。在信息自动变化检测精度达不到要求的情况下，为提高变化信息提取精度，采用人机交互的方式，人工确认某些变化信息的真伪和类型。同时可将结果构建可信规则集，作为下次 AI 智能识别提取的学习样本或规则。

图 10.7 变化信息提取

2）常见的提取方法

一般采用基于对象分割、建筑特征或辅助信息等方式进行建筑物提取，新增建设用地自动识别方法很多，下面介绍几种常用的方法。

（1）基于多时相遥感影像的新增建设用地提取与分析。当前对建筑用地的变化检测主要基于遥感分类（以监督分类为主）获取地物信息，常出现地物信息误分类、分类不全等现象，直接影响变化检测结果。将各类建筑指数与遥感变化检测技术相结合，利用建筑指数能相对准确提取建筑信息，加之遥感变化检测方法可便捷、有效地检测城市建筑用地变化。常用的遥感影像建设用地提取方法模型包括归一化建筑指数（NDBI）、新居民地提取指数（NBI）、差值建筑覆盖指数（DBI）等。

基于建筑指数的新增建设用地提取，先通过各指数进行波段相加减，增强突出建筑用地信息后，将提取建筑指数后的影像进行二值化处理。针对不同影像选取合适的阈值，将建筑用地与其他地物分离开来，再应用影像差值法进行变化检测。其算法原理是用后一时期影像中各像元的灰度值减去前一时相影像中各像元的灰度值，公式如下：

$$\Delta \overline{DN}_{(i,j)} = \overline{DN}_{(i,j)}^{t+\Delta t} - \overline{DN}_{(i,j)}^{t} \qquad (10.1)$$

式中，$\overline{DN}_{(i,j)}^{t+\Delta t}$ 表示后一时期影像中第 i 行，j 列像元的灰度值；$\overline{DN}_{(i,j)}^{t}$ 表示前一时期影像中第 i 行，j 列像元的灰度值；$\Delta \overline{DN}_{(i,j)}$ 表示不同时相像元值之差。若 $\Delta \overline{DN}_{(i,j)}$ 大于零，则表示该像元上有新增建筑，反之则表示建筑物面积减少。

基于多时相遥感影像的新增建设用地提取流程如图 10.8 所示。首先，进行图像预处理，结合各个影像的光谱特性，对不同建筑物指数进行波段运算，提取；然后，根据增强后的影像选取适当阈值进行二值化处理，阈值的大小应根据不同时相、不同指数、不同影像具体确定；最后，用二值化处理分类后的影像，检测各年份建筑用地的变化情况。

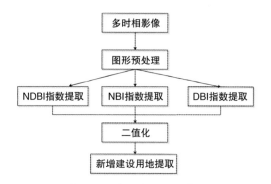

图 10.8 基于多时相遥感影像的新增建设用地提取流程

（2）面向对象的建设用地变化检测提取。高分辨率遥感影像具有边缘特征清晰、地物细节丰富的优势，因此建筑物性形状特征提取建设用地也是常用方法之一。使用不同时期的高分辨率遥感影像进行变化检测，引入图像分割算法提取同质对象并以此作为最小检测单元，进而依据对象光谱与纹理特征来判断变化区域。面向对象的建设用地变化检测方法流程如图 10.9 所示，主要涉及影像分割、特征提取、相似度计算、多特征融合以及二值化等环节。

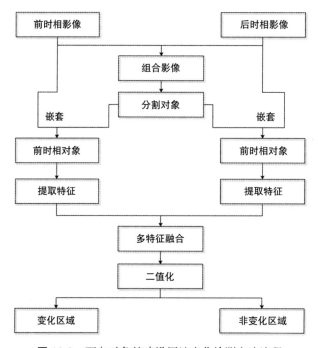

图 10.9 面向对象的建设用地变化检测方法流程

（3）基于 SAR 影像的新增建设用地全天候监测。在实际监测工作中，受天气条件等的影响，往往需要通过高分影像和 SAR 影像结合，来获取监测区全覆盖的影像。以两个前后时相的影像数据为基础，通过对影像数据进行处理、分析、统计等，可实现新增建设用地的变化监测。

（4）众包数据提取。建设用地变化与人类活动息息相关，具有多点偶发性和随机性特点。因此，在监测过程中，依靠"众包"的主动发现模式也是一种非常直接有效的监测手段。在信息时代的今天，智能手机普及率已经相当高，每个移动终端都是一个监测设备，利用"天空地人网"协同感知网，发动公众参与疑似违法违规用地案件举报，为建设用地监测监管提供重要线索。公众举报一般经过以下步骤完成：

① 举报人基本信息填写。包括举报人姓名、身份证、联系电话、联系地址等。

② 举报位置自动获取确认。通过专用 APP 自动获取举报人位置信息，举报人确认无误后便可上传。

③ 附件信息上传。将违法用地事实的证明材料，包括图片、文字、声音、视频等上传，便于督察对违法用地行为进行快速核实。

10.4.4 "互联网 +"外业核实

为准确判定监测图斑实际用途，往往需要进行实地核实。"互联网 +"外业核实是实地调查较为方便、快捷的方法，通过记录图斑实地位置、照片、视频、现场调查记录等，可极大提高核实工作的效率以及准确性，减少人为因素对结果的影响，其工作流程如下：

1. 外业指引图斑制作

通过遥感影像自动识别、众包数据提取等确定变化区域，形成外业指引图斑。

2. 任务分配

根据外业在线调查人员的位置信息，软件通过智能分析自动分配图斑至最近的调查人员，完成任务的最优分配。

3. 现场调查取证

调查人员到图斑现场，了解实地情况后，按操作要求填写调查记录，并进行拍照或录像取证。

4. 外业核实结果上传

通过移动终端将外业调查结果上传云平台，内业人员通过与规划数据、审批数据、地籍数据等比对分析，确定图斑的实际状况。

10.4.5 监测成果整理和分析

汇总整理内外业调查成果，套合审批数据、规划数据等进行分析，判定建设用地变化图斑的性质，按照管理需求分类分析形成批准未建设、批准未供地、供地未用地、用地未用尽、违法建设等监测结果，并提交主管部门。

1. 监测成果统计汇总

对监测成果进行统计汇总，形成已批准建设用地监测表、已供建设用地监测表和新增建设用地监测表等成果表。其中，新增建设用地（违法用地）、审批地块开工情况可通过影像提取范围和面积等信息，其他信息则需要从审批台账、管理台账或已有管理平台从获取。

1）已批准建设用地监测表
已批准建设用地监测表包括项目基本信息、审批信息、征地信息等，见表 10.15。

2）已供建设用地监测表
已供建设用地监测表包括国有、集体土地两种情况，分别见表 10.16、表 10.17。

3）新增建设用地监测表
新增建设用地监测内容见表 10.18。

2. 监测报告编制与分析

对各项监测结果按期分类整理，并与管理业务相关信息对比分析后，对数据进行深入分析，评价监测期内建设用地变化情况、建设用地集约利用情况等，编制监测报告。监测报告主要内容如下：

表 10.15　已批准建设用地监测表 [1]

序号	用地单位代码	用地位置	项目名称及所属批次	批前土地权属性质及面积（公顷）		批准用途	批准文号	批准时间	审批面积（公顷）			征地实施情况				供地情况
				国有土地	集体土地				总数	其中耕地	其中基本农田	是否征收	征收时间	征收面积	征收补偿落实情况	是否供地
1	2	3	4	5	6	7	8	9	10	11	12	13	14	15	16	17

表 10.16　已供建设用地（国有）监测表

序号	用地单位代码	原用地单位（个人）	现用地单位（个人）	用地位置	批准用途	实际用途	用地面积（公顷）	供地时间	土地供应方式	利用情况				闲置情况				处置情况					
										约定动工时间	是否竣工	约定竣工时间	开工比例（%）	是否闲置	闲置时间	闲置面积（公顷）	闲置原因	未处置	已处置				
																			延长开发建设时间	缴纳闲置土地费	改变土地用途	安排临时使用	土地使用权收回
1	2	3	4	5	6	7	8	9	10	11	12	13	14	15	16	17	18	19	20	21	22	23	24

表 10.17　已供建设用地（集体）监测表

序号	用地单位（个人）	用地位置	用地面积（公顷）	批准用途			拥有宅基地宗数	利用情况		闲置情况				处置情况					
				公益事业和公共设施用地	企业	农村宅基地		是否竣工	开工比例（%）	是否闲置	闲置时间	闲置面积（公顷）	闲置原因	未处置	已处置				
															延长开发建设时间	缴纳闲置土地费	改变土地用途	安排临时使用	土地使用权收回
1	2	3	4	5	6	7	8	9	10	11	12	13	14	15	16	17	18	19	20

1）表 10.15 ~ 表 10.18 来源于《安徽省国土资源监测技术规程（2015 年版）》。

表 10.18 新增建设用地监测表

序号	用地单位代码	用地位置	用地单位（个人）	审批面积（平方米）			实际占地面积（平方米）			用地审批使用情况					是否符合土地利用总体规划				动工情况		利用方向			
										批准情况		使用情况											房地产用地	
				总数	占用耕地	占用基本农田	总数	占用耕地	占用基本农田	批准	未批准	与审批一致	批少用多	未批先用	符合	纳入规划	部分符合	不符合	是否开工	开工时间	批准用途	实际用途	商品房用地	保障性住房用地
1	2	3	4	5	6	7	8	9	10	11	12	13	14	15	16	17	18	19	20	21	22	23	24	25

1）基本情况描述

描述监测区域的基本情况，对监测内容、技术方法、监测过程等进行详细介绍。

2）监测成果描述

对监测成果进行详细阐述，包括数量、面积、结构、比例、类型及空间分布等。

3）监测成果分析

对监测成果数据，按类别对各项数据进行统计分析，并同上一周期数据进行比对，计算环比、同比增长速度、变化情况；同时选择具有代表性或发生异常变化的数据进行剖析。

（1）批而未征和征而未供建设用地监测结果分析：

① 对土地数量、比例、总面积及分类进行对比分析。

② 根据监测情况，对满 2 年未实施征收的土地进行统计分析；对监测用地的供地率和利用率进行计算，掌握已批土地供应和动工建设情况，对占有耕地的调查统计耕地补充到位情况、补充方式和数量。

③ 对不同项目性质、权属性质、批准机关、土地征收、土地供应、项目动工等一个或多个指标分类汇总分析，并与上一监测周期比对，体现已批用地的征收、供应、动工建设的特征、趋势及类型。

（2）供而未用和用而未尽建设用地监测结果分析：

① 监测周期内已供建设用地中闲置土地的数量、比例、总面积及闲置情况分类汇总分析。

② 已供建设用地的土地权利人类型、区位、面积、供地方式、用地类型、竣工情况、闲置情况、闲置处置情况等一个或多个指标的分类汇总分析，并与上一监测周期的数据比对分析，以体现已供建设用地的特征、变化趋势、类型及闲置土地成因。

③ 总结本监测周期已供建设用地利用、闲置、竣工情况变化趋势和特征。

（3）违法新增建设用地监测结果分析：

① 监测时段内未批先建、少批多占、批甲占乙等违法建设用地的地点、数量、面积及违法类型分类汇总分析，重点分析违法占用耕地、生态功能区等重点地区建设行为及重要矿种非法开采行为，并及时推送执法部门。

② 总结本监测周期违法用地发生的地点、数量、面积及违法类型等变化趋势和特征。

4）监测主要结论

对监测中积极的变化及成因进行总结肯定，对每项具体监测任务发生的消极变化或异常变化及成因提出解决问题的方法。

5）对策建议

根据监测主要结论，结合自然资源管理政策、法规，提出相应的对策建议。

10.4.6　数据库建设

将建设用地全生命周期监测成果纳入自然资源调查监测分库统一管理，按照统一的数据库建设要求，整理汇总数据成果。数据库建设包括数据建库和数据库管理系统开发。

1. 数据建库

1）数据内容

（1）基础地理信息数据：测量控制点、行政区、行政区界线、等高线、高程注记点等。

（2）管理审批数据：建设用地报批、土地征收、土地供应、耕地占补项目等各阶段管理审批数据。

（3）土地利用和规划数据：地类图斑、地类界线、国土空间规划成果等。

（4）土地权属数据：宗地、界址线、界址点等。

（5）不动产登记数据。

（6）栅格数据：数字正射影像（DOM）、数字高程模型（DEM）、数字栅格地图（DRG）和其他栅格数据。

（7）监测成果数据：矢量数据、监测专题图、汇总表和分析报告等。

（8）元数据：矢量元数据、DOM元数据、DEM元数据。

（9）其他专题数据，如工业园区数据等。

2）数据整理

按照自然资源调查监测数据库标准，将数据内容进行整理、转换、检查和归档。

3）数据入库

以县（区）为单位，对检查合格的数据统一接收入库，各类型数据按行政区统一分层管理，保证数据建库成果符合相关标准规范要求。

4）数据库质检

数据库质检是确保数据能够分析应用和共享的必要环节。可采用自动质检软件，对数据版本正确性、属性完整性、逻辑一致性、空间拓扑关系正确性等进行检查，及时发现数据质量问题并修改数据错误。

5）数据库更新

建立数据库批量更新机制，定期对数据库进行更新。

2. 数据库管理系统

数据库管理系统包括权限管理、空间数据管理、建设用地管理、查询统计分析、报表输出等功能模块。

（1）权限管理模块。对数据库用户进行严格的权限控制，按照用户角色不同使用相应的功能完成信息录入、计算分析、查询统计和报表输出等。

（2）空间数据管理模块。提供建设用地相关的各类空间数据的管理、查询、统计和用地现状分析与规划符合性分析等。

（3）建设用地管理模块。提供建设用地"批、供、用、补、查"等流程信息管理和分析，统计汇总相应的指标信息。

（4）查询统计分析模块。实现综合查询和统计分析功能。

（5）报表输出功能。实现建设用地各个阶段相关指标分析、计算、汇总的数据报表输出功能。

10.4.7　监测成果应用

建设用地全生命周期监测成果可应用于辅助建设用地日常管理、区域或城市建设用地节约集约利用状况评价、年度国土变更调查更新以及基础测绘更新工作。

1. 辅助建设用地日常管理

目前，建设用地主要基于"自然资源一张图"进行日常管理，在"一码管地"信息化支撑条件下，开展建设用地全生命周期的监测，打通项目用地各环节审批业务系统和数据流，实现建设用地审批环节全流程跟踪和土地开发利用情况动态监测，对进一步提升建设用地服务效能，提高建设用地批后监管和节约集约用地水平，具有重要意义。

2. 建设用地节约集约利用状况评价

建设用地节约集约利用评价的目的是为全面掌握区域、城市建设用地节约集约利用状况及集约利用潜力，科学管理和合理利用建设用地，提高土地利用效率。建设用地全生命周期监测的指标结果可直接应用于区域建设用地和城市建设用地节约集约利用评价工作。

3. 年度国土变更调查更新

新增建设用地是年度国土变更调查工作的重要工作内容之一。将多期建设用地全生命周期监测累积的成果汇总，并按照基础调查标准整理，可为年度国土变更调查直接提供更新图斑。

4. 基础测绘成果更新

在 DLG、DEM、DOM、DRG 产品生产中，DLG 更新是将建构筑物作为重要地物采集。因此，可提取建设用地全生命周期监测图斑，用于 4D 产品相关内容的更新。

10.5　自然资源应急监测

自然资源应急监测是针对突发事件开展的快速监测工程。地震灾害、地质灾害、洪涝灾害、干旱灾害等突发事件均需要第一时间获取事发地事前、事发时和事发后的影像数据、视频数据和地理信息数据等资料，可通过现场信息快速获取、数据实时处理、数据快速传输、数据快速发布服务等全流程技术支撑能力，为应急指挥、快速救援、防灾减灾、灾后重建等提供高效基础数据保障。本节主要从应急数据获取和处理等方面介绍自然资源应急监测工程实施。

10.5.1　概　述

本节从应急监测对象、应急监测业务流程和应急监测能力建设三个方面简述自然资源应急监测工程实施的主要内容。

1. 应急监测对象

应急监测对象包括暴雨洪水和严重干旱为代表的气象灾害、森林草原火灾、地震灾害、地质灾害、海洋和生态环境灾害等事发现场情况。应急监测就是在极端情况下对上述各种突发事件"第一时间"现场信息进行快速获取、处理、传输、服务和共享，为突发事件应急指挥决策提供支撑服务。

2. 应急监测业务流程

突发事件发生后，第一时间启动应急响应，统筹各级力量及资源，协同快速采集突发事件现场数据，快速开展数据处理，根据应急工作需求分阶段分类型高效提供应急产品和服务。应急监测业务流程图如图 10.10 所示。

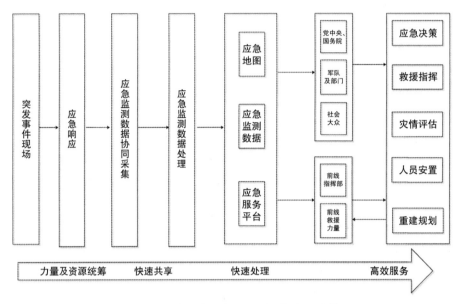

图 10.10　自然资源应急监测业务流程图 [1]

3. 应急监测能力建设

自然资源应急监测从空间范围角度可分为陆域和海域，空中、地表和地下。这里从地表覆盖层面的监测介绍自然资源应急监测能力建设。

1）应急监测快速空域申请系统

应急监测的主要数据源是航空影像数据，应急监测地表信息快速获取的第一利器是挂载由专业相机、SAR、热红外和视频等传感器设备的无人机系统。快速启动无人机空域申请系统是先决条件，可建立应急监测快速空域申请系统，打通军事、民航等部门各个审批环节，实现应急无人机快速申请、快速审批、快速起飞。

2）应急监测装备

多星联合导航定位、灾情信息航天航空测绘、地面移动测量车、应急服务网络化协同平台等组成立体综合感知网，是提升应急监测能力的重要途径。依托国家应急测绘保障能力建设成果，在全国范围形成中航时无人机和轻小型直升机应急监测服务覆盖，配合消费级无人机、移动测量车、其他移动终端等，真正实现多源立体感知。应急数据处理的重点是效率和质量，优化现有工艺流程，建立高效集成的应急数据自动化处理系统，实现海量图像批量快速处理、生产、出图、灾情解译等功能。

3）数据共享网络及平台

网络化协同和平台式服务是实现部门间、地区间应急监测信息资源的交换共享、成果快捷传输和广泛应用的重要支撑。

1）图 10.10、表 10.19 和图 10.12 均来源于《国家应急测绘保障能力建设初步设计》。

4）应急专业人才队伍

专业人才队伍建设是应急成果质量的重要保障，包括应急技术人员培训和应急队伍能力建设。

10.5.2　应急监测任务响应及启动

应急监测必须具备一个强有力可执行的响应机制，才能做到第一时间启动应急监测任务，本节从响应等级、启动条件、启动与终止介绍响应机制建设。

1. 响应等级与启动条件

除国家突发事件有重大特殊要求外，根据突发事件救援与处置工作对应急监测的紧急需求，将应急监测响应分为两个等级。

1）Ⅰ级响应

需要进行大范围联合作业，大量的数据采集、处理和加工，成果提供工作量大的应急响应。

2）Ⅱ级响应

以提供现有成果为主，具有少量的实地监测、数据加工及专题地图制作需求的应急响应。

2. 应急监测启动与终止

1）Ⅰ级响应启动

（1）承担应急任务的有关部门、单位人员、设备、后勤保障应及时到位；启动24小时值班制度。应急领导小组办公室应迅速与相关国家突发事件应急指挥机构沟通，与事发地省级测绘行政主管部门取得联系，并保持信息联络畅通。

（2）在响应启动后4小时内，组织相关单位向党中央、国务院及有关应急指挥机构提供现有适宜的事发地测绘成果。

（3）立即开通数据成果提供绿色通道，按相关规定随时受理、提供应急监测成果。

（4）根据救援与处置工作的需要，组织有关单位进行局部少量的航空摄影等实地监测；收集国家权威部门专题数据；快速加工、生产事发地专题基础地理信息和自然灾害普查成果、各类自然资源管理业务数据和其他相关部门管理业务数据等成果。

（5）如确有需要的，可通过政府门户网站向社会适时发布事发地监测成果或成果目录。

2）Ⅱ级响应启动

（1）根据国家应急指挥机构的特殊需求，及时组织开发应急监测信息服务系统。急需进行大范围联合作业时，由责任机构提出建议，经上级主管部门批准后，及时采用卫星遥感、航空摄影、地面测绘等手段联合获取相应监测数据。

（2）责任机构根据各自工作职责，分别负责综合协调、成果提供、数据获取、数据处理、宣传发动、后勤保障等工作，并将应急工作进展及时反馈领导小组办公室。

3）响应中止

突发事件的威胁和危害得到控制或者消除，政府宣布停止执行应急处置措施，或者宣布解除警报、终止预警期后，由责任机构负责人决定中止响应。

10.5.3　应急监测数据协同实时采集

应急监测数据从类型上可以分为传统测量数据、航空影像、卫星影像、三维数据、实景数据、LiDAR数据等。

1. 卫星遥感影像采集

根据突发事件的位置，统筹获取卫星影像，必要时可通过卫星编程调动其他卫星应急获取现场影像。

2. 航空应急监测

航空应急监测采集过程包括：

（1）接到任务指令后，完成人员集结与设备准备工作。

（2）根据突发事件所在的位置和周边地理环境，制定航摄应急方案，确定飞行轨迹、飞行高度、航摄范围等信息，通过应急监测快速空域申请系统与相关部门协调空域。

（3）根据突发事件类型、时间（白天或黑夜）和气象条件，装载合适的传感器。

（4）完成起飞前的设备检查与起飞准备。对于机场起飞的无人机，需要等待机场塔台的起飞指令。

（5）得到起飞指令后，通过视距链路设备控制飞机起飞，如超出视距链路设备指挥范围，则通过视距链路设备控制飞行状态。

（6）控制传感器工作状态，获取突发事件现场信息。

（7）通过卫星通信手段，将飞行器状态信息、传感器获取的现场信息同步实时传输到调度系统和数据处理系统。

（8）将完成处理的数据，通过卫星网络、无线通信或有线专网传输至国家应急监测数据共享平台。

3. "互联网 +"轻小型无人机应急监测数据采集

借助协同感知平台向社会发布应急监测数据采集任务，调用突发事件现场的社会无人机资源，第一时间赶赴现场作业。

4. 应急监测数据实时回传和快拼技术

1）数据实时回传

借助中继卫星链路，建设飞行数据实时回传系统，在超视距范围内实现对无人机平台（包括飞行器和任务载荷设备）的指挥控制。一方面接收指控设备发送的上行遥控数据，并将其发送给无人机平台；另一方面接收无人机平台发送的下行遥测复合数据，并将其发送给指控设备。

2）数据压缩技术

常用的压缩采样技术包括压缩感知、1-bit 压缩采样、相位恢复和矩阵补全技术。压缩感知技术基于深度神经网络，具有较低的计算复杂度，非常适用于无人机数据回传应用；1-bit 压缩采样可以有效降低数据采集的量化精度，从源头上解决无人机回传数据大的问题；相位恢复技术可满足视频图像、雷达成像和测绘地理信息等高清图像和视频的连续快速传输；矩阵补全技术处理的数据是二维矩阵格式，能最大程度保持原有图像质量，并抑制信道噪声。

3）影像快拼技术

影像快拼是利用实时回传的影像、视频等数据，解压后抽取灾情核心区的多幅航空光学影像，进行快速拼接处理，制作灾害发生区的"第一张图"，提供给灾情指挥中心，以便快速了解灾情、快速布置。影像快拼技术的主要优势在于能够利用获取的大比例尺无人机影像，基于少量控制点，实现海量影像快速镶嵌、出图，一定程度上改变了传统的测图方式。

影像快拼制作流程如图 10.11 所示。

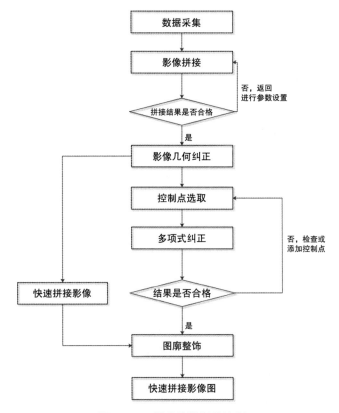

图 10.11 影像快拼制作流程

（1）远程视频传输监控与关键帧影像提取。可对远程实时视频影像进行显示、录制和关键帧的手动及自动提取等操作，可播放录制好的视频数据，可实现视频文件到视频关键帧影像的抽取与格式转换。

（2）关键帧影像拼接。根据提取的具有一定重叠度的关键帧影像进行两两之间的自动拼接，以及对一组关键帧影像进行自动匹配、透视变换矩阵求解、光束法平差校正和影像融合、匀光匀色处理，并输出拼接后的影像。

（3）控制点选取与影像几何纠正。提供基于控制影像的控制点快速选取与多项式评价功能以及多项式纠正算法，实现基于已有控制影像数据的拼接影像纠正，赋予地理编码，实现与已有应急数据的有效配准和套合分析。

（4）自动图廓整饰。基于关键帧快速拼接影像进行自动生成图廓整饰处理，包括影像裁切、地图整饰要素输入、标注加载与编辑、公里格网加载等。

10.5.4 应急监测数据处理

各种传感器获取的影像数据需要经过处理和分析才能更好应用于灾情指挥救援和灾后评估重建工作。通过"天空地人网"协同感知网获得的卫星遥感影像、多源航空遥感影像、地面采集设备多源观测数据，按照突发事件应急救援的不同阶段需求，快速制作出不同服务对象的所需应急监测成果。

1. 数据处理阶段

应急监测数据处理分为快速处理、精细处理和信息提取三个阶段。每个阶段数据处理内容、处理效率和成果应用方向差异如下。

1）应急快速处理阶段

主要满足各专业应急救援机构开展应急准备和应急决策对各种现场影像快速处理的需要，一般在灾后 24 小时内。灾害应急响应后，快速收集灾前的航空影像、视频数据、卫星影像、数字高程模型数据，完成影像拼接以及数字证书影像的快速生产。

灾后现场影像等数据获取后，4 ～ 8 小时内完成灾后获取影像和视频数据快速拼接，生产灾区的灾情速报影像图和灾情现场影像图；根据需要，生产灾区的应急数字正射影像和应急数字高程模型 / 数字表面模型数据，生产灾区大范围立体影像数据。

2）应急精细处理阶段

利用各种参考信息或少量的人机交互作业，生产精度更高的灾区影像、数字高程模型和三维实景影像产品，主要满足应急救援和灾情评估阶段的需要。如增加少量的控制信息或利用严格的空三加密处理，提高数字正射影像和数字高程模型数据的几何精度和成果质量。通过倾斜航空摄影影像、LiDAR 等数据处理，制作灾区三维实景影像数据。

3）应急信息提取阶段

通过灾前灾后影像对比，套合事发地各种自然资源调查监测数据、管理业务数据进行分析，结合部分半自动、自动化工作，提取灾区居民地及工矿用地、基础设施、农林草地等损毁情况及灾害体、次生灾害的位置、范围及分布情况。在此基础上，基于统计方法和空间分析模型，对灾区地理信息变化状况进行统计，分析各类地物受影响情况及其空间分布特征，形成"一图一表一报告"形式的灾情统计分析成果。

2. 影像处理技术

1）影像快速制作

以面阵航空影像为例，其快速制作流程见图 10.12。

（1）突发事件发生后第一时间，利用已有存档航空影像，经过面阵影像纠正、面阵影像镶嵌等步骤，输出灾情发生区灾前影像图。

（2）面阵影像获取后 12 小时内，采用航空遥感影像应急处理软件，经过面阵影像预处理、面阵影像空三加密（无控）、面阵影像 DEM 生成、面阵影像纠正、面阵影像镶嵌等步骤快速输出事件发生区的速测数字地面高程模型和灾情现场影像图。

（3）面阵影像获取后 12 小时以后，经过面阵影像预处理、面阵影像空三加密（控制）、面阵DEM 生成（精细处理模式）、面阵影像纠正、面阵影像匀光匀色、面阵影像镶嵌等步骤，输出事件发生区的应急数字高程模型和应急数字正射影像图。

2）多源遥感影像分割及分类

多源遥感影像分割及分类模块主要是在高性能计算环境下，采用面向对象分类技术进行地表覆盖分类，首先通过遥感影像分割技术进行影像分割，得到"同质"的图斑对象，其次统计这些图斑对象的各种特征，包括光谱、形状、纹理、上下文等，最后利用分类器实现面向对象的遥感影像分类。

（1）影像分割。针对影像分割算法空间和时间开销比较大的问题，构建高性能计算环境，利用遥感影像并行处理通用模型，实现多种多尺度分割算法，精确提取地物边界。同时支持参考矢量边界约束的影像分割、多任务批量化分割、指定任意范围分割。

（2）特征提取。在高性能计算环境下，快速计算影像对象的光谱、形状及纹理等特征。常用的光谱特征有均值、方差、最大值、最小值、饱和度、色调、亮度值、标准差、自定义特征等。常用的纹理特征有同质性、对比度、熵、能量、相关性、非相似性等。形状特征主要包括面积、周长、形状指数、主轴方向、椭圆长轴长、椭圆短轴、密度、椭圆适合度、最小外接矩形长宽比等。

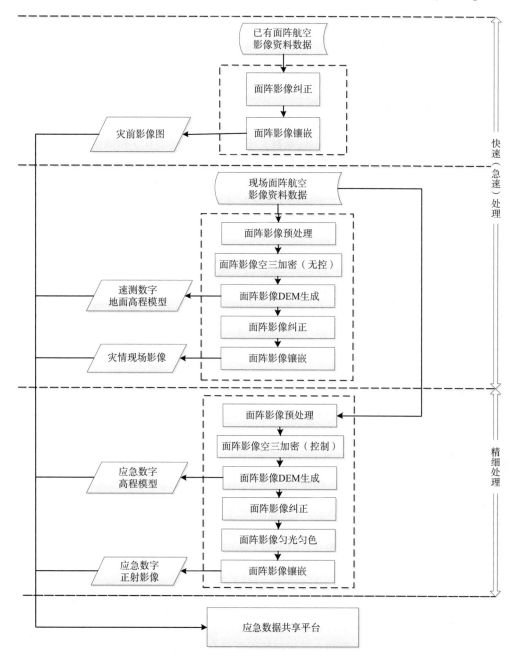

图 10.12 面阵航空影像应急处理流程图

（3）样本采集。支持手动采集样本点，对随机点赋样本属性值，基于参考矢量数据自动生成样本文件，导入外业核查样本，具有实时进行样本数量统计、样本精度分析、评价的功能。

（4）影像分类。提供多种分类器，如决策树、支持向量机、随机森林等，提供手动与自动构建规则集的工具与方法，完成影像的自动分类与逐级分类。

3）遥感影像变化检测

利用灾前灾后不同数据源光谱、统计特征，结合实用化的模式识别方法，实现对部分倒塌房屋、堰塞湖、洪水淹没区、滑坡体、雪被覆盖范围等的自动快速定位，有效缩小信息提取和识别可疑目标的范围，并实现对部分目标的自动、半自动识别提取。

（1）变化检测预处理。主要包括影像镶嵌、裁剪、融合等基本的影像预处理功能，以及影像的几何校正、影像配准、影像边界增强、地形辐射校正和高分辨率影像相对辐射纠正等功能，实现对不同时相影像的相互对齐，光谱特征统计趋于一致，便于后期变化检测。

（2）灾情地理信息变化。主要包括基于边缘检测地震倒塌房屋区域变化检测、洪水提取及变化检测、滑坡体检测、雪灾覆盖变化检测等。

（3）变化检测结果精度评估。主要包括混淆矩阵的计算，在混淆矩阵的基础上分别计算出总体精度、生产者精度、使用者精度、Kappa系数，不同的评价指标表征了检测精度的不同方面，单一的评价指标难以全面地反映检测精度，因此实际工程中要综合利用多种指标来评估变化检测的结果精度。

（4）产品输出。主要包括图件、表格和文档等各种变化检测结果的制作输出。

4）光学遥感影像专题信息提取

应急监测任务时间紧、任务重，采用传统的人机交互式目视解译方法采集数据成本高、效率低，不能满足要求，通过遥感影像变化自动检测算法，以实现遥感影像数据的自动识别和提取。如光学遥感影像专题信息提取，可采用模板匹配等方法实现道路的半自动提取，利用区域增长等方法实现水体的半自动提取；针对卫星影像，利用水体指数提取水体，利用植被指数提取植被，利用建筑物指数提取建筑物，利用NDVI差值法提取火烧迹地，利用积雪指数提取积雪。

（1）水体提取。针对航空影像，采用模板匹配方法提取道路。针对卫星影像，利用水体指数提取水体，常用的水体指数主要有：

① 归一化差分水指数NDWI（Normalized Difference Water Index）：

$$NDWI = Green–NIR/Green+NIR$$

式中，Green、NIR分别代表绿光波段、近红外波段反射率。

② 改进型归一化差分水指数MNDWI（Modified Normalized Difference Water Index）：

$$MNDWI = GGreen–Mir/Green+Mir$$

式中，Green、Mir分别代表绿光波段、中远红外波段反射率。

（2）植被提取。利用植被指数提取植被，常用的植被指数主要有归一化植被指数（NDV）、比值植被指数（RVI）、差值植被指数（DVI）、土壤调节植被指数（SAVI）、修正土壤调节植被指数（OSAVI）等。

（3）积雪提取。通过可见光通道的反射率和远红外通道的亮温阈值分离地表，然后通过计算基于反射特性的归一化差分积雪指数（NDSI），对云与雪进行分离，从而确定积雪的分布范围。

（4）道路提取。针对航空影像，采用模板匹配等方法实现道路的半自动提取。

（5）建筑物提取。针对航空影像，采用区域增长等方法实现建筑物的半自动提取；针对卫星影像，采用建筑物指数提取，常用的指数包括归一化建筑指数（NDBI）、基于指数的建筑用地指数（IBI）等。

（6）火烧迹地提取。利用NDVI差值法提取火烧迹地范围。第一步，根据土地利用／土地覆盖数据自动生成缓冲区；第二步，计算火灾前后的影像的NDVI；第三步，针对火灾前后的NDVI数据进行变化检测；第四步，利用第1、3步中的变化检测产品和缓冲区进行叠置分析，确定火烧迹地。

其他类型数据提取如极化SAR影像，可针对不同的地物类型（如居民地、农田、道路等）提取的纹理、强度、极化等SAR特征，进行特征选择、提取和分类。

10.5.5　应急监测专题图快速制作

应急制图是指为应对和处置突发事件，针对监测预警、救援指挥与灾后重建等不同阶段，以及指挥决策、前方救援等不同类型的应急制图需求，基于现有基础地理信息数据、现场获取的影像和提取的专题数据，采用存量与增量数据互补、在线和离线制图结合、打印资源在线共享的思路，快速制作不同产品模式的应急地图的过程。满足各部门对应急救援、灾情评估等方面专题地图的需求。

根据不同的应用对象、不同的灾害类型、不同的救灾阶段，编制、输出不同主题的地图，形成高效自然灾害专题制图的产品与服务模式，如表 10.19 所示。

表 10.19 自然灾害应急专题制图产品与服务分析表

应急阶段	主要保障对象	主要应急监测成果与服务	主要用途
决策指挥	党中央、国务院 国家应急指挥机构（减灾委、抗战救灾指挥部、防汛抗旱指挥部） 各相关部委抢险救援力量 受灾群众	① 应急第一张图 ② 灾区政区、地势图 ③ 灾前影像专题图 ④ 灾区地图册 ⑤ 灾区安置点等生活设施分布图	主要用于救灾初期应急决策与抢险救援，了解灾区交通、重要基础设施或工程设施等方面，受灾群众恢复有序生活等
应急救援 灾情评估	党中央、国务院 国家应急指挥机构（减灾委、抗战救灾指挥部、防汛抗旱指挥部）	① 灾后第一张影像地图 ② 灾前灾后影像对比图 ③ 受损初判影像专题图 ④ 灾情信息统计分布图等	指挥应急救援，反映灾区通道、建筑的受损情况，基础设施的破坏情况，危险源的分布情况，用于次生灾害监测与分析等
	专业应急管理部门（地震、国土、民政、建设、交通、水利、卫生）	① 不同尺度行政区划底图 ② 不同区域行政区划底图 ③ 不同尺度地势底图 ④ 不同区域地势底图 ⑤ 不同分辨率灾前影像底图 ⑥ 不同分辨率灾后影像底图 ⑦ 不同时相受灾地区影像底图 ⑧ 地图册	指挥应急救援，反映灾区通道、建筑的受损情况，基础设施的破坏情况，危险源的分布情况，用于次生灾害监测与分析等
应急救援 灾情评估	前线应急救援专业力量	各种应急救援、灾情评估专题图纸图件	应急救援任务开展，辅助决策、分析
	前线应急救援综合力量（军队、武警）		
应急救援 灾情评估	国家应急指挥机构（减灾委、抗战救灾指挥部、防汛抗旱指挥部）	各种应急救援、灾情评估专题图纸图件	应急救援任务开展，辅助决策、分析
	生活基础设施建设部门（道路、通信、电力、供水、油气等）		
	国家灾情评估管理部门		
	国家重建规划管理部门		

1. 应急地图类型

基于基础地理信息和应急专题信息快速制作的应急地图产品主要包括矢量应急地图、晕渲应急地图、影像应急地图、专题应急地图等。

2. 应急地图表达要素类型

应急地图表达要素类型包括地名、测量控制点、水系、居民地及设施、交通、地貌、管线、植被、境界以及应急专题信息等。各类应急地图表达要素类型要求如下：

（1）矢量应急地图上表示上述除应急专题信息外的其他要素类型。

（2）晕渲应急地图上主要表示地名、水系、居民地及设施、交通、管线和境界等。

（3）影像应急地图上主要表示地名、水系、居民地、交通、管线和境界等。

（4）专题应急地图上要突出表示灾害专题要素，其次是基础地理信息要素。

3. 应急地图数学基础及比例尺要求

（1）平面坐标系统采用 CGCS2000 国家大地坐标系，特殊情况可采用其他坐标系统，高程系统采用 1985 国家高程基准。

（2）比例尺小于1:500 000（含1:500 000）应急地图采用正轴等角割圆锥投影；比例尺大于1:500 000的应急地图采用高斯－克吕格投影。

（3）比例尺大于1:10 000（含1:10 000）应急地图采用3°分带，比例尺小于1:10 000的应急地图采用6°分带。

特殊情况下，对于自由分幅的应急地图，可以图幅正中的经线为中央经线进行投影。

（4）在应急制图过程中，根据制图区域大小、纸张大小及公共突发事件的主题所需表达信息的负载量，参考制图所用的基础地理信息数据的比例尺，对制图比例尺作适当调整，但调整幅度不宜超过基本参考比例尺的50%。

4．应急地图制作流程

1）制图数据预处理

主要包括矢量数据、晕渲数据、影像数据和专题数据处理。

（1）矢量数据处理。根据应急制图的需求，将应急制图范围内相应比例尺的地形矢量数据进行要素选取、坐标转换、图幅及其要素拼接等处理。

（2）晕渲数据处理。应急制图范围涉及多幅DEM数据的，需要对多幅DEM数据进行拼接，并生成晕渲数据，同时对拼接好的DEM数据以及晕渲数据构建金字塔和计算统计以提高显示速度，然后对DEM数据和晕渲数据进行分级设色、透明度设置等底图制作处理。

（3）影像数据处理。应急制图范围涉及多幅（景）影像数据的，需要对多幅（景）影像数据进行拼接，并进行几何纠正、辐射纠正、匀光处理以及构建金字塔和计算统计等。

（4）专题数据处理。应急制图范围涉及公共安全多领域多行业多源专题数据，应根据突发事件的类型，制定满足应急监测制图要求的数据处理方案，对多源专题数据进行数据滤选、数据统计建模、数据分类分级等处理。应急监测现场采集的数据可适当放宽技术要求。

2）数据组织

基础地理信息矢量数据按照图层进行组织。矢量要素图层包括水系、居民地及设施、交通、地貌、管线、植被、境界等。基础地理信息影像数据和基础地理信息DEM数据以文件形式存储。专题数据按专题类别分层组织。

3）地图符号化

为了增加应急地图的通用性及可读性，地形要素的符号化尽量采用相应或相近比例尺地形图符号，针对不同的突发事件类型，对需要突出显示的要素，可通过调整符号大小、色彩等突出显示。

4）专题要素表达

专题应急地图可根据所表示专题的性质和特点选用定点符号法、线状符号法、运动线法、等值线法、范围法、质底法、点数法、统计图法（定位图表法、分级统计图法、分区统计图表法）、网格法，热力图法等表达方法。

5）地图注记

应急地图中的注记主要包括地名注记、水系注记、居民地及设施注记、交通注记和地貌注记。应急地图注记要求清晰，因此，在晕渲应急地图和影像应急地图上，注记需要添加轮廓线（掩模、描边）。并根据背景主色调，选择合适的注记字体颜色和轮廓颜色。

图上要素注记应满足基本读图要求。根据应急任务，对特定的要素可详细注记，并可突出显示。对于次要要素则选择性注记。在利用高程注记点可推算等高线高程的情况下，等高线可不标注。

6）要素关系处理

矢量应急地图中应保持水系、道路、居民地、地貌等要素之间的相离、相切、相割关系。

7）地图接边处理

应急地图应对相邻图幅要素符号及注记进行接边，相邻图幅之间的接边要素不应重复、遗漏，经过接边处理后的要素应保持图形过渡自然、形状特征和相对位置正确，注记位置协调。

8）地图图廓整饰处理

图廓整饰要素主要包括内图廓、外图廓、图名、图例、比例尺、密级、等高距、制图单位、制图时间和依据等。

9）地图输出

可输出为 GeoPDF、PDF、JPG、GeoTIFF 等数据格式，输出分辨率应不低于 300dpi。

10.5.6 应急监测数据库建设

1. 数据库内容

应急数据库包括以下内容：

（1）基础空间信息数据。基础空间信息数据是指有关地貌形态、水系、交通、居民地、植被、地名、行政区域界线等基本地理要素以及大地测量控制网的信息，包括各级比例尺的数字线划数据、数字高程模型数据、影像数据、地理国情监测数据等。应急基础数据为应急救援提供空间定位的基础，对于应急决策者宏观掌握事件区域的地形地貌、交通干线、居民地分布等信息至关重要，是应急监测保障的主要数据源。

（2）大比例尺基础地理数据。通过应急共享平台整合 1:10 000 比例尺基础地理数据资源，实现全国范围内数据资源互通共享。此外，随着地方各级数字城市建设的不断完善，积累了大量城市地区 1:5000 ～ 1:500 大比例尺基础数据，能够为应急保障工作提供更为详细的数据资源。

（3）应急专题数据。应急专题信息是灾害损失评估，救援规划的重要信息保障。主要来源于各应急相关部门，其有效储备对应急监测保障工作有直接影响。在处置突发事件时，决策者不仅要了解事件发生地及其周边的地理环境，对突发事件所造成的社会经济损失进行综合分析评估，更要准确了解应急保障资源的分布情况，从而进行科学的指挥调度。因此，在应急基础数据储备的同时，还需要储备人口、经济、危险源、防护目标、保障资源等应急相关的专题信息。

（4）应急电子地图数据。主要来源于行政主管部门日常工作中的积累。目前应急处置工作的实践说明，应急突发事件的现场救援与处置工作仍需要大量纸质地图作为指导用图，应急电子地图数据是制作打印各种类型纸质应急地图的基础。由于突发事件的发生具有时间、空间上的不确定性，事件发生后再去编辑、制作事发地的应急地图，已无法满足突发事件救援与处置的时效要求。因此，为确保相关部门能够在事件发生的第一时间获取到应急专题地图，要求测绘部门在日常工作中做好应急电子地图成果的储备工作。

（5）应急多媒体和流媒体数据。包括应急相关的照片、文字材料、表格、图像、声音、录像、文本和动画。

2. 数据库建设

（1）数据库设计。数据库的设计是建立在整个时空数据库的基础上，通过应急数据库逻辑结构的梳理，明确各类数据存储结构和形式。

（2）信息数据批量导入。数据库结构建立后需要导入相关数据信息，在数据库系统中建立一个通用的批量导入功能模块，分析不同数据之间的共性和差异性，将共性部分保留在数据库中，存在差异的部分由用户自主录入。

应急监测数据库应当与基础调查数据库、专项调查数据库、测绘地理信息数据库等同步更新。

3. 应急数据共享

通过共享节点实现应急数据的部门应用、社会化应用。建立应急监测数据与基础调查数据、专题调查数据、测绘地理信息数据等的共建共享机制，通过合理有效的数据共享方案，避免重复测绘，逐步实现遥感影像、地理信息数据等的交换共享、协同获取以及统筹利用。

10.5.7　应急监测类型

本书将应急监测分为省内和省外应急监测两种类型。

1. 省内应急监测

省内应急监测流程包括确认应急监测时间、开展准备工作、现场实施、成果图制作等。

（1）确认时间。应急监测小组收到灾发信息，确认消息真实性后，小组做好任务前各项准备。

（2）准备工作。收集灾情发生地存档数据，制作灾前第一张图；数据处理工作站、数据处理系统、无人机和应急监测车等装备检查并待命；与当地主管部门保持实时沟通。

（3）现场实施。正式接到任务后，应急队伍立即赶赴现场，与当地主管部门对接应急监测保障需求后，开展震区航摄工作和数据处理工作。

（4）成果图制作。根据历史资料和现场航拍数据，现场完成震区中心地带震前和震后对比图。监测成果及时提交给当地应急主管部门，开展应急指挥工作。

2. 跨省应急监测

跨省应急监测包括筹备阶段、响应启动阶段、执行阶段和终止阶段。

（1）筹备阶段。自然资源部及相关省区有关人员联合成立跨省级的联合指挥领导小组，总指挥长由自然资源部领导担任，现场指挥负责人由所属基地省级自然资源主管部门领导担任，相关省自然资源主管部门领导担任副指挥长。领导小组下设综合协调组、任务执行组、信息宣传组、后勤保障组、安全保卫组等5个工作组，明确各组职责以及协调配合要求。

（2）响应启动阶段。自然灾害发生后，自然资源部启动应急响应，跨省级的联合指挥领导小组组长发布命令，省区市根据各自"应急监测保障预案"，启动应急监测保障工作。

（3）执行阶段：

① 任务部署。响应启动后，由综合协调组负责工作总协调，各省区领导小组办公室组实时与综合协调组实时保持联系，并及时按照上级要求部署和下达应急监测保障任务。

② 已有应急数据共享。相关省区即刻开通成果数据提供绿色通道，提供现有适宜的测绘地理信息数据。

③ 现场数据获取。任务执行组快速完成数据采集、数据快速处理，并将现场数据向自然资源部及相关省区实时共享。

④ 相关省区利用各自处理能力，快速开展不同应急阶段所需要的应急专题数据及图件制作，满足各种应急需求。

⑤ 利用相关省区市"应急监测资源共享交换平台""应急数据资源服务系统"，通过"应急监测数据快速传输网络"，为各相关部门应急指挥机构提供一体化、集成化、标准化的应急监测数据保障。

（4）终止阶段。应急事件的威胁和危害得到控制或者消除后，自然资源部宣布响应终止。各级自然资源主管部门应继续配合突发事件处置和恢复重建部门，做好事后监测保障工作。

10.6 自然资源监测技术发展趋势

自然资源监测工程技术如基础调查和专项调查一样，将逐步走向统一化。在信息源获取、要素采集、多源信息集成建库、数据统计分析与应用服务等方面，不仅实现自然资源监测中的常规监测、专题监测和应急监测内部技术统一，而且还要实现自然资源基础调查、专项调查和监测之间的技术统一。这些统一的工程包括影像统筹获取、集中影像处理、统一指标体系、统一成果内容、统一调查监测底图、统一的监测业务化平台和统一的基础设施建设，具有"三协同、一实时"的特点。

1. 监测综合化和专业化相协同

单一自然资源要素监测已经实施多年，这种监测有利于专业方向的纵深发展，非常有利于深入认识单一要素内在机理，但不利于分析自然资源要素横向之间相互关系。自然资源监测必将按照系统观点，强化自然资源要素之间横向关联分析，这需要自然资源各要素监测走向综合，做到对自然资源认知既要"顾此"又不"失彼"。同时，对自然资源科学认知和精细化专业化管理又需要不断探究单一自然资源开发、利用、保护和修复各环节内在机理，这需要自然资源监测向专业化方向发展，做到对自然资源认知"细致入微"。自然资源监测工程技术综合化发展可通过提炼共性技术和通用设备来实现，专业化发展方向可通过基础理论创新、技术路线创新和设备引进来实现。

2. 样点（地）监测和全域监测相协同

目前，自然资源监测有两大基本思路，一个是基于样点数据，通过专业知识和数理统计结合，"推算"出全域变化情况，如地下水监测站、水文监测站；另一个是基于全域前后多期时相感知数据，进行"减法"计算，获得"增量"信息，如土地利用遥感监测。将来的发展趋势是基于样点监测成果，优化遥感监测反演模型，提高全域监测精准度和效率。同时，通过基础调查、专项调查和全域监测成果，优化样点布局和样点加密，促使样点布局科学性和针对性，提高样点监测的专业化水平。

3. 立体综合观测站（网）信息相协同

以往，我国自然资源分部门管理，各个部门根据需要建立了自己的监（观）测基础设施，例如天上有风云气象卫星、资源卫星、海洋卫星和高分卫星，地面有监（观）测海洋、陆地地表水、地下水、气象、动植物、生态、耕地质量、土壤污染和水土流失等各种监（观）测站点。有些站点已经组成网络，这些监（观）测基础设施多数都是解决某种业务需求所建设，站点密度、指标、精度和数字化水平受制于本部门所能争取到的资金和人才等资源。未来，各种监测基础设施的传感器将向数字化、自动化方向转变，可实现全天候自动采集各种监（观）测数字指标数据。在运维单位保持原有体系情况下，可通过物联网技术、互联网技术和5G技术，通过技术标准衔接，促成不同体系的传感数据互联互通，实现林业资源、草业资源、土地资源、水资源、海洋资源等监（观）测站（网）的系统性整合，通过体系化顶层设计，借助适应各种恶劣野外生存环境、功耗小、稳定性、精度高、可无人值守的新型（观）测站设施，逐步对重点区域综合监测站（点）加密布设，可同时满足自然资源单要素专业化监（观）测和多要素综合监（观）测的需要。

4. 自然资源监测预警实时化

自然资源监测的目标是服务于自然资源监管。未来的自然资源监测将借助协同感知网可多角度、全天时、全要素、全尺度获取各种数据；借助自动化信息处理技术，可快速精准地获取变化信息；借助精细化的场景管理技术，可实现自然资源变化信息的立体表达、精细测定和科学认知；借助智能化的知识服务技术手段，可实现变化信息的综合分析和系统评价。在以上技术实现的基础上，按照自然资源管理要求、国土空间规划设定的目标值和空间管制要求，通过计算机算法模型，实时对比分析现状值和规划预期值之间的差异，可实现自然资源监测预警实时化。

第**11**章　自然资源调查监测体系数字化建设案例

他山之石，可以攻玉

　　我国自然资源调查监测数字化建设在探索中求发展，在实践中求创新。一批先行者以新一代数字化先进技术为主体支撑，在充分继承已有调查监测工作和技术积累的基础上，通过跨学科优势互补、协同创新，构建自然资源统一调查监测技术体系的工作已经初见成效。"他山之石，可以攻玉。"由深圳飞马机器人科技有限公司开发的智能 UAV 调查监测数据采集系统，由中国航天科技集团有限公司第十一研究院研发的中航时固定翼无人机航空应急测绘系统，由广西壮族自治区自然资源调查监测院和广西国清科技有限公司联合开发的普适型 GNSS 接收机，由湖北金拓维信息技术有限公司研发的自然资源智慧监管系统，由广东南方数码科技股份有限公司开发的自然资源调查监测平台，由北京山维科技股份有限公司研发的 EPSNR 自然资源确权调查建库系统等，都是自然资源调查监测数字化建设效果较好的案例。本章将这些案例分享给自然资源调查监测数字化建设事业的同仁，抛砖引玉，为我国自然资源调查监测数字化的建设与发展起促进作用。

11.1　智能 UAV 调查监测数据采集系统

　　智能 UAV 调查监测数据采集系统利用无人机搭载激光雷达、航测相机、倾斜相机等载荷，结合地面站软件和快速成图软件进行构建。该系统能快速获取自然资源多源数据，并快速进行数据处理，制作正射影像图、三维立体图件、真实地表的数字高程模型等成果，为自然资源管理、地质灾害预防、灾后重建等工作提供快速数据保障。

11.1.1　系统建设背景

　　近年来地质灾害及其他紧急状况时有发生，常规手段难以快速有效地实现调查监测，尤其是应急监测。过去，我们以现场人工测量的方式采集调查监测区域现场数据，存在耗时长、作业安全系数低、资金投入高等问题，无法达到快速调查监测的要求，利用航天卫星进行调查监测，虽然避免了地面不安全作业和降低了资金投入，但受卫星机动性、气象条件等影响，监测时效性差、窗口期短，也很难实现调查监测需求的快速响应。

　　为满足调查监测安全作业、复杂场景作业、快速作业、低成本作业等方面的需求，亟需集成GNSS、无人机、遥感技术和自动化成图软件等，构建一个机动性强、时效性高、受天气影响小和能够快速响应的调查监测系统，为自然资源调查监测和应急监测指挥提供决策信息。

11.1.2　系统结构

　　智能 UAV 调查监测数据采集系统由飞行平台与任务载荷系统、管控系统、数据处理系统四大部分组成。本节以无人机系统 V10 和 D20 为例，介绍无人机调查监测系统。

　　图 11.1 为无人机系统 V10 的系统框架图，该系统搭配高精度差分全球导航卫星系统板卡，标配网络实时动态测量 / 动态后处理技术（Post Processed Kinematic，PPK）及其融合解算服务，支持高精度定位定姿系统辅助空中三角测量，具备无控制点的 1:500 大比例尺成图能力，实现免像控应用。系统支持全球定位系统融合解算、控制点量测、空三解算、一键成图、一键导出立体测图、

高精度组合导航轨迹解算、点云处理与分类等功能，支持数字正射影像图、数字高程模型、数字表面模型、真数字正射影像图、点云等多种数据成果处理及浏览。

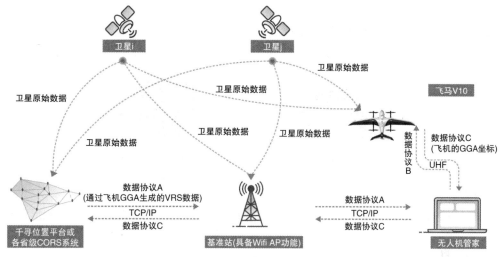

图 11.1　无人机调查监测系统

1. 飞行平台与任务载荷系统

飞行平台可采用垂直起降固定翼无人机或多旋翼无人机等，并可搭载激光雷达、倾斜相机、红外传感器等任务载荷，保障完成数据采集任务。

1）垂直起降固定翼无人机 V10

如图 11.2 所示，垂直起降固定翼无人机 V10 集成了 2 路空速管、2 路磁力计、2 路光学测距雷达、1 路激光测距雷达、3 路惯性测量单元、1 路高精度差分全球导航卫星系统模块与 1 路导航 GNSS 模块，可对整机各类部件进行状态监控。V10 最大有效负载 6kg，搭载 1kg 有效负载时，其续航时间达到 240 分钟，有效控制半径 50km。配备双路空速传感器、辅助测高系统、分布式智能电池管理系统。支持航测模块、倾斜模块、遥感模块、激光雷达模块，与 D20 飞行平台载荷模块通用。

2）多旋翼无人机 D20

如图 11.3 所示，多旋翼无人机 D20 集成了双差分天线、毫米波雷达、前向视觉感知系统、对地视觉系统等，核心传感器均冗余备份，充分保障飞行安全。D20 最大有效负载 6kg，搭载 1kg 有效负载时，其续航时间达到 80 分钟，有效控制半径 50km。配备 First Person View（FPV）摄像头、长距毫米波雷达、前\下视觉传感器，实现高精度避障及定高功能。支持航测模块、倾斜模块、遥感模块、激光雷达模块，与 V10 飞行平台载荷模块通用，展开与撤收时间均小于 10 分钟。

图 11.2　垂直起降固定翼无人机

图 11.3　多旋翼无人机

3）机载雷达模块

如图 11.4 所示，飞行平台可搭配深度开发的长测距、高穿透力、高密度、多回波激光雷达，采用光纤惯性测量单元（Inertial Measurement Unit，IMU）集成 GNSS 一体化设计，通过精准地形跟随航线规划，实现精细、精准地面/地表模型的重建。

4）机载五相机模块

如图 11.5 所示，飞行平台可搭配高精度、高清晰度的五相机倾斜摄影模块，通过精准地形跟随航线规划，获取高清影像数据，进行三维数据建模，实现调查监测场景三维可视化。

图 11.4　机载雷达模块　　　图 11.5　机载五相机模块

2. 管控系统

无人机管控系统配套"无人机管家专业版（测量版）"软件，支持基于精准三维地形、满足各种应用需求的智能航线与联合航线规划，具备精准地形跟随飞行、三维实时飞行监控、任务飞行、应急处置等操作，充分保障飞行安全。

3. 数据处理系统

数据处理系统具有丰富的数据预处理工具箱，支持稳健的精度控制和自动成图、丰富的 4D 和三维成果生产，是智能化的数据处理系统。智能 UAV 数据采集系统能够为自然资源调查监测提供高时效性、高精度、高质量的多源数据。

以深圳飞马机器人科技有限公司全自主开发的内业数据处理软件系统为例，该系统支持轨迹解算、点云解算、点云后处理，支持海量点云组织管理和可视化，支持高程、纹理、回波等多种点云渲染模式，支持匹配点云、机载/车载/背包 LiDAR 点云等多源数据处理，提供多种交互编辑工具，可实现分类点云、DSM/DEM 及等高线成果输出，实现内外业一体化操作流程，有效提高调查监测效率。数据处理流程如图 11.6 所示。

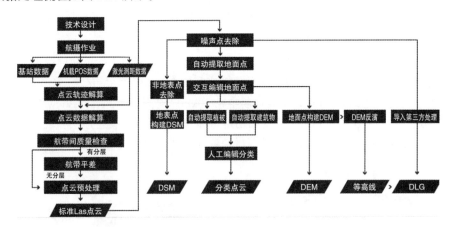

图 11.6　数据处理流程

11.1.3　系统应用背景

地质灾害分布于我国大范围地区，而滑坡又占了我国所有地质灾害的七成左右，每年因滑坡造成的经济损失达上百亿元。滑坡的发展演化是一个缓慢的过程，因此较为准确地描述滑坡演化过程需要长期大范围高效率监测。而智能 UAV 数据采集系统能够快速灵活地提供高时效性、高精度、高质量的多源监测数据，为管理部门部署决策提供数据支持。

位于甘肃省某县的一个监测区，面积 $36km^2$，自 20 世纪 60 年代起，在该地区黄土覆盖的农业耕作区开展了大规模提灌工程，在地表黄土裂缝与土洞的作用下形成良好的渗水通道，导致地下水位抬升及土体饱和，进一步形成局部剪切带和贯通的剪切面，从而引发约 140 次滑坡，整个测区由黑台与方台两个平坦开阔的黄土台塬组成，台塬面积较大，地貌类型为黄土高原丘陵沟壑区，黄土台塬整体位于黄河 Ⅳ 级基座阶地，地层结构自上而下分别为马兰黄土、粉质粘土、卵石层、砂泥岩，如图 11.7 所示。

图 11.7　测区三维地形

11.1.4　系统技术路线

该项目中央的台地较为平坦，适合进行无人机的起飞及降落。考虑到这次任务的精度和效率要求，选用飞马 V10 无人机搭载 DV-LiDAR20 激光雷达进行数据采集，采集后使用飞马无人机管家软件进行轨迹解算、点云解算、输出标准点云，并可基于同时获取的正射影像对点云进行赋色，输出彩色点云成果，后续可根据需求对点云进行滤波、编辑等处理，生成 DEM、等高线成果用于后续滑坡灾害的分析。具体技术路线如图 11.8 所示。

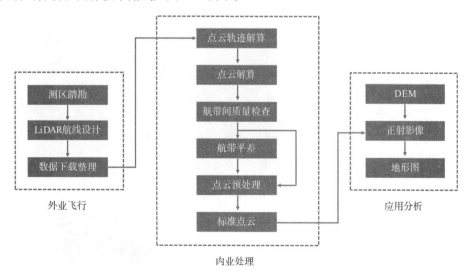

图 11.8　技术路线

11.1.5   系统外业数据获取

1.飞行参数设计

该项目飞行采用的激光扫描仪参数、相机参数和惯导参数如表 11.1 所示。

表 11.1   DV–LiDAR20 激光雷达系统开机参数表

设备类型	激光雷达	设备编号	DV–LIDAR2021040011	时　间	2021.4.25	天　气	阴
电机转速	–	点　频	200kHz	相机曝光	1/1250	飞行高度	360m
飞行速度	20m/s	航向精度（后处理）	0.02°	俯仰 / 横滚精度	0.005°	点云密度	15/m²
点云是否分层	不分层	相邻航带点云是否分层		不分层	安置角是否通用（需要 1°度以上调整）		通　用
IMU 型号	Honeywell	点云解算软件		飞马无人机管家	轨迹解算软件		飞马无人机管家
数据存储是否正常		正　常	轨迹解算是否正常		正　常	影像是否模糊	无
高程绝对精度		2.7cm	采集地点		甘　肃	技术支持人员	***

2.航线规划

通过无人机管家进行航线规划，首先将测区标记语言（Keyhole Markup Language，KML）导入无人机管家"智航线"，在导入的 KML 基础上进行航线规划，完成高度、速度、重叠度等基本参数设置后即可生成测区航线。测区面积约为 36km²，东西长约 10km，南北最宽处约 5km。航线设计行高 360m，预计飞行里程 168km，预计航时 141 分钟，V10 垂直起降固定翼无人机即可完成监测数据获取任务。航线规划及参数如图 11.9 所示。

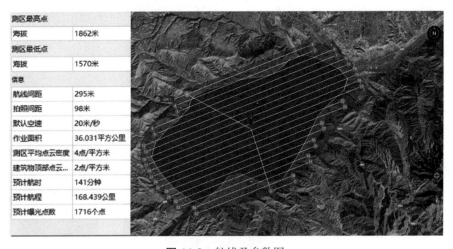

图 11.9   航线及参数图

3.起飞点选择

飞机对起飞场地的要求较小，测区台地整体地势平坦，周围无陡峭山体，在测区中心位置处选择路口水泥路面作为起降场地。

4.飞机组装

飞马系列无人机组装方便，即使是体积偏大的 V10 也能简单快速地拆装。由于飞机为模块化设计，模块与模块间的连接只需要通过插拔和卡扣即可完成，从开箱到组装完成只需要约 5 分钟即可。飞行前准备如图 11.10 所示。

图 11.10   飞机组装工作图

5. 现场飞行

飞行只需按无人机管家"智飞行"的起飞流程进行操作即可，如图 11.11 所示，首先查看飞机及载荷是否安装到位，然后选择航线进入点，设置 RTK 端口、设置固定翼切旋翼高度为 50m，舵机自检、任务上传等按提示进行下一步操作即可，简单便捷的同时也确保起飞自检无遗漏。

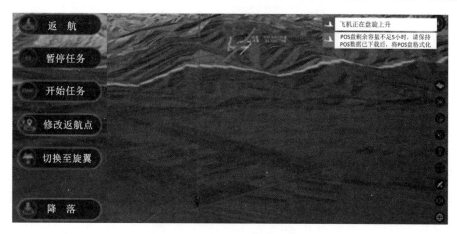

图 11.11   地面站飞行数据监控

V10 抗风等级为 6 级，当风速大于 10m/s 的时候地面站会发出提示信息，当瞬时风速达 15m/s 时飞机触发自我保护机制开始返航。在飞机执行任务时，外业操控人员除了根据地面站提示实时监控无人机情况，也可以对之前数据进行解算处理，飞马无人机管家的"智激光"模块可以简单快捷地对点云数据进行解算等预处理操作，在外业也能即时保障内业成果，有效压缩数据获取时间。

飞机按照预设航线飞行完成后自动返回到起飞点上空，然后开始盘旋下降，降落盘旋半径和起飞盘旋半径一样都是 80m。飞机盘旋到设置的切换旋翼高度时，飞机自动切换旋翼，找准降落点后开始降落，整个飞行过程基本不需要人工干预，如图 11.12 所示。

(a) 降落示意图　　　　(b) 实际降落场地

图 11.12　地面站监控及飞机降落

11.1.6　系统内业数据处理

1. 点云轨迹解算

采用无人机管家"智激光"模块基于机载 GPS/IMU 数据进行激光扫描仪点云轨迹解算。管家内置 DV-LiDAR20 安装参数，无须过多操作，即可进行紧耦合差分解算，输出点云轨迹文件，如图 11.13 所示。

图 11.13　智理图点云轨迹结算图

2. 一键式点云解算

基于点云轨迹文件和解析后的激光文件（将原始 rxp 文件解析为 sdc 文件），采用无人机管家"智激光"进行点云解算，其技术流程如图 11.14 所示。软件可根据设备编号读取云端激光雷达设备检校参数，即可快速输出点云数据，如图 11.15 所示。

3. 航带间质量检查/航带平差

大多数情况下航带间不存在点云分层的情况，个别飞行架次受轨迹精度、激光测距精度和激光检校参数微变的影响出现点云分层情况，需要进行特征提取和航带平差消除点云分层的现象，提高数据精度。利用无人机管家"智激光"质量检查工具生成点云分层图，颜色越深代表航带分层越严重，重点关注路面、房顶处的颜色。如图 11.16 所示，航带之间无重要分层，因此无需进行航带平差。

4. 点云预处理

由于点云中存在噪点，利用无人机管家"智激光"点云去噪工具去除噪点，否则将会影响点云后续处理，去噪按照默认参数（邻域点数 10，标准差倍数 80）。

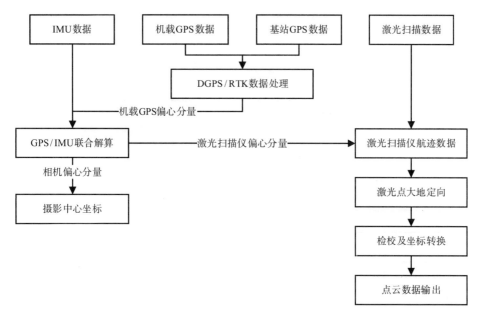

图 11.14 点云解算技术流程图

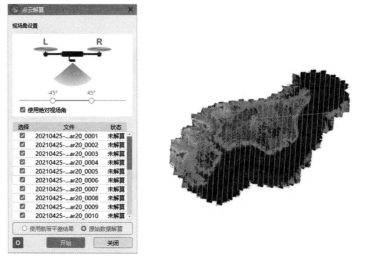

图 11.15 一键式点云解算

外业飞行设置旁向重叠率 60% 来确保点云成果不存在漏洞现象，在实际的内业数据处理过程中需要对航带间重叠部分点云做剔除，以达到减小点云数据量，加快点云处理效率的目的。利用智点云冗余剔除工具，软件根据轨迹与点云的位置对多余点云进行剔除。

DV-LiDAR20 激光雷达模块标配航测相机，在获取点云数据的同时还可获取正射影像，可以直接使用正射影像对点云进行赋色，输出标准彩色点云。

进行点云的去噪、去冗余、坐标转换等预处理，输出满足成果要求的标准点云成果，如图 11.17 至图 11.22 所示。

5. 点云后处理

DV-LiDAR20 激光雷达模块标配航测相机，在获取点云数据的同时还可获取正射影像，可以直接使用正射影像对点云进行赋色，输出标准彩色点云，也可单独使用无人机管家"智拼图"输出

DSM 及正射影像。该地区由于树木稀少，仅需要少量人工编辑，即可输出数字地面高程模型 DEM 用于后续分析，如图 11.23 所示。

图 11.16　点云分层检查图

图 11.17　去噪参数设置

图 11.18　点云去除冗余

图 11.19　点云赋色

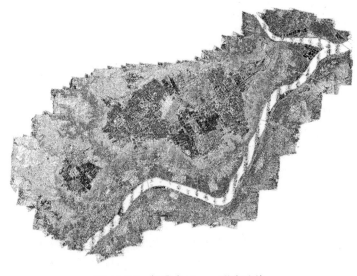

图 11.20　标准点云——强度渲染

图 11.21 标准点云——航带渲染

图 11.22 台地的标准彩色点云展示

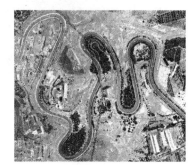

(a) 正射影像　　　　　　　　　(b) 标准点云成果强度渲染

图 11.23 正射与标准点云成果——强度渲染

6. 应用分析

借助点云及正射数据可以对测区滑坡情况进行定性及定量分析，定性分析主要通过正射影像对一些滑坡体或者一些孕育滑坡的地裂缝进行目视解译，定量分析是利用真实地表的 DEM 数据提取山体阴影、坡度、等值线和粗糙度等精细微地形地貌参数，分析地质灾害特征要素，例如坡度和等高线等 DEM 衍生因子可以刻画出滑坡的线性特征，对于辅助圈定滑坡边界具有重要作用，如图 11.24 所示。

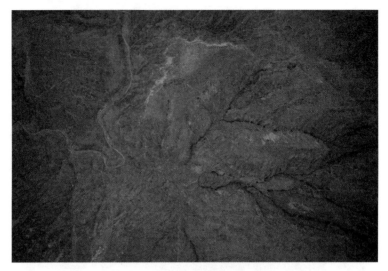

图 11.24 潜在滑坡体正射影像细节

利用 DEM 及其衍生数据，可以对滑坡进行进一步分析，如图 11.25 所示。

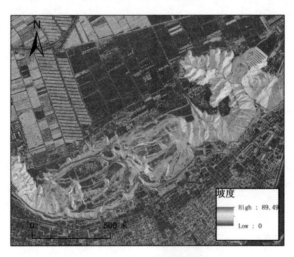

图 11.25 台地附近坡度情况

11.1.7 系统应用优势

智能 UAV 调查监测数据采集系统可有效避免地面周围环境、地理形势等干扰因素，作业安全，人力投入成本低、作业效率高。

1. 高时效性、高效率

智能 UAV 调查监测数据采集系统具有高时效性、高效率的特点，一个架次即可完成大面积测区的数据采集，且可同时获取多源数据，包括点云数据、正射、倾斜数据等。

2. 外业到内业一体化操作

智能 UAV 调查监测数据采集系统在调查监测领域已经拥有从外业到内业一体化的解决方案，从外业飞行到内业数据处理都可以通过相关软件完成相关设置及处理，并且操作便捷、耗时短。

3. 可搭载多种传感器

智能 UAV 调查监测数据采集系统可以挂载多种载荷一键切换，设备利用率高，可以挂载单镜头正射相机、五镜头倾斜相机、激光雷达等载荷，实现多源数据的获取，这为更加准确的灾害预警预报提供了强有力的数据支撑。

4. 作业环境限制小

除了应用在常规滑坡调查监测场景下，无人机也可应用于灾后的应急调查监测，值得强调的是，所搭载的雷达载荷在夜间、雨天和雾霾天气也可以完成作业任务。

11.1.8 建设单位介绍

深圳飞马机器人科技有限公司，拥有 200 人的研发团队，在北京、深圳均设有研发中心。近 10 年的无人机行业技术积累及市场经验，结合信息技术领域产品设计、工业化制造经验，致力于提供软硬件一体化、便捷易用的小型无人机产品。深圳飞马机器人科技有限公司获国家高新技术企业认证、IOS9001 质量管理体系认证及乙级测绘资质，已申请取得发明专利 57 项、软件著作权 45 项、实用新型专利 65 项、外观专利 14 项。公司经营范围涵盖机器人设备、航空电子设备、自动控制设备、无人驾驶航空器、电子元器件、计算机软件的技术开发、销售；机器人设备、航空电子设备、自动控制设备、无人驾驶航空器、电子元器件、计算机软件的生产；无线电数据传输系统技术开发；软件技术信息咨询；经营进出口业务、无人机航拍服务、数据处理服务。

深圳飞马机器人科技有限公司具备自动驾驶仪核心算法、自动驾驶仪硬件架构、飞行器气动设计、飞行器结构设计、应用软件开发、数据处理软件开发、射频产品开发、生产加工的全自主知识产权及全产业链整合的产品能力。

11.2 中航时固定翼无人机航空应急测绘系统

我国自然灾害种类多，分布地域广，发生频率高，严重影响了国家经济的稳定发展、社会的和谐稳定、百姓的安居乐业。当前，自然资源部门正处于全面提升自然资源治理体系和治理能力现代化的关键时期，对自然灾害等应急突发事件提供快速的测绘保障服务需求迫切，任务艰巨。中航时固定翼无人机航空应急测绘系统响应快、监测快、成果快、支撑服务快，能够第一时间为决策和管理提供第一手的资料和数据支撑，是监测自然资源灾害突发事件的重要手段。

11.2.1 系统简介

根据国家航空应急测绘保障能力建设项目方案要求，在现有应急测绘资源基础上，重点建设和强化国家航空应急测绘能力、国家应急测绘保障分队能力、国家应急测绘中心能力以及国家应急测绘资源共享能力，并通过"远近结合、高低搭配"的方式建设中航时固定翼无人机应急测绘系统、短航时固定翼无人机航空应急测绘、无人机直升机航空应急测绘系统，实现特别重大突发事件现场图像等信息力争 4 小时之内传送到国务院应急平台和为覆盖我国 80% 以上的陆地国土和沿海重点区域提供航空应急救援保障。

其中，中航时固定翼无人机应急测绘系统包括中航时固定翼无人机分系统、任务载荷分系统、地面指挥控制分系统、综合保障分系统、运输设备分系统，旨在形成远距离、全天时、多类型突发事件现场信息的快速获取、传输及处理能力，"第一时间"为应急救援决策及突发事件应急处理提供全面、动态的信息服务保障。全国 8 个配备彩虹 -4 无人机的航空应急测绘保障基地分布及保障范围如图 11.26 所示。

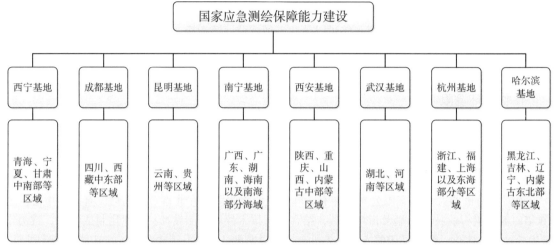

图 11.26   8 个航空应急测绘保障基地及覆盖范围示意图

11.2.2   建设目标、思路与业务流程

1. 系统目标

将我国 80% 以上的陆地国土和沿海重点区域"第一张图"在 4 小时之内传送到国务院应急平台，为国家重特大突发事件提供应急信息保障和决策支撑。

2. 建设思路

国家航空应急测绘能力承担着突发事件区域的信息快速获取和现场处理任务，是整个国家应急测绘保障体系的重要源头，为应急测绘快速处理和服务保障提供现场遥感信息支撑。基于以上要求，中航时固定翼无人机应急测绘系统主要从加强系统适应性、提高布局合理性、强化方案科学性三个方面，根据应急场景的实际需求进行优建设，中航时固定翼无人机航空应急测绘系统能跨省区快速获取任务，可在突发事件 900km 外起飞，具有航时长、采集效率高、抗恶劣天气能力强、获取信息种类多等特点，适宜于应对重大自然灾害、重点区域的信息获取需求。

该系统是以中航时固定翼无人机为平台，一体化高度集成航测相机、轻小型 SAR、光电吊舱、定位定姿系统和集成座架，实现视距和超视距链路与指控分系统双备份安全冗余设计目标，实现基于中大型无人机航空应急测绘的国家航空应急救援体系架构和建设目标。

3. 业务流程

中大型无人机航空应急测绘系统在应急任务指令下达后，及时飞抵灾区实时获取灾情现场数据并实时传输，完成影像数据处理，快速形成"第一手资料"，为应急救灾提供决策支撑，应急测绘的流程如下：

（1）灾情发生后，接到航空应急飞行任务指令，应急准备，并行启动应急飞行任务。

（2）无人机搭载适宜任务载荷（光学面阵传感器、轻小型 SAR 以及光电吊舱）飞往突发事件或自然灾害应急现场，完成全天候、全天时的应急测绘任务。

（3）由视距链路指挥控制（200km 内）无人机飞行作业。

（4）超视距链路控制（超出 200km）无人机飞行作业及获取信息传输。

（5）获取航空遥感数据，用于后期地面处理形成应急灾情现场重点区域一张图。

（6）实时回传视频信息至机场基地和应急中心，用于分析应急现场灾情指导应急救灾。

（7）地面快速处理，制作灾情影像图，提供用于救灾决策的影像资料支撑。

（8）将数据成果及原始数据传输至国家应急中心，为应急处置提供第一手资料，同时也为灾后重建工作等提供最新数据支撑。

11.2.3　系统架构

1. 系统体系架构

中航时固定翼无人机航空应急测绘系统由飞行器、传感器、指挥控制平台、综合保障平台和运输设备组成。其中，传感器包括光学面阵传感器、轻小型 SAR、可见光 / 红外视频光电吊舱、定姿定位系统和集成座架，可一体化集成在飞行器中，在复杂条件下全天时作业并协同快速获取突发事件现场光学影像、雷达数据、视频信息等多源多维灾情地理信息，实现对获取数据的实时传输、快速处理和精细化产品生产。与此同时，传感器与飞行器、指挥控制平台、综合保障平台具有可扩展性，能够扩展集成 LiDAR、高（多）光谱等其他任务设备开展测绘作业。

中航时固定翼无人机航空应急测绘系统是突发事件现场信息的重要获取渠道之一，主要用于承担跨省级、重特大突发事件现场重点区域的遥感影像获取任务，满足应急测绘"第一张图"的获取需求。通过无人机搭载传感器等任务载荷，远距离起飞并获取突发事件现场信息。飞行过程中，将获取的视频信息实时回传至国家应急中心；落地后，在基地快速制作灾情影像图，通过有线网回传，进行后续处理，如图 11.27 所示。

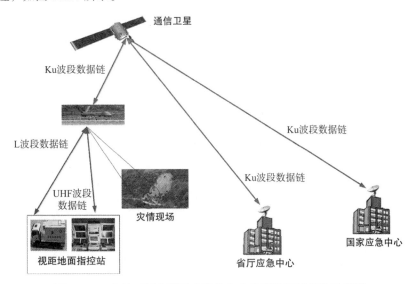

图 11.27　中航时固定翼无人机航空应急测绘系统架构示意图

2. 系统工作流程

在接收到应急测绘调度系统发出的航空应急测绘指令后，中航时固定无人机应急测绘系统负责承担突发事件现场遥感影像信息的快速获取工作，具体工作流程如图 11.28 所示。

（1）在接到任务指令后，完成人员集结与设备准备工作。

（2）根据突发事件所在的位置和周边地理环境，制定航摄应急方案，确定飞行轨迹、飞行高度、航摄范围等信息，与相关部门协调空域。

（3）根据突发事件类型、时间（白天或夜间）和气象条件，装载适合的传感器。

（4）完成起飞前的设备检查与起飞准备，等待塔台的起飞指令。

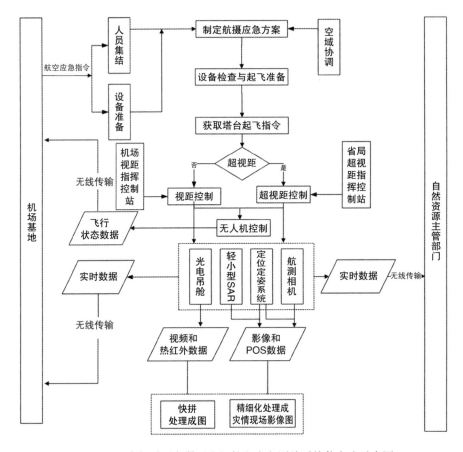

图 11.28　中航时固定翼无人机航空应急测绘系统信息流示意图

（5）得到起飞指令后，通过视距链路设备控制飞机起飞，如超出视距链路设备指挥范围，则通过超视距链路设备控制飞机飞行状态。无超视距链路的基地，由其他具备超视距指挥条件的基地托管。

（6）控制传感器工作状态，获取突发事件现场信息。

（7）通过卫星通信手段，将飞行器状态信息、光电吊舱获取的现场信息通过实时传输到应急测绘调度系统。

（8）通过无线电或卫星通信手段，将光电吊舱获取的现场信息实时传输到综合保障平台进行快速处理。

（9）在飞行过程中，将实时回传的现场信息快速处理成现场影像快速镶嵌图，并通过无线通信网络传输至国家应急测绘资源数据共享平台主节点。

（10）通过视距链路控制飞机降落。在飞机落地后，快速处理光学面阵传感器、轻小型 SAR 以及定位定姿系统获取的信息，生成重点区域灾情现场影像图成果数据，连同各种传感器获取的原始影像数据一并传输或运送至国家应急测绘资源数据共享平台省区节点，通过有线网络汇集至国家应急测绘资源数据共享平台主节点。

3. 系统网络架构

中航时固定翼无人机链路系统主要由 L/UHF 双波段视距数据链、Ku 波段卫通数据链、地面指挥控制站组成。

视距数据链中 L 波段视距链路作为主链路，采用上行窄带和下行宽带非对称形式，上行用于传输遥控指令，下行用于传输遥测和侦察信息。UHF 波段视距链路作为副链路，上、下行分别用于传输遥控指令、遥测数据窄带信息。

卫通链路由机载站和地面站组成。地面站为 4.5m 固定地面卫通站。机载站主要由机载卫星通信天线、55 瓦 Ku 波段卫星功放、机载卫通终端（调制解调器）三部分组成，实现飞机的超视距控制、遥测及其他业务载荷 IP 数据的传输。

4. 系统架构特点

该系统充分考虑到中大型无人机飞行平台的大载重及长航时的突出优势，集成挂载多任务载荷并结合不同任务载荷的作业特点，将航测相机和轻小型以及光电吊舱高度集成，构建了基于彩虹 –4 无人机飞行平台的多任务载荷一体化新型航测系统。

通过多载荷航线一体化设计，实现多任务载荷协同作业，一方面获取到任务区现场的有效载荷数据；另一方面可提升任务区现场的载荷作业效率，确保任务数据的完整性和有效性。

11.2.4　系统设计

1. 飞行平台

飞行平台采用彩虹 –4 无人机，该机型是中国航天科技集团有限公司第十一研究院研制的中空长航时无人机，具有挂载能力强等特点，自动化程度高，部署快速灵活，安全可靠，操作简单方便，用户可快速掌握并实际应用。

2. 多任务载荷集成

针对设计需求，研制方案将航测相机与 SAR 载荷集成于一体，该方案使用了两镜头 IXU1000-RS90mm 航测相机、轻小型 SAR、稳定平台、惯导等设备。

航测相机和 SAR 的关键测量器件通过机械结构安装于稳定平台的滑环之下，IMU 单元固联于稳定平台的滑环之上，形成测量单元的一体化、刚性捷联安装。航测相机的处理单元、SAR 的主机、POS 的处理单元以及其他辅助单元都安装于飞机载荷舱内，通过电缆与测量单元构成各自的分系统。

3. 系统安全设计

无人机在正常飞行过程中，发生上行链路故障，即无人机无法接收到地面指令，如果上行链路中断持续超过设定时间，飞机自动寻找最近的返航点（航路设计时设置返航点），飞至返航点后，进入下滑航线直至降落。

航测相机、轻小型 SAR 以及光电吊舱构建的任务载荷分系统由彩虹 –4 无人机集中供电，并可在任务载荷分系统发生意外故障，出现短路时主动切断无人机对一体化集成载荷观测分系统的供电，最大限度保护无人机的飞行安全。

11.2.5　系统功能及应用

1. 系统介绍

CH-4 中航时固定翼无人机航空应急测绘系统具有航时长、获取效率高、抗恶劣天气能力强、获取信息种类多等特点。适宜应对重大自然灾害、重点区域的信息获取需求，可为重特大突发事件提供现场信息快速获取、高效处理，可承担跨省区的快速获取任务。系统包括无人机飞行平台分系统、任务载荷分系统、地面指挥控制分系统、综合保障分系统、运输设备分系统。

2. 系统功能模块

（1）无人机平台。无人机平台是无人机系统的重要组成部分，是集成任务设备和开展任务的基础平台，用于承载任务载荷、测控与信息传输分系统的机载设备等，如图 11.29 所示。

图 11.29 彩虹 –4 无人机飞行平台

（2）测控与信息传输分系统。测控与信息传输分系统由视距数据终端、指挥控制设备组成，如图 11.30 所示。采用 L 波段和 UHF 波段数据链（备份链路）进行视距控制。

图 11.30 指挥控制站

（3）任务载荷分系统。彩虹 –4 无人机任务载荷分系统包括光电载荷、SAR、光学面阵传感器，如图 11.31 所示。

(a) 光电载荷   (b) 光学面阵传感器

图 11.31

（4）综合保障分系统。综合保障分系统由转场运输设备、飞行保障设备、通用维护设备、专用维护设备等部分组成。

3. 系统的功能特点和创新性

（1）中航时固定翼无人机航空应急测绘系统研制。中航时固定翼无人机航空应急测绘系统是一种由卫通和视距双备份冗余设计链路将任务载荷和中大型无人机飞行平台有机连接的新型航空应急测绘平台，系统构建了基于中航时固定翼无人机的灾情地理信息快速获取、高效处理、实时传输、快速报送、互联互通的"空天地一体化"应急测绘保障体系，有力提升了各地区应急测绘综合保障能力，为完善各地区应急测绘保障体系，为各地区科学防灾减灾救灾工作及"两服务、两支撑"提供设备保障和技术支持。

（2）多任务载荷一体化集成。无人机航空应急测绘系统有标准化、可扩展的数据通信、电气及结构安装接口，配备了基于彩虹–4无人机飞行平台的高精度、高可靠性的航空遥感一体化集成新型航摄仪。

系统有实现航测相机和轻小型SAR多任务载荷分系统，有一体化集成的共用座架（稳定平台）和定位定姿系统（POS）。

（3）机上航空影像实时处理。系统突破了机上影像自动无控快速处理关键技术，在国内首次实现了工业级航摄仪实时影像处理，可实现应急测绘"第一张图"的快速生产。

4. 平战结合应用

系统"平战"结合，旨在确保"战时"装备及时调度到位、完成应急测绘保障任务基础上，为地质灾害隐患排查、海洋灾害防治、基础航测、自然资源重点调查监测以及规划、督察、执法等工作提供技术支持，为自然资源"两统一"职责履行提供保障。

（1）战时任务：

① 发生自然灾害时，第一时间获取灾区现场数据，4小时内提供成果保障。

② 事后利用原始数据和像控点生产高精度的数据产品。

（2）非战时任务：

① 执行常规监测任务，满足基础航测要求。

② 事后利用原始数据和像控点生产高精度的数据产品。

11.2.6 系统特征

1. 系统性能

飞行系统的性能直接决定彩虹–4无人机的观测能力，如表11.2所示，最大载荷重量达到345kg，可同时搭载多种传感器，如光学面阵传感器、激光雷达、SAR和多光谱等，在搭载100kg载荷时，巡航速度为150km/m时，可飞行4320km。

表11.2　飞行平台主要参数

机型型号	CH–4
最大起飞重量	1330kg
载重重量	345kg
作业半径	< 200km（无线电通视） > 2000km（卫星波束覆盖范围内）
巡航速度	150 ~ 180km/h
最大航时（h）	> 25h（100kg载荷）
最大实用升限	7500m（海拔高）
飞行环境要求	在云中、中雨以下条件 安全飞行15min
导航方式	惯导 +GNSS
起降方式	水平轮式
工作温度	–40℃ ~ 40℃

另外，彩虹–4无人机搭载了光学面阵传感器、miniSAR、光电吊舱（光学和热红外视频）和定位定姿系统。光学面阵传感器像元尺寸为0.46nm，可满足1:500到1:2000等大比例尺的成图要求；miniSAR有效作业距离为6000m，空间分辨率在条带模式下优于0.3m，聚束模式下优于0.15m。

2. 系统效率

自然资源调查监测要解决第一时间掌握任何时间、任何地点、任何要素的任何变化的问题。针对年度更新、重点区域和重点要素的专题测绘、应急测绘等，可发挥彩虹－4 无人机在线状区域和面状区域的数据获取优势，提供实时的光学视频、热红外视频和快拼影像等数据，准实时的应急指挥图、专题图、测绘成果图，非实时的线上地理信息服务。

彩虹－4 无人机的数据采集效率直接决定其在自然资源调查监测的能力。彩虹－4 无人机的光学影像和 SAR 影像采集效率详见第 12 章。

11.2.7　应用效果

系统将在国家和地方重特大突发事件发生时，用于现场信息采集、影像高效处理、多源数据融合、现场信息数据实时传输，"第一时间"将现场信息传输到国家和地方应急指挥中心，为应急救援提供成果保障和决策支撑，大幅度提高救援效率，为最大程度减少生命财产损失并提升经济与社会效益提供可靠支撑，具有轻小型无人机和有人机不可比拟的先天优势，已在自然灾害应急测绘保障中发挥重要作用，在保护人民生命财产安全方面彰显其重要社会意义。

1. 航空物探

彩虹－3 航空物探（磁放）无人机系统，2012 年开始筹备，2015 年开展规模化应用，并于2017 年完成赞比亚航空物探项目，全球首例航空物探彩虹－3 无人机磁放综合测量系统，解决了超低空沿地形起伏飞行等关键技术，获得中国地质调查十大进展、中国地质科学院年度十大科技进展等诸多奖项。2019 年，彩虹－4 无人机在西北某地圆满完成航空物探试验飞行，此次试验为彩虹－4 无人机以后执行航空地球物理领域相关任务打下了坚实基础，为我国增添了一款新的航空物探利器。

此次飞行为彩虹－4 无人机首次物探飞行，是中国自然资源航空物探遥感中心承担的国家重点研发计划项目"航空磁场测量技术系统研制"的重要组成部分。

试验飞行结果表明，彩虹－4 无人机速度快，效率高，使用劳力少，能在短期内取得大面积区域的探测资料；并能克服不利的地理、地形以及气候条件的限制，了解地球物理场随高度的变化情况，为解释地质构造现象和找矿提供更多的信息，为航空物探作业提供高效支撑。

2. 森林防火

2017 年，凭借优异的效费比，森林防火彩虹－4 无人机系统成功中标大兴安岭无人机采购项目，如图 11.32 所示。此项目为首个民用彩虹－4 无人机项目，充分利用彩虹－4 无人机成熟的察打一体技术搭载灭火弹，发现火情即"打火"，使森林火情不过夜。

图 11.32　在漠河机场投入森林防火作业的彩虹－4 无人机

3. 海洋应用

彩虹-4无人机具有很强的任务设备装载能力，可以同时搭载卫星通信设备、光电载荷和多种传感器，其航时、航程、载荷能力等主要技术指标均能够满足海洋环境监测、海事维权监管、海岸带资源等调查监测，为海岸线类型、长度、围填海情况，红树林保护，滩涂资源和近海养殖调查，陆源污染入海监测等提供精度高、时效性强的光学和SAR数据，如图11.33所示。

图 11.33　彩虹-4无人机在海洋监测的应用示例

4. 应急监测

2021年4月5日15时，四川凉山木里火情再次告急。即报系统显示木里县博科乡发现热点。4月6日凌晨6时起，中航时固定翼无人机多次在重点区域开展火情应急巡护。鉴于四川凉山木里火场风力大、地形复杂，火势有进一步蔓延的风险，应省（局）前线指挥要求，中航时固定翼无人机于8日上午再次起航，通过无人机系统一体化集成的光电吊舱、轻小型SAR以及航测相机实时获取灾情现场信息，结合云服务平台，使得各参战单位能够实时共享由卫通和视距链路实时传输的光电视频和航测相机高清灾情数据，用于研判木里现场火情态势、蔓延方向及火线轨迹，如图11.34所示。通过光电视频关键帧自动完成快速拼接处理，"第一时间"形成"第一张图"，并回传至后方指挥中心，快速测量火线长度、着火面积，为前线及时扑救、开展火情灾损统计分析等应急救援工作提供科学支撑。

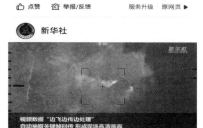

图 11.34　无人机应用于森林火灾救援数据 获取

此次飞行，中航时固定翼无人机沿途航程近800km，历时4小时的航摄过程中，有效监测面积7000km²，再次圆满完成木里县森林火灾应急测绘保障任务，开创了中大型无人机森林草原防灭火应急巡护监测的新典范。2021年4月12日起，中航时固定翼无人机再次在三州高火险区开展日常监测巡护，为四川省森林草原防灭火发挥无人机系统优势，提供设备保障和技术支撑。

按照项目总体实施计划及"平战结合"要求，已在广西、浙江、云南、湖北、四川、青海等基地开展了长航时的基础航测任务，为自然资源调查监测等应用提供可靠支撑。

彩虹-4无人机可发挥长航时、大载重的突出优势，融合创新，挖掘面向多领域、多场景、多类型任务执行的市场需求，应用于地灾监测、森林防火、基础航测、应急测绘、智慧城市、巡查巡护、城市规划，服务于自然资源、水利、林业、应急管理等部门。

11.3　普适型 GNSS 接收机在调查监测中的应用

在自然资源调查监测工作中，GNSS 接收机是必不可少的高精度位置信息获取工具。GNSS 接收机在如房屋面积核查、违法住宅占地量算、非法占用耕地调查等需要高精度位置信息的调查监测工作中发挥着重要作用。当前，自然资源调查监测工作经常需要在卫星信号或差分信号被遮蔽严重的地方开展，大部分的外业调绘工作者在使用传统 GNSS 接收机时，受"杆到点测"测量模式的影响，不仅使得工作进度缓慢，还对工作者的自身安全带来一定的影响。为此，提出基于惯导 RTK 和激光测距的组合技术，研发一款普适型 GNSS 接收机设备，目的是解决调绘人员进行现场自然资源数据采集"难"的问题，该设备能更好地辅助各地方的自然资源管理部门完成调查监测工作。

11.3.1　研发背景

为加快建立自然资源统一调查、评价、监测制度，如何快速、准确、有效地获取地物信息已经成为各自然资源单位关注的重点问题。自然资源调查监测主要采用的技术手段是通过对卫星可见光影像进行人工判读，但是受卫星影像分辨率及复杂地貌的限制，很多时候无法精准获取自然资源的位置、类别、面积等信息。

随着全球导航卫星系统测量技术应用不断广泛，实时动态测量不仅能在工程领域方面逐渐代替部分常规测量方法，并且在自然资源调查监测工作中成为一种有效的弥补手段。2018 年 11 月，国内发布了第一款惯导 RTK 接收机，惯导 RTK 技术的出现，实现了无对中即可获取厘米级的待测目标点坐标数据，大大提高了自然资源调查监测的工作效率，但其仍然存在一些不足，例如在进行耕地违法占用调查时，通常要面对高陡坎、房屋拐角、檐廊等恶劣的测量环境，该技术需要外业调绘人员手持接收机到违法特征点点位上进行倾斜测量，对于受遮挡稍大的位置，即使进行倾斜测量，受到对中杆长度和倾斜范围的限制，也难以获取卫星电磁波信号或基站差分信号，致使无法实现厘米级定位；在进行林权精准调查时，通常需要精准的面积信息，受大范围植被遮挡的影响，外业调绘人员在卫星信号和基站信号薄弱的地方，需要把对中杆伸长至几米的长度，这时仪器在倾斜状态下，对中杆会出现严重的弯曲变形情况，进而影响待测地物特征点的点位精度；自然资源调查监测工作过程中，通常需要采集一些特殊地物的精准位置信息，由于该技术"杆到点测"的测量模式，导致外业调绘人员经常需要面对着陡崖、涵洞、高压电线塔等复杂的危险地物，对其安全造成一定的威胁。

针对以上问题，研发单位提出利用惯导 RTK 技术和激光测距技术相结合，研发了普适型 GNSS 接收机。该接收机实现了设备对地物特征点进行无接触遥测，便可获取厘米级精度的三维坐标信息，为自然资源调查监测或工程测量中的地物特征点测量工作提供一种精度更优、效率更高、安全性更好的数据采集方法，使工作人员在外业调绘时，无需行走至待测点位上，只需在距离待测物的有效范围内（15m 以内），通过设备的激光遥测功能，便可获取自然资源调查监测中所需要的地物特征信息，为各个地方的自然资源部门快速、准确地提供可靠的调查监测数据。

11.3.2　系统设计

普适型 GNSS 接收机由三大模块组成：GNSS-RTK 模块、惯导姿态模块、带摄像功能的激光测距仪模块。三大模块同步输出航向角、横滚角、俯仰角、天线相位中心坐标、目标距离参数，通过蓝牙同步传输至手簿进行数据处理，解算得到取待测目标点的三维坐标信息，系统流程如图 11.35 所示。

由图 11.35 可知，通过在惯导 RTK 接收机上搭载一个带摄像功能的激光测距仪，并集成于接收机中，通过极坐标法和几何关系，利用集成惯导 RTK 接收机所提供的天线相位中心坐标、航向

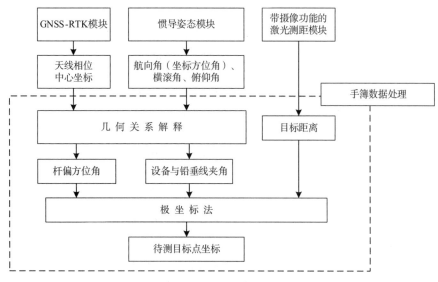

图 11.35 系统流程

角（已校正至坐标方位角）、俯仰角、横滚角、目标距离等参数对待测目标实时解算，最终得到激光照准点的三维坐标信息。

普适型 GNSS 接收机包含两种设备：一种为带对中杆的激光遥测 RTK 设备，在工程测量、路桥施工、建筑施工等方面较为适用；另一种为便携式带激光测高功能的 RTK 设备，在自然资源调查监测、立面测量、智慧城市部件采集等方面较为适用。

1. 带对中杆的激光遥测 RTK 设备技术实现流程

带摄像功能的激光测距仪集成在惯导 RTK 接收机中，如图 11.36 所示，激光发射点 o 与天线相位中心 $gpso$ 的连线与对中杆延长线共线，激光发射点位于天线相位中心的正下方，固定距离为 d；如图 11.37 所示，激光束测距方向与惯导 RTK 接收机的航向角基准轴（y 轴）平行。设备外观如图 11.38 所示。

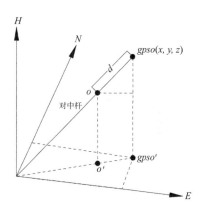

图 11.36 激光发射点位置示意图

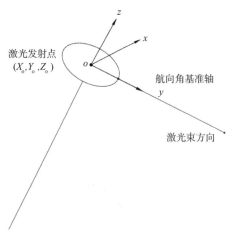

图 11.37 激光束方向示意图

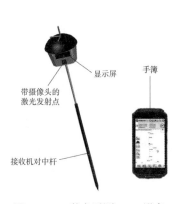

图 11.38 激光遥测 RTK 设备

具体实现过程：

（1）惯导 RTK 接收机倾斜初始化。由于该类型设备利用对中杆辅助测量，所以倾斜初始化采用的方法为"定点摇一摇"或"定点转圈圈"，目的是快速将惯导姿态模块的自由航向角校正至坐标方位角。

（2）待测目标点激光测量。利用设备接收机的激光束对准待测目标点，同时结合手簿上的激光图传信息，完成对待测目标的信息采集。采集包括天线相位中心坐标、三轴姿态角、激光距离。

（3）手簿计算目标点坐标。设备接收机采集完成的天线相位中心坐标、航向角、俯仰角、横滚角、目标激光距离等信息发送至手簿进行解算。首先，利用几何关系解释法对采集的信息进行杆偏方位角、设备与铅垂线夹角的解算，最后利用极坐标法对杆偏方位角、设备与铅垂线夹角、激光目标距离、天线相位中心坐标等参数进行待测目标点的三维坐标解算。

2. 便携式激光 RTK 设备技术流程

将手柄、测量键、激光测距仪集成于惯导 RTK 接收机，利用激光测距仪替代原本倾斜 RTK 技术的对中杆，如图 11.39 所示，激光发射 S 点位于天线相位中心 o 的正下方，固定距离为 d；手柄位于惯导 RTK 接收机纵向侧面；物理测量键位于手柄前侧。利用惯导 RTK 接收机和激光测距仪传输的参数，通过极坐标法和几何关系实时计算待测目标的三维坐标，并且实时显示、存储在手簿内。具体设备外形如图 11.40 所示。

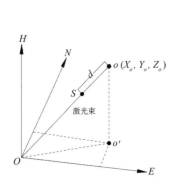

图 11.39　激光发射点位置示意图

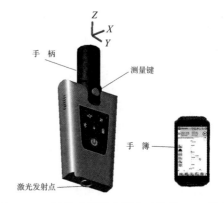

图 11.40　便携式带激光测高功能的 RTK 设备

具体实现过程：

（1）惯导 RTK 接收机倾斜初始化。由于该类型设备利用带摄像功能的激光测距仪替代了传统 RTK 技术的对中杆，所以倾斜初始化采用的方法为"举着走一走"，目的是快速将惯导姿态模块中的自由航向角校正至坐标方位角。

（2）待测目标点激光测量。利用设备接收机的激光束对准待测目标点，同时结合手簿上的激光图传信息确定目标具体位置，然后按下接收机侧面的物理测量键，完成对待测目标的信息采集。信息采集包括天线相位中心坐标、三轴姿态角、激光距离。

（3）手簿实时计算目标点坐标。接收机采集完成的天线相位中心坐标、航向角、俯仰角、横滚角、目标激光距离等信息发送至手簿进行解算。首先，利用几何关系解释法对采集的信息进行激光束坐标方位角、激光束与铅垂线夹角的解算，然后利用极坐标法对激光束坐标方位角、激光束与铅垂线夹角激光目标距离、天线相位中心坐标等参数进行待测目标点的三维坐标解算。

11.3.3 功能特点

1. 功能概述

普适型 GNSS 接收机基于惯导 RTK 和激光测距的组合技术，能对自然资源调查监测中的各种复杂难测的地物进行测量，辅助各自然资源管理部门掌握辖区内每一块自然资源的类型、面积、范围等方面的变化情况，还能应用于工程测量中的工程放样、大比例测图、城市地籍测量、悬挂地物信息采集等项目，如图 11.41 所示。

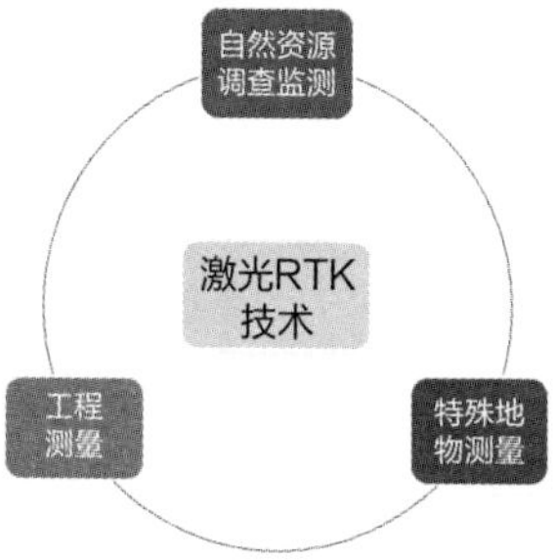

图 11.41 技术应用项目

相比传统 RTK 技术和惯导 RTK 技术，基于惯导 RTK 和激光测距的组合技术在工程测量中能发挥更大的作用。在大比例尺测图和城市地籍测量项目中，在一定范围内，利用惯导 RTK 和激光测距的组合技术生产的接收机置于信号良好的地方，将接收机激光束对准待测物，通过无接触遥测的方式实现对待测物的坐标信息采集，避免了接收机在卫星电磁波信号或基站差分信号薄弱的地方出现信号丢失的问题；在工程放样中，该技术可快速锁定待放样位置的方位及具体坐标；在悬挂地物信息采集方面，传统的测量技术在悬挂地物测量或室内信息采集方面，通常利用全站仪极坐标法，并且至少需要 2 个测量人员配合才能完成采集工作。而基于惯导 RTK 和激光测距的组合技术，在距离待测物的一定距离内，只需将接收机置于信号良好的地方，在倾斜或居中的状态，利用激光束对准待测物便可完成单人单机三维坐标信息采集。

基于惯导 RTK 和激光测距的组合技术在自然资源调查监测中能够发挥巨大优势。目前，自然资源调查监测所使用数据源主要以卫星影像判读为主，外业调绘为辅。由于卫星影像的投影方式为正射投影，在通过卫星影像判读进行调查监测的过程中，房屋、耕地、坑塘等地物容易受其上方的植被覆盖影响，致使卫星影像无法对现场重要地物进行定期监测，所以需要通过外业调绘辅助完成监测任务。传统的 RTK 技术和惯导 RTK 技术受"杆到点测"的测量模式影响，难以在自然资源调查监测中发挥作用。而利用基于惯导 RTK 和激光测距的组合技术能使 RTK 测量在自然资源调查监测中发挥极大的作用，只需将接收机置于其卫星、差分信号良好的地方，将接收机的激光束对准所需测量的自然资源地物特征点便可完成点位数据采集，并在能手簿界面实时编辑地物权属属性以及实时显示地物范围面积，辅助地方部门"早发现、早制止、早决策"。

2. 具体功能

1) 自然资源调查监测

（1）房屋占地面积核查。由于卫星影像的成图分辨率过低，并且在精度方面远不如传统测量方法，所以可利用该设备完成房屋占地面积的调查核实工作。在房屋密集的测量环境中，受卫星信号和差分信号的影响，测量人员难以将 RTK 设备置于在房角点位上采集坐标数据，但利用本技术生产的设备，可将接收机置于信号良好的地方，通过"激光遥测"的测量模式便可完成房角坐标信息采集。

（2）违法建筑占地现场量算与记录。违法建筑，主要类型有未取得用地批复、施工扩建、占用非建设用地等。如图 11.42 所示，自然资源执法部门可利用本技术生产的设备对违法建筑进行现场测量，然后通过手簿完成现场面积量算和权属属性记录，结合地方自然资源管理部门提供的土地利用底图等业务数据判断建筑的违建程度，配合地方自然资源管理部门完成处罚工作。

（3）非法占用耕地监测。目前，农村存在许多非法占用耕地的情况，比如建房、挖沙、建坟、取土等。针对这些小面积的耕地非法占用行为，卫星影像无法完成精确监测，可用激光惯导 RTK 设备完成现场测量取证。如图 11.43 所示，利用激光惯导 RTK 接收机采集非法占用耕地边界，通过手簿可及时查看占用情况，并且能在手簿上编辑非法占用耕地的类型等信息。

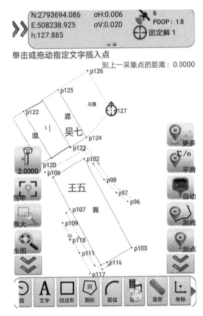

图 11.42　违法建筑占地现场量算与记录

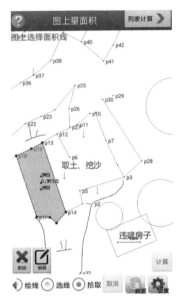

图 11.43　非法占用耕地监测

（4）水资源监测。国家水资源储备包括河川径流、地下水、湖泊水、海水等。许多河川径流、湖泊的面积覆盖小或受大面积植被覆盖遮挡，导致卫星影像无法完成精确图斑判读，进而影响各自然资源管理部门的水资源定期储备估算。如图 11.44 所示，在进行对向河道测量时，如果按利用传统 RTK 模式，则需测量员移动置待测点位置方可完成测量工作，而利用本技术所生产的设备，只需将接收机激光束对准待测物，通过无接触遥测的方式便可实现对河道特征点的坐标信息采集，极大程度地提高了测量员的安全性和效率性，并且能提供精确的水资源监测数据。

图 11.44　水资源监测数据采集

（5）湿地监测。由于湿地跟坑塘、耕地、山地等相比，在地貌上具有一定的相似性，导致无法在卫星影像上完成可靠的人工判读，所以以湿地监测一直是自然资源监测工作的难点问题，一般都需要外业调绘人员进行现场确认和边界测量。湿地的土质一般含有大量水分，有些特殊的地方还会出现可见地表水，使得测量人员在进行边界测量时寸步难行，而利用激光惯导 RTK 设备，无需测量人员行走至边界特征点上，只需在站着安全好走的地方，通过"激光遥测"的测量模式即可完成湿地边界监测测量。

2）工程测量

（1）工程放样。设备的工程放样包括点放样、线放样、面放样、道路放样等功能。通过惯导姿态模块提高的方位指引，结合手簿提示，实时反馈的当前点位信息可快速锁定待放样位置的方位及具体坐标，使测量员少走弯路，大大提高了放样工作效率。

（2）大比例测图。在进行大比例尺地形图测图的情况下，受益于 RTK 激光遥测技术，在面对高陡坎、房屋拐角、高压电线塔、变电箱、对向河道等复杂地形时，测量员无需到测量点位上进行数据采集，只需将接收机置于待测点有效范围内（15m 以内）且信号良好的地方即可完成地物数据采集。

（3）自然资源和不动产调查。如图 11.45 所示，由于城市或农村中的住宅分布复杂、密集，往往对卫星信号和基站差分信号造成很大的干扰，而自然资源和不动产调查的规范要求，必须要完成房屋角点数据采集，致使传统 RTK 技术难以开展工作，而利用基于 RTK 和激光测距的混合技术所生产的两种设备可很大程度上解决该问题。只需将设备置于有效距离且信号良好的地方，利用激光束对待测点进行对准，即可完成房屋坐标信息采集，并提高了数据可靠性。

（4）半空悬挂地物信息采集。利用激光惯导 RTK 设备可完成对摄像头、交通信号灯等半空悬挂地物的数据采集，实现"单人单机"工作模式，相比传统全站仪技术、RTK 技术的多人合作模式，大大减少了人工成本，并提高了工作效率。

（5）建筑立面测绘。目前建筑立面测绘项目一般采用的方法是：利用无人机影像生成建筑物三维模型，然后通过三维矢量化软件完成立面绘图，虽然在效率上有一定的优势，但精度无法保证。通过长距离免接触的激光打点和设备内部立面处理程序可直接采集建筑立面信息，所得立面点位数据可在绘图软件直接进行立面图绘制，相比无人机应用，在精度方面得到更大的保证，避免了立面图变形失真，打破传统 RTK 技术无法立面测量的局限性。

图 11.45　不动产调查

3. 在自然资源调查方面的优势

2021 年 1 月，自然资源部印发的《自然资源调查监测体系构建总体方案》提出调查我国自然资源状况和监测自然资源动态变化情况是各地自然资源管理部门的重点工作之一。在卫星影像无法监测到自然资源的动态变化时，激光 RTK 技术可作为调查监测的一种有效弥补手段，普适型 GNSS 接收机能辅助各地方自然资源管理部门高效、准确、及时地完成各种自然资源调查监测工作，具体优势如下：

（1）在解决卫星信号弱方面，外业调绘工作通常需要面对卫星信号和差分信号薄弱的问题，如房屋拐角、檐廊、植被茂密等环境，传统 RTK 技术容易在这些环境中出现信号丢失，导致采集的数据质量不合格。将基于 RTK 和激光测距的组合技术所生产的两种设备置于信号良好的地方，通过激光遥测的测量方式，避免了信号丢失的问题，进而能精准地采集违建地物的特征点，为各自然资源管理部门提供可靠的调查监测数据。

（2）在提高工作效率方面，房屋占地面积核查是自然资源调查监测中的重点工作，传统 RTK 技术采用的测量模式为"杆到点测"，需要外业调绘人员逐一行走至房角点进行点位信息采集。利用激光 RTK 技术，只需将两种设备置于一个信号良好、目标距离合理的位置，通过激光遥测模式便可完成数个房角的点位信息采集，大大减少了调绘人员的行走路程，同时将设备采集的坐标通过蓝牙传输至手簿，进而实时显示地块的坐标、范围、面积等信息，以及地块权属属性编辑，进而更好地配合辅助内业人员进行后期数据整合工作。

（3）在提高人员安全性方面，在进行森林调查监测工作中，外业调绘人员经常需要面对各种复杂危险的环境，如人员难以四处走动的高危厂区、高压电站、陡坎、高坡、河流，以及植被茂密等环境。如果使用传统 RTK 技术的"杆到点测"测量模式，会为调绘工作者带来诸多不便。而使用激光 RTK 设备，利用其与待测地物的长距离免接触特性，使测量人员可以处于安全位置，不必行走至危险的环境中作业，大大降低测量工作的危险性。

4. 整体特点

（1）全天候作业。普适型 GNSS 接收机可在一天 24 小时内的任何时间进行数据采集，不受阴天黑夜、起雾刮风、下雨下雪等气候的影响。

（2）定位精度可靠。通过接收良好的卫星电磁波信号和基站差分信号，在离待测点 15m 的有效范围内，可达到相对位置为 5cm 以内的三维定位精度，完全满足自然资源调查监测的精度要求。

（3）经济性。即使调查监测的外业调绘人员处于复杂的测量环境中，使用该技术依然可以现实单人单机作业模式，大大减少了人工成本。

（4）操作简便。设备集成性强、自动化程度高、体积小、重量轻，极大程度地减轻了测量工作者的负责程度，使数据采集工作变得轻松愉快。

（5）功能完备。可利用于各种工程测量项目和自然资源调查监测工作，不仅可以对各种地物进行三维坐标信息采集，也可以完成测高、测距、定向等工作。

（6）高效性。通过设备提供的方位角、距离等参数，可辅助各自然资源部门的调绘工作者快速完成数据采集工作。

11.3.4　研发单位

普适型 GNSS 接收机是由广西壮族自治区自然资源调查监测院和广西国清科技有限公司联合研发的设备。

广西国清科技有限公司是一家集研发、生产、销售和测绘地理信息工程项目技术服务为一体的企业。公司主要人员具有 30 余年从事测绘相关软硬件研发经验和长期从事测绘工程项目方面积累的经验优势，具备多学科技术有机融合的特长，了解各层用户需求，洞察与熟悉测绘产品的现状与发展方向，能够研发出具备行业先进水平的测绘相关仪器产品，开发出更符合用户需求的测绘软件，拥有多项专利技术。经过多年的积累与不断探索，该公司创新性提出了以"电子草图"为模式的数字测图工作理念，并从 2018 年开始推出了相应配套软件，能有效避免采用"测记法""草图法"和"编码法"作业存在的各种缺陷，大大提高工作效率，引领着 RTK 移动终端手簿软件的变革。广西国清科技有限公司一直致力于把基础测绘、自然资源调查监测变得更简单、更高效、更轻松。

11.4　自然资源智慧监管系统

自然资源智慧监管系统综合应用大数据、云计算、人工智能、"互联网 +"、物联网等新一代数字技术，基于视频监控、铁塔基站进行构建，创新自然资源管理理念、管理模式、管理手段，以智能化方式减少资源浪费与破坏，切实履行"两统一"职责，为可持续发展留足空间，为子孙后代留下天蓝地绿水清的家园。

11.4.1　建设背景

2018 年 10 月，自然资源部发布了《自然资源科技创新发展规划纲要》，明确"构建智慧平台，提升治理能力"的主要任务，提出搭建跨层级 - 系统 - 部门的自然资源智慧监管大数据平台，为自然资源监管、生态系统修复提供多源数据和统一平台支撑。2020 年 1 月，《自然资源调查监测体系构建总体方案》出台，要求坚持"山水田湖草是生命共同体"的理念，到 2023 年构建起自然资源调查监测技术体系，实现对自然资源全要素、全流程、全覆盖的现代化监管。

"山水林田湖草"自然资源统一监管，是生态文明建设和履行自然资源"两统一"职责的重要着眼点。传统的两违巡查监管，主要依赖于不同时期的遥感影像比对来发现违法行为。但遥感影像时间间隔较长，时效性较低，无法完全改善"事后发现"的现状，不能真正将违法行为扼杀于萌芽状态；加上受分辨率、采集范围的制约，细小、隐蔽的违法行为难以发现，也无法针对重点工程、重要保护区等实现定点监管。此外，人力巡查力量不够、监管范围不全、调查取证困难、自然资源违法类型多且分布零散等因素，也使得各类违法问题无法完全遏制。为从源头解决自然资源执法监管难题，亟需结合 5G、移动地理信息、人工智能等技术，构建常态化立体式的城市自然资源监管体系，服务自然资源事业高质量发展。

11.4.2　建设目标

自然资源智慧监管系统的建设目标是结合新一代数字技术，通过统筹规划、顶层设计、资源整合，打造一套覆盖全空间、全要素、全业务场景、全生命周期的自然资源智慧监管体系，面向"两违"、破坏耕地、生态修复、工程建设、矿权管理等监管需要，提供全流程信息化支撑，规范自然资源管理秩序，推进自然资源执法监管工作重心下移、关口前移，以数字化推进自然资源监管监测能力现代化。主要包括：

（1）基于 AR 视频监测技术实施行为分析、指标监测，精准识别疑似违法行为，大大降低人力实地走访调查工作量，解决调查取证难、监管范围不全等问题，提高工作效能。

（2）实现国土空间全时、全域立体式监控监管，做到及时发现、及时预警、及时处置，打破"事后发现"的现状，全面遏制自然资源违法问题的高频发态势。

（3）打通感知监测 – 分析研判 – 实地举证 – 审批立案全流程闭环，通过数据互联、业务协同，缩短各环节流转时间，形成"天上查、地上看、网上管"的自然资源高效工作机制。

11.4.3　总体架构

充分利用已有基础设施资源、数据资源，采用 5G、移动地理信息、人工智能等技术，建设全覆盖、多场景、智能化的"空天地网"一体化自然资源智慧监管系统。接入铁塔摄像头，实现自然资源在线实时监测预警，变事后被动处理为事前预警发现报送，提升自然资源监管监测能力。系统总体架构如图 11.46 所示。

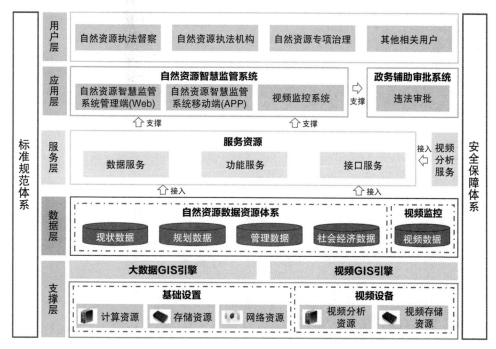

图 11.46　自然资源智慧监管系统总体框架

1. 支撑层

支撑层包括硬件环境支撑和平台支撑。其中,硬件环境支撑充分利用已有基础设施资源,将已有基础设施资源进行整合,按照云服务模式和云架构形成按需动态扩展的计算资源、存储资源和网络资源;结合视频监控需求,扩展视频分析设备、视频存储资源等硬件设备。平台支撑基于大数据GIS 引擎及视频 GIS 引擎,为整个大数据管理分析应用提供高性能的加速引擎。

2. 数据层

基于地方已有的自然资源"一张图"数据资源体系,整合接入视频监控数据,为自然资源智慧监管系统提供数据支撑。

3. 服务层

主要包括数据服务、功能服务、接口服务等服务资源,扩展建设视频分析服务,提高自然资源智慧监管系统的分析效率和分析能力。

4. 应用层

以服务层和数据层为基础,按照业务需求搭建自然资源智慧监管系统,包括电脑端的监管中心(Web)、展示中心(Web)、运维中心(Web)及移动端(APP),支撑违法事件的立案查处。

5. 用户层

面向自然资源执法机构、自然资源执法督察、自然资源专项治理等用户提供自然资源智慧监管服务。

6. 标准规范体系

建立统一的技术标准、管理规范、运行维护标准等,指导整个项目的开发建设和运行管理。

7. 安全保障体系

合理评估系统的安全等级,按照国家相关安全等级保护的要求进行安全保障体系建设,确保系统运行过程中的物理安全、网络安全、数据安全、应用安全、访问安全等。

11.4.4 主要技术

自然资源智慧监管系统主要采用了两大技术:一方面通过地理坐标与视频极坐标双向转换技术,确保地理与视频位置的一致性;另一方面基于 AR 视频动态对象智能识别技术,精准识别发现疑似违法行为。

1. 基于坐标双转换技术,精确赋予视频图像空间属性

视频图像数据虽然能够逼真地展示空间信息,但是因缺少地理属性而不能直接与地理信息系统进行深度融合。为了精确赋予视频图像数据地理空间坐标,保持参考坐标的一致性,通常需要将这些图像数据关联到某种坐标系,并进行坐标变换。

由于摄像头自带标定参数不准且存在畸变现象,转换坐标总有偏差,无法满足实际应用需求。为了提高转换精度,我们采用视频监控与影像结合取同名样点的方式,以摄像头为圆心,以 120°为夹角分三个方向,每个方向取较近、适中、较远三个焦距面,每个焦距面采集 6 ~ 8 个点校正模型参数,实时解算摄像设备姿态变化情况下的坐标,实现地理坐标与视频极坐标的精准双向转换。在保证工作量相对最少的前提下,成功将转换精度由"1km 范围内 150m 误差"提升至"1km 范围误差小于 10m",实现米级精度的自然资源监测监管。

2. 将视频行为分析与自然资源领域相结合，助力自然资源监测监管

以前的视频行为分析更多用于交通违法抓拍、车流人流监控、公安人脸识别、目标追踪等领域。该系统将视频行为分析用于自然资源领域，通过不同类型样本库的建立，实时分析人、建筑物、工程车等物体属性、物体行为、操作时间，识别各类自然资源违法行为并及时预警，为自然资源监测监管提供了新的技术手段，加大了自然资源保护力度，减少了资源浪费和破坏。

11.4.5　实现途径

自然资源智慧监管系统面向各类自然资源监测监管、移动执法、立案查处等工作，从疑似违法行为的识别发现、预警筛查、实地举证、立案审批等不同处置阶段着手，梳理系统建设思路；按照数据流转、视频监控终端选择、应用场景设计等维度，开展系统总体规划；同时梳理系统在整个自然资源信息化建设中的地位，理清该系统与其他系统间的关系，为数据共享、业务协同奠定基础。系统实现途径如下：

1. 建设思路

1）借助 AR 视频行为分析开展异常行为监测与识别

基于增强现实、深度学习、神经网络等新一代技术开展视频行为分析，对异常行为进行监测和识别。基于动态目标检测算法，对采集到的视频信息进行逐帧处理，利用图像处理与计算机视觉方法对视频图像进行分析，确定监控地点的实时状态，实现对永久基本农田、在建工程、生态复绿等项目周边的施工料堆、工程车辆、活动板房等情况的动态监管。当异常情况发生时可以及时上报工作人员，提示他们采取处理措施，从而实现自然资源智慧预防、预警和主动监控。

2）通过坐标双转换动态构建电子围栏

基于地理坐标与视频极坐标双转换技术，将永久基本农田保护红线、建设用地红线等矢量数据的二维地理坐标映射到视频监控中，同时将视频监控发现的事件位置转到矢量图层上，满足二三维一体化的自然资源智慧监管需求。

3）按照不同业务场景灵活定制监管规则

为了提高监管的精度，结合"两违"监管、耕地保护、矿权管理、生态修复、工程监管、储备管护等多个业务应用需求，按照不同应用场景，灵活定制智能监控预警与内业分析研判规则，支撑自然资源违法行为的主动发现与自动预警。例如对于耕地保护，摄像头主要针对非法堆占、地表破坏、非农化、非粮化等进行识别预警；内业研判则需要将预警范围与永久基本农田、耕地、供地、批地数据进行叠加，分析是否处于永久基本农田或耕地范围内、是否存在农转用情况。

4）基于移动互联和内外一体化的自然资源监管核查

面向移动巡查执法人员和领导决策，运用移动互联技术、地理信息系统技术和移动 APP 技术，建设移动端自然资源监管系统，支撑疑似违法案件实地核查。通过自然资源监管系统 Web 端下发核查数据和核查位置、指派核查人员、接收核查数据、核查管理，移动端 APP 则用于取证监察对象的照片、位置等信息，形成自然资源监管执法技术闭环，推进自然资源监管达到主动、精确、快速和统一的目标，创新自然资源智慧监管工作模式。

5）监管巡查与执法网格相结合

将执法网格融入智慧监管系统，确保网格巡查员、片区负责人与执法网格一一配套。一旦发生疑似违法事件，网格员即可知道"去哪里查、查什么、谁来管"，从而提升执法监管效率及效果。

6）与政务审批协同对接

将智慧监管系统与自然资源政务辅助审批系统进行对接。一方面，智慧监管系统将违法信息，包括违法图斑、案件信息、举证照片等推送至政务辅助审批系统，可直接开展违法案件的立案查处工作，避免信息二次录入；另一方面，政务辅助审批系统将案件的审批信息，包括审批环节、审批意见等推送至智慧监管系统，便于执法人员了解案件审批进程，实现自然资源监管、处置、督查的多环节协同。

2. 数据流转

数据流转设计如图11.47所示。

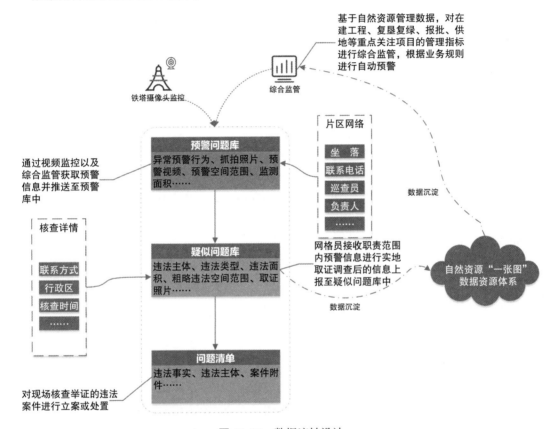

图11.47 数据流转设计

（1）基于铁塔的摄像头监控设备对耕地破坏、违法用地、违法建设、储备土地等对象进行实时监测，发现异常行为时将预警信息推送至监控中心，形成预警问题库，库中包含异常行为类型、抓拍照片、预警视频、预警空间范围、预警面积等信息。

（2）基于在建工程、报批、供地、复绿复垦等重大项目数据，结合业务规则对重大项目的管理指标进行自动综合监管与自动预警，预警信息进入预警问题库。

（3）网格巡查员领取任务，开展现场核查后形成疑似问题库，库中包含违法主体、违法类型、违法面积、粗画的违法空间范围、取证照片等信息。

（4）现场核实后的案件信息，根据情节严重与否，判定是否需要立案（走违法立案审批流程）或处置（补充材料、限期整改、暂时搁置等），形成问题清单。将需要立案的案件信息及举证材料推送至政务辅助审批系统，辅助执法查处工作。政府审批系统推送回来的案件审批状态、审批意见等信息将更新完善问题清单。

3. 视频监控终端选择

视频监控采用高清摄像机，主要覆盖在城市控规区内的重点监管区域。对于城市控规区外的区域，根据地方实际情况，以人工巡查与视频监控相结合的方式尽可能百分百覆盖。

1）前端监控布点原则

视频监控的主要监控范围为城市控规区内的耕地、工程项目、矿区、储备土地、工业园区、旅游景区等区域，监控对象包括耕地种植情况、工程建设进度与范围、矿区开采情况、储备土地保护情况等，识别乱堆乱占、非法破坏、非法开采、违法建设、违法用地等行为。

2）摄像机选型原则

（1）图像质量：视频图像质量是摄像机的灵魂，是视频监控最重要的指标，需综合考虑图像清晰度、流畅度以及 IPC 灵敏度、图像时延、色彩还原能力等参数。

（2）网络适应性：网络适应性需考察 IPC 的网络延迟性，以及在网络环境较差时，IPC 能否仍然具有良好表现。

（3）编码压缩算法：编码压缩算法对百万像素高清摄像机尤为重要，会直接影响网络带宽及存储空间占用。一般情况下，优先选取 H.264 压缩算法。

（4）安装与升级：系统维护直接影响后期运营成本，应尽可能选择安装调试、升级、操作简单的产品。

3）监控点配套安装

自然资源智能监控要求视野广、无障碍、监控角度大，尽量少设监控点，并尽可能使得每个监控点监控覆盖土地面积最大，需要将监控点提升到一定的高度。因此充分利用高空铁塔资源安装部署高清摄像机，如无铁塔资源可考虑自行立杆。

（1）利用现有铁塔资源安装。若监控区域有现成铁塔，则在铁塔顶端合适位置安装一个可水平 360°、垂直 90° 以上旋转的视频摄像头，从监控中心实时监视方圆若干千米（根据摄像机变焦倍数定）范围内的地带。利用现有铁塔资源，可就近解决电源、网络、设备安装和架设问题，且铁塔高度通常在 30m 左右，能有效减少大部分地面建筑物和植被的遮挡，扩大可视域范围。安装示意图如图 11.48 所示。

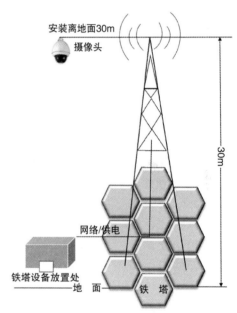

图 11.48 视频监控设备铁塔安装示意图

（2）自行立杆安装。若监控区域周边无铁塔资源，一般可通过自建一根杆长约 12m 的铁杆，在铁杆上面合适位置安装一个可水平 360°、垂直 90° 以上旋转的视频摄像头，设备箱同样装在铁杆上，能从监控中心实时监视一定范围（根据摄像机变焦倍数定）内的地带。安装示意图如图 11.49 所示。

自行立杆，尽量就近取电、取网；若附近无电源、网络等基础条件，则采用 4G/5G 无线网络实时传输视频，并利用风能或太阳能供电，从而全面支撑任何环境下的实时视频监管。

（3）防雷接地安装。为保护摄像机不受到直接雷击，

图 11.49 视频监控设备立杆安装示意图

需在立杆上设计安装避雷针。避雷针采用不小于 $\phi 25\,\text{mm}$ 的圆钢，并和立杆一次成型。在设备箱内，需对电源、信号线安装相应的防感应雷措施，采用二合一防雷模块。

4. 应用场景

自然资源智慧监管系统主要针对土地、矿产、森林、草原、水、湿地、海域海岛等各类自然资源要素，实现开发利用保护、自然灾害的监测监管与提前预警。主要应用场景如表11.3所示。

表11.3　自然资源智慧监管系统应用场景

序　号	应用场景	场景描述
1	破坏耕地（永久基本农田）	监管耕地（永久基本农田）范围内的非农化、非粮化、压占、破坏等情况
2	储备土地	识别储备土地范围内的堆占、违建动作
3	矿权监管	识别矿区的无证开采、越界开采等违法行为
4	土地开发整理	监控土地开发整理项目的开竣工、进度等情况
5	生态修复	识别生态修复区的治理面积、治理起止时间、治理程度等
6	撤批土地	基于批地范围与承诺供地时间，监管撤批土地
7	在建工程	基于用地红线和工程红线，根据约定竣工时间，识别建设行为
8	净地出让	根据批地红线，定期抓拍举证，识别"三通一平"完成情况
9	闲置土地	根据供地范围和约定开工时间，识别建设进度与开工情况
10	地质灾害	根据地质灾害点、地质灾害危险区等范围，识别地貌变化
11	"两违"监管	识别建设行为或前后建筑对比，早发现"两违"现象

5. 与其他系统的关系

自然资源智慧监管系统旨在针对乱占耕地、违法用地、违法建设、批而未供、供而未建、在建工程、储备土地、耕地复垦、生态复绿等自然资源开发利用保护、自然灾害监测等问题，构建一套全覆盖、多场景、智能化的"空天地网"一体化智慧监管体系，让"被动式"执法转向"主动式"预警监测。

为避免"信息孤岛""数据烟囱"，该系统需完全融入自然资源信息化体系，即与国土空间基础信息平台、政务辅助审批等相关系统对接，做到数据共享、互联互通、业务协同。各系统间存在的交互关系如图11.50所示。

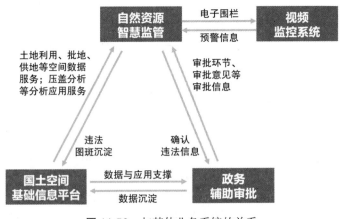

图11.50　与其他业务系统的关系

（1）智慧监管系统与国土空间基础信息平台：一方面，平台可以为智慧监管系统提供土地利用、批地、供地、永久基本农田等空间数据服务以及压盖分析等功能应用服务支持，为预警信息分类筛查提供数据基础和能力支撑，提升预警信息有效性，保障系统数据源权威性与一致性；另一方面，经智慧监管系统产生的疑似违法图斑数据、核查数据、确认违法的图斑数据等也可实时更新、推送到平台，维持平台数据现势性，丰富平台的数据内容。

（2）智慧监管系统与政务辅助审批系统：一方面，智慧监管系统将确认违法信息，包括违法图斑、案件信息、违法事件照片等推送至政务辅助审批系统，便于快速开展立案审批工作，避免案件信息二次录入；另一方面，政务辅助审批系统将案件的审批信息，包括审批环节、审批意见等推送至智慧监管系统，便于执法人员了解案件审批进程，辅助违法查处工作。

（3）智慧监管系统与视频监控系统：一方面，智慧监管系统通过坐标转换技术，将地理坐标中的监控范围传输至视频监控画面中，形成电子围栏；另一方面，经视频监控行为分析发现的疑似违法信息，将推送至智慧监管系统，作为疑似违法信息来源之一。

（4）国土空间基础信息平台与政务辅助审批系统：一方面，平台可以为政务辅助审批提供空间数据服务和功能应用服务支持，为带图辅助审批提供数据基础和能力支撑；另一方面，经政务辅助审批系统产生的审批信息等数据也可实时更新、推送到平台，丰富平台的数据内容。

11.4.6　系统功能

1. 智慧监管系统电脑端（Web）

面向片区负责人、责任领导、执法监察等用户，建立智慧监管系统电脑端，支撑疑似违法信息筛查、任务分发、督查督办等工作。主要包括监控中心、展示中心和运维中心。

1）监控中心

基于视频监控分析预警和系统综合研判的手段，对乱占耕地、违法用地、违法建设、生态修复、批供监管、矿权管理等多类自然资源监管事项进行实时监管、及时预警、智能研判、任务下发和核查监管，形成从预警发现到核查处置的全流程信息化支撑体系，如图 11.51 所示。

图 11.51　视频绘制范围

系统支持摄像头预警、部省下发疑似图斑、网格员巡查上报、影像比对等多种疑似违法来源数据的统一入库管理，能够结合土地利用、批地、供地等管理数据自动进行过滤筛查，减少人工干预，提高预警信息准确度。

通过坐标双转换技术，可根据带坐标的管理数据实时动态建立电子围栏，也可根据业务需要手动标绘监管范围并自动转换至视频监控中，赋予视频图像地理空间属性。此外，视频监控发现的疑似违法事件范围也可同步至地理空间中，以"1km 范围内米级精度"实现自然资源的精准监管。

基于人工智能、深度学习、物联网、大数据等技术，通过视频实时监控，开展实时物体行为智能分析，识别物体属性、行为及操作时间，提升预警预报信息监控细粒度，如图 11.52 所示。结合自然资源"一张图"数据体系叠加分析、周期性图片比对等多种策略的灵活组织，对疑似违法事件范围进一步映证，定性定量分析疑似违法事件，大幅度降低预警误报率，减少外业核查工作量，提升自然资源监管科学性、权威性、智能化与灵活度。

图 11.52   工程车与脚手架识别预警

2）展示中心

围绕自然资源重点监管事项，面向总体情势把控、领导决策、趋势分析、绩效考核等业务应用需求，通过统计查询、综合分析等辅助决策手段，自动生成不同区域、各种时段的违法事项统计台账，实现区域违法整体情况的趋势分析。辅助相关领导和执法督察部门及时了解违法事件的高发期（月、季度、年度）、高发区域和高发类型，便于提前制定防范处置策略，真正将违法事件扼杀在萌芽状态，落实自然资源"两统一"职责，如图 11.53 所示。

图 11.53   监管大屏

3）运维中心

如图 11.54 所示，运维中心主要支撑网格管理、电子围栏管理、预警策略管理、轨迹管理等，确保系统具有足够的灵活性和可扩展性。对每一个巡查网格，可一一绑定巡查员、片区负责人、联系电话、监管面积等信息，确保能定点、定人分发预警巡查任务；可将电子围栏与网格挂接，圈定每个摄像头的监管范围，提升监管效果；面向不同违法事项，可动态配置预警识别机制、内业研判规则、监控周期等策略，缩短监管周期，提升执法监管效率及效果。

图 11.54 巡查网格管理配置

2. 智慧监管系统移动端（APP）

充分利用移动 GIS、移动终端、移动通信等技术，面向日常巡查、移动执法、违法案件处理等业务工作，提供方便、快捷的智慧监管系统移动端。基于 GNSS 定位导航，帮助网格员、执法员第一时间赶赴现场调查取证；支持坐标数据采集、核查信息录入、违法情况上报等，改善自然资源现场核查手段；通过现场照片或视频拍摄，记录案件现场真实情况，为后期的案件处置提供有力证据；结合巡查轨迹记录，确保外业巡查员真实到位，辅助分析工作计划完成情况；通过短信通知、数据互传，实现内业预警与外业核查无缝衔接，提高办案效率。

3. 视频监控系统

采用运营商基站、铁塔基站合用模式，利用现有站点运营商网络接入和供电条件，充分发挥铁塔制高点的大场景监控和防暴力破坏优势，结合抗台风、防抖动和可视域等基本要求，建立视频监控系统，对自然资源重点区域进行全景监控。

系统支持 Web 浏览器和 CS 客户端两种方式，能通过视频控件预览监控点实时视频画面或抓拍图片；通过云台控制，可任意调节摄像机水平、垂直转动和缩放焦距，支持自动复位和超时回归预置位。按照一定规则，摄像头可定期录像或抓拍图片并实现本地集中存储；通过视频画面即时回放，能帮助用户发现或进一步确认异常状况。

当网络中断或不稳定时，可将抓拍的录像或图片存于摄像机内置的 SD 卡中，网络恢复后自动回传至中心机房存储设备；通过光学防抖和电子防抖，解决制高点视频成像抖动严重的问题；基于全面的智能侦测分析能力，有效提升监控系统的投资效果，降低监控人员工作量。

11.4.7 应用效果

自然资源智慧监管系统充分发挥了科技力量，将视频监控融入自然资源监测监管、保护利用工作，能实时识别违法现象并预警，实现了自然资源违法行为的全空间、全要素、全事项、全过程实时智能监管，创新了自然资源管理理念、管理模式和管理手段，取得了较好的社会效益和经济效益。

该系统已经应用在广西壮族自治区、湖南省、海南省的耕地保护、"两违"、供而未建等自然资源管理工作中，有效降低违法事件发生率，节省了大量的人力、物力、财力投入，破解了自然资源监管工作中事后发现、人员短缺、取证困难等难题，强化了自然资源保护力度，提高了自然资源管理能力现代化水平。其效益主要体现在如下几个方面。

1. 改变了自然资源监管模式

影像比对、人工巡查等传统监管模式，不仅时间间隔长、工作量大而且通常在事后才发现违法行为。通过视频全天候实时监控预警，让事后发现的"被动式"执法变成了事前预警防范的"主动式"监测，降低了违法事件的发生频次。

2. 创新了自然资源监管手段

人力巡查力量不足，深度现场调查难度大、取证困难，是自然资源执法难题之一。通过创新监管手段，将人工巡查"望闻问切"的传统监管变成了智能自动发现的科技监管，有效降低了监管巡查人力投入；借助摄像头自动图像抓拍和视频留存，增强了违法取证力度，为后期执法处置提供有力证据。

3. 转换了自然资源监管工作方法

以前通常通过定期巡查上报、上级下发疑似违法图斑的方式，了解掌握上月甚至上季度的自然资源违法情况。系统上线后，工作方法变自下而上上报为由上而下派送，周期变成 24 小时全天候监管，同时违法事件按天预警、违法形势按周统计、监管报告半月下发，大力推进了违法事件"月清月结"，有效推动"早发现、早制止"的工作机制落地落实。

4. 节省了自然资源财政资金

从前的违法事件事后发现，导致每年平均新增违建多达 80 ~ 1 000 000m²。若按 2000 元 /m² 的价格拆迁，经济损失就达十几亿元。在自然资源智慧监管系统投入后，改"事后发现"为"事前预警"，降低了违法事件发生频次，违建面积大幅度减少，节省了征拆资金数亿元，同时也减少了大量人力巡查成本。

11.4.8　建设单位介绍

自然资源智慧监管系统由湖北金拓维信息技术有限公司建设。该公司成立于 2011 年，专注于大数据 GIS、时空大数据应用及挖掘分析等领域，现有员工 150 余人。公司具有甲级测绘资质、"双软企业""高新技术企业"等资质，并多次获得中国地理信息产业协会科技进步奖、优秀工程金奖、银奖等荣誉，连续两年获得自然资源部的表扬，同时也通过了 ISO9001、ISO14001、ISO20000 等多个标准体系认证以及国际权威的"CMMI3 软件能力成熟度"认证。此外，该公司还与北京大学、中南大学、浙江大学等多个院校结为战略合作伙伴，开展深度合作，实现产学研一体化，助力地理信息人才培养。

金拓维信息技术有限公司已推出拥有完全自主知识产权的，基于分布式存储、并行计算的大数据 GIS 平台（HighGIS，性能超传统 GIS 平台 30 倍以上）、自然资源大数据云中心、三维地理信息平台等基础平台，以及涵盖自然资源、生态环境、农业、地震等行业的应用系统，获得多项专利及 100 余种软件著作权，可广泛应用于智慧城市及各行业应用系统建设。

11.5　自然资源调查监测平台

自然资源调查监测平台充分应用遥感、大数据、人工智能、无人机、实景三维、物联网、视频监控、5G、互联网 + 等技术手段，依托基础测绘成果和各类自然资源调查监测数据，建立自然资源三维立体时空数据库和管理系统，实现对各类自然资源调查监测信息的统一管理。建设智能化监测分析系统，采用人工智能识别技术，通过机器深度学习训练各项业务识别模型算法，实现对遥感影像、无人机航拍影像的智能化识别提取，为调查监测平台提供分析处理服务。围绕政务管理和社会公众的需求，基于自然资源调查监测基础数据，建设服务与应用系统，构建统计和分析评价指标，开展自然资源分析评价，为经济社会高质量发展和政府管理决策提供科学依据，为省、市级自然资源管理部门提供自然资源调查监测整体解决方案。

11.5.1 建设背景

自然资源调查监测评价作为自然资源管理的基础性工作，为全面掌握各类自然资源在范围、数量、质量等方面的现状、变化，掌握翔实的自然资源基础数据，有针对性地开展国土、地质、森林、草原、水、湿地、海洋等专项调查监测评价，保障全国性基础调查、专项调查、动态监测和分析评价等工作的组织实施。通过构建自然资源调查监测业务体系框架，依据统一的自然资源分类标准和调查规范，体系化、工程化、常态化、有序化推进自然资源调查监测工作，已成为支撑自然资源综合管理、开发利用，实现自然资源整体保护、国土空间整体规划和生态环境综合治理的当务之急，如图 11.55 所示。

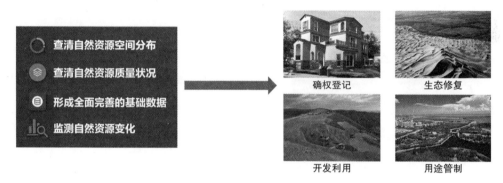

图 11.55 调查监测的工作任务

11.5.2 平台架构与各子系统功能

1. 平台架构

平台架构可分为基础设施层、数据资源层、服务层和应用层。基础设施层基于鲲鹏、昇腾芯片，打造云计算底座；数据资源层利用地理空间大数据技术构建自然资源三维时空数据库；服务层充分利用人工智能、分布式等技术打造技术中台；应用层基于服务支撑快速构建业务应用，包括自然资源立体时空数据库管理子系统、智能化监测分析子系统、调查监测成果服务与应用子系统三个子系统，如图 11.56 所示。

2. 自然资源时空数据库管理子系统

该系统是面向众源、异构、动态性资源监测数据源的共建共享与集成应用，也是基于互联网和大数据存储等技术开发的数据管理中心，可实现自然资源监测数据源的分布式存储、一体化管理，对矢量数据、影像数据、智能感知数据、三维数据进行有效的管理和组织，为自然资源监测评价及服务应用提供稳定、灵活的大数据组织、管理支撑服务。

（1）数据汇聚。收集整理基础调查、专项调查和动态监测的相关数据，包括现状调查数据、规划数据、管理数据、社会经济信息数据和有关专题数据，集中统一在关系型数据库中存储或管理，实现各种数据一体化无缝建库，构建完整的、空间连续的调查监测本地数据库。

（2）数据融合。自然资源调查监测数据类型可分为空间数据和非空间数据，通过数据融合模块，实现对空间数据、非空间数据和大数据的清洗融合。

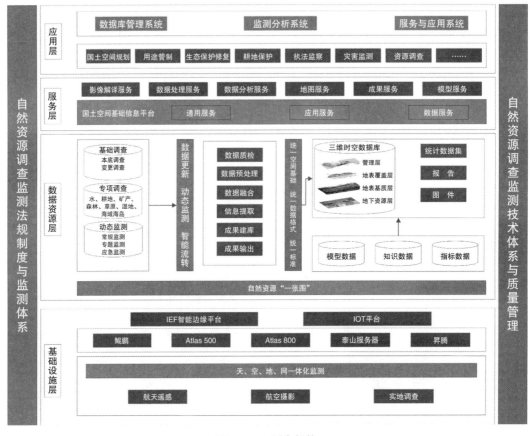

图 11.56　平台架构

（3）数据源统一管理。支持多种数据源连接，以及遥感影像、视频、探测器等动态获取数据源；可按照自然资源分类，构建数据资源目录；提供各类数据的在线直观展示，通过在电子地图底图上叠加相关自然资源数据，展示自然资源数据的分布情况；支持对监测数据进行格式转换和对坐标系进行管理，支持常用空间数据格式互相转换，支持创建任务及下载转换结果，支持新建、编辑、删除、下载等操作，如图 11.57 所示。

图 11.57　数据源统一管理

（4）数据质检。对自然资源调查监测数据库管理系统统一存储、管理的所有数据，在数据入库、更新和接入前进行质检，按照质检任务和流程，利用预设的质检规则和方案进行自动质检，形成质检结果，如图 11.58 所示。

序号	工具名称	被检对象	被检字段	错误描述	执行时间
1	表结构检查	DLTB_2025_4490	XZDWKD	图层多余XZDWKD字段	2020-9-11 10:47:15
2	表结构检查	DLTB_2025_4490	DLBM	图层多余DLBM字段	2020-9-11 10:47:15
3	表结构检查	DLTB_2025_4490	TBYBH	图层多余TBYBH字段	2020-9-11 10:47:15
4	表结构检查	DLTB_2025_4490	SJNF	图层多余SJNF字段	2020-9-11 10:47:15
5	表结构检查	DLTB_2025_4490	CZCSXM	图层多余CZCSXM字段	2020-9-11 10:47:15
6	坐标系检查	DLTB_2025_4490		DLTB_2025_4490图层坐标系与模板坐标系不符，模板坐标系的WKID为：4324	2020-9-11 10:47:15

< [1] 2 3 … 20条/页 ∨ 到第 1 页

图 11.58　数据质检

（5）二三维一体化数据管理。支持海量二三维空间数据、影像数据、文本数据等多类型数据管理和浏览查看，能够进行空间数据的缩放、移动、卷帘、图层管理以及分屏查看等操作。实现海量多元、多尺度、多时相数据的三维立体整合，实现了地理空间数据的三维真实表达、综合空间叠加和在线应用。

（6）数据监控。统一管理所有监测接入设备，通过控制平台提供对监测设备的统一管理，支持名称检索，各项监测数据可用数值、图片、文字分别展示。同时可以在底图上直观查看每个监测点实时情况，模拟真实的设备位置分布。

3. 智能化监测分析子系统

结合基础地理信息数据库，基于人工智能和机器学习技术，提供自然资源调查监测分析技术支撑，实现调查监测设备智能联动管理、监测数据自动处理、影像提取、空间分析、信息监测等功能，改变了以往的人工作业模式，达到提升效率、保证质量、智能化的效果。

（1）监测应用数据包制作。提供影像缓存功能，用来对影像数据生成三维缓存文件，优化影像数据的显示和浏览效果；可通过 GIS 服务器构建 WMS、WFS、WCS、WPS 等 OGC 服务；制定常态化监测标准体系，实现自然资源要素变化监测和信息产品的规模化、自动化生产，以及监测底图数据增量式更新。

（2）监测任务自动流转。提供自然资源调查监测任务规则引擎，针对数据量大、时效性高、应急性强等特点，实现灵活可控的调度机制。首先进行场景定义，从监测模型倒推，梳理所需要采集的数据指标、频率、来源，然后把监测应用场景进行任务的组合编排，按照任务计划，自动开始工作，形成信息监测采集、信息提取、成果建库以及应用服务的自然资源调查监测任务的全链条生产线自动流转。

（3）要素自动提取。基于多源多时相影像数据以及视频监控的数据，进行多尺度的自然资源要素监测。首先平台获取影像数据以及其他数据，采用深度学习与影像多尺度分割等方法对数据进行初步的处理与提取，形成初步的成果。之后平台采用机器学习技术对初步的成果进行去伪、矢量化等精处理，处理完成后即完成要素自动提取流程，如图 11.59 所示。

（4）三维空间分析。提供三维空间分析功能，实现自然资源调查监测信息的三维显示、浏览和空间分析。

（5）信息监测。以现有自然资源数据为基础，结合多时相遥感影像实现自然资源动态变化的监控，及时了解自然资源变化情况，如图 11.60 所示。支持输出所有监测结果，作为执法监察参考数据。

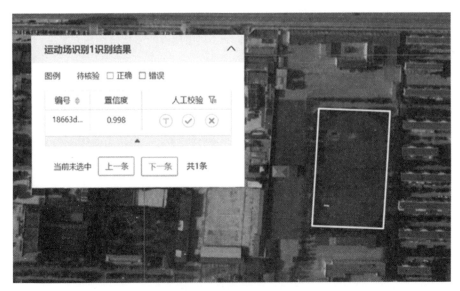

图 11.59   要素自动提取

图 11.60   自然资源变化提取

（6）重点区域变化监测。根据自然资源调查数据和多时相卫星遥感影像，实现重点区域的提取以及变化分析，如图 11.61 所示。

4. 调查监测成果服务与应用子系统

包括数据统计分析、专题图制作、报告生成、调查监测成果的面向具体工作的应用等功能。可辅助判断形势，充分发挥调查监测成果对自然资源管理部门的决策和社会公众需求的支撑作用，创造更大的社会效益。

（1）分析评价。支持基于统计结果，以区域或专题为目标，从数量、质量、结构、生态功能等角度，开展自然资源现状、开发利用程度及潜力分析，研判自然资源变化情况及发展趋势，综合分析自然资源、生态环境与区域高质量发展整体情况，评价自然资源要素之间、人类生存发展与自然资源之间、区域之间、经济社会与区域发展之间的协调关系。

（2）专题图件。基于自然资源调查监测成果数据，遵循图件输出规定的图式图例，实现各类图件的输出。可提供图集、图册、专题图、挂图、统计图等图件的自定义模板设计及图件成果自动输出。

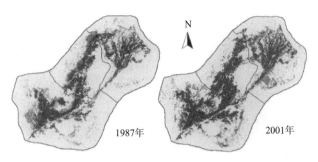

图 11.61　地表覆盖动态监测

（3）监测报告。实现工作报告、统计报告、分析评价报告、专题报告、公报等各类报告的自动生成，如图 11.62 所示。通过预定义的报告模板，可自动采集、编辑、加工、汇总、整理、存储、产生报告有效信息，并通过模板自动生成报告，实现报告制作的流程管理自动化、业务逻辑模块化。

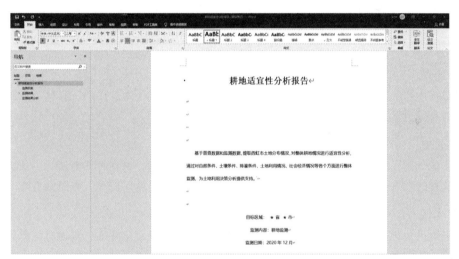

图 11.62　报告输出

（4）成果应用。提供调查监测成果应用模块，充分发挥调查监测成果对自然资源管理部门决策、社会公众需求的基础支撑作用，提升服务效能。成果应用服务是面向具体的应用（如生态保护与修复、国土空间开发监测）按照一定的业务逻辑而提供的解决方案级服务。

11.5.3　平台的主要特点

1. 高效性

平台具有较高的计算能力，在查询的响应时间、数据处理及识别效率方面，均达到了较高的水平，如表 11.4 所示。

2. 精确性

在提取自然资源信息的应用的方面，利用人工智能及深度学习技术，精确识别目标，准确率和召回率达到了比较高的水平，如表 11.5 所示。

表 11.4　数据检索响应时间

类　型	场　景	结　果		
数据检索	空间数据查询	并发数	响应时间	TPS
		200	0.71s	277.11
		300	1.08s	275.87
		500	1.65s	303.06
	空间属性查询	并发数	响应时间	TPS
		200	0.37s	534.07
		300	0.56s	527.06
		500	0.92s	531.94
数据切片	影像裁剪	3.28min		
	矢量切片	15.6s		
遥感变化检测服务	识别效率	吞吐率：26.3 切片 /s		
遥感目标识别服务	识别效率	吞吐率：30.7 切片 /s		

表 11.5　遥感目标识别率

	遥感变化检测服务	遥感目标识别服务
召回率	72.65%	97.2%
准确率	79.02%	89.5%

3. 联通性

通过数据中台的建设，实现自然资源的互联互通，真正做到土地、矿产、森林、草原、水、湿地、海域海岛等自然资源要素的一体化监管。

4. 实时性

通过影像识别、变化监测功能的开发，实现平台的动态感知，做到每天更新、"日结日清"，达到实时监控的效果，为国土空间规划监测评估、执法监察及环境保护等工作提供支持。

5. 直观性

利用三维可视化技术手段，直观反映自然资源的空间分布及变化特征，实现对各类自然资源数据的立体展示和综合管理。

6. 经济性

通过监测数据自动处理、影像自动解译等功能的开发，改变了以往的人工作业模式，达到降低人工成本的效果。

11.5.4　平台的先进性和成熟性

1. 自然资源时空数据库管理子系统

该平台利用一体化管理的时空数据模型，解决了时态链断裂、历史继承关系缺失问题，模型支持图斑回溯和历史时刻重现，降低了数据存储冗余。如图 11.63 所示，运用时空数据关联技术和基态修正模型的时空数据快速索引技术，构建完整的、空间连续、多时相的长时序全国自然资源卫星遥感监测数据一体化的数据库，实现数据汇聚、处理、更新、分析、入库、发布、权限管理等功能于一体，对矢量数据、影像数据、智能感知数据、三维数据的有效管理和组织，确保自然资源监测数据的完整性、时效性和准确性。

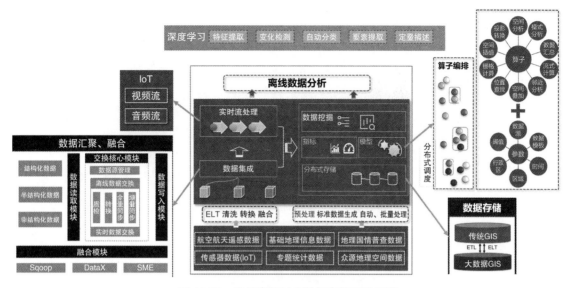

图 11.63 自然资源时空数据库管理子系统

数据质量检查是自然资源监测的重要环节，其规范性、完整性和正确性直接决定监测产品的利用价值，其精度和准确度直接影响国家有关自然资源保护与开发的利用决策。因此，该平台采用基于算子策略的自然资源监测数据质量检查技术，抓取数据时结合空间数据的特征，同步应用算子策略如主键检查、属性有效性检查、坐标系检查、表结构检查、图层完整性检查等数据预处理算子进行质检，将检查内容分类为空间参考、几何精度、属性精度、逻辑一致性、完整性和元数据六大类，挖掘形成一套质检的规则体系，然后进行可视化编排，应用于自然资源监测产品中。

在离线和实时数据进入之后，通过大数据中心的数据集成模块，对结构化、半结构化和非结构化数据进行数据汇聚和融合。

采用传统 GIS 和大数据 GIS 相结合的方式，利用各自的优点进行互补，结合关系型数据库数据一致性强、非关系型数据库性能高的优点，针对不同数据的特点进行分布式存储。

2. 智能化监测分析子系统

1）在提取自然资源信息应用方面

通过基于人工智能的影像分割和分类技术，快速实现高分辨率遥感影像的高精度分类，快速、自动化地获取各自然资源类型的边界和定量化指标，辅助自然资源调查监测评价，实现自然资源定量化、精细化管理。

（1）基于人工智能的三维点云处理。基于卷积神经网络的 LiDAR 点云配准技术和 LiDAR 点云精细化分类技术，实现点云的分割、分类，提升建筑物和地形起伏区域的分类精度，以及自然资源管理的精准程度。

（2）基于人工智能的遥感处理。基于机器学习从遥感影像中识别出地理要素，对要素进行分割，并对分割后的要素提取边界，实现自动要素的矢量化，降低人工提取要素信息的干预程度。

（3）基于人工智能的高光谱影像处理模型。高光谱影像能够精细化反应多种自然资源类别的细微特征，通过基于人工智能的高光谱遥感影像分类处理，精细化获取自然资源类别分类成果，辅助自然资源精细化管理，如图 11.64 所示。

2）在自然资源变化监测方面

基于人工智能的影像变化检测技术，快速发现特定时间和区域内的自然资源类别和数量的变化，为国土空间规划监测评估、耕地保护和执法督察工作提供支持，如图 11.65 所示。

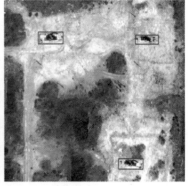

图 11.64   基于人工智能的高光谱遥感影像分类处理

(a) 变化前   (b) 变化后

图 11.65   基于人工智能的影像变化检测

自然资源调查监测体系采用大场景设计、小场景落地的理念。以地质灾害的监测和预警为例，首先进行场景定义，从监测模型倒推，梳理所需要采集的数据指标、频率、来源，然后通过DAG，把整个监测应用场景，从数据采集、数据清理转换到数据计算进行任务的组合编排，按照任务计划，通过分布式调度的方式，自动进行数据采集、数据计算和数据分析，提升整体运行效率，如图 11.66 所示。

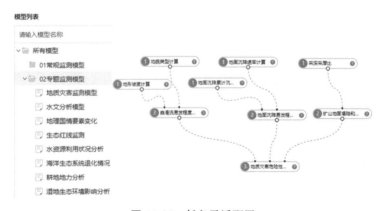

图 11.66   任务灵活配置

3. 调查监测成果服务与应用子系统

如图 11.67 所示，面对自然资源监测分析汇总需求的多样性，该平台通过提供可配置的统计规则、报表模板样式和统计内容，选择统计对象，实现对海量、异构、多语义、时序、多尺度数据的动态统计汇总，利用地理空间大数据的数据信息符号表达技术、数据渲染技术、数据交互技术和数据表达模型技术等可视化技术，实现预设的模板样式，使自然资源监测成果转化为用户所需信息，从而一键输出所需的自动化报表，为自然资源调查监测创造新价值。

图 11.67　报告定制

11.5.5　平台应用效果

该平台可应用于国土空间规划、用途管制、保护修复、开发利用、监督执法和生态文明建设等工作，通过本平台的应用可实现如下效果：

（1）研发"地上地下、陆海相连"的自然资源统一时空数据组织模式，持续汇聚常规监测、专题监测和应急监测的监测成果，动态更新各层数据，实现地表覆盖、土地利用、资源属性的自然资源要素时间、空间、语义、服务等一体化存储与管理，逐步解决自然资源管理部门数据分散的问题。

（2）充分应用大数据技术、实景三维、人工智能等现代信息技术，构建快速联动的智能监测分析体系，实时动态更新自然资源调查监测数据，全面、准确、快速、高效地反映自然资源开发利用和保护修复情况及有关政策执行落实效果。

（3）开展目标化的调查监测分析评价，提供知识化的调查监测应用服务和共享服务，实现自然资源全要素数量、质量、生态"三位一体"多效益综合评价，为自然资源保护水平的提高、资源开发利用效率再上新台阶、服务高质量发展及自然资源管理全方位、全过程、高水平、高站位提供基础支撑和服务保障，推动调查监测成果的广泛共享和社会化服务，满足新时期自然资源管理支撑生态文明建设和"数字政府"改革对自然资源综合分析的需求，助力实现政府治理能力和治理体系现代化。

11.5.6　平台建设单位介绍

自然资源调查监测平台由广东南方数码科技股份有限公司建设。该公司成立于 2003 年，总部位于广州，是一家集数据、软件、服务于一体的地理信息开发与服务商，中国地理信息产业"百强企业"，业务覆盖地理信息全产业链，提供一站式的就近服务。是信息产业部认定的"软件企业"，同时也是"国家规划布局内重点软件企业""国家火炬计划重点高新技术企业""广东省高新技术企业""广东省优秀自主品牌""广州市重点软件企业"，具有测绘甲级资质、CMMI5 级认证、系统集成二级资质、质量管理体系认证 ISO9001、IT 服务管理体系认证 ISO20000。

南方数码科技股份有限公司在研发领域坚持技术创新，提升研发平台能力的同时，在关键技术等方面持续探索，强化自身核心竞争力。目前，南方数码科技股份有限公司已应用人工智能技术实现了多项图像信息自动化提取工作，例如：OCR 识别、漂浮物识别、建筑用地变化检测、违建识别、油井识别等，有效支撑时空大数据与人工智能解译的相关业务。

南方数码科技股份有限公司全面面向智慧城市，以数据为基础，以测绘、住建、自然资源等行业为核心发展地理信息产业，拥有遍布全国的专业分公司，专业、专注、就近服务，目前已有数千个政务管理系统稳定运行在各级政府和行业管理部门。

11.6　EPSNR 自然资源确权调查建库系统

EPSNR 自然资源确权调查建库系统（EPS Natural Resource Property System）是基于 EPS 地理信息工作站打造的面向自然资源调查的数据处理和建库共享系统。

11.6.1　建设背景

自然资源"两统一"职责的明确提出，摸清自然资源情况，明确其管辖范围，推进建立归属清晰、责权明确、监管有效的资源管理体系工作变得越来越重要和必然。在国家对自然资源调查和建库要求逐步明确的前提下，各地自然资源调查工作逐步提上工作日程，提出了外业调查、内业处理、成果输出、登记、数据库建设，以及数据动态更新和共享的需求，并希望基于一套系统，能完成数据生产、建库更新和共享的内外业一体化工艺流程，EPS 地理信息工作站作为一个多业务集成的、制图和信息为一体的专业化平台系统，具备研发类似的性能。

11.6.2　建设目标

系统实现从源数据整合、外业调绘、内业数据生产、成果核检、图表编制、数据建库、动态更新、共享到应用的全流程业务信息化解决方案，满足调查监测对数据的规范化要求，以及对调查数据的生产、管理及共享；满足自然资源三维单体化模型建立与处理、建库管理、数据派生分发；满足自然资源各项信息在二三维数据中的存储关联。

（1）对标自然资源调查确权业务的要求，解决不同介质、不同数据格式、不同坐标系、不同比例尺数据的矢量化及融合处理，形成统一 CGCS2000 坐标系下的工作底图。基于工作底图，可预划自然资源调查单元，确定调查范围。采用以"内业为主、外业补充调查"的方式，调查完善自然资源权属状况、自然状况以及公共管制情况等信息。提供数据质检规则，经数据检查，编制输出自然资源登记单元图、自然资源地籍图及自然资源地籍调查表、自然资源登记簿等资料，为自然资源审核登簿提供基础调查依据。

（2）依据《自然资源地籍数据库标准》，解决自然资源登记单元、权属分区、公共管制分区、资源状况分区等空间数据及权属、权利等非空间关联信息的属性设计与集成，形成以自然资源登记单元为基础，"四个概念实体、权利 / 权属信息叠加、唯一标识逐级关联"的数据组织结构，建成符合国家标准的二三维一体化自然资源地籍数据库，实现对数据库的动态更新、查询统计、浏览、下载等操作。

（3）提供自然资源数据库接口，实现二三维自然资源数据的重构和共享分发，分发目标为文件、其他系统，如由国家组织开发的自然资源登记信息系统。实现基于二三维空间资源数据的大场景管理和应用，服务水利、生态环境、林草、财税等相关部门，实现对自然资源资产的有效监管和保护。

（4）依据《自然资源三维立体时空数据库建设总体方案》，构建自然资源三维立体时空数据模型，准确表达地上、地表、地下各类自然资源空间关系及属性信息，形成物理分散、逻辑一致、动态更新的自然资源三维立体时空数据库，并与二维数据进行联动，加强自然资源统一调查评价监测工作，健全自然资源监管体制。

11.6.3　建库系统情况

如图 11.68 所示，该系统以实现自然资源调查监测数据库管理为目标，为自然资源建立一套图、一套表、一个库，为自然资源监测监管提供数据支撑，建立了统一数据标准、统一生产建库流程、统一成果图表、共享应用机制。

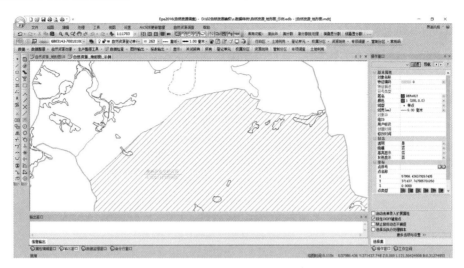

图 11.68 自然资源确权调查建库系统界面

（1）统一数据标准：参考自然资源部下发的技术规范，围绕数据汇交，编制从生产到建库一体化的数据（库）标准，为数据的规范、统一提供基础保障。

（2）统一生产建库流程：涵盖从自然资源调查监测数据整合、外业调绘、数据处理、数据检查、制图输出到建库更新的流程化生产过程，最大化满足易操作需要。

（3）统一成果图表：系统可以输出的成果图、成果表包括但不限于自然资源地籍图、自然资源登记单元图、自然资源地籍调查表、自然资源登记簿等。

（4）共享应用机制：基于一个自然资源地籍调查数据库，通过同步管道机制，与自然资源登记系统实时互通，一方面满足自然资源确权登记发证，另一方面保证数据库的现势性，应用于自然资源一张图、自然资源综合监管系统等。

11.6.4　建设思路与业务流程

1．建设思路

1）生产模板与数据库标准相结合

根据自然资源相关数据库标准，制定满足自然资源确权数据生产的标准模板，模板中封装生产作业技术标准，保证软件按标准完成数据生产，保证成果质量，可称之为"模板控制技术"，"模板控制技术"可以强制数据生产作业统一执行既定标准，使用同一模板，不同作业者的作业成果统一，强制数据生产成果的标准化、规范化。另外，用户也可快速将自己的作业技术标准定制成模板，满足专业化、地方化需求。

2）生产功能的设计与开发

以功能适用性、易用性为基础，对自然资源数据生产的功能进行研究，提出解决方案，结合试点案例，进行功能的设计与开发，逐渐形成一套标准的生产流程。自然资源调查采取"内业为主，外业为辅"的方式，生产功能的开发分为以下两个阶段：

（1）内业生产功能的开发，包括数据转换、数据处理、属性录入、图表编制等。

（2）外业调绘系统的开发，包括影像加载、绘图与编辑、属性录入、草绘标注、多媒体信息采集等。

3）数据库与数据接口

基于标准模板生产的自然资源数据，可一键导入数据库（ArcSDE、SuperMap），并可对数据库进行浏览及动态更新，保证数据的实时性。

基于数据库，实现自然资源数据的共享分发，对接自然资源登记系统，可输出标准数据库格式的文件进行提交，或直接通过库对库进行同步推送。

2. 业务流程

根据自然资源确权登记的业务内容，划分为数据生产、数据库建设、数据库管理系统建设3个工作流程，最终实现自然资源的确权登记。

EPSNR 自然资源确权调查建库系统全程参与数据生产、数据库建设等过程，涵盖从自然资源确权数据整合、外业调绘、数据处理、数据检查、制图输出到建库更新的流程化生产过程，最大化满足易操作需要，如图 11.69 所示。

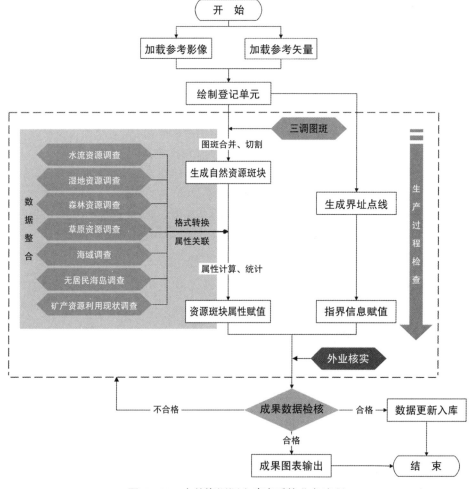

图 11.69　自然资源调查建库系统业务流程

11.6.5　系统架构

1. 系统体系架构

EPSNR 自然资源确权调查建库系统，从数据生产层面（基础平台 + 功能模块）、数据库层面、系统应用（登记系统 + 应用系统）层面，搭建了完整的自然资源确权登记业务的系统框架，如图 11.70 所示。

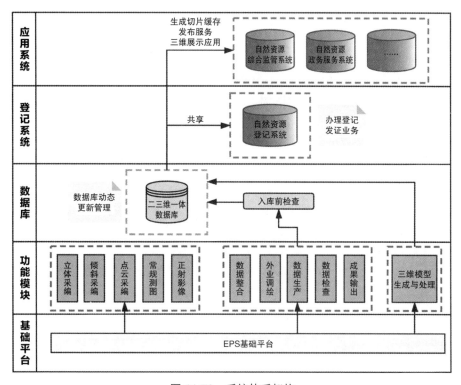

图 11.70 系统体系架构

2. 数据组织架构

系统以自然资源登记单元、权属分区、资源状况分区、公共管制分区四个概念实体作为基本空间要素，叠加权利关联信息，通过唯一 GUID 进行层层关联，如图 11.71 所示。

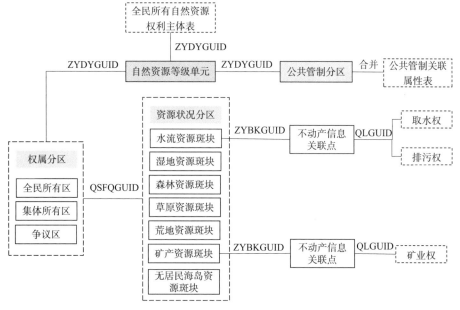

图 11.71 自然资源数据组织结构

11.6.6　系统设计

1. 基于 EPS 地理信息工作站

EPS 地理信息工作站作为国产化 GIS 基础平台，较系统地解决了地理信息数据有关采集、处理、检查、建库、更新、管理等一系列问题，统一生产单位的作业模式，简化生产工艺流程，减少操作环节，降低系统复杂性，提高生产效率。

EPS 地理信息工作站使用户基于一个平台即可实现内外业生产、入库更新一体化；航测采编入库、出图一体化；GIS 建库与 CAD 出图一体化；生产与管理一体化；跨平台数据转换与信息共享一体化。

综合起来，采用 EPS 地理信息工作站具有以下优势：可定制性高，适合作为可持续开发平台；有应用基础，有利于跨平台整合与协作。

2. 自然资源模块化

基于 EPS 地理信息工作站，增加 SSNaturalRes 模块，通过自然资源项目管理功能，实现对自然资源登记单元、权属分区、资源状况分区、公共管制分区四个空间实体及全民所有自然资源权利主体、不动产关联信息、取水权、采矿权等关联信息的可视化管理。

提供二次开发接口，可基于 VBS、C++ 进行二次开发，定制地方化的成果图件及报表。

3. 数据库解决方案

数据库提供两种解决方案，一种是基于 ArcSDEUpdate 数据库，另一种是基于超图的 SuperMapUpdate 数据库。通过标准的数据模板，建立自然资源地籍调查数据库，数据库相关功能有初始入库、更新区域上传下载、权限管理、角色管理、叠加显示等。

对于数据库安全性方面，系统管理员给每个用户分配一个用户名和口令，并赋予一定的权限，只有输入用户名和口令才能进行数据库的更新入库操作，通过这种用户合法性验证和访问权限设置实现数据访问的安全性。

4. 与其他系统的接口

数据库预留有与其他系统的接口，其他系统均可调用特定接口获取和展示自然资源的各种数据成果。如与自然资源登记系统对接，向登记系统推送自然资源确权登记所需要的图形及属性信息，满足登记发证的需要。

11.6.7　系统功能

自然资源调查建库系统实现从数据采集、源数据整合、外业调绘、内业数据生产、成果核检、图表编制、数据建库、共享到应用的全流程业务信息化解决方案，满足自然资源统一确权登记对数据的规范化要求，以及对调查数据的生产、管理、共享，全面提升自然资源统一确权登记工作的质量与效率。

1. 二三维数据采集

基于多源多格式数据进行数据采集如图 11.72 所示，包括立体测图、点云测图、倾斜测图、外业实测坐标展点等。

2. 数据加载与转换

平台支持多种数据格式的加载与转换，提取绘制登记单元。其中包括：

（1）TIFF、JPG、PNG、IMG 等栅格数据加载。

（2）Arcgis（MXD）、超图（SMXU）、DWG 等外部矢量数据叠加显示，如图 11.73 所示。

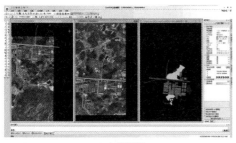

(a) 立体测图

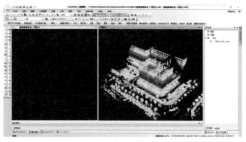

(b) 点云测图

(c) 倾斜测图

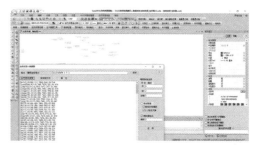

(d) 外业实测坐标展点

图 11.72　二三维数据采集

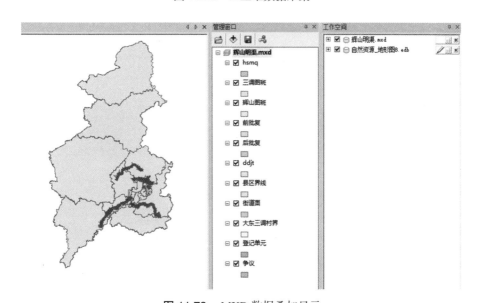

图 11.73　MXD 数据叠加显示

（3）Shp、Mdb、Gdb、Udb、Dwg、Dxf 等常用矢量数据格式的导入导出。

（4）Excel（XLSX，XLS）、MDB 等属性信息关联互导，如图 11.74 所示。

3. 数据处理

系统提供对于自然资源登记单元、权属分区、资源斑块、不动产信息关联点等数据的提取与信息录入，通过流程化的数据生产处理，最终形成满足规范要求的自然资源地籍库数据。其中包括：

（1）自然资源登记单元基本信息及全民所有自然资源权利主体信息录入，如图 11.75 所示。

（2）界址信息编辑。

（3）按登记单元节点间隔数、登记单元节点标识自动生成界址点线，如图 11.76 所示。

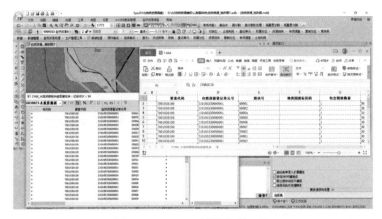

图 11.74 Excel 属性关联互导

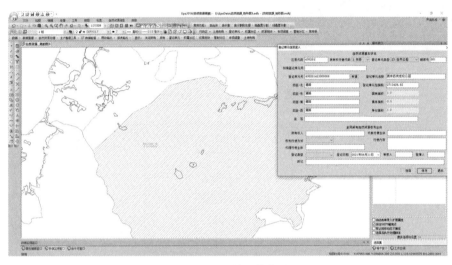

图 11.75 登记单元信息录入

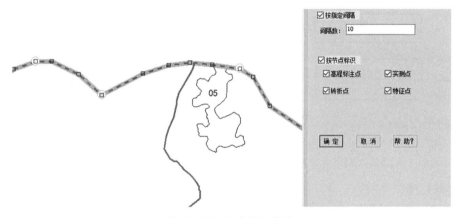

图 11.76 生成界址点线

（4）自然资源登记单元界址信息的自动赋值与人工编辑，如图 11.77 所示。

（5）按登记单元分割、拓扑权属分区、资源斑块。

（6）资源斑块、权属分区、登记单元面积自动计算与调平，如图 11.78 所。

（7）同级、多级间属性继承与自动赋值图，如图 11.79 所示。

图 11.77　界址信息编辑

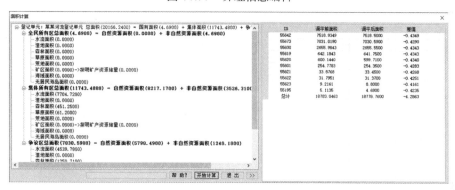

图 11.78　面积计算与调平

图 11.79　多级属性联动

4. 数据检查

平台提供包括数据完整性、空间数据拓扑、属性完整性等数据质量检查功能。

5. 成果入库

将生产处理的自然资源数据，一键导入自然资源地籍调查数据库，并提供对数据库的动态更新、查询、统计等功能。

6. 数据共享与应用

基于一个自然资源地籍调查数据库，通过同步管道机制，与自然资源登记系统实时互通，一方面满足自然资源确权登记发证，另一方面保证数据库的现势性，应用于自然资源"一张图"、自然资源综合监管系统等，如图 11.80 所示。

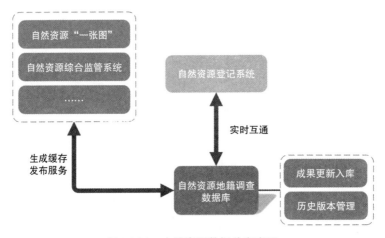

图 11.80 自然资源数据共享应用

11.6.8 系统特点

该系统有以下特点：

（1）采编效率高。基于 EPS 地理信息工作站，提供多种数据采集方式，具有强大、便捷、可靠的采编功能。

（2）三维模型生成与处理。支持自然资源三维立体模型的生成与编辑处理绘制。

（3）统一数据和作业标准。基于一套满足数据库标准的生产模板进行作业，保证不同作业员的成果质量。

（4）信息映射机制。可定制的信息映射机制，满足多源数据无损整合。

（5）内外业一体化。支持内、外业一体化作业，外调资料与空间数据自动关联。

（6）地理要素表达整体化信息化。所采集的地理要素全部都是整体化信息化的表达，要素的骨架线 + 基本属性描述 + 动态符号化表达，采集入库的信息可完全满足 GIS 建库与应用的需求。在信息化基础上一套数据既建库又出图。

（7）数据服务接口。创建 / 输出自然资源地籍调查数据库，推送自然资源登记系统。

11.6.9 系统的先进性

（1）面向地理信息多业务多流程解决方案集成化和一体化。基于 EPS 地理信息工作站，较系统地解决了地理信息数据有关采集、处理、检查、建库、更新、管理共享等一系列问题，统一生产单位的作业模式、简化生产工艺流程，减少操作环节，降低系统复杂性，提高生产效率。

（2）跨平台数据转换无损化。独有的"信息映射机制"+模板控制技术，不仅实现对象级自由映射，更能够实现对象内部任何细节信息无需编程即可直接映射到目标系统，无缝接轨，无损转换。目前可与国内外常用数据格式所生成的图形属性数据进行双向转换。

（3）跨系统符号化插件与多元地理信息数据库更新一体化。为实现信息化地理信息数据在常用 GIS 平台与 CAD 平台正确符号化表达，EPS 地理信息工作站提供面向 ArcGIS、SuperMap、AutoCAD 的动态符号化插件（渲染器），在使用上述平台处理信息化地理信息数据时能够看到正确的符号化图形，因此也使得 EPS 地理信息工作站具备了为上述应用系统所管理的数据库提供数据及更新服务的能力，从而系统化地解决了多元数据库数据更新问题。

（4）数据库更新维护。实施增量更新，通过权限管理，实现数据下载、上传、自动检测冲突，数据直接自动更新数据库、历史数据自动存储功能，实现外业、内业、入库更新一体化。历史数据库自动维护，并可回溯任意时刻历史数据状况，现势数据与任意时刻历史数据同步浏览、对比分析等。

（5）三维单体化模型的参数构建及处理。联合航测原始相片、手机补充拍摄的相片等多种数据源对三维实景模型进行局部重建、纹理修饰与替换等，将实景模型信息补充完整，还原真实、清楚的三维场景；支持多人协同进行模型修整；支持模型数据质量检查与精度评价，提升模型的质量；支持实景模型的单体化以及模型、属性一体化管理；三维数据建库和动态更新。适用于国土、自然资源规划、水利、电力、交通、公安、人防、消防等各个领域，为场景展示、规划比选、三维量算、空间分析和决策等提供高质量、精细化的三维数据支撑。

（6）提供二次开发。支持 SDL/VBS 开发，通过系统提供的接口方法，构建自定义的功能。

（7）建库系统开放性与国产地理信息系统软件企业优势互补。EPS 地理信息工作站秉承开放性思想，一直寻求与国内相关软件企业建立战略联盟，推动强强联合，致力于打造国产地理信息系统软件产品线，为地理信息系统软件国产化做贡献。目前已经与 JX4，VirtuoZo，Mapmatrix，SuperMap，Uniscope 等建立合作关系。

11.6.10　系统应用效果

系统是以自然资源确权登记、自然资源监测的数据调查和时空数据库建设为导向而打造的集调查建库共享于一体的综合软件系统，系统涵盖数据的调查、处理、检查、建库、动态更新、数据共享、管理应用等多个工作环节，实现了内外业一体化、二三维一体化、建库更新一体化、调查共享一体化的调查作业和时空数据库建设的一体化工艺流程，提高调查的整体效率，保障时空数据库的现势性，实现数据的共享利用。提供了调查工作的整体效率，保障了工作的顺利推进，取得了较好的社会和经济效益。

该系统整体推广应用以来，先后应用于辽宁省沈阳市等多个自然资源调查的试点工作中，成功助其完成了从调查到成果生产的全部工作，在使用中经过磨合和优化，有效提高了其调查效率；系统的建库更新一体化先后应用于上海、北京、广州、南宁、西宁、佛山等多地的基础测绘以及自然资源相关调查中；系统的调查共享、二三维等一体化工艺技术，先后应用于南宁市、西宁市、云南省普洱市等多个地市的不动产登记以及时空数据库建设管理中，无论从登记时效缩减，还是从时空数据库的管理和数据共享分发上，都经受住了检验，无论是在提升工效，还是在保障服务上，都做出了贡献。

1. 系统效益

EPS 自然资源调查建库系统可分为调查处理、建库更新、调查共享、管理应用 4 大阶段性技术和工艺，既可整体使用，又可拆分选取，能用于调查单位，也能用于管理部门。经过系统在实际中的使用，无论是在提升调查生产效率，还是缩减调查登记的时效，以及提升调查数据质量和管理水平上，都得到检验和认可，效益主要体现在如下几方面：

（1）建立一体化的调查处理体系。将野外调查、内业处理、数据建设等多个阶段的工作进行一体化的设计，让数据产生到数据建库的各工序无缝衔接，内外业一体，避免了调查到成果间数据格式的不断转换、处理工具的不断切换，减少了出错率，节省了工作时间；调查生产和建库无缝衔接，让两项工作融合，降低了建库难度，加快了调查到库的速度，两项结合，增加了调查工作的顺畅性，提高了效率。

（2）建立时空数据库的建设和动态更新体系。将系统的建库更新、二三维一体化技术和机制运用到时空数据库的建设和保障中，实现了数据库的快速建设，使用系统提供的实时更新方法，将日常调查、变更调查、监测变化等工作实时产生的数据流作为驱动，实现以日、周、月、季度等不同时间单元的间隔的动态更新，缩减了更新周期和数据库维护成本，保障了数据库数据的现势性、可用性。

（3）建立数据共享分发体系，提高调查数据的利用速度和效率。基于系统的调查共享一体化的共享分发机制，实现自然资源数据库数据的同步共享分析，让调查数据实时进入到登记系统，为监测等实时提供底版数据，在实际运用中都经受住了检验，无论是在提升工作效率，缩减登记时效上，还是在保障服务上，都做出了很大贡献。

2. 应用前后效果对比

在对系统使用单位进行分析后，得出应用前后效果对比如下：

（1）支持多家自然资源试点调查的承担单位作业，包括省级测绘院、省会城市勘测院（或测绘院）等，为其提供了数据整合、外业调查、内业数据成图编辑、成果图表生成，以及转换输出，数据建库更新等多环节业务的支持，使用了此平台（工具软件）后，作业所有工序都基于 EPSNR 自然资源确权调查建库系统，避免了原来多个作业的软件工具，事项重叠，易出错的情形；基于一个平台、一个流程的集成化数据生产处理软件系统，解决了日常多软件系统工具的频繁切换，重复转换的工作，使得整体效率提升。

（2）为了实现自然资源调查数据统一存取管理、动态更新和数据共享，将平台推广到了自然资源主管部门，进行了自然资源调查的二维矢量数据建库、更新和共享分析，从而打通数据管理和生产的关卡，形成了调查生产、建库与更新、数据共享的一体化的、前后贯通的工艺流程，节省了调查和管理间数据不断交换的时间，提升了从调查到共享应用的能力，减少了内耗，使得调查作业的整体效率得以提高，让数据多跑路，让生产人员工作更清晰。

11.6.11 建设单位介绍

EPSNR 自然资源确权调查建库系统由北京山维科技股份有限公司开发建设。该公司是专业从事自主知识产权测绘地理信息软件开发与工程服务的国家高新技术企业，具有甲级测绘资质、乙级土地规划资质，通过 ISO9001 质量管理体系认证、CMMI 认证，新三板上市企业。

该公司作为科技创新型企业，在国内首创"电子平板"数字化测图软件基础上，陆续推出 EPS 地理信息工作站、三维测图、实景三维不动产、多测合一、新型测绘等系列产品，为基础测绘、国土、规划、地质、交通、林业、水利等自然资源多行业领域服务。

该公司持续打造民族自主知识产权的测绘地理信息软件精品，争做技术创新引领者。

第 *12* 章 广西自然资源调查监测院的探索

赖有龙腾兴盛世，披涛斩浪更扬帆

　　广西壮族自治区自然资源调查监测院（以下简称监测院），几度易名，已走过 40 多年的奋斗历程。在上级部门的正确领导下，监测院艰苦奋斗、开拓创新，在开展基础测绘、地理信息应用、国土调查等方面，用青春和汗水谱写了精彩华章，被誉为广西测绘地理信息行业的"八桂铁军"。

　　监测院以习近平生态文明思想为指导，以"调查广西山水每一寸土地、监测八桂大地每一刻变化"为使命，以"调查监测为人民、调查监测靠人民"为思路，以解决当前自然资源管理实际问题和推动自然资源治理现代化为导向，以自然资源调查监测体系数字化建设为实现途径，参与构建广西自然资源统一调查监测体系，服务建设壮美广西。同时，为全国自然资源统一调查监测体系构建提供实践经验。

12.1　数蕴山水，走生态式可持续发展之路

　　监测院的前身是广西测绘局第一测绘大队、广西第一测绘院、广西壮族自治区地理国情监测院，一直从事国土空间信息的数字化采集、处理和应用工作。随着新一代数字技术的快速发展与融合创新，监测院对数字化建设工作的认识是不断发展和深化的过程，其主要业务也从数字化测绘向数字化国土、数字化自然资源转变。

12.1.1　数字化测绘

　　测绘的基本任务是测定和表达各类自然要素、人文现象和人工设施的多维空间分布、多重属性及其随时间的动态变化。在 20 世纪七八十年代，随着计算机、IT 技术飞速发展，特别是数码相机、卫星导航系统、卫星遥感等技术的出现，给测绘生产技术、测绘产品均带来深刻变革。测绘生产开始摆脱模拟测绘仪器，大量采用计算机设备，测绘产品也从模拟测绘阶段的纸质地图变成了数字化测绘产品，如 4 D 测绘产品，并利用数据库对其进行管理。数字化测绘工作流程如图 12.1 所示。

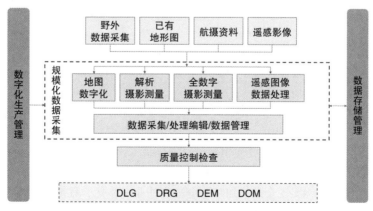

图 12.1　数字化测绘工作流程图

　　监测院成立于 1975 年的数字化测绘萌芽时期（即由解析摄影测量进入数字摄影测量时期）。

监测院在测绘基准、基本比例尺数字化产品、基础地理信息系统等业务中，发扬"热爱祖国、忠诚事业、艰苦奋斗、无私奉献"的测绘精神，以"八桂铁军"的行动投身数字化测绘事业，服务地方经济建设、社会发展、生态保护和国防建设，维护国家地理信息安全。

1. 在测绘基准方面

监测院成立之初就承担国家等级控制网建设任务，先后采用经纬仪、水准仪、平板仪等光学仪器和电磁波测距仪、全站仪、电子平板仪、自动整平水准仪等光电仪器开展外业测量工作。20 世纪 90 年代初，共测设平面控制网三角点 6000 余座，埋设各级水准点 3600 余座、观测水准线路约 16500km，为广西全区国家等级控制网建设任务顺利完成贡献了力量。

1991 — 1998 年，监测院利用 NI002A 水准仪、铟瓦水准标尺，采用测微法进行观测，完成了广西区域内的一等水准网复测任务总量的 70.8%，线路总长 2435.7km。1997 — 2006 年，利用天宝 4000SSE 双频 GPS、Eta-3 多功能全站仪、DNI12 电子水准仪等设备，大幅提高作业效率，为建成广西 ABC 级 GPS 网提供保障。

1997 年，监测院在总长为 10.1km 的岩滩水电站库区拉平排涝特长隧洞贯通工程项目中，率先采用 GPS 技术完成了该工程首级精密控制网测量，纵向误差 0.056m、横向误差 0.068m、竖向误差为 0.026m，远远低于允许误差范围，为隧洞的高精度全线贯通提供了重要保障。该项目成果"超长隧洞贯通质量控制技术的研究应用"获得 2002 年广西科技进步三等奖，填补了国内水电系统中超长隧洞贯通质量控制技术空白。

2006 — 2015 年，监测院牵头建设覆盖广西全区的全球导航卫星系统定位服务地基增强系统。编写出版了国内第一部《连续运行卫星定位综合服务系统建设与应用》专著，为全国同行提供了广西经验和技术借鉴。"广西现代空间定位基准的建立及似大地水准面的确定""南宁连续运行卫星定位综合服务系统""广西现代测绘基准体系建立维持及服务的关键技术研究与应用"项目成果分别获得 2007 年、2008 年、2018 年广西科技进步二等奖、二等奖和三等奖。

2019 — 2021 年，监测院开展广西陆海一体似大地水准面精化和垂直基准建设项目，将测绘基准从陆域延伸至海域，实现广西陆海全域的测绘基准统一。在项目实施上，北部湾海域似大地水准面精化工作综合利用重力资料、地形资料、重力场模型与 GNSS/ 水准成果，采用物理大地测量理论与方法，应用移去 – 恢复技术确定，精度优于 2cm。高程基准与深度基准转换方面，在国家空间坐标基准框架的基础上，综合应用 GNSS 定位技术、水准测量技术、卫星测高技术和利用重力数据、验潮数据等资料，通过突破跨海岸带物质不连续区域的重力归算、多源卫星数据融合处理、深度基准面核定和陆海垂直基准无缝转换等一系列关键技术，精密确定北部湾海域平均海面高模型和深度基准面模型，精度优于 10cm。

2. 在基本比例尺数字化产品方面

1975 年以来，监测院通过模拟摄影测量的方法，在 1990 年完成覆盖近 10 万平方千米的广西第一代 1:10 000 比例尺线划地形测量。

1985 年，监测院 80 多人次驱车 7000 多千米奔赴西藏自治区拉萨市，用时一年完成平板测图工作，获拉萨市政府授予"支援祖国边陲绘新图、丈量世界屋脊立新功"的锦旗（图 12.2）。

20 世纪 90 年代以前，监测院主要使用平板仪进行基本比例尺数字化产品生产，20 世纪 90 年代以后开始应用全站仪、电子测距仪加电子平板仪，辅以计算机成图方法测制数字地形图，并在 2000 年后全面淘汰平板仪，实现全站仪加掌上电脑内外业一体化、数字化测图，数字化出图率达到 100%，测绘产品已由图纸产品转变为数字产品。在长三角、珠三角地区，监测院参与了数字航摄测量、数字地形测量、地籍测绘、数字房产测绘、土地利用更新调查与建库等工作，数字化测绘成果均达到了优良级，全野外数字化测图技术领先全国。

图 12.2 1985 年监测院获拉萨市政府授予锦旗

监测院率先将 GPS 定位、全站仪测量等技术应用于广西地形测量和工程测量中，直接采集地理信息数据并建立相应数据库，改变了传统平板测图作业模式，使地形测量和工程测量进入数字化测图时代。"数字化地形测量技术开发及应用研究"获得了 1998 年广西科技进步三等奖。

2002 年，监测院将数字化测图技术应用于世界银行贷款项目——百色那吉航运枢纽工程中，安排 60 多人次参与，经过不到 6 个月时间，完成了 380 多幅 1:1000 大比例尺地形图工作，埋设了 3300 个淹没柱，调查了 10 余平方公里面积的淹没范围，为工程实施提供可靠的数据和技术支撑，世界银行的代表对该测绘成果的完整性和准确性给予了高度肯定。

3. 在基础地理信息系统建设方面

1）"数字城市"地理空间框架建设

2007 年，广西开始"数字城市"地理空间框架建设，监测院承担了广西 6.2 万平方千米数字广西 DLG 地级数据生产，以及多个地级市的"数字城市"地理空间框架建设。截至 2021 年底，共完成了贵港等 5 个地级市"数字城市"地理空间框架的建设工作，承担了田东县等 21 个县的"数字县域"地理空间框架建设工作。

监测院设计了"数字城市"地理空间框架的总体架构，如图 12.3 所示，采用"4 个一，1 个 N"模式，即一个基础地理信息数据库、一个地理信息公共平台、一个平台运行支撑环境、一套政策运维机制，N 个典型示范应用。

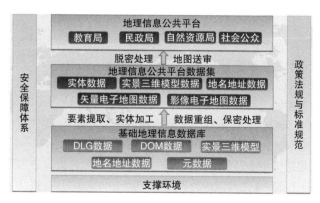

图 12.3 数字城市地理空间框架总体架构图

（1）基础地理信息数据库包括控制点、DLG、DOM、DEM、地名地址、元数据等。通过新增和整合的方式建设多数据源、多分辨率、多时相的基础地理信息数据体系，再通过数据库管理系统实现基础地理信息数据的编辑、处理、管理以及维护。

（2）地理信息公共平台包括门户网站和运维管理系统，面向不同用户开发了政务版和公众版，分别满足政府部门、企事业单位和社会公众的在线信息服务应用需求。平台采用"区县一体化"模式，最终实现硬件一体化、数据一体化、平台一体化、运维一体化建设，并节省财政资金和缩短建设周期。

（3）支撑环境包括机房、硬件配置、软件配置和网络部署。

（4）政策运维机制包括标准规范体系、"数字城市"地理空间框架建设与使用管理办法和地理信息公共平台管理制度。

（5）典型应用示范系统是地理空间框架数据和公共服务平台的具体应用，即利用公共平台提供二次开发接口，结合当地人民政府部门和社会公众的实际需求构建的业务系统。

2）数字化城市管理系统

2005 年底，监测院受南宁市人民政府的委托，参与南宁市数字化城市管理系统建设。该系统基于 3S 技术和网络技术，实现城市管理监督、指挥、执法、处置和评价工作的数字化，形成了分工明确、责任到位、反应敏捷、处置及时、运转高效的城市管理新机制。

南宁市数字化城市管理系统组建了数字化城管监督中心、市级指挥中心和 4 个城区二级指挥中心，在青秀、兴宁、江南、西乡塘等城区完成了超过 32 万个部件的地理信息数据普查，安装了 29 个电子视频监控点，铺设了 280km 数字化城管网络线路，接入了 37 个城市管理职能单位。

在这一系统中，南宁市约 150km 的地理空间被划分为上万个单元网格和责任格。责任格中的每个部件，大到一个停车场，小到一棵路树、一个果皮箱，都有自己的"数字身份证"，只要在数据库中输入任意部件的"身份证号"，就能轻松地找到该部件的名称、现状、归属部门和准确位置等信息。

4. 数字化测绘装备

在数字化测绘装备方面，监测院一直紧跟技术前沿，善于利用最新装备来提升功效、降低成本，如 1993 年，引进德国蔡司厂生产的 EiN12 电子水准仪，该设备采用红外扫描方法记录数据，数据可传输到掌上电脑，在监测院的带动和推广下，电子水准仪逐步在广西测绘行业得到推广应用；1999 年，引进美国产 Trimble 全野外地形图测量设备；2009 年，装备广西首架测绘无人机；2011 年，装备全国首辆国家地理信息应急监测车；2014 年，装备广西首辆移动激光扫描车；2020 年，装备广西首架"彩虹-4"无人机系统，如图 12.4 所示。截至 2021 年监测院硬件装备总资产超过 6000 万元。

彩虹-4 无人机系统包括彩虹-4 无人机、地面指挥车、基地飞行控制室等，彩虹-4 无人机是由中国航天空气动力技术研究院自主研发的一款中程侦察无人机系统，采用轮式自主起降方式，内有可靠的自动定位系统、数据链系统和复合目标侦察系统。它翼展 18m，机长 8.4m，高 3.5m，最大载重 345kg，作业续航时间可达 25h，最大作业航程超过 4000km。安装有光电吊舱、航测相机和 MiniSAR，具有昼夜全天时执行任务能力。地面指挥车是彩虹-4 无人机的地面指控终端，配备飞行、载荷、链路三个座席，负责彩虹-4 无人机安全起降，具备视距内半径 250km 控制飞行能力。在国家应急测绘南宁基地指挥中心部署有飞行控制室，配备卫星通信设备和飞行、链路、载荷座席，可实现 2000km 视距外对彩虹-4 无人机的控制飞行。经过测试，彩虹-4 无人机获取影像采集效率见表 12.1，SAR 影像采集效率见表 12.2。

图 12.4 广西首架彩虹 –4 无人机系统

表 12.1 光学影像采集效率

航高（km）	地面分辨率（cm）	拍照间隔（s）	总相片数	作业面积（km²）	有效采集效率（km²/h）
0.9	4.6	5.4	478	32	44
1.8	9.2	10.8	239	63	89
2.7	13.8	16.1	159	95	133

表 12.2 SAR 影像采集效率

航高（km）	地面分辨率（m）	对地带宽（m）	有效对地带宽（m）	有效采集效率（km²/h）
0.9	0.3	1404	990	113
1.8	0.3	2808	1980	226
2.7	0.3	4212	2970	339

5. 在应急测绘方面

多年以来，监测院在多起地质灾害应急测绘方面担当重要角色，先后为"5·9"全州山体滑坡事故、"6·24"平果铝尾矿库泄漏事故、"7·21"那读煤矿透水事故、"7·31"梧州苍梧地震、广西多处地陷和地质灾害等执行应急测绘任务 20 余次，为灾情研判、处置决策和应对部署等提供准确、翔实的科学依据，在日常也十分重视应急测绘演练工作。2010 年监测院获原国家测绘局测绘应急保障先进集体奖。

1）省内应急测绘

2018 年，监测院在平果县开展地质灾害应急测绘保障演练，用时 7 小时 30 分完成了预案启动、集结出发、赶赴测区、现场部署动员、应急测绘成果生产、灾情研判、成果提交等 7 个环节的任务，完成了现场指挥部部署搭建、无人机数据采集、无人机数据生产、视频监测回传、制图打印等 5 个科目的演练，最终为平果县联合指挥部提供了 8 张灾前各类专题地图，2 张灾后快拼图，1 张正射影像图和 1 个三维实景模型。

2019 年，监测院在田林县地质灾害应急测绘演练仅用时 1 小时 30 分即完成了既定 7 个环节的任务，执行 5 个科目的演练，实现快速为现场指挥中心提供灾前灾后遥感影像的目标。

2）国家应急测绘保障南宁基地建成

2016 年国家发改委批复了原国家测绘地理信息局申请的"国家应急测绘保障能力建设项目"，项目在全国建设十二个国家航空应急测绘保障基地，装备八架彩虹 -4 无人机应急测绘系统。其中一架部署在国家应急测绘保障南宁基地（以下简称"南宁基地"），由广西壮族自治区自然资源厅负责管理，监测院负责运维，执行"两广两南一片海"（即广西、广东、湖南、海南、部分南海区域）应急测绘任务。

2020 年 5 月 12 日是第 12 个全国防灾减灾日，广西自然资源厅在梧州西江机场开展彩虹 -4 无人机应急演练试飞工作（图 12.5），这是彩虹 -4 无人机首次投入广西应急演练试飞，标志着国家应急测绘保障南宁基地建设取得了关键性进展。此外，南宁基地还是首个完成夜间飞行、获批无人机地址编码、与民航同场飞行、实现跨行政区及跨军民航空管制区飞行、完成超过 1 万平方千米航空影像采集和开展多省联动应急测绘演练的基地。

图 12.5 彩虹 -4 无人机应急演练首次试飞现场

3）省际应急测绘

在南宁基地建成后，开始开展省际应急测绘演练。2021 年 7 月 23 日，第 7 号台风"查帕卡"从陆川进入广西，广西区气象台连续发布暴雨蓝色预警、台风蓝色预警，广西区气象局启动重大气象灾害（台风）Ⅳ级应急响应。为了锻炼队伍，随时保持战斗状态，南宁基地彩虹 -4 无人机即刻进行跨省飞行训练，演练地点选择在广西容县、广东信宜市交界处。彩虹 -4 无人机利用卫星链路实现了本场外 70km 飞行控制，利用 ADS-B 设备实现了机场塔台的直接监控，克服了同场飞行调配、跨管制区协调（桂平、遂溪、广州、南宁、湛江等管制区域）等难题，完成"2 小时集结、4 小时到达、8 小时服务"的目标，为开展省内外跨区域协同联合演练打下基础。

2021 年 10 月 21 日，由自然资源部指挥的桂粤湘琼跨省（区）应急测绘保障演练在四省（区）同步举行（图 12.6），这是国家应急测绘保障能力建设项目建成后首次开展的大规模跨省区应急演练。演练模拟因连降暴雨造成广西、广东、湖南、海南四省（区）多地发生突发事件，自然资源部紧急部署开展应急保障，通过国家应急测绘保障指挥中心，跨平台远程链接广西无人机应急联动服务平台，实时指挥调度在广西部署的彩虹 -4 中航时无人机应急测绘系统和四省（区）的多种中小型无人机，高效同步获取了受灾区域的高清遥感影像数据，并快速制作生成目标区域高分辨率专题地图数据。此次演练全景展现了应急测绘快速响应能力，对突发公共事件应急测绘保障能力进行了一次全面检验。

(a) 广西实施现场

(b) 广东实施现场

(c) 湖南实施现场

(d) 海南实施现场

图 12.6　桂粤湘琼跨省（区）应急测绘保障演练实施现场[1]

监测院以"平战结合"为指导思想充分利用装备的优势，实现"以平代练、以平养战、以平强战"。四省（区）应急测绘保障演练后，彩虹-4无人机系统进入常态化运行，在38天飞行了17个架次，航行128个小时，覆盖贵港、玉林、钦州3市15个县区，单日最高获取数据面达1254km²，累计获取数据超过1.2万平方千米。

12.1.2　数字化国土

监测院不断深化国土资源管理数字化应用创新服务，通过系统开发、开展国土资源调查监测项目，为国土资源管理水平提升提供保障。

1. 国土资源利用现状与动态监测信息系统开发与应用

2000年，监测院开发了国土资源利用现状与动态监测信息系统，该系统在分析传统的管理模式、管理内容的基础上，实现了图形变更自动化、1/2线状自动处理等功能。支持DRG自动矢量化输入、DLG直接引用、已有数据库数据转换和手工坐标录入等多种数据输入方式。

系统实现数字影像图与已建库数据精确叠加，便于利用影像信息即时更新系统库数据，确保数据的现势性并形成历史数据库；创造性地解决了土地利用线状地物和其他特殊要素的处理问题，图斑属性值及边界信息的处理自动化程度得以极大的提高；通过二次开发，实现了图形功能和地理分析功能，自动生成土地利用现状图；研制了一套美观、规范的专题图符号和报表输出模块，可输出各类符合国家规范要求的报表和专题图件；用户界面美观、友好，极易操作。

2001年2月27日，系统通过原广西国土资源厅组织的科技成果鉴定，专家组认为"系统设计合理，功能齐全，实用性强，将影像数据与矢量数据叠加技术用于土地利用现状调查，填补了区内空白。其成果水平达到国内先进水平"。该系统在广东顺德区、增城市、四会市、德庆县，广西灵山县等各地的详查及土地变更项目中应用，用户反映良好，社会效益及经济效益显著。国土资源调查和动态监测技术研究和应用项目于2001年12月荣获广西科技进步奖三等奖。

1）此图来源于人民网、中国新闻网刊登的《桂粤湘琼联合开展跨省区应急测绘保障演练》和中国自然资源报刊登的《自然资源部统筹推进，桂粤湘琼联合开展跨省（区）应急测绘保障演练》。

2. 基于工作流的动态地籍综合业务管理系统开发与应用

2005 年，监测院开发了"基于工作流的动态地籍综合业务管理系统"。系统由业务办理、数据编辑、查询统计、辅助办公、打印输出、系统管理 6 个子系统组成，覆盖了县市级土地管理部门业务工作的各个环节和办公管理的各个方面，解决了土地地籍业务办理、土地空间数据管理、办公自动化等问题，适配了县级国土管理单位办公特点。系统具有易用性、适用性和土地综合管理于一体的创新性，系统总体设计基于工作流技术，采用三层体系结构，将 GIS、MIS、OA 技术集成到地籍管理业务中，实现了图文一体化，具有快速、全面的在线事务处理（OLTP）、在线分析处理（OLAP）能力；基于 STER（时空 - 实体关系模型）设计了宗地数据库，并根据地籍变更关系的时空约束条件，实现了基于时空拓扑分析的地籍时态查询功能，解决了地籍历史数据管理的问题，实现了宗地的历史回溯；结合地籍管理工作，研究了工作流技术应用问题，实现了对系统业务办理流程的控制。允许用户定制业务流程，并建立业务流数据库，提高了系统的灵活性和适应性，操作简便，开放性、扩展性好；大多数地籍系统，采用 CAD 进行图形管理，而使用 MIS 软件进行业务管理，使得操作比较繁琐。该系统采用 GIS 组件开发，完全实现了图数一体化管理，从而使用户操作更方便、快捷；提供了考勤统计功能，可以方便管理人员对相关工作人员考勤情况的统计。

该技术成果对县市级国土管理部门及相关机构具有示范作用和推广价值，对县市级国土管理部门的数字化国土建设具有很好的参考作用，实现了市县地籍业务办公的数字化、网络化、自动化，使工作流程有序化，对地籍数据管理非常方便、科学，地籍业务办理速度大大加快，提高了国土管理的工作效率和工作质量，取得很好的经济效益和社会效益。2006 年，该项目荣获广西科技进步三等奖。

3. 全国土地调查和第一次全国地理国情普查

在历次全国土地调查和第一次全国地理国情普查中，监测院勇挑重担。在第一次全国土地详查中，完成了广西、广东 10 余个县（市、区）土地资源详查，以及广西防城港和广东广州、增城、顺德、东莞、潮州、珠海、揭阳等 40 个县（市、区）的城镇地籍测量任务。在第二次全国土地调查中，完成了广西、广东 55 个县（市、区）农村土地调查任务和 34 个县（市、区）城镇土地调查任务。在第三次全国国土调查中，承担了广西 29 个县（市、区）调查，30 个县（市、区）三调成果自治区级核查，以及 2 个地级市监理和 5 个地级市汇总任务，工作涉及广西一半以上的县区。作为主要的技术支撑单位，开展了省级试点工作，在理论研究、技术实践、成果分析等方面做了大量富有成效的工作，充分将遥感、地理信息、无人机（图 12.7）、互联网＋等技术应用于调查试点工作中，为形成科学、高效的第三次全国国土调查技术方法提供了宝贵经验。

在 2015 年完成的广西第一次全国地理国情普查中，监测院利用遥感影像、电子调查底图、数字化数据处理与建库等技术完成了广西 26 个县（市、区）普查任务，成果优良率 95% 以上，质量高于国家要求。自 2016 年开始作为广西全区地理国情监测项目的技术牵头单位，组织开展该项工作。

此外，监测院在林权发证、集体土地确权、农村宅基地和集体建设用地确权登记、集体土地承包经营权确权、广西海岸带调查、海岸线修测、地名普查、行政区域界线勘界等重大项目中充分利用了数字技术优化流程、提高作业功效。2015 年，监测院荣获人力资源和社会保障部、国土资源部颁发的全国国土资源管理系统先进集体称号。

12.1.3　数字化自然资源

自 2019 年更名为广西壮族自治区自然资源调查监测院后，监测院依托数字化测绘和数字化国土中积累的技术、数据、人才、装备等优势，加快融入合广西自然资源大家庭，已完成从"物理组

图 12.7 无人机用于第三次全国国土调查外业举证

合"到"化学反应"的转变，为服务广西自然资源精细化管理和建设壮美广西提供数据支撑、技术支撑和人才支撑。

1. 在调查监测体系构建方面

2019—2021 年，监测院组织开展广西自然资源调查监测体系构建专题研究，分别从广西自然资源调查监测的现状需求、制度机制、标准体系、技术体系、数据整合、模型构建、综合评价等方面进行研究，摸清了广西自然资源本底现状、各项调查监测工作开展情况和需求，在标准、技术等方面进行了探索，为构建广西统一的自然资源调查监测体系提供了理论基础。

2020—2021 年，监测院牵头编制了《广西自然资源调查监测体系构建实施方案》，提出到2025 年，完成广西自然资源统一调查、评价、监测制度建设，形成整套协调统一的成果管理、运用、发布制度，建立广西自然资源统一调查监测工作机制，明确各项调查监测任务计划，指导有关部门统筹开展广西调查监测工作，为建成广西自然资源统一调查、评价、监测体系提供有力支撑。

2021 年，监测院开展国土调查数据与森林、湿地、水、草地等行业专题调查监测数据衔接试点。全面梳理各个调查工作的数据概念不统一、内容有交叉、指标相矛盾、权属相冲突等问题，以国土调查数据为基底，建立第三次全国国土调查与各行业专题数据的空间衔接关系，厘清森林资源、湿地资源、水资源和草地资源的范围界线，将专题调查监测成果与第三次全国国土调查成果进行图形、属性的衔接，探索消除数据间矛盾冲突的基本方法，为开展统一的自然资源调查监测提供数据基础。

2021—2022 年，监测院承担自然资源部的《自然资源实体一体化整合与分析评价技术试点》，从自然资源实体角度优化重构现有分类标准体系，形成基于自然资源实体模型的数据采集、整合、存储、评价等全流程技术方法，建设自然资源实体三维立体时空数据库和管理平台，在此基础上，开展自然资源实体行业知识图谱构建。

2. 在自然资源数字化建设方面

监测院打通基础测绘、地理信息、调查监测、国土空间规划、生态保护修复、执法监督等管理业务闭环，开展各项数字化建设工作，全面服务自然资源数字化转型。

1）国土空间规划方面

2019—2021 年，基于"天地图·广西"研发了"国土空间规划调研 APP-村庄规划版""国土空间规划网络意见征集系统 – 村庄规划版""国土空间规划管理系统"等系列乡村规划辅助业务系统，系统在广西全区 14 个设区市 83 个县（区）安装使用，涵盖 70 余个政府部门、企事业单位。同时，监测院承担了自治区国土空间规划"一张图"实施监督信息系统建设方案设计，以及全州、兴安、资源、乐业等县国土空间规划和多个村庄规划。2020 年，无偿为帮扶村——河池市环江毛南族自治县明伦镇吉祥村编制了村庄规划，助力乡村振兴。

2）自然资源执法方面

2020 年起，监测院基于互联网 + 执法，研发了广西乱占耕地建房问题实时上报系统，为遏制耕地"非农化"防止"非粮化"提供技术手段。

3）自然资源调查监测技术提升方面

2019—2021 年，监测院先后研发了用于森林资源调查的林下定位仪、用于实景三维数据采集的多平台实时传输激光雷达扫描仪和服务于基层人员自然资源治理的普适型 GNSS 接收机。

监测院面向调查监测全业务、全要素，研发了广西自然资源调查云平台系统（图 12.8），成为"天空地人网"协同式感知网的重要组成部分。系统打通调查、举证成果共享通道，将外业 APP 与内业管理平台联动，使不同业务之间的照片成果、调查成果及时共享、一键复用，在满足海量用户、海量数据使用基础上，可供第三方使用，实现多用户参与、成果共用的目标。通过统一设计和建设实现业务整合、统一身份认证、统一用户体系，有效提升了广西调查监测的工作效率。

图 12.8　广西自然资源调查云管理平台

12.2　惠飞同翔，首创无人机联动服务平台

监测院以南宁基地为依托，在自然资源调查监测体系数字化建设成果基础上，打造国内首个无人机联动服务平台，打通时空数据采集从需求发布、任务执行、共享交易等各个环节，实现数据采集流程可视化、任务协同化、作业透明化、成果可溯源、数据可增值。

12.2.1　建设概况

为弥补彩虹 -4 无人机在常态化测绘的机动性不足问题，同时考虑到广西多变天气特点和低空无人机快速灵活特点，监测院以"互联网 +"思维，率先在国内研发了"广西无人机应急测绘联动服务平台"（以下简称服务平台）。基于该平台，将彩虹 -4 无人机、各类行业无人机、监测车、摄像头、GNSS 接收机、基层人员等传感器连通，拟解决应急响应能力不足、应急装备使用效率低、应急数据重复采集和成本高等问题。

1. 建设目标

在自然资源调查监测体系数字化建设基础上，依托南宁基地建设项目，建成一个"设备互连、机动灵活、业务协同、数据共享、监管高效、透明安全"的联动服务平台，全面提升装备共享利用率，提高数据共享增值、实现行业监管到位。

（1）通过开发业务协同系统，连接各联盟成员，实现监测力量的统一调度，协同完成应急测绘、自然资源监测等任务。

（2）通过开发数据传输系统、制定数据传输规则，解决数据离线拷贝效率低下的问题，实现"T+1"的数据传输目标（即第一天完成数据采集，第二天提供数据服务）。

（3）通过搭建门户网站，解决任务信息、任务进度、联盟队伍状态和能力信息不透明，不公开的问题，建立起任务与队伍之间的供需桥梁，实现供需信息的高效流转。

（4）通过建立应急测绘保障机制、规章制度以及作业标准规范等，解决应急测绘保障工作杂乱无序的工作状态，实现应急测绘保障工作的常态化、持续化开展。

2. 建设思路

该平台在线共享工作模式，统筹调用全区无人机资源开展影像获取工作。基于"天地图·广西"，以彩虹 -4 无人机为主装备，构建无人飞机网络，通过平台在线进行任务规划、发布、接受、执行和成果回传等，做到任务生命周期信息全程可视化、透明化。

平台主要采用最新的 HTML5 语言开发，实现 Web 浏览器云端访问、实现以无人飞机大数据为核心的云端管理，是一套以 Web 平台为主、手机 APP 为辅的现代管理应用平台。

3. 总体架构

总体架构分为六层：基础设施层、数据管理层、平台服务层、业务应用层、终端层以及用户层（图 12.9）。

（1）基础设施层。提供机房环境、协同调度指挥办公环境、计算资源、存储资源、网络资源以及安全防备等基础设施，为数据计算、存储、传输提供基础保障。

（2）数据管理层。实现对多源异构的数据的目录组织和分布式存储进行管理。主要建设时空大数据管理系统，并完成联盟成员信息库、任务信息库、作业标准库等数据库。

（3）平台服务层。在硬件基础设施上，基于 Hadoop、GIS 分布式计算服务等大数据、云计算服务中间件，构建一个具有足够稳定性、开放性、可用性和灵活性的，能够提供高性能空间大数据处理与数据服务的共享平台。

（4）业务应用层。实现联盟成员管理、任务管理、业务协同、门户网站服务、信息传输交互、音视频实时通信、二三维集成可视化支撑等。

（5）终端层。利用 Android 终端、音视频通信设备、摄像头及其他传感器，开发信息交互模块，实现联盟成员及其队伍信息交互、实时通信、互联互通，实现传感器与调度中心的信息交互与实时通信。

（6）用户层。平台对内服务于监测院进行测绘任务协同调度，以及联盟成员及其队伍的任务派发；对外服务于广西各级自然资源管理部门的领导以及相关业务处（科）室、服务于其他有业务需求的政府职能部门以及社会公众的任务发布，成果查询。

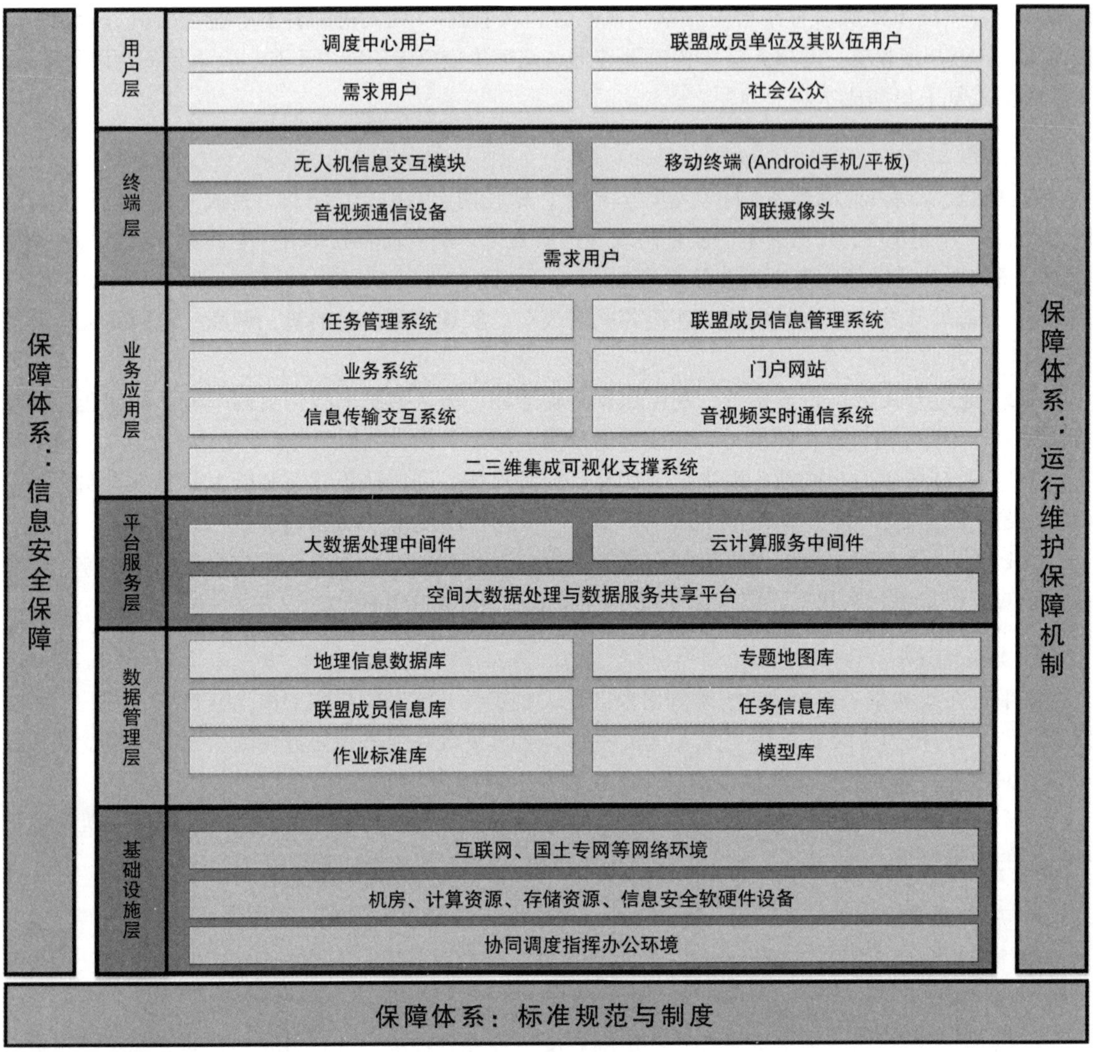

用户层
调度中心用户
联盟成员单位及其队伍用户
需求用户
社会公众
终端层
无人机信息交互模块
移动终端 (Android手机/平板)
音视频通信设备
网联摄像头
需求用户
业务应用层
任务管理系统
联盟成员信息管理系统
业务系统
门户网站
信息传输交互系统
音视频实时通信系统
二三维集成可视化支撑系统
平台服务层
大数据处理中间件
云计算服务中间件
空间大数据处理与数据服务共享平台
数据管理层
地理信息数据库
专题地图库
联盟成员信息库
任务信息库
作业标准库
模型库
基础设施层
互联网、国土专网等网络环境
机房、计算资源、存储资源、信息安全软硬件设备
协同调度指挥办公环境
保障体系：信息安全保障
保障体系：运行维护保障机制
保障体系：标准规范与制度

图 12.9 平台总体架构图

4. 功能模块

服务平台包含三大软件平台：调度中心端、分布式队伍终端、公众门户网站，各功能模块如图 12.10 所示。

无人机应急测绘联动服务平台
调度中心端 Web、APP
分布式队伍终端 ANDROID APP
公共门户网站
账号系统
联盟用户管理
设备综合管理
任务协同管理
综合信息监视
实时音视频通信
服务评分评价
灾害舆情发布
成果发布管理
综合统计分析
空域气象查询
管理员后台系统
用户管理
任务管理
任务监视
音视频通信
数据回传
可视化交互
舆情发布
账户系统
任务编目
数据编目
可视化底图
气象空域服务
公众主动预警
管理员后台

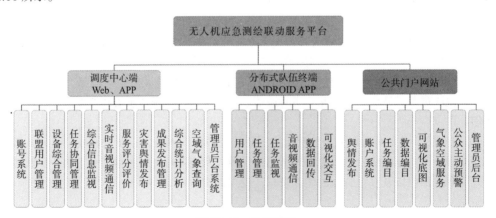

图 12.10 功能模块

5. 建设内容

1)组建应急测绘联盟

建立工作机制,组建应急测绘联盟,解决突发事件现场信息及自然资源地理信息不能快速、全面、实时、动态获取的问题。重点任务是通过机制整合县级以上的国土测量队伍、具有相应资质的公司等技术力量组成数据获取联盟,协同高效开展自然资源时空数据采集。主要内容包括制定组建方案、遴选成员单位及专家、制定联盟章程、达成联盟共识、签署联盟成员协议等。

2)开发业务协同系统(调度中心端)

业务协同系统是平台的大脑中枢,负责整个平台的正常运作,调度中心端界面见图 12.11(a)。

(a) 调度中心端

(b) 公众门户网站

图 12.11 服务平台

（1）功能：

① 任务的分发、进度管理、状态监管。

② 联盟成员、联盟成员队伍、传感器的管理。

③ 联盟成员之间、联盟成员队伍的调度，任务协同执行、数据交互、状态监控，工作态度、成果质量、信誉的评价。

④ 联盟成员的无人机、移动设备等监测终端设备的信息交互和实时监控。

⑤ 与音频视频实时通信终端、任务管理系统的交互。

⑥ 气象实时信息服务。

⑦ 实现与自然资源调查监测基础平台的数据共享互通。

（2）主要内容：

① 系统研发。

② 硬件产品（无人机飞控、数传通信、音视频即时通信等硬件）定制研发。

③ 差异化终端（多类无人机设备、多类传感器终端、多类移动终端设备）软硬件接口、协议研发。

④ 软硬件系统集成。

⑤ 任务管理模块、联盟成员管理及评价模块、传感器管理模块的建设及其数据库的研发。

3）搭建门户网站

门户网站（https://www.gxyjch.cn/，见图 12.11（b））向用户呈现应急测绘任务及自然资源监测任务的执行、统计及分析情况；呈现联盟成员及其队伍、传感器的位置、状态等信息；提供社会热点关注项目、重点项目进度简报、统计分析报告等；提供历史地理数据目录查询检索功能；提供监测任务发布功能；提供气象信息服务与空域报批辅助服务。主要内容包括搭建门户网站、开发可视化展示功能、开发任务进度简报功能、开发历史地理信息目录检索功能、开发监测任务发布功能、开发气象服务功能、开发空域报批辅助功能。

4）开发业务协同系统（分布式队伍终端）

基于 Android 智能终端（手机、平板）和移动通信技术，开发支持一对一、一对多、多对多的音视频实时通信系统，实现用户与调度中心、其他联盟成员之间和联盟队伍之间的实时通信；实现任务接收、基础数据下载、调查数据存储与上传、任务执行情况报送；实现与业务协同系统（调度终端）和自然资源调查监测基础平台的实时交互。主要内容包括音视频即时通信设备、导航定位设备的采购；研发智能终端系统；软硬件设备的集成。分布式队伍终端"飞享"APP 界面如图 12.12 所示。

5）搭建数据传输系统

利用移动互联网无线热点，配合移动数据流量服务，作为数据回传的节点；开发数据传输系统，制定数据传输协议与规则，利用互联网回传非敏感数据到服务器。

6）建立保障体系

建设一系列保障机制、规章制度以及作业的标准规范等内容，来实现应急测绘保障工作的常态化、持续化开展。其中机制包括平战结合机制、应急测绘联动机制、信息安全保障机制；标准规范与制度包括应急测绘作业标准规范、应急测绘技术装备管理制度、人才梯队建设制度、应急演练制度、奖罚制度等。

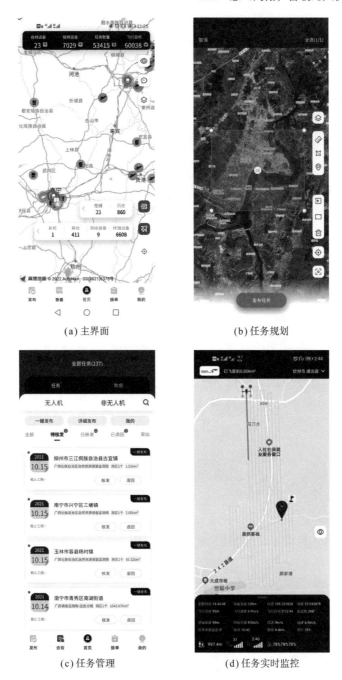

(a) 主界面　　　　　　　　(b) 任务规划

(c) 任务管理　　　　　　(d) 任务实时监控

图 12.12　"飞享" APP（手机版）

12.2.2　业务流程

通过服务平台可实现快速调动各类联网应急测绘装备，高效协同执行应急测绘任务。业务流程如图 12.13 所示。

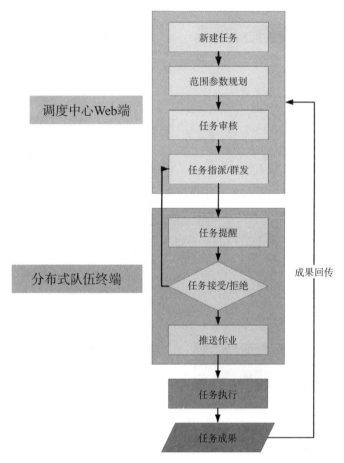

图 12.13 业务流程

12.2.3 功能特点

服务平台的主要功能特点可以总结为："连、通、用、化"。

1. 连

（1）连接供需。通过平台建立起一条以自然资源时空数据采集等任务为需求，联网各无人机监测队伍为供给的渠道，实现需求一经发布，即可利用全社会力量快速响应、快速执行。

（2）连接队伍。通过平台将不同单位的队伍连接起来，通过平台统一调度管控，协同完成更加复杂和困难的自然资源监测任务。

（3）连接装备。通过平台将有人机、无人机、监测车、RTK、摄像头、手机等传感器连接起来，提高设备共享利用率和任务响应能力。

2. 通

（1）通资源。通过平台可以为需求单位、监测队伍提供底图、高程信息等测绘产品，提供空域申请、气象保障等服务，方便技术队伍执行任务。

（2）通数据。任务完成后，通过平台可以将数据实时回传，注册用户均可浏览平台上所有数据范围和信息，平台支持成果数据进行多次交易。

（3）通信息。平台提供了音视频通信的功能，平台与技术队伍，技术队伍之间都可以进行音视频通信，提高协作能力和效率。

3. 用

平台搭建供需桥梁后,自然资源时空数据采集服务供需双方可以精准对接,最大化利用社会资源,减少装备闲置的情况,提高设备和数据利用率。

4. 化

(1)化为监测能力。通过连需求、连队伍、连装备,通资源、通数据、通信息,使自然资源监测任务可以打破时空限制,快速响应,快速完成,形成快速、高效、高质量的自然资源监测能力,赋能监管。

(2)化为行业监管能力。平台可以全流程管控无人机的航摄作业,作业范围和作业过程全程透明化,有助于行业监管,解决行业无人机监管和数据成果汇交问题。

12.2.4 建设的重点与难点

平台建设的重点和难点是如何接入不同类型、品牌、型号的无人机,实现对接入设备的协同管理。目前,平台设计了外挂式接入、内嵌式接入、网联式接入和平台级接入四个层级的接入办法。

1. 外挂式接入

通过在无人机上安装具备定位和信息发送功能的监控模块,实现无人机接入平台。具有安装简单、适用面广的优点,市面上所有的无人机均可以通过此种方式接入平台,通过导入使用人联系信息后同样可以实现任务快速分发指派。这种接入层次最低,仅能向平台反馈无人机的开关机状态和位置信息,且受制于移动互联网覆盖情况,不能在所有区域和离地高度超过 500m 的环境下使用。

2. 内嵌式接入

内嵌式接入方法是针对特定无人机开发能与平台互通的地面站,或者为无人机地面站开发中间件,截取地面站中无人机的位置、高度、轨迹、工作状态等信息,并通过地面站互联网将信息反馈给平台。此种方式下,无人机与地面站通过电台通信,平台与地面站通过互联网进行通信,消除了无人机飞行速度、飞行高度造成的信号不稳定的影响,但需要无人机厂家联合开发或者提供飞行控制数据接口。

3. 网联式接入

无人机作为物联网的终端,直接通过移动互联网络接入平台,实时反馈无人机的位置、状态。并直接接受平台任务指令执行监测任务。此种方式允许平台直接调配无人机,无需工作人员在现场监控,是无人机连续运行监测站工作的主要模式。

4. 平台级接入

目前,已有很多无人机行业云平台对无人机进行监督和管理。打通这些平台与"广西无人机应急测绘联动服务平台"的接口,即可实现平台级接入,向其他平台无人机分配任务,迅速提升监测能力。

12.2.5 建设的成效

该服务平台是国内首个无人机应用领域共享服务平台,其组织架构合理、功能全面、实用性强,自 2021 年 1 月上线运行以来,得到自然资源部、广西政府领导的肯定,自然资源部卫星遥感应用中心、广东省自然资源厅等多个部门前来调研。截至 2022 年 2 月,已有 160 余家测绘资质单位、410 余架无人飞机、6600 余台终端设备接入平台,累计完成飞行 53400 多架次,获取逾 60000km^2 影像数据。

　　该平台在广西跨省应急测绘演练、自然资源综合监测监管、高速公路不动产登记发证、国有农场调查、农村房地一体调查确权、自然资源领域环保督察、国土空间规划等任务项目中大展身手，表现优异。该平台创新了硬件装备在线共享新模式、应急测绘保障协同机制、航空摄影测量生产组织模式、无人机行业监管和测绘成果汇交机制，提高了测绘装备利用率和应急响应能力，降低了数据采集成本，有效避免重复测绘。

12.2.6　应用展望——打造广西"天空地人网"协同感知网

　　平台通过扩展建设，现已升级成为广西"天空地人网"协同感知网的重要组成部分。此外，利用该平台可开展省内、跨省自然资源应急监测，验证业务流程和工作机制，锻炼技术队伍，提升应急监测水平。

　　广西"天空地人网"协同感知网在平台的基础上进行扩展建设，通过完善连续运行监测站、移动监测车、定制开发监控模块等，构成了面向广西自然资源的"天空地人网"协同感知网。

1. 连续运行监测站

　　无人机连续运行监测站是广西"天空地人网"协同感知网的重要组成部分，隶属于"空联网"。

　　（1）建设思路：在省、市、县区各级建立的连续运行的有人或无人值守监测站点，通过平台统筹调动，实现定期、定频、定区域、定专题的常态化动态监测，开展影像获取工作。

　　（2）建设内容：

　　① 站点建设。建设四级连续运行监测站：

　　·AA 级站点：以彩虹 -4 无人机部署机场为固定场所，安排职业化队伍驻守实现 AA 级站点的维护与运行；安排专业空域保障协调人员和气象人员实现 AA 级站点的空域保障和气象保障；配备地面指挥车和便携式卫通设备实现广西陆海通信全覆盖和飞行全覆盖。

　　·A 级站点：以广西 14 个地级市为 A 级站点，建设 14 个固定位连续运行监测站点，拟配备航程超过 400km 的垂起固定翼无人机，配套无人值守智能机场，实现无人值守下的自主起降、自主飞行、自主数据传输、自主充电。

　　·B 级站点：以广西 111 个县区为 B 级站点，建设 111 个固定位连续运行监测站点，拟配备航程超过 100km 的垂起固定翼无人机或多旋翼无人机，配套无人值守智能机场，实现无人值守下的自主起降、自主飞行、自主数据传输、自主充电。

　　·移动站点：以测绘资质单位和个人无人机作为移动站点，发挥其机动灵活的特点和优势，实现任务第一时间响应、变化第一时间发现。

　　最终四级互联，形成"长短搭配、远近结合"的低空监测网络，实现覆盖区域的定期、定频、定区域、定专题常态化动态监测。

　　② 调度中心建设。依托国家应急测绘保障南宁基地指挥中心工作场所、指挥大屏、视频会议系统、音视频系统等硬件条件，在"广西无人机应急测绘联动服务平台"基础上，拓展航线在线设计、上传、统一监控的功能，实现站点无人机接入平台，组成无人值守低空监测网络。

　　（3）软硬件设备：

　　① AA 级站点：主要由彩虹 -4 无人机系统组成，该系统介绍见 12.1.1 节。

　　② A 级站点与 B 级站点：A 级站点拟采用航程超过 400km，B 级站点拟采用航程超过 100km 的垂起固定翼无人机或者多旋翼无人机。其具备模块化设计，可以搭载航测相机、倾斜摄影相机、视频吊舱、激光雷达等传感器。配合无人值守智能机场，在平台的指挥下，可以实现自主起降、自主完成监测飞行、自主充电、自主回传任务数据。

　　无人机通过"网联式"接入平台，可以按平台推送的任务计划实现定期、定频、定区域、定专题的常态化动态监测，也可以接受临时任务指令，进行临时动态监测任务。

③ 无人值守智能机场。无人值守智能机场包括 A 级站点和 B 级站点无人机的停驻仓库、通信中继、充电中心、数据回传中心。依据所部署的无人机量身定做，具备防水、防潮、防尘、防盗等基本能力。拟安装自动开合装置，实现无人机自主放飞与回收保存；拟安装有降落辅助装置，引导无人机精准降落；拟安装通信中继装置，实现无人机与"联动平台"互联互通；拟安装智能充电系统，实现无人机的智能充电；拟安装数据回传系统，实现无人机数据实时回传至平台数据服务器；拟安装视频监控摄像设备，实现无人机连续运行监测站的远程视频监控，方便远程运维检修。无人值守智能机场示例如图 12.14 所示。

图 12.14　无人值守智能机场示例

（4）功能特点：

① 网格化部署，精准动态监测。把彩虹 -4 无人机部署机场作为 AA 级站点，监测覆盖"两广两南一片海"；在广西 14 个地级市布设 A 级站点，监测覆盖各地级市；在广西 111 个县区布设 B 级站点，监测覆盖广西各个县区。按服务平台推送的任务计划实现定期、定频、定区域、定专题的常态化动态监测。实现精准动态监测。

② 中心端控制，组网协同作业。以服务平台为控制中心，将各级站点连接组成"无人值守低空监测网"，为各级站点制定飞行计划，可以实现单个站点的独立监测作业，也可以实现多站点协同作业。

③ 无人化值守，智能化监测。定制化的无人值守智能机场，可以为无人机提供停驻、充电、通信中继、数据传输、安全监控等保障。无人机接收平台任务计划后，可以实现自主起降、自动完成监测飞行、自动充电、自动回传任务数据等工作。最终实现全程无人化操作，智能化监测。

④ 数据实时回传，打破时空限制。通过机场的通信中继装置和数据传输装置，可以打破时空限制，实现无人机监测数据实时回传，实现无人机监测数据的"所见即可得"。

（5）运行机制：建设一系列运行保障措施、规章制度以及作业的标准规范等内容，实现无人机连续运行监测站工作的常态化、持续化开展。包括空域协调与保障机制、气象保障机制、运行维护管理制度、信息安全管理制度等。

2. 移动监测车

移动监测车主要用于自然资源调查监测外业数据采集与获取。

南方地区山地丘陵多、平原少的特点给开展自然资源调查监测工作增加了难度。为提高自然资源调查监测数据采集的时效性和机动灵活性，监测院设计了一款以皮卡车为运输载体，集成固定翼无人机、多旋翼无人机、RTK、全站仪等设备的移动监测车，实现快速响应获取外业数据的功能。

（1）建设目标：通过监测车，可以实时获取车辆行进路线精准的三维坐标；可以实现无人机的快速起降，连续不间断作业，实现调查监测任务的快速响应，为应急测绘保障和自然资源调查监测提供现实性强的地理信息数据获取服务，是提高应急响应速度、提升应急数据获取能力的有效手段，是"地联网"的具体实现。

（2）建成效果：监测车由皮卡车、设备箱、电力保障系统等部分组成。

① 皮卡车。该平台以皮卡车为运输载体，具有较高的机动性和通过性，可以到达道路比较崎岖偏僻的地域作业，可应对复杂的地形环境。

② 设备箱。在车辆行驶时，设备箱作为作业无人机及辅助设备的存放空间，可以很好地保护设备不会因为崎岖道路的颠簸震动以及风雨高温而损坏，同时采用避免对无人机信号干扰的铝合金蜂窝面板结构为主体材料。设备箱分为上中下三层结构，分别放置多旋翼无人机、固定翼无人机、RTK、全站仪、随车行李等。

③ 电力保障系统。随车配备即时在线式自动充放电源，通过这个电源可以快速给蓄能电池包充电，并且根据电池电量温度调节充电电流，保护蓄能电池包不会因过充过放而损坏。同时电源可以提供220V电源供给无人机充电座使用；外连接端口，可以实现市电插座、新能源汽车充电插座等多种电源取电。

④ 车载设备清单。综合监测车搭载1套无人机起降平台（包含升降系统、储能电源、充电系统等）、1套全站仪设备、2套无人机航摄系统（1架多旋翼无人机、1架固定翼无人机）、3套RTK设备（其中2套安装在车顶进行车辆行进路线三维坐标采集）、脚架2套，支杆4套（图12.15）。

图12.15　移动监测车载荷示意图

3. 监控模块

监控模块通过物联网技术将车辆船只接入平台进行统一调度，监控车辆船只的位置、状态、驾驶员等信息。

（1）概况：车辆船只作为广西"天空地人网"协同式感知网建设中"地联网"的重要组成部分，是通勤运输的重要移动载体，是开展实地调查监测的重要辅助工具。开发监控模块可以保证车辆船只的快速、精准调配，实现自然资源监测任务的快速执行。

（2）建设任务：2021年，监测院与深圳飞马机器人科技有限公司联合研发了监控模块，该模块具有随车启动、双星定位、位置共享等功能，搭载该模块的车辆船只可以接入平台，实时监控车辆船只位置、运动轨迹、运行状态，驾驶员信息等，同时车辆船只驾驶员也可以接受平台的统一调度指挥。

（3）应用成效：目前，监测院已在全院的综合监测车上安装了监控模块，实现了平台统一调度。

12.3　智绘八桂，普适赋能基层治理

基层治理是国家治理的基石。随着审批权下放、乡村振兴等落地实施，对自然资源治理更趋向

精细化和精准化。基层人员是最了解当地的农业生产、乡村建设和自然资源状况，只要向基层人员提供普适型工具手段，就可以开展自然资源治理工作，提升基层治理能力。

12.3.1 建设概况

传统的测绘和调查监测工作需依赖专业技术人员采取运动式的人海战术，其缺点是投入成本大、周期长等。为让基层人员也能顺利完成此前必须依靠专业技术人员才能完成的部分测绘和调查工作，监测院按照"调查监测靠人民"思路，充分发挥基层人员的工作优势，通过自主创新，面向基层人员研发普适型测绘调查工具——乡村绘APP，降低了基层人员开展测绘和调查工作的难度。通过平台获取的最新高分辨率航空影像可以按需推送给安装了乡村绘APP的手机等设备，实现了乡村绘APP与广西无人机应急测绘联动服务平台有机融合。

12.3.2 建设任务

乡村绘APP的研发面向广大乡镇村干部、群众等基层人员，定位为无需专业技术即可轻松完成操作任务的普适型软件，软件的架构、功能模块和使用方法均从使用者角度考虑设计。

1. 建设目标

面向广大基层人员，满足基层人员在采集自然资源数据的各项要求，赋能基层人员专业数据获取能力。

2. 总体架构

该APP总体架构设计5个层级，分别是基础设施层、数据管理层、平台服务层、业务应用层、用户层（图12.16）。

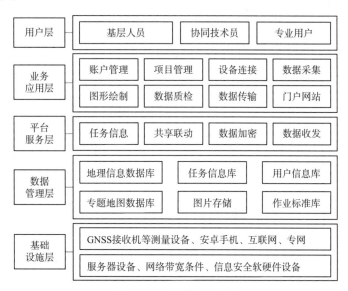

图 12.16 软件逻辑架构

3. 功能模块

乡村绘APP结合用户需求和业务场景，实现一系列操作简单、作业高效、自动化程度高的功能。包括项目管理模块、仪器测量模块、底图加载模块、测量绘图模块、网络通信模块、成果导出模块等（图12.17）。

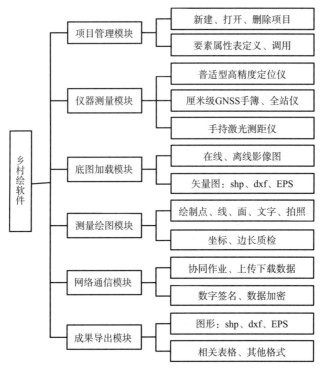

图 12.17 功能模块

12.3.3 业务流程

乡村绘 APP 界面简洁、布局合理、集成度高，没有繁琐的操作步骤，业务流程如图 12.18 所示。

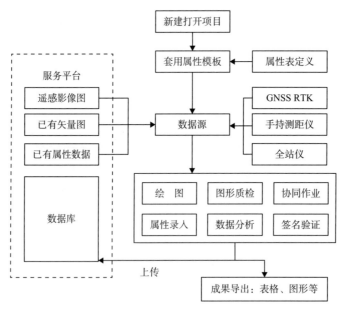

图 12.18 业务流程图

12.3.4 系统的功能

该软件可实现遥感影像、矢量数据加载，可连接普适型高精度定位仪实现更加精准的实时定位，具备测、量、绘、注、拍等基本功能，以及丰富的信息采集功能，还可进行成果质量检查、输出。

1. 在线 / 离线底图

最新遥感影像、矢量数据成果可在服务器上通过服务发布的形式，实现 APP 加载在线影像。软件通过连接 4G 或者 5G 网络实现在线加载的高分辨率的正射影像图作为底图，可以直接在底图上捕捉绘制图形。同时软件也支持手动加载 TIF、JPG 格式的离线底图，导入 CAD、地理信息软件常用格式的矢量数据。

2. 连接普适型高精度定位仪

乡村绘 APP 与主流的 RTK 高精度定位的安卓手簿产品兼容，实现单手簿厘米级定位测量。可以通过蓝牙控制通用类型的手持激光测距仪，通过距离交会、延伸等方式间接测量隐蔽地物点坐标，或控制激光测距仪获取地物边长。实际使用中，乡村绘 APP 通过连接普适型高精度定位仪可自动登录 GXCORS 账号，通过蓝牙转发差分数据到接收机得到固定解，获得精准的 2000 国家大地坐标。实现开机即测，坐标系统参数自动设置，避免了非专业用户需要进行繁琐操作的情况。

3. 测、量、绘、注、拍

系统结合实际工作要求，优化设置了测、量、绘、注、拍五项基本功能。"测"是连接 GNSS 接收机等设备完成三维坐标测量，实现基于底图或实地测边、测点；"量"是记录激光测距仪等工具量取调查要素的边长；"绘"是可依据影像底图便捷绘制各类边界线，还可以与实地测量进行绘制，可满足点、线、面的绘制，同时包含距离交会、延伸计算、等分计算等辅助功能；"注"是对现场地物的类型、权属信息等信息的记录，同时可定制属性标注表格；"拍"是拍摄自然资源现状、权属资料、房屋纹理等照片，并可将照片与图形进行挂接。

4. 信息采集

乡村绘 APP 以项目的形式管理数据，新建项目时需要选取项目类型和表单，其中表单是可以根据需要定制的，每一张调查表单对应一个调查类型。用户可以在乡村绘 APP 上自定义表单或者在电脑上定义表单，表单属性可以指定下拉选项、格式输入控制、拍照功能选择、扩展属性等。软件内置了几个常用项目的表单，例如房地一体不动产权籍调查、农村宅基地审批、耕地种植属性调查等，新建项目时可以直接选择使用。通过自定义属性表单可以根据农业、交通、自然资源、测绘等不同行业、不同项目的实际需要进行属性定义，实现一个乡村绘 APP 就能实现不同内容的调查。

5. 成果质量检查

乡村绘 APP 针对不同业务的技术标准开发了质量检查功能，成果可以通过后台推送的方式发布给外业质检人员，外业检查人员通过乡村绘 APP 接收核查任务，直接开展核查工作。以农村房地一体不动产权籍调查为例，可实现检查宗地的界址点精度、界址点间距（边长）精度，地物点精度、权属信息，实现外业核查无纸化操作。

1）点位精度的检查

乡村绘 APP 连接普适型高精度定位仪，在图上捕捉需要检查的点位，通过实际测量检查点位的准确性。

2）界址点间距检查

通过乡村绘 APP 的"量"功能，图上捕捉需要量边的起点和终点，输入实际丈量的距离，图上绘制注记线和实测距离、图上距离。

3）权属信息检查

选择需要核查的宗地，检查属性表，包括权利人姓名、身份证号、四至、房屋结构、房屋层数等信息。检查者通过实际核查，正确的信息打钩，不正确的信息可以编辑修改，给出检查意见。

质检成果的点位数据、边长数据、属性数据可以上传到后台，后台自动统计判断精度、生成检查报告。

质检工作可以交给乡镇村干部、村民完成。在实际工作中遇到问题时，可以通过乡村绘 APP 的协同作业模式，将内业的专业人员拉入"群组"，内业人员可以实时看到外业的图形操作，也可以远程操作绘图，指导外业人员完成工作。

6. 成果输出

软件绘制的图形、填写的属性表、拍取的照片等成果，可通过互联网进行平台对接，实现调查、测量无纸化操作。提交的数据使用了防窃取、防篡改加密技术，对现场照片内容和位置信息进行转换，生成验证码，在数据上传时平台进行验证，防止人为修改照片内容。同时软件也可实现数据成果离线传输，将绘制图形与属性表通过定制格式直接导出成 shp、dxf、EPS 等格式，直接进行二次应用，使用模板还可以直接生成图件成果。

12.3.5　建设的重点与难点

建设乡村绘 APP 系统，重点是解决跨系统平台间的连接障碍，实现线上多人协作的功能，并可根据规范标准实现智能化图件成果直接输出。

1. 多平台系统连接

乡村绘 APP 基于 Android Studio 平台使用 JAVA 和 C++ 混合开发，通用型开发平台和开发语言，内置多个通用性接口，解决跨设备系统间互联障碍。其中绘图功能（绘制点、线、面），以及对象捕捉、撤销、重做、拾取、删除等 CAD 功能，使用 C++ 从底层开发实现，其他功能使用 JAVA 语言开发。软件实现了 NTRIP 协议的 CORS 账号登录和差分数据获取，手簿串口写入差分数据、手簿内置 GNSS 数据的读取。软件加入蓝牙功能，实现通过蓝牙连接 GNSS 接收机、连接手持激光测距仪，实现高精度定位测量功能。

2. 多人协同作业

该软件重点打造多人协同的作业模式，以建"群组"的形式，外业人员可以建立协同组，将内业技术人员、四至邻居加入群组。利用 4G、5G 网络实现多人协同作业的通信，共享图形的操作，为方便沟通加入视频通话、聊天等功能，此外人脸识别实名认证、电子签名等技术手段确保了任务真实、可靠。

多人协同测量宗地确定界址点，群组的人员可以实时看到测量绘图的操作，赋予权限的技术人员可以远程协助测量。协同作业模式一方面可以解决非专业人员测量过程中遇到的问题；另一方面可以让四至邻居参与宗地范围线的测量与确认工作，边界确认无误后，由四至邻居实名认证并签名确定。

3. 直接输出成果图

为了解决基层人员制图水平不高、设备缺乏的问题，达到规范形成图、表标准，实现快速出图的目的，软件内集成了农村宅基地审批、农村房地一体不动产权籍调查、自然资源调查监测等各类调查、审批的图、表模板，测量成果经检查、审核后能够直接生成相应的成果，并自动应用于标准化模板。此外，成果能够直接与相关系统平台无缝对接。

12.3.6 建设的成效

监测院研发的乡村绘 APP 通过连接普适型高精度定位仪，能获取高精度的定位信息，其内置的多项测绘、调查监测模块，可实现不同应用场景下的适配。现成功应用在农村房地一体不动产权籍调查（图 12.19）、农村宅基地审批、年度变更调查等工作。同时可通过设置自定义属性表单形成不同的调查任务，应用于耕地资源、森林资源等各类自然资源调查工作中，扩展了自然资源多源信息获取方式。

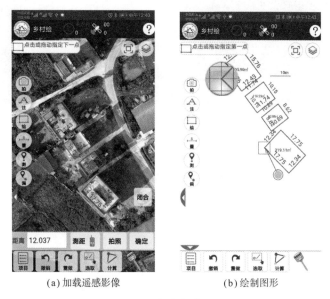

(a) 加载遥感影像   (b) 绘制图形

图 12.19 软件操作界面

截至 2021 年 12 月 26 日，乡村绘 APP 共注册人数约 4000 人，已在阳朔、全州、资源、恭城等县推广使用，仅用 30 余天完成了权属调查超过 28 万宗，单日最高完成调查量达 1.3 万宗。通过乡村绘 APP，将基层人员接入到"天空地人网"协同感知网，进一步丰富了感知网的时空数据采集手段。

12.4 持续调查，守护中国一片洁海

北部湾是一湾相挽十一国、西部陆海新通道重要海域、国内国际"双循环"关键位置，RCEP国家货源来往必经区域。北部湾具有丰富的海洋资源，近岸海域大部分保持着一类水质，被誉为中国的最后一片洁海（图 12.20）。监测院是目前广西唯一一家具有甲级海洋测绘资质的单位，30 多年来持续对北部湾海洋资源进行调查，从 1983 年的广西海岸带和海涂资源综合调查，到 2021 年的广西北仑河口自然保护区湿地调查，为广西海洋生态文明建设和评估提供丰富的数据资源和扎实的技术保障。

12.4.1 北部湾空间资源调查

全面摸清北部湾空间资源家底是广西落实国家经济发展重大战略和开展海洋生态文明建设的数据基础。监测院近 30 年来开展了海洋空间资源调查，其中包括海岸线调查、海洋测绘及海底地形测量和海岸带资源调查。

图 12.20 北部湾是中国的最后一片洁海

1. 北部湾空间资源概况

北部湾海岸线曲折，全长 1628.6km，沿海有岛屿 646 个，其中最大的涠洲岛面积约 24.7km²。近海海底平坦，溺谷多且面积广阔，天然港湾众多，沿海可开发的大小港口 21 个，滩涂面积约 900 公顷，其中有面积占全国 40% 的红树林，总面积约 9300km²。

2. 海岸线调查

1983—1986 年，监测院先后参与了广西海岸带和海涂资源综合调查，采用了国产 ZML-I 型面积量测仪，对东起广东廉江龙头沙，西至防城港江平的 1∶50 000 海岸带、岛屿、滩涂及浅海水域等调查。该调查查清了广西基岩、沙质、淤泥质、河口、生物（含红树林和珊瑚礁）和人工海岸这 6 种类型海岸线，测定海岸线长度为 1595km；查清了超过 500km² 的岛屿、沿滩、沙滩、沙砾滩、沙泥滩、淤泥滩、红树林滩和珊瑚滩等 7 种大于 0.01km² 滩涂资源及浅海水域面积，水深在 0m 至 20m 之间的水域，图幅闭合差与理论面积的比值小于 5% 的占 80% 以上，成果数据精度高。1595km 作为广西法定海岸线对外公布。1988 年，"广西海岸带和海涂资源综合调查"项目获得广西科技进步一等奖（图 12.21）。

图 12.21 广西海岸（洋）带和滩涂资源综合调查获奖证书

2008 年，监测院组织开展广西大陆海岸线的修测工作，准确测算广西海岸线长度，调查岸线类型的分布情况。项目以最新版地形图为工作底图，通过卫星遥感和航拍图片，结合 DGPS（差分

GPS）为基础一体化测量技术进行测量，对全区海域岸线进行实地测验修正。外业测量时，信标机沿海岸线走动同时接收海洋局设定的永久性参考站的 DGPS 差分数据和自身接收 GPS 卫星定位数据进行解算获得精确坐标，其坐标值将自动记录在手簿上，在记录坐标的同时在信标机手簿上记录该点的岸线类型和属性以及在该地点拍照的相片号，实现海岸线坐标数据和属性数据的无缝集成（图 12.22）。经过内外业协同作业，对成果进行计算分析、归纳总结，计算各类海岸线长度和分布情况，并绘制海岸线类型分布图，形成 1∶10 000 数字化广西海岸线测量成果，经过统计，广西大陆海岸线长度为 1628.59km。2008 年，1628.6km 作为广西法定海岸线对外公布。

图 12.22　利用 GPS 开展海岸带测量

监测院在 2012 年实施的广西沿海大陆海岸线实际变迁调查，其成果数据应用于自然资源资产责任审计。另外，监测院还实施了 2017 年广西海岸线调查统计工作、2020 年全国海岸线资源调查项目试点（广西）：基于"DEM+ 遥感影像解译 + 野外验证"的海岸线提取、2021 年广西自然资源陆海管理界线确定等。

3. 海洋测绘

2017 年，监测院利用多波束测深系统对重点海域海砂开采进行动态监测，针对测深点位置沿航迹方向的前后位移的问题，采用 K9 定位定向仪取代"罗经 +RTK"模式进行定位定向，通过接收时间同步信号消除定位时间延迟误差，同时也节省了罗经的安装和系统参数校准时间；针对控制潮汐变化对水面高度影响的问题，采用 RTK 三维水深测量技术，利用 RTK 获得 GNSS 天线的三维坐标和多波束测深仪测得的瞬时水面深度，结合测区似大地水准面精化模型，将水深归算至高程基准面，从而获得水下地形数据，无需额外的人力或仪器去获取验潮数据；采用人机交互处理的方式准确测算海砂开采量，输出采砂区海底地形三维图，分析海砂开采前后海底地形变化（图 12.23），实现海砂开采快速精细化监测，为海砂开采事中事后监管提供准确的数据依据。

2019—2022 年，监测院开展北部湾似大地水准面和高程基准与深度基准建设项目。在国家空间坐标基准框架的基础上，综合应用 GNSS 定位技术、水准测量技术、卫星测高技术，以及重力数据、地形数据、GNSS/ 水准数据、验潮数据、重力场模型等，通过突破跨海岸带物质不连续区域的重力归算、多源卫星数据融合处理、深度基准面核定和陆海垂直基准无缝转换等一系列关键技术，在北部湾海域建立无缝衔接的高精度似大地水准面模型，将陆地高程基准传递到北部湾海域及其海岛上，实现北部湾区域陆海高程基准的统一，精密确定北部湾海域平均海面高模型和深度基准面模型，建立海洋理论深度基准面与陆海统一似大地水准面模型之间的精确转换关系，实现陆海高程基准与海洋深度基准的统一。

监测院先后参与"908"和"927"专项工程、2009 年广西重点港湾的海底地形现状测量、

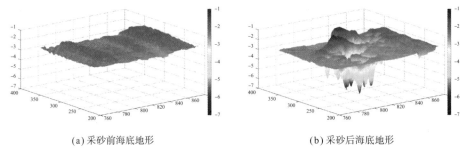

(a) 采砂前海底地形 (b) 采砂后海底地形

图 12.23 海砂开采前后海底地形变化示意图

2013 年广西无居民海岛 1:500 和 1:1000 地形图测绘、2016 年广西海洋灾害承灾体补充调查等海洋测绘项目。

4. 海岸带资源调查

2020 年—2021 年，监测院开展国际重要湿地资源专项调查研究和示范——广西北仑河口湿地调查试点项目。项目实施地以北仑河口国家级自然保护区为核心区域，面积约 221km²。监测院以高分辨率影像、高精度数字高程模型、海岸带监测成果和已有的湿地调查成果等为基础，采用遥感技术、现地调查、采样检测、资料收集、访谈等多种方法相结合的手段进行调查，主要包含调查单元划定、全覆盖调查、重点湿地调查等。

1）调查单元划定

根据收集到的基础资料，制作湿地解译底图，建立解译标志，已有符合要求的解译标志或样本库，则可直接沿用。根据滨海湿地调查单元划定的要求，划分湿地区和湿地斑块，确定湿地的空间位置、面积、类型等信息，并建立空间数据库。对代表性区域和不确定性区域开展外业验证。对于遥感影像无法满足的区域，采用野外调查划定的方法补充完成湿地边界划定工作。

2）全覆盖调查

通过遥感影像判读、资料获取和野外调查核实等调查方法，对所有符合调查范围的湿地进行调查，掌握湿地的基本特征，包括湿地的基本属性、自然地理、水环境、湿地植被、湿地动物、利用方式和受威胁状况 7 个方面的内容。

3）重点湿地调查

根据规范要求，确定重点湿地斑块，以野外调查、采样检测、资料收集和访谈为主要调查方法，对广西北仑河口国家级自然保护区湿地进行详细调查，调查要素包括湿地的基本情况、自然地理环境、地表基质、水环境、湿地植被、湿地动物、利用方式和受威胁状况 8 个方面的内容。按不同调查指标分不同专业调查组进行样地（包括样带和样方）布设，然后测量和记录样地的相关指标以及样品取样和送检等工作（图 12.24）。

该项目建立了广西北仑河口试点湿地资源专项调查数据库，验证《湿地边界划定规范（征求意见稿）》《全国湿地资源专项调查技术规范（征求意见稿）》和《国际重要湿地资源专项调查数据库建立标准》等规范、标准，为开展全国湿地资源专项调查奠定坚实的实践基础。

2016—2021 年，监测院连续开展了 6 年广西海岸带开发利用变化监测，独立完成了多个年度的监测工作。主要应用卫星遥感和地理空间信息技术，逐年对海岸带的围填海状况、海岸带开发利用、生态系统空间进行动态监测，获取海岸带地表覆盖、海陆（岛）分界线、新增围填海、红树林和养殖池等要素监测成果，并对监测成果数据进行统计分析，客观准确地反映海岸带的地表覆盖变化，海陆（岛）分界线位置变化，新增围填海的规模、速率等状况，为海岸带开发利用管理提供了基础数据。

图 12.24　湿地土壤取样

监测院还实施了 2007 年广西重点港湾测绘及动力沉积调查与研究、2012 年北部湾广西海域平面变化监测预测和海水潮高淹没调查项目、2012 年广西科技兴海专项：广西海岸带空间遥感新技术研究、2013 年钦州市三娘湾海洋重大建设项目数模调查研究与评估、2016 年钦江河口湾滩槽演变与港口开发保护关系研究等项目。

12.4.2　北部湾海洋生态文明评估

2013—2017 年，监测院参与了海洋生态文明区评估指标体系构建与示范应用项目，该项目提出了海洋生态文明定性和定量评估方法，首次建立了一套评估指标（表 12.3），研发了一套适用的评估系统。实现基于地理信息系统的项目基本数据库和成果数据库，包括基础地理信息数据、卫星遥感影像、岸线海域使用现状数据、海洋保护区分布数据、海洋经济发展数据、污染物排海数据、海洋灾害发生数据、海洋资源（港口、渔业资源、旅游、矿产资源）数据、海草床、珊瑚礁分布数据等数据的存储管理，包括数据的导入、建立索引和统计管理等。

通过数据库中的生态文明数据和研究获得的各种分析评估模型，建立计算机专家评估系统，获得海洋生态文明的评估结果。通过地理信息平台展示成果，即生态文明评估成果展示，在示范区或者实际建设区范围内的基础地理信息地图基础上，模型的计算结果可以直接在地图上展示发布，形成直观的专题成果地图，为海洋生态文明示范区建设提供评估依据。通过互联网和数据共享系统，实现海洋管理单位和沿海省市相关单位特别是海洋生态文明建设单位的数据共享，并实现在WebGIS 平台上的发布，实现政务公开和公众参与海洋生态文明示范区建设。

2020 年，广西海岸带资源环境监测及其生态文明建设状况评估获得广西科技进步三等奖。

表 12.3　海洋生态文明评估指标（部分）

类　别	内　容		指标名称	指标类型	建设标准	分　值
1 海洋经济发展	1.1　海洋经济总体实力	1.1.1	海洋产业增加值占地区生产总值比重	A	≥ 10%	5
		1.1.2	近五年海洋产业增加值年均增长速度	B	≥ 16.7%	3
		1.1.3	城镇居民人均可支配收入	B	≥ 2.33 万元 / 人	2
	1.2　海洋产业结构	1.2.1	近五年海洋战略性新兴产业增加值年均增长速度	B	≥ 30%	3
		1.2.2	海洋第三产业增加值占海洋产业增加值比重	B	≥ 40%	3
	1.3　地区能源消耗	1.3.1	地区能源消耗	A	≤ 0.9 吨标准煤 / 万元	4

类别		内容	指标名称	指标类型	建设标准	分值
2	海洋资源利用	2.1 海域空间资源利用	2.1.1 单位海岸线海洋产业增加值(大陆,X)或海岛单位面积地区生产总值贡献率(海岛,Y)	B	X ≥ 1.28 亿元 /km Y ≥ 0.26 亿元 /km²	4
			2.1.2 围填海利用率	A	100%	5
		2.2 海洋生物资源利用	2.2.1 近海渔业捕捞强度零增长	B	零增长	3
			2.2.2 开放式养殖面积占养殖用海面积比重	B	≥80%	4
		2.3 用海秩序	2.3.1 违法用海(用岛)案件零增长	A	零增长	4
3	海洋生态保护	3.1 区域近岸海域海洋环境质量状况	3.1.1 近岸海域一、二类水质占海域面积比重(X)或其变化趋势(Y)	A	X ≥ 70% Y ≥ 5%	5
			3.1.2 近岸海域一、二类沉积物质量站位比重	B	≥ 90%	
		3.2 生境与生物多样性保护	3.2.1 自然岸线保有率	A	≥ 42%	2
			3.2.2 海洋保护区面积占管辖海域面积比率	B	≥ 3%	3
		3.3 陆源污染防治与生态修复	3.3.1 城镇污水处理率(X)与工业污水直排口达标排放率(Y)	B	X ≥ 90% Y ≥ 85%	2
			3.3.2 近三年区域岸线或近岸海域修复投资强度	B	见评估指标解释	5
4	海洋文化建设	4.1 海洋宣传与教育	4.1.1 文化事业费占财政总支出的比重	B	不低于本省平均水平	
			4.1.2 涉海公共文化设施建设及开放水平	B	见评估指标解释	3
			4.1.3 海洋文化宣传及科普活动	A	见评估指标解释	3
		4.2 海洋科技	4.2.1 海洋科技投入占地区海洋产业增加值的比重	A	≥ 1.76%	3
			4.2.2 万人专业技术人员数	B	≥ 174 人	4
		4.3 海洋文化传承与保护	4.3.1 海洋文化遗产传承与保护	B	见评估指标解释	3
			4.3.2 重要海洋节庆与传统习俗保护	B	见评估指标解释	3
5	海洋管理保障	5.1 海洋管理机构与规章制度	5.1.1 海洋管理机构设置	A	健全	2
			5.1.2 海洋管理规章制度建设	B	完善	2
			5.1.3 海洋执法效能	B	无上级部门督办的海洋违法案件	2
		5.2 服务保障能力	5.2.1 海洋服务保障机制建设	B	健全	1
			5.2.2 海洋服务保障水平	B	具备	1
			5.2.3 海洋环保志愿者队伍与志愿活动	B	见评估指标解释	1
		5.3 示范区建设组织保障	5.3.1 组织领导力度	B	符合	1
			5.3.2 经费投入	B	符合	1
			5.3.3 推进机制	B	符合	1

12.5 综合监测，推动自然资源治理现代化

为加快建立自然资源统一调查监测体系，支撑"源头严防、过程严管、后果严惩"全过程监管，在自然资源调查监测体系数字化建设的基础上，针对广西自然资源禀赋特点、气候特点，结合数据、技术的积累，以及自然资源精细化管理需要，开展广西自然资源综合监测监管（以下简称"综合监测监管"），推动广西自然资源治理现代化。

12.5.1 项目概况

为切实履行自然资源"两统一"职责，加快建立自然资源统一调查、评价、监测制度，围绕广

西自然资源"十四五"规划和当前工作重点，在第三次全国国土调查及最新年度国土变更调查成果的基础上，开展综合监测监管工作，及时掌握自然资源变化情况，实现"早发现、早制止"的监测监管目标，为党委政府决策提供服务支撑和科学依据。

12.5.2 主要任务

按照"动态发现、实时交办、月度分析、季度小结、年度总结"工作思路，开展综合监测监管。建立面向自然资源综合监测的"天空地人网"协同感知网，运用人工智能等新一代数字技术及时提取自然资源变化图斑，叠加对比各类业务专题数据，确认图斑的变化情况，及时组织研判并提出处置意见，定期开展综合监测监管成效分析评价。综合监测监管工作由广西自然资源厅调查监测处组织实施，广西自然资源调查监测院作为技术牵头单位，联合厅属有关单位协同开展，自然资源厅有关处室、各市县自然资源局参与。

12.5.3 监测对象和要求

综合监测监管对象包括广西全区建设用地批后实施、露天矿山开发利用、违法用地案件线索、耕地"非农化"、重大项目用地、城乡建设用地增减挂钩项目、临时用地批后实施、国土空间规划约束性指标执行情况、设施农业用地、全域土地综合整治试点等对象，根据业务工作需求适时扩展综合监测监管对象。综合监测监管指标信息见表12.4。

表 12.4 综合监测监管指标信息表

序号	监测监管对象	监测监管内容	监测频次
1	建设用地批后实施	建设用地批而未用、批而未供、供而未用、用而未尽等情况	季度
2	露天矿山开发利用	有效期内露天矿山越界开采情况，是否按开发利用方案开采、是否边采边修复	动态
3	违法用地案件线索	违法用地情况	动态
4	耕地"非农化"	耕地和永久基本农田范围内"非农化"情况	动态
5	重大项目用地	重大项目批而未用、供而未用、用而未尽、未批先用及建设实施等情况	季度
6	城乡建设用地增减挂钩项目	已验收的增减挂钩项目每个地块复垦后的现状情况	季度
7	临时用地批后实施	有效期内临时用地按批准用途、范围使用情况，临时用地按复垦方案复垦情况	季度
8	国土空间规划约束性指标执行情况	生态保护红线、永久基本农田、城镇开发边界、关键生态区内地类及面积变化	动态
		自然岸线（大陆自然岸线、重要河湖自然岸线）、中心城区道路网长度及变化情况，林地、湿地、耕地、建设用地、城乡建设用地、中心城区广场及公园绿地面积及变化情况	季度
9	设施农业用地	有效期内设施农业用地按批准范围、用途使用情况	季度
10	全域土地综合整治试点	试点是否出现负面清单有关情况，试点推进情况	季度

12.5.4 工作流程

综合监测监管以全国第三次国土调查和最新国土变更调查成果为基础，利用最新航天航空遥感影像提取变化图斑，经外业核实形成监测任务清单，由各市县自然资源局开展分类处置，将处置结果上报相关处室审核，开展监测成果汇总分析。

综合监测监管工作流程如图12.25所示。

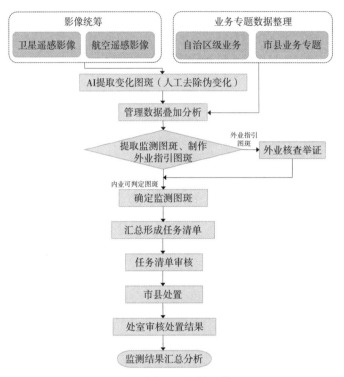

图 12.25　综合监测监管工作流程

1. 多源遥感影像统筹

综合监测监管通过对航天、航空多源遥感影像统筹的方式，有效促进遥感影像共享和使用，极大提升遥感影像获取服务能力，充分发挥财政资金的最大效益，避免遥感影像的重复采购及加工处理。多源遥感影像统筹工作包括：

1）卫星遥感影像统筹

统筹广西卫星遥感影像，补充采购商业卫星遥感影像，确保全区 2～3m 分辨率影像每季度覆盖一次、优于 1m（含 0.5m）分辨率影像半年覆盖一次。组织开展遥感影像纠正，获取影像后 3 个工作日完成正射影像生产和汇交，每季度第一个月 10 日前完成上季度全覆盖的影像汇交。

2）航空遥感影像统筹

统筹组织无人机对重点区域开展航空摄影，获取优于 0.2m 航空影像，确保重点区域航空影像季度覆盖一次。重点区域含广西城镇开发边界外延 1～2km 以内、县道以上重点路段两侧 200m 以内、主要河流重点河段两侧 500m 以内、主要村庄周边集中连片的永久基本农田和生态保护红线、有效期内露天矿山采矿权范围、重大项目用地等区域（空域管制除外）。每月底前完成正射影像生产和汇交；设区市自然资源局负责地方自主获取的无人机影像成果收集整理，每月底前完成月度正射影像成果汇交。

2. 业务专题数据整理

按"谁管理谁负责"的原则，相关处局室根据部门职责提供自治区级管理的专题数据，主要有最新年度国土变更调查成果、永久基本农田核实整改补划成果、城镇开发边界、生态保护红线、中心城区划定范围、露天合法采矿权、已批准建设用地、已供应土地、自治区统筹推进重大项目、"双百双新"和文旅大健康产业等项目用地、已验收城乡建设用地增减挂钩项目拆旧区、设施农业用地上图入库项目、临时用地土地复垦、广西海岸线修测、关键生态区、已批复乡镇国土空间规划、村庄规划成果、全域土地整治试点项目等；市县管理的专题数据由归口业务处室负责收集更新到自治区级管理的专题数据，主要有临时用地、设施农业用地、采矿用地（采石采砂）、建设用地批后实施数据等，各业务处室负责维护专题数据的完整性、准确性和及时性。

3. 变化图斑提取

利用 AI 提取技术，通过不同时相影像比对，分别对卫星影像、航空影像开展变化图斑快速提取。AI 提取的变化图斑结合内业人工分析去除"伪变化"（即影像发生改变但实地没有发生变化）后形成变化图斑。

4. 形成监测图斑

监测院牵头，其他单位共同参与开展"变化图斑"外业核查工作，剔除正常变化图斑，按监测对象分类形成监测图斑，建立监测图斑信息表。影像能够清晰判定变化情况的，直接纳入任务清单；影像难以清晰判定变化情况的，制作外业指引图斑，推送广西自然资源调查云开展外业调查核实。

5. 外业调查核实

全区"变化图斑"的外业核查工作由监测院等单位开展。通过广西自然资源调查云实地调查核实变化图斑，参照广西第三次全国国土调查图斑举证要求，拍摄实地举证照片和视频，图斑实地卫星定位坐标、拍摄方位角、拍摄时间、实地照片或视频上传至系统，填写变化图斑外业调查核实情况表，根据不同监测类型填写原地类、现地类、面积、位置、范围、用途、批文信息等内容。

部分监测监管对象调查核实案例见图 12.26。

监测监管对象	前时影像	后时影像	实地情况
耕地"非农化"	2020 年年度变更影像 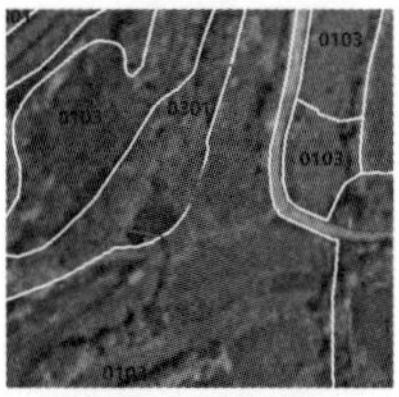	2021 年 5 月航飞影像 	2021 年 5 月实地照片 
露天矿山开发利用	2020 年年度变更影像 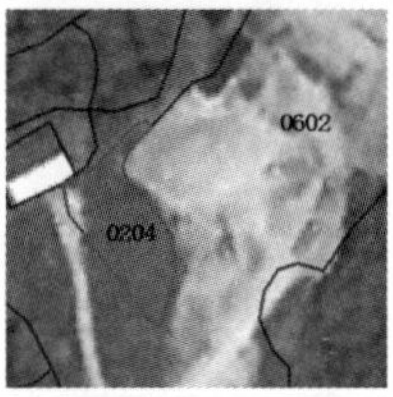	2021 年 4 月航飞影像 	2021 年 4 月实地照片 
违法用地案件线索	2020 年年度变更影像 	2021 年 4 月航飞影像 	2021 年 4 月实地照片 

图 12.26　部分监测监管对象调查核实案例

监测监管对象	前时影像	后时影像	实地情况
	2020年度变更影像	2021年4月航飞影像	2021年4月无人机照片
建设用地批后实施			

续图 12.26

6. 监测任务清单推送、处理和审核

分析外业调查结果并形成任务清单，通过综合监测系统将任务清单推送至相关业务处室审核后，下发到相关市县自然资源主管部门处置。相关市县自然资源主管部门进行处置后，再上报相应业务处室进行审核。

1）监测任务清单

监测任务清单是调查监测的主要内容之一。根据外业调查核实情况，结合业务专题数据分析，分类编制任务清单（见表12.5）。任务清单应能清晰准确地反映各地在自然资源管理中暴露出的问题，为自然资源管理工作提供正确的整改方向。

表 12.5　部分监测任务清单

（a）建设用地批后实施监测任务清单

面积：公顷（0.00）

序号	监测基本信息项									业务专题信息											处置信息		
	县市区	乡镇	行政村	监测图斑号	前时相	后时相	监测日期	监测手段	年度变更调查地类	项目（批次）名称	批复文号	批复面积	批准用途	批复时间	供地文号	供地日期	土地用途	供地面积	约定开工日期	约定竣工日期	处置意见	处置结果	处置结果审核
	1	2	3	4	5	6	7	8	9	10	11	12	13	14	15	16	17	18	19	20	27	28	29
填表说明				在批复地块编写监测图斑唯一号			①	②	中文表述														
1																							
2																								

注：一条清单记录对应一个批复地块。
① 监测日期为最新的举证日期（例如20210905），若没有实地举证则填写航飞或遥感影像获取日期。
② 监测手段填写人工举证、航拍、卫片。

（b）露天矿山开发利用监测任务清单

面积：公顷（0.00）

序号	监测基本信息项									业务专题信息项						监测结果项				处置信息		
	县市区	乡镇	行政村	监测图斑号	前时相	后时相	监测日期	监测手段	年度变更调查地类	采矿权人	矿山名称	采矿许可证号	有效期限	开采矿种	矿区面积	疑似越界面积	占用耕地面积	占用基本农田面积	开采现状	处置意见	处置结果	处置结果审核
	1	2	3	4	5	6	7	8	9	10	11	12	13	14	15	16	17	18	19	20	21	22
填表说明				在地块编写监测图斑唯一号			①	②	中文表述										③			
1																						
2																						

注：一条清单记录对应一个批复地块。
① 监测日期为最新的举证日期（例如 20210905），若没有实地举证则填写航飞或遥感影像获取日期。
② 监测手段填写人工举证、航拍、卫片。
③ 开采现状描述：矿区裸露面积；开采面面积；排土场、排废区、堆料场面积。

（c）违法用地案件线索监测任务清单

面积：公顷（0.00）

序号	监测基本信息项									监测结果项						处置信息		
	县市区	乡镇	行政村	监测图斑号	前时相	后时相	监测日期	监测手段	年度变更调查地类	实地现状	疑似违法面积	占用耕地面积	占用基本农田面积	占用生态保护红线面积	符合规划面积	处置意见	处置结果	处置结果审核
	1	2	3	4	5	6	7	8	9	10	11	12	13	14	15	16	17	18
填表说明				在违法地块编写监测图斑唯一号			①	②	中文表述	③								
1																		
2																		

注：一条清单记录对应一个批复地块。
① 监测日期为最新的举证日期（例如 20210905），若没有实地举证则填写航飞或遥感影像获取日期。
② 监测手段填写人工举证、航拍、卫片。
③ 实地现状描述：1.新增地形地物；2.新增建（构）筑物；3.新增疑似别墅；4.新增推填土；5.新增光伏用地；6.新增高尔夫球场用地；7.新增别墅用地；8.其他。

（d）耕地"非农化"监测任务清单

面积：公顷（0.00）

序号	监测基本信息项									业务专题信息项					监测结果项				处置信息		
	县市区	乡镇	行政村	监测图斑号	前时相	后时相	监测日期	监测手段	年度变更调查地类	经国务院批准的退耕还林面积	经依法依规批准的绿色通道（绿化用地）面积	经依法依规批准的建设用地面积	新建的自然保护地面积	已上图入库的设施农业用地面积	实地现状	违规占用耕地绿化造林面积	超标准建设绿色通道面积	新建的自然保护地占用永久基本农田的面积	处置意见	处置结果	处置结果审核
	1	2	3	4	5	6	7	8	9	10	11	12	13	14	15	16	17	18	19	20	21
填表说明							①	②	中文表述						中文表述		③				
1																					
2																					

注：一条清单记录对应一个批复地块。
① 监测日期为最新的举证日期（例如 20210905），若没有实地举证则填写航飞或遥感影像获取日期。
② 监测手段填写人工举证、航拍、卫片。
③ 需要提供相关业务数据。

（e）重大项目用地监测任务清单

面积：公顷（0.00）

序号	监测基本信息项									业务专题信息							监测结果项						处置信息		
	县市区	乡镇	行政村	监测图斑号	前时相	后时相	监测日期	监测手段	年度变更调查地类	项目名称	项目代码	土地批复文号	土地供应用途	供应土地面积	约定开工时间	约定竣工时间	已建设用地实地现状	已建设面积	正在建设用地实地现状	正在建设面积	未建设用地土地现状	未建设面积	处置意见	处置结果	处置结果审核
	1	2	3	4	5	6	7	8	9	10	11	12	13	14	15	16	17	18	19	20	21	22	23	24	25
填表说明				在批复地块编写监测图斑唯一号			①	②	中文表述								③								
1																									
2																									

注：一条清单记录对应一个批复地块。
① 监测日期为最新的举证日期（例如 20210905），若没有实地举证则填写航飞或遥感影像获取日期。
② 监测手段填写人工举证、航拍、卫片。
③ 实地现状填写"动土""地基""建（构）筑物""已建成"四个类型。

（f）城乡建设用地增减挂钩项目监测任务清单

面积：公顷（0.00）

序号	监测基本信息项									业务专题信息项											监测结果项						处置信息		
	县市区	乡镇	行政村	监测图斑号	前时相	后时相	监测日期	监测手段	年度变更调查地类	项目名称	电子监管码	拆旧区立项文号	拆旧区立项时间	拆旧区验收文号	拆旧区验收时间	拆旧区验收地块个数	拆旧区验收面积	其中耕地面积	拆旧区耕地平均等别	管护责任人	实地现状	拆旧区复垦耕地后被建设占用地块号	拆旧区复垦耕地后被建设占用地面积	拆旧区复垦耕地"非粮化"地块号	拆旧区复垦其他农用地被占用地块号	拆旧区复垦其他农用地被占用面积	处置意见	处置结果	处置结果审核
	1	2	3	4	5	6	7	8	9	10	11	12	13	14	15	16	17	18	19	20	21	22	23	24	25	26	27	28	29
填表说明				在地块编写监测图斑唯一号			①	②	中文表述																				
1																													
2																													

注：一条清单记录对应一个批复地块。
① 监测日期为最新的举证日期（例如20210905），若没有实地举证则填写航飞或遥感影像获取日期。
② 监测手段填写人工举证、航拍、卫片。

（g）临时用地批后实施监测任务清单

面积：公顷（0.00）

序号	监测基本信息项									业务专题信息项																						监测结果							处置信息		
	县市区	乡镇	行政村	监测图斑号	前时相	后时相	监测日期	监测手段	年度变更调查地类	临时用地批准文号	批准面积	批准日期	批准使用期限	是否涉及占用永久基本农田	规定完成复垦日期	到期日期	批准用途	项目名称	复垦义务人	拟损毁土地面积	拟损毁基本农田面积	拟损毁耕地面积	土地复垦期限	拟复垦面积	拟复垦耕地面积	拟复垦基本农田面积	复垦率	实际使用面积	实际使用现状	土地复垦期限	是否进行复垦	实际损毁面积	实际损毁基本农田面积	实际损毁耕地面积	实际复垦面积	实际复垦耕地面积	实际复垦基本农田面积	实际复垦率	处置意见	处置结果	处置结果审核
	1	2	3	4	5	6	7	8	9	10	11	12	13	14	15	16	17	18	19	20	21	22	23	24	25	26	27	28	29	30	31	32	33	34	35	36	37	38	39	40	41
填表说明				在地块编写监测图斑唯一号			①	②	中文表述																																
1																																									
2																																									

注：一条清单记录对应一个批复地块。
① 监测日期为最新的举证日期（例如20210905），若没有实地举证则填写航飞或遥感影像获取日期。
② 监测手段填写人工举证、航拍、卫片。

（h）国土空间规划约束性指标执行情况监测任务清单

面积：公顷（0.00）

序号	监测基本信息项									业务专题信息项			监测结果项（面）		监测结果项（线）			处置信息		
	县市区	乡镇	行政村	监测图斑号	前时相	后时相	监测日期	监测手段	年度变更调查地类	所处控制线	变化前现状地类	规划地类	变化后现状地类	符合三条控制线管控规则的面积	符合国土空间规划的面积	自然岸线长度	自然岸线变化长度	中心城区道路网变化长度	处置意见	处置结果	处置结果审核
	1	2	3	4	5	6	7	8	9	10	11	12	13	14	15	16	17	18	19	20	21
填表说明				在地块编写监测图斑唯一号			①	②	中文表述	变化图斑所属的条控制线	③	④	⑤			⑥	⑦	中心城区道路网变化情况			
1																					
2																					

注：一条清单记录对应一个批复地块。
① 监测日期为最新的举证日期（例如20210905），若没有实地举证则填写航飞或遥感影像获取日期。
② 监测手段填写人工举证、航拍、卫片。
③ 填写图斑变化前的国土空间调查用地用海分类（按最细一级分类）。
④ 填写图斑的国土空间规划用地用海分类（按最细一级分类）。
⑤ 填写图斑变化后国土空间调查用地用海分类（按最细一级分类）。
⑥ 填写自然岸线（大陆自然海岸线、重要河湖自然岸线）。
⑦ 填写自然岸线（大陆自然海岸线、重要河湖自然岸线）变化情况。

（i）设施农业用地监测任务清单

面积：公顷（0.00）

序号	监测基本信息项									业务专题信息项																监测结果项										处置信息		
	县市区	乡镇	行政村	监测图斑号	前时相	后时相	监测日期	监测手段	年度变更调查地类	项目编号（国家设施农业用地监管系统）	项目名称	项目用途	项目开始时间	项目结束时间	项目图斑个数	项目面积	项目破坏耕作层面积	项目占用永久基本农田面积	种植面积	生产设施面积	辅助设施面积	辅助设施用地占比	备案文号	备案面积	是否为高层养殖	问题类型	越界建设占用耕地面积	越界建设占永久基本农田面积	超期限建设占用耕地面积	超期限建设占永久基本农田面积	未在国家系统上图入库面积	设施农业用地改变用途面积	改变用途面积的现状用途	项目占用永久基本农田面积	其他情况说明	处置意见	处置结果	处置结果审核
	1	2	3	4	5	6	7	8	9	10	11	12	13	14	15	16	17	18	19	20	21	22	23	24	25	26	27	28	29	30	31	32	33	34	35	36	37	38
填表说明				在地块编写监测图斑唯一号			①	②		中文表述																	监测新增项目		监测超期项目			监测有效期内项目						
1																																						
2																																						

注：一条清单记录对应一个批复地块。
① 监测日期为最新的举证日期（例如20210905），若没有实地举证则填写航飞或遥感影像获取日期。
② 监测手段填写人工举证、航拍、卫片。

（j）全域土地整治项目监测任务清单

面积：公顷（0.00）

序号	监测基本信息项									业务专题信息项											监测结果项						处置信息		
	县市区	乡镇	行政村	监测图斑号	前时相	后时相	监测日期	监测手段	年度变更调查地类	申报单位	承担单位	项目名称	整治区域面积	数据来源	预计新增耕地面积	建设用地拟占用面积	建设用地拟复垦面积	拟调整的永久基本农田面积	拟新划定的永久基本农田面积	现有生态保护红线面积	实际新增耕地面积	建设用地实际占用面积	建设用地实际复垦面积	实际调整的永久基本农田面积	实际新划定的永久基本农田面积	突破生态保护红线面积	处置意见	处置结果	处置结果审核
	1	2	3	4	5	6	7	8	9	10	11	12	13	14	15	16	17	18	19	20	21	22	23	24	25	26	27	28	29
填表说明				在地块编写监测图斑唯一号			①	②	中文表述				包括拆旧、建新等各类整治面积	③															
1																													
2																													

注：一条清单记录对应一个批复地块。
① 监测日期为最新的举证日期（例如20210905），若没有实地举证则填写航飞或遥感影像获取日期。
② 监测手段填写人工举证、航拍、卫片。
③ 如××年度变更调查、第三次全国国土调查等。

2）市县核实处置

各相关处室对任务清单提出处置意见，指导市县开展具体处置工作。市县自然资源局组织相关部门分类开展核实处置工作，填写相关处置结果，并附相关佐证材料，处置情况通过自然资源综合监测监管服务平台及时报广西自然资源厅。

3）处置结果审核

自然资源厅相关处室接收市县反馈的处置结果后进行审核。

7. 汇总分析

通过自然资源综合监测监管服务平台按监测对象分类分期开展统计汇总分析工作。形成月度、季度和年度分析报告，向市县通报监测监管情况。

12.5.5　监测的重点与难点

综合监测监管工作的重点是全面、准确识别变化要素，并将真实的监测结果反馈到有关部门依法处置。在实际工作开展过程中，遥感影像能否做到及时、合理的统筹和使用是基础，变化要素能否被智能、快速、准确识别是关键，能否真实、高效地开展外业监测举证是形成任务清单、依法处置的保障。

监测院针对综合监测监管工作的特征，将"天空地人网"协同感知网、广西无人机应急测绘联动服务平台、广西自然资源调查云等网络、平台，AI等技术在综合监测监管工作运用，提升了综合监测监管的技术保障能力。

1. 遥感影像数据获取技术

遥感影像是综合监测监管顺利开展的必要基础，广西特殊的地理位置和气候条件，造成获取多次全境理想的卫星遥感影像非常困难。为了保障科学高效地使用遥感影像，采取"卫星遥感＋无人机遥感"多源遥感影像统筹的方式。其中，卫星遥感影像主要由广西自然资源厅统筹获取，其优点是数据源稳定，监测范围广，绝大部分地区可以保障1年内按季度覆盖4次。缺点是影像分辨率不高，基本上为2m以上分辨率，监测范围无法自主控制，且优于1m遥感影像覆盖面积、频次和精度不足。

为了弥补卫星遥感影像覆盖不及时、分辨率低等问题，监测院利用其部署的"广西无人机应急测绘联动服务平台"，通过在线向社会发布任务，有效利用社会无人机参与，实现快速、灵活无人机遥感影像获取，大幅提升遥感影像获取能力。平台自上线试运行以来，受到行业广泛赞誉。无人机遥感影像的优点是分辨率高，机动灵活。能自主地选择覆盖范围、大小，甚至具体监测对象。缺点是受天气的影响较大，相对监测覆盖范围较小。

2. AI技术的应用

综合监测监管工作强调及时性、准确性，变化图斑提取与分析的工作效率决定了整个自然资源综合监测工作的进程。采用人工进行变化信息提取、勾绘变化图斑的准确度高，但效率低下，需要耗费大量的人力和时间，甚至出现数据分析速度跟不上影像数据获取的速度的情况，导致整个自然资源综合调查监测工作整体脱节，无法满足"早发现、早制止"的目的。

监测院将AI技术应用于综合监测监管工作无人机影像变化提取、综合分析。主要包含样本生产、模型训练、智能解译等内容（图12.27）。

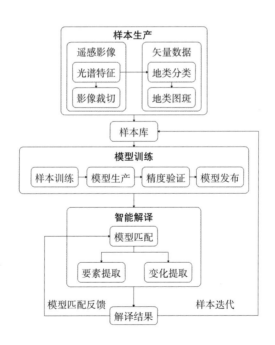

图 12.27 AI 变化发现流程

1）样本生产

主要针对建设用地、城镇道路、农村道路、耕地、水体、林地、草地、推填土、自然裸土等的遥感特征进行采集建库,前期由人工采用目视解译办法分别采集土地利用分类矢量范围,并填写地类等属性信息,再自动裁切对应栅格影像数据,通过自动匹配形成样本库。在实际生产中,不同波段、分辨率、类型、时相、季节、传感器、地域及地貌的样本都要进行采集,并进行分类管理与维护,待达到一定规模和准确度之后,可采取机器自主识别、采集、归类的办法进行样本生产。

2)模型训练

采用深度学习算法对样本库进行训练,根据已标定的样本关系建立遥感影像、分类图斑属性之间的逻辑关联,形成具备自动化识别能力的遥感影像解译模型,并通过大量的样本分析进行算法积累,对模型进行迭代更新以提高准确度。

3)智能解译

利用遥感影像解译模型,对各类遥感影像进行自动解译和分类标记,主要有要素提取、变化提取。要素提取基于解译模型,以第三次全国国土调查分类为基准进行遥感影像地类要素自动采集;变化提取是对同一区域不同时期遥感影像进行变化检测,自动识别变化的位置、范围和类型,形成变化图斑。

智能解译结果经检查评估可将匹配度反馈至模型训练阶段,解译合格的要素也可参与自动生产样本,丰富样本库数据,作为迭代样本数据来源之一。

现阶段,受地表变化类型多、特征复杂的因素影响,AI的识别变化图斑还需要一定的人工干涉,但相比纯人工查找变化图斑,结合人工辅助的AI自动提取方式效率提升约2倍。AI结合人工修测的方式1人1天内大约完成0.2m影像300km^{2}的变化信息处理,其中4小时左右完成变化信息提取,6~8小时即可完成变化图斑的筛查。

12.5.6 成效与展望

1. 工作成效

截至2021年底,广西对2008年至2020年获批准的63 098个地块进行了监测,发现疑似批而未用地块6093个25.35万亩、疑似用而未尽地块7242个42.05万亩,发现疑似违法用地线索3844宗,涉及面积3.42万亩(其中耕地0.51万亩)。这些疑似违法用地线索和疑似批而未用问题地块已全部转交各有关市县进行核实处置,实现"早发现、早制止、早处置"。监测频次从原来的一年一次提升到了目前的实时动态监测,让违法用地者和违规圈地者无处遁形,促进了土地、矿产等自然资源的依法使用和高效利用。

2. 展望

1)完善技术手段,提升发现问题能力

加强影像统筹,探索以公益卫星为主体、商业卫星做补充、服务平台协同的综合影像统筹获取方式,满足各类监测时效性需求。继续提升变化图斑智能提取的查全率、准确率和效率。继续优化完善平台软件,打磨出好用易用的综合监测监管优质工具软件和系统平台。加强技术单位的指导培训,着力提升问题发现"全""快"和"准"的能力。

2)强化成果应用,助力管理水平提升

加强综合监测监管成果在自然资源管理的应用,持续开展综合监测监管处置后期分析和效果评价工作,将监测发现问题和处置情况定期汇总分析并通报,重大问题及时通报,堵住自然资源管理漏洞。建立完善的综合监测监管成果应用机制,利用监测结果和数据科学辅助决策,提升自然资源管理水平。

3）扩展成果应用，充分发挥综合效益

扩展综合监测监管成果在年度国土变更调查、地理国情监测、基础测绘地理信息数据更新等的工作上的应用，充分发挥监测监管数据成果的综合用途。将变化图斑、举证信息等用于年度国土变更调查、地理国情监测的数据更新，节约生产经费和时间，提高工作效率。从数据内容与指标采集要求、内业处理、外业补充调查、成果制作等方面协同配合开展基础测绘地理信息产品更新工作，实现"一次数据采集、成果按需组装"。

12.6 创新引领，服务建设壮美广西

监测院坚持走创新引领的高质量发展道路，聚焦自然资源调查监测体系构建，力争做出广西特色、解决广西问题、提供广西经验，服务建设壮美广西。本节从协同化、自动化、链条化、平台化、知识化五个层面介绍监测院对调查监测的认识和探索。

1. 协同化构建调查监测多维立体感知网

针对广西地形地貌复杂多样、自然资源碎片化的禀赋特征、多云雨的气候特点，加上光学卫星在广西可作业窗口期短的问题，监测院提出构建"天空地人网"协同感知网，基于网格化理念，重新定位天联网、空联网、地联网、人联网、网联网在调查监测中的角色和作用，发挥各自所长，守好各自"责任田"同时强化"人"在调查监测中的作用，为自然资源精细化管理提供时空数据保障。

基于"互联网+"思维，研发面向广西全区、各行业、各部门的"天空地人网"自然资源数据采集联动服务平台，各类传感器、人、站点在平台上应连尽连、能连尽连，打通"发布任务–接受任务–数据采集–数据传输–成果提交–质量检查–分析评价–数据交易–用户管理"全业务流程，实现自然资源数据协同感知的保障高效、方便快捷、低成本。

2. 自动化创新海量调查监测数据处理模式

针对海量多源异构的调查监测数据自动化处理，基于众包协同采集标注、在线校验、动态扩展模式，建立广西全区相控点库和像素级、对象级、实体级样本库，解决底图快速制作和样本库快速建立问题。构建基于人工智能、云边计算、实时在线处理的多源遥感影像、视频图片的要素自动提取和变化智能检测。

3. 链条化优化调查监测相关业务工作

依据土地、矿产、森林、草原、水、湿地、海域海岛等自然资源的系统性和空间重叠性，理清调查监测与基础测绘、地理信息、确权登记、用途管制、执法监督等业务的集成与分工，统筹考虑各项业务对调查监测成果数据的具体要求（如最小图斑面积、影像时空分辨率、成果样式、外业举证照片要求等），充分发挥各类群体（如行政人员、技术人员、村干部、村民）的优势，在调查监测中，采取求同存异和最大公约数原则，开展一次内业信息提取、一次外业举证核实、成果多次使用，同时服务于完成年度变更、卫片执法、地理国情监测、DLG更新等指令性任务和执法监督、增减挂钩项目、土地整治等地方业务。

4. 平台化提升调查监测服务能力

自然资源统一调查监测涉及要素多、行政部门多、流程环节多、成果类型多、用户需求多等，通过建设统一平台，打通数据流、业务流、价值流。

通过解决成果数据共享服务平台与国土空间基础信息平台、自然资源和不动产登记平台、国土空间规划"一张图"实施监督信息系统、自然资源政务服务一体化审批系统、永久基本农田监测监管系统等各类业务系统平台的连通问题，实现调查监测成果数据与管理业务数据的双向流通。

　　通过解决成果数据共享服务平台与政务网门户网站、OA 与互联网的数据采集联动服务平台的连通问题，在保障成果数据安全前提下，实现内网、政务网和互联网数据的双向流通。

5. 知识化推动自然资源治理现代化

　　根据相关技术规程和标准，建立自然资源数据产品知识图谱，实现自然资源产品生产过程的实时干预、提前预警、全流程透明。

　　基于调查监测成果数据、行政管理数据、经济社会人口数据等和各类各级政策法规、政策标准文件，构建广西自然资源综合评价知识库、违法"早发现"知识库、监测预警知识库、业务管理知识库等，为自然资源资产离任审计、自然资源综合评价报告、自然资源精细化管理提供准确、可靠、权威的调查监测成果，服务建设壮美广西。

参 考 文 献

［ 1 ］自然资源部.自然资源部关于印发《自然资源调查监测体系构建总体方案》的通知.自然资发〔2020〕15号.

［ 2 ］自然资源部.自然资源部自然资源调查监测司关于印发《自然资源调查监测技术体系总体设计方案(试行)》的函.自然资调查函〔2022〕2号.

［ 3 ］自然资源部.自然资源部信息化建设总体方案.自然资发〔2019〕170号.

［ 4 ］自然资源部.自然资源调查监测标准体系(试行).2021.1.

［ 5 ］自然资源部.自然资源部办公厅关于引发《自然资源三维立体时空数据库建设总体方案》的通知.自然资办发〔2021〕21号.

［ 6 ］自然资源部.自然资源三维立体时空数据库主数据库设计方案(2021版).2021.9.

［ 7 ］国土资源部.全国国土资源"一张图"及核心数据库建设总体方案.2010.4.

［ 8 ］自然资源部.新型基础测绘体系建设试点技术大纲.自然资办发〔2021〕28号.

［ 9 ］自然资源部.自然资源调查监测质量管理导则(试行).自然资办发〔2021〕49号.

［10］自然资源部.关于印发《自然资源科技创新发展规划纲要》.自然资发〔2018〕117号.

［11］国家测绘地理信息局.国土空间基础信息平台建设总体方案.2017.7.

［12］国家测绘地理信息局.省级国土空间基础信息平台建设要求.2017.7.

［13］自然资源部.自然资源部构建统一的自然资源调查监测体系工作推进情况新闻发布会.http://www.mnr.gov.cn/dt/zb/2020/diaocha/.

［14］自然资源部测绘发展研究中心.新技术带来地理信息安全风险新挑战需要谋划新举措.https://topmap.net/newsshow.php?cid=4&id=26.

［15］自然资源部办公厅.关于印发《地表基质分类方案(试行)》的通知.自然资办发〔2020〕59号.

［16］自然资源部测绘发展研究中心.关于开展地下空间资源调查的背景研究和初步构想.中国测绘学会,2021.7.13.

［17］自然资源部.实景三维中国建设技术大纲.自然资办发〔2021〕56号.

［18］国务院.国务院关于积极推进"互联网+"行动的指导意见.国发〔2015〕40号.2015.7.

［19］蔡运龙.地理学方法论.科学出版社,2011.9.

［20］自然资源部办公厅.关于推广应用"国土调查云"软件的通知.自然资办发〔2018〕35号.

［21］国家互联网信息办公室.数字中国建设发展报告(2017).

［22］国务院.关于开展第三次全国土地调查的通知.国发〔2017〕48号.

［23］自然资源部.第三次全国土地调查总体方案.国土资源调查办发〔2018〕18号.

［24］自然资源部.第二次全国土地调查主要数据成果新闻发布会.http://www.mnr.gov.cn/dt/zb/2013/edcg/jiabin/.

［25］李建华,蔡尚伟."美丽中国"的科学内涵及其战略意义[J].四川大学学报:哲学社会科学版,2013.

［26］方创琳,王振波,刘海猛.美丽中国建设的理论基础与评估方案探索[J].地理学报,2019,074(004):619-632.

［27］习近平在中国共产党第十九次全国代表大会上的报告.人民日报,2017.

［28］方世南.美丽中国建设的宏伟蓝图[J].西部大开发,2017(10):21-22.

［29］国务院.中华人民共和国国民经济和社会发展第十四个五年规划和2035年远景目标纲要.2021.3.13.

［30］吕虹.加快生态文明制度体系建设的三个维度[N].学习时报,2020,26(007).

［31］中国共产党第十八届中央委员会.中共中央关于全面深化改革若干重大问题的决定.人民出版社,2013.11.

［32］毛泽东.总政治部关于调查人口和土地状况的通知.http://www.quanxue.cn/LS_Mao/WenJiA/WenJiA38.html.

［33］党的十八届三中全会重要决定辅读本.人民出版社,2013.11.

［34］马永欢.生态文明视角下自然资源管理制度改革研究.中国经济出版社,2017.4.

［35］穆平.浅论自然资源的生态环境功能[J].中国环境管理干部学院学报,1997(Z1):55-57.

［36］上海数慧.数字化变革加速自然资源一体化建设.https://www.sohu.com/a/466119795_120179158.

［37］翟云，蒋敏娟，王伟玲．中国数字化转型的理论阐释与运行机制［J］．电子政务，2021(06): 67-84.

［38］李剑锋．"三张图 26 个字"讲透数字化转型．http: //www. cpia. org. cn/service/dt2654024263631. html.

［39］数据工匠俱乐部．数字化转型：什么是数字化？转什么？塑什么型？https: //www. sohu. com/a/397470299_99903202.

［40］安会．目的与手段关系的思考［D］．广州大学，2018.

［41］赵凤伟，马元斌．手段与目的的统一 - 马克思《1844 年经济学哲学手稿》中的共产主义思想解读［J］．淮北师范大学学报（哲学社会科学版），2016(6).

［42］中共中央办公厅．关于持续解决困扰基层的形式主义问题为决胜全面建成小康社会提供坚强作风保证的通知．人民出版社，2020. 4.

［43］保密与共享如何兼得 - 从德国就业统计得到的启示［J］．数据，2012, 000(010): 28-29.

［44］傅伯杰．地理学综合研究的途径与方法：格局与过程耦合［J］．地理学报，2014, 1(008): 1052-1059.

［45］卜卫．方法论的选择：定性还是定量［J］．国际新闻界，1997(05): 49-54.

［46］冯伟林，李树苗，李聪．生态系统服务与人类福祉 - 文献综述与分析框架［J］．资源科学，2013(07): 1482-1489.

［47］全国农业区划委员会．关于印发土地利用现状调查技术规程的通知，1984.

［48］国务院．关于开展第二次全国土地调查的通知．国发〔2006〕38 号．

［49］TD/T1014-2007. 第二次全国国土调查技术规程．

［50］徐珩．从历次全国土地调查工作浅谈开展自然资源综合调查的设想．http: //www. doc88. com/p-99739759988578. html.

［51］吴凤敏，胡艳，陈静，等．自然资源调查监测的历史、现状与未来［J］．测绘与空间地理信息，2019, 42(10): 42-44: 47.

［52］崔巍．对自然资源调查与监测的辨析和认识［J］．现代测绘，2019, 42(04): 17-22.

［53］中国测绘史（第一卷第二卷）．测绘出版社，2002. 10.

［54］中央纪委国家监委．玄武湖上藏宝册明朝人口普查往事．https: //www. ccdi. gov. cn/lswh/shijian/202012/t20201211_231680. html.

［55］奋力开创自然资源调查监测新局面 - 访谈自然资源调查监测司司长白贵霞［J］．国土资源，2018(11): 6-8.

［56］吴志伟．全力履行自然资源调查监测新使命［J］．南方国土资源，2019(03): 16-17.

［57］郭仁忠．自然资源调查监测成果应用服务信息化．http: //www. mnr. gov. cn/gk/zcjd/202011/t20201104_2581814. html

［58］北斗网．北斗卫星导航系统建设与发展报告．http: //www. beidou. gov. cn/yw/xwzx/201905/t20190522_18131. html

［59］李德仁，沈欣，李迪龙，等．论军民融合的卫星通信、遥感、导航一体天基信息实时服务系统［J］．武汉大学学报（信息科学版），2017, 42(11): 1501-1505.

［60］晏磊，廖小罕，周成虎，等．中国无人机遥感技术突破与产业发展综述［J］．地球信息科学学报，2019, 21(04): 476-495.

［61］周国清．星上遥感数据处理理论与方法．科学出版社，2021. 6

［62］李德仁，王密，沈欣，等．从对地观测卫星到对地观测脑［J］．武汉大学学报（信息科学版），2017, 42(02): 143-149.

［63］Zhou G, Baysal O, Kaye J, et al. Concept design of future intelligent Earth observing satellites[J]. International Journal of Remote Sensing, 2004, 25(14): 2667-2685.

［64］史文中，张敏．人工智能用于遥感目标可靠性识别：总体框架设计、现状分析及展望［J］．测绘学报，2021, 50(08): 1049-1058.

［65］张广运，张荣庭，戴琼海，等．测绘地理信息与人工智能 2.0 融合发展的方向［J］．测绘学报，2021, 50(08): 1096-1108.

［66］杨元喜，杨诚，任夏．PNT 智能服务［J］．测绘学报，2021, 50(08): 1006-1012.

［67］氪研究院．2020 年中国城市 5G 发展指数报告．https: //www. sohu. com/a/400853995_407401.

［68］王斌，刘兴亮．新基建：党政干部学习读本．中共中央党校出版社，2020. 1.

［69］黄耿．新一代数字化工程设计．科学出版社，2020. 10

［70］中国科学技术信息研究所．2020 全球人工智能创新指数报告．https: //baijiahao. baidu. com/s?id=1704700056994520998&wfr=spider&for=pc.

［71］MELLPGRANCET. TheNISTDefinitionofCloudComputing[R]. NationalInstituteofStandardsandTechnology, 2011.

［72］罗军舟．云计算：体系架构与关键技术［J］．通信学报，2011, 32(7): 3-21.

［73］贾文珏，李泽慧．区块链技术在自然资源管理中的应用初探［J］．国土资源信息化，2020(04): 3-8.

［74］袁勇，王飞跃．区块链技术发展现状与展望［J］．自动化学报，2016, 42(4): 481-494.

［75］黄景金，唐长增，李毅，等．广西自然资源调查监测体系构建［J］．国土资源遥感，2020, 32(126-02): 158-165.

［76］自然资源部测绘发展研究中心，关于国际国内物联网技术在自然资源相关领域应用情况的调研报告，https: // www.drcmnr.com/yjbg/2302.jhtml.

［77］中共中央办公厅 国务院办公厅 . 国家信息化发展战略纲要 . 2016. 7. 27.

［78］全国信息安全标准化技术委员会 . 信息安全技术 . 数据安全能力成熟度模型 (GB ／ T37988-2019)

［79］李德仁 . 论时空大数据的智能处理与服务 [J]. 地球信息科学学报，2019, 21(12): 1825-1831.

［80］沈镭 . 郑新奇 . 陶建格 . 自然资源大数据应用技术框架与学科前沿进展 . 地球信息科学学报 . 2021. 23(8).

［81］郭玲，白建荣 . 多源遥感数据快速自动处理技术探讨 . 测绘与空间地理信息 . 2017. (1).

［82］陶翊婷 . 基于深度学习的高空间分辨率遥感影像分类方法研究 . 武汉大学博士学位论文 . 2019. 5.

［83］杨瑾文，赖文奎 . 深度学习算法在遥感影像分类识别中的应用现状及其发展趋势 . 测绘与空间地理信息 . 2020. 43(4)

［84］李国清，柏永青，杨轩，等 . 基于深度学习的高分辨率遥感影像土地覆盖自动分类方法 . 地球信息科学学报 2021. 9.

［85］彭博 . 基于深度学习的遥感图像道路信息提取算法研究 . 电子科技大学硕士学位论文 . 2019. 4.

［86］王庆涛 . 基于深度学习的遥感水体信息提取研究 . 河南大学硕士学位论文 . 2020. 8.

［87］黄佩，普军伟，赵巧巧，等 . 植被遥感信息提取方法研究进展及发展趋势 . 国土资源遥感 . 2021. 8.

［88］高燕 . 越南大陆海岸线遥感智能解译方法研究 . 解放军信息工程大学博士学位论文 . 2014. 4.

［89］自然资源部 . 2021 年全国地理国情监测技术规定 . 2021.

［90］DB42/T 1546-2020. 卫星遥感影像制作数字正射影像图技术规程 .

［91］马玥 . 基于多源遥感信息综合的湿地土地覆被分类研究 [D]. 吉林大学 . 2018.

［92］史路路 . 基于卷积神经网络的遥感影像土地覆盖分类研究 [D]. 中国科学院大学（中国科学院遥感与数字地球研究所）. 2018.

［93］刘岩，王华，秦叶阳，等 . 智慧城市多源异构大数据处理框架 . 大数据 . 2017. 1.

［94］陈志刚 . "河长制"下智能视频监测系统研究 . 华北水利水电大学专业硕士学位论文 . 2019. 4.

［95］张葵 . 智能识别技术在图像处理中的应用 . 华东师范大学硕士学位论文 . 2009. 6.

［96］刘宇，赵宏宇，刘书斌，等 . 智能搜索和推荐系统原理、算法与应用 . 机械工业出版社 . 2021. 1.

［97］吴运兵，阴爱英，林开标，等 . 基于多数据源的知识图谱构建方法研究 . 福州大学学报 . 2017. 45(3).

［98］朱长青 . 地理数据数字水印和加密控制技术研究进展 . 测绘学报 . 2017. 46(10).

［99］耿晴 . 地理信息数据加密控制版权保护系统设计 . 地理空间信息 . 2020. 18(3).

［100］牛莉婷 . 矢量地图等高线数据数字水印算法研究 . 兰州交通大学硕士学位论文 . 2014.

［101］张梦迪 . 区块链技术在地质大数据知识产权保护中的应用探讨 . 中国矿业 . 2019. 28(11).

［102］吴玉华 . 测绘地理信息高端装备国产化发展历程 [J]. 中国测绘，2016(03): 23-25.

［103］建立健全信息安全保障体系 . http://theory.people.com.cn/BIG5/n/2013/0510/c107503-21431004.html

［104］欧其健 . 论新形势下测绘地理信息安全监管体系的构建 [J]. 地理空间信息，2020, 18(02): 84-85+7.

［105］李德仁，张良培，夏桂松 . 遥感大数据自动分析与数据挖掘 [J]. 测绘学报，2014, 43(12): 1211-1216.

［106］国务院 . 关于印发新一代人工智能发展规划的通知 . 国发〔2017〕35 号 .

［107］国土资源部、测绘地信局 . 全国基础测绘中长期规划纲要（2015-2030）.

［108］朱彧，薛亮 . 重构调查监测体系服务生态文明建设——自然资源统一调查监测体系建设情况解读 [J]. 资源导刊，2020(10): 16-17.

［109］张朝忙，叶远智，邓轶，等 . 我国自然资源监测技术装备发展综述 [J]. 国土资源遥感，2020, 32(03): 8-14.

［110］叶远智，张朝忙，邓轶，等 . 我国自然资源、自然资源资产监测发展现状及问题分析 [J]. 测绘通报，2019(10): 23-29.

［111］张拯宁，安玉拴 . 天空地海多基协同多源融合的海洋应用设想 [J]. 卫星应用，2019(02): 24-29, 32-33.

［112］黄灵海 . 自然资源统一调查评价监测体系的构建 [J]. 中国土地，2020(05): 40-41.

［113］自然资源部 . 自然资源部卫星遥感应用报告（2020 年）

［114］范唯唯 . ESA 发射欧洲首颗对地观测人工智能卫星 [J]. 空间科学学报，2020, 40(06): 965.

［115］王密，杨芳 . 智能遥感卫星与遥感影像实时服务 [J]. 测绘学报，2019, 48(12): 1586-1594.

［116］李伟 . 智能卫星：欢迎来到"天联网"时代 [J]. 检察风云，2019(09): 36-37.

［117］杨芳，刘思远，赵键，等 . 新型智能遥感卫星技术展望 [J]. 航天器工程，2017, 26(05): 74-81.

［118］张吉祥，郭建恩．智能对地观测卫星初步设计与关键技术分析 [J]. 无线电工程，2016, 46(02): 1-5, 22.

［119］张兵．智能遥感卫星系统 [J]. 遥感学报，2011, 15(03): 415-431.

［120］北斗卫星导航系统发展报告（V4.0 版）．2019. 12.

［121］北斗系统中"三"的奥秘．https://www.bilibili.com/read/cv4258411/.

［122］北斗导航产业深度报告：北三应用蓄势待发．https://finance.sina.com.cn/stock/stockzmt/2021-02-20/doc-ikftssap 7680960.shtml.

［123］韩玲，朱雪田，迟永生．基于 5G 的低空网联无人机体系研究与应用探讨 [J]. 电子技术应用，2021, 47(05): 1-4, 10.

［124］陈实，林禹，陈敏，等．网联无人机在灾害调查中的应用研究 [J]. 电子测量技术，2021, 44(04): 91-96.

［125］王祥科，刘志宏，丛一睿，等．小型固定翼无人机集群综述和未来发展 [J]. 航空学报，2020, 41(04): 20-45.

［126］鲁亚飞，邓小龙．平流层飞艇光电载荷技术特点与应用模式 [J]. 飞航导弹，2019(08): 65-70.

［127］龙飞．平流层飞艇发展现状研究 [J]. 决策探索（中），2019(05): 96.

［128］李盛阳，刘志文，刘康，等．航天高光谱遥感应用研究进展（特邀）[J]. 红外与激光工程，2019, 48(03): 9-23.

［129］廖小罕，周成虎，苏奋振，等．无人机遥感众创时代 [J]. 地球信息科学学报，2016, 18(11): 1439-1447.

［130］杜培军，夏俊士，薛朝辉，等．高光谱遥感影像分类研究进展 [J]. 遥感学报，2016, 20(02): 236-256.

［131］雷添杰，张鹏鹏，胡连兴，等．无人船遥感系统及其应用 [J]. 测绘通报，2021(02): 82-92.

［132］蔡海文，叶青，王照勇，等．基于相干瑞利散射的分布式光纤声波传感技术 [J]. 激光与光电子学进展，2020, 57(05): 9-24.

［133］郑恬静，黄金彩，周宝定，等．基于众源轨迹数据的行人路网提取 [J]. 测绘通报，2021(03): 69-74.

［134］张捷．调查报告：当前公众对基层治理网格化的新期待 [J]. 国家治理，2020（29）: 3-8.

［135］宁晓刚，刘娅菲，王浩，等．基于众源数据的北京市主城区功能用地划分研究 [J]. 地理与地理信息科学，2018, 34(06): 42-49.

［136］杨伟，艾廷华．基于众源轨迹数据的道路中心线提取 [J]. 地理与地理信息科学，2016, 32(03): 1-7.

［137］单杰，秦昆，黄长青，等．众源地理数据处理与分析方法探讨 [J]. 武汉大学学报（信息科学版），2014, 39(04): 390-396.

［138］李德仁，宾洪超，邵振峰．国土资源网格化管理与服务系统的设计与实现 [J]. 武汉大学学报（信息科学版），2008(01): 1-6.

［139］手机信令数据在交通规划方面的应用．https://zhuanlan.zhihu.com/p/133909344. 2020.

［140］何芸，尤淑撑，栗敏光，等．高分多模卫星建设用地遥感监测分析评价 [J]. 航天器工程，2021, 30(03): 225-230.

［141］徐华键，向煜，黄志，等．测绘新技术在城市新基建模型构建中的融合应用 [J]. 测绘通报，2021(05): 132-166.

［142］李德仁，丁霖，邵振峰．面向实时应用的遥感服务技术 [J]. 遥感学报，2021, 25(01): 15-24.

［143］刘经南，郭文飞，郭迟，等．智能时代泛在测绘的再思考 [J]. 测绘学报，2020, 49(04): 403-414.

［144］熊伟．人工智能对测绘科技若干领域发展的影响研究 [J]. 武汉大学学报（信息科学版），2019, 44(01): 101-105, 138.

［145］李德仁．论军民深度融合的通导遥一体化空天信息实时智能服务系统 [J]. 网信军民融合，2018(12): 12-15.

［146］杜敬民，庞雪松．数字港航建设与发展．科学出版社．2015. 7.

［147］王劼云，刘昕，岑春．公路水路交通信息资源整合与服务体系建设．科学出版社．2013. 6.

［148］龚健雅，许越，胡翔云，等．遥感影像智能解译样本库现状与研究．测绘学报．2021. 50(80): 1013-1022.

［149］周松涛．海量遥感数据的高性能处理及可视化应用研究．武汉大学博士学位论文．2013. 5.

［150］黄倩．基于高性能计算的 InSAR 相位解缠并行算法研究与云平台构建．南京大学博士学位论文．2015. 4.

［151］杨梦茹．基于计算存储一体化策略的遥感数据高性能计算研究及应用．河南大学硕士学位论文．2014. 5.

［152］历军．高性能计算应用概览．清华大学出版社．2018. 7.

［153］黄方．空间信息并行处理方法与技术．科学出版社．2019. 1.

［154］马勇．基于集群的遥感高性能计算策略研究及平台初步实现．中国林业科学研究院硕士学位论文．2013. 7.

［155］李宏益．博士全球多源遥感数据集成处理平台建设关键技术研究．中国科学院大学博士学位论文．2019.

［156］张继贤，李海涛，顾海燕等．人机协同的自然资源要素智能提取方法 [J]. 测绘学报，2021, 50(8): 1023-1032.

［157］视频透雾原理加视频增强 Retinex 算法介绍 . 上海凯视成 - 钟建军 . https: //www. cnblogs. com/eaglediao/
p/7136528. html.

［158］中国工业和信息化部 . 工业产品质量控制和技术评价实验室相关情况介绍 . 2010.

［159］政府部门信用信息公开制度研究 . 复旦大学硕士研究生学位论文 . 2011.

［160］朱迅，黄世秀，沈天贺，等 . 时空大数据与云平台的关键技术 . 安徽建筑 . 2020, 11.

［161］陆昊 . 生态文明是我们和我们的子孙后代的共同利益 . 新华网 . http: //www. xinhuanet. com/politics/2019lh/
2019-03/12/c_1210079904. htm.

［162］俞鹏程 . 自然资源信息化建设趋势探究 [J]. 中国房地产 , 2019(12): 36-39.

［163］陈军 . 自然资源部举行构建统一的自然资源调查监测体系推进情况发布会 . http：//www. mnr. gov. cn/dt/zb/2020/
diaocha/jiabin/.

［164］汤海 . 国家基础测绘成果情况介绍 [J]. 地理信息世界 , 2003(06)：46.

［165］毕曼 . 国土资源 "一张图" 核心数据库建设研究 [D]，陕西：长安大学 , 2013, 7-8.

［166］高鉴，刘建军 . 用三维时空数据建自然资源 "一张图" [N]. 中国自然资源报 , 2020-09-08(007).

［167］广西壮族自治区自然资源厅，2021 年广西壮族自治区地理国情监测技术设计书 .

［168］黄景金，杨郑贝，唐长增，等 . 自然资源统一分类标准研究——以广西阳朔县为例 [J]. 测绘通报 , 2021(9): 136-139.

［169］郑春燕，邱国峰，张正栋，等 . 地理信息系统原理、应用与工程 [M]. 武汉：武汉大学出版社 , 2014：12-15.

［170］邬伦，刘瑜，马修军，等 . 地理信息系统——原理、方法和应用 [M]. 北京：科学出版社 , 2015：69-70.

［171］秦昆 . GIS 空间分析理论与方法 [M]. 武汉：武汉大学出版社 , 2013：80-83;

［172］虞泰泉，沈泉飞 . 基于 DSM 和 TDOM 的城市三维模型构建 [J]. 现代测绘 , 2010(7): 21-22.

［173］刘增良 . 基于倾斜摄影的大规模城市实景三维建模技术研究与实践 [J]. 测绘与空间地理信息 , 2019, 42(2)：187.

［174］高珊珊 . 基于三维激光扫描仪的点云配准 [D]. 南京：南京理工大学 , 2008.

［175］李广，李明磊，王力，等 . 地面激光扫描点云数据预处理综述 [J]. 测绘通报 , 2015(11): 1-3.

［176］朱新宇 . 基于地面激光点云的三维建模关键技术研究 [D]. 北京：中国石油大学 , 2015: 2.

［177］刘湘南，黄方，王平 . GIS 空间分析原理与方法（第二版）. 北京：科学出版社 , 2008.

［178］国家测绘地理信息局职业技能鉴定指导中心 . 测绘出版社 . 测绘综合能力 [M]. 北京：测绘出版社 , 2018.

［179］赵栋梁，孙朝犇，李德元 . 基于开源 WebGIS 的三维自然资源管理平台的设计与实现 [J]. 科学技术创新 , 2020, (31):
104-105.

［180］多源异构数据整合在多规合一中的应用 , https: //blog. csdn. net/bonlog/article/details/84308418.

［181］自然资源部 . 自然资源部办公厅关于开展 2021 年度全国森林资源调查监测工作的通知 . 自然资办发〔2021〕57 号 .

［182］广西壮族自治区林业局 . 广西 2021 年森林督查暨森林资源管理 "一张图" 年度更新操作细则 . 2021.

［183］国家林业和草原局 . 2021 林草湿数据与第三次全国国土调查数据对接融合工作方案 . 2021. 05.

［184］国家林业和草原局 . 2021 林草湿数据与第三次全国国土调查数据对接融合技术指南 . 2021. 05.

［185］周德生 . 林地认定差异与 "林地一张图" 的冲突及竞合探讨——以林业部门和国土部门林地认定为例 [J]. 林业科
技通讯 , 2016(9): 82.

［186］李磊 . 基于 ETL 的数据集成及交换系统的实现与优化 [D]. 北方工业大学 , 2018.

［187］北京吉威数源信息技术有限公司 . 省级自然资源信息化顶层设计方案 . 2021.

［188］北京吉威数源信息技术有限公司 . 省级国土空间基础信息平台建设方案 . 2021.

［189］杜震洪 . 自然资源大数据云平台的技术创新与实践 . 2017. 09. 09.

［190］国地资讯 . 三维自然资源信息化建设思考与实践 . 2021. 3. 24. https: //zhuanlan. zhihu. com/p/359431267.

［191］上海数慧 . "硬核" 中台能力支撑自然资源微服务架构 . 2020. 08. 07. https: //baijiahao. baidu. com/s?id=16743278
94789784873&wfr=spider&for=pc.

［192］财经 . 阿里云数字政府专刊大中台：数字政府的基座 . 2019. 10.

［193］国家统计局 . 自然资源综合统计调查制度 . 2019-08-20.

［194］国家统计局 . 国家自然资源督察统计调查制度 . 2019-08-20.

［195］百度文库 . 自然地理系统的地域分异 . 2019-08-20. https: //wenku. baidu. com/view/943500a2a1c7aa00b52acbbd. html.

［196］郑海霞，张雨青，卜玉山.大连市土地资源利用效益评价 [J].国土与自然资源研究，2019(06).

［197］张远.自然资源利用效率的研究——仅以水资源和土地资源为例 [J].价格理论与实践.2005(09).

［198］马克明，孔红梅，关文彬，等.生态系统健康评价：方法与方向 [J].生态报，2001(12).

［199］欧文霞.闽东沿岸海洋生态监控区生态系统健康评价与管理研究 [D].厦门大学，2006.

［200］田倩倩，黄凤莲，王开心，等.自然保护区土地生态适宜性评价——以湖南省万佛山自然保护区为例 [J].浙江大学学报（农业与生命科学版）.2020.46(02).

［201］赵小娜，宫雪，田丰昊，等.延龙图地区城市土地生态适宜性评价 [J].自然资源学报，2017.32

［202］陈燕飞，杜鹏飞，郑筱津，等.基于 GIS 的南宁市建设用地生态适宜性评价 [J].清华大学学报（自然科学版）.2006.

［203］王颖婕，侯昱薇，于家伊，等.生态资产服务价值评价研究——以郧阳水土共治模式为例 [J].中国商论.2019(15).

［204］李学锋，宋伟，王颖婕，等.中国生态价值评价体系研究 [J].福建论坛（人文社会科版）.2019(03).

［205］陈文祥.水库建设对生态资产的影响及其评价 [J].水利发展研究.2005(10).

［206］欧阳志云，王如松.生态系统服务功能、生态价值与可持续发展 [J].世界科技研究与发展.2000.23.

［207］焦亮，赵成章.祁连山国家自然保护区山丹马场草地生态系统服务功能价值分析及评价 [J].干旱区资源与环境.2013.27(12).

［208］李鹏，俞国燕.多指标综合评价方法研究综述 [J].机电产品开发与创新.2009.22(04).

［209］孙一贺，于浏洋，郭志刚，等.时空知识图谱的构建与应用 [J].信息工程大学学报.2020.21(04).

［210］马玉凤等.军事系统工程中的知识图谱应用及研究 [J/OL].系统工程与电子技术.2021.09(12): 1-11.

［211］王占宏等.地理空间大数据服务自然资源调查监测的方向分析 [J].地理信息世界.2019.26(1): 1-5.

［212］刘志强.张建华.完善自然资源法律体系的思考.中国国土资源经济.2019.(032)003.

［213］严竞新.殷小庆.浅谈自然资源强制性标准体系构建思路.测绘标准化.2020.36(03).

［214］严竞新.殷小庆.自然资源调查好监测标准现状分析.测绘标准化.2019.35(04).

［215］梁志华.康勇卫.陈详宵.江西省数字城市地理空间框架建设运维探讨.测绘标准化.2021.37(01).

［216］崔巍.浙江省数字城市地理空间框架建设运维的研究探索.地理信息世界.2018.25(06).

［217］周学阳.基于工作流的 AFC 数字运维系统的研究与实现.北京工业大学.2017.

［218］GB/T 19231-2003.土地基本术语.

［219］邓锋.自然资源分类及经济特征研究中国地质大学（北京）.博士论文，2019.

［220］CH/T 1043-2018.地理国情普查成果质量检查与验收.

［221］GQJC10-2020.地理国情监测过程质量检查与抽查规定.

［222］GQJC11-2020.地理国情监测成果检查验收与质量评定规定.

［223］GB/T 26424-2010.森林资源规划设计调查技术规程.

［224］LY/T 2893-2017.林地变更调查技术规程.

［225］NY/T 2998-2016.草地资源调查技术规程.

［226］GB/T 12763.海洋调查规范.

［227］GB/T A10202-1988.海岸带综合地质勘查规范.

［228］叶显文.大型信息系统运行维护体系规划、建设与管理.科学出版社.2019.6.

［229］广西壮族自治区自然资源厅.广西基础测绘高质量发展"十四五"规划.桂自然资发〔2021〕85 号.

［230］广西职称评审专业目录.2019;

［231］广西壮族自治区自然资源厅职称改革工作领导小组办公室关于开展 2021 年度工程系列自然资源行业职称评审、认定工作的通知.〔2021〕10 号.

［232］国务院第三次全国国土调查领导小组办公室.第三次全国国土调查实施方案.国土调查办发〔2018〕18 号.

［233］自然资源部.2020 年度全国国土变更调查实施方案.自然资办发〔2020〕56 号.

［234］自然资源部.新型基础测绘体系数据库建设试点技术指南.自然资办发〔2019〕1578 号.

［235］中华人民共和国土地管理行业标准.国土变更调查技术规程（2020 年度试用）.

［236］TD/T1055-2019.第三次全国国土调查技术规程.2019.02.

［237］国务院第三次全国国土调查领导小组.第三次全国国土调查工作分类，2019.04.

［238］GB/T21010-2007. 土地利用现状分类.

［239］TD/T1016-2007. 土地利用数据库标准.

［240］国务院第三次全国国土调查领导小组办公室. 国土调查数据库标准（试行修订稿）. 国土调查办发〔2019〕8 号.

［241］国务院第三次全国国土调查领导小组办公室. 第三次全国国土调查县级数据库建设技术规范（修订稿）. 国土调查办发〔2019〕10 号

［242］自然资源部办公厅. 国土空间调查、规划、用途管制用地用海分类指南（试行），2020.11.

［243］江苏省自然资源厅. 江苏省自然资源调查分类（试行）. 2020.09.

［244］HY/T123-2009. 海域使用分类.

［245］原国家测绘局. 关于印发启用 2000 国家坐标系实施方案的通知（附件 2）.（国测国字〔2008〕24 号）.

［246］国务院第三次全国国土调查领导小组办公室. 第三次全国国土调查成果国家级核查方案. 国土调查办发〔2019〕4 号.

［247］国务院第三次全国国土调查领导小组办公室. 第三次全国国土调查成果国家级核查技术规定. 国土调查办发〔2019〕12 号.

［248］周飞飞. 从信息化向智能化迈进 -- 人工智能在自然资源系统的应用 [N]. 中国自然资源报，2020.10(22): 7.

［249］陈军，刘万增，武昊，等. 智能化测绘的基本问题与发展方向 [J]. 测绘学报，2021, 50(08): 995-1005.

［250］李树涛，李聪妤，康旭东. 多源遥感图像融合发展现状与未来展望 [J]. 遥感学报，2021, 25(01): 148-166.

［251］王诗洋，李淳，于兴超. 基于深度学习的遥感影像目标自动提取技术研究 [J]. 地理信息世界，2021, 28(02): 120-124.

［252］张立福，王飒，刘华亮，等. 从光谱到时谱——遥感时间序列变化检测研究进展 [J]. 武汉大学学报（信息科学版），2021, 46(04): 451-468.

［253］陈根良，郭双仁，全思湘，等. 湖南省自然资源调查监测体系构建 [J]. 测绘通报，2016, (06): 139-142.

［254］王强，李爱迪，朱慧，等. 基于大数据技术的重庆市自然资源统计分析应用实践 [J]. 国土资源情报，2021, No. 241(01): 88-92.

［255］赫瑞. 基于空间大数据、云计算技术的省级自然资源空间基础信息平台架构设计 [J]. 河北省科学院学报，2020, v. 37. No. 133(03): 9-14.

［256］宁晶. 将分类指南贯穿自然资源全生命周期 [N]. 中国资源报，2020. 12. (11): 1.

［257］晏磊，吴海平. 国土"三调"后如何开展自然资源统一调查 [J]. 中国国土资源经济，2021, (03): 21-24.

［258］许军，徐海贤，韦胜."三调"成果数据在市县国土空间总体规划编制中的应用探索 [J]，城乡规划研究，2020,（06): 83-90.

［259］国务院第三次全国国土调查领导小组办公室. 关于印发第三次全国国土调查耕地质量等级调查评价工作方案的通知. 国土调查办发〔2018〕19 号.

［260］农业部解读《耕地质量调查监测与评价办法》附:《办法》（全文）. 中国农业信息网 2016. 7. 28. http://www. agri. cn/V20/SC/jjps/201607/t20160728_5222041. htm.

［261］中华人民共和国农业农村部网. 关于全国耕地质量等级情况的公报. 2017. 11. 29. http://www. moa. gov. cn/nybgb/2015/yi/201711/t20171129_5922750. htm

［262］2019 年全国耕地质量等级情况公报. 农业农村部公报〔2020〕1 号.

［263］中国耕地质量等级调查与评定成果发布会. 自然资源部门户网站，2009. 12. 23. http://www. mnr. gov. cn/dt/zb/2009/20090612qmpxxxgtzygb_1_2_1/jiabin/.

［264］国土资源部办公厅. 关于印发《耕地质量等别调查评价与监测工作方案》的通知. 国土资厅发〔2012〕60 号.

［265］程锋，王洪波，郧文聚. 中国耕地质量等级调查和评定. 中国土地科学，2014. 2.

［266］国务院第三次全国国土调查领导小组办公室. 关于《做好第三次全国国土调查耕地质量等级调查评价与耕地资源质量分类成果对接工作》的通知. 国土调查办发〔2020〕15 号.

［267］国务院第三次全国国土调查领导小组办公室. 关于印发《第三次全国国土调查耕地资源质量分类工作方案》的通知. 国土调查办发〔2020〕13 号.

［268］自然资源部国土整治中心. 第三次全国国土调查耕地资源质量分类技术要求. 2020. 10. 15.

［269］自然资源部国土整治中心. 第三次全国国土调查耕地资源质量分类操作指南. 2020. 10

［270］NY/T 1119-2019. 耕地质量监测技术规程.

［271］DB32/T 3902-2020. 耕地质量地球化学监测技术规范 .

［272］NY/T 3701-2020. 耕地质量长期定位监测点布设规范 .

［273］GB/T 33469-2016. 耕地质量等级 .

［274］胡琼 , 吴文斌 , 宋茜 , 等 . 农作物种植结构遥感提取研究进展 . 中国农业科学 . 2015. 48(10).

［275］张喜旺 , 刘剑锋 , 秦奋 , 等 . 作物类型遥感识别研究进展 . 中国农学通报 . 2014. 30(33).

［276］田甜 , 王迪 , 曾妍 , 等 . 无人机遥感的农作物精细分类研究进展 . 中国农业信息 . 2020. 32(2).

［277］郑长秀 . 水稻种植面积遥感信息提取研究 . 新疆农业大学硕士学位论文 . 2008. 5.

［278］贾坤 . 农作物遥感分类方法研究 . 中国科学院研究生院博士学位论文 . 2011.

［279］郭栋 . 基于多源数据的复杂种植结构区作物遥感分类 . 东北农业大学硕士学位论文 . 2017. 6.

［280］基于光谱和纹理特征综合的农作物种植结构提取方法研究 . 兰州交通大学硕士学位论文 . 2019. 6.

［281］马常宝 . 我国耕地质量监测工作现状及发展方向 . 中国农业综合开发 . 2020(5).

［282］周怡 , 纪荣平 , 胡文友 , 等 . 我国土壤多参数快速检测方法和技术研发进展与展望 . 土壤 . 2019(4).

［283］孙晓兵 , 孔祥斌 , 温良友 . 基于耕地要素的耕地质量评价指标体系研究及其发展趋势 . 土壤通报 . 2019. 50(3).

［284］张紫妍 , 苏友波 , 字春光 , 等 . 耕地质量评价体系研究进展 . 安徽农业科学 . 2018. 46(31).

［285］GB/T 38590-2020. 森林资源连续清查技术规程 .

［286］自然资源部办公厅 国家林业和草原局办公室关于开展 2020 年度全国森林资源调查工作的通知 . 自然资办函〔2020〕1923 号 .

［287］自然资源部调查监测司 中国地质调查局自然资源综合指挥中心 . 2021 年度全国森林资源调查监测技术方案 , 2021. 9.

［288］岳春宇 , 郑永超 , 庞勇 , 等 . 卫星林业遥感系统及应用 . 卫星应用 , 2020(10).

［289］林川 . 典型省份森林资源清查中的分层抽样设计与效率分析 . 北京林业大学硕士学位论文 , 2019. 6.

［290］广西壮族自治区林业局 . 机载激光雷达遥感森林参数建模地面样地调查技术规程（征求意见稿）. 地方标准 . 2019. 3. 20.

［291］中南林业科技大学 . 基于高分遥感影像的森林类型识别方法 . 发明专利 , 2018. 12. 18.

［292］自然资源部办公厅 . 关于印发《2021 年度全国草原资源调查监测工作方案》的通知 . 自然资办发〔2021〕45 号 .

［293］王浩 , 仇亚琴 , 贾仰文 . 水资源评价的发展历程和趋势 . 北京师范大学学报（自然科学版）, 2010. 46. 3.

［294］徐渡 . 1958～1960 年：全国海洋综合调查 . 海洋科学 , 2010. 34(4).

［295］陈连增 , 雷波 . 中国海洋科学技术发展 70 年 . 海洋学报 , 2019. 41(10).

［296］李平 , 谷东起 , 杜军 , 等 . 海岸带及其调查技术进展 . 海岸工程 , 2019. 38(1).

［297］自然资源部海域海岛管理司 . 全国海岸线修测技术规程 . 2019. 9.

［298］国家海洋局 908 专项办公室 . 海岛海岸带卫星遥感调查技术规程 . 海洋出版社 , 2005. 12.

［299］DB37/T 3588-2019. 海岸线调查技术规范 .

［300］DB37/T 4217-2020. 近岸海域空间资源动态监视监测技术规范 .

［301］HY/T 147. 7-2013. 海洋监测技术规程 第 7 部分：卫星遥感技术方法 .

［302］DZ/T 0292-2016. 海洋多波束水深测量规程 .

［303］DB37/T 2910-2017. 近岸海域海洋资源承载力评估技术规程 .

［304］廖超明 . 广西大地测量参考框架建设与应用 . 广西科学技术出版社 , 2020. 8.

［305］任建福 . 海陆一体化测绘基准建设技术研究 . 现代测绘 . 2019. 42(6).

［306］申家双 , 翟京生 , 郭海涛 . 海岸线提取技术研究 . 海洋测绘 . 2009. 26(6).

［307］李雪红 , 赵莹 . 基于遥感影像的海岸线提取技术研究进展 . 海洋测绘 . 2016. 36(4).

［308］刘百桥 , 赵建华 . 海域使用遥感分类体系设计研究 . 海洋开发与管理 . 2014. 6.

［309］王娟 , 卜志国 , 崔先国 , 等 . 遥感技术在海岸带监测中的应用——以天津滨海新区为例 . 山东科技大学学报（自然科学版）. 2010. 29(3).

［310］赵建虎 , 欧阳永忠 , 王爱学 . 海底地形测量技术现状及发展趋势 . 测绘学报 . 2017. 46(10).

［311］任建福 , 韦忠扬 , 张治林 , 等 . EM2040C 多波束系统在采砂量监测中的应用 . 测绘通报 . 2021(10).

［312］任建福 , 李毅 , 韦忠扬 . 多波束测深原理与数据处理 . 吉林科学技术出版社 . 2020. 5.

［313］罗深荣.侧扫声呐和多波束测深系统在海洋调查中的综合应用.海洋测绘.2003.3(1).

［314］海洋资源环境承载能力监测预警指标体系和技术方法指南.国家海洋局,2015.5.

［315］国家发改委、国家海洋局等13部委联合印发《资源环境承载能力监测预警技术方法（试行）》.中国政府网. 2016. 10. 13. https://www. gov. cn/xinwen/2016-10/13/content_5118667. htm.

［316］自然资源部.中国矿产资源报告2019.北京：地质出版社,2019.9.

［317］国家林业和草原局.关于促进林业和草原人工智能发展的指导意见.林信发〔2019〕105号.

［318］自然资源部.自然资源部办公厅关于开展2020年度全国国土变更调查工作的通知.自然资办发〔2020〕56号;

［319］自然资源部.土地变更调查技术规程.自然资发〔2018〕139号.

［320］国家林业和草原局.2021年国家林草生态综合监测评价工作方案.

［321］自然资源部.冯文利副司长在全国水资源调查监测评价工作视频会议上的讲话,2021.6.

［322］李方,付元宾.加强我国海洋监视监测体系建设的对策建议.环境保护.2015.

［323］林明森,何贤强,贾永君,等.中国海洋卫星遥感技术进展.海洋学报.2019.41(10): 99-112

［324］杨金中,秦绪文,聂洪峰,等.全国重点矿区矿山遥感监测综合研究.中国地质调查.2015. 2(4): 24-30

［325］自然资源部.自然资源部遥感影像统筹共享管理办法.自然资办发〔2021〕53号.

［326］国务院.国务院办公厅关于坚决制止耕地"非农化"行为的通知.国办发明电〔2020〕24号.

［327］国务院.国务院办公厅关于防止耕地"非粮化"（国办发〔2020〕44号）.

［328］自然资源部.2021年自然资源监测工作方案,2021.

［329］自然资源部.耕地卫片监督方案（试行),2021.

［330］GB/T 20407-2012.农用地质量分等.

［331］胡月明.耕地质量建设与管理.科学出版社.2017. P160.

［332］永久基本农田监测技术规程（征求意见稿).2019.

［333］耕地质量等别年度更新评价技术手册（2017年）

［334］李凌,孙广云.建设用地管理理论与实务[M].北京：北京大学出版社,2020: P64-65

［335］安徽省国土资源监测技术规程（2015版）

［336］王春明,王斌,张羽,等.吉林省建设用地批后监管信息系统指标体系研究[J].安徽农业科学,2012, 40(35): 17335-17338

［337］高秉博,周艳兵,潘瑜春,等.面向过程的建设用地全程监管时空数据组织模型[J].国土资源信息化.2014, 5: 19-24

［338］徐世武,戴建旺.国土资源综合监管信息化研究与实践.科学出版社,2017：P78

［339］杨安妮,许亚辉,苏红军,等.结合建筑指数的城市建筑用地提取与变化检测分析[J].测绘空间地理信息,37(8).

［340］吴田军,夏列钢,吴炜,等.土地执法监察中的高分辨率遥感及变化检测技术[J].地球信息科学学报,2016. 18(7): 962-968.

［341］胡月明,隆少秋,郭玉彬,等.建设用地再开发数字化监管[M].北京：科学出版社,2016, 170.

［342］TDT 1018-2008.建设用地节约集约利用评价规程.

［343］岳鹏,杜惠梅.建设用地节约集约利用评价实践[J].华北国土资源:75-77.

［344］原国家测绘地理信息局.国家测绘局关于印发国家测绘应急保障预案的通知（国测成字〔2009〕4号）.

［345］刘许清,王训霞,羌鑫林.基于应急测绘保障的无人机空中实景快速获取服务研究[J].现代测绘,2020, 43(5): 7-9.

［346］原国家测绘地理信息局.国家应急测绘保障能力建设.

［347］国务院.国家突发公共事件总体应急预案,2006. 1.

［348］高健妍.浅谈测绘应急数据分发服务系统[J].辽宁自然资源,2020年3月

［349］于守森,于向阳,姚凌虹,等.基于系统融合性指标设计的飞行数据实时回传系统构建与应用[J],舰船电子工程, 2020年第9期:67-70.

［350］黄磊,李晓鹏,黄敏,等.面向无人机数据回传的压缩采样技术：机会与挑战[J],深圳大学学报理工版.2019. 9. 第36卷第5期:472-481.

［351］孙昭,周立斌.影像快速拼接技术在基础测绘数据更新中的应用[J],测绘与空间地理信息,第44卷增刊,2021年 6月,272-274.

［352］刘清，吴文魁，张斌才．遥感影像自动解译与变化检测方法研究与应用 [J]. 测绘与空间地理信息，2020 年 12 期：122-129.

［353］国家基础地理信息中心．应急测绘制图技术规范（征求意见稿）.

［354］刘小波，徐畅．强化测绘地理信息数据源获取能力建设与管理 [J]. 中国测绘 . 2013 年 2 期：32-35.

［355］国土资源部土地整治中心．耕地质量等保年度监测评价技术手册（V20170413 定稿）2017. 3.

［356］北京德知航创科技有限责任公司．国家应急测绘保障能力建设项目中航时固定翼无人机航空应急测绘成套设备 CH-4 固定翼无人机测评报告 [TER-GDY-CH4-007], 2020-1-5.

［357］广西壮族自治区地方志编纂委员会，广西通志测绘志（1986-2005）. 广西人民出版社 . 2020.

［358］广西测绘局，广西测绘科技发展史．湖南地图出版社 . 2008.

［359］广西上线乱占耕地建房新增问题实时报送系统，中国自然资源报网 . 2021.

［360］关于印发自然资源综合监测监管试点实施方案的通知（桂自然资办〔2021〕228 号）.

［361］广西壮族自治区自然资源厅．关于印发《广西自然资源综合监测监管实施方案》的通知（桂自然资发〔2021〕63 号）.

［362］刘立，刘娟，陈宏宇，等．自然资源全要素自适应野外调查框架设计 [J]. 测绘通报，2020(1): 107-110.

［363］朱晓武，周正玉，刘剑，等．自然资源外业调查通用平台技术研究 [J]. 地理空间信息，2021(7): 20-30.

［364］广西壮族自治区自然资源厅办公室．关于印发应急测绘保障预案的通知（桂自然资办 [2020]557 号）.

［365］GB/T 25070-2019. 信息安全技术——网络安全等级保护安全设计技术要求 .

［366］美丽广西·广西壮族自治区人民政府 . http://www. gxzf. gov. cn/mlgxi/gxrw/zrdl/.

［367］杨娜娜，张新长，朱紫阳，等．广东省自然资源调查监测分类标准体系研究 [J]. 测绘通报 . 2021(09): 145-150.

［368］陈伟，汤以胜，周明震．丽水市自然资源数字化转型的探索和实践 [J]. 浙江国土资源 . 2020(02): 40-43.

［369］盛乐山．科学构建自然资源调查监测体系的浙江实践与思考 . http://www. mnr. gov. cn/gk/zcjd/202011/t20201104_2581813. html.

［370］陈军，刘万增，武昊，等．基础地理知识服务的基本问题与研究方向 . [J] 武汉大学学报（信息科学版），2019, 44(01): 38-47.

［371］自然资源部 . 地表基质分类方案（试行）. 2020. 12

［372］张维宸．组建"自然资源部"的来龙去脉．中国矿业报，2018. 3. 17.

［373］王柳茜．多尺度的省级地籍管理综合数据库整合研究 [D]. 吉林大学，2017.

［374］张梅兰，肖桂荣．区域地理空间数据整合技术研究 [J]. 计算机与数字工程，2011, 39(01): 48-52.

［375］郭丽红，廖明，韩飞．环鄱阳湖区地表覆盖特征库管理系统设计 [J]. 地理空间信息，2018, 16(10): 85-87；97.

［376］李朝奎，严雯英，杨武，等．三维城市模型数据划分及分布式存储方法 [J]. 地球信息科学学报，2015, 17(12): 1442-1449.

［377］耿丽丽，王飒．地理国情监测数据管理技术研究 [J]. 测绘，2018, 41(04): 157-160.

［378］谭红霞，李少华，王德峰，等．建立城镇地籍信息系统的关键技术研究 [J]. 测绘与空间地理信息，2012, 35(09): 136-139；144.

［379］唐玲，姚琴，徐天．广东省海洋资源调查监测体系构建对策建议 [J]. 海洋信息，2021, 36(01): 53-58.

［380］许涵秋．一种基于指数的新型遥感建筑用地指数及其生态环境意义 [J]. 遥感技术与应用，2007, 22(3): 301-308.

［381］姜亮亮，马林．草原监测工作现状及发展对策探讨 [J]. 大连民族大学学报，2018, 20(4): 319-322.

专业术语中英文对照

英文的专业术语尤其是缩略语有不少是一词多义的，对不同专业往往有不同的词义，以下专业术语中的中英文对照仅针对本书主题所涉及的专业内容进行解读。

【A】

Access：由微软发布的关系数据库管理系统

Agent：能自主活动的软件或者硬件实体

AI：Artificial Intelligence　人工智能

AIX：Advanced Interactive eXecutive　一套类 UNIX 操作系统

Android：一种自由及开放源代码的操作系统

Annotation：注记

API：Application Programming Interface　应用程序的调用接口

APP：Application　多指智能手机的应用程序

AR：Augmented Reality　增强现实

ArcGIS：一款桌面应用地理信息系统平台

ArcSDE：ArcGIS Spatial Database Engine　ArcGIS 空间数据引擎

Android Studio：谷歌公司推出的 Android 集成开发工具

AutoCAD：Autodesk Computer Aided Design　一款自动计算机辅助设计软件

AUV Autonomous Underwater Vehicle　水下无人潜航器

AVHRR：Advanced Very High Resolution Radiometer　NOAA 系列气象卫星上搭载的传感器

【B】

B/S：Browser/Server　浏览器 / 服务器模式

B-Tree：一种索引数据存储路径

BDS：BeiDou Navigation Satellite System　中国北斗卫星导航系统

BIM：Building Information Modeling　建筑信息模型

BI.Office：企业级商业智能应用平台

Big Data：大数据

BigIP：一种新的网络协议框架

BIH：Bureau International de l'Heure　国际时间局

BIOS：Basic Input Output System　基本输入输出系统

Blockchain：区块链

Body：体，块

BPNN：Back-Propagation Neural Network　反向传播神经网络

【C】

C/S：Client/Server Structs　客户机和服务器结构

C++：The C++ Programming Language/c plus plus　一种计算机编程语言

CA：Certificate Authority　安全认证中心

CAD：Computer Aided Design　计算机辅助设计
CBERS：China-Brazil Earth Resource Satellite　中巴地球资源卫星
CCD：Charge Coupled Device　电荷耦合器件
CGCS2000：China Geodetic Coordinate System 2000　2000 国家大地坐标系
CHM：Canopy Height Model　冠层高度模型
Cloud Computing：云计算
CNN：Convolutional Neural Networks　卷积神经网络
CORS：Continuously Operating Reference Stations　连续运行（卫星定位服务）参考站
CPU：Central Processing Unit　中央处理器
CryoSat-2：欧洲航天局用于观测冰雪信息的专业卫星
CSW：Catalog Service-Web　网络目录服务
CUDA：Compute Unified Device Architecture　统一计算设备架构

【D】

DAG：Directed Acyclic Graph　有向无环图
Date：日期
DBI：Difference Built-up Index　差值建筑覆盖指数
DBMS：Database Management System　数据库管理系统
DDOS：Distributed Denial of Service　分布式拒绝服务攻击
DEM：Digital Elevation Model　数字高程模型
DGPS：Differential Global Position System　差分全球定位系统
DLG：Digital Line Graphic　数字线划地图
DMZ：Demilitarized Zone　两个防火墙之间的空间
DNA：DeoxyriboNucleic Acid　脱氧核糖核酸
DOM：Digital Orthophoto Map　数字正射影像图
DP：Douglsa-Peucker　道格拉斯－普克算法
DRG：Digital Raster Graphic　数字栅格地图
DSM：Digital Surface Model　数字表面模型
DTM：Digital Terrain Model　数字地面模型
DVI：Difference Vegetation Index　差值植被指数
DWG：Drawing　AutoCAD 软件一种专有文件格式

【E】

EI：Elasticity Index　用地弹性指数
E-mail：Electronic Mail　电子邮件
ENVISAT：Environmental Satellite　欧洲环境卫星
EOB：Earth Observation Brain　对地观测大脑
EOS：Earth Observing System　对地观测系统
EPS：Electronic Platform survey System　地理信息工作站
EPSNR：EPS Natural Resource Property System　数据处理和建库共享系统
ER：Expander Reality　扩展现实
E-R：Entity-Relationship　地理实体关系

Erdas Imagine：一款遥感图像处理系统软件

ERS-1/2：European Remote Sensing Satellite-1/2　欧洲遥感卫星 -1/2

ESA：European Space Agency　欧洲航天局

ETL：Extract Transform Load　抽取 – 转换 – 加载

ENVI：一款美国遥感图像处理软件

【F】

Fortran：Formula Translation　Fortran 语言

FCNs：Full Convolutional Neural-Networks　全卷积神经网络

FIEOS：Future Intelligent Earth Observing Satellite　未来智能地球观测卫星

FIFO：First In, First Out　一种先进先出按序的传统数据存储模式

Float：单精度浮点数

Flow：流动

FNN：Fuzzy Neural Network　模糊神经网络

FPV：First Person View　第一人称主视角

FSC：Fast Sample Consensus　快速样本共识

FTP：File Transfer Protocol　文件传输协议

FVC：Fractional Vegetation Cover　植被覆盖度指数

FY：中国风云气象卫星

【G】

GALILEO：Galileo Satellite Navigation System　伽利略卫星导航系统

GCI：Growth Cost Index　增长耗地指数

GEE：Google Earth Engine　基于 Google Earth 批量在线处理卫星影像数据的工具

GEO：Geostationary Earth Orbits　地球静止轨道卫星

GeoEye：美国地球之眼卫星

GEOSAT：美国 GEOSAT 测地卫星

Geoserver：OpenGIS Web 服务器规范的 J2EE 实现

GFO：GFO 卫星

GIE：GPU Inference Engine　神经网络推断加速引擎

GIS：Geographical Information System　地理信息系统

GLONASS：俄罗斯格洛纳斯全球卫星导航系统

GNSS：Global Navigation Satellite System　全球导航卫星系统，泛指所有的卫星导航系统，包括全球的、
　　　区域的和增强的，如中国的 BDS、美国的 GPS、俄罗斯的 Glon

GNSS-RTK：Global Navigation Satellite System Real-Time Kinematic　全球导航卫星实时动态测量系统

GPRS：General Packet Radio Service　通用分组无线业务

GPS：Global Positioning System　美国研制的全球卫星定位系统

GPU：Graphics Processing Unit　图形处理器

Gram-Schmidt Transformation：Gram-Schmidt 变换

Guest：让给客人访问电脑系统的账户

GUID：Globally Unique Identifier　全局唯一标识符

GXCORS：GuangXi Continuously Operating Reference Stations　广西连续运行（卫星定位服务）参考站

【H】

Hadoop：一种大数据分布式数据和计算的框架

HAI：Human Activities Index　人类活动指数

HJ-A/B：中国环境与灾害监测预报小卫星 A、B 星座

HPC：High Performance Computing　高性能计算集群

HTML5：Hyper Text Markup Language 5　一种构建全球广域网内容的语言描述方式

Http：Hyper Text Transfer Protocol　超文本传输协议

HY-2：中国海洋二号卫星

【I】

I/O：Input/Output　输入 / 输出

IaaS：Infrastructure as a Service　基础设施即服务

IBI：Index-based Built-up Index　基于指数的建筑用地指数

IC：Integrated Circuit　集成电路

ICE：Internet Communications Engine 网络通信引擎

ICESAT：Ice, Cloud and land Elevation Satellite　冰、云和陆地高程卫星

IGSO：Inclined GeoSynchronous Orbit　倾斜地球同步轨道卫星

IKONOS：美国伊科诺斯卫星

Image：图像

IMU：Inertial Measurement Unit　惯性测量单元

Inpho：一款摄影测量系统

Int：integer　取整函数

iOS：Internetworking Operating System-Cisco　由苹果公司开发的移动操作系统

IoT：Internet of Things　物联网

IoU：Intersection over Union　在特定数据集中检测相应物体准确度的一个标准

IRS：Indian Remote Sensing Satellites　印度遥感卫星

IT：Internet Technology　互联网信息技术

ITIL：Information Technology Infrastructure Library　信息技术基础架构库

ITRF：International Terrestrial Reference Frame　国际地球参考框架

【J】

Jason-1：美国海洋地形卫星 Jason-1

Jason-2：美国海洋地形卫星 Jason-2

JAVA：一种计算机编程语言

JX-4：一套微机数字摄影测量工作站

【K】

KDD：Knowledge Discovering Database　知识发现

KML：Keyhole Markup Language　标记语言

【L】

Land Satellite：陆地卫星

Landsat TM/ETM：Land Satellite Thematic Mapper/ Enhanced Thematic Mapper　陆地卫星专题 /
　　　　　　　增强型专题影像

License：许可证、授权

LiDAR：Light Detection and Ranging　激光探测及测距系统

Line：线

Linux：基于 UNIX 操作系统发展而来的一种克隆系统

LOD：Level of Detail　多细节层次

【M】

MapGIS：一款通用工具型地理信息系统软件

MapReduce：一种编程模型

MBR：Master Boot Record　主引导记录

MDB：Message Driven Bean　数据库文件格式

MEO：Medium Earth Orbit　中圆地球轨道卫星

miniSAR：Mini Synthetic Aperture Radar　微型合成孔径雷达

MIS：Management Information System　管理信息系统

MMSegmentation：标准统一的语义分割框架

MNDWI：Modified Normalized Difference Water Index　改进型归一化差分水指数

Mobile：移动电话、手机

MODIS：Moderate-resolution Imaging Spectroradiometer　中分辨率成像光谱仪

MongoDB：一种分布式文件存储数据库

MPI：Multi Point Interface　多点接口，一种跨语言的通信协议

MPLS：Multi-Protocol Label Switching　多协议标签交换

MPP：Massive Parallel Processing　大规模并行处理

MS Office：Microsoft Office　微软公司研发的一套办公软件系统套装

MySQL：一种关系型数据库管理系统

【N】

NASA：National Aeronautics and Space Administration　美国国家航空航天局

NBI：New Built-up Index　新居民地提取指数

NDBI：Normalized Difference Built-up Index　归一化建筑指数

NDSI：Normalized Difference Snow Index　归一化差分积雪指数

NDVI：Normalized Difference Vegetation Index　归一化差分植被指数

NDWI：Normalized Difference Water Index　归一化差分水指数

nm：Nanometer　纳米

NNDiffuse：Nearest Neighbor Diffusion　最邻近扩散

NodeJS：允许在计算机或服务器上运行 Javascript 的平台

NoSQL：Not Only SQL　非关系型数据库

NR：New Radio　全新空中无线接口

NTRIP：Networked Transport of RTCM via Internet Protocol　互联网上进行 RTK 数据传输的协议

【O】

OA：Office Automation　办公自动化

OCR：Optical Character Recognition　光学字符识别

OGC：Open Geospatial Consortium　开放地理空间信息联盟

OLAP：Online Analytical Processing　在线事务处理

OLE：Object Linking and Embedding　对象连接与嵌入

OLTP：On-Line Transaction Processing　联机事务处理

OmniStar：一款在线质谱分析系统

ONNX：Open Neural Network Exchange　开放神经网络交换

OOP：Object Oriented Programming　面向对象程序设计

OpenMP：Open Multi Processing　共享存储并行编程

Oracle：美国甲骨文公司的一款数据库管理系统

OSAVI：Modified Soil-Adjusted Vegetation Index　修正土壤调节植被指数

WMTS：OpenGIS Web Map Tile Service　切片地图 Web 服务

【P】

PaaS：Platform as a Service　平台即服务

PB：PetaByte　数据存储容量的单位，等于 2 的 50 次方个字节

PCMCIA：Personal Computer Memory Card International Association　PC 机内存卡国际联合会

PDRR：Protection,Detection,Reaction,Recovery　包括防护、检测、响应、恢复的网络安全模型，

pH：hydrogen ion concentration　酸碱度

PHP：Hypertext Preprocessor　超文本预处理器

PixelGrid　一款遥感影像数据测图系统

PKI：Public Key Infrastructure　公钥基础设施

PKI/CA：Public Key Infrastructure/Certificate Authority　公钥基础设施 / 认证中心

PNT：Positioning Navigation and Timing　定位、导航、授时

PNTRC：Positioning,Navigation,Timing,Remote sensing and Communication　定位，导航，授时，遥感以及通信服务

POI：Point of Interest　兴趣点数据

Point：点

Polygon：多边形

POS：Position and Orientation System　定姿定位系统

PostgreSQL：一款对象关系型数据库管理系统

PPK：Post Processed Kinematic　动态后处理技术

PPS：Pulse Per Second　秒脉冲时间同步信号

【Q】

QoS：Quality of Service　服务质量

QuickBird：快鸟卫星

【R】

RBF：Radial Basis Function Network　径向基神经网络

RCPE：Regional Comprehensive Economic Partnership　区域全面经济伙伴关系协定

RDD：Resilient Distributed Dataset　分布式弹性数据集

Redis：Remote Dictionary Server　远程字典服务器

ResNet：Deep residual network　深度残差网络

REST：Representational State Transfer　一种网络应用程序的设计风格和开发方式

RFID：Radio Frequency Identification　射频识别

RMS：Rate Monotonic Scheduling　单调速率调度算法

RPC：Rational Polynomial Coefficient　有理多项式系数参数

RS：Remote Sensing　遥感

RTK：Real-Time Kinematic　实时动态载波相位差分技术

R-Tree：一种索引数据存储路径

RVI：Ratio Vegetation Index　比值植被指数

【S】

SaaS：Software as a Service　软件即服务

SAR：Synthetic Aperture Radar　合成孔径雷达

SAVI：Soil-Adjusted Vegetation Index　土壤调节植被指数

SDH：Synchronous Digital Hierarchy　同步数字体系

SDK：Software Development Kit　软件开发工具包

SDL：Simple DirectMedia Layer　开放源代码的跨平台多媒体开发库

Semantic Segmentation：图像语义分割

SGD：Stochastic Gradient Descent　随机坡度下降

SGIS：Static Geographic Information System　静态地理信息系统

SIFT：Scale-Invariant Feature Transform　尺度不变特征变换

SLAM：Simultaneous Localization and Mapping　即时定位与地图构建

SNMP：Simple Network Management Protocol　简单网络管理协议

SOAP：Simple Object Access Protocol　简单对象访问协议

Source：来源

Spark：一种大数据计算引擎

SPF：Stratospheric Platform　平流层平台

SPOT：Systeme Probatoire d'Observation de la Terre　法国地球观测卫星系统

SQL：Structured Query Language　结构化查询语言

SQL Server：Structured Query Language Server　结构化查询语言服务器

SSD：Solid State Disk　固态电子存储阵列硬盘

SSL：Secure Sockets Layer　安全套接字协议

StarFire：美国星基差分系统

State：状态

STER：Spatio-Temporal Entity Relation　时空 – 实体关系模型

SVM：Support Vector Machine　支持向量机

Syslog：记录至系统记录

【T】

T/P：TOPEX/Poseidon　欧洲托帕克斯卫星

TB：Trillionbyte　太字节

TCP/IP：Transmission Control Protocol/Internet Protocol　传输控制协议 / 因特网互联协议

TCV：Terminal Cloud Virtual　终端云虚拟

TDOM：True Digital Orthophoto Map　真正射影像

Text：文本

TGIS：Temporal Geographic Information System　时态地理信息系统

TIN：Triangulated Irregular Network　不规则三角网

TOPSIS：Technique for Order Preference by Similarity to Ideal Solution　双基点法

【U】

UAV：Unmanned Aerial Vehicles　无人飞机

UDP：User Datagram Protocol　用户数据报协议

UHF：Ultra High Frequency　特高频无线电波

UID：User Identification　用户身份证明

UII：Using Intensity Index　利用强度指数

U-Net：Convolutional Networks for Biomedical Image Segmentation　U 型结构全卷积网络进行语义分割算法

Update：更新信息

UPS：Uninterruptible Power System　不间断电源

URL：Uniform Resource Locator　统一资源定位系统

USV：Unmanned Surface Vessel　水面无人艇

【V】

VarChar：一种存储空间可变长的字符类型

VB：Visual Basic　一款通用的基于对象的程序设计语言

VBS：VBScript　VBS 脚本病毒

VDI：Vegetation Diversity Index　植被多样性指数

Velocity：速度，速率

VeriPos：英国全球星基差分系统

Visual C++：微软公司的 C++ 开发工具

VisualFoxpro：一款数据库开发软件

VLAN：Virtual Local Area Network 虚拟局域网

VPN：Virtual Private Network　虚拟专用网络

Volume：容量

VR：Virtual Reality　虚拟现实

【W】

WAP：Wireless Access Point　无线访问接入点

WCS：Web Coverage Service　网络覆盖数据服务

Web：World Wide Web　万维网

Web Server：网页服务器

WebGIS：网络地理信息系统

WebGL3D：Web Graphics Library Three Dimensions　三维绘图协议

Weblogic：基于 JAVAEE 的中间件

WFS：Web Feature Service　网络地理要素服务

WFS-G：Web Feature Gazetteer Services　地名地址要素服务

Windows：美国微软公司研发的一套操作系统

Windows Server：Windows 的服务器操作系统

WMS：Web Map Service　网络地图服务

WMTS：Web Map Tile Service　网络地图瓦片服务

WNDI：Water Network Density Index　水网密度指数

WorldView：美国 WorldView 卫星

WPS：Web Processing Services　网络处理服务

WSN：Wireless Sensor Networks　无线传感器网络

【X】

XML：Extensive Markup Language　可扩展标记语言

2G：2-Generation Wireless Telephone Technology　第二代手机通信技术规格

3S：RS,GIS,GNSS　遥感、地理信息系统和全球导航卫星系统

4D：DOM、DEM、DRG、DLG　数字正射影像图、数字高程模型、数字栅格地图、数字线划地图

4G：the 4 Generation mobile communication technology　第四代移动通信技术

5G：5th-Generation Mobile Communication Technology　第五代移动通信技术